W0267991

ALLE ZEIT WACH
1842

21. Hämophilie-Symposion

Hamburg 1990

Herausgeber: G. Landbeck, I. Scharrer,
W. Schramm

Verhandlungsberichte:
Therapiebedingte Virusinfektionen bei Hämophilen
Nicht-infektiöse Nebenwirkungen von gerinnungsaktiven
Plasmapräparaten
Thrombophilie
Diagnostik hämorrhagischer und thrombophiler Diathesen

Wissenschaftliche Leitung:
G. Landbeck, Hamburg
I. Scharrer, Frankfurt
W. Schramm, München

Moderatoren:
F. Deinhardt, München; M. Eibl, Wien; G. Landbeck, Hamburg;
H. Egli, Bonn; H. Rasche, Bremen; Kl. Schimpf, Heidelberg;
I. Scharrer, Frankfurt; W. Schramm, München; H. Beeser, Freiburg;
H. Vinazzer, Linz; Ch. Heinrichs, Berlin; E. Seifried, Ulm;
E. Wenzel, Homburg

Springer-Verlag
Berlin Heidelberg New York
London Paris Tokyo
Hong Kong Barcelona
Budapest

Professor Dr. med. G. Landbeck
Husumer Straße 7, D-2000 Hamburg 20

Professorin Dr. I. Scharrer
Universitätsklinikum, Zentrum der Inneren Medizin, Abteilung für Angiologie
Theodor-Stern-Kai 7, D-6000 Frankfurt 70

Professor Dr. W. Schramm
Hämostaseologische Abteilung, Medizinische Klinik Innenstadt der Universität
Ziemssenstraße 1a, D-8000 München 2

Die Deutsche Bibliothek – CIP-Einheitsaufnahme

Hämophilie-Symposion <21, 1990, Hamburg>:
21. Hämophilie-Symposion : Hamburg 1990 / Hrsg.: G. Landbeck ... Wiss. Leitung:
G. Landbeck ... Moderatoren: F. Deinhardt ... – Berlin ; Heidelberg ; New York ; London ;
Paris ; Tokyo ; Hong Kong ; Barcelona ; Budapest : Springer, 1991

ISBN-13: 978-3-540-54256-8 e-ISBN-13: 978-3-642-76764-7
DOI: 10.1007/978-3-642-76764-7

NE: Landbeck, Günter [Hrsg.]; Deinhardt, Friedrich: 21. Hämophilie-Symposion;
Deinhardt, Friedrich: Einundzwanzigstes Hämophilie-Symposion; Hämophilie-Symposion
<21, 1990, Hamburg>: Einundzwanzigstes Hämophilie-Symposion; Einundzwanzigstes
Hämophilie-Symposion; HST

2127/3140/543210 – gedruckt auf säurefreiem Papier

Inhaltsverzeichnis

II. Nicht-infektiöse Nebenwirkungen von gerinnungsaktiven Plasmapräparaten

IV. Diagnostik hämorrhagischer und thrombophiler Diathesen

V. Freie Vorträge

Teilnehmerverzeichnis

Dr. K. Ackermann
Klinik und Poliklinik für Kieferchirurgie, Klinikum der Ludwig-Maximilians-Universität, München

Dr. K. Anderle
Immuno AG, Wien/Österreich

Dr. O. Anders
Klinik für Innere Medizin der Universität, Rostock

Doz. Dr. D. Andoljsek
Hämatologie, Interne Klinik, Universitätsklinik Ljubljana/Jugoslawien

Dr. S. Andronescu Ghika
Centrul de Hematologie, Ministerul Sanatatjii, Bucuresti/Rumänien

Dr. P. Arends
Arzt für Kinderheilkunde, Güssing/Österreich

Prof. Dr. F. Asbeck
I. Medizinische Klinik, Städtisches Krankenhaus, Kiel

Frau Dr. K. Auberger
Kinderklinik der Universität München im Dr. von Hauner'schen Kinderspital, München

Dr. G. Auerswald
Professor-Hess-Kinderklinik, Zentralkrankenhaus St.-Jürgen-Straße, Bremen

Dr. V. Aumann
Klinik für Kinderheilkunde, Medizinische Akademie, Magdeburg

Frau Dr. E. Aygören
Abteilung für Angiologie, Zentrum der Inneren Medizin, Klinikum der Johann-Wolfgang-Goethe-Universität, Frankfurt/Main

Prof. Dr. L. Balleisen
Abteilung Hämatologie und Onkologie, Innere Medizin, Evangelisches Krankenhaus, Hamm

Prof. Dr. H. Bartels
Abteilung Hämatologie und Onkologie, Städtisches Krankenhaus Süd, Lübeck

Frau Dr. Ch. Beck
Ärztin für Kinderheilkunde, Berlin

Prof. Dr. M. Becker
Kinderklinik, Medizinische Einrichtungen der Rheinischen Friedrich-Wilhelms-Universität, Bonn

Prof. Dr. H. Beeser
Institut für Transfusionsmedizin, Zentrum Innere Medizin, Klinikum der Albert-Ludwigs-Universität, Freiburg

Frau Dr. F. Bergmann
Zentrum Kinderheilkunde, Kliniken der Medizinischen Hochschule, Hannover

Dr. R. Bernsmeier
Städtisches Krankenhaus, Gütersloh

Dr. B. Berthold
Klinik für Innere Medizin, Bezirkskrankenhaus, Neubrandenburg

Frau Dr. R. Betker
Abteilung Hämatologie und Onkologie, Universitäts-Kinderklinik, Hamburg

Dr. R. Bialek
Kinderklinik, Medizinische Einrichtungen der Rheinischen Friedrich-Wilhelms-Universität, Bonn

Frau Dr. I. Biester
Klinik für Innere Medizin, Medizinische Akademie „Carl-Gustav-Carus“, Dresden

Dr. D. Bock
Abteilung Transfusionsmedizin, Städtische Krankenanstalten, Bielefeld

Dr. P. Boesche
Labor, Evangelisches Krankenhaus, Unna

Prof. Dr. D. Böttcher
Abteilung Innere Medizin, Krankenhaus Bethesda, Wuppertal

Dr. H.-H. Brackmann
Institut für Experimentelle Hämatologie und Transfusionsmedizin der Universität, Bonn-Venusberg

Frau Dr. E. Bratanoff
Klinik und Poliklinik für Kindermedizin, Medizinische Akademie, Erfurt

Frau Dr. E. Braun
Abteilung Innere Medizin, Südwestdeutsches Rehabilitationszentrum für Kinder und Jugendliche, Neckargemünd

Dr. W. Brockhaus
Abteilung Hämostaseologie, Zentrum für Innere Medizin, Städtische Krankenanstalten, Nürnberg

Prof. Dr. H. Brüster
Institut für Blutgerinnungswesen und Transfusionsmedizin, Medizinische Einrichtungen der Heinrich-Heine-Universität, Düsseldorf

Prof. Dr. D. Brunswig
Abteilung Innere Medizin, Evangelisches Krankenhaus, Bünde

Dr. St. Buchmann
Kinderpoliklinik im Kaiserin-Auguste-Victoria-Haus, Klinikum Charlottenburg, Freie Universität, Berlin

Priv.-Doz. Dr. U. Budde
Blutspendedienst, Allgemeines Krankenhaus Harburg, Hamburg

Frau Dr. M. Büttner
Ärztin für Kinderheilkunde, Homburg

Frau H. Bukovsky
Hämophilie-Ambulanz, Medizinische Universitätsklinik, Wien/Österreich

Prof. Dr. L. Chrobak
Hämatologische Abteilung, Universitätskrankenhaus, I. Medizinische Klinik, Hradec Králové/CSFR

Frau Dr. B. Dehner
Medizinische Klinik I, Zentralkrankenhaus St.-Jürgen-Straße, Bremen

Prof. Dr. F. Deinhardt
Max-von-Pettenkofer-Institut für Hygiene und Medizinische Mikrobiologie der Universität, München

Prof. Dr. E. Deutsch
I. Medizinische Universitätsklinik, Wien/Österreich

Prof. Dr. M. Dicato
Centre Hospitalier du Luxembourg/Luxembourg

Dr. G. Dornheim
Bezirksinstitut für Blutspende- und Transfusionswesen, Suhl

Prof. Dr. J. Drescher
Städtische Kinderklinik, Oldenburg

Dr. W. Eberl
Kinderklinik, Städtisches Klinikum Holwedestraße, Braunschweig

Dr. M. Eberle
Nordösterreichische Gebietskrankenkasse, St. Pölten/Österreich

Prof. Dr. R. Egbring
Gerinnungslabor, Zentrum für Innere Medizin, Klinikum der Philipps-Universität, Marburg

Frau Dr. B. Eggeling
Abteilung Onkologie, Städtische Kliniken, Kassel

Prof. Dr. H. Egli
Bonn

Frau Dr. S. Ehrenforth
Zentrum der Kinderheilkunde, Klinikum der Johann-Wolfgang-Goethe-Universität, Frankfurt/Main

Dr. J. Eibl
Immuno AG, Wien/Österreich

Frau Prof. M. Eibl
Institut für Immunologie, Wien/Österreich

Frau Dr. S. Eichinger
I. Medizinische Universitätsklinik der Universität, Wien/Österreich

Dr. H. H. Eickhoff
Orthopädische Klinik, Medizinische Einrichtungen der Rheinischen Friedrich-Wilhelms-Universität, Bonn-Venusberg

Frau Dr. B. Eifrig
Abteilung für Blutgerinnungsstörungen, Chirurgische Klinik, Universitätskrankenhaus Eppendorf, Hamburg

Dr. D. Ellbrück
Abteilung Innere Medizin III, Medizinische Klinik und Poliklinik der Universität, Ulm

Th. Eller
Zentrallabor, Medizinische Klinik, Klinikum der Julius-Maximilians-Universität, Würzburg

Dr. R. Ernst
Abteilung für Hämostaseologie, Kinderklinik, Medizinische Einrichtungen der Westfälischen Wilhelms-Universität, Münster

H. Esdar
Deutsche Hämophiliegesellschaft, Bielefeld

Frau Dr. Faschang
Erholungsheim Tisserand, Bad Ischl/Österreich

Prof. Dr. A. von Felten
Gerinnungslabor, Universitätsspital, Zürich/Schweiz

Dr. F. Fiedler
Abteilung für Hämatologie, Klinik für Innere Medizin, Bezirkskrankenhaus Friedrich-Wolf, Chemnitz

Dr. S. Fink
Arzt für Kinderheilkunde, Nidau/Schweiz

Frau B. Fischer
Institut für Humangenetik, Klinikum der Christian-Albrechts-Universität, Kiel

Prof. Dr. M. Fischer
Zentrallaboratorium, Krankenhaus der Stadt Wien-Lainz, Wien/Österreich

Dr. D. Franke
Klinik für Innere Medizin, Hämophiliezentrum der Medizinischen Akademie, Magdeburg

Dr. W. Freund
Labor, Medizinische Klinik, Städtische Kliniken, Dortmund

Frau A. Fuchs
Hämophilie-Ambulanz, Medizinische Universitätsklinik, Wien/Österreich

Dr. W. Fürst
Vorarlberger Gebietskrankenkasse, Dornbirn/Österreich

Dr. M. Funk
Zentrum der Kinderheilkunde, Klinikum der Johann-Wolfgang-Goethe-Universität, Frankfurt/Main

Dr. H.-U. Furrer
Arzt für Kinderheilkunde, Sarnen/Schweiz

Dr. A. Gabelmann
Abteilung Innere Medizin III, Medizinische Klinik und Poliklinik der Universität, Ulm

Prof. Dr. G. Gaedicke
Kinderklinik und Poliklinik der Universität, Ulm

Frau Dr. S. Gandenberger
Kinderklinik der Universität München im Dr. von Hauner'schen Kinderspital, München

Prof. Dr. H. Gastpar
HNO-Klinik und Poliklinik, Klinikum der Ludwig-Maximilians-Universität, München

Prof. Dr. E. Gebauer
Institut za Zdravstvenu Zastitu majke i deteta, Novi Sad/Jugoslawien

Frau Dr. R. Geib-König
Zentrum für Kinderheilkunde, Kliniken der Stadt Saarbrücken

Dr. A. Gerritzen
Institut für Medizinische Mikrobiologie und Immunologie der Universität, Bonn-Venusberg

Dr. F.-J. Göbel
DRK-Kinderklinik, Siegen

Dr. E.-W. Görss
Abteilung Hämatologie, Institut für Klinische Chemie und Laboratoriumsdiagnostik, Bezirkskrankenhaus, Neubrandenburg

Frau Dr. H. Gräbner
Kinderklinik, Bezirkskrankenhaus Heinrich Braun, Zwickau

Dr. N. Graf
Kinderklinik, Universitätskliniken des Saarlandes, Homburg

Prof. Dr. P. J. Grob
Abteilung Immunologie, Kantonsspital, Zürich/Schweiz

Dr. J. Gröticke
Medizinische Klinik I, Zentralkrankenhaus St.-Jürgen-Straße, Bremen

Frau Dr. Gromm
Hygienisches Institut, Hamburg

Dr. W. Gross
Kinderklinik, Medizinische Einrichtungen der Rheinischen Friedrich-Wilhelms-Universität, Bonn

Dr. U. von Grünhagen
Medizinische Klinik, Bezirkskrankenhaus, Cottbus

Prim. Dr. M. Gstöttner
Oberösterreichische Gebietskrankenkasse, Linz/Österreich

Dr. T. Güngor
Zentrum der Kinderheilkunde, Klinikum der Johann-Wolfgang-Goethe-Universität, Frankfurt/Main

Prof. Dr. L. Gürtler
Max-von-Pettenkofer-Institut für Hygiene und Medizinische Mikrobiologie der Universität, München

Frau Dr. V. Hach-Wunderle
Abteilung für Angiologie, Zentrum der Inneren Medizin, Klinikum der Johann-Wolfgang-Goethe-Universität, Frankfurt/Main

Prof. Dr. P. Hanfland
Institut für Experimentelle Hämatologie und Transfusionsmedizin der Universität, Bonn-Venusberg

Prof. Dr. F. Haschke
Universitäts-Kinderklinik, Wien/Österreich

Frau Prof. Dr. K. Hasler
Abteilung Hämatologie und Onkologie, Zentrum Innere Medizin I, Klinikum der Albert-Ludwigs-Universität, Freiburg

Prof. Dr. K. Hausmann
Hamburg

Frau Dr. I. Hauswald-Milev
Institut Regensburg, Blutspendedienst des BRK, Regensburg

Frau Doz. Dr. Ch. Heinrichs
Hämophilie-Dispensaire-Zentrum, Städtisches Krankenhaus im Friedrichshain, Berlin

Prof. Dr. P. HELLSTERN
Institut für Transfusionsmedizin und Immunhämatologie, Klinikum der Stadt Ludwigshafen

Dr. L. HEMPELMANN
Kinderkrankenhaus Lindenhof, Berlin

Prof. Dr. Dr. F. H. HERRMANN
Institut für Medizinische Genetik, Ernst-Moritz-Arndt-Universität, Greifswald

Dr. H.-J. HERTFELDER
Institut für Experimentelle Hämatologie und Transfusionsmedizin der Universität, Bonn-Venusberg

Frau Dr. E. HILGENFELD
Kinderklinik, Bereich Medizin (Charité), Humboldt-Universität, Berlin

Frau Dr. U. HILLER
Institut für Blutspende- und Transfusionsmedizin, Frankfurt/Oder

Dr. H. HOFMANN
Bezirksinstitut für Blutspende- und Transfusionswesen, Potsdam

Frau Dr. E. HOLFELD
Kinderklinik, Bezirkskrankenhaus, Cottbus

Dr. H. HOLZHÜTER
Hämophilie-Zentrum Nordwest, Bremen

Frau Dr. E. HOSTYNOVA
Klinik für Hämatologie und Transfusiologie des Universitätskrankenhauses, Bratislava/CSFR

Prof. Dr. Dr. O. HRODEK
II. Kinderklinik der Karls-Universität, Praha/CSFR

Frau Dr. T. HUGO
Institut für Transfusionsmedizin, Zentrum Innere Medizin, Klinikum der Albert-Ludwigs-Universität, Freiburg

Frau Dr. G. HULLMANN
Zentrum für Pädiatrie, Universitätsklinikum der Gesamthochschule, Essen

Frau Dr. A. HUTH-KÜHNE
Rehabilitationsklinik und Hämophiliezentrum, Stiftung Rehabilitation, Heidelberg

Dr. J. Ingerslev
Haemophilia Centre and Coagulation Laboratory, Department Clinical Immunology, University Hospital, Aarhus/Dänemark

Prof. Dr. L. Istvan
Bluttransfusionsdienst, Szombathely/Ungarn

Priv.-Doz. Dr. K. Jaschonek
Transfusionsmedizin mit Blutbank, II. Medizinische Klinik, Klinikum der Eberhard-Karls-Universität, Tübingen

Priv.-Doz. Dr. W. Jilg
Max-von-Pettenkofer-Institut für Hygiene und Medizinische Mikrobiologie der Universität, München

Prof. Dr. H. Johnsson
Medical Clinic, Karolinska Hospital, Stockholm/Schweden

Dr. R. Johs
Kinderklinik, Städtisches Klinikum Holwedestraße, Braunschweig

Dr. A. Kaeser
Immuno GmbH, Heidelberg

Dr. H. Karl
Institut Chemnitz, Transfusionsdienst Sachsen, Chemnitz

Dr. H. Karl
Kinderinterne Abteilung, Allgemeines Österreichisches Landeskrankenhaus, Klagenfurt/Österreich

Prof. Dr. M. Karl
Bezirksblutspendezentrale, Plauen

Frau Dr. B. Kemkes-Matthes
Zentrum für Innere Medizin, Klinikum der Justus-Liebig-Universität, Gießen

Dr. J. Kerstan
Kinderklinik, Städtisches Krankenhaus, Hildesheim

Frau Dr. A. Kinnig
Kinderklinik, Klinikum der Eberhard-Karls-Universität, Tübingen

Prof. Dr. W. Kirsch
Zentrum für Kinderheilkunde, Kliniken der Stadt Saarbrücken

Frau K. Kirsten
Institut für Blutspende- und Transfusionswesen, Rostock

H. Kjellman
Skinnskatteberg/Schweden

Dr. J. Klinge
Kinderklinik mit Poliklinik der Universität Erlangen-Nürnberg, Erlangen

Dr. Ch. Klinkenstein
Klinik für Innere Medizin, Bezirkskrankenhaus, Frankfurt/Oder

Priv.-Doz. Dr. H. J. Klose
Arzt für Kinderheilkunde, München

Dr. H. Knecht
Laboratoire Central d'Hématologie, Centre Hospitalier, Université Vaudois, Lausanne/Schweiz

Dr. J. B. Knudsen
Centrallaboratoriet, Klinisk Kemisk Afdeling, Centralsygehuset, Hillerød/Dänemark

Dr. R. Kobelt
Arzt für Kinderheilkunde, Wabern/Schweiz

Prof. Dr. M. A. Koch
Robert-Koch-Institut, Bundesgesundheitsamt, Berlin

Frau Dr. K. Köhler-Vajta
Ärztin für Kinderheilkunde, Grünwald

Prof. Dr. H. Köstering
Blutgerinnungslabor, Zentrum Innere Medizin, Medizinische Klinik und Poliklinik, Georg-August-Universität, Göttingen

Frau Dr. E. Koscielniak
Abteilung Onkologie und Hämatologie, Pädiatrisches Zentrum, Olgahospital, Stuttgart

Dr. B. Krackhardt
Zentrum der Kinderheilkunde, Klinikum der Johann-Wolfgang-Goethe-Universität, Frankfurt/Main

Frau Dr. U. Kreibich
III. Medizinische Klinik, Bezirkskrankenhaus Heinrich Braun, Zwickau

Dr. W. Kreuz
Zentrum der Kinderheilkunde, Klinikum der Johann-Wolfgang-Goethe-Universität, Frankfurt/Main

Priv.-Doz. Dr. R. von KRIES
Zentrum Kinderheilkunde, Medizinische Einrichtungen der Heinrich-Heine-Universität, Düsseldorf

Dr. M. KRONAWETTER
IV. Medizinische Klinik, Landeskrankenhaus, Graz/Österreich

Frau Ch. KÜHBORTH
Abteilung für Angiologie, Zentrum der Inneren Medizin, Klinikum der Johann-Wolfgang-Goethe-Universität, Frankfurt/Main

Dr. W. KUNERT
Abteilung Hämatologie und Onkologie, Kinderklinik, Bezirkskrankenhaus, Schwerin

Prof. Dr. M. KUNZE
Institut für Sozialmedizin, Wien/Österreich

Dr. A. KURME
Arzt für Kinderheilkunde, Hamburg

Priv.-Doz. Dr. R. KUSE
Abteilung Hämatologie, Allgemeines Krankenhaus St. Georg, Hamburg

Prof. Dr. G. LANDBECK
Hamburg

Dr. H. LANG
Immuno AG, Wien/Österreich

Frau Dr. LAUTEN
Abteilung Hämostaseologie, Medizinische Klinik, Medizinische Akademie, Erfurt

Prof. Dr. E. LECHLER
Gerinnungslabor, Klinik I für Innere Medizin der Universität, Köln

Dr. G. LEIPNITZ
Abteilung Klinische Hämostaseologie und Transfusionsmedizin, Universitätskliniken des Saarlandes, Homburg

Dr. H. LENK
Klinik für Kindermedizin, Karl-Marx-Universität, Leipzig

Dr. H.-G. LIMBACH
Kinderklinik, Universitätskliniken des Saarlandes, Homburg

Frau Dr. P. LINDE
Hämatologische Abteilung, Klinik für Innere Medizin der Friedrich-Schiller-Universität, Jena

Dr. Dr. R. LINDE
Zentrum der Kinderheilkunde, Klinikum der Johann-Wolfgang-Goethe-Universität, Frankfurt/Main

Dr. P. LÖNS
Kinderklinik, Städtisches Klinikum Holwedestraße, Braunschweig

Prof. Dr. St. LOPACIUK
Department of Internal Medicine and Laboratory of Blood Coagulation, Institute of Hematology, Warsaw/Polen

Frau Doz. Dr. H. LOSONCZY
1. Medizinische Klinik, Medizinische Universität, Pécs/Ungarn

Prof. Dr. K. LÜTHY
Medizinische Klinik, Kantonsspital, Zürich/Schweiz

Frau Prof. Dr. J. LUSHER
Division Hematology and Oncology, Childrens Hospital of US Michigan, Wayne-State-University, Detroit/USA

Dr. G. LUTZE
Institut für Klinische Chemie und Laboratoriumsdiagnostik, Medizinische Akademie, Magdeburg

Dr. B. MAAK
Kinderklinik der Friedrich-Schiller-Universität, Jena

Dr. Ph. MACHEREL
Hämatologisches Zentrallabor der Universität, Inselspital, Bern/Schweiz

Frau Dr. B. Maier
Kinderklinik mit Poliklinik der Universität Erlangen-Nürnberg, Erlangen

Frau Dr. A. MAILATH
Zahnklinik, Wien/Österreich

Dr. G. MAILATH
Zahnklinik, Wien/Österreich

Frau Doz. Dr. Ch. MANNHALTER
I. Medizinische Universitätsklinik, Wien/Österreich

Doz. Dr. J. Mannhalter
Institut für Immunologie, Wien/Österreich

Dr. R. Marek
Wiener Gebietskrankenkasse, Wien/Österreich

Dr. G. Marsmann
Arzt für Kinderheilkunde, Varel

Dr. G. Marx
Abteilung für Blutgerinnungsstörungen, Chirurgische Klinik, Universitätskrankenhaus Eppendorf, Hamburg

Frau Dr. I. Matkowitz
Institut für Blutspende- und Transfusionswesen, Leipzig

Prof. Dr. F. R. Matthias
Zentrum für Innere Medizin, Klinikum der Justus-Liebig-Universität, Gießen

Prof. Dr. G. Mau
Kinderklinik, Städtisches Klinikum Holwedestraße, Braunschweig

Priv.-Doz. Dr. N. Maurin
Innere Medizin II, Medizinische Einrichtungen der Rheinisch-Westfälischen Technischen Hochschule, Aachen

Frau Dr. E. Meili-Gerber
Gerinnungslabor, Abteilung Innere Medizin, Universitätsspital, Zürich/Schweiz

Frau Prof. Dr. A.-M. Mingers
Kinderklinik und Poliklinik, Klinikum der Julius-Maximilians-Universität, Würzburg

Doz. Dr. U. Mittler
Klinik für Kinderheilkunde, Medizinische Akademie, Magdeburg

Dr. J. Mösseler
Arzt für Kinderheilkunde, Dillingen

Dr. W. Mondorf
Abteilung für Angiologie, Zentrum der Inneren Medizin, Klinikum der Johann-Wolfgang-Goethe-Universität, Frankfurt/Main

Doz. Dr. Dr. G. Müller
Klinik und Poliklinik für Innere Medizin II, Martin-Luther-Universität Halle-Wittenberg, Halle

Dr. H. Müller
Institut für Anästhesiologie, Orthopädische Kinderklinik Balgrist, Zürich/Schweiz

Prof. Dr. N. Müller
Institut für Transfusionsmedizin, Medizinische Einrichtungen der Westfälischen Wilhelms-Universität, Münster

Dr. V. Müller
Bluttransfusionsdienst, Zentralinstitut für Transfusionsmedizin, Hamburg

Dr. K. Müller-Ott
Arzt für Allgemeinmedizin, Bornhöved

Prof. Dr. E. W. Muntean
Universitäts-Kinderklinik, Graz/Österreich

Dr. M. Neubauer
I. Medizinische Universitätsklinik, Graz/Österreich

Dr. H. Neugebauer
Universitätsklinik für Kinderheilkunde, Innsbruck/Österreich

Dr. G. Neumann
Bezirksinstitut für Blutspende- und Transfusionswesen, Gera

Dr. J. D. Nielsen
Bispebjerg Hospital, Kobenhavn/Dänemark

Dr. K. Nienhaus
Chirurgische Intensivstation, Universitätskliniken des Saarlandes, Homburg

Dr. D. Niese
Abteilung Klinische Immunologie, Medizinische Klinik, Medizinische Einrichtungen der Rheinischen Friedrich-Wilhelms-Universität, Bonn

Frau Dr. U. Nowak-Göttl
Zentrum der Kinderheilkunde, Klinikum der Johann-Wolfgang-Goethe-Universität, Frankfurt/Main

Dr. H. Oberg
Institut für Immunologie und Serologie, Klinikum der Ruprecht-Karls-Universität, Heidelberg

Prof. Dr. G. Oehler
Zentrum für Innere Medizin, Klinikum der Justus-Liebig-Universität, Gießen

Dr. J. Oldenburg
Institut für Experimentelle Hämatologie und Transfusionsmedizin der Universität, Bonn-Venusberg

M. Orth
Kinderklinik, Klinikum der Albert-Ludwigs-Universität, Freiburg

Dr. J. Ortner
Kinderspital und Infektion, Allgemeines Österreichisches Landeskrankenhaus, Salzburg/Österreich

Priv.-Doz. Dr. J. Otte
Abteilung Pädiatrie, Stadtkrankenhaus, Wolfsburg

Prof. Dr. D. Paar
Abteilung für Klinische Chemie und Laboratoriumsdiagnostik, Zentrum für Innere Medizin, Universitätsklinikum der Gesamthochschule, Essen

Frau Doz. Dr. I. Pabinger-Fasching
1. Medizinische Universitätsklinik, Wien/Österreich

Frau Dr. R. Pasold
Medizinische Klinik, Bezirkskrankenhaus, Potsdam

Frau Dr. A. Pechlarner
Gerinnungslaboratorium, Universitätsklinik für Innere Medizin, Innsbruck/Österreich

Dr. Ch. Pechlarner
Gerinnungslaboratorium, Universitätsklinik für Innere Medizin, Innsbruck/Österreich

Frau Dr. H. Peschke
Bezirksinstitut für Blutspende- und Transfusionswesen, Halle

Dr. G. Pindur
Abteilung Klinische Hämostaseologie und Transfusionsmedizin, Universitätskliniken des Saarlandes, Homburg

Dr. H. Pohlmann
Abteilung Hämostaseologie, Medizinische Klinik Innenstadt der Ludwig-Maximilians-Universität, München

Dr. H. Pollmann
Abteilung für Hämostaseologie, Kinderklinik, Medizinische Einrichtungen der Westfälischen Wilhelms-Universität, Münster

Dr. K. T. Preissner
Abteilung für Hämostaseologie, Max-Planck-Gesellschaft, Kerckhoff-Klinik, Bad Nauheim

Dr. W. Prohaska
Institut für Laboratoriums- und Transfusionsmedizin, Herzzentrum Nordrhein-Westfalen, Bad Oeynhausen

Dr. H. Radinger
Kinderklinik, Medizinische Einrichtungen der Rheinischen Friedrich-Wilhelms-Universität, Bonn

Prof. Dr. K. Rak
2nd Department of Medicine, University Medical School, Debrecen/Ungarn

Dr. H. Ramschak
I. Medizinische Universitätsklinik, Graz/Österreich

Prof. Dr. H. Rasche
Medizinische Klinik I, Zentralkrankenhaus St.-Jürgen-Straße, Bremen

Frau Dr. B. Rath
Onkologische Ambulanz, Kinderklinik, Medizinische Einrichtungen der Westfälischen Wilhelms-Universität, Münster

Frau Dr. D. Richter
Zentrallabor, Bezirkskrankenhaus, Potsdam

Dr. M. Ries
Kinderklinik mit Poliklinik der Universität Erlangen-Nürnberg, Erlangen

M. Riewald
Medizinische Klinik und Poliklinik, Universitätsklinikum Rudolf Virchow, Berlin

Dr. J. Rockstroh
Medizinische Klinik, Medizinische Einrichtungen der Rheinischen Friedrich-Wilhelms-Universität, Bonn

Prof. Dr. H.-J. Rohwedder
Kinderabteilung, Städtische Krankenanstalten Ost, Flensburg

Dr. F. Rommel
Abteilung Hämostaseologie, Medizinische Klinik Innenstadt der Ludwig-Maximilians-Universität, München

Dr. G. Roosendaal
Van Creveldkliniek, Medisch Centrum Berg & Bosch, Bilthoven/Niederlande

Frau Dr. U. Roost
Bezirksinstitut für Blutspende- und Transfusionswesen, Schwerin

Frau Doz. Dr. Dr. A. Sakalova
Klinik für Hämatologie und Transfusiologie des Universitätskrankenhauses, Bratislava/CSFR

Dr. W. Sander
Bezirksinstitut für Blutspende- und Transfusionswesen, Schwerin

Dr. M. Scharnetzky
Kinderklinik, Klinikum Minden

Frau Prof. Dr. I. Scharrer
Abteilung für Angiologie, Zentrum der Inneren Medizin, Klinikum der Johann-Wolfgang-Goethe-Universität, Frankfurt/Main

Dr. H. Scheel
Medizinische Klinik, Karl-Marx-Universität, Leipzig

Frau Dr. E. Scheibel
Haemophilicentret, Rigshospitalet, Kobenhavn/Dänemark

Dr. H. Scheiring
Tiroler Gebietskrankenkasse, Innsbruck/Österreich

Prof. Dr. Kl. Schimpf
Heidelberg

Frau E. Schleithoff
Institut für Experimentelle Hämatologie und Transfusionsmedizin der Universität, Bonn-Venusberg

Frau Dr. U. Schlipköter
Max-von-Pettenkofer-Institut für Hygiene und Medizinische Mikrobiologie der Universität, München

Frau Dr. B. Schmeltzer
Kinderpoliklinik Drewitz, Bezirkskrankenhaus, Potsdam

Prof. Dr. R. Schmutzler
Wuppertal

Prof. Dr. K.-E. Schneweis
Institut für Medizinische Mikrobiologie und Immunologie der Universität, Bonn-Venusberg

Frau Dr. R. Schobess
Kinderklinik Kröllwitz, Martin-Luther-Universität Halle-Wittenberg, Halle

Prof. Dr. W. Schramm
Abteilung Hämostaseologie, Medizinische Klinik Innenstadt der Ludwig-Maximilians-Universität, München

Dr. W. Schröder
Institut für Medizinische Genetik, Ernst-Moritz-Arndt-Universität, Greifswald

Frau Dr. M. Schulz
Abteilung Blutspende- und Transfusionswesen, Ernst-Moritz-Arndt-Universität, Greifswald

Dr. J. Schuster
Immuno GmbH, Heidelberg

Dr. R. Schwaab
Institut für Experimentelle Hämatologie und Transfusionsmedizin der Universität, Bonn-Venusberg

Frau Dr. S. Schwarzer
III. Medizinische Universitätsklinik, Graz/Österreich

Doz. Dr. H.-L. Seewann
III. Medizinische Universitätsklinik, Graz/Österreich

Priv.-Doz. Dr. E. Seifried
Abteilung Innere Medizin III, Medizinische Klinik und Poliklinik der Universität, Ulm

Dr. J. Sohrt
Zentrum Kinderheilkunde, Medizinische Kliniken der Universität, Göttingen

Dr. M. Sosada
Abteilung Hämatologie und Onkologie, Zentrum Innere Medizin, Kliniken der Medizinischen Hochschule, Hannover

Frau Dr. E. Starck
Bezirksinstitut für Blutspende- und Transfusionswesen, Dresden

Frau Dr. E. Steichen-Gerstdorf
Universitätsklinik für Innere Medizin, Innsbruck/Österreich

Frau Dr. A. Steinbeck
Ärztin für Allgemeinmedizin, Bonn

Prof. Dr. L. Stigendal
Medical Clinic 2, Sahlgrenska Sjukhuset, Göteborg/Schweden

Frau Dr. R. Subert
Abteilung für Hämatologie und Onkologie, Klinik für Innere Medizin, Bezirkskrankenhaus, Schwerin

Dr. C. Süsal
Institut für Immunologie, Klinikum der Ruprecht-Karls-Universität, Heidelberg

Prof. Dr. A. H. Sutor
Abteilung Pädiatrische Hämatologie, Kinderklinik, Klinikum der Albert-Ludwigs-Universität, Freiburg

Dr. G. Syrbe
Hämatologische Abteilung, Klinik für Innere Medizin der Friedrich-Schiller-Universität, Jena

Prof. Dr. V. Tilsner
Abteilung für Blutgerinnungsstörungen, Chirurgische Klinik, Universitätskrankenhaus Eppendorf, Hamburg

Prof. Dr. J. Treuner
Abteilung Hämatologie und Onkologie, Pädiatrisches Zentrum, Olgahospital, Stuttgart

Frau Dr. B. Türk-Kraetzer
Ärztin für Kinderheilkunde, Oldenburg

Prim. Dr. W. Tulzer
Kinder- und Infektionsabteilung, Landes-Kinderkrankenhaus, Linz/Österreich

Dr. Zs. Vigh
Abteilung für Angiologie, Zentrum der Inneren Medizin, Klinikum der Johann-Wolfgang-Goethe-Universität, Frankfurt/Main

Prof. Dr. H. Vinazzer
Laboratorium für Blutgerinnung, Hämophiliezentrum, Linz/Österreich

Dr. W. Voerkel
Institut für Blutspende- und Transfusionswesen, Leipzig

Prof. Dr. G. Vogel
Abteilung für Hämostaseologie, Medizinische Klinik, Medizinische Akademie, Erfurt

Frau Dr. Z. Vorlova
Institut für Hämatologie und Bluttransfusion, Praha/CSFR

Dr. N. Wagner
Kinderklinik, Medizinische Einrichtungen der
Rheinischen Friedrich-Wilhelms-Universität, Bonn

Dr. Th. Wagner
Hämophilieambulanz, Kinderklinik, Städtische Krankenanstalten,
Delmenhorst

Dr. H. Wank
St.-Anna-Kinderspital, Wien/Österreich

Frau Dr. U. Wedemeyer
Medizinische Abteilung, Hauptpoliklinik, Bezirkskrankenhaus, Potsdam

Dr. M. Wehnert
Institut für Medizinische Genetik, Ernst-Moritz-Arndt-Universität,
Greifswald

Prof. Dr. G. Weissbach
Klinik für Kinderheilkunde, Medizinische Akademie „Carl-Gustav-Carus“,
Dresden

Dr. J. Weisser
Abteilung Pädiatrie, Südwestdeutsches Rehabilitationszentrum für Kinder
und Jugendliche, Neckargemünd

Dr. J. Wendisch
Klinik für Kinderheilkunde, Medizinische Akademie „Carl-Gustav-Carus“,
Dresden

Prof. Dr. E. Wenzel
Abteilung Klinische Hämostaseologie und Transfusionsmedizin,
Universitätskliniken des Saarlandes, Homburg

Dr. P. Wernet
Institut für Blutgerinnungswesen und Transfusionsmedizin,
Medizinische Einrichtungen der Heinrich-Heine-Universität, Düsseldorf

Dr. J. U. Wieding
Blutspendedienst, Zentrum Innere Medizin, Medizinische Klinik
und Poliklinik, Georg-August-Universität, Göttingen

Dr. F. Woitinas
Abteilung Hämatologie, I. Medizinische Abteilung,
Krankenhaus München-Schwabing, München

Dr. Th. Wüst
Institut für Transfusionsmedizin, Zentrum Innere Medizin,
Klinikum der Albert-Ludwigs-Universität, Freiburg

Frau Priv.-Doz. Dr. M. Wyss
Onco-Hématologue pédiatrique, Clinique de Pédiatrie,
Hôpital Cantonal Universitaire, Genève/Schweiz

Frau M. Zegner
Hämophilie-Ambulanz, Medizinische Universitätsklinik, Wien/Österreich

Dr. W. Zenz
Universitäts-Kinderklinik, Graz/Österreich

Frau Dr. B. Zieger
Kinderklinik, Klinikum der Albert-Ludwigs-Universität, Freiburg

Prof. Dr. R. Zimmermann
Rehabilitationsklinik und Hämophiliezentrum, Stiftung Rehabilitation,
Heidelberg

Frau Dr. I. Zimonyl
Hematology Department, Hospital for Children „Heim Pal",
Budapest/Ungarn

Frau S. Zipperle
Institut für Immunologie, Klinikum der Ruprecht-Karls-Universität,
Heidelberg

Begrüßung und Verleihung des Johann Lukas Schönlein-Preises

G. LANDBECK (Hamburg)

Meine sehr verehrten Damen und Herren,
liebe Kolleginnen und Kollegen,

es ist mir eine Freude, Sie alle hier in Hamburg zum 21. Hämophilie-Symposion zugleich im Namen von Frau Prof. SCHARRER und Herrn Prof. SCHRAMM herzlich willkommen zu heißen. Besonders begrüßen wir alle Kolleginnen und Kollegen aus unseren Nachbarländern, und ein ganz besonderer Gruß gebührt in diesem Jahr unseren Kolleginnen und Kollegen aus den neuen deutschen Bundesländern, die erstmals in großer Zahl ungehindert, also in freier Entscheidung, zu uns kommen konnten. Wir freuen uns mit Ihnen, daß Sie heute, an diesem Jahrestag des großen Durchbruchs, mit uns in Hamburg vereint sind und hoffen sehr, daß Sie sich hier wohlfühlen werden.

Meine Damen und Herren, allem voran ist es mir ein herzliches Anliegen, eines hervorragenden Kollegen und Freundes zu gedenken, der mit mir über 20 Jahre die wissenschaftliche Leitung dieser Hämophilie-Symposien getragen hat:

Am 19. Januar 1990 verstarb in München Professor Dr. med. Rudolf MARX, ehemaliger Leiter der Hämostaseologischen Abteilung der I. Medizinischen Universitätsklinik München, im 78. Lebensjahr.

Wir trauern um einen vorbildlichen Kollegen, dessen unermüdliches und außerordentlich verdienstvolles Wirken in der klinischen und experimentellen Hämostaseologie international hochgeachtet ist. Sein umfangreiches wissenschaftliches Werk war vor allem diesem Fachgebiet gewidmet, dem er selbst in seiner Habilitationsschrift diesen Namen gab.

Wir trauern um einen Kollegen, dem es gegeben war, auf diesem Fachgebiet umsichtig und frühzeitig kooperative Vereinigungen von Wissenschaftlern wie auch von Patienten auf den Weg zu bringen und mitzugestalten:

Im Jahr 1955 Gründung der Deutschen Arbeitsgemeinschaft für Blutgerinnungsforschung, deren Vorstandsmitglied er bis 1984, also bis zur Gründung der Nachfolgevereinigung, der Gesellschaft für Thrombose- und Hämostaseforschung gewesen ist. Im gleichen Jahr Gründung der Deutschen Hämophilie-Gesellschaft als Notgemeinschaft der Betroffenen, eine der ersten und tatkräftigsten Selbsthilfegruppen in unserem Lande, die ihm ein ganz besonderes Anliegen war und ihn in den Vorstand sowie 1984 zum Ehrenvorsitzenden gewählt hat.

Von 1969–1982 war er Mitveranstalter der von Thies und Zuckschwerdt gegründeten und seither von Tilsner und Matthias geleiteten Hamburger Symposien über Blutgerinnung, deren Ehrenpräsident er seit 1985 gewesen ist. Und von 1970 bis in seine letzten Tage ist er mir ein gestrenger, stets wohlinformierter, vorausschauender und ideenreicher Partner in der Planung und Durchführung unserer, vor allem auf die ärztliche Versorgung Blutungskranker ausgerichteten zentraleuropäischen Hämophilie-Symposien gewesen.

Rudolf Marx hat uns über Jahrzehnte geleitet und begleitet, Freude und Sorgen, Erfolge und Mißerfolge mit uns geteilt. Wir trauern um einen hilfreichen, beständigen väterlichen Freund, dem wir unser Gedenken stets bewahren werden.

Wir trauern auch um den 1. Preisträger des Johann Lukas Schönlein-Preises, der ihm 1977, anläßlich seines 65. Geburtstages für sein hervorragendes wissenschaftliches Gesamtwerk in einer unvergeßlichen Feierstunde verliehen worden ist. Es sind ihm weitere hohe Ehrungen zuteil geworden, aber geschenkt wurde ihm nichts, ist doch sein vielversprechender, hoffnungsvoller Weg als Hochschullehrer – wie bei nicht wenigen seines Alters – durch Kriegswirren und Härte der Nachkriegsjahre, also in entscheidenden Lebensjahren keineswegs leicht gewesen.

Schließlich aber, und nicht zuletzt: Wer von uns, die Rudolf Marx erlebt haben, sieht ihn nicht leibhaftig vor sich als einen phantasiebegabten, humorvollen, der Geisteswelt der Antike aufgeschlossenen und dem Barock seiner bayerischen Heimat zugetanen Redner auf geselligen Abenden unserer Symposien und Vereinigungen, den man nicht vergessen kann. Wir sind ärmer geworden. Wir haben einen schmerzlichen Verlust erlitten.

Meine Damen und Herren, um nun vor allem die neu hinzugekommenen Teilnehmer in unsere Veranstaltungsreihe einzuführen, sei noch einmal hervorgehoben, daß diese 1970 begonnenen Hämophilie-Symposien den Zweck verfolgen, über relevante neue Erkenntisse und Erfahrungen aus Klinik und Forschung auf dem Gebiet der hämorrhagischen und thrombophilen Diathesen zu informieren mit dem Ziel, die ärztliche Versorgung stetig zu optimieren.

Die erste Dekade unserer Symposien war geprägt durch verheißungsvolle Fortschritte in der Hämophilietherapie seit Einführung der Hochkonzentrate, der Selbstbehandlung, der Dauerbehandlung bei bestimmten Indikationen und der orthopädischen Rehabilitation, um nur das wichtigste zu nennen. Ende der 70er Jahre sollten dann jedoch mit Aufkommen erster Hinweise auf eine womöglich hohe Rate chronisch verlaufender Transfusionshepatitiden, wie vor allem aber Anfang 1983 mit ersten Beunruhigungen über mögliche AIDS-Erkrankungen Hämophiler, therapiebedingte lebenslimitierende Virusinfektionen zwangsläufig in den Vordergrund unserer Verhandlungen rücken und haben diese seither notgedrungen bei weitem dominiert. Sind inzwischen auch wesentliche Fortschritte in der Infektionssicherheit der Konzentrate zu verzeichnen, so zeigen doch die unerwarteten HIV-Infektionen Hämophiler im Frühjahr dieses Jahres, die einem als infektionssicher eingestuften und bereits langzeitig bewährten PPSB-Konzentrat angelastet werden, daß wir durchaus noch nicht am Ende dieser Diskussionen angelangt sind, die selbstverständlich auch den Infektionsverlauf und die Lebensbedrohung Infizierter einbeziehen müssen.

Mit den Themen des heutigen Nachmittags „HIV-Infektion" und „Transfusionshepatitis" werden wir also die Verhandlungen der Vorjahre fortsetzen, und es wird vielleicht für diejenigen, die bislang nicht dabei sein konnten, etwas schwierig sein, sich ohne entsprechendes Vorwissen zurechtzufinden. Um so mehr aber freut es uns, daß es dankenswerterweise wiederum gelungen ist, Frau Prof. Eibl vom Immunologischen Institut der Universität Wien, sowie Herrn Prof. Deinhardt und seine Mitarbeiter Herrn Prof. Gürtler, Frau Dr. Schlipköter und Herrn Privatdozent Dr. Jilg vom Max von Pettenkofer-Institut für Hygiene und Medizinische Mikrobiologie der Universität München als speziell kompetente Wissenschaftler wie vor allem aber auch langjährig mit uns und unseren Problemen Vertraute zur Diskussionsleitung bzw. zu Übersichtsreferaten zu gewinnen, was die Verhandlungen zweifellos erleichtern wird. Nicht minderen Dank schulden wir den Schweizer Kollegen, Herrn Prof. Grob und Herrn Prof. Lüthy aus dem Universitätsspital Zürich für ihre Bereitschaft, über aktuelle immunologische Aspekte bzw. über die Therapie der HIV-Infektion zu referieren. Beide Kollegen sind auf ihrem Fachgebiet international ausgewiesen, und wir heißen sie heute das erste Mal in unserem Kreise herzlich willkommen.

Morgen vormittag werden wir zunächst die Verhandlungen über mögliche unerwünschte Wirkungen gerinnungsaktiver Plasmapräparate mit dem II. Hauptthema „Nicht-infektiöse Nebenwirkungen" fortsetzen, das vor allem neue hochgereinigte Faktorenkonzentrate berücksichtigen wird. Wir freuen uns, hierzu Frau Prof. Lusher aus Detroit/USA mit einem Referat „Management of hemophiliacs with inhibitors" gewonnen zu haben. Prof. Lusher, we welcome you in Hamburg, and we are very glad to see you here with us.

Als nächstes Hauptthema folgt die Thrombophilie. Es wird sich den angeborenen bzw. hereditären thrombophilen Diathesen zuwenden, und wir sind dankbar, daß sich die Dozentinnen Frau Hach-Wunderle aus Frankfurt und Frau Pabinger-Fasching aus Wien sowie Herr Kollege Preissner aus Bad Nauheim zu Übersichts-Referaten bereit erklärt haben.

Morgen nachmittag werden wir dann Vorträge zur Diagnostik hämorrhagischer und thrombophiler Diathesen hören und unsere Tagung schließlich traditionell mit einer Reihe hochinteressanter Freier Vorträge über spezielle Probleme angeborener und erworbener Hämostasestörungen abschließen.

Meine Damen und Herren, in diesem Jahr, also mit Einstieg in das dritte Jahrzehnt unserer Symposien, haben wir einen bei der Planung dieser Veranstaltung nicht vorauszusehenden hohen Zuwachs der Teilnehmerzahl um mehr als 30% zu verzeichnen. Entsprechend enger ist es in diesem Raum geworden. Entsprechend groß war die Zahl der Vortragsanmeldungen, die bei strenger Beachtung der vorgegebenen Verhandlungsthemen Ablehnungen erforderte, wie zum anderen zur Festlegung kurzer Redezeiten, zur Vorverlegung des Tagungsbeginns, zum späten Sitzungsende an beiden Tagen sowie zu kurzen Sitzungspausen führen mußte. So bitten wir um Verständnis für diese Disziplinierungen und alle Redner um Einhaltung der ihnen zugebilligten Redezeit.

Der Firma IMMUNO, insbesondere Herrn Dr. SCHUSTER und seinen Mitarbeiterinnen und Mitarbeitern, gilt unser aller Dank für hervorragende organisatorische Leistungen und finanzielle Unterstützung dieser Tagung, vor allem aber auch für umsichtige Planungen, die es ermöglicht haben, einer sprunghaft angestiegenen Teilnehmerzahl noch gerecht zu werden und die Drucklegung des Vorjahressymposions zu besorgen.

Wir danken schließlich allen noch nicht genannten Moderatoren und Referenten aus unserem speziellen Arbeitsgebiet für ihre Bereitschaft zur Mitgestaltung des Symposions sowie allen Kolleginnen und Kollegen, die mit Vorträgen das Programm bestreiten werden.

Ich wünsche uns allen eine erfolgreiche Tagung und eröffne das 21. Hämophilie-Symposion mit einer erfreulichen und ehrenvollen Aufgabe, die mir als Vorsitzenden der JOHANN LUKAS SCHÖNLEIN-STIFTUNG zufällt, nämlich die Verleihung des

JOHANN LUKAS SCHÖNLEIN-PREISES 1990

vorzunehmen.

Dieser Wissenschaftspreis ist 1977 von der Firma IMMUNO GmbH Heidelberg gestiftet worden und wird in diesem Jahr zum neunten Mal verliehen. Die Stiftung wird vom Stifterverband für die Deutsche Wissenschaft betreut. Über die Preisvergabe entscheidet ein unabhängiges Kuratorium von Wissenschaftlern zusammen mit einem Vertreter des Stifterverbandes nach dem im Stiftungsinstitut festgelegten Zielen:

„Die Stiftung dient der Förderung der klinischen Forschung auf dem Gebiet chronischer Blutungskrankheiten, insbesondere der Hämophilie und verwandter Blutgerinnungsstörungen.
Sie dient ausschließlich und unmittelbar gemeinnützigen Zwecken und erfüllt diese durch Vergabe des Johann Lukas Schönlein-Preises für hervorragende wissenschaftliche Arbeiten. Der Preis soll dem Wohl der von chronischen Blutungskrankheiten betroffenen und oft schwer geprüften Menschen dienen.“

Von den eingereichten Bewerbungen hat das Kuratorium einstimmig die aus dem Institut für Medizinische Genetik der Ernst-Moritz-Arndt-Universität Greifswald stammende Arbeit „Molekulargenetik und genomische Diagnostik der Hämophilie A“ von Prof. Falko HERRMANN, Dr. Manfred WEHNERT und Frau Dr. Winnie SCHRÖDER gewählt.

Die Arbeit dieser Preisträger 1990 enthält wesentliche weiterführende und klinisch relevante Ergebnisse molekulargenetischer Studien zur genomischen Diagnostik der Hämophilie aus den Jahren 1988–1990, deren Veröffentlichung bereits in international geachteten Zeitschriften erfolgte bzw. in Kürze zu erwarten ist. Die Studien dokumentieren einen hochqualifizierten Stand molekulargenetischer Methodik, der nicht zuletzt auch eine weitere erfolgreiche Arbeit auf diesem Gebiet der Hämophilie-Forschung erwarten läßt. Einen Einblick werden wir durch einen Vortrag dieser Arbeitsgruppe im Laufe des Symposions erhalten, so daß ich mich hier kurz fassen kann. Wir freuen uns mit Ihnen, Herr Herrmann, Herr Wehnert und Frau Schröder, und gratulieren herzlich.

I. Therapiebedingte Virusinfektionen bei Hämophilen

1. HIV-Infektion

Diskussionsleitung:

F. Deinhardt (München)
M. Eibl (Wien)
G. Landbeck (Hamburg)

Todesursachen und AIDS-Erkrankungen Hämophiler in der BRD 1980–1990

G. Landbeck (Hamburg)

Um möglichst für alle Anwesenden verständlich zu sein, möchte ich zunächst noch einmal auf die wesentlichen Grundlagen und Ergebnisse unserer jährlichen Erhebungen zur Todesursachenstatistik und HIV-Infektion Hämophiler eingehen [3, 4, 5, 6, 7, 8].

Nach ersten Hinweisen aus den USA auf eine mögliche Übertragung der AIDS-Erkrankung durch Blut und Blutpräparate [1] haben wir 1983 begonnen, die Todesursachen der seit 1980 verstorbenen Hämophilen möglichst bundesweit zu erfassen. Es galt also der beunruhigenden Frage nachzugehen, ob und in welcher Häufigkeit diese, als rasch tödlich verlaufend beschriebene, neue Krankheit durch importierte Gerinnungsfaktorenkonzentrate bzw. Plasmapräparate auch in unserem Lande aufgetreten ist, da selbst europäische Firmen zur Konzentratproduktion einen hohen Anteil an Plasma aus den USA verwenden. Diese Erhebungen haben wir jährlich weitergeführt und nach Einführung der HIV-Antikörper-Testverfahren am 1. Oktober 1985 dann erstmals 1987 erweitert auf die Erfassung aller HIV-infizierten Hämophilen (Tabelle 1).

Daran beteiligt haben sich 47 Behandlungseinrichtungen der Bundesrepublik Deutschland, deren Vertreter sich jährlich auf unseren Hämophilie-Symposien einfinden. Gemeldet wurden insgesamt 2476 Patienten. Das entspricht zweifellos nicht der Zahl aller in der Bundesrepublik lebenden Hämophilen, doch erlaubt diese große Gruppe repräsentative Aussagen. Der Anteil HIV-infizierter Hämophiler beträgt 47,6%. Die Verteilung der Infizierten auf die Hämophilie A und B entspricht mit 87% bzw. 13% in etwa der Häufigkeitsverteilung beider Hämophilieformen, so daß davon auszugehen ist, daß Faktor VIII- wie auch IX-Konzentrate vor Einführung von Virusinaktivierungsverfahren im gleichen Ausmaß kontaminiert und infektiös gewesen sind. Das ergibt sich auch aus den annähernd gleichen Anteilen HIV-Infizierter in den Schweregra-

Tabelle 1. Erfassung therapiebedingter HIV-Infektionen bei Hämophilen der BRD 1987 [6]

Gesamtzahl:	2476 Pat.
– Anti-HIV-1-neg.:	1304 Pat.
– Anti-HIV-1-pos.:	1172 Pat. (47,6%)
– Hämophilie A:	1024 Pat. (87,4%)
– Hämophilie B:	148 Pat. (12,6%)

Tabelle 2. Verteilung HIV-infizierter Hämophiler auf Krankheitstyp und Schweregrad, BRD 1987 [6]

Gruppe	Hämophilie A	Hämophilie B
schwer	60 %	61 %
mittelschwer	25 %	32 %
leicht	6 %	8 %

den beider Hämophilietypen (Tabelle 2). Der mit dem Schweregrad stark zunehmende Anteil HIV-Infizierter erklärt sich durch den unterschiedlichen Konzentratverbrauch, der bei schwerer Hämophilie bekanntlich am höchsten ist. Mit diesen außerordentlich belastenden Ergebnissen mußten wir also zur Kenntnis nehmen, daß nahezu die Hälfte der Hämophilen unseres Landes in den Jahren bis 1985, also bis zur Einführung weitgehend verläßlich HIV-inaktivierter Faktorenkonzentrate, eine therapiebedingte HIV-Infektion erlitten hat. Auch aus anderen westeuropäischen Nachbarländern ist über eine vergleichbar ähnliche Infektionshäufigkeit berichtet worden.

Kommen wir nun zu den Umfrageergebnissen dieses Jahres und zur Fortschreibung unserer Statistiken. So möchte ich mich zunächst bei allen Kolleginnen und Kollegen für die wiederum gute Zusammenarbeit und arbeitsaufwendige Mitarbeit sehr herzlich bedanken.

Die Erhebungen beziehen sich auf die Zeit Oktober 1989 bis Oktober 1990. In diesem Jahr sind 57 Todesfälle gemeldet worden (Tabelle 3) mit einem wiederum hohen Anteil an AIDS Verstorbenen von 75 %. 5 Patienten verstarben an dekompensierter Lebercirrhose, 3 an intrakraniellen Blutungen und jeweils 1 oder 2 an malignen Neubildungen, sonstigen inneren Krankheiten, durch Unfall oder Suicid.

Eingebunden in die seit 1980 geführte Todesursachenstatistik (Tabelle 4) ergibt sich jetzt eine Gesamtzahl von 340 Todesfällen. Von diesen sind 89 % der Hämophilie A und 11 % der Hämophilie B zuzuordnen, womit sich der im Vorjahr vermutete Trend einer Verschiebung zur Hämophilie A wieder abzuschwächen scheint. Der relativ hohe Anteil der Todesfälle mit schwerer Hämo-

Tabelle 3. Todesursachen Hämophiler im Erfassungsjahr X/1989–X/1990

AIDS	43
Blutung	3
Lebercirrhose	5
Malignome	1
sonst. inn. Krankh.	2
Unfall	2
Suicid	1
	57

Tabelle 4. Verstorbene Hämophile in der BRD im Zeitraum I/1980–X/1990

Gesamtzahl: 340		
– davon	Hämophilie A:	303 (89%)
	Hämophilie B:	37 (11%)
– davon	schwere H.:	291 (85%)
	mittelschw. H.:	26 (8%)
	leichte H.:	20 (6%)
	Sub.-H.:	3 (1%)

Tabelle 5. Todesursachen Hämophiler der BRD im Zeitraum I/1980–X/1990

1. AIDS	191	(56,2%)
2. Blutung	58	(17,1%)
3. Lebercirrhose	45	(13,2%)
4. Malignome	13	(3,8%)
5. sonst. inn. Krankh.	21	(6,2%)
6. Unfall	6	(1,7%)
7. Suicid	5	(1,5%)
8. Droge	1	(0,3%)
Gesamt	340	

philie von 85% ist im wesentlichen auf die dominierende Todesursache AIDS zurückzuführen.

Die Aufgliederung dieser 340 Todesfälle nach Todesursachen (Tabelle 5) ergibt jetzt folgende Verteilung: 191 bzw. 56% sind an AIDS verstorben, 2 davon an einem Kaposi-Sarkom und 10 an einem Non-Hodgkin-Lymphom. 17% verstarben infolge von Blutungen (überwiegend intrakranielle Blutungen) und 13% an dekompensierter Lebercirrhose als Endzustand einer chronischen Transfusionshepatitis. 4% verstarben an malignen Neoplasien und 6% an sonstigen inneren Krankheiten, die keinen Bezug zur HIV-Infektion erkennen lassen. Weiterhin sind 6 Tote durch Unfall, 5 durch Suicid und 1 Drogentoter zu verzeichnen. Rechnet man die Todesfälle an AIDS und Lebercirrhose zusammen, so ergibt sich, daß 69% an therapiebedingten Nebenwirkungen verstorben sind. Das unterstreicht erneut die Notwendigkeit infektionssicherer Konzentrate und nach dem derzeitigen Stand dieser Entwicklung auch den verläßlichen Ausschluß einer Hepatitis C bzw. Non A/Non B-Infektion.

Betrachten wir nun die Entwicklung der AIDS-Todesfallzahlen (Tabelle 6), so ist – wie bereits bekannt – eine jährliche Verdoppelung in den Jahren 1984 bis 1987 und seither eine weitgehend gleichbleibende Todesfallzahl zu erkennen. Dieser schon im letzten Jahr vermutete Trend hat sich also fortgesetzt. Von den 191 an AIDS-Verstorbenen sind 15 Inhibitorpatienten gewesen. Das entspricht einem Anteil von 8% und dürfte kaum als besonders auffällig einzustufen sein. Die Zahl der an anderen – also nicht AIDS-bedingten –

Tabelle 6. AIDS-Todesfälle und andere Todesursachen 1980–1990

	AIDS	Andere	Insgesamt
1980		11	11
1981		12	12
1982	(1)	13	14
1983		12	12
1984	4	14	18
1985	7	12	19
1986	15	15	30
1987	36	12	48
1988	43	15	58
1989	42	19	61
1990	43	14	57
	191	149	340

Todesursachen Verstorbenen ist im übrigen über die Jahre recht konstant geblieben. Im Mittel sind es 13,5 Patienten pro Jahr.

Bezüglich der in den letzten Jahren gleich gebliebenen Fallzahlen an AIDS Verstorbener sind die Zahlen der seit 1987 jährlich zusätzlich erfaßten und wiedererfaßten ARC- und AIDS-Erkrankten (Tabelle 7), also der zum Zeitpunkt der Erhebung lebenden Patienten, die der CDC-Gruppe IV, A bis E, zuzuordnen sind, von besonderem Interesse. Die hier aufgeführten Zahlen enthalten also nicht nur Neumanifestationen im Berichtsjahr, sondern auch länger Überlebende aus dem Vorjahr bzw. den Vorjahren, so daß ein und derselbe Patient in mehr als einer Jahreszahl enthalten sein kann, was auch mit Verbesserung der AIDS-Therapie eher zunehmend erwartet werden muß. Lassen unsere Erfassungen auch keine sichere Trennung von Altfällen und jährlichen Neumanifestationen zu, so ist doch erkennbar, daß auch diese Zahlen in den letzten Jahren nahezu gleich geblieben sind, also keine sprunghafte Veränderung eingetreten ist. Der Anteil jährlicher Neumanifestationen dürfte etwa 50–60% der hier angegebenen Zahlen betragen, doch ist diese Angabe mit Vorbehalt zu sehen.

Die nächste Abbildung (Tabelle 8) aktualisiert noch einmal die Antwort auf die schon im Vorjahr nach dem Artikel von Goedert und Mitarbeitern [2] aufgekommene Frage des Risikofaktors Lebensalter bei HIV-Infektion. Wenn man die zuletzt 1989 erfaßte Gesamtzahl HIV-Infizierter und deren Altersverteilung zugrunde legt, so ergibt sich, daß der Anteil an AIDS Verstorbener in der Altersgruppe der über 35jährigen doppelt so hoch wie bei den 17-34jährigen liegt und das Dreifache des Anteils Verstorbener der unter 16jährigen beträgt. Unsere Aussage vom Vorjahr findet damit weiterhin eine Bestätigung.

Doch kehren wir noch einmal zu den in diesem Jahr gemeldeten 133 Krankheitsfällen der CDC-Gruppe IV zurück (Tabelle 9). 30 Patienten sind der Gruppe CDC IV-A,B (bzw. dem ARC), also dem Wasting-Syndrom oder der HIV-Encephalopathie, zuzuordnen und 103 Patienten der Gruppe IV-C bis -E,

Tabelle 7. Zahl der jährlich erfaßten ARC- und AIDS-Fälle in der BRD seit 1987

	Lebende	Verstorbene	Gesamt
Stand X/1987	120	36	156
Stand X/1988	139	43	182
Stand X/1989	141	42	183
Stand X/1990	133	43	176

Tabelle 8. Alter als Risikofaktor der HIV-Infektion Hämophiler, BRD

HIV-Infizierte (1989):	1165
– AIDS-Verstorbene:	191 (16,3%)
– Verteilung auf Altersgruppen:	
< 16 J.	14/146 (9,6%)
17–34 J.	92/709 (12,9%)
> 35 J.	85/310 (27,4%)

Tabelle 9. Zahl der 1990 gemeldeten hämophilen Patienten mit ARC bzw. AIDS

CDC IV-A, -B:	30
CDC IV-C bis -E	103
	133

die das sog. „Vollbild" des AIDS aufweisen mit ausgeprägtem Immundefekt und gravierenden Folgekrankheiten, unter denen die Pneumocystis carinii-Pneumonie auch weiterhin die erste Stelle einnimmt.

Der vor allem bei Hämophilen zweifellos nicht unerheblichen Problematik der Thrombozytopenie haben wir uns bereits in vorangehenden Symposien zugewandt und werden dieses Thema auf mehrfachen Wunsch im nächsten Jahr erneut aufgreifen. Hierzu möchte ich heute nur darauf hinweisen, daß 18% der in diesem Jahr erfaßten Patienten der CDC-Gruppe IV eine Thrombozytopenie aufweisen, fast regelhaft verbunden mit einer Leukozytopenie und deutlich verminderten T4-Zellzahlen. Wesentlich seltener wird eine Thrombozytopenie beim Lymphadenopathie-Syndrom wie auch bei asymptomatischen Patienten gefunden und löst bisweilen Unsicherheiten in der Zuordnung zu bestimmten CDC-Gruppen aus.

Abschließend (Tabelle 10) können wir nach dem heutigen Stand unserer Erfassung HIV-infizierter Hämophiler feststellen, daß bislang 324 Patienten der CDC-Gruppe IV-A bis -E, also dem ARC und AIDS zuzuordnen sind. Bezogen auf die zuletzt im Vorjahr kontrollierte Gesamtzahl HIV-infizierter Hämophiler beträgt der Anteil dieser Gruppe 28%. Die Zahl der Patienten in

Tabelle 10. Gesamtzahl der bis 1990 erfaßten hämophilen Patienten mit ARC bzw. AIDS

Insgesamt:	324 Pat. (28% von 1165 HIV-Infizierten)
– davon	
Lebende:	133 (41%)
Verstorbene:	191 (59%)

CDC-Gruppe III bzw. mit Lymphadenopathie-Syndrom ist nicht mit zureichender Sicherheit zu nennen, doch dürfte sie etwa 6–8% betragen. So können wir also davon ausgehen, daß nach einer Infektionsdauer von jetzt 5–10 Jahren knapp 2/3 der Infizierten noch asymptomatisch geblieben sind.

Literatur

1. Goedert JJ, Kessler CM, Aledort LM et al (1989) A prospective study of human immunodeficiency virus type 1 infection and the development of AIDS in subjects with hemophilia. N Engl J Med 321:1141
2. Centers for Disease Control (1982) Update on acquired immunodeficiency syndrome (AIDS) among patients with hemophilia. Morbid Mortal Weekly Rep 31:644
3. Landbeck G (1986) Therapiebedingte Virusinfektionen bei Hämophilen. Entwicklung und derzeitiger Stand der Erkenntnisse: Todesursachenstatistik 1978–1984. In: Landbeck G, Marx R (Hrsg.) 2. Rundtischgespräch: Therapiebedingte Infektionen und Immundefekte bei Hämophilen. 15. Hämophilie-Symposion Hamburg 1984. Springer-Verlag, Berlin Heidelberg New York London Paris Tokyo, S. 7
4. Landbeck G (1986) LAV/HTLV III-Infektion Hämophiler und Definitionsprobleme der Risikoklassifizierung. Todesursachen Hämophiler in der Bundesrepublik Deutschland 1978–1985. In: Landbeck G, Marx R (Hrsg.) 16. Hämophilie-Symposion Hamburg 1985. Springer-Verlag, Berlin Heidelberg New York London Paris Tokyo, S. 5
5. Landbeck G (1987) Todesursachenstatistik und symptomatische HIV-Infektion Hämophiler 1986. In: Landbeck G, Marx R (Hrsg.) 17. Hämophilie-Symposion Hamburg 1986. Springer-Verlag, Berlin Heidelberg New York London Paris Tokyo, S. 7
6. Landbeck G (1988) Todesursachenstatistik, AIDS-Erkrankungen und Erfassung HIV-1-infizierter Hämophiler der Bundesrepublik Deutschland. In: Landbeck G, Marx R (Hrsg.) 18. Hämophilie-Symposion Hamburg 1987. Springer-Verlag, Berlin Heidelberg New York London Paris Tokyo, S. 11
7. Landbeck G (1989) Todesursachenstatistik und AIDS-Erkrankungen Hämophiler in der Bundesrepublik Deutschland 1988. In: Landbeck G, Marx R (Hrsg.) 19. Hämophilie-Symposion Hamburg 1988. Springer-Verlag, Berlin Heidelberg New York London Paris Tokyo, S. 11
8. Landbeck G (1990) Entwicklung der Todesursachenstatistik und AIDS-Erkrankungen Hämophiler in der Bundesrepublik Deutschland 1980–1989. In: Landbeck G, Marx R, Scharrer I, Schramm W (Hrsg.) 20. Hämophilie-Symposion 1989. Springer-Verlag, Berlin Heidelberg New York London Paris Tokyo, S. 9

Verlauf der HIV-Infektion bei Anti-HIV-positiven Hämophilen

W. Schramm, H. Pohlmann, R. Puchta, F. Rommel (München)

Einflüsse auf den Ausbruch von AIDS

Der Verlauf der HIV-Infektion läßt sich am besten bei Patienten untersuchen, deren Serokonversionen gut dokumentiert sind. Dazu bieten sich Hämophile an, da sie ein gut untersuchtes Kollektiv darstellen, bei dem auch retrospektive Untersuchungen an eingefrorenem Plasma vorgenommen werden können. Der Großteil der HIV-Infektionen bei Hämophilen erfolgte vor Ende 1983, da später die Virusinaktivierungsmaßnahmen von Plasmaprodukten weitere Infektionen praktisch verhinderten. Man hat daher bei Hämophilen gute Anhaltspunkte über die Dauer der HIV-Infektion und kann davon ausgehen, daß die Anti-HIV-positiven Patienten 1990 seit mindestens 6 Jahren infiziert waren. Da Hämophile in den USA und Europa überwiegend mit denselben Plasmaprodukten versorgt wurden, kann man zeigen, daß die Verläufe der HIV-Infektion bei Hämophilen ähnlich sind (Tabelle 1).

Die mittlere Inzidenz von AIDS bei Anti-HIV-positiven Hämophilen in verschiedenen Studien in Europa und USA ist von 1988 bis 1989/90 von etwa 15% auf 30% angestiegen (Tabelle 1).

Tabelle 1 zeigt ganz deutlich die Abhängigkeit des Ausbruchs von AIDS von der Dauer der HIV-Infektion. Verschiedene Studien belegen eine stetige Zunahme der AIDS-Erkrankungen bei länger bestehender HIV-Infektion (Tabelle 2). Dabei stieg die Zahl der an AIDS erkrankten Anti-HIV-positiven Hämophilen im Mittel von etwa 10% nach 4 Jahren auf über 30% nach mehr als 7 Jahren Infektionsdauer an.

Tabelle 1. Inzidenz von AIDS bei Anti-HIV-positiven Hämophilen

	n	1988	1989/90
USA (CDC)	598	12%	
USA (NIH)	319		32%
Bonn	306	11%	
London	112	20%	
Schweden	98	9%	
Pennsylvania	84		36%
Wien	50	18%	
München	97		20%

Tabelle 2. Kumulativrisiko für die Entwicklung von AIDS 4, 6 und 7 Jahre nach Serokonversion

	n	4 Jahre	6 Jahre	>7 Jahre
USA (NIH)	319	9%	20%	25%
Hershey, Pennsylvania	84	8%	22%	22%
Pittsburgh, Pennsylvania	84	12%	28%	49%
London	59	9%	15%	40%
München	97	12%	19%	21%

Neben der Dauer der HIV-Infektion scheint das Alter des Patienten für den Ausbruch von AIDS eine große Rolle zu spielen. GOEDERT et al. konnten 1989 zeigen, daß das kumulative Risiko an AIDS zu erkranken bei älteren Patienten deutlich erhöht ist. Verschiedene Studien anderer Hämophiliezentren (LEE et al. 1989; RAGNI and KINGSLEY 1990) in den USA und Europa konnten diesen Trend bestätigen. Auch in unserem Kollektiv zeigte sich eine deutliche Abhängigkeit des kumulativen Risikos an AIDS zu erkranken vom Alter der Patienten. Über 30 Jahre alte Patienten erkrankten signifikant häufiger an AIDS als jüngere (Abb. 1).

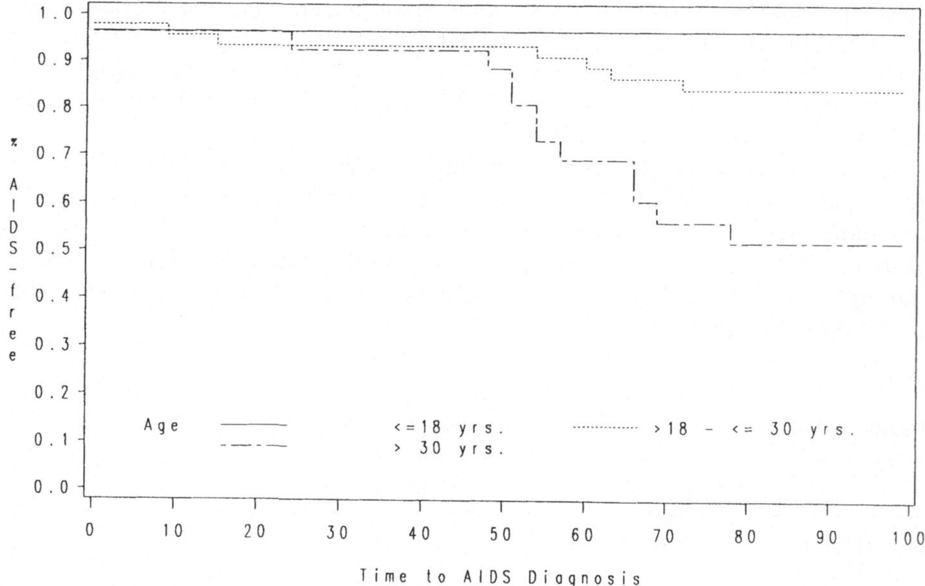

Abb. 1. Kaplan-Meier-Plot über das kumulative Risiko von AIDS bei 98 Patienten in Abhängigkeit vom Alter der Patienten

Immunologische Untersuchungen zum Verlauf der HIV-Infektion

Der Westernblot in der HIV-Diagnostik dient der quantitativen Antikörperbestimmung. Das dynamische Muster des Westerblots läßt Rückschlüsse auf den Verlauf der HIV-Infektion zu. Man kann die Anti-HIV-positiven Patienten nach dem Muster ihres Westernblots in zwei Gruppen einteilen. Typ I entwikkelt nach der Serokonversion Antikörper gegen alle Virusproteine, d.h. der Westernblot zeigt alle Banden, während Typ II nur gegen einige der Virusproteine Antikörper entwickelt, was sich in einem unvollständigen Westernblot äußert. Bei 31 Anti-HIV-positiven Hämophilen wurden 14 Patienten dem Typ I (vollständiger Westernblot) und 17 dem Typ II (unvollständiger Westernblot) zugeordnet (Tabelle 3). Obwohl bei den Patienten vom Typ I die Infektion im Mittel bereits länger bestand, wurden im Beobachtungszeitraum nur 7,1% symptomatisch, während bei den Patienten des Typs II 47,1% Symptome zeigten (Tabelle 3).

Während asymptomatische Anti-HIV-positive Hämophile praktisch keine Westernblot-Banden verlieren, zeigte Weigl (1990) an 9 AIDS-Patienten, daß bestimmte Marker verloren wurden. In unserem Patientenkollektiv zeigte sich mit 67% eine hohe Verlustrate der Anti-p16-Bande im Westernblot. Eine weitere prognostisch ungünstige Bande scheint nach unseren Ergebnissen die Anti-p39-Bande zu sein, die ebenfalls bei 67% der AIDS-Patienten verloren ging (Tabelle 4).

Tabelle 3. Abhängigkeit des Ausbruchs von AIDS vom Typ des Westernblots

	Typ I (n = 14)	Typ II (n = 17)
Mittlere Dauer der Infektion	4,2 Jahre	3,0 Jahre
Mittlere Faktorensubstitution 1986	64000 E	57000 E
symptomatisch	7,1%	47,1%

Tabelle 4. Westernblotbanden von 12 Hämophilen zum Zeitpunkt der Diagnose AIDS

Bande	vorhanden bei		fehlt bei	
p 16	4	(33%)	8	(67%)
p 24	7	(58%)	5	(42%)
p 32	7	(58%)	5	(42%)
p 39	4	(33%)	8	(67%)
p 51	6	(50%)	6	(50%)
p 55	8	(67%)	4	(33%)
p 66	8	(67%)	4	(33%)
gp 41	11	(92%)	1	(8%)
gp 120	9	(75%)	3	(25%)

Fünf der oben beschriebenen 12 AIDS-Patienten verstarben innerhalb der nächsten 12 Monate. Alle diese fünf Patienten hatten zum Zeitpunkt ihrer AIDS-Diagnose sowohl die Anti-p16- wie auch die Anti-p39-Bande im Westernblot verloren. Diese beiden Banden scheinen also nicht nur für den Ausbruch von AIDS prognostisch ungünstig zu sein, sondern auch für die Lebenserwartung nach der Diagnosestellung.

Klinische Diagnose von AIDS

Eine Untersuchung über die Manifestation von AIDS in Pennsylvania an 30 Hämophilen (Ragni and Kingsley 1990) zeigte, daß PCP mit 46% die häufigste und Wasting Syndrom oder Dementia mit 27% die zweithäufigste Erstdiagnose waren. Diese Untersuchung konnte an unserem Kollektiv von 21 an AIDS erkrankten Hämophilen nicht bestätigt werden. Auch in unserem Kollektiv war PCP mit 38% eine führende Erstdiagnose. Genauso häufig war die Soor-Ösophagitis mit 38%, während Wasting Syndrom oder Dementia in keinem Fall die Erstdiagnose darstellten (Tabelle 5).

Bei Ragni und Kingsley (1990) zeigten die Erstdiagnosen deutliche Unterschiede in Abhängigkeit vom Alter der Patienten. Während bei den 19 jüngeren Patienten (≤40 Jahre) bei 53% PCP und nur bei 11% Wasting Syndrom oder Dementia die Erstdiagnose darstellten, überwog bei den 11 älteren Patienten (>40 Jahre) Wasting Syndrom oder Dementia mit 55% die PCP mit nur 36% als Erstdiagnose. In unserem Kollektiv zeigte sich auch dieser Altersunterschied nicht, da bei beiden Altersgruppen die PCP die führende Erstinfektion war (Tabelle 6).

Tabelle 5. Diagnosen bei 21 AIDS-Patienten

Diagnose	n	
Pneumocystis carinii Pneumonie	8	(38%)
Soor-Ösophagitis	8	(38%)
Progressive multifokale Leukencephalopathie	2	(5%)
Cryptococcose, cerebral	1	(1%)
Toxoplasmose, cerebral	1	(1%)
Lymphom	1	(1%)

nach CDC-Kriterien

Tabelle 6. Erstdiagnose von AIDS bei 21 Hämophilen über und unter 40 Jahre

Erstdiagnose	Alter ≤ 40 Jahre n = 14		Alter > 40 Jahre n = 7	
PCP	5	(36%)	3	(43%)
Wasting Syndrom/Dementia	–		–	
sonstige	9	(64%)	4	(57%)

HIV-assoziierte Nephropathie

Ein weiteres, wenn auch seltenes Phänomen das mit der HIV-Infektion assoziiert ist, ist die Nephropathie. Histopathologisch findet sich dabei an den Glomeruli eine focale Sklerose, hinzu kommt im Verlauf eine tubuläre Nekrose, mikrocystische tubuläre Dilatationen sowie interstitielle Entzündungszeichen und Ödeme. Mit einer sehr empfindlichen, nicht invasiven Methode (Tabelle 7) wurden 55 Anti-HIV-positive und als Kontrollgruppe 20 Anti-HIV-negative Hämophile untersucht.

Insgesamt zeigten die Anti-HIV-positiven Hämophilen bei dieser Untersuchung etwas häufiger Auffälligkeiten als die Anti-HIV-negativen (Tabelle 8). Der einzig signifikante Unterschied zwischen beiden Gruppen waren aber die erhöhten IgG-Werte im Urin bei den Anti-HIV-positiven Hämophilen (Tabelle 8).

Zeichen einer diskreten glomerulären Dysfunktion treten daher bei HIV-infizierten Hämophilen nicht signifikant häufiger auf als bei nicht infizierten. Allerdings zeigten Anti-HIV-positive Hämophile signifikant häufiger eine Erhöhung der IgG-Ausscheidung als Anti-HIV-negative Hämophile, was auf eine häufiger vorkommende nichtselektive Proteinurie oder glomeruläre Dysfunktion schließen ließe.

Tabelle 7. Untersuchungen zur Nephropathie

Untersuchung	Störung
Albumin	Veränderungen der Porengröße in der Basalmembran glomeruläre Dysfunktion
IgG im Urin	nichtselektive Proteinurie glomeruläre Dysfunktion
α-1-Mikroglobulin	Störungen der tubulären Reabsorption von niedermolekularen Proteinen tubuläre Schäden
N-Acetylglucosaminidase (NAG)	Schäden des proximalen Tubulus

Tabelle 8. Auffälligkeiten bei den Untersuchungen

	Anti-HIV-negativ (n = 20)	Anti-HIV-positiv (n = 55)
Albumin	2 (10%)	6 (11%)
IgG im Urin	2 (10%)	*11 (20%)
α-1-Mikroglobulin	–	1 (2%)
N-Acetylglucosaminidase (NAG)	–	2 (4%)

* $p > 0.05$

Literatur

Brühwiler J, Lüthy R et al (1989) Spontanverlauf und Laborparameter bei HIV-Infektion. Dtsch med Wschr 114:1015–1020

Eyster ME, Gail MH et al (1987) Natural history of human immunodeficiency virus infections in hemophiliacs: effects of t-cell subsets, platelet counts and age. Ann Int Med 107 (1):1–6

Gieseke J, Scalia-Tomba G et al (1988) Incidence of symptoms and AIDS in 146 swedish haemophiliacs and blood transfusion recipients infected with human immunodeficiency virus. BMJ 297:99–102

Goedert JJ, Kessler CM et al (1989) A prospective study of human immunodeficiency virus type 1 infection and the development of AIDS in subjects with hemophilia. New Engl J Med 321 (17):1141–1147

Jason J, Lui K-J et al (1989) Risk of developing AIDS in HIV-infectec cohorts of hemophilic and homosexual men. JAMA 261 (5):725–727

Kamradt T, Niese D et al (1989) Natural History of HIV-infection in hemophiliacs: clinical, immunological and virological findings. Klin Wochenschr 17:1033–1041

Lee CA, Phillips A et al (1989) The natural history of immunodeficiency virus infection in a haemophilic cohort. Br J Haematol 73 (2):228–234

Ragni MV, Kingsley LA (1990) Cumulative risk for AIDS and other HIV outcomes in a cohort of hemophiliacs in western Pennsylvania. J Acqu Imm Def Synd 3:708–713

Schmidt D, Pohlmann H et al (1989) Quantification of glomerular and tubular proteins in urine of hemophiliacs with positiv HIV antibody test. V. International Conference of AIDS, Montreal, June 4–9, 1989

Soni A, Agarwal A et al (1989) Evidence for an HIV-related nephropathy: a clinico-pathological study. Clin Nephrol 31:12–17

Stain C, Pabinger-Fasching I et al (1989) High risk of acquired immune deficiency syndrome (AIDS) and of AIDS related Complex (ARC) in hemophiliacs seropositive for more than 5 years. Thromb Haem 61 (3):354–356

Weigl IE (1990) HIV-1 Antikörperverlauf in Hämophilen. Dissertation der Medizinischen Fakultät Ludwig-Maximilians-Universität München

Diskussion

BROCKHAUS (Nürnberg):

Welchen Einfluß hat eine chronische Hepatitis auf den Verlauf der HIV-Infektion?

SCHRAMM (München):

Auf diese Frage wird mein Mitarbeiter, Herr Rommel, in seinem Vortrag über HIV-Infektion bei Hämophilen eingehen.

DEINHARDT (München):

Ich möchte dazu nur soviel sagen, daß man den Abfall der Anti-HCV-Antikörper nur sehr vorsichtig mit einem Zunehmen der AIDS-Erkrankung in Verbindung bringen darf, wenn man nicht gleichzeitig sieht, daß auch andere Antikörper abfallen. Wir wissen, daß man mit dem bisherigen Test auch im normalen Verlauf einen Verlust der Antikörper über Jahre sieht. Das sollte im Augenblick also noch mit Vorsicht interpretiert werden.

SCHRAMM (München):

Es ist uns schon aufgefallen, daß es Unterschiede gibt, denn Anti-HBc und solche Marker fallen eben nicht auf. Anti-HCV könnte diesbezüglich ein empfindlicherer Parameter sein.

SCHNEWEIS (Bonn):

Das Auftreten von p24-Antigen im Blut der Patienten und das darauffolgende Verschwinden des p24-Antikörper im Immuno-Blot ist eine Folge der Entwicklung von hochvirulenten Virusstämmen in vivo, die sehr viel Virus und damit p24-Antigen produzieren. Das kann man als ein früheres Signifikum, also als einen früheren Indikator, bereits bei der Virusisolierung feststellen.

SCHRAMM (München):

Vielen Dank, Herr Schneweis, daß Sie das ansprechen. Insbesondere Ihre Studien haben gezeigt, daß die Rate der Virusisolierung um so höher ist, je tiefer die T4-Lymphozyten abgefallen sind.

Aktuelle immunologische Aspekte der HIV-Infektion

P. J. Grob (Zürich/Schweiz)

Über das HIV, sein Aufbau, Struktur und Gen konnte in den letzten Jahren ein fast unglaublich großes Wissen erlangt werden. Man weiß auch, wie verheerend die Wirkung des HIV auf das Immunsystem ist. Sonst wenig pathogene, opportunistische Mikroorganismen können nicht abgewehrt werden und führen zum meist tödlichen Ausgang der Infektion. Wie aber genau das Immunsystem vorerst erfolgreich das HIV bekämpft und wie es schließlich zum Zusammenbruch der Immunabwehr mit seinen Folgen kommt, ist noch relativ wenig bekannt.

In Abb. 1 ist stark vereinfacht der Ablauf einer HIV-Infektion dargestellt. Nach einer anfänglichen Virämie – gelegentlich assoziiert mit einer akuten Erkrankung von wenigen Tagen – kommt es zu einer Phase der latenten Infektion. Diagnostische Antikörper, Anti-gp41 (Antikörper gegen ein Virushüllen-Protein) und Anti-p24 (Antikörper gegen ein strukturelles Virus-Protein) erscheinen – sie sind aber nicht virusneutralisierend, d. h. nicht protektiv. In dieser Phase liegt HIV vor allem als DNS-Provirus vor, welches ins Wirtsgenom von T-Helfer-Lymphozyten (CD4-positiv) integriert ist. Die Virusreplika-

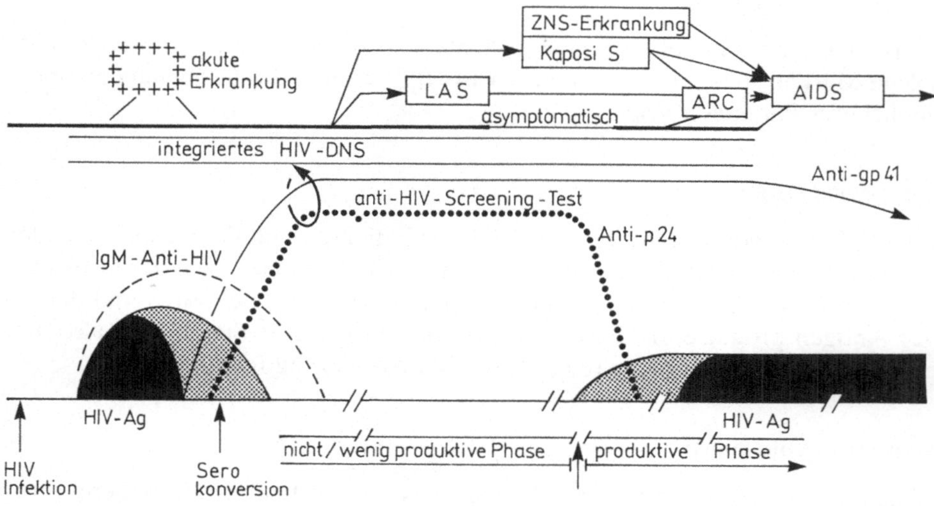

Abb. 1. Schematisierter serologischer Ablauf einer HIV-Infektion

tion ist zwar nicht gestoppt, aber eingeschränkt. Man muß annehmen, daß die Immunabwehr gegen HIV zumindest teilweise dafür verantwortlich ist, daß die Phase der latenten HIV-Infektion über Monate bis durchschnittlich über 8 Jahre andauert und dabei in der Regel zwar stetig, aber meist nur diskret, neue T4-Lymphozyten und auch andere Zellsorten wie Makrophagen/Monozyten infiziert werden. Wenigstens in vitro können neutralisierende Antikörper (und zytotoxische Lymphozyten) nachgewiesen werden, die sich gegen bestimmte konservierte Strukturen des HIV-Hüllenglykoproteins gp-120 richten. Diese Phase verläuft meist asymptomatisch. Es kann zur Lymphadenopathie kommen, die aber nicht krankheitsentscheidend (prognostisch kaum von Bedeutung) ist und deren Entstehung immer noch ungeklärt bleibt. Dann setzt über noch weitgehend unbekannte Mechanismen eine starke Virusreplikation ein (stark produktive Phase). Allgemeinsymptome wie Fieber, Schwitzen, Abmagerung usw. können auftreten (AIDS-related complex, ARC). Es kommt zum verstärkten Abfall der Zahl von T4-Lymphozyten und schließlich zu einer ausgeprägten T4-Lymphopenie. Man muß annehmen, daß die Immunabwehr gegen HIV zusammengebrochen ist; es kommt zur generellen Abwehrschwäche. Infektionen vorerst mit banalen Keimen und schließlich mit opportunistischen Mikroorganismen setzten ein. Das AIDS-Stadium ist erreicht. Im Verlauf einer HIV-Infektion kann es auch zu Tumoren wie dem Kaposi-Sarkom kommen. Wie bei der Lymphadenopathie findet man auch hier im betroffenen Gewebe kaum HIV-infizierte Zellen; die Entstehungsmechanismen sind noch unklar; Koinfektionen, z. B. Mikroplasmen, könnten eine Rolle spielen.

Unter vielen sollen nur zwei wichtige Fragen kurz diskutiert werden: 1. Wie kommt es zur Zerstörung des Immunsystems und 2. Wie kommt es zum Übergang von der latenten zur floriden/replikativen HIV-Infektion.

Vorerst sei kurz das normal funktionierende Immunsystem, wiederum stark vereinfacht dargestellt (Abb. 2). Dieses System ist fähig, spezifisch ein Antigen (Aggressor) zu erkennen und gezielt über spezifische Immuneffektormechanismen zu zerstören. Voraussetzung für jede Immunantwort ist, daß ein gegebenes Antigen erkannt wird. Dies muß durch 3 Zelltypen geschehen. Es sind einerseits zwei Sorten von T-Lymphozyten. Sie können eine Erkennung nur bewerkstelligen, wenn das Antigen durch sogenannte Transplantationsantigene, resp. Genprodukte des Major Histocompatibilitätslocus (MHC) – nach vorheriger Phagozytose durch die Trägerzelle – präsentiert werden. Erst dann kann die Erkennung über die spezifischen Rezeptoren auf T-Lymphozyten (TCR) stattfinden. Andererseits sind es die B-Lymphozyten, die Antigene – meist direkt – über an die Oberfläche gebundene spez. Immunglobuline resp. Antikörper erkennen.

Effektorseitig sind 2 Zelltypen wesentlich. Einerseits sind es die sogenannten zytotoxischen T-Lymphozyten (CD8-positiv). Sie erkennen Antigen, welches durch sogenannte Klasse I-MHC-Produkte präsentiert wird; solche Produkte kommen auf allen Körperzellen vor. Zytotoxische T-Lymphozyten sind fähig, „fremde (entartete) Zellen" zu zerstören; sie sind damit für die Abwehr von Virus resp. Virus-infizierten Zellen zuständig (zelluläre Immunität). Andererseits werden aktivierte B-Lymphozyten, die ein Antigen erkannt haben, zu

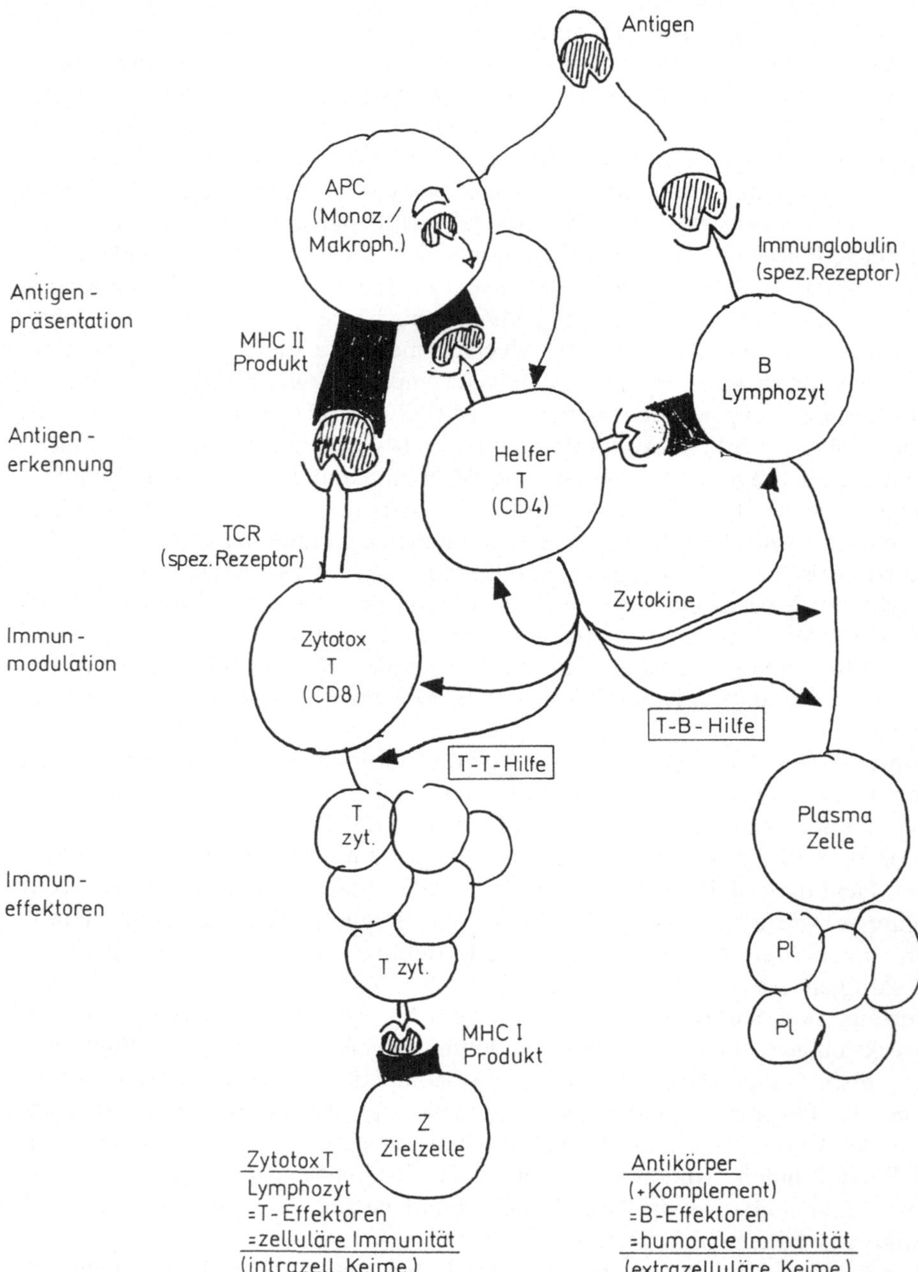

Abb. 2. Schematisiertes Immunsystem (spezifische Immunität)

Plasmazellen, die Antikörper produzieren. Diese sind vor allem für die Abwehr extrazellulärer Mikroorganismen wesentlich (humorale Immunabwehr). Für eine wirksame Immunantwort müssen die aktivierten zytotoxischen T-Lymphozyten resp. B-Lymphozyten weiter aktiviert, differenziert und expandiert werden. Dies geschieht wesentlich über Zytokine, die von vielen Zellen, aber im besonderen Maße von sogenannten T-Helfer-Lymphozyten (CD4-positiv), produziert und abgegeben werden. Für die Erkennung eines gegebenen Antigens durch T4-Zellen muß das Antigen durch Klasse II MHC-Produkte präsentiert werden; solche sind nur auf wenigen Körperzellen, den sogenannten Antigen-präsentierenden Zellen, den APC's (Makrophagen/Monozyten, dendritischen Zellen usw.) vorhanden. T4-Helfer-Lymphozyten spielen für die Entstehung einer wirksamen zellulären (über T-T-Hilfe) oder humoralen (über T-B-Hilfe) Immunantwort eine Schlüsselrolle. Es sind ausgerechnet diese CD4-positiven T-Helfer-Lymphozyten, welche von HIV vorzugsweise infiziert, vorerst in ihrer Funktion gehemmt und schließlich zerstört werden. Wichtiger Zell-Rezeptor resp. Eintrittspforte für HIV sind die bereits erwähnten CD4-Moleküle an der Oberfläche von T-Helferlymphozyten. Diese Moleküle spielen für die Antigenerkennung eine große Rolle. Erst die Assoziation/Verbindung zwischen CD4 und den erwähnten MHC Klasse II-Produkten ermöglicht eine Antigenerkennung durch die spezifischen TCR's.

Für die weitere Diskussion muß noch kurz auf die erwähnten Zytokine eingegangen werden. Es handelt sich um Polypeptide, die – über entsprechende Rezeptoren – autokrin (auf die produzierende Zelle selbst), parakrin (in unmittelbarer Nähe) und endokrin (auf entfernte Stellen) wirken, eine kurze Halbwertszeit haben und die angesprochenen Zellen meist aktivieren, gelegentlich aber auch hemmen. Über 15 Zytokine sind heute gentechnologisch hergestellt und in ihrer Struktur bekannt. Sie bilden ein Netzwerk von Wirkungen, welche über Art sowie zeitliche und örtliche Ausdehnung einer generellen Entzündung, aber auch einer spezifischen Immunantwort entscheiden. Es seien hier nur wenige und nur in ihrer Hauptwirkung erwähnt: Das Zytokin Interleukin-2, welches vor allem von T4-Lymphozyten gebildet wird, ist wesentlich für die Aktivation, Differenzierung und Expansion von T-Helfer-Lymphozyten (autokrine Wirkung) und von zytotoxischen T-Lymphozyten (T-T-Hilfe). Die Zytokine Interleukin-4 und -5, ebenfalls von T-Helfern gebildet, sind entscheidend für die Aktivation, Differenzierung und Expansion von B-Lymphozyten resp. Plasmazellen und damit für die Art und Menge der gebildeten Antikörper. Interleukin-8 gehört zu den potentesten chemotaktischen Faktoren für Granulozyten. Bei der Gruppe der CSF's (colony stimulating factors) handelt es sich um Zytokine, die u. a. Wachstumsaktivität auf Stammzellen aber auch andere Wirkungen (z. B. Differenzierung) auf andere Zellen, wie z. B. Makrophagen, Granulozyten u. a. m., haben. Im Zusammenhang mit der HIV-Infektion sind auch die beiden Zytokine Interleukin-1 und Tumor Necrosis Factor (TNF) wesentlich. Sie werden u. a. vor allem von aktivierten Makrophagen/Monozyten gebildet und stellen ein wichtiges Aktivationssignal für die T-Helfer-Lymphozyten dar, u. a. durch Induktion von IL-2-Rezeptoren. Sie haben zudem ein großes Spektrum anderer Wirkungen. Als Beispiel sind in Abb. 3 einige Aktivitäten vom TNF dargestellt.

Induktion von TNF-α

- Kleinste Mengen von Endotoxin
- Aktivierung der Protein-Kinase C
- Muramyl-Dipeptid von Mykobakterien
- Infektionen mit Paramyxoviren
- Interferon-γ (?)
- Andere ?

Aktivitäten von TNF-α in vitro

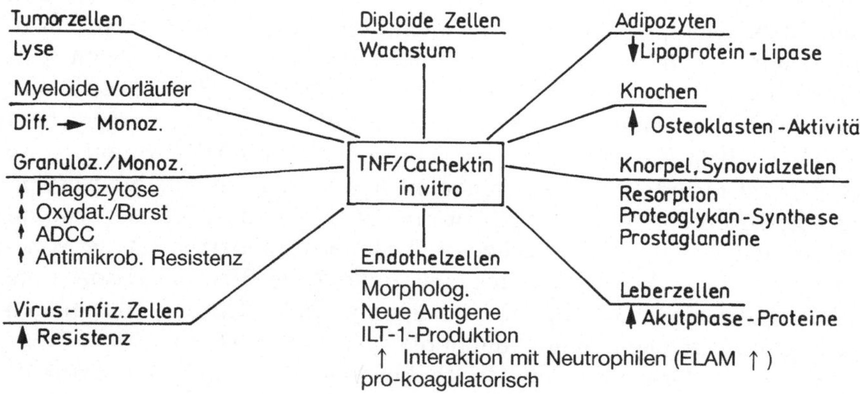

TNF-α- ist pyrogen, katabol, inflammatorisch, pro-koagulatorisch, nekrotisierend, anti-tumoral, abwehrsteigernd. Dabei ist zu berücksichtigen, daß Zytokine kaskadenartig reagieren und viele in-vivo-Effekte von TNF-α u.U. von anderen Zytokinen, welche von TNF-α induziert werden, vermittelt werden (z. B. von PAF).

Abb. 3. Tumor Necrosis Factor (TNF) – einige Eigenschaften

Die eingangs gestellte erste Frage über wichtige Vorgänge, die zum Immundefekt bei einer HIV-Infektion führen, kann vereinfacht folgendermaßen beantwortet werden (schematische Darstellung in Abb. 4):

1. Ein Teil der T4-Helferzellen werden vorerst latent mit HIV infiziert, dann oft zunehmend in ihrer Funktion gehemmt und dann zerstört. Ein Großteil der T4-Lymphozyten wird aber von der HIV-Infektion verschont. Aber auch diese Zellen können – über noch nicht genau geklärte Mechanismen – in ihrer Funktion eingeschränkt und ebenfalls zerstört werden. Im Laufe einer latenten HIV-Infektion fallen bereits zunehmend spezifische zelluläre und humorale Immuneffektormechanismen aus, vorerst aber noch diskret. Wird die Infektion stark produktiv, kommt es zum schweren Immundefekt. Wie die CD4-positiven Zellen zerstört werden, ist wie angedeutet, erst teilweise bekannt; erwähnt seien nur einige Mechanismen:
   a) direkter zytopathogener Effekt,
   b) Syncytia-Formation von HIV-infizierten mit nicht infizierten T4-Lymphozyten über an CD4-gebundenes HIV-gp120 und

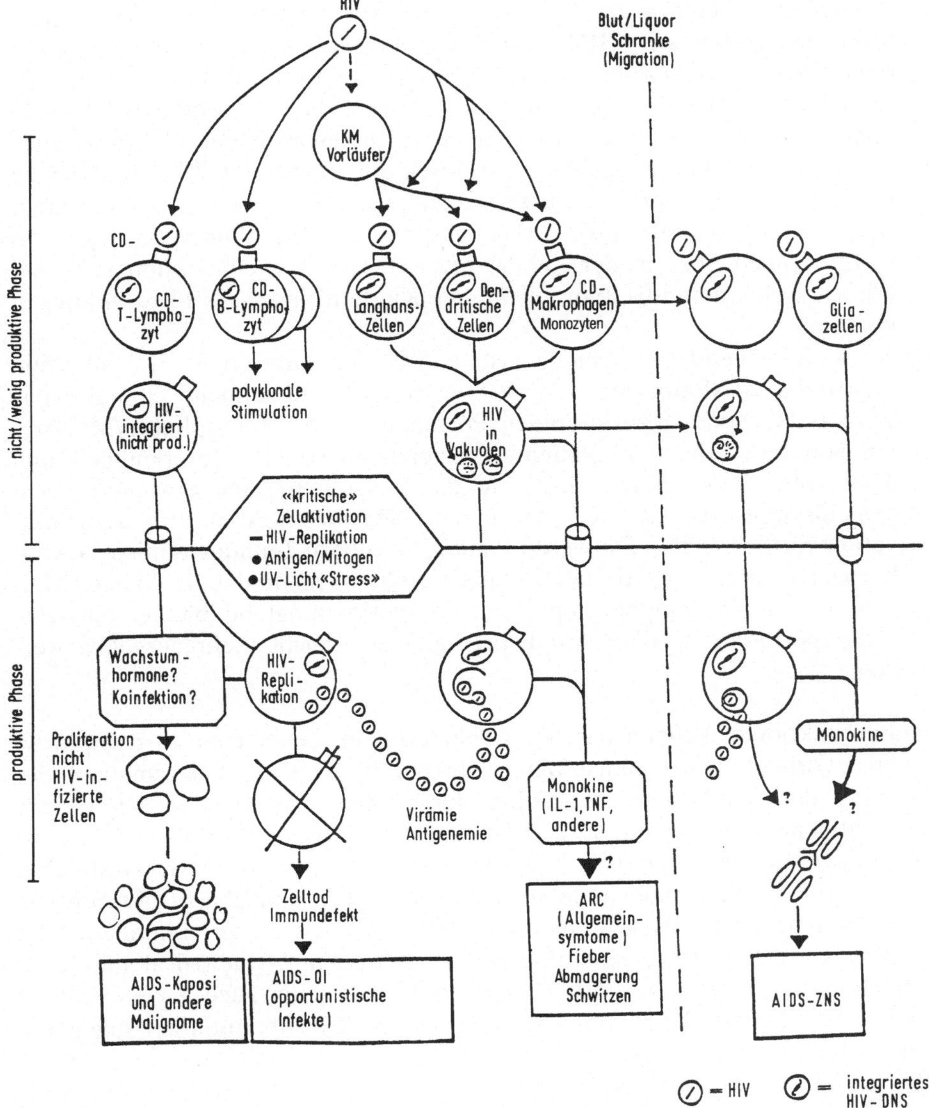

Abb. 4. Ablauf einer HIV-Infektion und Immunsystem

c) Zellzerstörung durch Autoimmunität oder durch Immunreaktionen gegen uninfizierte T4-Lymphozyten, die an der Oberfläche freies gp120 gebunden haben.

2. Eine weitere wichtige Zielzelle für HIV sind die Makrophagen/Monozyten resp. verwandte Zellen. Dies gilt insbesondere für solche Zellen in Zirkulation, in der Lunge und im Gehirn, kaum aber für solche in der Leber. Es gibt HIV mit besonderer Organotropie zu Lymphozyten, aber auch solche, die vorwiegend Makrophagen/Monozyten infizieren. Auch je nach Art des

Zellbefalls scheint auch der Viruszyklus verschieden. In Makrophagen/Monozyten kann sich HIV vermehren und wird nach außen abgegeben, ohne daß die Wirtszelle zugrunde geht – ihre Konzentration bleibt während der ganzen HIV-Infektion im wesentlichen unverändert. Makrophagen/Monozyten stellen ein wichtiges Virusreservoir dar. Während auch in der späten Phase der latenten Infektion nur 1:400 T4-Lymphozyten infiziert sind und nur 1:100000 in einer produktiven Phase, können mehrere Prozente (2–50%) von Makrophagen in Lymphknoten, Lunge und Gehirn (nicht aber in der Leber) infiziert sein. Es kann schon in dieser Phase zu Pneumonitis (vor allem bei Kindern) und ZNS-Erkrankungen kommen.

3. Noch weitgehend unverstanden ist, daß im Verlaufe einer HIV-Infektion Makrophagen/Monozyten und B-Lymphozyten zunehmend überaktiviert sind. Im Gegensatz zu gesunden Personen setzen Makrophagen/Monozyten von HIV-infizierten Patienten zunehmend spontan Interleukin-1 und TNF frei. Dies könnte u.a. für die Entstehung der erwähnten Allgemeinsymptome des ARC, wie Fieber, Schwitzen, Abmagern usw., mitverantwortlich sein. Es werden auch vermehrt Immunglobuline (Antikörper) gebildet, wahrscheinlich über eine sogenannte polyklonale Aktivation von B-Lymphozyten; eine Hyperimmunglobulinämie entsteht. Eine spezifische Antikörperantwort kann aber nicht mehr ausgelöst werden.

Immunfunktionen können bereits vermindert sein, bevor eine T4-Lymphozytopenie vorliegt. Dazu einige Bemerkungen: In Abb. 5 ist schematisch der Vorgang der Antikörperpräsentation durch Makrophagen/Monozyten resp. der Antigenerkennung durch T4-Lymphozyten dargestellt. Wie erwähnt, ist die Assoziation zwischen Teilen der MHC-II-Struktur und den CD4-Molekülen wesentlich. Man muß annehmen, daß das HIV ähnliche Strukturen wie MHC II haben muß, da sich beide selektiv mit CD4 assoziieren können. HIV zeigt z.B. auch gewisse Homologien zu Interleukin-2 (biological mimicry). Eine Immunantwort gegen HIV kann somit gleichzeitig auch gegen MHC II und IL-2 und wahrscheinlich noch gegen weitere Konstituenten der sogenannten Immunglobulin-Supergenfamilie gerichtet sein. Damit kann es zu einer Hemmung der Immunfunktion kommen, bevor T4-Lymphozyten zugrunde gehen.

Die zweite, eingangs gestellte Frage lautete, ob immunologische Vorgänge beim Übergang von der latenten zur replikativen Phase eine Rolle spielen. Man weiß, daß sich HIV vor allem in aktivierten T4-Lymphozyten repliziert, kaum aber in ruhenden Zellen. Vorgänge, die CD4-positive Zellen aktivieren, können also für den Wechsel von einer latenten zu einer virulenten Infektion wesentlich sein. Wie experimentell gezeigt, können dabei der erwähnte TNF aber auch andere Zytokine eine Rolle spielen: Es gibt Zellinien von Makrophagen/Monozyten und von T4-Lymphozyten, die man so mit HI-Viren infiziert hat, daß vorwiegend eine latente Infektion vorliegt. Fügt man diesen Zellkulturen z.B. TNF hinzu, kommt es zu einer starken viralen Replikation. Fügt man aber Anti-TNF hinzu, bleibt die Virusinfektion in einer latenten

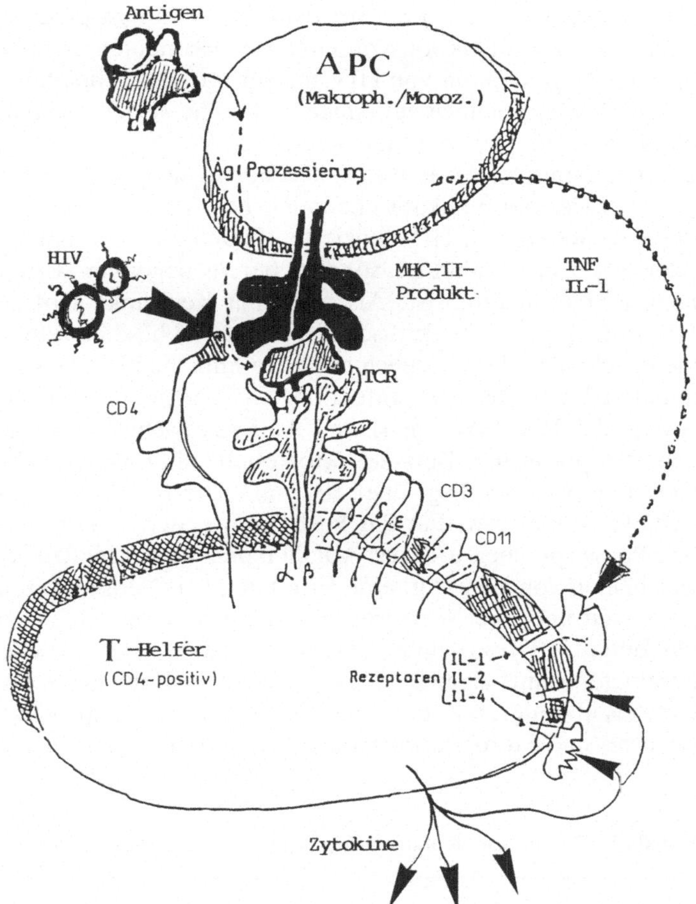

Abb. 5. HIV-Rezeptur und Antigen-Präsentation/-Erkennung

Phase. Damit ist ein Circulus vitiosus vorgezeichnet: Infektionen mit Mikroorganismen irgendwelcher Art, aber auch viele andere „Reize", wie z. B. starke Sonnenbestrahlung, führen immer zur Aktivation von Makrophagen und Monozyten. Resultat ist die Freisetzung von TNF, welches eine Virusreplikation induzieren kann. HIV wird frei; weitere Immunzellen werden HIV-infiziert, zunehmend fallen Immunfunktionen aus. Es treten vermehrt Infekte auf; es kommt zur vermehrten Freisetzung von TNF usw.

Ein weiterer Mechanismus, der an der kritischen Aktivation der HIV-Infektion beteiligt sein könnte, hängt mit Eigenschaften des HIV-Gens zusammen: Die Aktivation von T-Lymphozyten durch Antigene oder mitogene Stimulation führt zur Bildung von Zellprodukten, die die sogenannten KB-Elemente (promotors) von Interleukin-2 und Interleukin-2-Rezeptorgenen aktivieren. Solche KB-Elemente kommen auch im HIV vor. Mitogen- oder Antigen-

Stimulation von T-Zellen führt damit nicht nur zu deren Aktivation, sondern kann auch zur Induktion von enhancer Elementen auf dem HIV-Gen führen und die Transkription von HIV messenger RNA einleiten.

Zum Schluß sei noch auf einige praktische Aspekte eingegangen. Es geht um die Frage, ob man mit den heute zur Verfügung stehenden Tests Schlüsse darüber ziehen kann, in welchem Stadium sich die HIV-Infektion (eher latent oder vorwiegend replikativ) befindet. Dies ist heute von großer Bedeutung, da die Behandlung von HIV-infizierten Patienten nicht mehr auf solche mit ARC oder AIDS beschränkt ist, sondern bereits begonnen wird, solange der Patient noch asymptomatisch ist. Als optimaler Zeitpunkt wird betrachtet, wenn die HIV-Infektion in eine kritische, replikative Phase getreten ist. Folgende Parameter scheinen diesbezüglich einen wesentlichen Hinweis zu geben: In der eher latenten Phase der HIV-Infektion, die durchschnittlich über 8 Jahre dauert, sind in der Regel Anti-gp41 und Anti-p24 nachweisbar, nicht aber HIV-Antigen. Neopterin und Beta-2-Mikroglobulin sind nicht erhöht und die Zahl der CD4-Lymphozyten liegt über $500/mm^3$. Die IgA-Serumkonzentration ist nicht auffällig erhöht usw. Für das Fortschreiten der HIV-Infektion in eine replikative Phase sprechen u. a. das Abfallen und Verschwinden von Anti-p24 und das Erscheinen von HIV-Ag, eine Erhöhung von Neopterin und Beta-2-Mikroglobulin weit über die Normgrenze und ein weiterer Abfall von CD4-Lymphozyten unter 500 resp. unter $200/mm^3$. Dabei hat wahrscheinlich jeder dieser Parameter seine eigene Aussagekraft: Die Zahl der CD4-Zellen gibt einen Hinweis über deren Zerstörung. Neopterin, ein Endprodukt des Pteridin-Stoffwechsels im Makrophagen/Monozyten gibt einen Hinweis über die Aktivation

Tabelle 1. Therapieempfehlungen der Schweiz. HIV-Kohortenstudie

Indikationen für Zidovudin

- HIV-Krankheit im CDC-Stadium IV (siehe Tabelle 1b). Die optimale Therapie eines solitären Kaposi-Sarkoms ist noch nicht etabliert.

  oder

- HIV-Infektion mit Laborwerten, die auf eine schlechte Prognose hinweisen (siehe Tabelle 1a). Diese Indikation ist neu und bedarf einer prospektiven Evaluation.

Für eine Therapie-Indikation müssen mindestens zwei Punkte vorhanden sein.

Laborparameter	Punkte
T4-Lymphozyten* $< 200/mm^3$	2
T4-Lymphozyten $200–500/mm^3$	1
T4-Lymphozyten initial $200–500/mm^3$ mit Abfall der T4-Lymphozyten um mindestens 30 % nach Ablauf von 3 Monaten oder länger	1
positives HIV-p24-Antigen	1
β-2 Mikroglobulin** > 5 mg/l	1

* basierend auf zwei Messungen im Abstand von mindestens einem Monat
** bei normalem Serumkreatinin

von Makrophagen und Monozyten, Beta-2-Mikroglobulin und IgA möglicherweise einen Hinweis für Aktivation von B-Lymphozyten und HIV-Ag einen direkten Hinweis auf die Virusreplikation. Aus den vielen Parametern mit prognostischer Aussagekraft wurden in der Schweiz einige ausgewählt und entsprechende Empfehlungen für die Indikation zum Beginn einer AZT-Therapie bei asymptomatischen Patienten formuliert (Tabelle 1); diese Regeln kommen für die Schweizerische Kohortenstudie zur Anwendung, an der z. Z. über 4000 HIV-infizierte Patienten beteiligt sind.

Mehrere Arbeiten zeigen, daß jeder einzelne der erwähnten Parameter für sich eine gewisse prognostische Aussagekraft hat. Patienten bei denen ein gegebener Parameter den pathologischen Grenzwert erreicht oder überschreitet, entwickeln innerhalb der nächsten 2–4 Jahre 50–70% AIDS, solche, bei denen dies nicht der Fall ist, nur zu 5–20%. Die meisten Studien zeigen auch, daß die prognostische Aussagekraft erhöht wird, wenn gleichzeitig mehrere der erwähnten Parameter die kritischen Werte erreichen oder überschreiten (Scores). Erste Analysen machen wahrscheinlich, daß sich diese „prognostischen Parameter“ auch zur Verlaufsbeurteilung bei therapierten Patienten eignen. Die z. Z. verwendeten Testgrößen sind aber keineswegs ideal. Ziel vieler neuer Studien ist, leicht meßbare und noch optimalere Laborparameter oder Kombinationen zu finden, die erlauben zu beurteilen, welche Zellart (Lymphozyten, Makrophagen/Monozyten, u. a. m.) besonders betroffen ist, mit welchen – zeitlich und örtlich – biologischen Konsequenzen zu rechnen, und welche Therapie jeweils bei einer gegebenen Konstellation optimal ist.

Diskussion

Gürtler (München):

Herr Grob, haben Sie bei Ihren Patienten begonnen, den TNF zu bestimmen?

Grob (Zürich):

Das haben wir nicht. Auch können wir vieles, was ich genannt habe, noch nicht in der Routine messen.

Wernet (Düsseldorf):

TNF-Messungen im Serum haben wir durchgeführt. Die sind bei fast allen HIV-infizierten oder AIDS-Patienten stabil und verändern sich nur in den seltensten Fällen. Das liegt daran, daß die TNF-Serumspiegel nicht repräsentativ sind für die TNF-Aktivität in einem Entzündungs- oder in einem Infektionsbereich. Das ist ein großes methodisches Problem für die Bewertung von TNF-Spiegeln oder überhaupt von TNF-Messungen.

Was ich Sie aber fragen möchte ist, warum Sie nicht auch Marker in den Katalog Ihrer Vorschläge aufnehmen, die ein möglicher Indikator für den Verlust des spezifischen T-Zell-Gedächtnisses sind. Für das Immunsystem bedeutet es einen erheblichen Aufwand, ein spezifisches Gedächtnis auszubilden. Das erfordert Jahre. Wir sehen nach der HIV-Infektion, daß es meistens auch Jahre erfordert, bevor es zum Zusammenbruch des zellvermittelten Abwehrmechanismus kommt.

Grob (Zürich):

Sicher gibt es dafür auch einen Hinweis. Innerhalb der T4-Zellen sind vor allem die memory cells betroffen. Zu Ihrer Bemerkung zur TNF-Messung möchte ich sagen, daß ich hierzu gar nicht herausfordern wollte. Was wir in der Forschung messen, sind zur Zeit die Interleukin-2-Rezeptoren. Sehr interessant sind Immunglobulinsubklassen, vor allem subklassenspezifische Anti-T4 oder Anti-HIV, ferner – wie Sie vorschlagen – Subpopulationen. Nur muß ich hierzu sagen, daß man schon vor 3 Jahren über 20 damals bekannte Lymphozyten-Subpopulationen gemessen hat. Im Grunde genommen war außer CD4 keine wirklich relevant.

Wir machen jetzt Doppelt- und Dreifachfärbungen; wir messen CD4-aktiviert versus nicht aktiviert und ebenso CD5-aktiviert versus nicht aktiviert. Aber diese Studien gehen über Jahre, bis wir dann wissen werden, was sie wirklich wert sind. Das ist nicht ganz befriedigend. Aber nicht nur wir, sondern viele Gruppen sind jetzt dabei, weitere Parameter herauszufinden. Was Sie vom TNF sagen, gilt nach meiner Meinung auch für viele andere dieser Parameter.

BROCKHAUS (Nürnberg):

Wird die TNF-Bestimmung für die Klinik eine praktische Bedeutung bekommen oder muß nicht mit unspezifischen Aktivierungen gerechnet werden?

GROB (Zürich):

Sicher. TNF ist eine grundsätzlich wichtige Substanz des Immunsystems. Aber wir messen im Blut am falschen Ort. TNF sind Zytokine, die lokal oder parakrin wirken; die haben eine Halbwertzeit von wenigen Minuten. Wenn wir also Blutspiegel messen, können wir nie sagen, was wirklich passiert. Ich kann Ihnen aber auch sagen, daß viele großpharmazeutische Firmen auf der Welt bemüht sind, TNF-Antagonisten zu finden. Damit hätten wir antipyrogene Substanzen, die therapeutisch bedeutsam wären. Auch in diesem Sinne ist TNF eine wichtige Substanz.

Aktuelle virologische Aspekte der HIV-Infektion

L. G. Gürtler (München)

Beschreibung eines weiteren SIV aus Schimpansen

Aufgrund der Nukleinsäuren-Sequenzanalyse sind die bisher charakterisierten SIV-Isolate, dem menschlichen HIV-2 ähnlicher als dem HIV-1. Zu diesen als SIV-2 zusammengefaßten Viren gehören die aus der afrikanischen grünen Meerkatze [1], Rhesusaffe [2], Mangabe [3] und Mandrill [4]. Die Untersuchungen der verschiedenen Affen zeigte, daß die Verbreitung von SIV-2 in Afrika wesentlich weitflächiger ist als die Durchseuchung der Menschen mit HIV-2.

M. Peeters und E. *Delaporte* ist es gelungen aus Schimpansen aus Gabun ein weiteres SIV zu isolieren, welches nach der Sequenzanalyse eindeutig dem HIV-1 näher steht als dem SIV-2 [5]. Die Entdeckung dieses Virus verändert den Stammbaum der Primaten-Lentiviren (Abb. 1) insofern, als nun der Schluß gezogen werden kann, daß sich diese Retroviren unabhängig voneinander in Menschen und Affen entwickelt haben. Nachdem das SIV der grünen Meerkatze, des Mandrill und des Mangaben untereinander ebenso viele Sequenzunterschiede (ca. 40%) zeigen, wie zu dem menschlichen HIV-1 und dem SIV aus dem Schimpansen [6], liegt der Zeitpunkt der Divergenz von Affen- und Menschen-Immunschwäche-Viren sicherlich tausende von Jahren zurück.

Aus den Untersuchungen zur Evolution der Primaten ist bekannt, daß Mensch und Schimpansen sich etwa vor 2 Millionen Jahren getrennt entwickelt haben [7]. Da Mensch und Schimpanse sich unter den Primaten zuletzt getrennt haben, ist die Abzweigung der anderen Affen, die heute mit SIV-2 infiziert sind, noch älter. Unbekannt ist jedoch, wann die Primaten von Retroviren befallen wurden, wie pathogen diese Retroviren damals waren und wie die Übertragung von einer auf eine andere Spezies stattgefunden hat.

Aus den Untersuchungen der retroviralen reversen Transcriptase der heutigen HIV Isolate ist bekannt, daß mit etwa einem Fehleinbau pro 10^4 Nukleotide pro Umschreibung zu rechnen ist, während die zellulären Polymerasen des Menschen eine Fehlerrate von etwa ein Nukleotid pro 10^6 haben. Wenn nach dem Stammbaum aus der gag-Region der Lentiviren (Abb. 1, 2) [5] 3300 Basenpaare Austausche zwischen HIV-1 und SIV-1 pro Genom anzunehmen sind und sich eine Mutation pro Jahr durchgesetzt hätte, dann wäre der Ahn des Retrovirus von HIV-1 und SIV-1 nicht älter als 3300 Jahre und der von

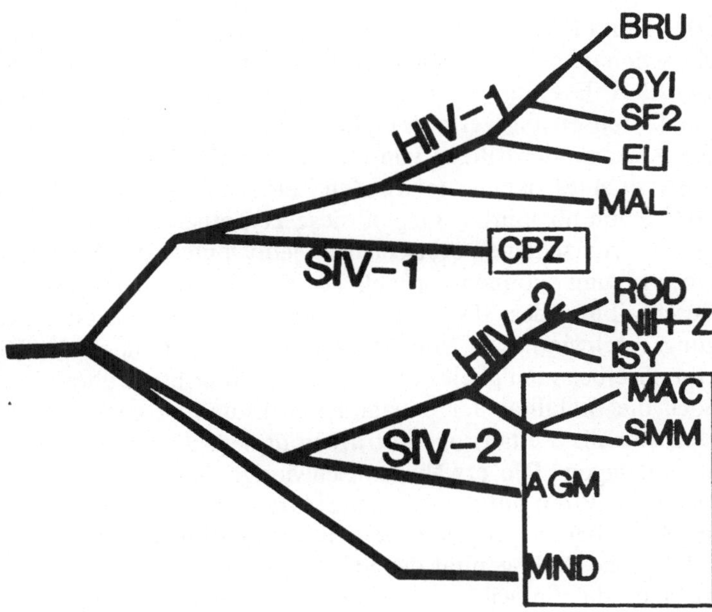

Abb. 1. Stammbaum der Lentiviren der Primaten: Diese Übersicht zeigt das SIV-1-Isolat cpz wesentlich näher zu den HIV-1 stehend als zu den HIV-2 und SIV-2 der anderen Affen. Bru ist ein Isolat aus Paris, oyi aus Gabun, sf2 aus San Francisco, eli und mal aus Zaire. Rod, nih-z und isy sind sequenzierte HIV-2 Isolate des Menschen. Mac steht für macaque (macaca mulatta), smm für sootey magabey monkey (cercocebus atyps), agm für African green monkey (cercopithecus aethiops) und mnd für mandrill (papio sphingx)

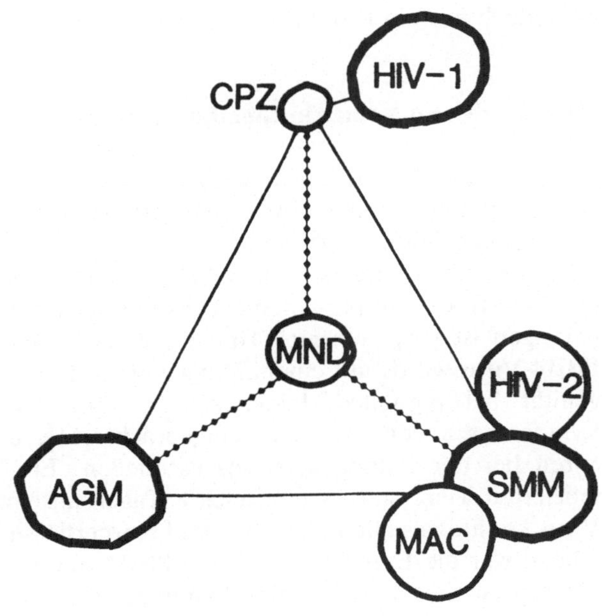

Abb. 2. Dreidimensionale Struktur (Tetraeder) der Verwandtschaft von SIV und HIV Isolaten entsprechend ihrer Nukleinsäuren-Sequenz im gag-Gen. Noch eindeutiger als in Abbildung 1 zeigt sich die Entfernung von SIV-1 cpz von den anderen Affen-Immunschwäche-Viren. Die Abkürzungen sind in Abbildung 1 erklärt. Der Homologiegrad der Affen-Immunschwäche-Viren untereinander beträgt ungefähr 60 %, der von SIV-1 und HIV-1 84 %, der von SIV mac und SIV smm und HIV-2 ungefähr 85 %. In Anlehnung an R. Desrosiers [6]

HIV-1 und HIV-2 etwa doppelt so alt; für die Verzweigung siehe Abbildung 1. Zwischen dem HIV-1 Isolat aus Paris (bru) und aus San Francisco (sf2) würden 400 Jahre Evolution liegen. Bei der Annahme von einem wesentlich schnelleren Durchsetzungsvermögen dieser Viren pro Jahr ist folglich der Zeitpunkt des Auseinanderdriftens von HIV-1 und SIV-1 wesentlich jünger. So kommen SMITH et al [8] zu einer minimalen Zeit des Auseinanderdriftens von HIV-1 und HIV-2 von 40 Jahren. Gegen diese Hypothese, die nur die Nukleinsäurensequenz Unterschiede berücksichtigt, jedoch nicht den Rhythmus und die Art der Übertragung können erhebliche Bedenken angeführt werden, die nach Beschreibung des SIV-1 noch stärker werden. Nachdem weder die Übertragungsgeschwindigkeit von Mensch zu Mensch, noch die Zuverlässigkeit der Umschreibegenauigkeit der reversen Transcriptase über die Zeit bekannt sind, noch die Stabilität der entstandenen Mutanten gemessen werden kann, bleiben, was die Zeitaussage betrifft in diesem Stammbaum mehr Unsicherheiten als Aussagen. Die erwähnten Schwierigkeiten, die Übertragung der Immunschwäche-Viren auf verschiedene Affen-Spezies zu erklären (siehe oben), läßt die Altersberechnungen zu reinen Spekulationen werden.

Über die Pathogenität des SIV-1 cpz [5] kann bisher keine Aussage gemacht werden, da die wild gefangenen Schimpansen bisher gesund sind und der Infektionszeitpunkt unbekannt bleiben wird.

Wie nah beieinander in der Nukleinsäurensequenz zwei sehr unterschiedliche HIV-Isolate sein können, zeigt das Beispiel von bru und oyi in Abb. 1. Bru ist das erste HIV-Isolat von 1983 aus Paris [9], früher als LAV-1 bezeichnet. Oyi ist ein HIV-1-Isolat aus Gabun, dessen Träger durch abnorme Westernblot-Profile aufgefallen ist [10], da nur die core- und pol-Proteine angefärbt waren, nicht jedoch die Glykoproteine. Westernblot-Streifen, die mit dem oyi-Isolat angefertigt worden waren, zeigten mit dem Serum dieses Patienten alle Banden im Blot. Als wesentliches Merkmal ließ sich bei dem HIV-1-oyi jedoch nur ein Defekt im tat-Gen auffinden.

Charakterisierung einer hochpathogenen SIV-2-Variante (PBj14)

Entsprechend ihrer Bezeichnung gelten Lentiviren als moderat pathogen, d. h. vom Infektionszeitpunkt bis zum Auftreten von schweren Krankheitssymptomen können Jahre vergehen.

Im folgenden wird von einer SIV-Variante aus einem Mangaben berichtet (SIV smm), die auf pig-tailed-Makaken (macaca nemestrina) übertragen hochpathogen ist [11] und zum Tod in wenigen Tagen oder Wochen führt. Das PBj14-Virus wurde aus einem Mangaben isoliert und dann wegen seiner Pathogenität bei pig-tailed-Makaken in E. coli kloniert und dieser Klon in Lymphozyten von Makaken eingebracht [11], um die Mitwirkung anderer Viren bei der Pathogenese auszuschließen. Ein Teil der mit diesem Virus infizierten Tiere starb schon nach 8 Tagen an einer akuten Immunschwäche. Virus konnte aus allen Geweben und Körperflüssigkeiten isoliert werden. Auffallend war die Enterotropie dieses PBj14, die in den Tieren zu einer starken Hyperplasie des mesenterialen Lymphgewebes führte (Tabelle 1).

Tabelle 1. Klinische Symptome in Makaken (macaca nemestrina), die mit dem PBj14-Isolat aus Mangaben infiziert wurden

Tödliche Krankheit innerhalb von 8 Tagen
blutig, schleimige Diarrhoe
Hyperplasie des mesenterialen lymphoiden Gewebes

Tödliche Krankheit innerhalb von 55 Tagen
Diarrhoe
Schwerer, kontinuierlicher Gewichtsverlust
Ausgeprägte Lymphopenie
Myokarditis
Candida-Befall von Mund und Speiseröhre

In Rhesusaffen (macaca mulatta) gegeben ist das PBj14 wesentlich weniger pathogen. Die Sequenzierung des PBj14-Virus ergab eine Verdoppelung der enhancer region im LTR (long terminal repeat), welche eine zweite Bindungsstelle für den Transkriptionsfaktor, NF kappa B, einschließt (Abb. 3). Damit kann theoretisch die Vermehrungsrate dieses SIV wesentlich beschleunigt werden, sei es durch die Cytokine des Wirtes, sei es durch aktivierende Faktoren von SIV selbst oder anderen Viren (Abb. 3).

Die Veränderung der Pathogenität eines Virus durch eine Modifikation im Genom wurde auch beim Mäuse-Leukämie-Virus gefunden. Keine Leukämie sondern eine schwere Immunschwäche-Krankheit wurde in Mäusen durch ein defektes Mäuse-Leukämie-Virus ausgelöst, welches im pol- und env-Gen Defekte aufwies [12].

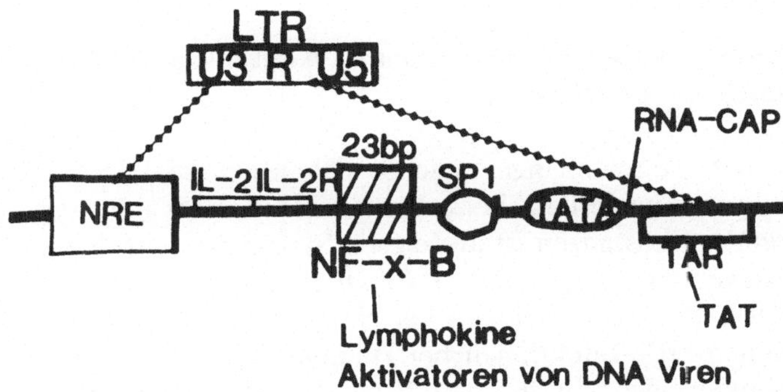

Abb. 3. Schema des Feinaufbaus des LTR-Abschnittes des PBj4-Gens. Ein LTR findet sich an beiden Genenden der Immunschwäche-Viren und ist für die Regulation der Transcription des Genoms zuständig und damit indirekt für die Vermehrungsgeschwindigkeit des Virus in der Zelle. Der schraffierte Bereich entspricht der Bindungsstelle von NF-x B, welcher beim PBj14 verdoppelt ist. LTR = long terminal repeat, NRE = negative regulatory element, TAR = transcriptions and posttranscriptions activator. RNA CAP repräsentiert die Bindungsstelle nahe der TATA-Box für die RNA-Polymerase. In Anlehnung an F. Wong-Staal [16]

Das klinische Bild der PBj14-infizierten Makaken entspricht dem einer akuten Immunschwäche. Es kommt zu einem Verlust an CD4-Lymphozyten, zu opportunistischen Infektionen, zu Diarrhoe mit beträchtlichem Gewichtsverlust und zu einer Beteiligung des Zentralnervensystems [13]. Ein Teil der Symptome ist in Tabelle 1 zusammengefaßt. Diese Form einer akuten Pathogenität eines Virus kann durch direkte virale Wirkung nicht mehr erklärt werden, sondern durch die virale Infektion der Zellen müssen massiv die Regulationsmechanismen verändert worden sein. Einer dieser Regulationsfaktoren ist das Cytokin Tumor Nekrosis Faktor (TNFα), dessen Serumspiegel auch bei diesen Affen erhöht war [13].

TNFα kann die HIV-Vermehrung in mononukleären Zellen des peripheren Blutes beschleunigen und die Produktion von TNFα wird durch HIV ausgelöst [14]. TNFα wird von aktivierten Makrophagen synthetisiert, hat einen direkten Effekt auf Endothelzellen und deren Metabolismus [15]. TNFα wirkt außerdem ein auf T- und B-Lymphozyten, auf Fibroblasten und Granulozyten. Zusammen mit den anderen Cytokinen kann es die Regulation der Interleukine und Prostaglandine beeinflussen. Da, wie in Abb. 3 gezeigt, auch Cytokine die Vermehrung von SIV-PBj14 beeinflussen können, sind alle Wege für eine Dysregulation innerhalb des Abwehrsystems offen. Die hauptsächliche Wirkung dieses SIV im Darmbereich kann derzeit nicht erklärt werden, besonders da Rhesusaffen gegen die Wirkung des PBj14 im Gegensatz zu den pigtailed-Makaken kaum Symptome zeigen [13].

Versucht man die Epidemiologie der HIV-Infektion beim Menschen in den letzten Jahren zu analysieren, dann kann ein Analogon zum PBj14 nicht gefunden werden, jedoch sind schnellere und benignere Verläufe bei Patienten uns allen bekannt. Ein deletärer schneller klinischer Verlauf ist demnach nicht nur vom Immunstatus des Patienten oder der zugeführten Virusdosis abhängig [17], sondern auch von der pathogenetischen Aktivität des Virus.

Konsequenzen aus dem erneuten Auftreten von HIV-Infektionen durch Infusion von PPSB

Die Zusammenhänge zwischen Erhalt der Infektionsfähigkeit von HIV in proteinreichem Milieu, bei erhöhter Temperatur oder bei Einwirkung denaturierender Substanzen ist auf diesen Symposien eingehend diskutiert worden. Die Anwendung ausgewählter Inaktivierungsverfahren führte zu einem Sistieren der HIV-Neuinfektionen bei Hämophilen ab 1986. Die jetzt beschriebenen 8 neuen HIV-Infektionen bei Hämophilen sollten Anlaß sein, darüber nachzudenken, wie ein für den Bluterkranken essentielles Produkt noch sicherer gemacht werden kann.

Die Vorgeschichte und virologische Analyse der betroffenen Patienten wird von Prof. Schneweis ausführlich beschrieben werden (siehe S. 43). Nach Untersuchung der angeschuldigten Charge konnte aus dem erst gefriergetrockneten und dann suspendierten Material der Chargen HIV nicht isoliert werden, HIV-Nukleinsäuren nicht nachgewiesen werden, jedoch war mit einigen Tests der HIV-p24-Antigen-Test positiv.

Um zukünftig derartige Zwischenfälle aufdecken und verhindern zu können wird man folgende 4 Punkte berücksichtigen müssen:

1. Eine 100%ige Infektionssicherheit von Gerinnungspräparaten wird es nicht geben, hierin eingeschlossen ist mögliches menschliches und technisches Versagen.
2. Jedes heute angewandte Inaktivierungsverfahren hat keine absolute Potenz um alle Infektionserreger zu inaktivieren (z.B. Parvo-Virus, Creutzfeld-Jakob-Agenz). Je höher die Konzentration der inaktivierbaren Viren (z.B. HIV, HBV, HCV) im Ausgangsmaterial ist, umso größer bleibt auch die Möglichkeit einer potentiellen Restinfektiosität.
3. Die uns heute zugänglichen Labormethoden sind nicht ausreichend, um Restmengen infektiösen Materials aufspüren zu können. Für einen HIV-Nachweis bleibt der Mensch immer noch das empfindlichste Meßsystem.
4. Auch bei Verwendung von virusinaktivierten Faktorenkonzentraten ist ein periodisches Testen der Hämophilen auf das Vorhandensein von Virus-Antikörper (z.B. Anti-HIV, Anti-HCV, Anti-HBV) erforderlich, um übertragene Erreger identifizieren zu können.

Literatur

1. Kanki PJ, Alrov J, Essex M (1985) Isolation of T-lymphotropic retrovirus related to HTLV-III/LAV from wild caught African Green Monkeys. Science 230:951–954
2. Chakrabarti L, Guyader M, Alizon M, Daniel MD, Desrosiers RC, Tiollais P, Sonigo P (1987) Sequence of simian immunodeficiency virus from macaque and its relationship to other human and simian retroviruses. Nature 328:543–547
3. Hirsch VM, Olmsted RA, Murphey-Corb M, Purcell RH, Johnson PR (1989) An African primate lentivirus (SIVsm) closely related to HIV-2. Nature 339:389–392
4. Tsujimoto H, Hasegawa A, Maki N, Fukasawa M, Miura T, Speidel S, Coopers RW, Moriyama EN, Gojobori T, Hayami M (1989) Sequence of a novel simian immunodeficiency virus from a wild-caught African mandrill. Nature 341:539–541
5. Huet T, Cheynier R, Meyerhans A, Roelants G, Wain-Hobson S (1990) Genetic organization of a chimpanze lentivirus related to HIV-1. Nature 345:356–359
6. Desrosiers RC (1990) HIV-1 origins: A finger on the missing link. Nature 345:288–289
7. Diamond JM (1988) Molecular evolution – DNA based phylogenies of the three chimpanzes. Nature 332:685–686
8. Smith TF, Srinivasan A, Schochetman G, Marcus M, Myers G (1988) The phylogenetic history of immunodeficiency viruses. Nature 333:573–575
9. Barré-Sinoussi F, Cherman JC, Rey F, Nugeybe MT, Chamaret S, Gruest J, Dauget C, Axler-Blin C, Brun-Vézinet F, Rozioux C, Rozenbaum W, Montagnier L (1983) Isolation of a T-lymphotropic retrovirus from a patient at risk of acquired immune deficiency syndrome (AIDS). Science 220:868–870
10. Huet T, Dazza MC, Brun-Vézinet F, Roelants GE, Wain-Hobson S (1989) A highly defective HIV-1 strain isolated from a healthy Gabonese individual presenting an atypical Western blot. AIDS 3:707–715
11. Dewhurst S, Embretson JE, Anderson DC, Mullins JI, Fultz PN (1990) Sequence analysis and acute pathogenicity of molecularly cloned SIVsmm-PBj14. Nature 345:636–640
12. Aziz DC, Hanna Z, Jolicoeur P (1989) Severe immunodeficiency disease induced by a defective murine leukemia virus. Nature 338:505–508
13. Martin MM (1990) SIV Pathogenicity – Fast acting slow viruses. Nature 345:572–573

14. Vyakarnam A, McKeating J, Meager A, Beverley PC (1990) Tumor necrosis factors (α, β) induced by HIV-1 in peripheral blood mononuclear cells potentiate virus replication. AIDS 4:21–27
15. Bussolino F, Camussi G, Baglioni C (1988) Synthesis and release of platelet activating factor by human vascular endothelial cells treated with tumor necrosis factor or interleukin 1α. J Biol Chem 263:11856–11861
16. Wong-Staal F (1989) Molecular Biology of human immunodeficiency viruses. In: Current topics in AIDS, Vol. 2 pp 81–102, John Wiley, Chichester
17. Cuthbert RJG, Ludlam CA, Tucker J, Steel CM, Beatson D, Rebus S, Peutherer JF (1990) Five year prospective study of HIV infection in the Edinburgh haemophiliac cohort. Brit Med J 301:956–961

HIV-Infektion bei Hämophilie B-Patienten nach Anwendung eines β-Propiolacton/UV-behandelten PPSB-Konzentrates

K. E. Schneweis, H. H. Brackmann, J.-P. Kleim, B. van Loo, E. Bailly, U. Hammerstein, J. Oldenburg, M. Gahr, P. Hanfland (Bonn, Göttingen)

Nachdem am Bonner Hämophilie-Zentrum seit Juni 1984 ausschließlich Virus-inaktivierte Gerinnungsfaktor-Präparate verwendet wurden, traten nur 1985 noch einmal zwei HIV-Serokonversionen nach Verwendung von trocken- bzw. mit Heptan erhitzten Faktor VIII-Präparaten auf. Seitdem kamen unter den z. Zt. betreuten 391 HIV-seronegativen Hämophilen keine Serokonversionen mehr vor.

Umso überraschender war es, als im April 1990 erneut 6 HIV-Serokonversionen beobachtet wurden [3]. Diesmal handelte es sich – wie auch bei je einem weiteren Fall in Göttingen und in Frankfurt – um Hämophilie B-Patienten. Bei den 7 Patienten, über die hier berichtet wird, zeigte die Polymerase-Ketten-Reaktion (PCR) schnell, daß sie tatsächlich infiziert und nicht nur durch inaktives Virus immunisiert worden waren. Später wurde dies auch durch die Anzüchtung des Virus aus dem Blut von zwei Patienten bestätigt. Eilends durchgeführte Kontrollen bei 25 anderen, bis dahin HIV-seronegativen Hämophilie B-Patienten führten sowohl in der Serologie als auch in der PCR zu negativen Ergebnissen.

Nach diesen Untersuchungen kam als vermutliche Infektionsquelle nur eine Charge eines PPSB-Präparates in Betracht; denn nur mit dieser waren alle infizierten Patienten behandelt worden, und niemand, der die betreffende Charge nicht erhalten hatte, ist infiziert worden. Die Daten in Abb. 1 unterstützten diese Vermutung: Alle Patienten waren vor der Verwendung der betreffenden Charge HIV-seronegativ. Von 3 Patienten standen darüber hinaus noch Vollblutproben zur Verfügung, mit denen durch die PCR eine etwa schon bestehende, aber noch seronegative Infektion ausgeschlossen werden konnte. Sowohl die Zeitabschnitte, in denen dieses Präparat verwendet wurde, als auch die verwendete Dosis waren sehr unterschiedlich. Bei 5 Patienten traten „primary disease"-ähnliche Symptome auf, bei den beiden ältesten Patienten äußerte sich diese erste Phase der Infektion sehr früh, und diese Patienten waren auch die ersten, bei denen eine Serokonversion beobachtet wurde. Bei 3 Patienten waren 4, 5 bzw. 8 Wochen nach Beginn der Behandlung Seren gewonnen worden, die sich noch als HIV-Antikörper-negativ erwiesen. Soweit die Antikörper-negativen Seren noch verfügbar waren, wurden mit ihnen p24-Antigen-Tests durchgeführt, die negativ verliefen. 8–21 Wochen nach der ersten, bzw. 5–11 Wochen nach der letzten Anwendung des Präparates war jedoch bei allen Patienten die Serokonversion eingetreten. Die PCR war nach

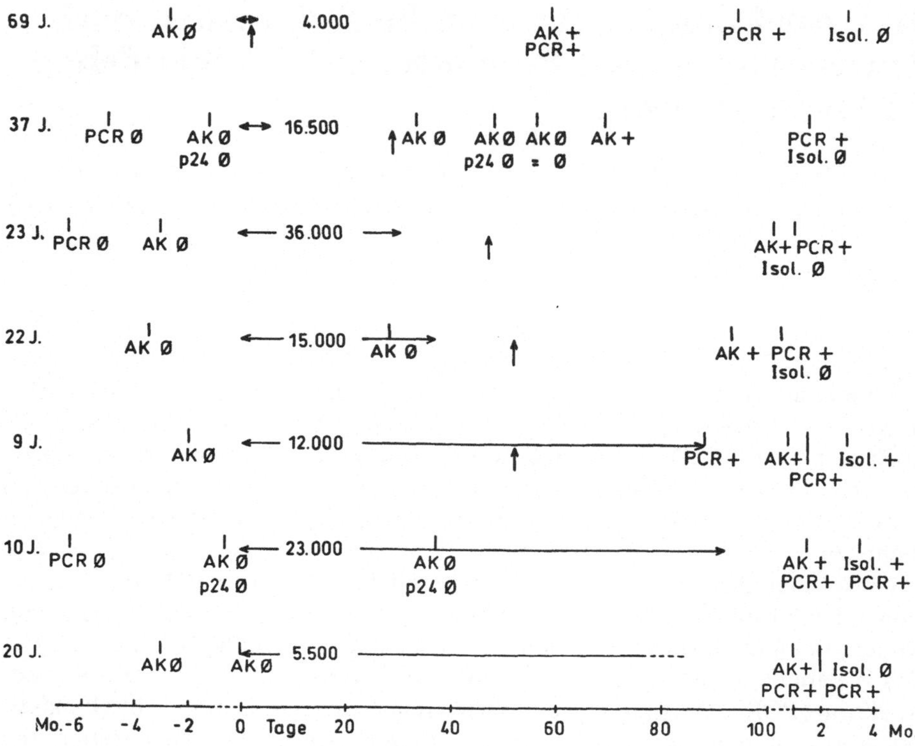

Abb. 1. Virologische Untersuchungen bei den hier beschriebenen 7 Patienten. AK = Nachweis von HIV-1-Antikörpern im Serum; p24 = Test zum Nachweis des p24-Antigens von HIV-1 im Serum; PCR = Polymerase-Ketten-Reaktion zum Nachweis von HIV-1-DNA im Blut; Isol. = Versuch der Anzüchtung von HIV-1 aus den peripheren Blutlymphozyten; ← 15000 → = Dauer der Anwendung und verabreichte Dosis des Präparats in internationalen Einheiten (IE); —··· = letzte Anwendung des Präparats nicht genau datierbar; ↑ = Auftreten von „primary disease"-ähnlichen Symptomen

Anwendung des Präparats ebenfalls bei allen Patienten positiv. Die Virusisolierung gelang bei zwei Patienten, auffälligerweise bei den beiden Kindern.

Im Immunoblot (Abb. 2) unterschieden sich die frühen Seren der Patienten deutlich von Seren solcher Patienten, die schon länger HIV-infiziert sind. Das Spektrum der Antikörper war auf wenige Banden beschränkt. Gut ausgebildet waren immer die Antikörper gegen die Glykoproteine gp160 und gp120, gegen die Polymerase-Banden p66 und p51 und gegen die Kapsid-Proteine p24 und p17. Dagegen wurden Antikörper gegen das Vorläufer-Protein p55, gegen das Glykoprotein gp41 und gegen die Endonuclease p31 oft gar nicht oder nur sehr schwach dargestellt.

Die PCR wurde mit 2 verschiedenen Primerpaaren (SK 38/39 im gag-Gen und SK 68/69 im env-Gen) durchgeführt. Beide Ansätze führten bei allen 7 Patienten übereinstimmend zu positiven Resultaten (Abb. 3, 4).

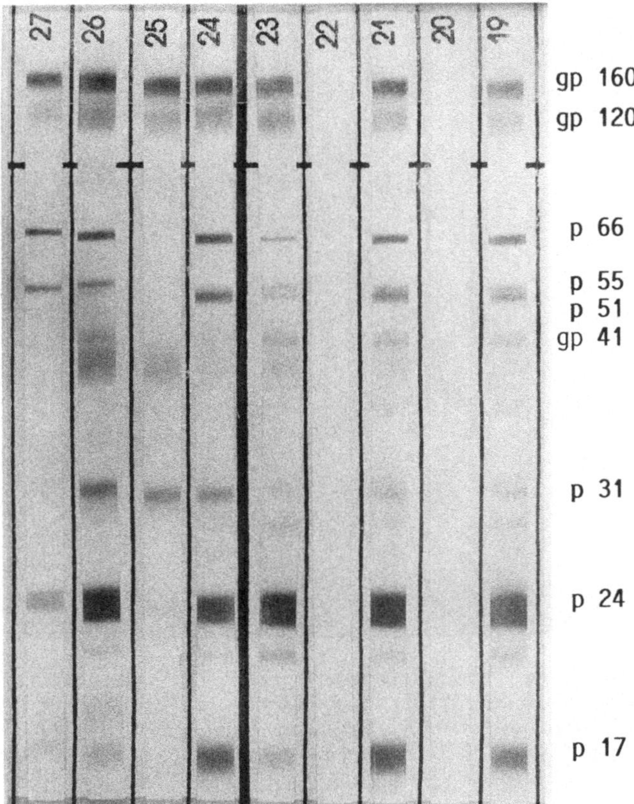

Abb. 2. Exemplarischer Vergleich des Serums von einem der hier beschriebenen Patienten im Immunoblot (Streifen 27) mit 2 HIV-negativen Seren (Streifen 20 und 22) und mit Seren von Patienten, die schon seit Jahren mit HIV infiziert sind (Streifen 19, 21 und 23 bis 26)

Daß die Virusisolierung nur bei 2 Patienten gelang, ist nicht erstaunlich, da das Virus in dieser frühen Phase nach der Serokonversion in die Latenz gedrängt worden und einer Anzüchtung meist nicht zugänglich ist [7]. Wie nicht anders zu erwarten [8], handelte es sich bei diesen frühen Isolaten um Virusstämme, die sich in der Zellkultur weitgehend apathogen verhielten. Der eine Stamm ließ erst nach zwei Passagen in wenigen Zellen einen schwach ausgeprägten cytopathischen Effekt erkennen (Abb. 5), zeigte aber schon in der ersten Passage in der Immunfluoreszenz reichlich Virus-produzierende Zellen (Abb. 6). Der andere Stamm war auch nach Passagen nicht cytopathogen, war nicht zellfrei übertragbar und trat nur durch den Nachweis von p24-Antigen im Kulturüberstand in Erscheinung.

Die Ergebnisse lassen keinen Zweifel daran, daß die fragliche Charge des Gerinnungsfaktor-Präparats als Infektionsquelle für die HIV-Infektion anzusehen ist. Auffällig war allerdings, daß in Bonn außer den 6 Infizierten 8 weitere

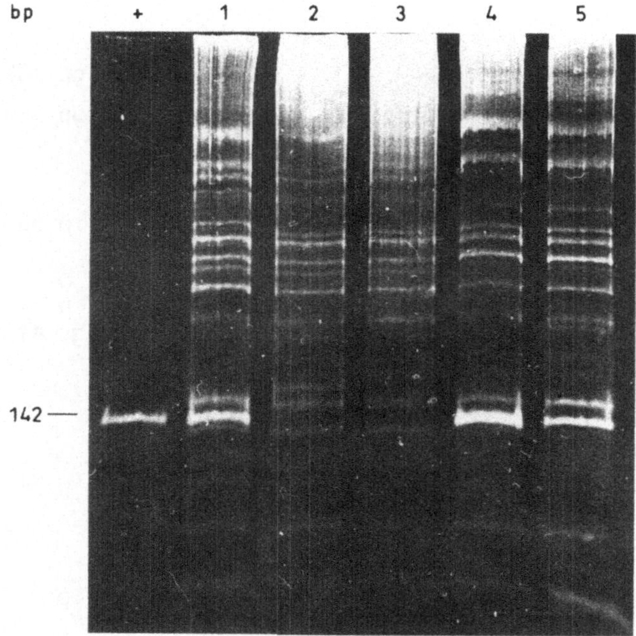

Abb. 3. Polymerase-Ketten-Reaktion (PCR) mit den Primern SK 68/69 im HIV-1 env-Gen. Darstellung des Amplifikationsprodukts von 142 Basenpaaren (bp) in der Polyacrylamid-Gel-Elektrophorese (PAGE). Bei dieser (weniger empfindlichen) Darstellung sind die Proben 1, 4 und 5 als positiv zu erkennen

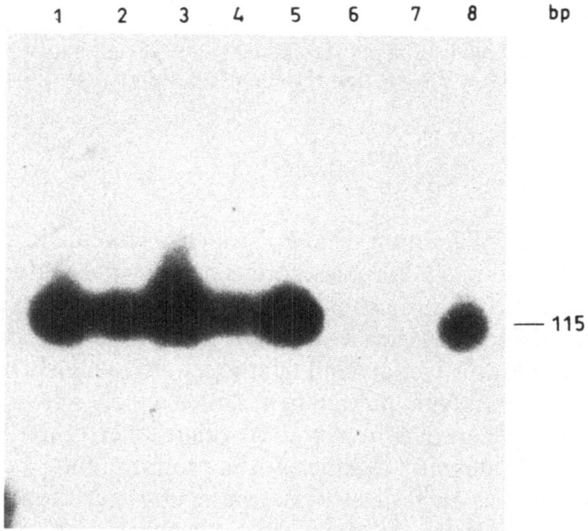

Abb. 4. Polymerase-Ketten-Reaktion (PCR) mit den Primern SK 38/39 im HIV-1 gag-Gen. Darstellung des Amplifikationsprodukts von 115 Basenpaaren (bp) durch Southern blot-Hybridisierung. Die Proben 1 bis 5 sind wie die positive Kontrolle (Nr. 8) positiv; Nr. 6 ist die DNA-freie Kontrolle, und Nr. 7 enthält DNA von der PCR mit einer Blutprobe von einem gesunden HIV-seronegativen Blutspender

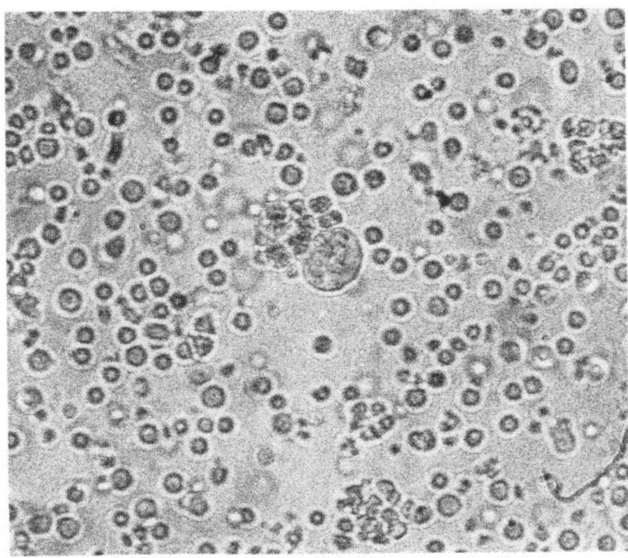

Abb. 5. Cytopathischer Effekt (CPE) in einer Kultur von peripheren Blutlymphozyten, hervorgerufen durch den schwach cytopathogenen HIV-Stamm, der von einem der hier beschriebenen Patienten isoliert wurde. Mikrophotographische Vergrößerung 32fach, photographische Nachvergrößerung 6fach

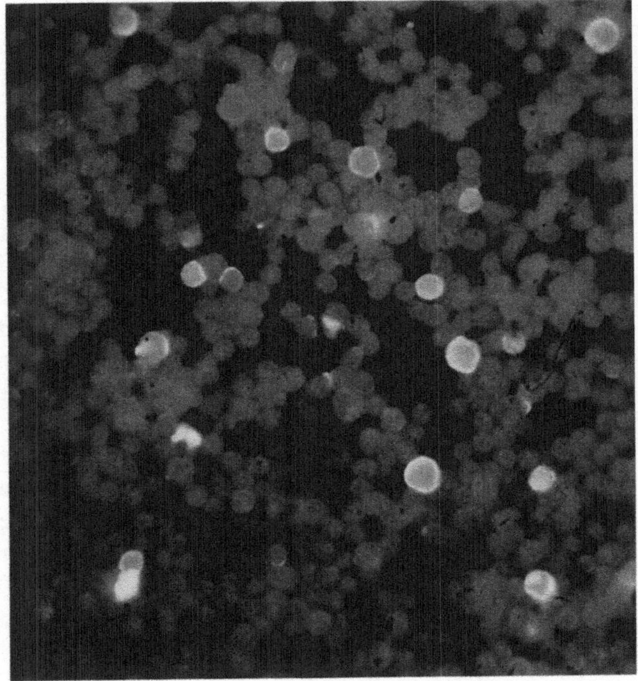

Abb. 6. Immunfluoreszenz zum Nachweis von HIV-1-Antigen in einer Kultur von peripheren Blutlymphozyten, infiziert durch den in Abb. 5 dargestellten Virusstamm. Mikrophotographische Vergrößerung 120fach, photographische Nachvergrößerung 3fach

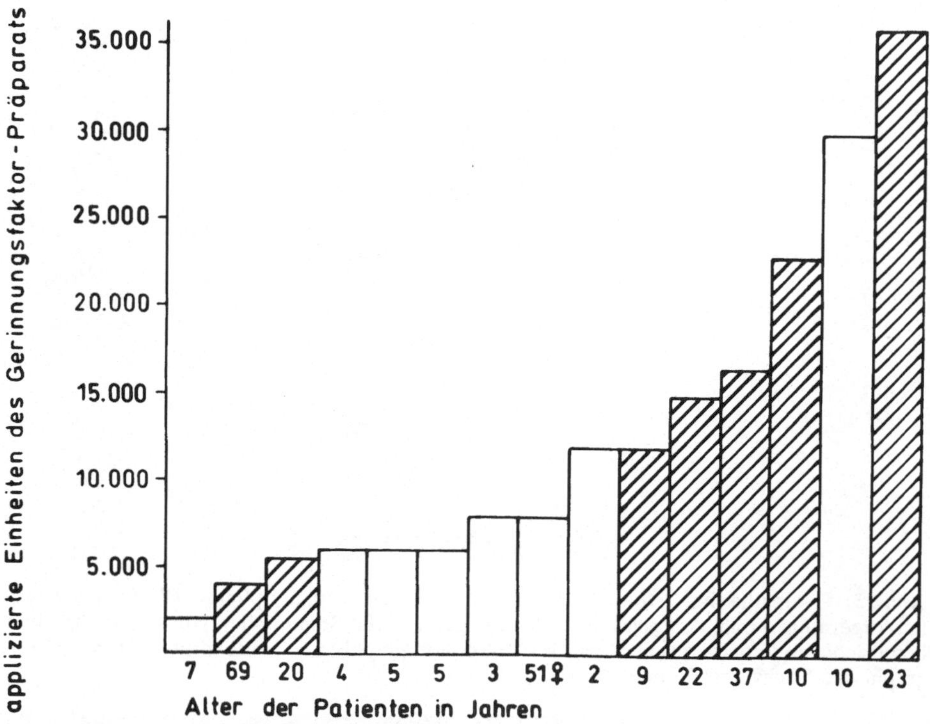

Abb. 7. Abhängigkeit der HIV-Infektion von der applizierten Dosis des Gerinnungsfaktor-Präparats und vom Alter der Patienten. Gestreifte Säulen = Patient wurde infiziert, offene Säulen = Patient blieb verschont

Patienten mit demselben Präparat behandelt wurden, aber auf Grund unserer serologischen Ergebnisse und PCR-Befunde nicht infiziert wurden. Es liegt nahe anzunehmen, daß die Infektion – ähnlich wie bei einem 1984 in Edinburgh aufgetretenen Faktor VIII-Zwischenfall [1, 2, 5, 6, 9] – in prinzipieller Abhängigkeit von der applizierten Dosis des Präparats erfolgte. Das traf aber nicht zu. Da zwei Patienten infiziert wurden, die nur eine sehr geringe Dosis erhielten, und andererseits ein Patient verschont blieb, obwohl er die zweithöchste Dosis erhielt, ergab sich für die Gruppe der Infizierten keine signifikant höhere Dosis (Abb. 7). Eine Dosis-Wirkungsbeziehung zeigte sich erst dann, wenn das Alter der Patienten berücksichtigt wurde. Abgesehen von der Patientin, die nicht an einer Hämophilie, sondern an einer akuten Gerinnungsstörung litt, wurden alle Erwachsenen infiziert, auch wenn sie nur eine sehr geringe Dosis erhielten.[1] Kinder wurden dagegen von niedrigen Dosen nicht infiziert und von Dosen zwischen 12000 und 30000 IE nur partiell. Mit der Einschränkung, daß die Kinder im Durchschnitt eine geringere Dosis erhielten,

[1] Abweichend davon blieb in München ein 21-jähriger Patient von der Infektion verschont, obwohl er 25000 IE der betr. Charge erhalten hatte (W. Schramm, pers. Mitteilung).

Tabelle 1. Größere Empfänglichkeit der erwachsenen Hämophilen gegenüber der HIV-Infektion

	Applizierte Dosis (IE) Median	Mittel	Inf.-Rate
Kinder ≤ 10 J.	6000	11700	2/9 (22%)
			$p < 0,01$
Erwachsene ≥ 20 J.	15000	15300	5/5 (100%)

ergab sich für die erwachsenen, d. h. für die schon länger ihrem Grundleiden ausgesetzten Hämophilen eine erhöhte Empfänglichkeit gegenüber der Infektion (Tabelle 1).

Es stellte sich nun die Frage, ob die hohe Variabilität des HIV es zuließ, durch vergleichende Gen-Analyse an den 7 Stämmen die Einheitlichkeit der Infektionsquelle festzustellen. Hierzu wurde die aus der Patienten-Blutprobe gewonnene DNA in einem Sequenzbereich von 242 Basenpaaren amplifiziert, der die beiden hypervariablen Regionen HY1 und HY2 des env-Gens enthält. Die Sequenz-Analyse dieser DNA lieferte ein sehr erstaunliches Ergebnis: Trotz der reichlichen Virusvermehrung, die nach der Infektion in jedem einzelnen Patienten abgelaufen sein mußte, waren 5 Stämme untereinander völlig gleich, ein Stamm wies nur 2, der Göttinger Stamm 6 Austausche auf. Die Homologie der Aminosäuren-Sequenz der 7 Stämme untereinander betrug somit 93,8 bis 100%, während die Consensus-Sequenz der 7 DNA-Isolate im Vergleich zu 14 dokumentierten Stämmen nur eine Homologie von 49,4 bis 78,3% aufwies. Einer der angezüchteten Virusstämme zeigte im Vergleich zu dem entsprechenden in-vivo-Stamm nach 6 Wochen Kultur nur einen Basenaustausch. Es ergab sich somit für die noch in der frühen Phase der Infektion befindlichen HIV-1-Stämme ein sehr einheitliches Bild (Tabelle 2) [4], während drei jetzt, d. h. 5 Jahre nach der Infektion untersuchte Stämme aus dem Edinburgher Zwischenfall sogar im gag-Gen deutliche Differenzen aufwiesen [10].

Nachdem eine bestimmte Charge eines Gerinnungsfaktor-Präparates als Infektionsquelle für die HIV-Infektion herausgefunden worden war, war der Anlaß gegeben, die Anzucht von HIV aus dem Präparat zu versuchen. Bei der Untersuchung von 2 Ampullen zu je 500 E, gelang uns das – ebenso wie anderen Arbeitsgruppen – aber nicht. Daraus ergibt sich die folgenschwere Feststellung, daß die Infektiosität eines Präparates durch in-vitro-Testung nicht ausgeschlossen werden kann.

Da die Sensitivität des p24-Antigen-Nachweises mit 2–4 pg/ml an die Nachweisempfindlichkeit von infektiösem Virus heranreicht, erschien es uns nicht aussichtslos, den Nachweis des p24-Antigens in dem fraglichen Präparat zu versuchen:

Tabelle 2. Ergebnisse der Basensequenz-Analyse der hypervariablen Regionen HY1 und HY2 des HIV-1 env-Gens der Virus-DNA, die von den hier beschriebenen 7 Patienten gewonnen worden war, und Vergleich der Consensus-Sequenz mit der Sequenz von 14 dokumentierten HIV-1-Stämmen

untersuchte DNA	Basen-Sequenz		Aminosäuren-Sequenz	
	Austausche	Homologie	Austausche	Homologie
5 Stämme Bonn	0	100%	0	100%
davon 1 Isolat	1	99,6%	1	98,8%
1 Stamm Bonn	2	99,2%	2	97,5%
1 Stamm Göttingen	6	97,5%	5	93,8%
14 dokumentierte Stämme	n.d.	n.d.	n.d.	49,4% –78,3%

Während die im Originalvolumen aufgelöste Substanz nur grenzwertige Ergebnisse lieferte, wurden eindeutig positive Ergebnisse erzielt, wenn das Präparat in 7facher Konzentration untersucht wurde. Wohl wegen der hohen Viskosität des 7fachen Konzentrats wurden aber höhere Extinktionen erreicht, wenn das Präparat nur in 2facher Konzentration eingesetzt wurde. Die Spezifität des Tests wurde durch die spezifische Neutralisierbarkeit der Reaktion,

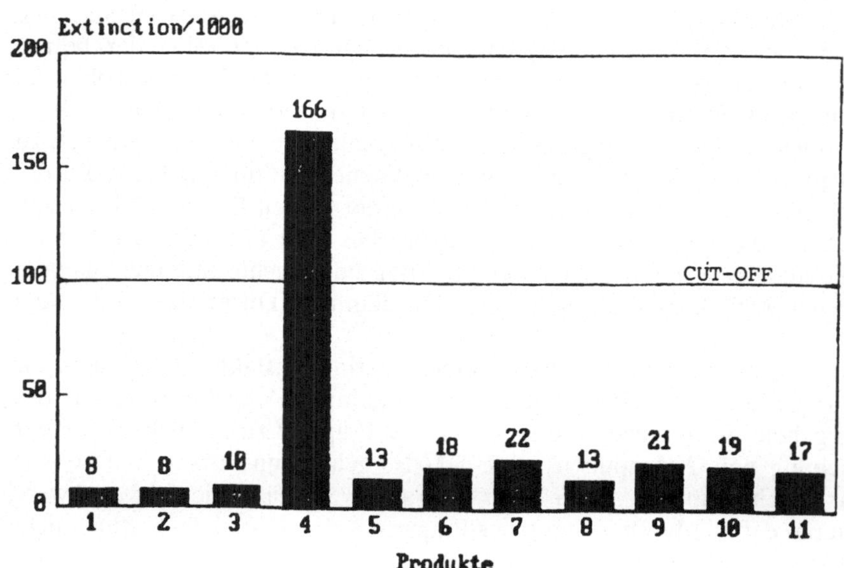

Abb. 8. p24-Antigen-Test mit der PPSB-Charge, die bei den hier beschriebenen Patienten zur HIV-Infektion geführt hat (Nr. 4), im Vergleich zu 7 unverdächtigen Chargen desselben Produkts und zu 3 anderen Produkten. Alle Materialien wurden doppelt konzentriert eingesetzt

durch die Reproduzierbarkeit mit verschiedenen Abfüllungen des Präparats und durch den Vergleich mit 10 unverdächtigen Proben desselben Produkts und anderer Produkte gewährleistet (Abb. 8) [3].

Wie es bei einem lange bewährten Produkt zu diesem Zwischenfall kommen konnte, ist unklar. Es wäre möglich, daß der positive p24-Antigen-Test im Endprodukt der fraglichen Charge auf eine ungewöhnlich große Viruslast im Ausgangsmaterial hinweist, die das Inaktivierungsverfahren überforderte.

Da der infizierende Virusstamm sich stark von anderen HIV-Stämmen unterscheidet, wäre es auch nicht ausgeschlossen, daß das Virus dem Inaktivierungsverfahren zusätzlich eine erhöhte Resistenz entgegensetzte.

Wie dem auch sei, im vorliegenden Fall hatte der p24-Antigen-Test auf eine Unregelmäßigkeit hingewiesen, und der Zwischenfall hätte vermieden werden können. Es wird daher vorgeschlagen, diese Untersuchung als zusätzlichen Sicherheitsfaktor einzuführen.

Literatur

1. Cuthbert RJG, Ludlam CA, Rebus S, Peutherer JF, Aw DWJ, Beatson D, Steel CM, Reynolds B (1989) Human immunodeficiency virus detection: correlation with clinical progression in the Edinburgh haemophiliac cohort. Brit J Haematol 72:387–390
2. Cuthbert RJG, Ludlam C, Tucker J, Steel CM, Beatson D, Rebus S, Peutherer JF (1990) Five year prospective study of HIV infection in the Edinburgh haemophiliac cohort. Brit Med J 301:956–961
3. Kleim J-P, Bailly E, Schneweis KE, Brackmann HH, Hammerstein U, Hanfland P, van Loo B, Oldenburg J (1990) Acute HIV-1 infection in patients with hemophilia B treated with β-propiolactone-UV-inactivated clotting factor. Thrombosis and Haemostasis 64:336–337
4. Kleim J-P, Ackermann A, Brackmann HH, Gahr M, Schneweis KE (1991) Epidemiologically closely related viruses from hemophilia B patients display high homology in two hypervariable regions of the HIV-1 env gene. AIDS Res Human Retroviruses 7:417–421
5. Ludlam CA, Steel CM, Cheingsong-Popov R, McClelland DBL, Tucker J, Tedder RS, Weiss RA, Philp I (1985) Human T-lymphotropic virus type III (HTLV-III) infection in seronegative haemophiliacs after transfusion of factor VIII. Lancet ii:233–236
6. Peutherer JF, Rebus S, Barr P, Ludlam CA, Watson HG, Steel MC (1990) Confirmation of non-infection in persistently HIV-seronegative recipients of contaminated factor VIII. Lancet ii:1008
7. Schneweis KE, Ackermann A, Friedrich A, Kleim J-P, Kornau K, Ruff R, Siefer-Wippermann B (1989) Comparison of different methods for detecting human immune deficiency virus in human immunodeficiency virus-seropositive hemophiliacs. J Med Virol 29:94–101
8. Schneweis KE, Kleim J-P, Bailly E, Niese D, Wagner N, Brackmann HH (1990) Graded cytopathogenicity of the human immunodeficiency virus (HIV) in the course of HIV infection. Med Microbiol Immunol 179:193–203
9. Simmonds P, Lainson FAL, Cuthbert R, Steel CM, Peutherer JF, Ludlam CA (1988) HIV antigen and antibody detection: variable responses to infection in the Edinburgh haemophiliac cohort. Brit Med J 296:593–598
10. Simmonds P, Balfe P, Peutherer JF, Ludlam CA, Bishop JO, Brown AJL (1990) Human immunodeficiency virus-infected individuals contain provirus in small numbers of peripheral mononuclear cells and at low numbers. J Virol 64:864–872

Diskussion

Gürtler (München):

Meine erste Frage bezieht sich auf die Abhängigkeit der Infektion von der Menge des verabfolgten Konzentrats. Die von Ihnen aufgezeigte Abhängigkeit vom Lebensalter ist sehr interessant, aber muß man nicht davon ausgehen, daß in einem Poolpräparat das Virus ungleich verteilt ist? Muß ich entsprechend nicht damit rechnen, daß es Ampullen gibt, die virushaltig, und solche, die virusfrei sind? Das wäre eine einfachere Erklärung und könnte auch für die Jahre 1980–1985 gelten, in denen gewisse Ampullen einer Charge zur HIV-Infektion geführt haben und andere nicht.

Weiterhin haben Sie einen p24-Antigentest des Endpräparates empfohlen. Mit diesem Test weisen Sie nur das p24-Antigen nach, können aber nicht sagen, ob infektiöses oder nicht-infektiöses Virus vorhanden ist. Auch haben Sie den p24-Antigennachweis erst in Konzentrationsversuchen führen können. Es fragt sich, ob die Einführung dieses Tests tatsächlich eine zusätzliche Sicherheit bringen kann.

Deinhardt (München):

Die Frage ist nach dem, was Herr Gürtler gesagt hat, ob wir den p24-Antigentest – egal, wer das Testsubstrat hergestellt hat und wie er gemacht wird – im Endprodukt durchführen sollen, oder sollen wir das im Plasmapool machen, der in die Produktion hineingeht oder in jedem Plasma durchführen, das für den Pool gewonnen wird? Wir sollten uns darüber im klaren sein, daß viele HIV-Positive uns im p24-Antigentest gar nichts geben. Ich glaube, man muß doch davon ausgehen, daß das Herstellungsverfahren so sicher wie möglich gemacht wird, und auf der anderen Seite alles geschieht, um die Viruslast des Ausgangspools durch noch bessere Voruntersuchungen der Spender zu reduzieren.

Schneweis (Bonn):

Das Plasma, das die Hersteller bekommen, ist als HIV-Antikörper-negativ ausgewiesen. Bei der nächsten Lieferung – zu diesem Zeitpunkt ist das Präparat aber schon produziert – erhalten die Hersteller in der Regel eine Nachmeldung von den Lieferanten, wenn in der vorigen Charge einige Konverter gewesen sind, d.h. über solche Spender, bei denen inzwischen eine Serokonversion aufgetreten ist. Man weiß also nicht, muß aber damit rechnen, daß der eine oder andere von diesen Konvertern schon zum Zeitpunkt der vorigen Spende infektiös war. Wenn er zum Zeitpunkt der vorigen Spende infektiös war, gibt es nun auch noch die große Variabilität: Er kann am Anfang, am Ende oder ganz oben im Peak der Virämie gewesen sein. Nur dann also, in einem relativ begrenzten Zeitraum, bringt ein solcher Spender eine große Viruslast in den Pool ein.

Der Pool ist rund 5000 Liter groß gewesen. Ob man das p24-Antigen in diesem Gesamtpool bei der hohen Verdünnung hätte finden können, das möchte ich bezweifeln. Wenn das Virus aber bei der Herstellung den Weg der Faktoren geht und kommt im Endprodukt in 50 Litern quantitativ an, dann habe ich nicht mehr eine Verdünnung von 1:5000, sondern von 1:50. In dieser Verdünnung haben wir die Chance gehabt, das Antigen zu finden.

Nebenbei: Nachdem wir es gefunden hatten, ist die Untersuchung von dem Erlanger Virologischen Institut ebenfalls bestätigt worden. Das Paul-Ehrlich-Institut hat es amtlich auf Anordnung der Aufsichtsbehörde hin bestätigt. Daß also dieser Test in Ordnung und p24-Antigen nachgewiesen ist, darüber besteht gar kein Zweifel.

Sicherlich ist damit nicht nachgewiesen, daß die Charge infektiös war. Aber wir sind ja beide, Herr Gürtler, der Meinung, daß wir diese Infektiosität eines Endproduktes mit in-vitro-Tests nicht testen können. Wenn wir aber sozusagen als Notlösung die Möglichkeit haben, das p24-Antigen zu finden, dann sehe ich nicht ein, warum man diesen simplen Test, der wirklich leicht durchzuführen ist, und der kaum etwas kostet, nicht als eine zusätzliche Sicherheit anwenden sollte. Ich bin der letzte, der dann behaupten würde: Nachdem das geschehen ist, ist dieses Präparat nun auch tatsächlich in Ordnung. Ich behaupte nur: Wir haben eine Methode, die zusätzliche Sicherheit bringt. Wenn wir diese Möglichkeit haben, warum sollen wir sie dann nicht auch nutzen?

DEINHARDT (München):

Dem widerspreche ich nicht. Nur müssen wir uns auch darüber im klaren sein, daß Ihre Bemerkung, daß p24-Antigen im Enderfolg konzentriert in 50 Liter anstatt in 5000 Liter erscheint, spekulativ ist. Nach allem, was wir von der Virologie wissen, ist das sogar eher unwahrscheinlich.

SCHNEWEIS (Bonn):

Sicher.

KÖSTERING (Göttingen):

Wieviel Einheiten dieser 5000 Liter sind denn da zurückgerufen worden, und wieviel Einheiten sind effektiv an Patienten gegeben worden?

Schneweis (Bonn):

Darüber kann ich keine Auskunft geben. Die Zahlen fehlen mir.

Deinhardt (München):

Ich möchte darauf hinweisen, daß sowohl die Labor- als auch die klinischen Untersuchungen des Bundesgesundheitsamtes noch nicht abgeschlossen sind, so daß wir keine endgültigen Beurteilungen treffen sollten, bevor das nicht geschehen ist.

Hanfland (Bonn):

Ich möchte nur kurz darauf hinweisen, daß natürlich aus der Erfahrung heraus, die Koinzidenz zwischen dem Nachweis des p24-Antigens und der Infektiosität des Präparates das entscheidende Argument dafür ist, in Zukunft die Präparate auf p24-Antigen zu untersuchen.

Deinhardt (München):

Ich will jetzt nicht in die Einzelheiten gehen, die noch vom BGA und den entsprechenden Gruppen bearbeitet werden; dem möchte ich nicht vorgreifen. Aber möglicherweise wäre diese Charge bei einer Routineuntersuchung auch nicht aufgefallen, wenn sie an der Grenze gewesen wäre. Wir haben genau wie Sie das p24 nach Zentrifugation und allem anderen nachweisen können. In einer Routineuntersuchung wäre diese Charge in den meisten Labors wahrscheinlich nicht aufgefallen. Aber das ist es, was ich sagte: Wo sollen wir ansetzen, um mehr Sicherheit zu gewinnen? Idealerweise müßte es das Ausgangsplasma sein.

Lechler (Köln):

Es wurde gesagt, daß das Inaktivierungsverfahren überfordert gewesen sein könnte. Ist es denn vorstellbar, daß ein Verfahren, das über so viele Jahre bei unausgewählten Spendern sicher war, um Hepatitisviren zu inaktivieren, plötzlich in einem Pool von Plasmen, die selektiert worden sind, überfordert gewesen sein könnte? Das erscheint mir kaum vorstellbar.

Schneweis (Bonn):

Ich halte es für ein relativ seltenes und unglückliches Ereignis, daß in eine Charge so hohe Viruskonzentrationen gekommen sind.

Zu der spekulativen virologischen Feststellung, Herr Deinhardt, möchte ich doch noch etwas sagen: Ich kenne natürlich die Herstellung des Präparates nicht so genau, doch ist mir der grobe Herstellungsweg bekannt. Soweit ich mir da Gedanken machen kann, könnte das Virus genauso wie die Gerinnungsfaktoren im Endprodukt als Konzentrat ankommen. So sehr spekulativ finde ich das eigentlich nicht.

Schimpf (Heidelberg):

Es ist von einer vielleicht ungewöhnlichen Infektion dieser besonderen Charge die Rede gewesen. Auf der Expertenanhörung in Berlin kam heraus, daß an dieser Charge mindestens 8 Spender beteiligt gewesen sind, die sich in der sog. „Fensterphase" der Infektion befunden haben, was von den Experten als ein nicht ungewöhnliches Ereignis angesehen worden ist. Danach müßten also trotz aller Vorsichtsmaßnahmen und Spenderselektion viele große Chargen zunächst einmal infiziert sein. Da sich dieses Verfahren in der Zeit der unselektierten Plasmaspenden als so sicher erwiesen hat, ist also auch die Produktion in die Diskussion einzubeziehen, was wir hier wohl nicht können. Für mich ist aber auch klar, daß zum Schluß getestet werden muß, könnte doch auch in der Produktion etwas schiefgelaufen sein.

Koch (Berlin):

Es ist natürlich doch sehr beunruhigend, daß ein Präparat, das sich durch eine hervorragende Sicherheit ausgezeichnet hat, plötzlich ins Zwielicht gekommen ist. Dieses Präparat wurde nach demselben Verfahren zu einer Zeit hergestellt, wo niemand von uns wußte, daß es das HIV gab, das aber sicherlich in den Präparaten drin gewesen ist, was aber nicht zu Infektionen geführt hat. Also ist dieses Verfahren sehr sicher.

Der zweite Punkt: Der von Herrn Schneweis vorgeschlagene Test, in jeder Charge nach p24-Antigen zu suchen, ist eine der Möglichkeiten, die das Bundesgesundheitsamt zur Zeit im Rahmen seiner sehr umfangreichen Recherchen und Überlegungen erwägt, um die Blutprodukte noch sicherer zu machen, als sie es bisher schon sind.

Deinhardt (München):

Ich glaube, damit sollten wir die Diskussion abschließen. Wie Sie wissen, sind die Untersuchungen über diesen Vorfall, der uns alle sehr erschüttert hat, noch nicht abgeschlossen. Ich glaube, es ist das Beste, die Enddiskussion darüber, was wirklich passiert ist, bis zu dem Zeitpunkt zu lassen, an dem die Untersuchungen im Bundesgesundheitsamt zusätzlich mit den noch ausstehenden klinischen Untersuchungen abgeschlossen sind. Vielleicht können wir im nächsten Jahr ein endgültiges Fazit ziehen. Aber ich glaube, wir können sicher sein, daß die Gruppen beim Bundesgesundheitsamt alles tun werden, um herauszufinden, wie man ein solches Geschehen in der Zukunft verhindern kann, denn irgendetwas muß hier irgendwo fehlgelaufen sein.

Die antiretrovirale Therapie der HIV-Infektion

R. Lüthy, J. Jost (Zürich/Schweiz)

Einleitung

Seit Ende 1986 wurden in der Schweiz die ersten Patienten mit einer symptomatischen HIV-Infektion einer antiretroviral wirksamen Therapie im Rahmen einer multizentrischen Studie unterzogen. Seither werden mit der damals eingesetzten Substanz, Zidovudin (ZVD, Retrovir®), früher Azidothymidin (AZT) genannt, eine Vielzahl von Patienten behandelt. ZVD ist bis heute das einzige zugelassene Medikament mit einer nachgewiesenen antiretroviralen Wirksamkeit. Obwohl die Durchführung einer Zidovudin-Therapie noch mit gewissen Auflagen im Rahmen der sogenannten Post-Marketing Surveillance (PMS) verbunden ist [1], werden praktizierende Ärzte in vermehrtem Maße mit dieser Substanz konfrontiert. Im folgenden wird auf einige grundsätzliche Aspekte der antiretroviralen Therapie, besonders in der Schweiz, und auf die praktische Durchführung dieser Therapie eingegangen.

Übersicht über die Wirkungsmechanismen verschiedener antiretroviral wirksamer Substanzen

Abbildung 1 zeigt im Modell den Ablauf der Infektion einer Zelle mit HIV und die therapeutischen Angriffspunkte einiger antiretroviral wirksamen Substanzen [2]. Zur Zeit befinden sich viele Substanzen in den verschiedenen Stadien der Evaluation [3, 4]. Die wichtigsten davon, die meist schon in klinischen Versuchen stehen, werden im folgenden kurz erwähnt.

Hemmung der Virus-Bindung an den Rezeptor

Als erster Schritt der Infektion einer Zelle erfolgt die Bindung der Glykoproteine der HI-Virushülle (gp 120) an einen spezifischen Rezeptor der Zelle (CD4-Rezeptor von T-Lymphozyten). Dieser CD4-Rezeptor oder Teile davon werden auch auf anderen Zellen als auf den CD4-Lymphozyten exprimiert (Monozyten, Makrophagen). Nach erfolgreicher Ankoppelung tritt das Virus durch Fusion und ‚uncoating' in das Zytoplasma ein.

Übernommen mit freundlicher Genehmigung aus Schweiz. med. Wschr. 1991; 121:555–565. Schwabe-Verlag

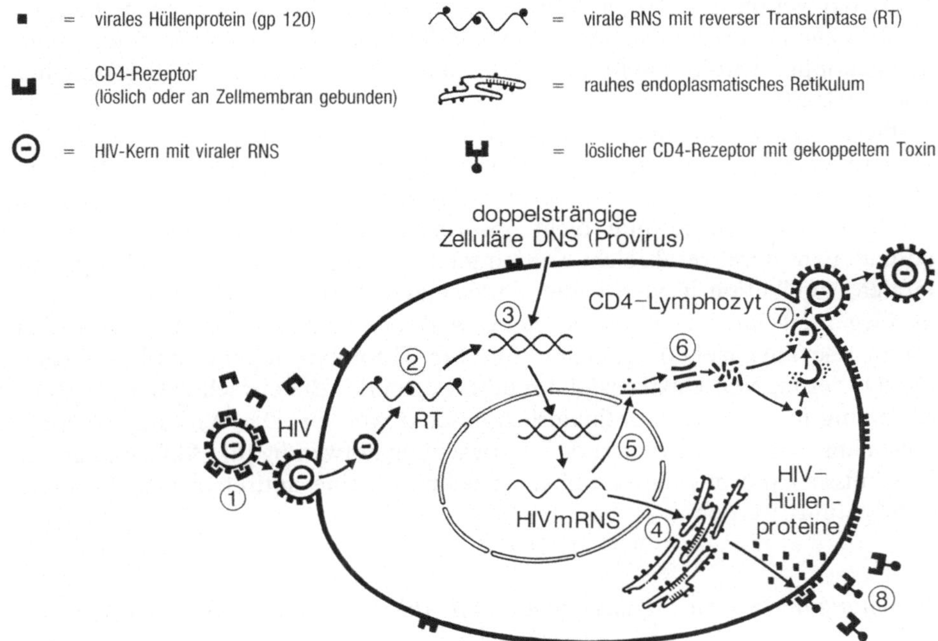

Abb. 1. Schematische Darstellung der HIV-Infektion in einem CD4-Lymphozyten und mögliche Angriffspunkte einiger antiretroviral wirksamer Substanzen. (1): HI-Virus mit Hüllen-Glykoproteinen, an die sich *lösliche CD4-Rezeptoren*[3] binden, was die Ankoppelung des Virus an die CD4-Rezeptoren der Zelloberfläche verhindert. (2) und (3): Nach Eintritt ins Zytoplasma Synthese von DNS mit Hilfe der viralen reversen Transkriptase (RT), Angriffspunkt von *RT-Hemmern* und *Nukleosidanalogen* durch Unterbruch der DNS-Synthese. Inkorporation von DNS-Provirus in die Chromosomen. (4): Glykosylierung von Hüllenproteinen, Hemmung durch *Castanospermine.* (5): Bildung der messenger RNS (mRNS), Hemmung durch *Ribavirin.* (6): mRNS-Translation. (7): Virusaufbau und Ablösung des reifen Virus von der Zelloberfläche. Hemmung durch *Proteaseninhibitoren* und *Interferon.* (8): Vernichtung von infizierten Zellen mit an *Toxinen gekoppelten CD4-Rezeptoren* über die an der Zelloberfläche exprimierten HIV-Hüllen-Glykoproteine (gp 120).

Mittels potenter Verhinderung dieser Bindung an den Rezeptor ergäbe sich ein möglicher therapeutischer Ansatzpunkt. In der Tat wurden einige erfolgversprechende Möglichkeiten entwickelt. *Lösliche, rekombinante CD4-Rezeptoren (rsCD4)* hemmen in vitro kompetitiv die Bindung von HIV an die zellulären CD4-Rezeptoren. Klinische Studien sind im Gange, bisher konnte jedoch noch keine klare Wirksamkeit gezeigt werden. Offenbar ist die Affinität zwischen gp 120 und rsCD4 bei Patientenisolaten um ein Vielfaches geringer als bei Laborstämmen [5]. Zudem besteht noch Unklarheit über die immunologischen Auswirkungen einer Langzeittherapie mit rsCD4; es ist denkbar, daß Antikörper induziert werden, die ihrerseits eine autoimmune Reaktion auslösen könnten. Ebenfalls ist unsicher, ob eine Beeinträchtigung des normalen Immunsystems durch Interferenz mit der T-Zell-Aktivierung die Folge einer solchen Therapie sein könnte.

In vivo weisen rsCD4 eine sehr kurze Halbwertzeit auf, deshalb stellte man *chimärische rsCD4* her, indem rsCD4 an das Fc-Fragment von Immunglobulinen gekoppelt wurde. Damit erreichte man eine wesentliche Verlängerung der Halbwertzeit.

In diesem Zusammenhang erwähnenswert ist *Dextransulfat,* ein synthetisches Heparinanalog, das in vitro die Bindung des HIV an die CD4-Lymphozyten und die Synzytienbildung verhindert. Klinische Versuche zeigten, daß peroral verabreichtes Dextransulfat nicht absorbiert wird, und daß diese Substanz deshalb parenteral verabreicht werden muß. Allerdings konnte auch bei parenteraler Applikation in vivo keine Wirksamkeit dokumentiert werden, es kam im Gegenteil unter Therapie zu einem Anstieg des p24-Antigens[1]. Zusätzlich traten relevante Nebenwirkungen auf, wie Thrombozytopenie und Alopezie. Die Dosierung von Dextransulfat mußte wegen der Beeinträchtigung der Blutgerinnung im Verlaufe kontinuierlich gesenkt werden. Die Wirkung als Antikoagulans machte eine dauernde Überwachung notwendig [6]. Aufgrund dieser Ergebnisse kann mit dieser Substanz definitiv keine antiretrovirale Therapie durchgeführt werden.

Hemmung der reversen Transkriptase und Abbruch der DNS-Synthese

Nach der Ankoppelung des Virus an die Zelle und nach dessen Eindringen wird aus der viralen RNS mit Hilfe der viralen reversen Transkriptase (RT) DNS synthetisiert. Dieser Mechanismus gab auch dieser Art von Viren den Namen „Retroviren". Das so entstandene DNS-Provirus kann in das Genom der Gastzelle integriert werden oder auch extrachromosal verbleiben.

Mehrere Substanzen wirken auf diesen Mechanismus ein. Unter anderen ist *Trisodium Phosphonoformat (Foscarnet)* ein eigentlicher RT-Hemmer. Letzteres zeigt ebenfalls eine Aktivität gegen die DNS-Polymerase von Herpesviren und ist eine Alternative zur Ganciclovir-Behandlung der Zytomegalievirus-Retinitis.

In diese Gruppe gehören auch die verschiedenen *Dideoxynukleoside,* zu denen unter anderen auch *Zidovudin (ZVD)* gehört. Diese Nukleosidanaloge werden intrazellulär phosphoryliert und führen als Triphosphat einerseits zum Abbruch des DNS-Stranges, wenn sie anstelle der normalen Nukleoside eingebaut werden, andererseits wirken sie als kompetitive Hemmer der HIV-RT. Die zelluläre DNS-Polymere alpha ist etwa 100fach weniger empfindlich auf ZVD, so daß ZVD die Transkription von viraler RNS in DNS effektiv hemmt, ohne die zelluläre DNS-Produktion substantiell zu beeinträchtigen. Zidovudin penetriert in das zentrale Nervensystem und kann so auch die Virusreplikation im neuronalen Gewebe unterdrücken.

Die *anderen Nukleosidanaloge* wie *Dideoxyinosin (ddI)* oder *Dideoxycytidin (ddC)* haben im wesentlichen den gleichen Wirkungsmechanismus bei allerdings verschiedenen Nebenwirkungsprofilen. Beide haben klinisch in Phase-II-

[1] p24-Antigen: HIV-Kern-Protein, das bei vermehrter Replikation im Serum nachgewiesen werden kann

und -III-Studien eine ähnliche Wirksamkeit wie ZVD. Vergleichende Studien sind im Gange.

Hemmung des Virusaufbaus und der Ablösung von der Zelle

Das integrierte DNS-Provirus dient als Vorlage für die Synthese von viraler Messenger-RNS (mRNS). Diese wird übersetzt in virale Präkursorproteine, die im rauhen endoplasmatischen Retikulum weiterverarbeitet und glykosyliert werden. Dann folgen der Transport an die Zelloberfläche, der Virusaufbau an der Plasmamembran und die Ablösung des reifen Virus von der Zelle.

Auf diesem Niveau bieten sich ebenfalls potentielle Angriffsmöglichkeiten für verschiedene Medikamente. *Interferone,* vor allem *rekombinantes Interferon alpha-A (IFN)* zeigen in vitro und in vivo einen Anti-HIV-Effekt. Der Wirkungsmechanismus ist nicht ganz klar, wahrscheinlich verzögern sie jedoch den Aufbau des Virus und die Ablösung des reifen Virus von der Zelloberfläche. Entsprechende klinische Studien sind im Gange, besonders auch mit Kombinationen von verschiedenen Medikamenten mit unterschiedlichen Wirkungsmechanismen (z. B. Kombinationstherapie mit ZVD und IFN von asymptomatischen HIV-Infizierten). *Proteaseinhibitoren* hemmen die viralen Proteasen, so daß die Polyproteine nicht gespalten werden können. In-vitro-Versuche zeigten einen Effekt, klinische Studien sind im Gange. *Castanospermin* und andere Pflanzenalkaloide zeigen in vitro eine Hemmung der Glykosylierung der Hüllenproteine (gp 120), durch Interaktion mit der Glucosidase I, einem Enzym des endoplasmatischen Retikulums. *Ribavirin* hemmt die Bildung der mRNS und die Translation in Proteine. Klinische Versuche zeigten bis jetzt keine eindeutige Wirksamkeit.

Weitere Angriffspunkte

Einen anderen Wirkungsmechanismus haben *sCD4-gebundene Toxine* (z. B. *CD4-Pseudomonas-Exotoxin*). Es ist möglich, damit HIV-infizierte Zellen, die an der Oberfläche gp 120 exprimieren, zu vernichten. Klinische Studien sind im Gange.

Substanzen, die eine Aktivierung der antiviralen Abwehr zur Folge haben sollen, zeigten in klinischen Versuchen bisher keine Verlangsamung der Krankheitsprogression. Ein Vertreter dieser Gruppe ist *Imuthiol,* das in klinischer Evaluation steht, ohne daß dessen Wirkungsmechanismus bekannt ist.

Zidovudin

Zidovudin (ZVD, 3'-azido-3'-deoxythymidin, Retrovir®) ist die *einzige antiretroviral wirksame Substanz, die bis heute zugelassen ist.* Es handelt sich um ein Nukleosid, ein Thymidinanalog, das intrazellulär phosphoryliert wird und als Zidovudin-Triphosphat die reverse Transkriptase hemmt und zum Abbruch der viralen DNS führt, indem die Azidogruppe die Anlagerung eines weiteren Nukleosids verhindert.

ZVD wird nach peroraler Einnahme rasch absorbiert; ein Serumspitzenspiegel wird nach 30 bis 90 Minuten erreicht. Die Serumhalbwertszeit ist kurz und beträgt im Mittel eine Stunde. Allerdings ist die intrazelluläre Halbwertszeit des Zidovudin-Triphosphats wesentlich länger. ZVD penetriert die Blut-Hirn-Schranke effektiv, so daß auch im Liquor adäquate Spiegel erreicht werden [7].

Klinische Erfahrungen mit Zidovudin

Zidovudin wurde in den sechziger Jahren in den USA als Zytostatikum synthetisiert, zeigte aber als solches eine ungenügende Wirksamkeit. 1984 wurde dann seine antiretrovirale Wirksamkeit entdeckt, und 1985 wurde diese Substanz erstmals einem Patienten verabreicht. Im Februar 1986 wurde in den USA eine randomisierte, placebokontrollierte, doppelblinde Multicenterstudie begonnen, bei der 282 HIV-Patienten mit Status nach einer ersten, innerhalb der letzten 4 Monate durchgemachten Episode einer Pneumocystis-carinii-Pneumonie oder Patienten mit einem AIDS-related Complex (ARC) eingeschlossen und entweder mit 250 mg ZVD oder Placebo alle 4 Stunden behandelt wurden [8]. Bereits nach 6 Monaten mußte diese Studie abgebrochen werden, da in dieser Zeit, nach einer mittleren Therapiedauer von 4 Monaten, in der Placebogruppe 19 Patienten verstarben, gegenüber einem Patienten in der ZVD-Gruppe. In der gleichen Zeitperiode erlitten in der Placebogruppe 45 Patienten eine opportunistische Infektion gegenüber 24 Patienten in der ZVD-Gruppe. Aufgrund dieser Erfahrung wurde allen Patienten ZVD angeboten. In den folgenden Monaten kamen dann allerdings auch in der ursprünglichen ZVD-Gruppe vermehrt Todesfälle vor, 10% nach einem Jahr Therapie. Nach 21 Monaten Therapie betrug die Überlebensrate in der ursprünglichen ZVD-Gruppe 57,6% und in der ursprünglichen Placebogruppe 47,5% [9].

Es zeigte sich in dieser Studie, daß die Zidovudin-Therapie mit erheblichen *Nebenwirkungen, vor allem hämatologischen,* verbunden ist. Bei 32% der Patienten, die ZVD erhielten, trat eine Anämie mit Hämoglobinwerten unter 7,5 g/dl auf, und über 50% der Patienten erhielten mindestens eine Bluttransfusion [10]. Man stellte schon damals fest, daß ZVD bei Patienten mit weit fortgeschrittener HIV-Infektion (tiefe CD4-Werte) vermehrt hämatotoxisch wirkte. In der Zwischenzeit sind weitere Studien mit Zidovudin durchgeführt worden. Einerseits ging es um die Frage der optimalen Dosierung, welche immer noch nicht gelöst ist, andererseits mußte nachgewiesen werden, ob die Behandlung auch bei anderen symptomatischen und asymptomatischen HIV-Infizierten eine Wirksamkeit zeigte.

Es konnte in einer placebokontrollierten Studie nachgewiesen werden, daß Zidovudin bei Patienten mit einer asymptomatischen HIV-Infektion und CD4-Werten unter 500/mm^3 die Krankheitsprogression verringert [11]. In einem Arm wurde ZVD 500 mg/d und im anderen ZVD 1500 mg/d verabreicht. Die Progressionsrate zu AIDS pro hundert Personenjahre war in der ersten Gruppe 2,3; in der zweiten 3,1 und in der Placebogruppe 6,6. Naturgemäß war die Nebenwirkungsrate bei der niedrigeren Dosis bedeutend kleiner.

In einer weiteren klinischen Untersuchung konnte nachgewiesen werden, daß eine niedrige Dosierung (600 mg/d) bei Patienten mit AIDS (Status nach PcP) mindestens so wirksam war wie die früher übliche hohe Dosierung, bei entsprechend geringerer Toxizität [12]. Als Folge dieser Resultate wird Zidovudin heute allgemein wesentlich tiefer dosiert, und die Verträglichkeit hat sich entsprechend verbessert.

Allerdings ist noch immer nicht klar, welches die tiefste noch wirksame ZVD-Dosis ist. In einer kürzlich publizierten Pilotstudie fand man Hinweise, daß selbst eine sehr tiefe Dosis von 300 mg/d eine vergleichbare Wirksamkeit zeigte [13].

Erfahrungen mit der Zidovudin-Therapie in der Schweiz

Im Mai 1987 hat das Bundesamt für Sozialversicherung (BSV) aufgrund eines Beschlusses der Eidgenössischen Arzneimittelkommission Zidovudin als beschränkt kassenzulässig bezeichnet. Die Beschränkung bezieht sich auf die Auflage, daß sämtliche Patienten, die in der Schweiz mit ZVD behandelt werden, im Rahmen der sogenannten „Post-Marketing Surveillance" (PMS) erfaßt werden [1]. Das bedeutet, daß alle Patienten mit ZVD in regelmäßigen Abständen an einem Zentrum kontrolliert und ihre relevanten Daten erfaßt und ausgewertet werden. Die PMS soll vorerst bis zum September 1991 fortgeführt werden. Die Indikation beschränkte sich vorerst auf die symptomatische HIV-Infektion (fortgeschrittenes ARC, AIDS). Anfang 1990 wurde die Indikation auf asymptomatische Patienten mit prognostisch ungünstigen immunologischen Parametern erweitert. Diese Zulassung ist provisorisch bis zum September 1991 gültig.

Ergebnisse der Post-Marketing Surveillance

Bis Anfang Oktober 1990 wurden in der PMS total 1171 Patienten erfaßt und mit ZVD behandelt. Tabelle 1 zeigt eine Patientenübersicht. Es handelt sich vorwiegend um Patienten, die als HIV-Infektionsrisiko entweder homosexuelle Kontakte (HS) hatten oder einen intravenösen Drogenabusus (IVDA) betrieben. Bei den ersteren ist das durchschnittliche Alter und der Anteil mit AIDS höher, als Ausdruck der länger bestehenden HIV-Infektion. Das Verhältnis von Frauen zu Männern beträgt 1:3,9.

Tabelle 2 zeigt den Verlauf unter ZVD und die Situation Anfang Oktober 1990. Von den 1171 behandelten Patienten waren zu diesem Zeitpunkt noch 62 % unter ZVD. 7 % wiesen einen Kurzzeitunterbruch auf, zumeist wegen der Therapie einer akuten opportunistischen Infektion mit ebenfalls myelotoxischen Substanzen (z. B. Therapie der Pneumocystis-carinii-Pneumonie mit Cotrimoxazol). Die Therapie wurde bei 32 % definitiv abgebrochen. Die Gründe dafür waren sehr unterschiedlich: bei 48 % lag eine Krankheitsprogression vor, bei 40 % erfolgte sie auf Wunsch des Patienten (u. a. subjektive

Tabelle 1. Übersicht über die in der Schweiz im Rahmen der Post-Marketing Surveillance mit Zidovudin behandelten Patienten

HIV-Infektions-Risiko	n	Medianes Alter (Bereich)	Prozent-Anteil mit		
			AIDS	ARC*	ASY*
Homo-/Bisexuelle	475 (41%)	39 (21–70)	55	27	18
Intravenöser Drogenabusus	468 (40%)	30 (23–50)	36	45	19
Heterosexuelle	161 (14%)	34 (19–67)	38	37	25
Diverse	67 (5%)	36 (19–78)	54	30	16
Total**	1171 (100%)	33 (19–78)	45	36	19

* ARC = AIDS-related Complex; ASY = asymptomatische HIV-Infektion
** Verhältnis Frauen: Männer 1:3,9

Tabelle 2. Verlauf unter Zidovudin bei den in der Schweiz im Rahmen der Post-Marketing Surveillance behandelten Patienten

Situation per Oktober 1990	n	Prozent-Anteil mit (aktuell)		
		AIDS	ARC*	ASY*
Patienten aktuell unter Zidovudin	723 (62%)	43	36	21
Kurzzeitunterbruch	79 (7%)	75	17	8
Definitiver Therapieabbruch	369 (32%)	79	17	4
Patienten mit Bluttransfusionen (≥ 1)	173 (15%)	85	10	5
HIV-bedingte Todesfälle	229 (20%)			
	Jahre	Stadium bei Einschluß		
Patientenbeobachtungsjahre (7,3 Mt./Patient)	715	382	263	70

* ARC = AIDS-related Complex; ASY = asymptomatische HIV-Infektion

Nebenwirkungen) und bei 12% wegen signifikanter, objektiver Nebenwirkungen [12]. 20% aller behandelten Patienten starben in dieser Zeit an AIDS. Bei 15% mußte mindestens eine Bluttransfusion durchgeführt werden.

Die Auswertungen bezüglich Wirksamkeit und Nebenwirkungen, die von der Schweizerischen Arbeitsgruppe für klinische AIDS-Forschung vorgenommen wurden, beschränken sich auf Patienten mit symptomatischer HIV-Infektion [14]. Sie wurden mit höheren Dosen behandelt; in einer Induktionsphase erhielten sie 20–30 mg ZVD/kg Körpergewicht täglich für 4 Wochen und anschließend 15 mg/kg/d, aufgeteilt in 4 Einzeldosen, üblicherweise 1000 mg/d. Die mittlere Therapiedauer betrug 18 Monate. Abbildung 2 zeigt die Überlebenswahrscheinlichkeit von AIDS-Patienten unter Zidovudin, verglichen mit einer historischen Kontrollgruppe. Die Verlängerung der mittleren Überle-

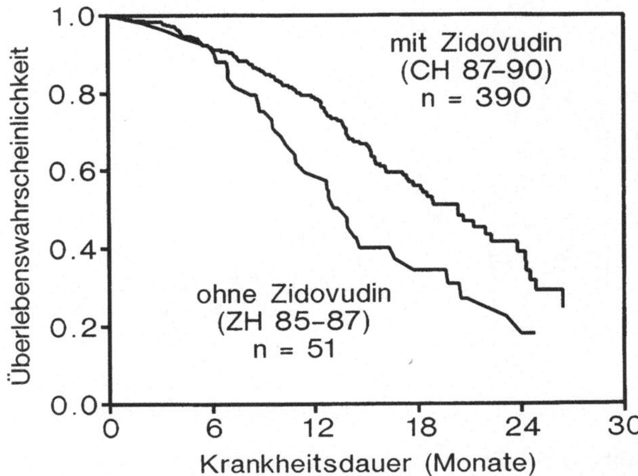

Abb. 2. Überlebenswahrscheinlichkeit in Abhängigkeit von der Krankheitsdauer. Die untere Kurve zeigt eine historische Kontrollgruppe von Züricher AIDS-Patienten, die kein Zidovudin erhielten. Die obere Kurve bringt die Situation für die mit Zidovudin behandelten Schweizer Patienten zur Darstellung. Für die erste Gruppe betrug die mittlere Überlebenswahrscheinlichkeit etwa 13 Monate, für die zweite etwa 20 Monate, was einer Verlängerung von über 6 Monaten entspricht. Es handelt sich dabei nicht um einen alleinigen Zidovudin-Effekt.

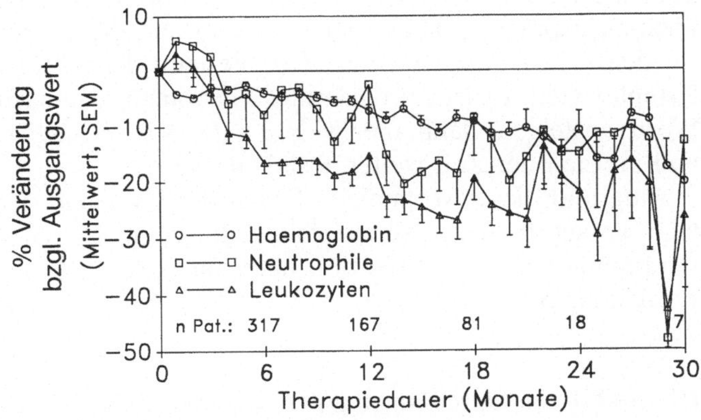

Abb. 3. Die hämatologischen Auswirkungen der Zidovudin-Therapie äußern sich in einem deutlichen Abfall sowohl des Hämoglobins wie auch der Leukozyten. Angegeben ist die prozentuale Änderung bezogen auf den Ausgangswert, der bei Patienten mit einer symptomatischen HIV-Infektion bereits signifikant vermindert ist. Der Abfall des Hämoglobins ist durch Bluttransfusionen und Dosisreduktionen etwas kaschiert.

benszeit beträgt etwa 4–6 Monate. Diese Verlängerung kann natürlich nicht nur der ZVD-Therapie zugeschrieben werden, da sich in der Zwischenzeit Diagnostik und Therapie der opportunistischen Erkrankungen ebenfalls verbessert haben. Letztlich geht es nicht nur um die Verlängerung der Überlebenszeit, sondern es sollte eine wesentliche Verbesserung der Lebensqualität erreicht werden. Daß dies der Fall ist, läßt sich andeutungsweise an der beob-

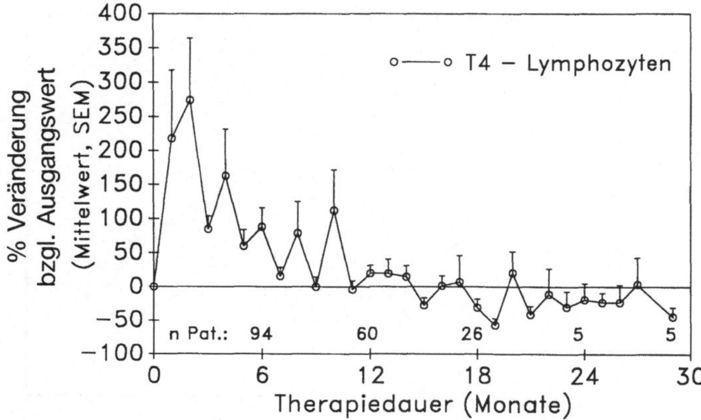

Abb. 4. Die CD4-Lymphozyten nehmen während der ersten Therapiewochen signifikant zu, fallen jedoch mit zunehmender Therapiedauer auf den Ausgangswert zurück und nehmen im weiteren Verlauf progredient ab.

achteten Zunahme des Gewichts und des Karnofsky-Index, einer Beschreibung der physischen Verfassung des Patienten, zeigen.

Die Auswirkungen der ZVD-Therapie auf die hämatologischen Parameter zeigt die Abbildung 3. Dabei ist der Abfall des Hämoglobins in Wirklichkeit noch ausgeprägter, da Dosisreduktionen und Bluttransfusionen vorgenommen wurden. Abbildung 4 zeigt den Verlauf der absoluten Werte der CD4-Lymphozyten. Es ist ein bekanntes Phänomen, daß nach Therapiebeginn diese Werte ansteigen, dann aber wieder auf das ursprüngliche Niveau zurückgehen und im Lauf der Zeit weiter absinken.

Aufgrund dieser vorläufigen Daten der PMS und der klinischen Erfahrung kann gesagt werden, daß mit Zidovudin bei einem Großteil der Patienten die symptomatische HIV-Infektion über eine begrenzte Dauer positiv beeinflußt werden kann.

Die praktische Durchführung der antiretroviralen Therapie in der Schweiz

Zur Zeit stehen den HIV-Infizierten zwei antiretroviral wirksame Substanzen für die Therapie der HIV-Infektion beschränkt zur Verfügung. In erster Linie kommt die Therapie mit Zidovudin, welches im Rahmen der PMS zugelassen ist, in Frage. ZVD-intolerante Patienten können seit kurzem in eine kontrollierte, internationale multizentrische Studie mit *Dideoxynosin (ddI)* eingeschlossen werden.

Indikationen für Zidovudin in der Schweiz

Die Indikation für ZVD ist gegeben, wenn eine symptomatische HIV-Infektion des CDC-Stadiums-IV [15] vorliegt, außer wenn es sich um ein alleiniges

Tabelle 3. Zidovudin – Indikationsliste für Patienten mit asymptomatischer HIV-Infektion. Wenn der Patient immunologische Veränderungen aufweist, die gemäß dieser Tabelle zwei Punkte ergeben, ist die Indikation für Zidovudin gegeben

Laborparameter	Punkte
CD4-Lymphozyten* $<200/mm^3$	2
CD4-Lymphozyten 200–500/mm^3	1
CD4-Lymphozyten initial 200–500/mm^3 mit Abfall um mindestens 30 % nach Ablauf von 3 Monaten oder länger	1
Positives HIV-p24-Antigen	1
Beta-2-Mikroglobulin** >5 mg/l	1

* Basierend auf zwei Messungen im Abstand von mindestens einem Monat
** Bei normalem Serumkreatinin

Kaposi-Sarkom (CDC IV D) handelt. ZVD als Monotherapie hat keine Wirkung gegen das Kaposi-Sarkom. Bei diesen Patienten kommt allenfalls eine Kombinationstherapie von ZVD und Interferon alpha A im Rahmen einer Studie in Frage. Bei Patienten in schlechtem Allgemeinzustand in einem präterminalen Stadium bei weit fortgeschrittener HIV-Infektion sollte keine Zidovudin-Therapie mehr eingeleitet werden, da in dieser Situation kein positiver Effekt mehr erwartet werden kann.

Eine weitere, vorläufig noch provisorische Indikation ist die *asymptomatische HIV-Infektion,* bei der immunologische Veränderungen gemäß Tabelle 3 vorliegen. Die verschiedenen immunologischen Parameter sind mit Punkten bewertet; es müssen mindestens 2 Punkte vorliegen, um mit der Therapie beginnen zu können. Prognostisch ungünstig wirken sich vor allem tiefe CD4-Werte aus. Liegen die Werte der CD4-Lymphozyten zwischen 500 und 200/mm^3 kann mit der Therapie noch nicht begonnen werden, da es wohl Hinweise für einen Nutzen gibt, aber das Langzeit-Risiko/Nutzen-Verhältnis noch unbekannt ist. In diesem Fall empfiehlt es sich, die Untersuchung nach mindestens 3 Monaten zu wiederholen. Betragen dann die CD4-Werte weniger als 200/mm^3 oder weniger als 70 % des ersten Wertes, so ist die Indikation für ZVD ebenfalls gegeben. Im Rahmen dieser Indikation können auch Patienten mit solitärem Kaposi-Sarkom mit ZVD behandelt werden.

Durchführung der Kontrolluntersuchungen

Wenn ein Patient die Kriterien für die Zidovudin-Therapie erfüllt, sollte er gemäß den Auflagen des Bundesamtes für Sozialversicherungen einem spezialisierten HIV-Zentrum zur Indikationsbestätigung zugewiesen werden. *Die Aufnahme in die Post-Marketing Surveillance ist die Voraussetzung, damit die Krankenkassen die Kosten dieser Therapie übernehmen.* Diese Zentren bestehen an den Universitätsspitälern und an einigen Kantons- und Regionalspitälern. Dort werden die für die PMS relevanten Daten erhoben, und es wird eine

Überprüfung der Indikation vorgenommen. In der Folge muß der Patient für die ersten 8 Wochen alle 2 Wochen kontrolliert werden und anschließend nach Bedarf, mindestens aber einmal pro Monat. Alle 3 Monate sollte eine Konsultation am entsprechenden Zentrum erfolgen. Die übrigen Kontrollen können durch den Hausarzt durchgeführt werden, allerdings müssen auch von diesem einige Daten erhoben und dem Zentrum übermittelt werden.

Bei jeder Kontrolluntersuchung wird neben der klinischen Evaluation ein vollständiges Blutbild durchgeführt, das Gewicht und der Karnofsky-Index bestimmt. Anläßlich der Konsultationen am Zentrum erfolgt zusätzlich die Bestimmung von Transaminasen, alkalischer Phosphatase, Kreatinin, Kreatininkinase, CD4-Lymphozyten, HIV-Antigen und HIV-Antikörper. Es wird die ZVD-Dosierung und die Krankheitsprogression erfaßt.

Dosierung und Dosisanpassungen

Die aktuelle Dosierung beträgt 10 mg/kg Körpergewicht pro Tag, aufgeteilt in mindestens zwei Einzeldosen. Üblicherweise wird zugunsten einer tieferen Dosis abgerundet. Diese Dosierung ist für alle Stadien gleich, in der Regel wird bei asymptomatischen Patienten auf 500 mg/d (2mal 250 mg) abgerundet. Die einzige Ausnahme bildet im Moment noch die HIV-assoziierte Enzephalopathie und Neuropathie. Es existieren momentan noch keine Daten über die Wirksamkeit der niedrigen Dosierung bei dieser Indikation. Deshalb wird bei Vorliegen eines Stadiums IV B noch mit 15 mg/kg/d dosiert.

Bei Auftreten einer Anämie mit Hämoglobinwerten unter 10 g/dl sollte entweder die Dosis reduziert oder eine Bluttransfusion vorgenommen werden. Bei Granulozyten unter 750/mm^3 sollte die Dosis reduziert werden. Beim Auftreten von Hämoglobinwerten unter 8 g/dl und Granulozytenwerten unter 500/mm^3 ist die Zidovudin-Therapie abzusetzen. Die unterste wirksame Dosis ist zur Zeit noch nicht bekannt, jedoch sollten momentan 500 mg/d nicht wesentlich unterschritten werden. Ein vorübergehender Therapieunterbruch ist bei der Therapie von opportunistischen Erkrankungen mit myelotoxischen Substanzen zu erwägen. Definitiv abgebrochen wird die ZVD-Therapie beim Einsatz von Ganciclovir bei einer Zytomegalie-Virus-Infektion. Es ist selbstverständlich, daß bei kritischen Situationen eine engmaschige Kontrolle der hämatologischen Parameter unumgänglich ist.

Nebenwirkungen

Je weiter die HIV-Infektion fortgeschritten ist und je tiefer die Werte der CD4-Lymphozyten sind ($<100/mm^3$), um so häufiger treten Nebenwirkungen auf, und um so schwerwiegender ist deren Verlauf. Die ZVD-Toxizität ist dosisabhängig.

An *subjektiven Nebenwirkungen* stehen vor allem milde Nausea, Abdominalschmerzen, Cephalea, Schlafstörungen, Nervosität und Geschmacksbeeinträchtigungen im Vordergrund. Die Symptomatik ist für den Patienten meist akzeptabel und verliert sich häufig mit der zunehmenden Dauer der Behandlung. Relativ selten ist deswegen eine Dosisreduktion oder gar ein Therapieabbruch notwendig. Im Verlauf der Therapie werden auch zunehmende Muskelschwäche und Myalgien angegeben.

Die *Hämatotoxizität* ist die weitaus häufigste und schwerwiegendste objektive Nebenwirkung. In Abhängigkeit von Dosierung und CD4-Werten kommt eine *Anämie* (Hb <8 g/dl) zwischen 1% (asymptomatische HIV-Infektion, ZVD 500 mg/d) und 30% (symptomatische HIV-Infektion, CD4-Werte $<200/mm^3$, ZVD 1500 mg/d) vor. Die Anämie scheint die Folge einer gestörten Erythrozyten-Reifung zu sein. Dementsprechend kann bei allen Patienten unter Zidovudin eine *Zunahme des mittleren korpuskulären Volumens (MCV)* über die Norm beobachtet werden. Diese Veränderung tritt mit einer solchen Regelmäßigkeit auf, daß bei deren Ausbleiben unter anderem die Compliance des Patienten überprüft werden sollte. Die Anämie tritt in der Regel nach einer Therapiedauer von 6 Wochen auf. Beim Auftreten einer symptomatischen Anämie (meistens bei Hb-Werten unter 10 g/dl) kann die Substitution mit Erythrozytenkonzentraten erwogen werden. Es gibt Patienten, die mit periodischen Bluttransfusionen in längeren Abständen in einem recht stabilen, oligosymptomatischen Zustand gehalten werden können. Bei ausgeprägten Anämien, die gehäufte Transfusionen notwendig machen, ist der definitive Therapieabbruch indiziert.

Das Auftreten einer *Leukopenie* und relevanten *Granulozytopenie* ($<750/mm^3$) wird meistens nach einer Therapiedauer von 4 Wochen beobachtet. Wenn die Werte unter $500/mm^3$ fallen, sollte die Therapie mit ZVD abgebrochen werden. Die Häufigkeit dieser hämatologischen Nebenwirkung ist ebenfalls von der Dosis und von den CD4-Werten abhängig und schwankt von 2% bis gegen 50%. Es ist zu beachten, daß die gleichzeitige Verabreichung von anderen, potentiell hämatotoxischen Medikamenten diese Effekte dramatisch verstärken können, was das Auftreten zusätzlicher Komplikationen zur Folge haben kann.

Das Auftreten einer *Thrombozytopenie* unter Zidovudin kann nur *gelegentlich* beobachtet werden. In der Regel kommt es zu einem signifikanten *Anstieg der Thrombozyten*, ein Effekt, der bei der Therapie der HIV-assoziierten Thrombozytopenie ausgenützt wird [16].

Weitere objektive Nebenwirkungen, die jedoch weit weniger häufig beobachtet werden, und deren Abgrenzung zu HIV-assoziierten Symptomen vielfach schwierig ist, sind febrile Temperaturen, Exantheme, Polyneuropathien und Myopathien. Im Zweifelsfall sollte beim Auftreten einer solchen Symptomatik unter Zidovudin-Therapie beim Fehlen eines plausiblen Grundes die Therapie unterbrochen werden. Der weitere Verlauf kann dann in einigen Fällen die Situation klären. Man sollte beachten, daß in den placebokontrollierten Studien die Häufigkeit von vielen möglichen Zidovudin-Nebenwirkungen in der Placebogruppe nicht signifikant geringer war, was mit dem natürlichen Verlauf der HIV-Infektion zusammenhängen dürfte.

Therapieabbruch

Ist der Zeitpunkt der Aufnahme einer Zidovudin-Therapie heute weitgehend definiert, so ist die Festlegung des richtigen Moments des Therapieabbruchs häufig schwierig, außer es liegen signifikante Nebenwirkungen vor, die mit dem Fortführen der Therapie nicht zu vereinbaren sind. Man muß bedenken, daß die Einleitung einer ZVD-Therapie für den Patienten meistens ein einschneidendes Erlebnis darstellt, da damit unweigerlich auch das Vorliegen einer fortgeschrittenen HIV-Infektion dokumentiert ist. Kommt der Patient dann in die terminale Phase seiner Krankheit und befindet er sich in einem stark reduzierten Allgemeinzustand, ist die Weiterführung dieser antiretroviralen Therapie nicht mehr sinnvoll, da außer den Nebenwirkungen kein Effekt mehr erwartet werden darf. Allerdings kann das Absetzen von Zidovudin für den Patienten eine erhebliche psychische Belastung bedeuten, da ihm unter Umständen dadurch die letzte Hoffnung auf eine Besserung genommen wird. Es bedarf eines soliden Vertrauensverhältnisses zwischen dem behandelnden Arzt und dem Patienten, um diese Frage offen zu diskutieren und den Patienten von der Sinnlosigkeit eines Weiterführens der Therapie zu überzeugen.

Dideoxyinosin

Dideoxyinosin (ddI) ist auch ein *Nukleosidanalog,* das sich in fortgeschrittener klinischer Evaluation befindet. Der Wirkungsmechanismus ist mit demjenigen von ZVD vergleichbar. Jedoch sieht das Nebenwirkungsprofil wesentlich anders aus. Das weitgehende Fehlen von hämatotoxischen Effekten macht die Substanz für ZVD-intolerante Patienten interessant. Es besteht für diese Patienten in der Schweiz die Möglichkeit, im Rahmen einer internationalen, multizentrischen Studie mit diesem Medikament behandelt zu werden. Allerdings ist die Durchführung dieser Studie an die spezialisierten Zentren gebunden, so daß sich der Patient für alle Kontrollen dorthin begeben muß. Eingeschlossen werden können nur Patienten mit einer symptomatischen HIV-Infektion.

Zum jetzigen Zeitpunkt fehlt allerdings noch die Dokumentation einer klinischen Wirksamkeit von ddI. Es konnte gezeigt werden, daß es unter dieser Substanz zu einer Reduktion des p14-HIV-Antigens kommt, als Ausdruck der verminderten Aktivität der Infektion. Im weiteren kann eine wahrscheinlich temporäre Stabilisation der CD4-Werte festgestellt werden [17]. Ebenso wird ddI bei klinischer ZVD-Resistenz und wird von Patienten mit ZVD-Intoleranz vertragen. Die optimale Dosierung ist noch nicht bekannt. In der erwähnten Studie werden doppelblind zwei verschiedene Dosierungen überprüft.

Als schwerwiegende Nebenwirkung ist das Auftreten einer *akuten Pankreatitis,* die in einigen Fällen zum Tod geführt hat, zu erwähnen. Der Mechanismus dieser Nebenwirkung ist nicht bekannt. Im weiteren können *Polyneuropathien* auftreten, die jedoch nach rechtzeitigem Absetzen wieder reversibel sind. Das Auftreten einer *Diarrhoe* kommt ebenfalls relativ häufig vor und kann zum

Therapieabbruch führen. Rhythmusstörungen wurden selten beschrieben. Die subjektiven Erfahrungen der ersten in der Schweiz behandelten Patienten ohne die obengenannten Nebenwirkungen sind im allgemeinen positiv, vor allem im Vergleich zur vorangegangenen ZVD-Therapie. Der Wegfall der permanenten, durch die Anämie bedingten Müdigkeit unter ZVD fällt positiv ins Gewicht.

Schlußfolgerungen

Es ist heute möglich, den Verlauf der HIV-Infektion mit Zidovudin positiv zu beeinflussen. Allerdings ist der Einsatz dieses Medikaments mit einigen Problemen verbunden. Seine Wirksamkeit ist von begrenzter Dauer. Virologische Untersuchungen zeigten, daß nach einer Behandlungsdauer von einem Jahr ein Großteil der HI-Viren ZVD-resistent sind [18]. Allerdings ist die klinische Relevanz dieser Beobachtung noch nicht klar. Ebenso ungewiß ist zur Zeit die optimale Dosierung. In dieser Situation ist es verständlich, daß der Einsatz dieses Medikaments noch mit einigen Auflagen bezüglich Datenerfassung verbunden ist.

Als weitere Alternative aus der gleichen Substanzgruppe zeichnet sich ddI ab. Diese Substanz ist in der Schweiz ebenfalls verfügbar. Weitere Medikamente werden folgen. Es zeichnen sich Kombinationstherapien und alternierende Therapiemodalitäten mit verschiedenen Substanzen ab. *Diese neuen Therapien werden mit hoher Wahrscheinlichkeit eine effektivere Beeinflussung des Verlaufs der HIV-Infektion bringen, aber ein entscheidender Durchbruch oder gar die Heilung dieser Infektionskrankheit darf in nächster Zukunft nicht erwartet werden.*

Die Anforderungen an ein ideales Medikament sind sehr hoch: minimale Toxizität, keine Resistenzentwicklung, Wirkung gegen möglichst viele HIV-Varianten, Penetration in das ZNS, perorale Verabreichung und in Anbetracht der HIV-Epidemie in der dritten Welt möglichst geringe Therapiekosten. Leider sind wir im Moment noch weit von diesem Ideal entfernt.

Wir danken Dr. B. Ledergerber für die aktuellen Zahlen und die Patientenübersicht von der Zidovudin-Post-Marketing Surveillance.

Literatur

1. Bundesamt für Gesundheitswesen (1990) Verschreibung von Zidovudin. Bulletin des Bundesamtes für Gesundheitswesen, 524–525
2. Crowe S, McGrath M, Volberding P (1990) Anti-HIV drug therapy. AIDS clin Care 2:18–20
3. Hirsch MS (1990) Chemotherapie of human immunodeficiency virus infections: Current practice and future prospects. J infect Dis 161:845–857
4. Vogt M, Lüthy R, Siegenthaler W (1990) Therapie und Immunprophylaxe der HIV-Infektion. Internist 31:593–598
5. Daar ES, Li XL, Moudgil T, Ho DD (1990) Primary HIV-1 isolates are relatively resistant to neutralization by recombinant soluble DC4. 6. International Conference on AIDS, San Francisco, (abstract)

6. Lietman PS (1990) Continuous high dose intravenous dextran sulfate in human immunodeficiency virus-infected individuals. (Persönliche Mitteilung) ACTG:105
7. Yarchoan R, Mitsuya H, Myers CE, Broder S (1989) Clinical pharmacology of 3'-azido-2',3'-dideoxythymidine (zidovudine) and related dideoxynucleosides. New engl J Med 321:726–738
8. Fischl MA, Richman DD, Grieco MH, Gottlieb MS, Volverding PA et al (1987) The efficacy of azidothymidine (AZT) in the treatment of patients with AIDS and AIDS-related complex. New Engl J Med 317:185–191
9. Fischl MA, Richman DD, Causey DM, Grieco MH et al (1989) Prolonged zidovudine therapy in patients with AIDS and advanced AIDS-related complex. J Amer med Ass 262:2405–2410
10. Richman DD, Fischl MA, Grieco MH, Gottlieb MS et al (1987) The toxicity of azidothymidine (AZT) in the treatment of patients with AIDS and AIDS-related complex. New Engl J Med 317:192–197
11. Volberding PA, Lagakos SW, Koch MA, Pettinelli C et al (1990) Zidovudine in asymptomatic human immunodeficiency virus infection. New Engl J Med 322:941–949
12. Fischl MA, Parker CB, Pettinelli C, Wulfsohn M, Hirsch MS et al (1990) A randomized controlled trial of a reduced daily dose of zidovudine in patients with the acquired immunodeficiency syndrome. New Engl J Med 323:1010–1014
13. Collier AC, Bozzette S, Coombs RW, Causey DM, Schoenfeld DA et al (1990) A pilot study of low-dose zidovudine in human immunodeficiency virus infection. New Engl J Med 323:1015–1021
14. Jost J, Ledergerber B, für die Schweizerische Arbeitsgruppe für klinische AIDS Forschung (1990) Prospektive Evaluation der Therapie mit Zidovudin (ZVD) in der Schweiz. Schweiz med Wschr 120 (Suppl 32/I):19 (abstract)
15. Centers of Disease Control (1987) Revision of the case definition of acquired immunodeficiency syndrome. Morb Mort wkly Rep 36 (Suppl 2S):1S
16. Hirschel B (1988) Zidovudine for the treatment of thrombocytopenia associated with human immunodeficiency virus (HIV). Ann intern Med 109:728–721
17. Lambert JS, Seidlin M, Reichmann RC, Plank CS et al (1990) 2',3'-didoxyinosine (ddI) in patients with the acquired immunodeficiency syndrome or AIDS-related complex. New Engl J Med 322:1333–1340
18. Larder BA, Graham D, Richman DD (1989) HIV with reduced sensitivity to zidovudine (AZT) isolated during prolonged therapy. Science 243:1731–1734

Diskussion

VINAZZER (Linz):

Es sind in letzter Zeit einige Arbeiten erschienen, in denen behauptet wird, daß eine heparinähnliche Substanz imstande ist, eine beträchtliche Anti-HIV-Wirkung auszuüben. Ist Ihnen das bekannt, und, wenn ja, auf welchem der von Ihnen aufgezeigten Wege könnte das wirken?

LÜTHY (Zürich):

Wenn ich mich richtig erinnere, wird das Andocken des Virus verhindert. Alle diese Dextransulfate, Polidextrane haben die gleiche Wirkung. Ich möchte einfach daran erinnern, daß weit über 100 Substanzen zur Zeit in vitro eine sehr gute Wirksamkeit entfalten. Aber in wirklich klinischer Prüfung sind vielleicht 20, und von dieser Substanz ist mir zur Zeit keine klinische Studie bekannt, die irgend etwas Klares oder Eindeutiges gezeigt hätte.

Wenn ich noch einmal kurz auf die Geschichte mit löslichen CD4-Molekülen zurückkommen darf. Sie hat einmal mehr gezeigt, wie wichtig es ist, ein solches Verfahren schrittweise durchzuführen. Die in-vitro-Wirkung ist die erste Voraussetzung. Als zweites ist die Kinetik, die Pharmakodynamik zu definieren. Die dritte Voraussetzung wäre dann, die Nebenwirkungen zu eruieren. Man hat bei der CD4-Herstellung im Prinzip die Evaluation übersprungen, auch Wildtypisolate im Labor zu untersuchen. Man ist direkt auf den Menschen übergegangen und hat damit einfach einen Reinfall erlebt. Es ist traurig, es ist eine Zeitverschwendung von mindestens 2 Jahren.

Das Umgekehrte ist mit dem Dextransulfat passiert. Man hat aufgrund der in-vitro-Wirkung postuliert, daß es wirksam ist, aber man hat nicht realisiert, daß es nicht resorbiert wird. So leid es einem tut, das braucht Zeit, und das ist für diejenigen, die infiziert sind, schon schlimm.

BROCKHAUS (Nürnberg):

Ist es in Anbetracht der kurzen Halbwertzeit des AZT wirklich möglich, mit 2×250 mg tgl. den gleichen Effekt wie mit 5×100 mg zu erreichen?

LÜTHY (Zürich):

Das ist eine heikle Frage. Ich habe sie zugunsten unserer Patienten entschieden, die uns ganz klar sagten: Wir sind nicht bereit, alle vier Stunden – auch während der Schlafenszeit – das zu nehmen.

BROCKHAUS (Nürnberg):

Bei der 5 × 100 mg-Dosis wird auch die Nachtpause eingehalten.

LÜTHY (Zürich):

Mehr oder weniger. Ich würde die Dosierung von 2 × 250 mg derzeit noch eher im Bereich von Pilotstudien ansiedeln. Es gibt wenige Studien, die zeigen, daß sogar die Wirksamkeit einer Einmal-Dosis genügen könnte in bezug auf die antivirale Wirkung. Diese sind aber nicht evaluiert auf Langzeitwirkung mit Endpunkten, wie klinische Verschlechterung und Progression.

Es ist aufgrund der in-vivo-Halbwertzeit außerordentlich problematisch, darüber etwas auszusagen. Wir wissen darüber sehr wenig. Wir haben als Erste Messungen des Triphosphates bei Patienten machen können, und wir stellten fest, daß die Halbwertzeit in vivo wahrscheinlich unter vier Stunden liegt. Das würde ganz klar für eine häufigere Applikation sprechen. Wir sind einfach in einem Clinch zwischen den Bedürfnissen der Patienten, die sich nicht dauernd von diesen Medikamenten terrorisieren lassen wollen – ich drücke das jetzt mal sehr massiv aus – und der pharmakologischen Gegebenheit bzw. den Studienanlagen, die wir alle kennen. Ich bin mir bewußt, daß das sehr schwierig zu beantworten ist; ich habe mich jetzt erst einmal für den Patienten entschieden.

KREUZ (Frankfurt):

Zu Ihrer PCP-Prophylaxe möchte ich sagen, daß diese nach unseren Erfahrungen wie auch der Literatur im Kindesalter sehr viel früher beginnen muß. Bei perinatal infizierten Kindern hat man eine PCP bereits bei 1100–1500 T4-Zellen gesehen, und die Todesrate liegt in dieser Gruppe bei 59%.

LÜTHY (Zürich):

Ich bedanke mich für diesen Hinweis. Ich bin hinsichtlich der Pädiatrie zu wenig selbst informiert.

BRÜSTER (Düsseldorf):

Sehen Sie eine Chance, die Wirksamkeit von AZT gegen die Prophylaxe opportunistischer Infektionen abzuwägen? Wie kann man das differenzieren?

Lüthy (Zürich):

Es läßt sich nur historisch differenzieren, und es gibt einzelne Patienten, welche keine primäre Prophylaxe durchführen oder AZT haben. Es gibt einige Patienten, die keine AZT-Prophylaxe wollen und eine primäre Prophylaxe durchführen. Das sind aber keine kontrollierten Studien, und deswegen ist die Aussage, daß die gesamten Resultate oder die Verlangsamung der Progression hauptsächlich im Zusammenhang mit der primären Prophylaxe zu sehen ist, im Raum. Es gibt einige Leute, die den Eindruck haben, es sei eine Wirkung des AZT.

Natural killer cell activity and T-cell subsets in hemophilic patients with and without HIV infection

T. Rozmyslowicz, A. Majcher, G. Palynyczko, J. Mazur, E. Mrowiec, A. Deptala, and S. Lopaciuk (Warschau/Polen)

It is a well-known fact that a high proportion of hemophiliacs receiving commercial clotting factor concentrates show certain immunologic abnormalities, namely a reduction in the ratio of CD4 to CD8 cells and an elevated level of serum immunoglobulins [2, 6]. Similar abnormalities were also observed in patients treated exclusively with cryoprecipitate [3]. Studies in which the activity or absolute number of natural killer (NK) cells in multitransfused hemophiliacs were evaluated yielded conflicting results [1, 4, 5, 7].

In the present study, both the activity of NK cells and the T-cell subsets were determined in two groups of hemophiliacs. Group I consisted of 12 human immunodeficiency virus (HIV)-infected subjects (nine with hemophilia A, and three with hemophilia B), aged between 8 and 52 years. These patients were followed and given systematic checkups for 2–6 years. In the majority of them, HIV antibody developed between 1982 and 1985. Four were asymptomatic, and eight had persistent generalized lymphadenopathy. None progressed to acquired immunodeficiency syndrome (AIDS) or AIDS-related complex (ARC). In group II, there were 19 HIV-seronegative patients with severe hemophilia A, ranging in age from 15 to 54 years. All were long-term users of domestic cryoprecipitate, and all were anti-HB_s/anti-HB_c and anti-cytomegalovirus (CMV) seropositive. The control group consisted of 30 healthy male volunteers, aged between 20 and 54 years.

T-cell subsets were determined on Ficoll-Hypaque separated peripheral blood lymphocytes using monoclonal antibodies to CD4 and CD8 (Beckton-Dickinson, Sunnyvale, CA) and fluorescent microscopy. NK cell activity was assessed using a standard cytotoxicity assay with ^{51}Cr-labeled target cells (erythroleukemic cell line K562).

NK cell activity was found to be low (<10% lysis) in all HIV-infected patients and in 11 (58%) of the 19 seronegative hemophiliacs (Fig. 1). The inverted CD4/CD8 ratio (<1.0) was detected in 50% (6/12) of the HIV-infected patients and in 21% (4/19) of the seronegative hemophiliacs. Mean values of CD4/CD8 ratios and NK cell activity in the two patient groups differed significantly from those in the control group (Table 1). There was no significant correlation between the NK cell activity and absolute number of CD4 cells. The CD4 count of less than 500/mm^3 was observed in only one patient in the seropositive group.

This study confirms the earlier report of Kaplan et al [1] that the immunologic pattern of diminished CD4/CD8 ratios and low NK cell activity, which is

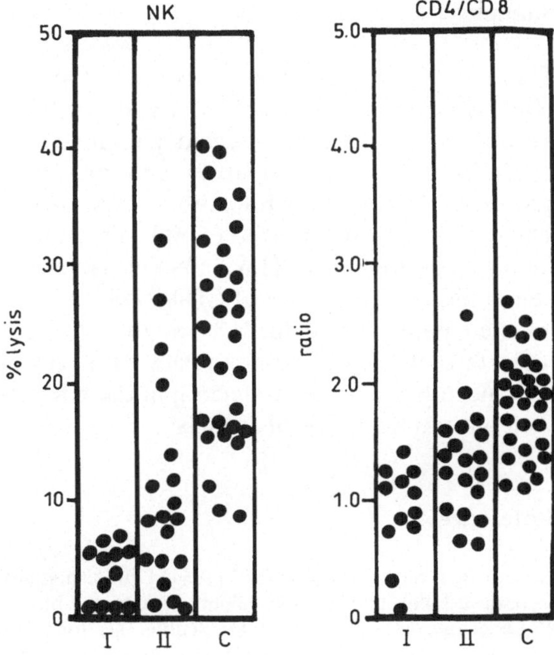

Fig. 1. NK cell activity and CD4/CD8 ratios. *I*, HIV-infected hemophiliacs; *II*, HIV-seronegative hemophiliacs; *C*, controls

Table 1. NK cell activity and CD4/CD8 ratios

Study group	*n*	NK, % lysis		CD4/CD8 ratio	
		Mean	SD	Mean	SD
Anti-HIV positive	12	4.83	2.36*	0.92	0.35*
Anti-HIV negative	19	10.74	8.98*	1.34	0.46*
Control	30	24.20	9.10	1.81	0.42

* $p < 0.001$

characteristic of AIDS, occurs to a lesser degree also in HIV-seronegative hemophiliacs who are repeatedly infused with clotting factor concentrates. These changes may be part of the normal immune response to repeated antigenic stimulation by alloantigens or by common blood-borne viruses such as CMV or Epstein-Barr virus (EBV). Our results also indicate that both in hemophiliacs with HIV-infection and in multitransfused HIV-negative patients, reduction in the NK cell activity occurs more frequently than alterations in T-cell subsets. The clinical significance of this abnormality in asymptomatic hemophiliacs is unknown.

Summary

The aim of this work was to evaluate the effect of replacement therapy and HIV infection on NK cell activity and T-subsets in hemophilic patients. Studies were done on 12 HIV-infected patients (four asymptomatic and eight with generalized lymphadenopathy) and on 19 HIV-seronegative subjects with severe hemophilia A who were long-term users of domestic cryoprecipitate. The control group consisted of 30 healthy male volunteers. NK cell activity was found to be low in all HIV-infected patients and in 58% of the seronegative hemophiliacs. The inverted CD4/CD8 ratio was detected in 50% of the HIV-infected patients and in 21% of the seronegative hemophiliacs. The results indicate that both in hemophiliacs with HIV infection and in multitransfused HIV-negative patients, reduction in the NK cell activity occurs more frequently than alterations in T-cell subsets.

References

1. Kaplan J, Sarnaik S, Lusher J (1984) Diminished helper/suppressor lymphocyte ratios and natural killer activity in recipients of repeated blood transfusions. Blood 64:308–310
2. Lederman MM, Ratnoff OD, Scillian JJ, Jones PK, Schacter B (1983) Impaired cell-mediated immunity in patients with classic hemophilia. N Engl J Med 308:79–83
3. Lopaciuk S, Kacperska E, Gloskowska-Moraczewska Z, Maslanka K, Uhrynowska M, Kraj M, Seyfried H (1987) HIV antibody status and immunological abnormalities in Polish haemophiliacs. Thromb Haemostas 57:41–43
4. Matheson DS, Green BJ, Poon MC, Frotzler MJ, Hoar DI, Bowen TJ (1986) Natural killer cell activity from hemophiliacs exhibits differential responses to various forms of interferon. Blood 67:164–167
5. Moffat EH, Bloom AL (1985) HTLV-III antibody status and immunological abnormalities in haemophilic patients. Lancet 2:935
6. Ragni MV, Lewis JH, Spero JA, Bontempo FA, Rabin BS (1984) Decreased helper/suppressor cell ratios after treatment with factor VIII and IX concentrates and fresh frozen plasma. Am J Med 76:206–210
7. Wernet P (1984) Immunological abnormalities in longterm factor VIII substituted hemophilia A patients: relationship to acquired immune deficiency syndrome (AIDS). In: Landbeck G (ed) AIDS opportunistic infections in hemophiliacs. Schattauer, Stuttgart, pp 91–96

Analyse einer Hypericin-Behandlung von 18 ARC/AIDS-Patienten, davon 13 mit Hämophilie A, über einen Zeitraum von 20 Monaten

A. Steinbeck, H. P. Brede, J. Neth, P. Wernet (Bonn, Düsseldorf)

Seit ca. 2 Jahren behandle ich eine Reihe meiner HIV-Patienten mit Hypericin. Hypericin ist der Wirkstoff, der aus der Johanniskrautpflanze gewonnen wird (Abb. 1a, b).

Dieses Mittel ist seit ca. 18 Jahren auf dem Markt und wird besonders als Hyperforat (Klein) bei nervlichen Erschöpfungszuständen angewendet. Johanniskraut ist virusresistent, seine virostatische Rolle konnte in umfangreichen in-vitro-Versuchen gezeigt werden. Herr Dr. Wernet hat mich – wofür ich ihm sehr dankbar bin – mit diesen Untersuchungsergebnissen vertraut gemacht. Da Hypericin so gut wie keine toxische Nebenwirkung hat, habe ich – in Kenntnis der Untersuchungsergebnisse von Dr. Wernet – vor 2 Jahren damit begonnen,

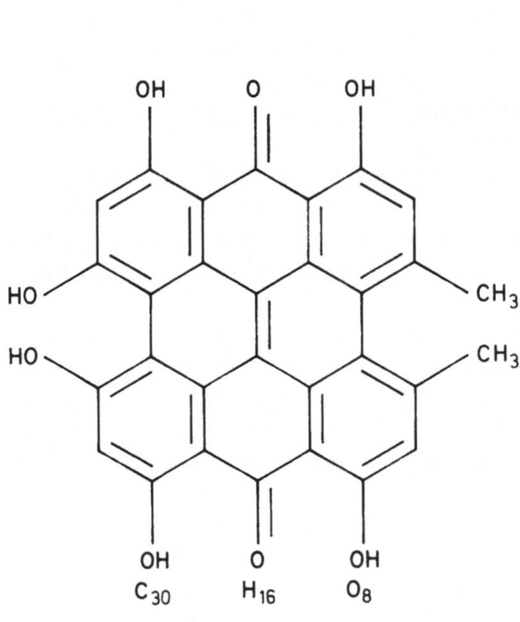

Abb. 1a, b. Formel + Pflanze

Hypericin einzusetzen. Nicht zuletzt deshalb, weil alle bisher bekannten Mittel für den Patienten nur einen begrenzten Behandlungserfolg gezeigt haben und dazu hoch toxisch sind. Da ich seit Jahren eine effektivere Behandlungsmethode für HIV-Patienten suchte, die das Leben auf lebenswerte Weise verlängert, habe ich Hypericin eingesetzt. Mein Problem war, daß es keine Vorgabe für die Medikation in diesem Krankheitsbild gab. Die in-vitro Versuche von Dr. Wernet hatten jedoch gezeigt, daß eine relativ hohe Dosierung virostatisch wirkt.

Hier sehen Sie den Vergleich der virostatischen Wirkung von Hypericin + AZT am 3. und 8. Tag in vitro (Abb. 2).

Ich habe seither ein Kollektiv von 18 Patienten im Alter zwischen 12 und 56 Jahren behandelt. Die Geschlechterverteilung liegt bei 2 W und 16 M Personen. 13 Patienten haben eine Hämophilie A und hatten sich durch kontaminierte Faktor VIII-Konzentrate infiziert.

3 Patienten sind Homophile, 1 Patientin war die Frau eines mit HIV-Virus infizierten Hämophilen, 1 Patientin hatte einen unklaren Infektionsweg und war bei der Blutspende aufgefallen.

Ein positiver HIV-Test wurde bei meinen Patienten zwischen 1984 und 1987 erhoben.

In der Stadien-Einteilung nach CDC haben:

3 Patienten Stadium II,
8 Patienten Stadium III (LAS),
4 Patienten Stadium IV B (ARC),
3 Patienten Stadium IV C1 (AIDS).

Die Behandlungszeit lag zwischen 2 und 20 Monaten.

1 Patient einer Düsseldorfer Klinik stand unter AZT, als er zu mir kam.

Eine reine Mono-Therapie erhielten 10 Patienten. Die Dosis lag bei 6 Tabletten Hypericin/die. Hyperforat Ampullen (Klein) bekamen die Patienten zunächst in unregelmäßigen Abständen i.v. injiziert, bis ich nach ca. 4 Monaten auf 2 × 2 Ampullen/Wo. überging.

Die folgenden Grafiken zeigen die Mittelwerte und die dazu gehörigen Standardabweichungen der einzelnen Laborparameter. Die Mittelwerte ergaben sich aus der Berechnung aller 18 Patienten für den hämatologischen und immunologischen Verlauf über einen Beobachtungszeitraum von 20 Monaten.

Da die Blutentnahme der Patienten nicht konsequent an vorgegebenen Zeitpunkten stattfinden konnte, mußten bei der statistischen Auswertung „Zeitbereiche" geschaffen werden, um eine Vergleichbarkeit der Daten zu haben. So ergab sich z. B. für den X-Achsen-Wert „2" (Monate nach Therapie-Beginn) ein Zeitbereich von 1–3 Monaten, für den Wert „4" ein Zeitbereich von 3–5 Monaten, usw. ...

Für die Normbereiche, die mit Hilfe von gestrichelten Linien veranschaulicht werden, gelten folgende Zahlenwerte:

Hämoglobin:	12–17	(g/%)
Thrombozytin:	150–300	(x100/ml)
Monozyten:	2–6	(%)

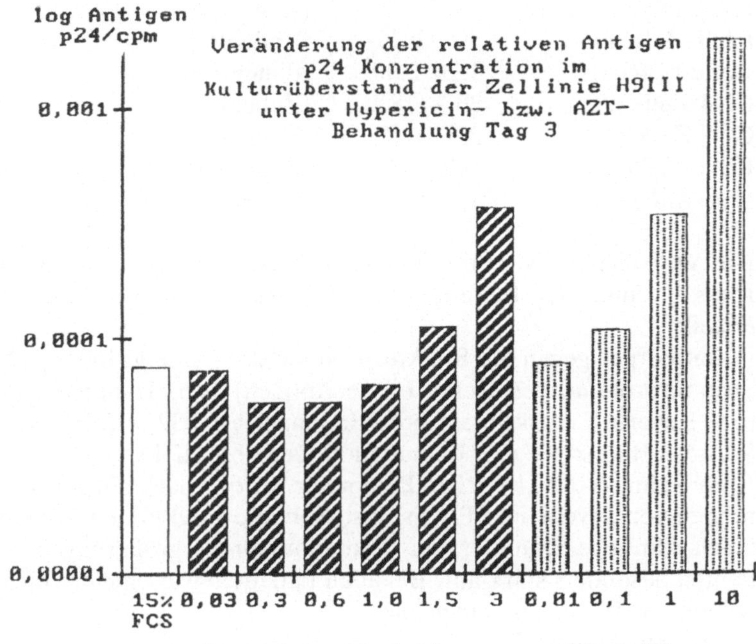

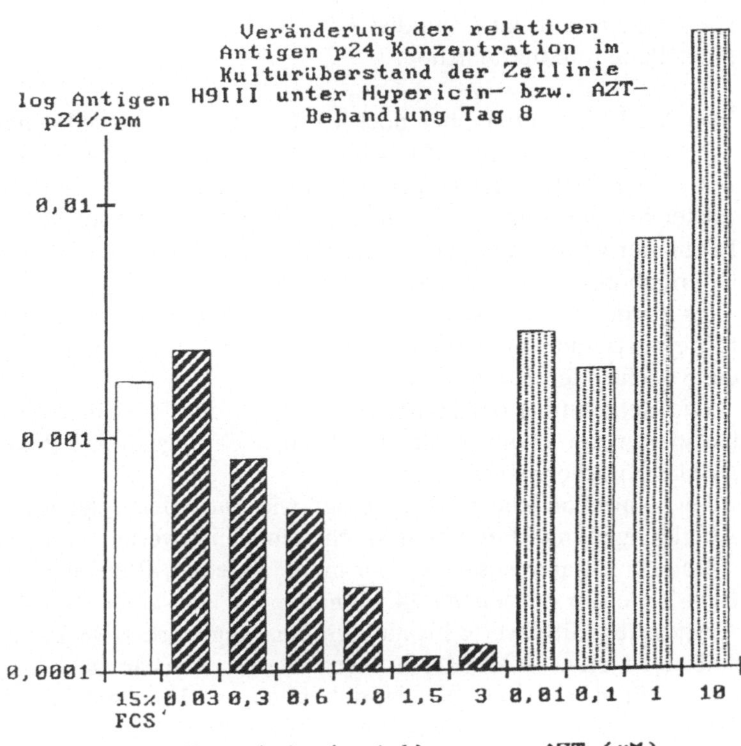

Abb. 2. In vitro: Hypericin + AZT am 3. + 8. Tag

HLA-DR pos. Z.:	86–414	(Zellen/μl)
PanT-Zellen:	605–2939	(Zellen/μl)
Ratio (T4/T8):	1,26–2,90	(dimensionslos)
CD4-Zellen:	367–1781	(Zellen/μl)
CD8-Zellen:	227–1118	(Zellen/μl)
Killer-Zellen:	162–787	(Zellen/μl)
Nat. Killer-Z.:	119–580	(Zellen/μl)

Die Virusdiagnostik wurde im chemotherapeutischen Institut – Georg-Speyer-Haus – unter der Leitung von Prof. Brede mit folgenden Bestimmungen erstellt:

Antikörper gegen die Strukturproteine der Hülle gp160, gp120, gp41, gegen Strukturproteine des Kerns (Core-Antigen) p55, Hauptcoreprotein p24 und p18, Reverse Transkriptase p65, Endonuclease p32, erfolgte jeweils durch den Western-Blot sowie den Immunfluoreszenztest (IFT).

Im Rahmen der klinischen Parameter wurden nach der Anamnese, Veränderungen von Psyche und Physis, insbesondere Infektionen festgehalten.

Als klinische Daten traten Lymphknoten-Vergrößerungen bei keinem Patienten besonders stark auf. Bei allen Patienten war eine deutliche Gewichtszunahme um 5–7 kg zu verzeichnen.

Opportunistische Erkrankungen zeigten sich bei 3 von 18 Patienten:
(1) 1 Patient mit PCP und Candidiasis,
(2) 1 Patient nur mit Candidiasis,
(3) 1 Patient hatte Diarrhoe.

Von den 18 Patienten leben noch 17. Bei dem Verstorbenen handelt es sich um den Patienten, der mit AZT behandelt wurde, als er zu mir kam.

Als Nebeneffekt der Hypericin-Therapie zeigte sich ein Absinken des Blutzucker-Spiegels und der Calcium-Werte. Der Kaliumspiegel steigt. Alle diese Parameter wurden ebenfalls regelmäßig kontrolliert. Sie blieben jedoch immer innerhalb des Normbereichs.

Es wurde von 10 ausgewählten Parametern der Gesamtstudie eine Kurve der Mittelwerte mit Standardabweichungen erstellt; hier beschränke ich mich auf die 5 wichtigsten Kurven (Abb. 3a, b).

Die Betrachtung der Hämoglobin- sowie der Thrombozyten-Werte als Verlaufsparameter zeigen weder positiven noch negativen Effekt des Hypericins auf das Knochenmark.

Die Normbereiche sind in dieser wie auch den folgenden Verlaufsdaten-Abbildungen mit Hilfe von gestrichelten Linien veranschaulicht (Abb. 4a, b).

Bei der Zusammensetzung der mononukleären Blutzellen zeigte sich für die CD4-Zellen in den ersten 14 Monaten ein langsamer Abfall und danach ein Anstieg der Mittelwerte bis auf den Ausgangswert. CD8-Zellen blieben innerhalb der ersten 12 Monate in ihren Werten konstant und stiegen danach auf einen Mittelwert über den Normbereich an. Ein ähnlicher Verlauf war für Natürliche-Killer- und Killer-Zellen zu registrieren (Abb. 5a, b).

Besonders bemerkenswert war von den immunologischen Oberflächenmarkern ein Anstieg der Mittelwerte für die HLA-Klasse II-pos. Lymphozyten.

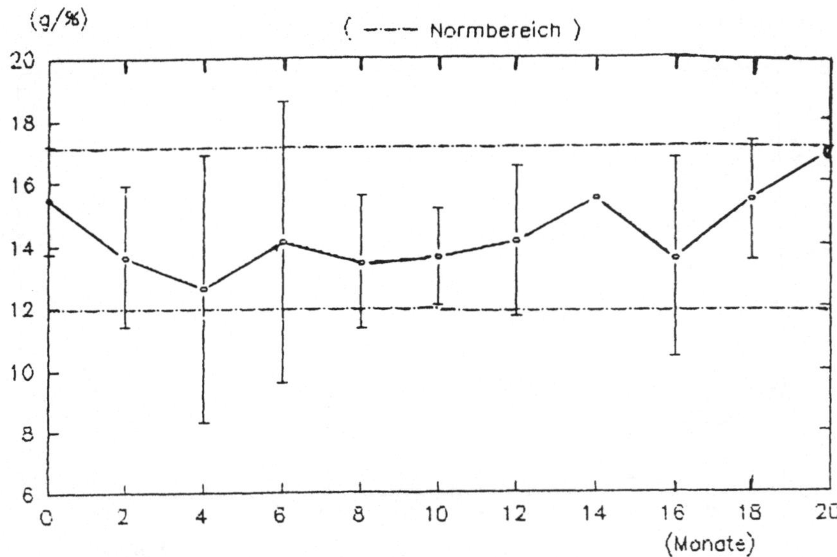

Abb. 3a. Mittelwerte der Hämoglobin-Bestimmung

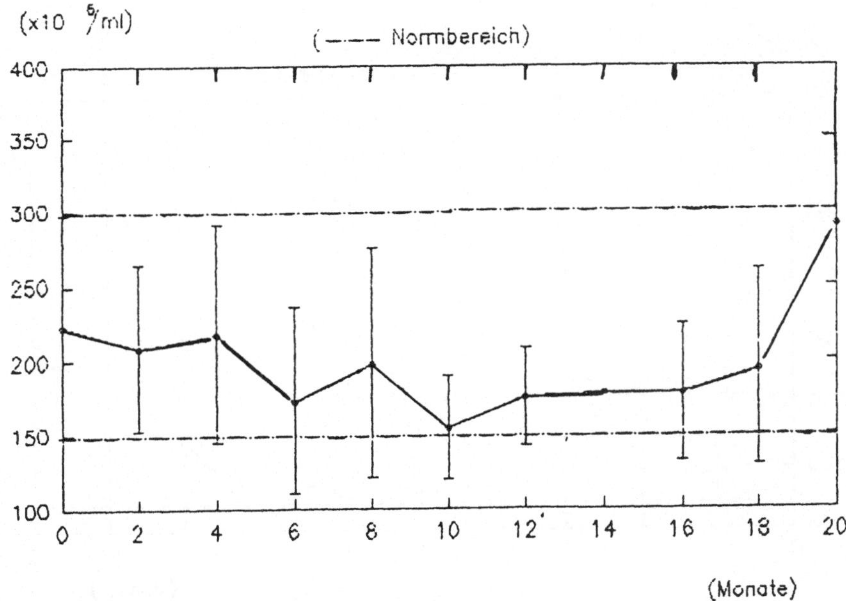

Abb. 3b. Mittelwerte der Thrombozyten

Mit Hilfe der Doppelmarkierungen (Uni Bonn) konnte in der Immunfluoreszenz gezeigt werden, daß es sich hierbei um aktivierte T-Zellen handelt. Dies kann als ein immunmodulierender Effekt der Hypericin-Therapie im Sinne einer Aktivierung gedeutet werden.

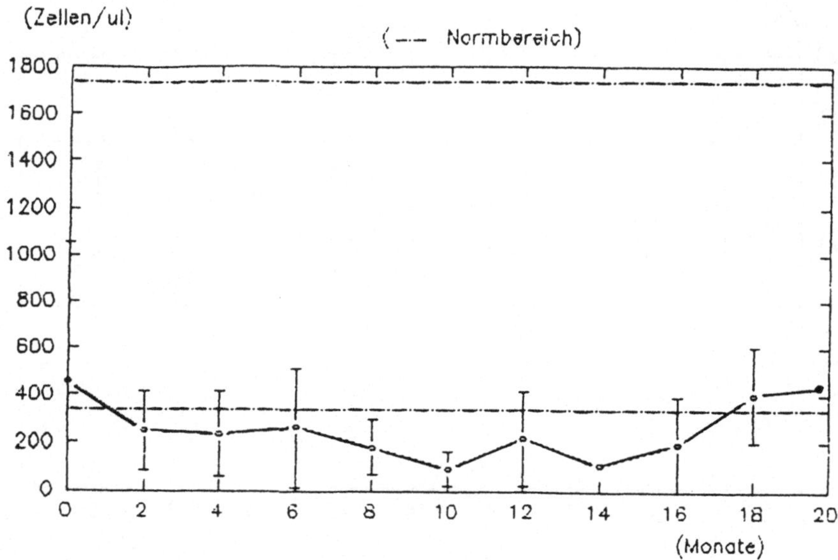

Abb. 4a. Mittelwerte der T4-Zellen

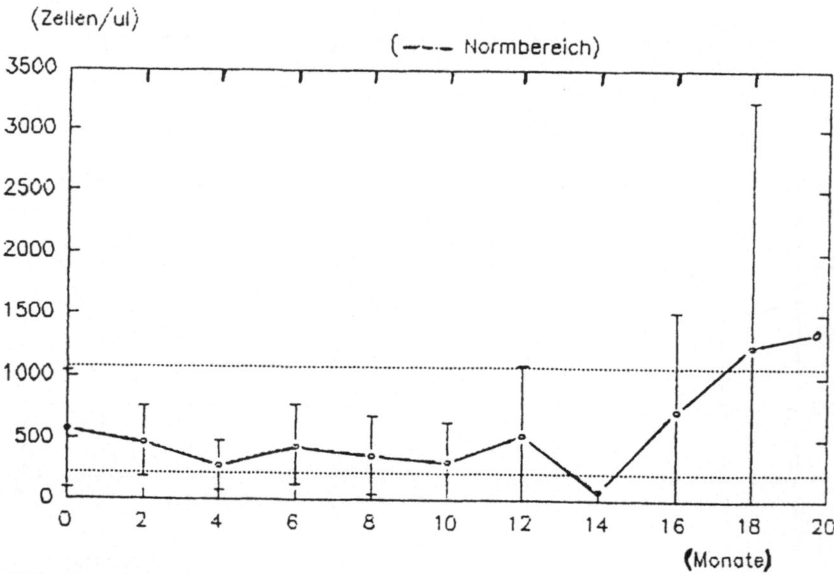

Abb. 4b. Mittelwerte der T8-Zellen

Die funktionelle Bedeutung dieser auffällig vermehrten Zellpopulation, die im Laufe der Behandlung mit Hypericin auf über das Doppelte der Ausgangswerte zunahm und damit weit über dem Normbereich liegt, muß noch genau definiert werden.

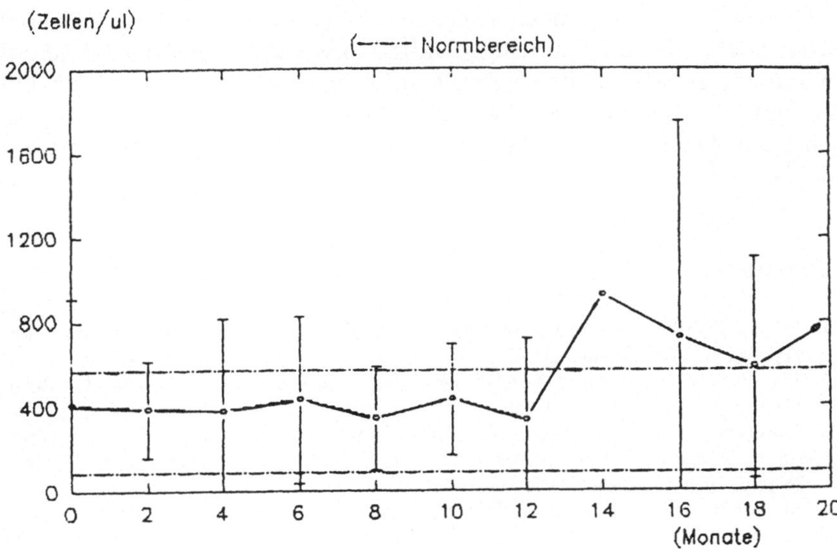

Abb. 5a. Mittelwerte der Natural-Killer-Zellen

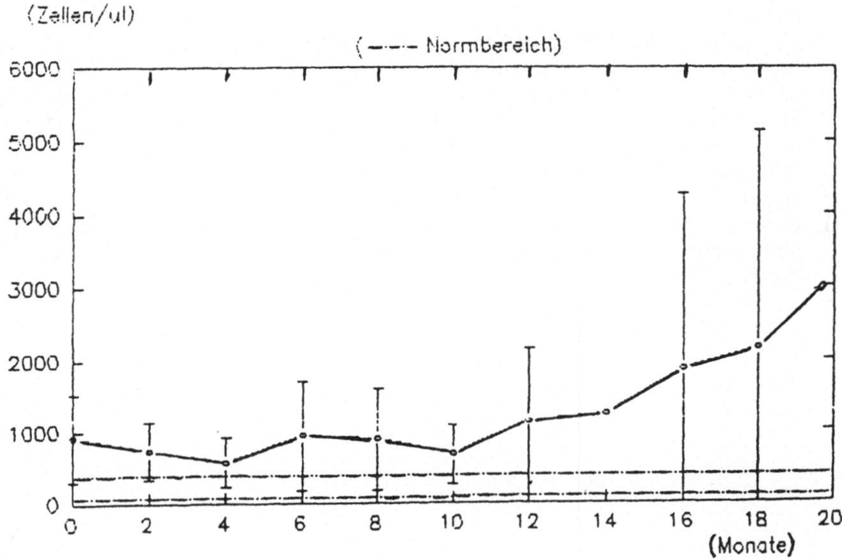

Abb. 5b. Mittelwerte der HLA-DR pos. Zellen

Vor 14 Tagen habe ich Herrn Prof. BREDE gebeten, alle Seren meiner Patienten auf Antigen (AG)-Titer zu untersuchen. Das Ergebnis liegt vor, Einzelheiten der Auswertung stehen noch aus. Ein erster Überblick zeigt, daß bei den Patienten mit AIDS-Stadium der AG-Wert positiv, bei den anderen Patienten negativ ist.

Die bis jetzt vorliegenden Ergebnisse erlauben den Schluß, daß kontinuierliche, hochdosierte Hypericingaben, deren virostatische Rolle – wie erwähnt – in umfangreichen in-vitro-Versuchen gezeigt werden konnte, den klinischen Verlauf der HIV-Infektion bei LAS, ARC/AIDS Patienten günstig beeinflussen kann. Daher ist es wichtig, daß die Behandlung mit Hypericin so früh wie möglich erfolgt.

Literatur

1. Daniel K (1950) Weitere Mitteilungen über die Wirkung des photodynamischen Körpers Hypericin. Hippokrates 20:526
2. Daniel K (1951) Kurze Mitteilungen über 12jährige therapeutische Erfahrungen mit Hypericin. Klin Wschr 29:260
3. Daniel K (1968) Über Erfahrungen mit „Hypericin" als Zusatztherapie bei angstneurotischen Zuständen. Sonderdruck aus Erfahrungsheilkunde, Zeitschrift für die tägliche Praxis, Heft 10, Band XVII
4. Daniel K (1974) Über die Behandlung psycho-somatischer Fehlhaltungen bzw. Störungen bei Kindern im Alter zwischen 6 und 12 Jahren mit einem Vollextrakt aus Hypericum perforatum und Frischzellen. Sonderdruck aus Physikalische Medizin und Rehabilitation, Zeitschrift für praxisnahe Medizin, 15. Jg, Heft 3
5. Held F (1986) Depressionen des Kindes- und Jugendalters – Behandlungsstrategie mit Hypericin. Sonderdruck Zeitschrift für Allgemeinmedizin, 62. Jg, Heft 25
6. Heynen U (1975) Johanniskraut. Zeitschrift für Allgemeinmedizin, Hippokrates, 51. Jg, Heft 28
7. Hoffmann J, Kühl E-D (1979) Therapie von depressiven Zuständen mit Hypericin. Sonderdruck Zeitschrift für Allgemeinmedizin, 55. Jg, Heft 12
8. Sachsse H (1854) Hypericum perforatum. Berliner Gesundheitsblatt, Sonderdruck
9. Spielberger F (1985) Johanniskraut-Präparat lindert selbst mittelschwere Depressionen. Sonderdruck Ärztliche Praxis, 37. Jg, Heft 60
10. Warnecke G (1986) Beeinflussung klimakterischer Depression – Therapieergebnisse mit Hypericin. Sonderdruck Zeitschrift für Allgemeinmedizin, 62. Jg, Heft 31
11. Zeise W (1953) Tierexperimentelle Studien über den Einfluß des photodynamischen Stoffes Hypericin und dreier Flavone auf den Cardiazol- und Elektroschock. Ärztl Forschg VII:34

Diskussion

Gürtler (München):

Aus eigenen Versuchen kann ich sagen, daß wir keine virostatische Wirkung von Hypericin in vitro in der Gewebekultur gefunden haben. Wir haben minimale infektiöse Einheiten von HIV auf H9-Zellen in Gegenwart von verschiedenen Konzentrationen von Hypericin gegeben, 30 Tage lang inkubiert und immer noch Hypericin sowie Medium dazugegeben. Das Virus ging hervorragend an, so daß man vor der Annahme einer virostatischen Wirkung des Hypericins nur warnen kann.

Deinhardt (München):

Ich möchte dazu einen generellen Kommentar geben. Wir sollten uns bei Therapieversuchen an die bewährten Kriterien von kontrollierten Studien halten. Wenn wir das nicht tun, bekommen wir alle möglichen Fährten. Es werden Hoffnungen erregt, die womöglich doch nicht erfüllt werden. Wir sollten uns an die bewährten Prinzipien der klinischen Prüfung halten.

Autovakzine bei ARC und AIDS: Eine statistische Analyse von fünf Behandlungsjahren an 141 Patienten unter besonderer Berücksichtigung der Hämophilie

H. Th. Brüster, A. Illes, P. Wernet, E. Godehardt (Düsseldorf)

Trotz anfänglich verbreiteter Skepsis hat die Impfstoffentwicklung gegen die HIV-Infektion in den letzten Jahren Fortschritte zu verzeichnen.

In Düsseldorf haben wir in den vergangenen fünf Jahren eine sogenannte Autovakzine entwickelt und im Rahmen einer ausgedehnten Pilotstudie bei HIV-Kranken eingesetzt.

Diese Autovakzine kann das HIV-vorgeschädigte zelluläre Immunsystem stabilisieren und teilweise rekonstituieren.

Tabelle 1 zeigt fünf Gründe, welche für eine Autovakzine-Behandlung bei HIV-ARC- und AIDS-Patienten sprechen.

Abbildung 1 zeigt schematisch die Herstellungsschritte der HIV-Autovakzine, die aus mononukleären Blutzellen mit Hilfe von Blutbankseparatoren mit einem elektronischen Programm gewonnen wird, welches auch für die periphere Stammzellgewinnung eingesetzt wird. Die genaue Charakterisierung der Autovakzine ist an anderer Stelle beschrieben. Durch Aufbereitung dieser infizierten und HIV-Antigene enthaltenden Zellen mit Hilfe physikalischer Methoden wird eine immunogene HIV-Komponenten enthaltende Totvakzine hergestellt, deren intravenöse Reinfusion problemlos, d. h. ohne Nebenwirkungen vertragen wird. Ein Behandlungszyklus umfaßt über sechs Wochen sechsmal je eine Abnahme von Zellen und die Reinfusion der HIV-Autovakzine der Vorwoche als ambulantes Behandlungsverfahren. Nach einer sechs-wöchigen Pause erfolgt erneut ein sechswöchiger Vakzinationszyklus. Laborkontrollen der virologischen, immunologischen und einiger klinisch chemischer Parameter wurden alle sechs Wochen durchgeführt. In der vorliegenden Arbeit soll die statistische Auswertung der Überlebenswahrscheinlichkeit unter dieser Auto-

Tabelle 1. Logistik einer Autovakzine für HIV-Kranke

1. Die Häufigkeit der Spontanmutationen des HIV
2. Extrakorporale Herstellung von individuell immunogenen HIV-Komponenten
3. Präzise Antigenpräsentation mit Hilfe der autologen T-Zell-Restriktionselemente des MHC
4. Aktivierung des noch intakten Teils eines HIV-spezifischen T-Zell-Repertoirs
5. Diskontinuierliches Verfahren zur Vermeidung einer Immunsuppression

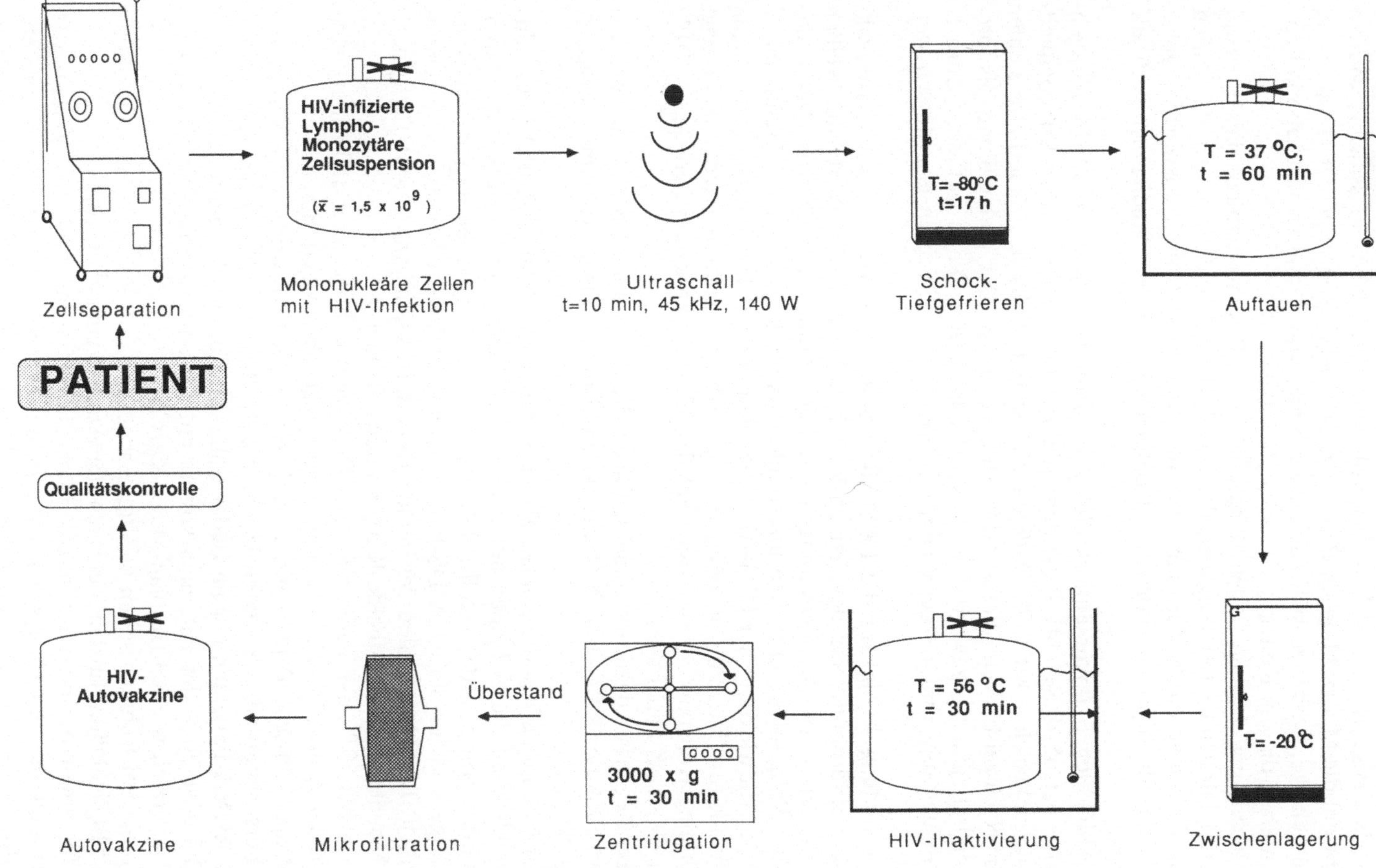

Abb. 1. Herstellung der HIV-Autovakzine aus mononukleären Zellen

vakzinationsbehandlung von 141 HIV-Patienten vorgestellt werden, von denen 66 als LAS/ARC und 75 als AIDS-Kranke nach CDC klassifiziert wurden. Obwohl die Mehrzahl dieser Patienten zur Hochrisikogruppe der Homosexuellen gehörte, befanden sich auch erwachsene und pädiatrische Hämophiliepatienten in diesem Kollektiv.

Abbildung 2 zeigt einen Überblick der Patientenzahlen dieser erweiterten Pilotstudie mit Angaben der CDC-Klassifikation. 141 von 203 Patienten sind über einen Zeitraum von fünf Jahren statistisch auswertbar gewesen, da nur diese eine korrekte „Compliance" mit dem Studienprotokoll aufwiesen.

Abbildung 3 dokumentiert die Verlaufstendenz der Serum-p24 Antigenwerte bei 65 dieser 141 Patienten, die vor Beginn der Autovakzinebehandlung mehrfach positiv für Antigen p24 waren. Falls das dauerhafte Fehlen der Nachweisbarkeit dieses HIV-Antigens unter der Behandlung als prognostisch günstig gewertet wird, kann aus diesen Daten auf eine Zurückdrängung der Virämie bei einem Großteil dieser Patienten geschlossen werden.

Abbildung 4 zeigt für die LAS/ARC- und AIDS-Gruppen unter Autovakzine, repräsentativ für den hämatologischen Verlauf, die Werte der weißen Blutzellen sowie der Thrombozyten. Beide Parameter blieben im Laufe der Behandlung im wesentlichen unverändert. Abbildung 5 gibt die Trendanalyse für die Entwicklung der CD4-Absolutzahlen bei den 141 mit der Autovakzine behandelten Patienten im Fünfjahresbeobachtungszeitraum wieder. Hier zeigt sich eine Konstanz für die Mehrzahl der 72 ARC-Patienten und für ca. 50% der 69 AIDS-Patienten.

Im Gegensatz dazu steht eine deutliche Erhöhung der CD8-Absolutwerte bei etwa 50% der ARC- und 30% der AIDS-Gruppe, was in Abbildung 6 wiedergegeben ist.

In Abbildung 7 ist die Kaplan-Meier-Kurve der fünf-Jahres-Überlebenswahrscheinlichkeit dieser beiden mit der i.v. Autovakzine regelmäßig behandelten Patientengruppen dargestellt. Für die 72 ARC-Patienten ergibt sich eine 78%ige und für die 69 AIDS-Patienten eine 71%ige Überlebenswahrscheinlichkeit. Der Unterschied der beiden Kurven ist signifikant ($p = 0{,}0219$); nach 40 Monaten verlaufen beide Kurven plateauförmig.

Nur bei 19% der Patienten mit CD4-Absolutzahlen unter 150 traten während der Autovakzinebehandlung opportunistische Infektionen auf.

Prophylaktische Pentamidininhalationen gegen PCP wurden nur sporadisch und erst innerhalb der letzten 18 Monate durchgeführt. Zusätzlich nahmen die 141 AUVA-Patienten nur im Bedarfsfall Anti-Candida-Präparate ein.

Bei etwa 30% der Patienten konnte mit der Autovakzine-Behandlung kein Erfolg erzielt werden (Kaplan-Meier-Kurve).

In diesem Rahmen sollen künftig besonders die drei in Tabelle 2 aufgeführten Möglichkeiten für ein Versagen der Autovakzine überprüft werden.

Um einen genaueren Einblick über die Erfassung und den Verlauf der vorgestellten hämatologischen und immunologischen Parameter zu geben, repräsentieren die Abbildungen 8 und 9 zwei Krankheitsverläufe von Hämophilie-Patienten mit ARC (UPN 123) und AIDS (UPN 239) während der

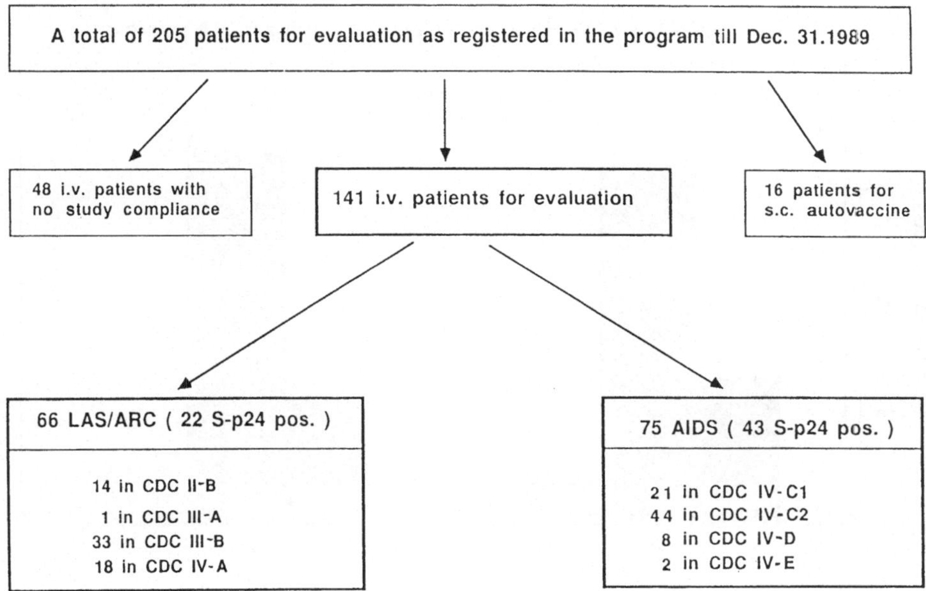

Abb. 2. Einteilung der HIV-Patienten zur Düsseldorfer Pilot-Studie: „Autovaccination“

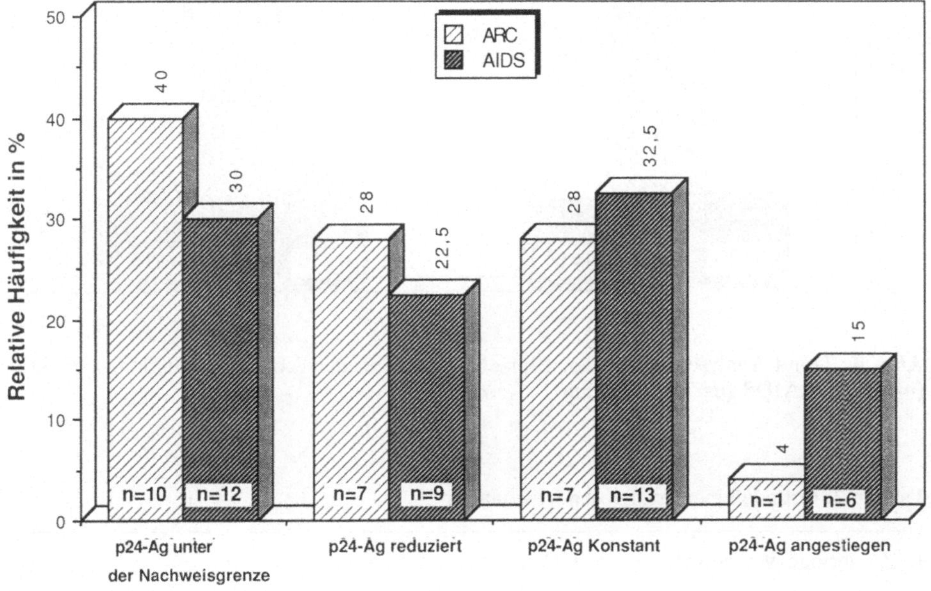

Abb. 3. Verlaufsstudie der p24-Antigenwerte bei 65 AUVA-Patienten getrennt nach Stadien ARC (n=25) und AIDS (n=40)

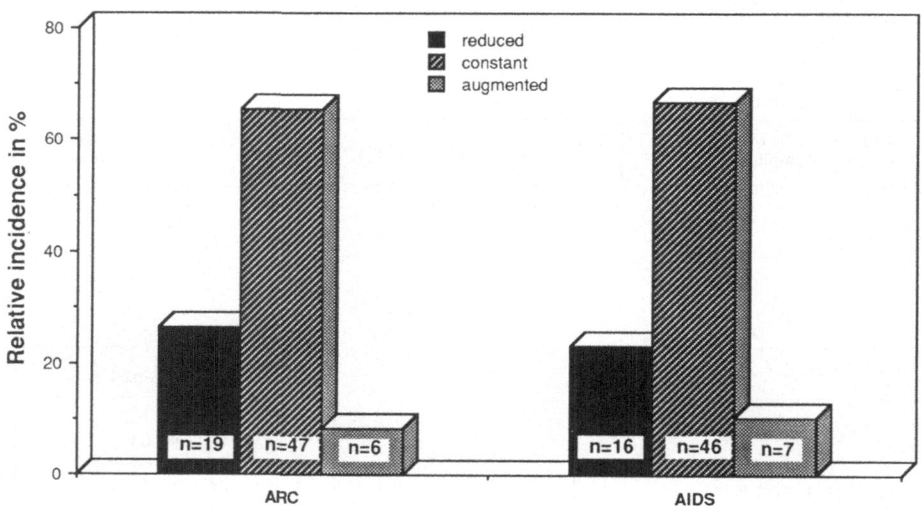

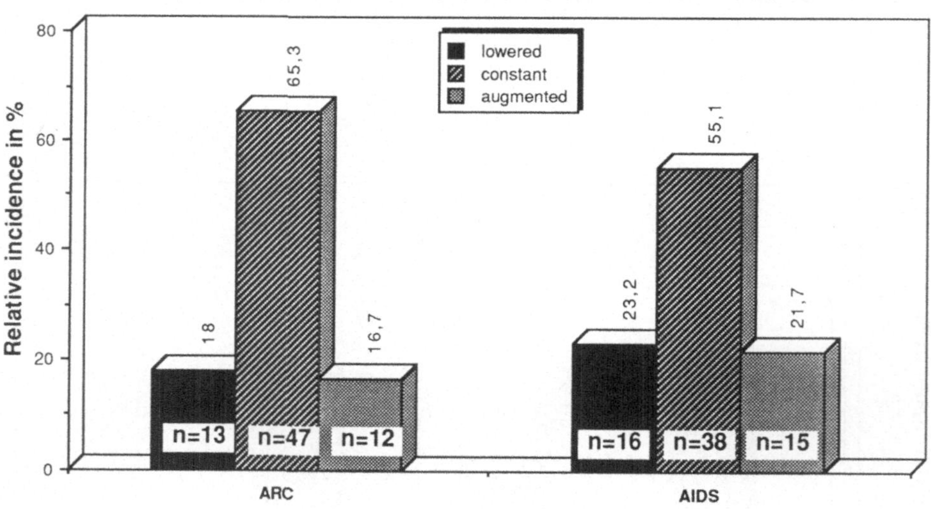

Abb. 4. Trend-Analyse von weißen Blutzellen während der AUVA-Behandlung bei ARC (n=66) und AIDS (n=75) Patienten

Tabelle 2. Gründe einer erfolglosen Vakzination

1. Zu geringe Menge vakzinierter HIV-Peptide (< 1 ng p24)
2. Zu kleiner Pool verfügbarer Gedächtnis-T-Zellen (CD45 R-) mit T-B-Helferfunktion
3. Potentielle Immunsuppression durch TGF-β und bestimmte HIV-Peptide

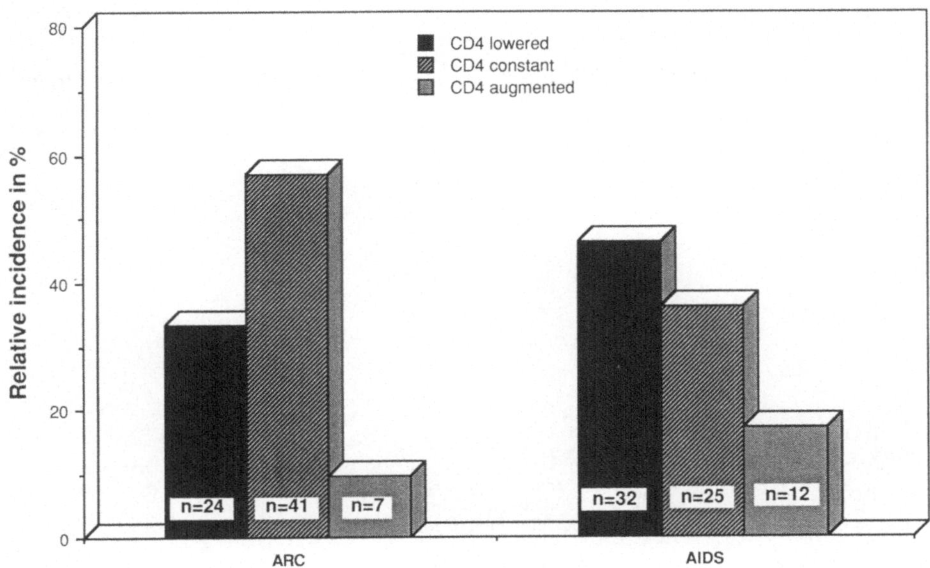

Abb. 5. Trendanalyse der absoluten CD4-Lymphozytenzahlen unter der AUVA-Therapie

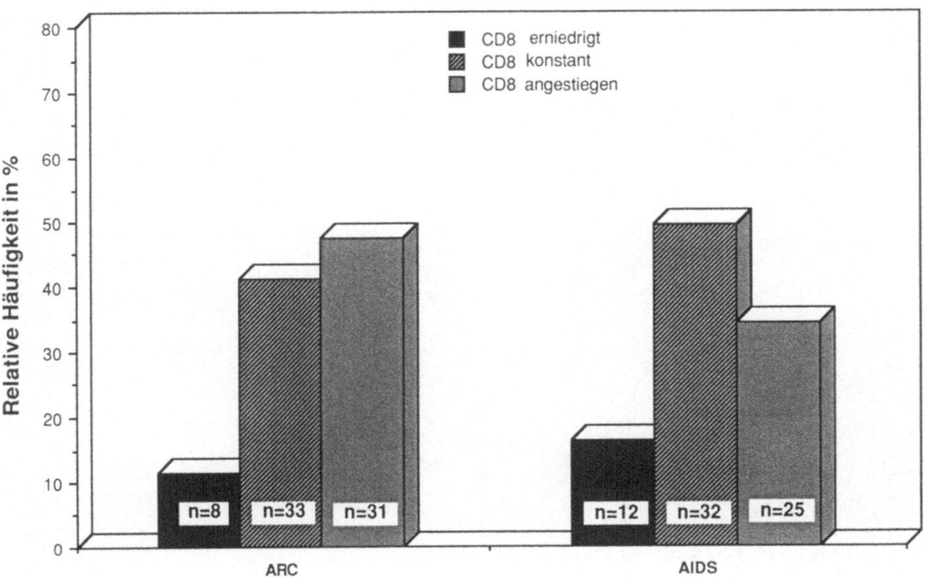

Abb. 6. Verlaufstendenz der absoluten CD8-Lymphozytenzahlen unter der AUVA-Behandlung

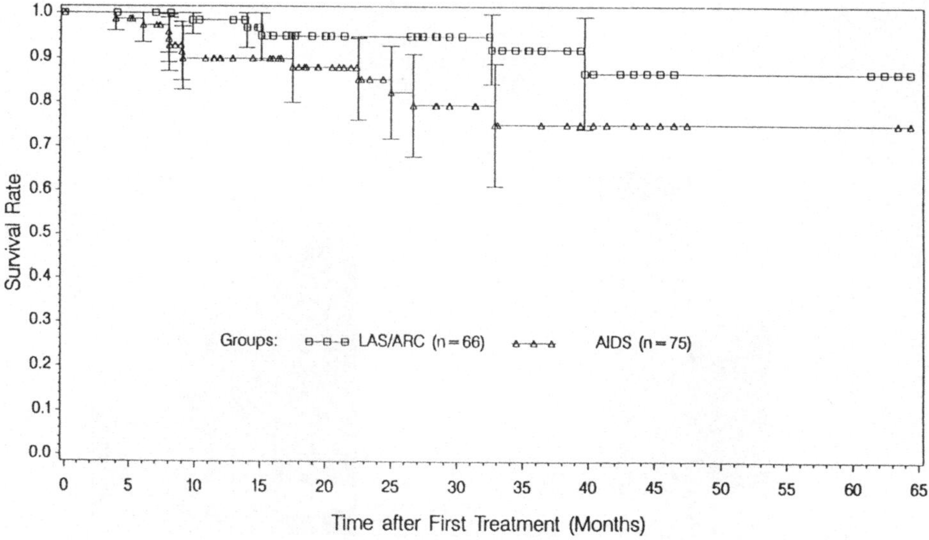

Abb. 7. Fünfjahres-Überlebenswahrscheinlichkeit nach Kaplan-Meyer unter der AUVA-Behandlung

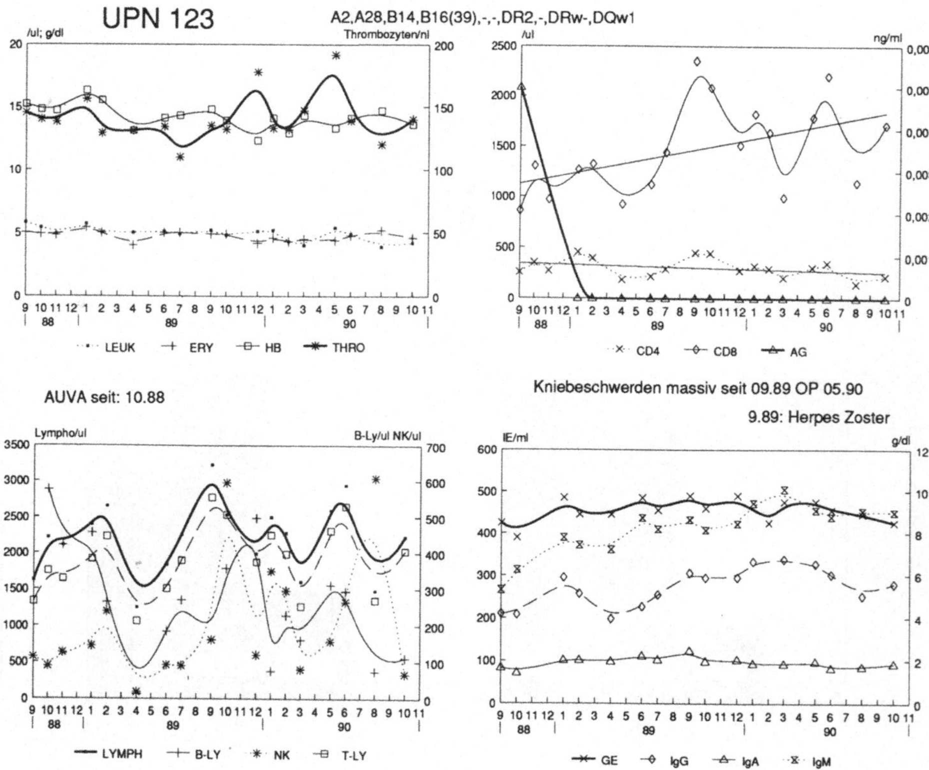

Abb. 8. Hämatologische und immunologische Verlaufsparameter bei einem Patienten mit Hämophilie A (UPN 123)

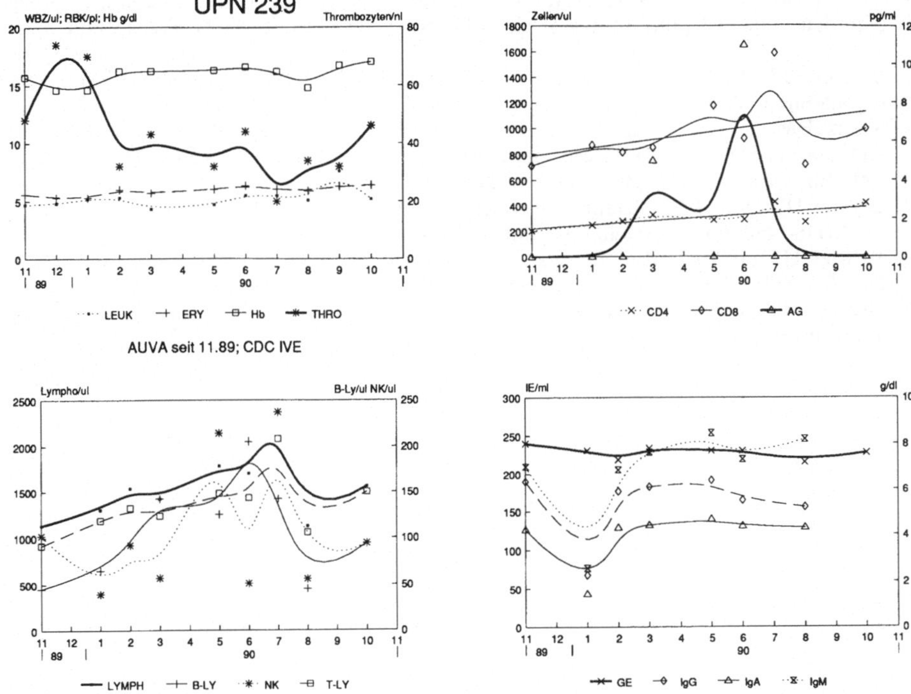

Abb. 9. Hämatologische und immunologische Verlaufsparameter bei einem Patienten mit Hämophilie A (UPN 239)

Autovakzine-Behandlung. Die 1985 begonnenen Patienten überleben bereits über 60 Monate nach Ausbruch der Erkrankung.

Die hier vorgestellten ermutigenden Langzeitergebnisse sollten die Basis für eine kontrollierte randomisierte Studie mit der i.v.-Autovakzine darstellen.

Da in der BRD eine flächendeckende Anzahl von leistungsfähigen transfusionsmedizinischen Instituten mit Zellseparatoren und den erforderlichen technischen Kenntnissen existiert, könnte das Verfahren angesichts der ansonsten desolaten Therapiesituation bei AIDS problemlos auch an anderen Orten etabliert werden. Neben Düsseldorf wird es derzeit noch in München erfolgreich praktiziert.

Literatur

1. Brüster HT, Kuntz BME, Scheja JW (1987) Die Behandlung von AIDS- und ARC-Patienten mit einer lymphozytären Autovaccine. Dtsch Ärzteblatt 13:818–824
2. Brüster HT, Kuntz BME, Scheja JW, Straub H (1987) AIDS und Einsatz einer sogenannten „Autovaccine“ in der ambulanten Behandlung. Die Heilkunst 10:395–405
3. Brüster HT, Kuntz BME, Scheja JW (1988) Autovaccination plus heat inactivated autologous plasma in AIDS patients. The Lancet, June 4:1284

4. Brüster HT (1989) Dans un centre de Transfusion en R.F.A. autovaccination et plasma autologue inactive pour traiter le sida: La Nouvelle Gazette de la Transfusion S. 10, 4. Juni
5. Brüster HT, Kuntz BME, Scheja JW, Straub H (1987) AIDS und der Einsatz einer sogenannten „Autovaccine“ in der ambulanten Behandlung: GIT labormedizin 3
6. Kuntz BM, Elsing, Erkenbrecht JF, Brüster HT (1989) Einfluß der Zeit auf HLA-Antigen-Frequenzen und differenzierte Assoziation des Kaposi-Sarkoms. Tissue Antigen 1990 (im Druck), 21. Tagung der DAFH Wien, 2–4 November
7. Brüster HT et al (1990) 4 Jahre Autovaccine im Einsatz bei HIV infizierten und Patienten im AIDS-Stadium. Die Heilkunst Heft 9:314–331
8. Brüster HT (1990) Fortbildungsveranstaltung der Ärztekammer Nordrhein Bad Honnef 29. 10. 1990; 5 Jahre Autovaccine bei AIDS-Patienten (1985–1990)
9. Brüster HT (1990) HIV-autovaccine: a new method to treat AIDS and ARC patients. Transfusion Today Heft 8

Diskussion

LÜTHY (Zürich):

Ich habe eine Frage zur Interpretation der beiden letzten Studien, und zwar aus der folgenden Überlegung heraus: Wir wissen alle aus der Zeit, in der noch keine Therapie zur Verfügung stand, daß die HIV-Infektion sehr variabel verlaufen kann. Aber diese Studien bzw. diese Verlaufsbeobachtungen haben auch gezeigt, daß eine sehr enge Korrelation besteht mit der CD4-Zellzahl. Das heißt also, es braucht für jede Verlaufsbeobachtung eine Stratifizierung nach CD4-Zellen. Eine Darstellung müßte sich demgemäß in diesen Strata bewegen und die Verlaufswerte prozentual zum Ausgangswert darstellen.

Wenn man ARC-Patienten mit AIDS-Patienten und LAS-Patienten und asymptomatische Patienten zusammennimmt, dann kann zwar im Einzelfall wohl eine Verbesserung bemerkbar sein; aber wir wissen nicht, ob das der natürliche Verlauf ist – das sehen wir auch ohne Therapie – oder ob hier eine Wirksamkeit der Therapie vorliegt.

Ich meine nach wie vor, daß wir alle Anstrengungen unternehmen müssen, auch ungewöhnliche Verfahren zu evaluieren. Aber ich glaube, daß wir uns hüten sollten, Empfehlungen abzugeben. Wir sollten in der Situation, in der wir jetzt mit diesen beiden Präparaten stehen, den Mut haben zu sagen: Jetzt bedarf es einer kontrollierten Untersuchung. Wenn Sie schon bei 200 Patienten angelangt sind, wäre ja sicher die Möglichkeit gegeben, das in einer kontrollierten Weise zu tun, damit man eine Aussage machen kann. Es wäre ja außerordentlich interessant zu wissen: Wird zum Beispiel das Hypericin resorbiert und wieviel davon? Wie sind die Nebenwirkungen? Wie und in welcher Form wird das ausgeschieden usw.? Was geschieht bei Ihrer Vakzination im Einzelfall gemäß Strata, CD4-Zellen mit einzelnen Patienten? Obwohl ich das also für einen interessanten Ansatz halte, habe ich mit der Interpretation große Mühe.

DEINHARDT (München):

Gestatten Sie mir abschließend noch folgende Bemerkungen: Wenn ich zurückdenke über die Jahre, in denen wir hier über HIV gesprochen haben, vor allem beim ersten und zweiten Mal, dann ist es doch so, daß wir heute sehr viel mehr über die Infektion und den Verlauf wissen. Es ist leider immer noch so, daß wir weder einen Impfstoff haben noch eine wirklich effektive Therapie.

Was die Hämophilie-Patienten anbelangt, ist es doch trotz der 8 neu hinzugekommenen HIV-Infizierten, die wir heute besprochen haben, ein Riesenunterschied, was in den letzten Jahren mit virusinaktivierten Präparaten erreicht worden ist. Ich hoffe, daß wir nach der vollständigen Auswertung der Situation durch das Bundesgesundheitsamt im nächsten Jahr hierunter endgültig einen Strich ziehen können und daß uns die Resultate helfen werden, das, was immer auch passiert ist, in der Zukunft sicher zu verhindern.

Mir liegt sehr am Herzen, noch einmal zu wiederholen, was auch Herr Lüthy gesagt hat, daß wir durchaus neue und auch unkonventionelle Ansätze sehr ernst betrachten sollten. Doch müssen wir uns an bewährte Methoden der klinischen Prüfung halten, um keine unnötigen Hoffnungen zu erwecken, Zeit zu verlieren und im Endeffekt mehr zu schaden als zu nutzen.

2. *Hepatitis*

Diskussionsleitung:

F. DEINHARDT (München)
H. EGLI (Bonn)

Hepatitis B-Impfung, insbesondere Nachimpfung bei Hämophilen

W. Jilg (München)

Die Hepatitis B war lange Zeit eine schwerwiegende Komplikation bei der Behandlung von Hämophilen [1]. Diese Gefahr ist weitgehend gebannt; durch die heute verwendeten Inaktivierungsverfahren weisen Gerinnungspräparate einen hohen Grad an Virussicherheit auf, der die Übertragung von Hepatitis B-Viren, ebenso wie von Hepatitis C-Viren und humanen Immunschwächeviren unwahrscheinlich macht. Eine Infektion mit Hepatitis B-Virus erfolgt aber nicht ausschließlich über kontaminierte Präparate; nach wie vor ist die Hepatitis B eine nosokomiale Infektion, die, wenn auch selten, durch traumatisierende Eingriffe, also auch Injektionen, übertragen werden kann [2, 3]. Das Risiko dafür wächst mit der Häufigkeit, mit der sich eine Person derartigen Eingriffen unterziehen muß, und ist bei Menschen mit einer therapiebedürftigen Hämophilie zweifellos größer als in der Normalbevölkerung. Die beste Schutzmaßnahme zur Verhütung solcher Infektionen stellt die aktive Impfung gegen Hepatitis B dar, die daher bei Hämophilen dringend indiziert ist und bereits bei Diagnosestellung durchgeführt werden sollte.

Impfstoffe

Die gegenwärtig verwendeten Hepatitis B-Impfstoffe bestehen aus HBsAg, dem Hauptoberflächenprotein des Hepatitis B-Virus (HBV). Ausgangsmaterial für die seit 1982 verfügbaren Impfstoffe der ersten Generation ist Plasma chronischer HBV-Träger, das HBsAg in hoher Konzentration enthält. 1986 wurde erstmals ein gentechnisch hergestellter Hepatitis B-Impfstoff zugelassen. Er enthält HBsAg aus gentechnisch veränderten Hefezellen, in die das für dieses Protein kodierende Gen des Hepatitis B-Virus eingeführt wurde. Dieser sogenannte rekombinante Hepatitis B-Impfstoff unterscheidet sich in Immunogenität und Verträglichkeit nicht wesentlich von der aus Plasma hergestellten Vakzine; alle bisher zugelassenen Impfstoffe haben sich als hochimmunogen, effektiv und praktisch nebenwirkungsfrei erwiesen [4].

Durchführung der Impfung

Die Grundimmunisierung besteht nach den derzeit gültigen Empfehlungen aus zwei Injektionen im Abstand von vier Wochen und einer Auffrischimpfung

Tabelle 1. Impfung gegen Hepatitis B-Impfschemata

Schema	Monat					
	0	1	2	3	6	12
A[1]	1. Impf.	2. Impf.			3. Impf.*	
B[2]	1. Impf.	2. Impf.				3. Impf.*
C[3]	1. Impf.	2. Impf.	3. Impf.			4. Impf.*

* Erfolgskontrolle 4 Wochen nach der letzten Impfung
[1] konventionelles Impfschema
[2] höhere Anti-HBs-Konzentrationen nach 3. Impfung
[3] wie B, aber bessere Schutzwirkung zwischen 3. und 4. Impfung

(Boosterinjektion) sechs Monate nach Impfbeginn. Ein Alternativschema sieht drei Impfungen in monatlichen Abständen vor und eine Boosterinjektion ein Jahr nach der ersten Impfung. Dieses zweite Schema führt zu signifikant höheren Antikörpertitern; neue Untersuchungen [5, 6] haben aber gezeigt, daß ein ebenso guter Impferfolg durch nur drei Impfungen zum Zeitpunkt 0, nach einem und zwölf Monaten, also durch Verschieben der Boosterimpfung um ein halbes Jahr, zu erzielen ist. Die dabei erreichten Titer sind wesentlich höher als nach drei Impfungen zum Zeitpunkt 0, nach einem und nach sechs Monaten (Tabelle 1).

Kontrolluntersuchungen vor und nach der Impfung

Bei Impflingen, bei denen für längere Zeit ein erhöhtes Hepatitis B-Risiko bestand, empfiehlt sich aus Kostengründen vor der Impfung eine Untersuchung auf Antikörper gegen das Kernantigen des HBV (Anti-HBc) zum Ausschluß einer bereits erfolgten Hepatitis B-Infektion. Da eine abgelaufene Hepatitis B eine lebenslange Immunität hinterläßt, andererseits Menschen mit einer chronischen HBV-Infektion auf die Impfung nicht ansprechen, ist eine Impfung in solchen Fällen nutzlos, sie schadet aber auch nichts. Vier Wochen nach der letzten (Booster-)Injektion sollte der Impferfolg durch eine quantitative Bestimmung der Antikörper gegen HBsAg (Anti-HBs) kontrolliert werden.

Impferfolg

Bei gesunden Kindern und Erwachsenen führt die Grundimmunisierung in über 90% zur Ausbildung von Anti-HBs-Konzentrationen im protektiven Bereich, d. h. zu Werten über 10 Internationalen Einheiten pro Liter (IE/l bzw. IU/l). Der Impferfolg wird beeinflußt von Alter, Geschlecht, Körpergewicht und immunologischer Situation des Impflings. Mit zunehmendem Alter eines Impfkollektivs nehmen Serokonversionsraten und Antikörpertiter nach der

Grundimmunisierung ab, was allerdings erst ab etwa dem 60sten Lebensjahr eine Rolle spielt. Frauen sprechen auf die Impfung etwas besser an, bei Übergewichtigen ist der Impferfolg herabgesetzt. Eine deutlich schlechtere Immunantwort zeigen Menschen mit Immundefekten, etwa Personen unter immunsuppressiver Therapie, Dialysepatienten oder HIV-Infizierte. Nur etwa 30–60% dieser Patienten reagieren überhaupt auf die Impfung, und die erreichten Antikörpertiter sind signifikant niedriger als bei Gesunden. Aber auch völlig gesunde und immunologisch unauffällige Personen sprechen zu etwa 5% nicht oder nur ungenügend (Anti-HBs-Spiegel <10 IU/l) auf die Impfung an. Diese Menschen besitzen keinen Schutz gegenüber einer Hepatitis B-Infektion; sie sollten daher weitergeimpft werden, da etwa 50% dieser „Nonresponder" in der Lage sind, nach bis zu drei weiteren Impfungen doch noch spezifische Antikörper zu bilden [7]. Um diese „Non"- und „Low"-Responder zu identifizieren und weiterzubehandeln und um zu verhindern, daß sie sich in Unkenntnis ihrer mangelnden Immunantwort in falscher Sicherheit wiegen, ist die oben erwähnte Erfolgskontrolle nach der Grundimmunisierung für jeden Impfling dringend zu empfehlen. Darüberhinaus dient eine quantitative Anti-HBs-Bestimmung auch der Abschätzung der Dauer des Impfschutzes, wie unten ausgeführt.

Dauer des Impfschutzes

Der Schutz vor *Infektion* nach der Hepatitis B-Impfung ist an das Vorhandensein von Anti-HBs in Konzentrationen über 10 IU/l gebunden. Die Schutzdauer, d.h. die Zeit, während der Anti-HBs-Konzentrationen über diesem Wert vorhanden sind, ist von der maximalen Antikörperkonzentration abhängig [8, 9], die etwa vier Wochen nach der letzten Injektion erreicht wird. Wie dieser Wert ist sie deshalb erheblichen Schwankungen von Impfling zu Impfling unterworfen. Die Kinetik, mit der Anti-HBs absinkt, ist dagegen bei allen Impflingen sehr ähnlich; einem initial sehr raschen Absinken auf etwa 10% des Ausgangswertes innerhalb von 12–14 Monaten folgt ein wesentlich langsamerer Abfall mit einer Halbwertszeit von etwa 1 1/2–2 Jahren (Abb. 1). Damit gleicht das Absinken der spezifischen Antikörper nach Hepatitis B-Impfung weitgehend den Verhältnissen nach Impfungen gegen Tetanus und Diphtherie, für die von Gottlieb und Mitarbeitern ein mathematisches Modell erarbeitet wurde [10]. Somit ermöglicht eine quantitative Anti-HBs-Bestimmung nach der Grundimmunisierung eine Abschätzung der Dauer des Schutzes vor Infektion (Tabelle 2).

Die Ergebnisse verschiedener Studien der letzten Jahre haben uns jedoch neue Erkenntnisse über die Schutzwirkung der Hepatitis B-Impfung vermittelt. Bei Personen, die auf die Grundimmunisierung gut angesprochen haben (maximaler Anti-HBs-Wert über 100 IU/l), scheint auch über das Vorhandensein meßbarer Antikörper hinaus ein *Schutz vor einer klinisch manifesten Erkrankung,* also einer akuten oder chronischen Hepatitis B, zu bestehen [11, 12]. Dieser Schutz vor Erkrankung beruht auf dem Vorhandensein eines durch die

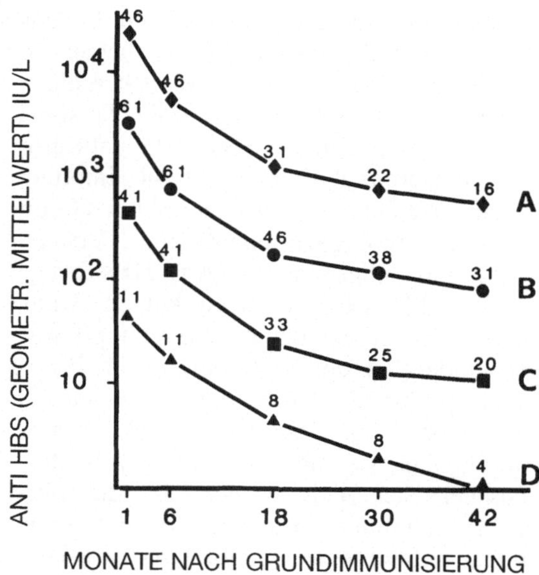

Abb. 1. Absinken der Anti-HBs-Konzentration nach Impfung gegen Hepatitis B. Absinken von Anti-HBs in Gruppen mit verschiedenen Anti-HBs-Werten nach Grundimmunisierung: (A) >10000 IU/l; (B) 1001–10000 IU/l; (C) 101–1000 IU/l; (D) 10–100 IU/l

Tabelle 2. Empfehlungen zur Wiederimpfung anhand der maximalen Anti-HBs-Konzentrationen nach der Grundimmunisierung

Anti-HBs (IU/l)	Wiederimpfung empfohlen
> 10	sofort
11–100	nach 3–6 Monaten
101–1000	nach 1 Jahr
1001–10000	nach 3 1/2 Jahren
< 10000	nach 7 Jahren

Impfung induzierten spezifischen immunologischen Gedächtnisses, das wahrscheinlich noch Jahre über die Anwesenheit von spezifischen Antikörpern hinaus vorhanden ist [13]. Kommt es nach dem Verschwinden spezifischer Antikörper und damit nach dem Verlust des Schutzes vor Infektion zu einem Kontakt mit dem Hepatitis B-Virus und zu einer Infektion, führt das immunologische Gedächtnis zu einer sehr raschen Antikörperantwort, die zusammen mit zellulären Abwehrmechanismen die Ausbreitung des Virus in der Leber begrenzt und die Infektion beendet, ehe klinisch faßbare Symptome auftauchen. Ob dieses immunologische Gedächtnis allerdings lebenslang persistiert oder zeitlich begrenzt ist, wissen wir derzeit nicht.

Wiederimpfung

Die mangelnde Kenntnis über die Persistenz des immunologischen Gedächtnisses lassen es nicht angebracht erscheinen, auf eine Wiederimpfung ganz zu verzichten, wie es gelegentlich vorgeschlagen wird. Wir halten Wiederimpfungen nach wie vor für notwendig, einmal um einen schützenden Antikörpertiter aufrechtzuerhalten oder wieder zu induzieren, und eventuell auch, um das immunologische Gedächtnis wieder „aufzufrischen".

Um einen dauerhaften Schutz vor Infektion zu gewährleisten, muß der Anti-HBs-Spiegel über dem kritischen Wert von 10 IU/l gehalten werden. Das läßt sich bei dem größten Teil der Impflinge nur durch eine Wiederimpfung erreichen, die durchgeführt werden muß, wenn Anti-HBs auf Werte um oder unter 10 IU/l absinkt. Der Zeitpunkt für die Wiederimpfung läßt sich, wie oben dargestellt, an Hand einer quantitativen Anti-HBs-Bestimmung nach der Grundimmunisierung festlegen. Für die Praxis wurden dazu Empfehlungen ausgearbeitet, wie sie in Tabelle 2 dargestellt sind [4]. Die Termine für eine Wiederimpfung wurden dabei so gewählt,daß etwa 90% aller Impflinge einer Gruppe zum Zeitpunkt der Injektion noch Antikörperspiegel über 10 IU/l aufweisen.

Dieses Vorgehen gewährleistet die Aufrechterhaltung schützender Antikörperspiegel bei wenigstens 90% aller Geimpften und vermittelt damit größtmögliche Sicherheit bei relativ geringem Aufwand.

Die Kenntnis über das Vorhandensein eines immunologischen Gedächtnisses bei allen einmal erfolgreich Geimpften läßt aber eine Vereinfachung der Empfehlungen für eine Wiederimpfung zu [14]. Basis dieser Empfehlungen ist wiederum eine Anti-HBs-Bestimmung vier Wochen nach Beendigung der Grundimmunisierung, also je nach verwendetem Impfschema nach der dritten oder vierten Injektion. Alle Impflinge mit maximalen Anti-HBs-Werten unter 100 IU/l sollten innerhalb eines Jahres wiedergeimpft werden; bei Personen mit guter Immunantwort (Anti-HBs $\geq$ 100 IU/l) wird eine Wiederimpfung nach 5–7 Jahren durchgeführt. Auch nach Wiederimpfungen soll der Anti-HBs-Spiegel kontrolliert werden und nach dem gleichen Schema verfahren werden. Durch dieses Vorgehen wird in der Mehrzahl der Geimpften ein schützender Antikörperspiegel aufrechterhalten; die restlichen Personen sind durch das Vorhandensein eines immunologischen Gedächtnisses zumindest vor einer Erkrankung geschützt.

Hepatitis B-Impfung bei Hämophilen

Untersuchungen mehrerer Arbeitsgruppen haben gezeigt, daß Hämophile, die mit Ausnahme ihrer Grunderkrankung gesund sind, auf die Hepatitis B-Impfung ebenso gut wie nichthämophile Gesunde ansprechen (Tabelle 3) [15–18]. Ein möglicherweise bei Hämophilen bestehender Immundefekt scheint sich auf die Immunantwort nicht oder zumindest nicht meßbar auszuwirken. Im Gegensatz dazu ist der Impferfolg bei HIV-infizierten Hämophilen schlecht. Wie auch bei nichthämophilen HIV-infizierten zu beobachten, schwankt die Immunant-

Tabelle 3. Immunantwort Hämophiler auf die Hepatitis B-Impfung

Autoren	Impfstoff/ Impfschema[1]	Impflinge	n	Serokon-versionsrate	GMT IU/l[2]
GAZENGEL et al. [15]	Plasma/ 0, 1, 2 Mon.	Patienten	33	97(%)	2014
HEDNER et al. [16]	Plasma/ 0, 1, 6 Mon.	Patienten	30	100(%)	4717
		Kontrollpers.	21	90(%)	1886
ZANETTI et al. [17]	Plasma/ 0, 1, 2, 14 Mon.	HIV-neg. Pat.	103(%)	98	6395
		HIV-pos. Pat.	10	100(%)	346
GRINGERI et al. [18]	rekomb./ 0, 1, 6 Mon.	Patienten	40	98(%)	1097

[1] Impfstoff: Plasma, aus Plasma hergestellter Impfstoff; rekomb., gentechn. hergestellter („rekombinanter") Impfstoff.
Impfschema: Monate, in denen eine Impfdosis verabreicht wurde.

[2] GMT: geometrisches Mittel der Anti-HBs-Konzentrationen (in Internationalen Einheiten/l = IU/l) aller Impflinge nach der letzten Impfstoffdosis.

wort auf die Impfung bei diesen Patienten in Abhängigkeit von ihrer immunologischen Situation in weiten Grenzen. Die Serokonversionsraten sind in HIV-positiven Kollektiven zwar meist ähnlich, aber die Anti-HBs-Spiegel liegen signifikant niedriger [17].

Bislang liegt nur eine Studie vor, die sich mit dem Antikörperverlauf über mehrere Jahre bei Hämophilen beschäftigt. Diese von MANNUCCI und Mitarbeitern [19] durchgeführte Untersuchung zeigt, daß bei HIV-negativen Hämophilen die Abnahme der Anti-HBs-Konzentration nach der Grundimmunisierung nicht anders als bei Gesunden verläuft (Abb. 2). Damit lassen sich auch die für eine Wiederimpfung ausgearbeiteten Empfehlungen, wie sie oben dargestellt wurden, für diesen Personenkreis anwenden. Voraussetzung dafür ist allerdings, daß das Ansprechen auf eine Wiederimpfung und damit das immunologische Gedächtnis bei Hämophilen vergleichbar gut wie bei gesunden Impflingen ist; bisher gibt es aber keinen Grund, daran zu zweifeln.

Grundsätzlich anders ist auch hier wieder die Situation bei HIV-positiven Hämophilen. Wie aus der Abb. 3 zu ersehen ist, weist die Kinetik, mit der Anti-HBs nach der Grundimmunisierung absinkt, bei einzelnen dieser Patienten erhebliche Unterschiede auf. Neben Verläufen, die sich nicht von denen HIV-negativer Personen unterscheiden, kommt es bei einzelnen zu einem sehr raschen Verlust von Anti-HBs. Bei HIV-infizierten Patienten ist daher wie bei allen immunsupprimierten Personen eine Anti-HBs-Kontrolle in regelmäßigen (jährlichen) Abständen indiziert. Gegebenenfalls sollte eine weitere Impfung vorgenommen werden, wobei allerdings damit gerechnet werden muß, daß nicht alle Patienten auf eine Wiederimpfung ansprechen.

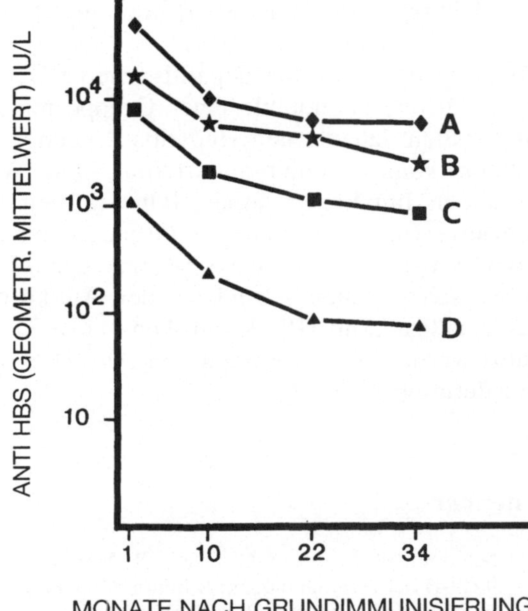

Abb. 2. Absinken der Anti-HBs-Konzentration nach Impfung gegen Hepatitis B bei HIV-negativen Hämophilen (nach MANNUCCI et al. [19]): Absinken von Anti-HBs in Gruppen mit verschiedenen Anti-HBs-Werten nach Grundimmunisierung: (A) >20000 IU/l; (B) 10000–19999 IU/l; (C) 5000–9999 IU/l; (D) <5000 IU/l

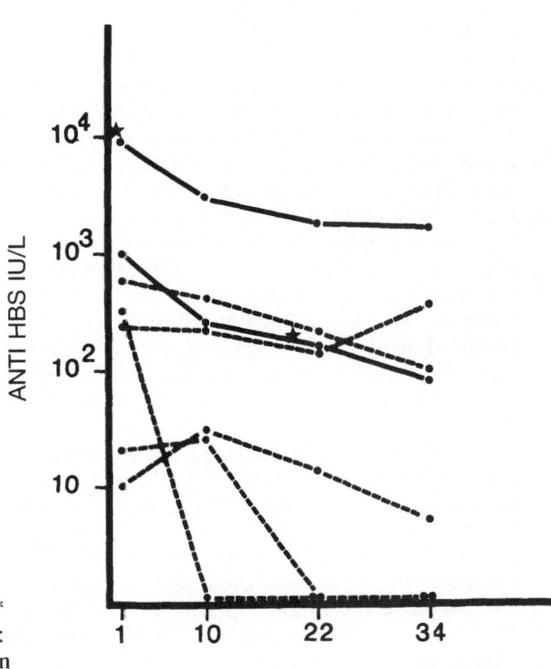

Abb. 3. Absinken der Anti-HBs-Konzentration nach Impfung gegen Hepatitis B bei einzelnen HIV-positiven Hämophilen (nach MANNUCCI et al. [19]). Durchgehende Linien: Probanden, die erst nach der Grundimmunisierung Anti-HIV-positiv wurden (Zeitpunkt der Serokonversion mit * gekennzeichnet); gestrichelte Linien: Probanden, die bereits vor der ersten Impfung Anti-HIV-positiv waren

Empfehlungen zur Hepatitis B-Impfung und -Wiederimpfung bei Hämophilen

Auch nach Einführung hepatitissicherer Gerinnungspräparate gehören therapiebedürftige Hämophile einer Gruppe mit erhöhtem Hepatitis B-Risiko an und sollten daher gegen Hepatitis B geimpft werden. Bei HIV-negativen Patienten kann Grundimmunisierung und Wiederimpfung genauso wie bei gesunden Impflingen durchgeführt werden (s.o. und Tabelle 2). Mit HIV infizierte (oder aus anderen Gründen immunologisch gestörte) Hämophile können nach dem gleichen Schema geimpft werden; wegen des möglicherweise sehr raschen Absinkens der Antikörper sollten bei diesen Patienten regelmäßige Anti-HBs-Kontrollen, etwa in jährlichen Abständen, durchgeführt werden. Bei Absinken von Anti-HBs auf Werte um 10 IU/l sollte eine Wiederimpfung erfolgen.

Literatur

1. Schramm W, Frösner GG, Scheid R, Marx R (1980) Hepatitis B und Hepatitis nicht-A-nicht-B bei Hämophilie. In: Schimpf K (ed) Fibrinogen, Fibrin und Fibrinkleber. Schattauer Verlag, Stuttgart New York, 315–320
2. Kubanek B, Wieland C, Seifert H, Gaus W (1985) Transfusionshepatitis: Häufigkeit und vergleichendes Risiko zwischen Bluttransfusionen und anderen therapeutischen Maßnahmen. Bundesministerium für Forschung und Technologie, Forschungsbericht T 85-003. Fachinformationszentrum Karlsruhe
3. Douvin C, Simon D, Zinelabidine H, Wirquin V, Perlemuter L, Dhumeaux D (1990) An outbreak of hepatitis B in an endocrinological unit traced to a capillary bloodsampling device. N Engl J Med 322:57
4. Jilg W, Deinhardt F (1988) Schutzimpfung gegen Hepatitis B. Dtsch Ärztebl 1988, 85:1099–1105
5. Grundmann HJ, Hofmann F, Achenbach W, Walcher J (1989) Hepatitis B-Schutzimpfung beim medizinischen Personal: zum Einfluß des Impfschemas auf den Impferfolg. Arbeitsmed Sozialmed Präventivmed 24:17–19
6. Jilg W, Schmidt M, Deinhardt F (1989) Vaccination against hepatitis B: comparison of three different vaccination schedules. J Infect Dis 160:766–769
7. Jilg W, Schmidt M, Deinhardt F (1990) Impfversager nach Hepatitis B-Impfung: Effekt zusätzlicher Impfungen. Dtsch Med Wschr 115:1545–1548
8. Jilg W, Schmidt M, Deinhardt F (1988) Persistence of specific antibodies after hepatitis B vaccination. J Hepatol, 201–207
9. Grob PJ, Dufek A, Joller-Jemelka HI (1985) Hepatitis B-Impfung – Wann ist eine Booster-Injektion nötig? Schw Med Wschr 115:394–402
10. Gottlieb S, Martin M, McLaughlin FX, Panaro RJ, Levine L, Edsall G (1967) Long-term immunity to diphteria and tetanus: a mathematical model. Am J Eipdem 85:207–219
11. Hadler SC, Francis DP, Maynard JE, Thompson SE, Judson FN, Echenberg DF, Ostrow DG, O'Malley PM, Penley KA, Altman NL, Braff E, Shipman GF, Coleman PJ, Mandel EJ (1986) Long-term immunogenicity and efficacy of hepatitis B vaccine in homosexual men. N Engl J Med 315:209–214
12. Stevens CE, Taylor PE, Tong MJ, Toy PT, Vyas GN (1984) Hepatitis B vaccine: an overview. In: Vyas GN, Dienstag JL, Hoofnagle JH (eds) Viral Hepatitis and Liver Disease. Orlando, Florida: Grune and Stratton, Inc., 275–291
13. Jilg W, Schmidt M, Deinhardt F (1988) Immune response to hepatitis B revaccination. J Med Virol 24:377–384
14. Public Health (1988) Immunisation against hepatitis B. Lancet I:875–876

15. Gazengel C, Courouce AM, Torchet MF, Kremp O, Brangier J, Brechot C, Degos F (1984) Use of HBV vaccine in hemophiliacs. Scand J Hematol 33 (Suppl 40):323–328
16. Hedner U, Hansson BG, Vermylen J, Verstraete M, Colaert J, Desmyter J (1984) Immunization of haemophiliacs against hepatitis B. Scand J Hematol 33 (Suppl 40):317–321
17. Zanetti AR, Mannucci PM, Tanzi E, Moroni GA, De Paschale M, Mortini M, Carnelli V, Tirindelli MC, De Biasi R, Ciavarella N, De Rosa V, Rodeghiero F, Colombo M (1986) Hepatitis B vaccination of 113 hemophiliacs: lower response in Anti-LAV/HTLV-III-positive patients. Am J Hematol 23:339–345
18. Gringeri A, Mannucci PM, Morfini M, De Biasi R, Tamponi G, Carnelli V, Tirindelli MC, Baudo F, Ciavarella N, Mancuso G, Pasarelli-Pula E (1990) Immunogenicity of a recombinant hepatitis B vaccine in hemophiliacs. In: Coursaget P, Tong MJ (eds) Progress in Hepatitis B Immunization. Colloque INSERM, Vol 194. Montrange, France: John Libbey Eurotext Ltd., 261–262
19. Mannucci PM, Zanetti AR, Gringeri A, Tanzi E, Morfini M, Messori A, Tirindelli MC, De Biasi R, Ciavarella N, Colombo M (1989) Long-term immunogenicity of a plasma-derived hepatitis B vaccine in HIV seropositive and HIV seronegative hemophiliacs. Arch Intern Med 149:1333–1337

Diskussion

Brackmann (Bonn):

Ich verstehe es doch richtig, daß Sie bei HIV-Positiven zu impfen empfehlen?

Jilg (München):

Das auf jeden Fall, ja.

Vinazzer (Linz):

Ich möchte noch einmal betonen, daß bei Hämophilen nicht intramuskulär geimpft werden sollte. Das kann zu Riesenhämatomen führen. Die subkutane Impfung ist also vorzuziehen.

Mondorf (Frankfurt):

Sollte man bei Patienten, die eine Hepatitis B durchgemacht haben und jetzt niedrige Anti-HBs-Spiegel aufweisen, impfen?

Jilg (München):

Wer einmal eine Hepatitis durchgemacht hat, die ausgeheilt ist, der ist immun. Er braucht also keine weitere Impfung.

Schneweis (Bonn):

Man begegnet bei Hämophilen ja nicht allzu selten einem isolierten Anti-HBc-Befund. Was schlagen Sie vor, da zu machen?

Jilg (München):

In diesen Fällen ergeben sich zwei Möglichkeiten: Es kann sich einmal um eine abgelaufene Hepatitis B handeln mit unter die Nachweisgrenze abgesunkenem Anti-HBs, oder es kann sich um einen chronischen Träger handeln. Wir empfehlen in diesen Fällen eine Wiederimpfung mit Kontrolle nach 4 Wochen. Wenn eine abgelaufene Infektion vorliegt mit nur unter die Nachweisgrenze abgesunkenem Anti-HBs, dann wirkt die Impfung als Booster, und man bekommt schon nach einer Impfung einen deutlichen Anti-HBs-Response. Wenn das nicht der Fall ist, impfen wir weiter. Stellt sich heraus, daß Personen überhaupt nicht auf die Impfung ansprechen, dann muß man wahrscheinlich annehmen, daß es sich hier um chronische Träger handelt.

SCHNEWEIS (Bonn):

Was halten Sie in solchen Fällen vom Anti-HBc-IgM?

JILG (München):

Das ist natürlich die dritte Möglichkeit, daß es sich in diesem Fall um eine akute Infektion handelt, die man ja nie ganz ausschließen kann.

FRAU SCHARRER (Frankfurt):

Bei Patienten, die nicht auf eine Impfung ansprechen, was empfehlen Sie da? Ich erinnere mich, daß MANNUCCI in diesen Fällen ein anderes Impfschema empfohlen hat, und zwar null, 14 Tage, 6 Wochen. Oder empfehlen Sie die doppelte Dosis?

JILG (München):

Im Moment empfehlen wir, auf jeden Fall wiederzuimpfen. Jede einzelne Dosis bringt immer nur einen ganz bestimmten Prozentsatz an Serokonversionen. Wir haben das untersucht und festgestellt, daß mit bis zu zwei zusätzlichen Impfungen etwa 50% der Non-Responder noch zur Serokonversion zu bringen sind.

FRAU SCHARRER (Frankfurt):

Mit der gleichen Dosis?

JILG (München):

Mit der gleichen Dosis. – Die doppelte Dosis hat einiges für sich. Es gibt aber noch keine Studie, die das wirklich kontrolliert nachgewiesen hat. Aber man kann das durchaus versuchen. Das Impfschema würde ich nicht ändern, denn in vielen Fällen reichen einmalige Impfstoffgaben aus, um eine Serokonversion auszulösen.

FRAU HACH-WUNDERLE (Frankfurt):

Sie haben eingangs ausdrücklich die beiden Formen der Impfstoffe herausgestellt, den aus Plasma gewonnenen und den gentechnologisch hergestellten. Meine Frage: Gibt es denn für den aus Plasma hergestellten heute überhaupt noch eine Indikation, und haben Sie Langzeitbeobachtungen, ob irgendwelche Komplikationen aufgetreten sind?

JILG (München):

Ich nehme an, daß Sie an die HIV-Gefährdung denken. Es ist absolut sicher, daß das nicht der Fall ist. Es gibt keine Vorteile und keine Nachteile dieses Impfstoffes. In weiten Teilen der Welt wird nach wie vor nur der Plasma-Impfstoff verwendet, weil er für viele Länder einfacher herzustellen ist. Es besteht kein Grund, diesen Impfstoff negativ einzustufen. Er ist in seiner Immunogenität sogar geringfügig besser als der rekombinante Impfstoff, doch spielt das praktisch keine Rolle. Irgendwelche negativen Wirkungen sind nie festgestellt worden.

SCHIMPF (Heidelberg):

Es scheint jetzt in Italien eine neue Mutante aufgetreten zu sein, gegen die die bisherige Vakzine wirkungslos ist. Befürchten Sie, daß die sich nun schnell ausbreiten wird und daß wir eine neue Vakzine dagegen entwickeln müssen?

JILG (München):

Diese Mutante trat bei einem Neugeborenen auf, dessen Mutter den normalen Virustyp aufwies. Die gleiche Mutation wurde bei einem Neugeborenen in Singapur und bei einem Patienten nach Lebertransplantation beobachtet. Nach unseren derzeitigen Informationen ist das aber ein sehr seltenes Ereignis.

SCHRAMM (München):

Sie sagen sicherlich zu Recht, daß man ein gut etabliertes Schema nicht unbedingt ändern soll. Aber ich möchte auf die Frage von Frau Scharrer zurückkommen. Einer der Gründe des Vorschlages von MANNUCCI bezog sich auf Patienten, die plötzlich substituiert werden müssen und so rasch wie möglich einen zureichenden Titer erreichen sollen. Wäre es in solchen Fällen nicht doch ratsam, das andere Schema zu nehmen?

JILG (München):

Das kann man auf jeden Fall. Es gibt eine ganze Reihe von Schemata, um sehr schnell eine Immunantwort zu erreichen. Sie können im Endeffekt sogar in wöchentlichen Abständen impfen und erhalten dann schneller einen Antikörpertiter. Nur wird das mit zunehmender Zahl von Impfungen immer weniger effektiv. Sie erreichen zwar einen höheren Spiegel, aber auf Kosten von wesentlich mehr Impfstoff und wesentlich mehr Impfungen. Es ist ein Schema zur experimentellen Postexpositionsprophylaxe bekannt, nach dem zu den Zeitpunkten null, nach 2 Wochen und nach 6 Wochen Impfstoff verabreicht wird. Nach diesen 3 Impfungen sieht man eine deutlich höhere Serokonversionsrate als nach zwei Impfungen im gleichen Zeitraum. Die Antikörperspiegel sind jedoch wesentlich niedriger, so daß Sie auf jeden Fall im normalen Schema weitermachen müssen. Aber wenn man sehr schnell eine Immunantwort erzielen möchte, kann man durchaus in kurzen Abständen impfen.

Aktueller Überblick zur Hepatitis C-Virus-Infektion

U. Schlipköter, M. Roggendorf (München)

Das Virus

Im Jahre 1988 wurde das Hepatitis C-Virus (HCV), der häufigste Erreger der Posttransfusionshepatitis (PTH), erstmalig beschrieben [1]. Das Virus ist circa 50–60 μm groß, besitzt eine Lipidhülle und wird der Familie der Flaviviridae zugeordnet. Die einzelstrangige RNA ist etwa 9400 Nucleotide lang, hat eine Plusstrangpolarität und einen durchgehenden offenen Leserahmen, von dem ein großes Polyprotein mit einer Größe von 3011 Aminosäuren translatiert wird, das posttranslationell in seine Funktions- und Strukturproteine zerlegt wird (Tabelle 1).

Inzwischen ist das gesamte Genom des HCV in den USA [2] und in Teilen in Japan [3, 4] und Europa [5, 6] sequenziert worden. Am 5'-Ende befindet sich nach einer nicht-kodierenden Region (NCR) von ca. 340 Nucleotiden die Region für die Gene der Strukturproteine wie das „core" und „envelope"; daran schließen sich die Gene für 4–5 Nicht-Strukturproteine NS_2–NS_5 (Protease, Polymerase, Helikase etc.) an (Abb. 1).

Die bisher veröffentlichten Sequenzen unterscheiden sich untereinander, so daß man heute von verschiedenen HCV-Isolaten ausgehen kann. HCV-Isolate aus Europa zeigen, soweit sie bisher sequenziert wurden, eine hohe Homologie zu dem ersten amerikanischen Isolat. Dagegen gibt es in Japan Isolate, die deutliche Unterschiede in den Regionen der Hüllproteine aufweisen. Vergleiche der Sequenzen verschiedener Virusstämme haben ergeben, daß im Bereich

Tabelle 1. Eigenschaften des Hepatitis C-Virus

Genom:	ss RNA (pos. Polarität) ca. 9400 Nucleotide ein offener Leserahmen (Polyprotein 3011 As)
Größe:	50–60 nm (Filtrationsversuch)
Hülle:	lipidlöslich

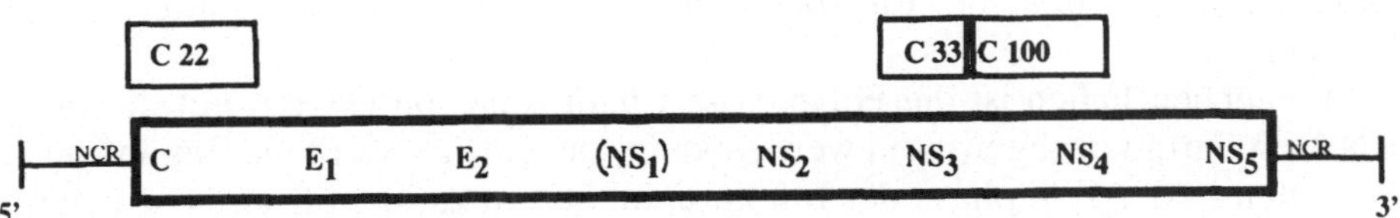

Abb. 1. Schema des HCV-Genoms und der Lokalisation der rekombinanten Proteine C-22, C-33 und C-100, gegen die Antikörper im ELISA der 1. und 2. Generation nachgewiesen werden

der NCR und der C Region die Aminosäuresequenz sehr konserviert ist (95%). Die $E_{1/2}$ Region dagegen ist in einigen japanischen Isolaten ein Bereich hoher Variabilität (Aminosäuresequenzhomologie 78–79%).

Diagnostik der HCV-Infektion

Die zur Zeit verfügbare und am häufigsten angewandte Methode zum Antikörpernachweis, der Enzymimmunoassay (ELISA, Ortho Diagnostic Systems Inc., Raritan, NJ 08869 und Abbott Laboratories Diagnostics Division, North Chicago, IL 60064, USA), weist einen Antikörper, der gegen ein Nicht-Struktur Protein aus der Region $NS_{3/4}$, dem sog. C-100, gerichtet ist, nach (Abb. 1). Bei dem Anti-HCV (C-100) handelt es sich folglich um keinen neutralisierenden Antikörper. Anti-HCV (C-100) wird in der Regel etwa 3–4 Monate nach der Infektion (in einigen Fällen erst nach 12 Monaten) im Serum nachweisbar. Bei Patienten mit ausgeheilter HCV-Infektion verschwinden die Antikörper nach 2–3 Jahren aus dem Serum. Bei chronischen Trägern persistiert das HCV in über 90% der Fälle im Serum. In der Akutphase der Infektion und nach ausgeheilter HCV-Infektion bleibt somit ein „diagnostisches Fenster", das mit dem Antikörpernachweis gegen das C-100 (ELISA der 1. Generation) nicht erfaßt wird. ELISAs der 2. Generation, die in Kürze kommerziell erhältlich sein werden, messen Antikörper gegen mehrere Proteine, das C-100 und C-33, aus nicht-strukturellen Regionen, und das C-22 aus der „core" Region. Dieser neue ELISA (C-100, C33, C22) kann etwa 10–20% mehr Personen, die mit HCV infiziert sind, erfassen [7], und wird bei einer akuten Infektion auch einige Wochen früher als der ELISA der 1. Generation (Anti-HCV C-100) positiv [8].

Einzelne falsch positive Resultate im ELISA, über die im Zusammenhang mit Autoimmunhepatitiden, Cryptogener Zirrhose etc. berichtet wurde, konnten durch verschiedene Verfahren wie die Vorinkubation der Seren mit Harnstoff oder durch die Einführung eines Neutralisationstests zum Teil reduziert werden [9, 10]. Zur weiteren Spezifitätsüberprüfung steht ein dem Western Blot ähnliches Verfahren, der RIBA (Recombinant Immuno Blot Assay, Chiron Corporation, Emeryvolle, CA 94608, USA), zur Verfügung. Mit dem RIBA wurden umfangreiche Studien [11] durchgeführt, die zeigten, daß die

Anti-HCV (C-100) Positivität im ELISA bei Risikopatienten z. B. Hämophiliepatienten in ca. 90%, bei Blutspendern aber nur in 35–50% bestätigt werden konnte.

In manchen Fällen ist die Polymerase Chain Reaction (PCR), mit der HCV RNA im Serum nachgewiesen werden kann, die einzige Methode, um infizierte Patienten in der Frühphase der Infektion im Serum zu identifizieren. Auch bei Patienten mit verminderter Immunabwehr, z. B. Hämophiliepatienten mit dem Vollbild des AIDS (Rommel et al, unveröffentlichte Ergebnisse), die keine nachweisbaren Antikörper haben, ist die PCR zur Zeit die einzige Möglichkeit, um eine Infektion nachzuweisen. Die Wahl geeigneter Primer für die PCR ist dabei von großer Bedeutung. Garson et al zeigten [12], daß im Serum von 20 Hämophiliepatienten die cDNA des HCV mit Oligonucleotidprimern aus der Nicht-Struktur Region in nur 35%, mit Primern aus der NCR dagegen in 85% der Seren amplifiziert werden konnten.

Pathogenese

Mit Hilfe der beschriebenen Methoden konnten nun erste Erkenntnisse über den Infektionsablauf gewonnen werden. In einer Studie [13] an mit HCV infizierten Schimpansen konnte Shimizu zeigen, daß es 3–6 Tage nach der Inokulation zur Virusreplikation und Virämie kommt. In dieser frühen Phase der Infektion fand sie ein cytoplasmatisches Antigen und ultrastrukturelle Veränderungen in den Hepatozyten. Mit der PCR fand sie nach 3–4 Tagen RNA Sequenzen im Serum, die über den Peak der Transaminasen (nach durchschnittlich 4 Wochen) hinaus persistierten. Antikörper (C-100) im Serum waren erst nach 3–4 Monaten nachweisbar.

Durch eine retrospektive Studie zu einer HCV-Epidemie bei Müttern aus der ehemaligen DDR konnten weitere Erkenntnisse über den Krankheitsverlauf der HCV-Infektion gewonnen werden [14]. Im Jahre 1978/79 erhielten 2000 Mütter zur Prophylaxe einer Rhesus-Inkompatibilität Anti-D-Immunglobulin aus Chargen, die das Plasma von fünf mit HCV-infizierten Spendern enthielten. Etwa 60% der Mütter erkrankten daraufhin an einer Hepatitis C. Dabei stellten sich drei Verlaufsformen der HCV-Infektion dar (Abb. 2): 1. die inapparente Infektionsform mit fehlenden klinischen Symptomen (leichter Transaminasenanstieg) und schwacher und kurzer Immunantwort (C-100), 2. die akute Erkrankungsform mit Ausheilung, bei der es zu einer deutlichen Antikörperantwort (C-100) kommt, die nach Monaten bis wenigen Jahren wieder abklingt und 3. die chronische Form mit frühen und persistierenden Antikörpern (C-100) (persönl. Mitteilung, Reimer, Meisel et al).

Epidemiologie

Über die Durchseuchung der Bevölkerung mit dem HCV gibt es bisher kaum Daten. Bei Blutspendern (Erstspender) in Deutschland zeigte sich eine Anti-HCV (C-100) Prävalenz von 0,4–1,2% [15]. Hohe Prävalenzen finden sich bei

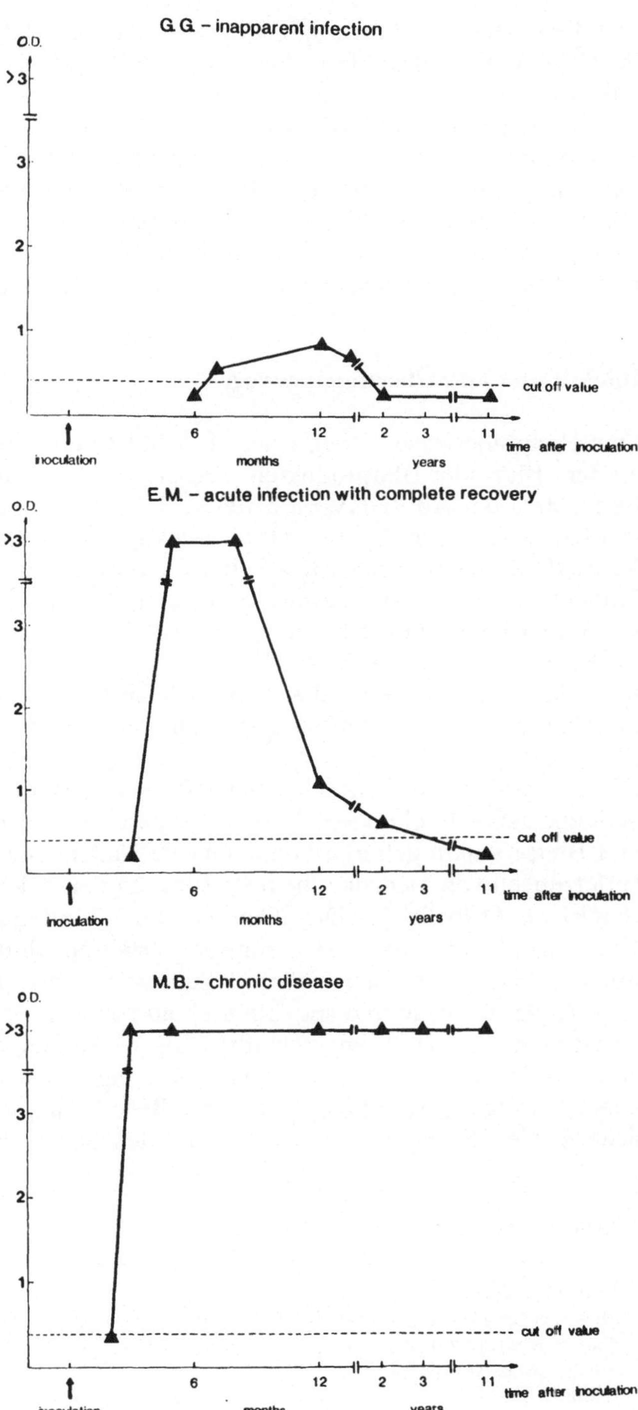

Abb. 2. Antikörperverläufe (C-100) von drei Müttern, die mit HCV kontaminiertem Anti-D-Immunglobulin behandelt wurden

den Risikogruppen [16]): Die Prävalenz von Hämophiliepatienten liegt bei 80–90%. Eine ähnliche Prävalenz von 70–90% sehen wir weltweit bei Drogenabhängigen (IVDA). Die dritte Hauptrisikogruppe bilden die Dialysepatienten, bei denen die Anti-HCV-Prävalenz (C-100) im europäischen Raum großen Schwankungen unterliegt. Eigene Studien aus Deutschland zeigen, daß bei einer mittleren Prävalenz von 10% Schwankungen von 0–33% in den einzelnen Dialysezentren vorkommen [17]. Bei diesen Patienten hängt die Prävalenz weniger von der Zahl der Transfusionen, als viel mehr von der Dialysedauer und evtl. dem Hygienestandard des jeweiligen Zentrums ab.

Infektiosität und Übertragungswege

Den Hauptübertragungsweg einer HCV-Infektion bildet der Kontakt mit infiziertem Blut oder Blutprodukten. Prospektive Studien zur PTH ergaben, daß bis zu 90% der Anti-HCV-positiven (C-100) Blutkonserven das Virus übertragen haben [11]. Ein Serum muß als infektiös betrachtet werden, wenn erstens Virus RNA nachweisbar ist. Zweitens kann als Faustregel für die Klinik die Studie von van der Poel betrachtet werden, der eine Reihe von Seren infektiöser Blutspender untersuchte und fand, daß
a) die Persistenz des Anti-HCV,
b) hohe Extinktionswerte des Anti-HCV im ELISA und
c) erhöhte Transaminasen im Serum mit der Infektiösität korreliert sind [18].

Bei den genannten Beispielen handelt es sich in vielen Fällen um iatrogen bedingte HCV-Infektionen. Neben der parenteralen Übertragung durch Blut und Blutprodukte gehören kontaminierte Nadeln von IVDA und Nadelstichverletzungen von medizinischem Personal zu den bekannten Übertragungsmechanismen (Tabelle 2). Die diaplazentare Übertragung des Virus bzw. die Übertragung sub partu von chronisch infizierten Müttern auf ihre Kinder ist weltweit erst in einzelnen Fällen dokumentiert und spielt wohl keine wesentliche Rolle. Sexuelle und sog. „household contacts“ werden ebenfalls für eine Übertragung des HCV angeschuldigt. Eigene Studien an Haushaltsmitgliedern von Anti-HCV-positiven Dialysepatienten zeigen, daß die Prävalenz von Familienangehörigen geringfügig über dem Bevölkerungsdurchschnitt liegt. Ähnliche Zahlen haben Esteban et al. bei den Sexualpartnern von IVDA und

Tabelle 2. Übertragungswege der HCV-Infektion

- Blut und Blutprodukte
- intravenöser Drogenmißbrauch
- Nadelstichverletzungen
- diaplazentar, sub partu
- sexuell
- enger körperlicher Kontakt
- nosokomial?
- durch Vektor?

Patienten mit PTH gefunden [19]. Diese Studien geben bisher keinen Hinweis auf ein hohes Übertragungsrisiko durch sexuellen und engen körperlichen Kontakt. Wie wir in einer Studie an medizinischem Personal von Dialysestationen bestätigen konnten, ist das Risiko für das betreuende Personal von Anti-HCV-positiven Patienten, an einer HCV-Infektion zu erkranken, mit einer durchschnittlichen Prävalenz von 1,2% niedrig anzusetzen.

Eine amerikanische Studie zur Prävalenz des HCV in der Bevölkerung hat ergeben, daß es sich bei 50% der Anti-HCV-positiven (C-100) Fälle um sporadische HCV-Infektionen ohne nachweisbare Infektionsquelle handelt [11]. In einer eigenen Studie über Infektionsquellen der HCV-Infektion wurde jedoch bei ca. 500 infizierten Patienten in 94% der Fälle eine Exposition zu Blut oder Blutprodukten nachgewiesen (Rasshofer et al. Manuskript in Vorbereitung).

Therapie

50% der mit HCV infizierten Patienten haben einen chronischen Verlauf, von denen 20% in eine Zirrhose evtl. mit folgendem HCC übergehen. Die Therapiebestrebungen konzentrieren sich vor allem auf die hochdosierte Gabe von IFN ALFA. Doppel-Blind-Studien an chronisch infizierten Patienten ergaben, daß in 50% der (hochdosiert: 3 Mill/3 × wöchentl./6 Monate) Behandelten eine Normalisierung der Transaminasen eintrat, die jedoch in der Hälfte der Fälle nach Absetzen der Therapie (innerhalb von 6 Monaten) wieder anstiegen [20].

Ausblick

Erst die Entwicklung neuer Testsysteme wird Aufschlüsse über die tatsächliche epidemiologische Situation sowie Immunitätslage bei einer HCV-Infektion geben können, bis schließlich die weitere Charakterisierung des HCV und die Aufdeckung seines Replikationsmodus zur Herstellung einer Vakzine wird beitragen können.

Literatur

1. Choo QL, Kuo G, Weiner AJ et al (1989) Isolation of a cDNA clone derived from a blood-borne non-A, non-B viral hepatitis genome. Science 244:359–362
2. Houghton M, Choo QL, Kuo G et al (1988) NANBV diagnostics and vaccines. Europ Pat Appl 88, 310, 922.5 and Publ 318, 216
3. Okamoto H, Okada S, Sugiyama Y et al (1990) The 5'-terminal sequence of hepatitis C virus genome. Japan J Exp Med 60:167–177
4. Takeuchi K, Kubo Y, Boonmar S et al (1990) Nucleotide sequence of core and envelope genes of hepatitis C virus genome derived directly from human healthy carriers. Nucleic Acid Research 18:4626
5. Schreier E, Fuchs K, Höhne M et al (1991) Detection and characterization of hepatitis C sequence in a patient with chronic HCV infection. Arch Virol in press
6. Fuchs K, Motz M, Schreier E et al (1991) Characterization of the 5'Ends and Parts of the Structural Genes of the European HCV Isolates. Gene in press

7. Lee S, Francis B, Ball V et al (1990) A second generation ELISA (C200/C22) for the detection of antibody to hepatitis C virus. Proceedings of the Second International Symposium on HCV, Los Angeles: 109
8. Kuo G (1990) Serodiagnosis of hepatitis C virus infection: the immune response to multiple viral antigens. Proceedings of the Second International Symposium on HCV, Los Angeles: 18
9. Wreghitt TG, Gray JJ, Aloysius S et al (1990) Antibody avidity test for recent infection with hepatitis C virus. Lancet 335:789
10. Prohaska W, Lechler E, Kleesiek K (1990) Spezifischer Neutralisationstest mit recombinantem Hepatitis-C-Virus-Antigen zur Hepatitis-C-Diagnostik bei Hämophilie-Patienten. 21. Hämophilie-Symposium, Hamburg: 10
11. Alter HJ (1990) The hepatitis C virus and its relationship to the clinical spectrum of HNANB hepatitis. Journal of Gastroenterology and Hepatology 1 (Suppl): 78–94
12. Garson JA, Ring C, Tuke P et al (1991) PCR Primers derived from the 5'non-coding region of HCV facilitate the detection of the sequence variants. Lancet in press
13. Shimizu YK, Weiner AJ, Rosenblatt J et al (1990) Early events in hepatitis C virus infection of chimpanzees. PNAS 87:6441–6444
14. Dittmann S, Roggendorf M, Dürkop J et al (1991) Longterm persistence of hepatitis C virus antibodies in a single source outbreak. J Hepatol in press
15. Kühnl P, Seidl S, Stangel W et al (1989) Antibody to hepatitis C virus in German blood donors. Lancet ii: 324
16. Grob PJ, Joller-Jemelka HJ (1990) Hepatitis-C-Virus (HCV), Anti-HCV und Non-A-, Non-B-Hepatitis. Schweiz med Wschr 120: 117–124
17. Schlipköter U, Roggendorf M, Ernst G et al (1990) Hepatitis C virus antibodies in haemodialysis patients. Lancet 335: 1409
18. van der Poel CL, Reesink HW, Schaasberg W et al (1990) Infectivity of blood seropositive hepatitis C virus antibodies. Lancet 335:558–560
19. Esteban JI, Viladomiu L, Gonzalez A et al (1989) Hepatitis C virus among risk groups in Spain. Lancet ii: 294
20. Davis GL, Balart LA, Schiff ER et al (1989) Treatment of chronic hepatitis C with recombinant interferon alfa. N Engl J Med 321:1501–1505

Diskussion

HANFLAND (Bonn):

Wenn ich richtig informiert bin, dann betreffen doch die ELISASs, die Sie hier vorgeführt haben, nur IgG-Antikörper. Gibt es diagnostische Ansätze, auch IgM-Antikörper zu erfassen? Ich denke, gerade für die Transfusionsmedizin wäre das von außerordentlicher Bedeutung.

FRAU SCHLIPKÖTER (München):

Es gab Versuche, doch sind diese bisher methodisch noch nicht geglückt aufgrund mangelnder Spezifität.

SCHIMPF (Heidelberg):

Sie haben drei verschiedene Antikörper vorgeführt. Erfassen Sie damit auch die japanische Variante des Hepatitis C-Virus? Ich habe vor kurzem in Japan gehört, daß sich das Virus etwa um 30% in seiner Struktur unterscheidet.

FRAU SCHLIPKÖTER (München):

Es gibt Studien, bei denen gefunden wurde, daß die Prävalenz etwa deckungsgleich ist. Ob jedoch die japanischen Varianten mit erfaßt werden, muß sich noch in weiteren Studien ergeben.

ZENZ (Graz):

Ich wollte nur kasuistisch berichten. Wir betreuen eine Mutter mit einer chronischen Hepatitis C-Infektion, bei der wir auch eine Hepatitis C-Infektion des Kindes vermuten. Wir können es aufgrund des geringen Alters noch nicht nachweisen. Die Hepatitis C-Antikörper könnten auch transplazentar übertragen sein; aber die Transaminasen sind etwa drei Monate nach der Geburt angestiegen. Wir vermuten deshalb eine Hepatitis C-Infektion.

FRAU SCHLIPKÖTER (München):

Ähnliche Ergebnisse sind auch bei der Studie der infizierten Mütter aus der DDR gefunden worden. Die passiv diffundierten Antikörper persistieren bis zu einem halben Jahr, und erst Langzeitstudien haben ergeben, daß die Antikörper nach einem Jahr dann in der Tat verschwunden sind.

SCHNEWEIS (Bonn):

Auch dem Hepatitis B-Virus hat man anfangs eine diaplazentare Übertragung nachgesagt. Ist die beim Hepatitis C-Virus gesichert, oder steht das noch aus?

FRAU SCHLIPKÖTER (München):

Wie gesagt, es sind einzelne Fallstudien. Von einer skandinavischen, einer holländischen und einer italienischen Gruppe sind Fälle beschrieben worden, wo Kinder von chronisch infizierten Müttern positiv waren. Aber das ist weltweit die einzige bisher dokumentierte Darstellung.

DEINHARDT (München):

Frau Schlipköter, Sie könnten natürlich noch die Studie in Ostdeutschland erwähnen, und daß die Babys, die Sie untersucht haben, alle negativ sind.

Nun ist natürlich die Frage, ob wir die Kinder zum richtigen Zeitpunkt untersucht haben. Der Test sagt uns natürlich nicht, ob das Kind nicht vor drei Jahren doch eine Hepatitis gehabt hat. Das ist noch offen. Aber ganz sicher hätte man ja erwarten können, daß bei einigen dieser Kinder eine chronische Hepatitis aufgetreten wäre, die wir hätten finden müssen. Das deutet darauf hin, daß die perinatale Übertragung in utero bei der Hepatitis C wahrscheinlich weniger oft vorkommt. Aber ich möchte mich da sehr vorsichtig ausdrücken; wir brauchen einfach mehr Daten.

Spezifischer Inhibitionstest mit rekombinantem Hepatitis C-Virus-Antigen zur Hepatitis C-Diagnostik bei Hämophilie-Patienten

W. PROHASKA, E. LECHLER, K. KLEESIEK (Bad Oeynhausen, Köln)

Einleitung

Die große Häufigkeit chronischer Hepatitiden vom Typ Non-A/Non-B bei Hämophilie-Patienten wird heute auf eine Infektion mit dem Hepatitis C-Virus (HCV) zurückgeführt [1]. Seit es Ende 1988 gelungen war, auf unkonventionelle Weise die RNA eines bisher unbekannten Virus aus dem Plasma von experimentell mit Non-A/Non-B-Hepatitis infizierten Schimpansen zu isolieren, war es über die Exprimierung von Virusprotein in Hefekulturen schnell möglich, einen Enzymimmunoassay (EIA) zum Nachweis von Antikörpern gegen HCV zu entwickeln [2].

Mit dem neuen Enzymimmunoassay werden bei 60 % bis 80 % der Hämophilie-Patienten mit chronischer Substitutionstherapie positive Resultate erhalten [1, 3]. Die Verfügbarkeit dieser Enzymimmunoassays führte zur ätiologischen Zuordnung der chronischen Hepatitis der Hämophilie-Patienten zum Hepatitis C-Virus. Auch die Angabe der Prävalenz von HCV-Antikörpern bei bisher unklaren Hepatopathien [4] und insbesondere auch der Prävalenz der HCV-Infektion bei Blutspendern [5] wurde bis vor kurzer Zeit nur aufgrund der Reaktivität der Seren im Anti-HCV-EIA vorgenommen.

Die Durchführung von seroepidemiologischen Untersuchungen und Bestimmung des Infektionsstatus von Patienten nur aufgrund der Reaktivität mit einem rekombinanten Antigen im Enzymimmunoassay ist aber in diesem Fall aus folgenden Gründen nicht unproblematisch: Zur Verbesserung der Ausbeute bei der Antigenproduktion wurde das Virusprotein C-100 als Fusionsprotein zusammen mit humaner Superoxiddismutase (SOD) exprimiert (Antigen des EIA: C-100-3). Die Produktion in Hefe-Kulturen bedingt Verunreinigungen der Antigenpräparation mit Hefe-Antigenen.

Sowohl Antikörper gegen Superoxiddismutase [6] als auch Antikörper gegen Hefen [7] müssen daher zu falsch positiven Reaktionen im EIA führen (Abb. 1). Auch schwach-avide, nicht näher bezeichnete Antikörper (Rheumafaktoren?) bei chronischer Polyarthritis verursachen falsch positive Resultate des Enzymimmunoassays [8].

Um den Einfluß der genannten Störfaktoren auszuschalten und damit die Spezifität des Enzymimmunoassays zu erhöhen, führten wir bei allen im EIA reaktiven Seren einen Inhibitionstest mit rekombinantem Hepatitis C-Virus-Protein durch.

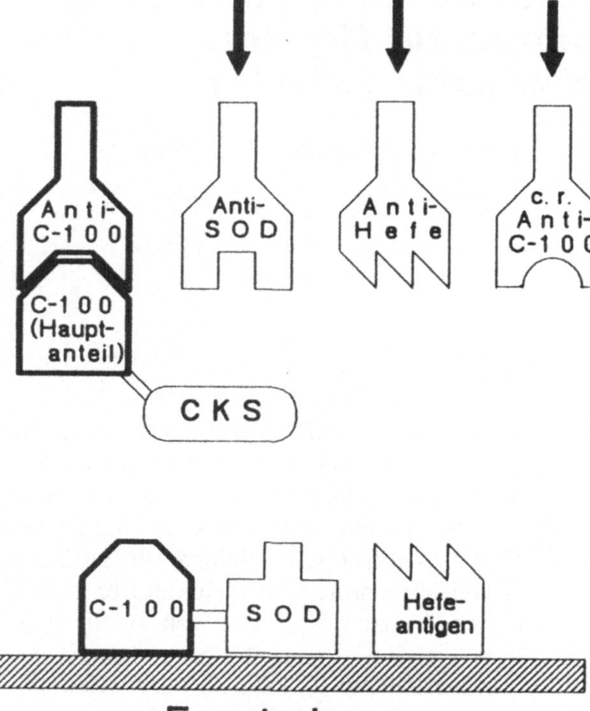

Abb. 1. Inhibition von spezifischen Anti-HCV-Antikörpern vor der Durchführung des Enzymimmunoassays
→ : Antikörper, die falsch-positive Reaktionen verursachen
C100: rekombinantes HCV-Antigen
c.r.: kreuzreagierend
CKS: CMP-KDO Synthetase (E. coli-Enzym)
SOD: Superoxid-Dismutase

Methoden

Patienten und Blutspender:
Wir untersuchten 22 Hämophilie-Patienten mit regelmäßiger Substitutionstherapie (17 Hämophilie A, 5 Hämophilie B). Weiterhin 103 Patienten mit Hepatopathie, bei denen vom behandelnden Arzt eine Hepatitis C-Virus-Antikörperbestimmung gewünscht wurde. Die letztgenannten Patienten litten nicht an einer Hämophilie. Zu Vergleichszwecken (Normalkollektiv) wurden die Seren von 2836 Blutspendern im Alter von 18 Jahren bis 60 Jahren untersucht.

Hepatitis C-Virus-Enzymimmunoassay:
Es wurden der HCV-EIA der Firma Abbott, Wiesbaden, mit an eine Polystyrol-Kugel gebundenen HCV-Antigen verwendet.

Inhibitionstest mit rekombinantem HCV-Antigen:
Wir verwendeten das sogenannte Neutralisationsreagenz der Firma Abbott, Wiesbaden [7]. Bei diesem Test werden die Patientenseren vor der Durchführung des HCV-EIA 30 Minuten mit einem 256 Aminosäuren großen Fragment des HCV-Proteins C-100 inkubiert. Das Neutralisationsantigen liegt als Fusionsprotein mit CMP-KDO-Synthetase vor und wird nicht in Hefe sondern

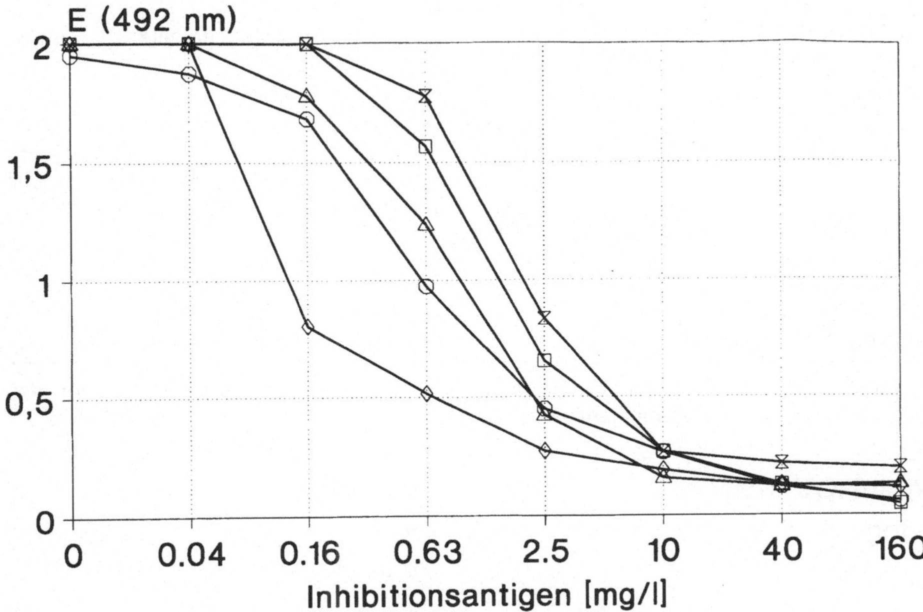

Abb. 2. Einfluß ansteigender Konzentrationen von rekombinantem Inhibitionsantigen auf die Extinktion des anti-HCV-Enzymimmunoassays. Die Kurven von fünf verschiedenen spezifisch Anti-HCV-positiven Seren sind dargestellt. Die Konzentration des Inhibitionsantigens für unsere Untersuchung war 160 mg/l

in E. coli exprimiert, so daß Antikörper gegen SOD und Hefe-Antigene nicht neutralisiert werden können (Abb. 1 und 2). Spezifische Antikörper (Anti-C-100) werden aber an der Bindung an die Reaktionsoberfläche des sich anschließenden EIA gehindert und führen zu einer Extinktionsabnahme im Vergleich zur Puffer-Kontrolle von mehr als 50%.

Ergebnisse

Wir fanden bei 22 untersuchten Hämophilie-Patienten mit regelmäßiger Substitutionstherapie 17 EIA-reaktive Seren (77%), die alle im Neutralisationstest bestätigt werden konnten (keine falsch positiven). Von 103 Proben von Patienten mit Hepatopathie, die nicht an einer Hämophilie litten, waren 24 EIA-reaktiv, davon 20 bestätigt im Inhibitionstest (17% falsch positiv). In unserem Kollektiv von 2836 Blutspendern fielen im Screening-EIA 10 Proben auf, von denen sich nur drei bestätigten (70% falsch positiv). Die Zusammenfassung der Zahlen findet sich in Tabelle 1.

Um zu prüfen, ob es Unterschiede in den Titern der falsch positiven und der im Inhibitionstest bestätigten Seren gibt, untersuchten wir alle EIA-reaktiven Seren zusätzlich in Verdünnungsreihen mit Anti-HCV-negativem Poolserum. Dabei fand sich bei den falsch positiven Proben im Median ein Titer von 1,9;

Tabelle 1. Enzymimmunoassay (EIA) für Anti-HCV-Antikörpter in Seren von Kollektiven mit unterschiedlichem Risiko für parenterale Infektionen. Die Prävalenz und der positive prediktive Wert sind angegeben.

Kollektiv	Infektionsrisiko	Anzahl (n)	reaktiv im EIA	„bestätigt"[1]	predictiver Wert
Blutspender	gering	2836	10 (0.35 %)	3 (0.1 %)	0.30
Blutspender, erhöhte Alanin-Aminotransferase	gering	209	1 (0.5 %)		
Hämophilie-Patienten	hoch	22	17 (77 %)	17 (77 %)	1.00
Hepatopathie-Patienten	?	103	24 (23 %)	20 (19 %)	0.83

1) Durch einen Inhibitionstest mit rekombinantem Hepatitis-C-Virus-Antigen vor der Durchführung des Enzymimmunoassays

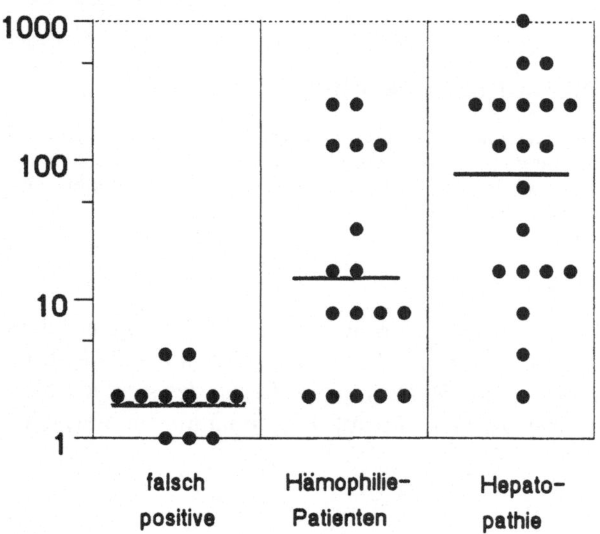

Abb. 3. Titerverteilung bei falsch-positiven Seren und bei spezifisch-positiven Seren von Hämophilie-Patienten und Patienten mit Hepatopathie

bei den bestätigt positiven von 24,4 ohne signifikante Unterschiede zwischen Hämophilen und Nicht-Hämophilen mit Hepatopathie (Abb. 3). Größere Titer als 1:4 kamen bei den 11 untersuchten falsch positiven Proben nicht vor.

Diskussion

Es ergibt sich in unserer Untersuchung, daß die im EIA ermittelte Prävalenz von Antikörpern gegen das Hepatitis C-Virus bei Hämophilie-Patienten von 77 % durch den Inhibitionstest bestätigt wird (keine falsch positiven). In einem Patienten-Kollektiv von Nicht-Hämophilie-Patienten mit Hepatopathie fanden sich 17 % falsch positive Reaktionen im EIA, während die Rate der falsch positiven bei Blutspendern mit 70 % weitaus am höchsten ist. In einer Gruppe mit hohem Risiko für parenterale Infektionen, den Hämophilen, findet sich erwartungsgemäß der höchste positive prädiktive Wert für einen reaktiven Enzymimmunoassay.

Die Annahme, daß der größte Anteil der chronischen Hepatitiden bei Hämophilen durch eine Hepatitis C-Virus-Infektion verursacht wird, wird auch durch unsere epidemiologische Untersuchung bestätigt. Weiterhin spricht der direkte Nachweis von HCV-Nucleinsäure-Sequenzen in Faktor VIII-Konzentraten dafür [9].

Ein Bestätigungstest für im Anti-HCV-EIA positive Proben wäre erforderlich, um falsch positive Reaktionen zu erkennen. Ein Test in diesem Sinne würde jedoch den Nachweis von Antikörpern gegen mehrere verschiedene Virusantigene erfordern. Da verschiedene Antigene des Hepatitis C-Virus vor allem aus dem Strukturbereich erst in jüngster Zeit beschrieben sind, daher auch noch kein echter Bestätigungstest verfügbar ist, führten wir zur Verbesserung der Spezifität des Enzymimmunoassay den beschriebenen Inhibitionstest durch.

Wir haben jedoch zur Zeit keine Routinemethode um im EIA *falsch negativ* reagierende Proben zu erkennen. Zu denken wäre hier an den direkten Nachweis von HCV-RNA über die reverse Transcriptase/Polymerase-Kettenreaktion (PCR). Blutspender, in deren Serum HCV-RNA nachgewiesen werden konnte, die aber dennoch keine im Enzymimmunoassay nachweisbaren Antikörper hatten, sind beschrieben worden [10].

Weiterhin sollte nicht vergessen werden, daß der größte Anteil der Nukleinsäurenachweise wie auch beide kommerziellen Enzymimmunoassays auf der RNA-Sequenz eines Isolates [2, 11] beruhen. So konnte in einer Arbeit [12] gezeigt werden, daß bei optimaler Auswahl der Primer für die PCR 85% der untersuchten 20 Hämophilie-Patienten HCV-RNA im Serum aufwiesen, während bei Primern aus einer Genom-Region mit höherer Sequenzvariation nur 35% der Patienten positiv reagierten.

Wenn mehr über die genetische Variabilität des HCV-Virus über weitere Isolate und mehr über die Virusstruktur bekannt ist, lassen sich Enzymimmunoassays mit mehreren HCV-Proteinen herstellen, die dann möglicherweise einen höheren Prozentsatz an mit HCV-infizierten Patienten auch mit immunologischen Methoden erkennen können. Zusammen mit zuverlässigen Bestätigungstests (z.B. Westernblot oder Westernblot analoge Tests) ließe sich so die Hepatitis C-Virus-Diagnostik einen großen Schritt vorwärts bringen.

Literatur

1. Makris M, Preston FE, Triger DR, Underwood JCE, Choo Q, Kuo G, Houghton M (1990) Hepatitis C antibody and chronic liver disease in haemophilia. Lancet 335:1117–1119
2. Kuo G, Choo QL, Alter HJ, Gitnick GL, Redeker AG, Purcell RH, Miyamura T, Dienstag JL, Alter MJ, Stevens CE, Tegtmeier GE, Bonino F, Colombo M, Lee WS, Kuo C, Berger K, Shuster JR, Oberby LR, Bradley DW, Houghton M (1989) An assay for circulating antibodies to a major etiologic virus of human non-A, non-B hepatitis. Science 244:362–364

3. Runi MG, Colombo M, Gringeri A, Mannucci PM (1990) High prevalence of antibodies to hepatitis C virus in multitransfused hemophiliacs with normal transaminase levels. Ann Intern Med 112:379–380
4. Sanchez-Tapias JM, Barrera JM, Costa H, Ercilla MG, Pares A, Comalrrena L, Soley F, Bruix J, Colvet X, Gil MP, Mas A, Bruguera M, Castillo R, Rodes J (1990) Hepatitis C virus infection in patients with nonalcoholic chronic liver disease. Ann Intern Med 112:921–924
5. Choo QL, Weiner AJ, Overby LR, Kuo G, Houghton M (1990) Hepatitis C virus: the major causative agent for viral non-A, non-B hepatitis. Brit Med Bull 46:423–441
6. Ikeda Y, Toda G, Hashimoto N, Kurokana K (1990) Antibody to superoxide dismutase, autoimmune hepatitis, and antibody tests for hepatitis C virus. Lancet 335:1345–1346
7. Dawson GJ, Sarin V, Leung T, Dere S, Desoi S, Casey J, Rote K, Robey WG, Boardway KA, Gutierrez RA, Peterson DA, Lesnieski RR (1990) Alternate assay configurations for detection of Anti-HCV Presentation auf dem VIII. internationalen Kongress für Virologie, Berlin August 1990
8. Goeser T, Glazek M, Gmelin K, Kommerell B, Theilmann L (1990) Washing with 8 mol/l urea to correct false-positive anti-HCV results. Lancet 336:878–879
9. Garson JA, Preston FE, Makris M, Tuke P, Ring C, Machin SJ, Tedders RS (1990) Detection by PCR of hepatitis C virus in factor VIII concentrates. Lancet 335:1473
10. Zanetti AR, Tanzi E, Zehender G, Magni E, Incarbone C, Zonaro A, Prini D, Coriani E (1990) Hepatitis C virus RNA in symptomless donors implicated in post-transfusion non-A, non-B hepatitis. Lancet 336:448
11. European Patent Application 88310922.5, 18.111988. Chiron Corporation, Emeryville, California
12. Garson JA, Ring C, Tuke P, Tedder RS (1990) Enhanced detection by PCR of hepatitis C virus RNA. Lancet 386:878–879

Diskussion

GÜRTLER (München):

Wie sieht es mit der initialen ELISA-Extinktion aus, wenn Sie Ihren Blocking- oder Inhibitionstest durchführen, und falsch-positive ELISA-Ergebnisse kriegen? Ist die dann immer größer als 2, oder sind das die Extinktionen, die um 0,5 oder 0,7 schwanken?

PROHASKA (Bad Oeynhausen):

Wenn die Extinktion initial sehr hoch ist, also größer als 2, dann muß man oft diese Seren 1:10 verdünnen, um noch einen inhibierenden Effekt zu erreichen, weil man einfach nicht genug Inhibitionsantigen zur Verfügung hat, um alle Antikörper abzublocken. Das kann man auch an dieser Kurve erkennen. Wenn die initiale Extinktion nicht größer als 2 ist, vielleicht bis 1,5, kann man mit dem üblichen Ansatz des Inhibitionsantigens bei spezifischen Proben fast immer die Extinktion auf Werte von 10% der Ausgangsextinktion reduzieren.

DEINHARDT (München):

Herr Prohaska, das Blocking-Antigen, das Sie benutzen, ist sicher auch nicht hundertprozentig sauber, sondern hat E. coli-Antigene mit dabei. Was passiert, wenn ein Patient hohe E. coli-Antikörper hat?

PROHASKA (Bad Oeynhausen):

Wenn ein Patient E. coli-Antikörper hat, dann würde – das ist eine theoretische Überlegung – das Antigen vielleicht so blockiert werden, daß die spezifischen Antikörper nicht mehr binden könnten, so daß der Test dann falsch-negativ würde. Aber mit dieser Möglichkeit haben wir uns bisher nicht auseinandergesetzt.

DEINHARDT (München):

Abschließend bleibt zu bemerken, daß wir bei allem, was an diesem Test zu kritisieren ist, doch einen großen Fortschritt gegenüber dem Vorjahr gemacht haben. Dieser Test ist nicht ideal und uns allen ist klar, daß wir noch wesentlich bessere Tests haben müssen. Wir haben jetzt zumindest die Möglichkeit, diese zu entwickeln, und die Industrie ist sehr eifrig dabei.

Zur Epidemiologie der HCV-Infektion bei Blutspendern in Südbaden

T. Hugo, Th. Wüst, H. Beeser (Freiburg)

Einleitung

Die Hepatitis B ist als Ursache der Posttransfusionshepatitis (PTH) durch ein regelmäßiges HBs-Ag-Screening der Blutspender deutlich zurückgegangen. Heute macht die Non-A/Non-B-Hepatitis den größten Anteil aller Posttransfusionshepatitiden aus [1, 2] (Abb. 1).

Choo et al. berichteten 1989 über die Isolierung und partielle Klonierung eines RNA-Virus, welches die Bezeichnung Hepatitis C-Virus (HCV) erhielt [3].

Antikörper gegen C 100-3, einem Nichtstruktur-Protein des HCV, konnten vor allem in Seren von Patienten mit chronischer Non-A/Non-B-Posttransfusionshepatitis nachgewiesen werden [4, 5, 6]. Das Hepatitis C-Virus scheint somit für den überwiegenden Teil der Non-A/Non-B-Posttransfusionshepatitiden verantwortlich zu sein.

Bisher standen zur Beurteilung der Infektiosität von Spenderblut hinsichtlich der Non-A/Non-B-Hepatitis lediglich die Surrogatmarker GPT-Aktivität und HBc-Antikörper zur Verfügung.

Die vorliegende Studie untersucht die Prävalenz der HCV-Antikörper bei Blutspendern und die Korrelation zwischen Antikörpertest und den oben genannten Surrogatmarkerbestimmungen.

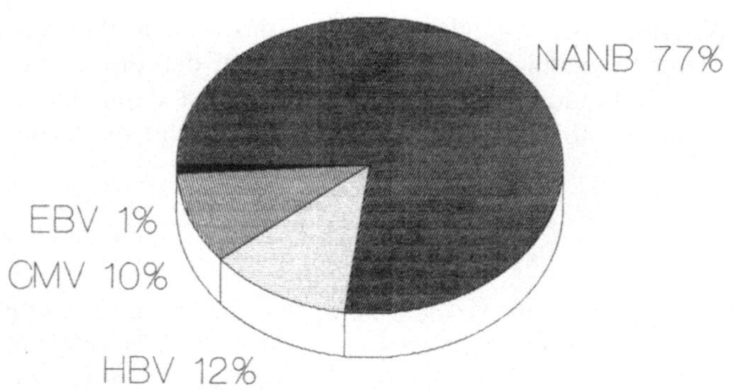

Abb. 1. Ursachen der Posttransfusionshepatitis

Methodik

Retrospektiv wurden aus der Zeit von Juli 1989 bis August 1990 17392 Serumproben von 7179 Blutspendern und drei asservierte, bestätigt HIV-1-Antikörper-positive Seren auf das Vorliegen von HCV-Antikörpern untersucht. Verwendet wurde der von Ortho Diagnostic Systems und Chiron Laboratories entwickelte Anti-HCV-**E**nzyme-**L**inked **I**mmuno**s**orbent **A**ssay (ELISA) [4].

In der Serumprobe vorhandenes Anti-HCV bindet dabei an ein festphasengebundenes rekombinantes Antigen (HCV-Polypeptid C 100-3) und wird anschließend durch ein Peroxidasekonjugiertes Anti-Human-IgG nachgewiesen. Als Substrat für die Farbreaktion dient O-Phenylendiamin. Die Extinktionsmessungen erfolgten mit Hilfe eines Mikrotiterplatten-Photometers (Relab Reader, Fa. Ortho Diagnostic). Positive Proben wurden dreifach bestimmt und als bestätigt angesehen, wenn sich alle Wiederholungen als positiv erwiesen. Waren die Meßwerte bei den Wiederholungsmessungen eindeutig negativ, wurde die Probe als falsch positiv bewertet. Schwankten die Ergebnisse um den für jeden Testdurchlauf aus dem Mittelwert der drei negativen Kontrollen plus 0,400 neu berechneten Cutoff, wurde das Ergebnis als schwach positiv definiert.

Aus der jeweils aktuellsten Serumprobe der 7179 Blutspender wurden anschließend mit Hilfe des Commander Parallel Processing Center (PPC) der Fa. Abbott enzymimmunologisch Antikörper gegen HBc-Ag bestimmt (Corzyme, Fa. Abbott). Reaktive Proben wurden analog zu den Anti-HCV-positiven Proben behandelt.

Die Ergebnisse wurden den im Rahmen des üblichen Spenderscreenings erhobenen GPT-Aktivitäten gegenübergestellt. Die spektralphotometrische Enzymaktivitätsbestimmung erfolgte nach einer optimierten Standardmethode der Deutschen Gesellschaft für Klinische Chemie (GPT opt. DGKC, Fa. Roche) am Cobas Mira (Fa. Roche).

Für das seit August diesen Jahres bei allen Blutspendern in Freiburg routinemäßig durchgeführte Anti-HCV-Screening wird das ELISA-Testverfahren der Fa. Abbott verwendet, welches in Lizenz der amerikanischen Chiron Corporation hergestellt wird. Als Festphase dienen ebenfalls mit dem rekombinanten HCV-Antigen C 100-3 beschichtete Polystyrolkugeln.

Die Serumproben der Blutspender, die im Anti-HCV-Test der Fa. Ortho aufgefallen sind, wurden mit dem Abbott-Test in Einfachbestimmung nachuntersucht.

Ergebnisse

Die Ergebnisse der Studie sind in Tabelle 1 zusammenfassend dargestellt.

60 Serumproben (= 0,34%) waren im HCV-AK-Test wiederholt positiv. In 17304 Proben wurden keine HCV-AK nachgewiesen. Von insgesamt 24 Anti-HCV-positiven Spendern (= 0,33%) hatten zwei eine GPT-Aktivitätserhöhung $\geq$ 36 IU/l. Ein weiterer Spender mit GPT-Aktivitätserhöhung war nicht eindeutig HCV-AK-positiv. Bei drei Anti-HCV-positiven Spendern konnten

Tabelle 1. Ergebnisse der HCV-Antikörper- sowie Surrogatmarker-Bestimmung

	Wiederholt pos. HCV-AK-Nachweis		Negativer HCV-AK-Nachweis		GPT ≥ 36 U/l n gesamt	Anti-HBc-positiv n gesamt
	n	%	n	%		
Serumproben	60	0,34	17304	99,49		
Spender	24	0,33	7134	99,37		
davon GPT ≥ 36 U/l	2 (+1*)	8,3	130	1,87	132 (+1*)	
davon Anti-HBc-positiv	3	12,5	223	3,12		226
davon GPT ≥ 36 U/l und Anti-HBc-positiv	1	4,1	3 (+1**)	0,04	4 (+1**)	4
					138	230

* Spender nicht eindeutig Anti-HCV-positiv
** Spender nicht eindeutig Anti-HBc-positiv

HBc-AK nachgewiesen werden, ein Anti-HCV-positiver Spender hatte sowohl eine GPT von 130 IU/l als auch einen positiven Anti-HBc-Test.

Unter 7134 Anti-HCV-negativen Spendern waren 130 mit einer GPT-Aktivitätserhöhung, 223 mit einem positiven Anti-HBc-Test und drei mit GPT-Erhöhung und positivem Anti-HBc-Nachweis. Bei einem Anti-HCV-negativen Spender mit erhöhter GPT-Aktivität war der Anti-HBc-Test nicht eindeutig positiv.

138 Blutspender (= 1,92%) hatten eine GPT-Aktivitätserhöhung ≥ 36 IU/l (von 36 IU/l bis 469 IU/l). Davon waren 134 (= 97%) HCV-AK-negativ. Von insgesamt 230 Anti-HBc-positiven Blutspendern (= 3,20%) waren 226 (= 98%) Anti-HCV-negativ. Darüber hinaus wurden aus asservierten Seren von drei bestätigt HIV-1-AK-positiven Spendern HCV-AK und HBc-AK bestimmt. Dabei waren alle drei Proben Anti-HCV- und zwei auch Anti-HBc-positiv.

Von den 7179 retrospektiv untersuchten Spendern waren 3 bereits im routinemäßig durchgeführten HBs-Ag-Screening durch ein positives Testergebnis aufgefallen. Nur bei einem konnten zusätzlich HBc-Antikörper und eine GPT-Aktivitätserhöhung nachgewiesen werden. Alle drei HBs-Ag-positiven Spender waren Anti-HCV-negativ.

Seit August 1990 ist der Anti-HCV-Test der Fa. Abbott im Institut für Transfusionsmedizin der Universität Freiburg eingeführt. Bis Dezember 1990 sind in der Routine 5194 Blutspender mit diesem Testverfahren untersucht worden. Davon waren 11 (= 0,21%) wiederholt Anti-HCV-positiv.

Ergänzend wurden Spenderseren, die in der retrospektiven Untersuchung im Ortho-Anti-HCV-Test reaktiv waren, mit dem Abbott-Anti-HCV-Test nachuntersucht. Die Ergebnisse sind in Tabelle 2 dargestellt. Von den 24 im Ortho-Test wiederholt positiven Spendern waren 20 auch im Abbott-Test positiv, zwei

Tabelle 2. Ergebnisse des HCV-AK-Nachweises mit zwei Testsystemen aus Proben, die im Testverfahren der Fa. Ortho reaktiv waren

		Ortho-Test		
		positiv (1) n=24 Spender	schwach positiv (2) n=8 Spender	falsch positiv (3) n=13 Spender
Abbott-Test	positiv (4) n Spender	20	5	2
	schwach positiv (5) n Spender	2	0	0
	negativ n Spender	2	3	11

(1) Alle Serumproben dieser Spender sind mit ihren Meßwerten bei Erstbestimmung und bei anschließender Dreifachkontrolle über dem Cutoff.
(2) Die Serumproben dieser Spender sind mit ihren Meßwerten bei Erstbestimmung positiv, bei anschließender Dreifachkontrolle jedoch um den Cutoff schwankend.
(3) Alle Serumproben dieser Spender sind mit ihren Meßwerten bei Erstbestimmung positiv, bei anschließender Dreifachkontrolle jedoch eindeutig negativ (Extinktion < Cutoff –10%).
(4) Alle Serumproben dieser Spender sind bei Einfachbestimmung eindeutig positiv (Extinktion > Cutoff +10%).
(5) Die Serumproben dieser Spender schwanken bei Einfachbestimmung um den Cutoff.

Ortho-Anti-HCV-positive Spender reagierten im Abbott-Test schwach positiv, zwei weitere waren Abbott-Anti-HCV-negativ. Von 8 im Ortho-Test schwach positiven Spendern ergaben 5 im Abbott-Test positive und drei Spender negative Ergebnisse. Von 13 nach unserer Definition falsch positiven Spendern zeigten nur zwei im Abbott-Test eine positive Reaktion.

Diskussion

Bei 24 von 7179 (= 0,33%) retrospektiv untersuchten Blutspendern aus dem Freiburger Raum waren HCV-AK nachweisbar. Dies ist vergleichbar mit den in Westdeutschland erhobenen Daten, die von Kühnl et al. 1989 publiziert wurden [7]. Internationalen Ergebnissen gegenübergestellt zeigt diese Studie für den Raum Südbaden deutlich niedrigere Raten Anti-HCV-positiver Blutspender (Tabelle 3).

Im seit August 1990 routinemäßig durchgeführten Anti-HCV-Screening sind im Vergleich zu dem Ergebnis aus der retrospektiven Studie deutlich weniger positive Befunde aufgetreten (0,21% vs. 0,33%). Dies ist darauf zurückzuführen, daß die retrospektive Untersuchung bereits eine Aussonderung Anti-HCV-positiver Mehrfachspender herbeigeführt hat.

Tabelle 3. Prävalenz von Anti-HCV bei Blutspendern

Ort	Autor, Jahr	n	Anti-HCV-positiv
Freiburg	Hugo et al. 1990	7179	24 (0,33%)
Norddeutschland (Hamburg, Hannover, Springe)	Kühnl et al. 1989	2114	5 (0,24%)
Frankfurt a. M.	Kühnl et al. 1989	1009	8 (0,79%)
Wisconsin, USA	Menitove et al. 1990	15881	75 (0,47%)
Frankreich	Janot et al. 1989	25137	170 (0,68%)
Schweiz	Grob et al. 1990	n. b.	(0,34%)
Italien	Sirchia et al. (1989)	7650	59 (0,77%)
Spanien	Esteban et al. 1989	241	3 (1,2%)
Ungarn	Pár et al. 1990	518	9 (1,7%)
Japan	Watanabe et al. 1990	2870	34 (1,1%)

n. b. nicht bekannt

Von 24 Ortho-Anti-HCV-positiven Blutspendern waren 20 auch im Abbott-Anti-HCV-Test positiv. Von 13 im Ortho-Test falsch positiven Proben erwiesen sich 2 als auch im Abbott-Test reaktiv und von 8 im Ortho-Test schwach positiven Proben waren 5 im Abbott-Test positiv (Tabelle 2). Die vergleichbar gute Übereinstimmung bei den positiven Testergebnissen resultiert aus dem in beiden Testen Verwendung findenden Antigen (rekombinantes C 100-3).

Bei Blutspendern mit positivem Surrogatmarkertest finden sich in 1,65% HCV-Antikörper. Das ist 6mal soviel wie bei Spendern mit negativem Surrogatmarkertest (0,26%). Die Surrogatmarker-positiven Spender machen 5,05% aller Blutspender aus, aber nur 25% der Anti-HCV-positiven Spender (6 von 24) könnten durch ein Anti-HBc/GPT-Screening von der Spende ausgeschlossen werden (Tabelle 4).

Drei der 138 Spender mit GPT-Aktivitätserhöhung erwiesen sich im Anti-HCV-Test als positiv (= 2,17%). Von 230 Anti-HBc-positiven Spendern zeigten 4 einen positiven HCV-AK-Nachweis (= 1,73%). Wie aus diesen in Tabelle 4 gezeigten Daten hervorgeht, besteht zwischen Anti-HCV und GPT-Aktivitätserhöhung eine höhere Korrelation als zwischen Anti-HCV und Anti-HBc (2,17% bs. 1,73%). Die Ergebnisse einer Untersuchung bei französischen Blutspendern können somit bestätigt werden [8].

Tabelle 4. Surrogatmarker bei Anti-HCV-positiven Blutspendern

	GPT ≤ 36 IU/l Anti-HBc-negativ	GPT ≤ 36 IU/l Anti-HBc-positiv	GPT ≥ 36 IU/l Anti-HBc-negativ	GPT ≥ 36 IU/l Anti-HBc-positiv
Anzahl der Spender insgesamt	6807 (94,81 %)	226	133	4 (+1*)
			363 (5,05 %)	
davon Anti-HCV-positive Spender	18 (0,26 %)	3	2	1
			6 (1,65 %)	

* Spender nicht eindeutig Anti-HBc-positiv

Der Nachweis von Anti-HCV weist zunächst lediglich auf einen stattgehabten immunologischen Kontakt mit HCV hin. Auf dieser Grundlage kann eine Aussage darüber, ob eine Blutkonserve als infektiös anzusehen ist, nicht erfolgen. Ein Vergleich zwischen dem Antikörper-ELISA-Test und dem Nachweis von HCV-RNA-Sequenzen mittels Polymerase-chain-reaction (PCR) zeigt, daß nur für einen Teil der Anti-C 100-3 positiven Blutkonserven das Risiko besteht, eine HCV-vermittelte NANB-Hepatitis zu übertragen [9].

Umgekehrt treten auch nach der Transfusion Anti-HCV-negativen Blutes Non-A/Non-B-Posttransfusionshepatitiden auf [10, 11]. Die Antikörper gegen das C 100-3-Peptid des HCV sind in der Regel erst einige Monate nach der Erkrankung im Serum nachweisbar [4, 12]. In der vorausgehenden sogenannten „Fensterphase" können infektiöse Spender möglicherweise durch das GPT-Screening identifiziert werden. Auch Infektionen mit noch unbekannten Hepatitis-Viren, oder HCV-Infektionen, in deren Verlauf der Spender den Antikörper gegen das C 100-3-Peptid nicht bildet, können Ursachen dieser Non-A/Non-B-PTH sein. Zur genaueren Diagnostik der HCV-Infektion stehen möglicherweise bald spezifischere Testverfahren zur Verfügung. Die Ergebnisse dieser Studie zeigen, daß die GPT-Aktivitätsbestimmung, der HCV-Antikörpertest und der HBc-AK-Test eine nur geringe Korrelation aufweisen. Es erscheint jedoch möglich, daß die Kombination der GPT-Aktivitätsbestimmung mit dem derzeit zur Verfügung stehenden HCV-AK-Test den prädiktiven Wert des Spenderscreenings hinsichtlich der Posttransfusionshepatitis steigern kann.

Literatur

1. Reesink HW, van der Poel CL (1989) Blood transfusion and hepatitis: still a threat? Blut 58:1–6
2. Hoofnagle JH (1990) Posttransfusion hepatitis B. Transfusion 30:384–386
3. Choo Q-L, Kuo G, Weiner AJ, Overby LR, Bradley DW, Houghton M (1989) Isolation of a cDNA clone derived from a blood-borne non-A, non-B viral hepatitis genome. Science 244:359–362
4. Kuo G, Choo Q-L, Alter HJ et al (1989) An assay for circulating antibodies to a major etiologic virus of human non-A, non-B hepatitis. Science 244:362–364

5. van der Poel CL, Reesink HW, Lelie PN et al (1989) Anti-hepatitis C antibodies and non-A, non-B posttransfusion hepatitis in the Netherlands. Lancet ii:297–298
6. Choo Q-L, Weiner AJ, Overby LR, Kuo G, Bradley DW (1990) Hepatitis C virus: the major causative agent of viral non-A, non-B hepatitis. Br Med Bull 46:423–441
7. Kühnl P, Seidl S, Stangel W, Beyer J, Sibrowski W, Flik J (1989) Antibody to hepatitis C virus in German blood donors. Lancet ii:324
8. Janot C, Courouсé AM, Maniez M (1989) Antibodies to hepatitis C virus in French blood donors. Lancet ii:796–797
9. Garson JA, Tedder RS, Briggs M et al (1990) Detection of hepatitis C viral sequences in blood donations by „nested“ polymerase chain reaction and prediction of infectivity. Lancet 335:1419–1422
10. Weiner AJ, Kuo G, Bradley DW et al (1990) Detection of hepatitis C viral sequences in non-A, non-B hepatitis. Lancet 335:1–3
11. Editorial. Hepatitis C virus upstanding (1990) Lancet 335:1431–1432
12. Alter HJ, Purcell RH, Shih JW et al (1989) Detection of antibody to hepatitis C virus in prospectively followed transfusion recipients with acute and chronic non-A, non-B hepatitis. N Engl J Med 321:1494–1500

Diskussion

GÜRTLER (München):

Wenn Sie sowohl Anti-HCV als auch die Transaminasen bestimmen, lohnt es sich nach Ihrer Meinung dann, das Anti-HBc als Surrogatmarker zu bestimmen?

FRAU HUGO (Freiburg):

Soweit mir bekannt ist, wird der Surrogatmarker, also Anti-HBc, routinemäßig in Deutschland gar nicht durchgeführt. Studien haben gezeigt, daß verschiedene ELISA-Testverfahren, um Anti-HBc nachzuweisen, sehr unterschiedliche positive Ergebnisse zeigen, d. h. die korrelieren nicht sehr gut miteinander. Aus diesem Grunde und auch aus dem Gesichtspunkt heraus, daß das Anti-HBc für eine Hepatitis Non A/Non B sehr unspezifisch ist und zu einem Ausschluß von vielen Blutspendern führen würde, halte ich das nicht für sinnvoll.

DEINHARDT (München):

Die Situation ist so, daß die Blutbanken in den Vereinigten Staaten bisher den HBc-Test durchführen müssen. Das Blut, welches von uns in die Vereinigten Staaten exportiert wird, muß daraufhin untersucht werden.

Die Frage ist, ob das Anti-HBc die Hepatitis B-Träger noch eliminieren würde, die HBs-Antigen negativ sind und nur Anti-HBc aufweisen. Da gibt es einige, die mit der PCR dann doch Hepatitis B-Virus positiv sind. Somit ist die Diskussion darüber eigentlich noch nicht abgeschlossen und einigermaßen schwierig.

BEESER (Freiburg):

Wir haben heute von Frau Schlipköter gehört, daß das diagnostische Fenster hinsichtlich Anti-HBc, Anti-HCV sehr groß ist. Das zweite ist, wie wir eben gesehen haben, daß eine Korrelation der Surrogatmarker und Anti-HCV sehr gering ist. Meine Frage lautet: Wir würden ja eine sehr große Anzahl von Spendern ausschließen, bei denen wir auch nach Frau Schlipköter nicht sagen können, daß sie infiziert sind, und auf der anderen Seite würden wir die, die wirklich akut infiziert sind, gar nicht erfassen. Wäre es eine Möglichkeit – das hat Frau Schlipköter auch ausgesprochen –, wenn wir bei einer erhöhten GPT und gleichzeitig vorliegendem Anti-HCV den Spender ausschließen und alle anderen Spender, die Anti-HBc-positiv sind, nicht ausschließen?

DEINHARDT (München):

Der Prozentsatz derer, die Anti-HCV-positiv sind, ist unter den Blutspendern nicht sehr hoch. Auch die Zahl der Anti-HBc-Positiven liegt nur etwas höher. Daß wir die GPT durchführen müssen, ist vollkommen klar. Wenn die GPT erhöht ist und dann noch ein Anti-HBc oder Anti-HCV vorliegt, muß der Spender ganz sicher ausgeschlossen werden. Diese Dinge werden in Kürze noch einmal vom BGA behandelt werden. Ich möchte jetzt den Entscheidungen, die dort getroffen werden, nicht vorgreifen. Ich würde gern sehen, daß wir einen Anti-HCV-Test haben, der früher positiv wird und uns dann eine bessere Idee gibt. Wir können mit den derzeitigen HCV-Tests noch keine endgültige Diagnose machen. Trotzdem ist es schon ein Schritt vorwärts. Ihre Frage ist durchaus berechtigt.

FRAU SCHLIPKÖTER (München):

Mir ist eine weitere Studie bekannt, in der Anti-HCV-positive Spender und Patienten mit einer Hepatitis Non A/Non B mit dem RIBA-Bestätigungstest vergleichend untersucht worden sind. Bei den Hepatitis-Patienten ist dabei in 90% der Fälle eine Bestätigung der Anti-HCV-Positivität gefunden worden und bei den Blutspendern nur in 35–50%. Es wäre unter Umständen eine Übergangslösung mit dem RIBA die Falsch-Positiven auszuschließen.

Epidemiologische Daten zur HCV-Infektion bei Patienten des Bonner Hämophilie-Zentrums

A. Gerritzen, H.-H. Brackmann, B. van Loo, J. Oldenburg, G. Lüchters, U. Hammerstein (Bonn)

Bis zum September 1990 wurden 639 Patienten des Bonner Hämophilie-Zentrums auf das Vorliegen von Hepatitis C-Virus-Antikörpern untersucht. Damit sind inzwischen alle Patienten erfaßt, die sich in regelmäßiger Betreuung des Zentrums befinden. Die Untersuchung auf HCV-Antikörper erfolgte nach den Herstellerangaben mit einem kommerziell erhältlichen ELISA, der auf dem gentechnologisch gewonnenen HCV-Antigen „C-100-3" basiert (Ortho, Neckargemünd).

Mit diesem Test wurden bei annähernd 60 % der untersuchten Hämophilen positive Resultate erzielt, beinahe 1 % zeigte zweifelhafte Ergebnisse, und bei etwas mehr als 39 % waren keine HCV-Antikörper nachweisbar (Tabelle 1).

Von den 639 untersuchten Patienten haben 109 zur Substitution ihres Gerinnungsfaktormangels ausschließlich virusinaktivierte Präparate erhalten. Bei einem dieser 109 Patienten waren HCV-Antikörper wiederholt nachweisbar (0,9 %). Diese Prävalenz liegt nur geringfügig über der, die z. B. bei Blutspendern gefunden wird (0,4–0,8 %), und entspricht damit annähernd der Durchseuchung der Normalbevölkerung. Allerdings fanden sich bei den von uns untersuchten Hämophilen zwei weitere, die zwar in der Vergangenheit einige nicht virusinaktivierte Gerinnungsfaktorenkonzentrate erhalten haben, bei denen aber zwischen dem letzten verabreichten, nicht inaktivierten Konzentrat und dem erstmaligen Auftreten von HCV-Antikörpern mindestens sieben Jahre

Tabelle 1. HCV-Antikörper bei Patienten mit verschiedenen Typen der Hämophilie

HCV-Ak	positiv	negativ	zweifelh.	Summe
Häm.-Typ				
A	333 (61,4 %)	204 (37,6 %)	5 (1 %)	542
B	39 (49,4 %)	40 50,6 %)	0	79
F. XIII-Mangel	0	2	0	2
vWJ	10 (62,5 %)	6 (37,5 %)	0	16
Summe	382 (59,8 %)	252 (39,4 %)	5 (0,8 %)	639

liegen. Beide Patienten leiden an einer schweren Hämophilie A, und bei beiden wurde eine akute Hepatitis Non A/Non B in engem zeitlichen Zusammenhang mit dem ersten HCV-Antikörpernachweis beobachtet. Bei einem Patienten war kein außergewöhnliches Infektionsrisiko eruierbar, ein Patient war vor einem kleinen operativen Eingriff (ohne Bluttransfusion) hoch substituiert worden. Allem Anschein nach war es also bei beiden Patienten zum Auftreten einer akuten HCV-Infektion unter Substitution mit ausnahmslos virusinaktivierten Faktor VIII-Präparaten gekommen.

Die Verteilung des HCV-Antikörpernachweises in der Gesamtpopulation der untersuchten Hämophilen auf die verschiedenen Hämophilie-Typen ist der Tabelle 1 zu entnehmen. Unter anderem fällt auf, daß Hämophilie B-Patienten scheinbar seltener HCV-Antikörper-positiv sind als Patienten mit Hämophilie A oder einem von Willebrand-Syndrom. Soweit nicht Fehler, bedingt durch die kleine Zahl der untersuchten Patienten, eine Rolle spielen, wäre es naheliegend, in der Häufigkeit der Substitutionen, die mit dem Schweregrad der Hämophilie korreliert ist, eine Erklärung für diese Ungleichverteilung zu suchen. Tatsächlich sind auch in dem untersuchten Patientenkollektiv mehr schwere Formen des von Willebrand-Syndroms (78,3%) und der Hämophilie A (74,5%) als der Hämophilie B (64,6%) vertreten.

Es ergibt sich aber ein anderes Bild, wenn die Gruppe der „Virgins", bei denen ja nur einer von 109 Patienten HCV-Antikörper aufwies, aus der Berechnung herausgenommen wird. Zum einen steigt natürlich die Rate des prozentualen HCV-Antikörpernachweises an (von 59,8% auf 71,9%), zum anderen finden sich jetzt beinahe gleiche Antikörper-Prävalenzen für die Hämophilie-Typen A und B (Tabelle 2).

Ein überraschendes Ergebnis zeigt vor allem die Gegenüberstellung des Schweregrades der Hämophilie mit der Rate des HCV-Antikörpernachweises. Ist im untersuchten Gesamtkollektiv eine positive Korrelation zwischen dem Schweregrad und dem Prozentsatz von HCV-Antikörpern klar ersichtlich, so ist diese Beziehung nach Herausnahme der „Virgins" aus den Berechnungen

Tabelle 2. HCV-Antikörper bei Patienten mit verschiedenen Typen der Hämophilie (ohne „Virgins")

HCV-Ak	positiv	negativ	zweifelh.	Summe
Häm.-Typ				
A	332 (71,7%)	126 (27,2%)	5 (1,1%)	463
B	39 (70,9%)	16 (29,1%)	0	55
F. XIII	0	1	0	1
vWJ	10 (90,9%)	1 (9,1%)	0	11
Summe	381 (71,9%)	144 (27,2%)	5 (0,9%)	530

fast völlig aufgehoben: HCV-Antikörper finden sich bei den Patienten mit schwerer Hämophilie praktisch mit gleicher Häufigkeit (72,6%) wie bei Patienten mit leichter Hämophilie (71,2%) (Tabelle 3).

Dieses überraschende Resultat ist auf den Nachweis von HCV-Antikörpern beschränkt: andere, bei Hämophilen durch Gerinnungsfaktorkonzentrate übertragene Virusinfektionen kommen offensichtlich bei leichter Hämophilie deutlich seltener vor als bei schwerer. Am deutlichsten ist diese Korrelation bei der HIV-Infektion zu sehen, wo entsprechende Antikörper nur bei 8,5% der an leichter, aber bei 73,4% der an schwerer Hämophilie leidenden Patienten gefunden wurden. Ein insgesamt deutlich höheres Niveau der Durchseuchung fand sich für die Hepatitis B, aber auch hier war eine positive Korrelation zwischen Schweregrad und Virusantikörpernachweis deutlich sichtbar (Tabelle 4). Auch die Gesamthäufigkeit des Antikörpernachweises wies für die drei untersuchten Virusinfektionen Unterschiede auf. Am häufigsten waren Antikörper gegen Hepatitis B-Virus (Anti-HBc) nachweisbar. Anti-HCV nahm eine Mittelstellung ein, HIV-Antikörper wurden am seltensten nachgewiesen. Dabei ist der Unterschied in der Nachweisrate zwischen HBV- und HIV-Antikörpern mit einer Irrtumswahrscheinlichkeit von $p < 0{,}002$ auch statistisch bedeutsam.

Mehrere Ursachen kommen als Erklärung für die beobachteten Unterschiede in Frage. Zumindest zu Zeiten, als Gerinnungsfaktorenkonzentrate noch nicht virusinaktiviert wurden, also vor den frühen 80er Jahren, waren

Tabelle 3. HCV-Antikörpernachweis bei Patienten mit verschiedenen Schweregraden der Hämophilie

	incl. „virgins“	ohne „virgins“
Kond.	1/9 (11,1%)	1/2 (50%)
leicht	37/82 (45,1%)	37/52 (71,2%)
mittel	28/61 (45,9%)	28/42 (66,7%)
schwer	316/487 (64,9%)	315/434 (72,6%)
Summe	382/639 (59,8%)	381/530 (71,9%)

Tabelle 4. Virusantikörpernachweis bei Patienten mit verschiedenen Schweregraden der Hämophilie (ohne „Virgins“)

	HCV	HBV	HIV
Kond.	1/2 (50%)	1/4 (25%)	1/4 (25%)
leicht	37/52 (71,2%)	34/68 (50%)	7/82 (8,5%)
mittel	28/41 (66,7%)	32/51 (62,7%)	14/55 (25,5%)
schwer	315/434 (72,6%)	410/519 (79%)	399/544 (73,4%)
Summe	381/530 (71,9%)	477/642 (74,3%)	421/685 (61,5%)

HCV und HBV in den Spenderpopulationen deutlich weiter verbreitet als HIV, und gelangten deshalb auch häufiger in die Faktorpräparationen. Spekulieren könnte man, daß HCV und HBV schwieriger zu inaktivieren sind als HIV, und deshalb durch erste, noch nicht ausgereifte Inaktivierungsmaßnahmen weniger effizient eliminiert wurden als HIV und deshalb auch länger mit den Gerinnungsfaktorenkonzentraten übertragen wurden. Spekulieren könnte man weiter über die Unterschiede in der Kontagiosität der drei Viren: Für HBV muß die extreme Kontagiosität bei parenteralem Kontakt als gesichert angesehen werden. Sie ist sicher deutlich höher als die von HIV. Die Kontagiosität von HCV scheint dagegen nicht sehr hoch zu sein, wie Übertragungsversuche mit Schimpansen und Erfahrungen im Bluttransfusionswesen zeigen.

Angesichts der häufigen Substitutionen der Hämophilen mit Gerinnungsfaktorkonzentraten taucht die Frage auf, warum „nur" bei 60–75 % der Patienten Antikörper gegen die parenteral übertragenen Viren gefunden werden. Eine mögliche Erklärung könnte ein „Sättigungseffekt" sein: Viral kontaminierte Präparationen treffen in einer hochdurchseuchten Empfängerpopulation mit hoher Wahrscheinlichkeit auf bereits infizierte Patienten; die weitere Zunahme der Durchseuchung wurde durch Einführung der Virusinaktivierung drastisch gebremst. Eine deutliche Reduktion frischer HBV-Infektionen dürfte durch die Einführung der aktiven Immunisierung zunächst mit Plasma-Impfstoffen, später mit gentechnologisch hergestelltem HBsAg erzielt worden sein. Für HCV ist anzunehmen, daß der zur Verfügung stehende Test gar nicht alle Infizierten anzeigt: bei chronischen HCV-Infektionen werden Anti-C-100-3-Antikörper nur bei 80–90 % der Fälle nachweisbar, bei ausgeheilten Infektionen können sie wieder unter die Nachweisgrenze sinken. Damit dürfte die tatsächliche Prävalenz stattgehabter HCV-Infektionen bei Hämophilen im Moment sogar noch unterschätzt werden.

Anti-Hepatitis C-Nachweis bei Kindern und Jugendlichen mit Hämophilie A, Hämophilie B und von Willebrand-Syndrom aus dem Gebiet der ehemaligen DDR

J. Wendisch, G. Weissbach, W. Schramm (Dresden, München)

Von 62 Patienten im Alter von 1 bis 23 Jahren (vor allem von 10–16 Jahren) mit Hämophilie und 1 Patienten mit von Willebrand-Syndrom wurden in der Zeit vom 18.–30.7. 1990 Blutproben entnommen und auf Antikörper gegen Hepatitis C-Virus (Anti-HCV) untersucht. Der Anti-HCV-Nachweis erfolgte mit dem Ortho HCV-ELISA aus gefrorenem Plasma.

Die Probanden waren Teilnehmer eines Hämophilieferienlagers und kamen aus 14 Behandlungszentren der ehemaligen DDR. Sie können somit als repräsentative Stichprobe gelten. Alle Untersuchten wurden bis Mai 1990 mit Plasmaprodukten (Kryopräzipitat, Fraktion PPSB), die weitgehend im small-pool-Verfahren aus eigenem Plasmaaufkommen hergestellt worden waren, behandelt. Alle Patienten sind bisher Anti-HIV-negativ.

Bei 42,8% der Patienten wurde Anti-HCV nachgewiesen (Tabelle 1). Das Durchschnittsalter der Anti-HCV-positiven Gruppe beträgt 14,66, das der Anti-HCV-negativen Gruppe 11,5 Jahre. Die Zunahme der HCV-Durchseuchung mit dem Lebensalter ist statistisch signifikant, wie sich mit dem χ^2-Test als Homogenitätstest [2] im Vergleich der Altersverteilungen der beiden Untergruppen zeigen läßt ($p<0{,}025$). Anti-HCV-positiv sind ausschließlich 48,2% der Patienten mit einer schweren Hämophilie A oder B (Tabelle 2).

Ein Vergleich mit den Ergebnissen anderer Arbeitsgruppen zeigt bei den hier untersuchten Patienten eine signifikant niedrigere Prävalenz von Anti-HCV. Dies trifft – bis auf 2 Ausnahmen – selbst dann zu, wenn nur die Befunde der Patienten mit schwerer Hämophilie A oder B den Untersuchungsergebnissen aus dem Schrifttum [1] gegenübergestellt werden (Tabelle 3). Alle Patienten wurden erst ab Mai 1990 ausschließlich mit kommerziellen virussicheren Plasmaprodukten behandelt. Die Serokonversionsrate kann dadurch also nicht beeinflußt sein. Eine größere Anzahl positiver Befunde war zu

Tabelle 1. Anteil der Anti-HCV-positiven Patienten

Patienten der ehemaligen DDR	n	%
Anti-HCV-negativ	36	57,2
Anti-HCV-positiv	27	42,8
Insgesamt	63	100,0

Tabelle 2. Differenzierung der Anti-HCV-positiven Patienten nach Art und Schweregrad der Koagulopathie

Patienten		gesamt	Anti-HCV	
			positiv	negativ
Hämophilie A	schwer	50	23	27
	mittelschwer	2	–	2
Hämophilie B	schwer	6	4	2
	mittelschwer	4	–	4
von Willebrand-Syndrom		1	–	1
Gesamt		63	27	36

Tabelle 3. Häufigkeitsvergleich mit dem Schrifttum

Patienten	Angaben im Schrifttum		Vergleich mit den eigenen Untersuchungen (p)	
	Anti-HCV-pos.	gesamt	alle Pat.	schwere Hämophilie A/ Hämophilie B
Frankreich/9 Zentren	331	512	$<0{,}001$	$<0{,}01$
Griechenland/Athen 1	62	99	$<0{,}01$	$<0{,}05$
Griechenland/Athen 2	183	210	$<0{,}001$	$<0{,}001$
Holland/Amsterdam	251	305	$<0{,}001$	$<0{,}001$
Deutschland/Frankfurt Hamburg	63	80	$<0{,}001$	$<0{,}001$

erwarten. Die Herstellung der bis Mai 1990 verwendeten Produkte im Niedrigpool-Verfahren, das geringe Durchschnittsalter der Patienten und die relativ geringe kumulative Menge an substituierten Plasma-Produkten werden als ursächlich für die niedrige Prävalenz von Anti-HCV bei Kindern und Jugendlichen mit hereditären Blutgerinnungsstörungen aus dem Territorium der ehemaligen DDR vermutet.

Literatur

1. XIX. International Congress of the World Federation of Hemophilia (1990) Abstract Book. The National Hemophilia Foundation Washington, DC, S. 19–22
2. Weber E (1980) Grundriß der Biologischen Statistik. VEB Gustav Fischer Verlag Jena

Diskussion

SCHEEL (Leipzig):

Ich möchte Ihnen einen kurzen Kommentar zu 60 untersuchten Patienten geben, die freundlicherweise in München unter Vermittlung von Professor Schramm untersucht werden konnten. Wir haben 60 Patienten, darunter sind Patienten mit Hämophilie A und B, vorwiegend schwere, aber auch mittelschwere Erkrankungen. Ein Patient von diesen ist HIV-positiv, alle anderen sind bislang HIV-negativ. Wir werden in der nächsten Zeit aufschlüsseln und das auch publizieren, inwieweit ein Zusammenhang zwischen Kryopräzipitat- und PPSB-Verabfolgung und der – gegenüber anderen Zentren – relativ geringen Durchseuchung besteht.

DEINHARDT (München):

Ich freue mich sehr, daß wir jetzt und in der Zukunft wahrscheinlich regelmäßig auch Untersuchungsdaten, die wir bisher aus dem Westen kennen, auch aus den neuen Bundesländern vorgestellt bekommen.

SCHRAMM (München):

Es fällt schon sehr auf, daß es Zentren mit einer Anti-HCV-Prävalenz von 70, 80 und mehr Prozent gibt bei schwerer Hämophilie mit hohen Substitutionsmengen. Die jetzt aus den östlichen Bundesländern vorgestellten Daten liegen deutlich unter 50%, und das ist schon ein eklatanter Unterschied. Die von Herrn Gerritzen mitgeteilte Prävalenz von 70% bei schwerer Hämophilie ist schon bemerkenswert, und man wird klären müssen, wie diese Unterschiede zustande kommen. Man kann nicht sagen, das ist der Fehler der kleinen Zahl.

DEINHARDT (München):

Auch den Test, den wir haben, muß man dabei einbeziehen. Es können sich durchaus Verschiebungen ergeben, wenn wir bessere Testverfahren haben werden.

Anti-HCV und Hepatitis bei Patienten mit Blutgerinnungsstörungen

W. Mondorf, P. Kühnl, S. Seidl, H. W. Doerr, E. Aygören, I. Scharrer (Frankfurt)

Einleitung

Bisher wurden 100 Patienten mit unterschiedlich ausgeprägten Gerinnungsstörungen auf das Vorhandensein von Antikörpern gegen Hepatitis C (Anti-HCV ELISA von Ortho Diagnostica) untersucht. Da anzunehmen ist, daß nicht die Gerinnungsstörung an sich, sondern deren Behandlung mit Plasmakonzentraten als Ursache der HCV-Übertragung anzusehen ist, fanden nur Patienten, die zuvor mindestens einmalig mit Plasmakonzentraten behandelt wurden, Einlaß in die nachfolgende Untersuchung. Ferner gingen wir der Frage nach, ob die Häufigkeit der Behandlungen mit Plasmakonzentraten mit der Prävalenz von Anti-HCV korreliert. Dazu unterteilten wir die Gesamtzahl der Patienten in drei Gruppen: Patienten, die bisher an 1–10 Tagen, an 10–100 Tagen und an über 100 Tagen mit Plasmakonzentraten behandelt wurden. Wir verglichen diese Befunde mit den derzeitigen Transaminasen und Hepatitis B- (Anti-HBs und Anti-HBc) sowie HIV-Antikörpern.

Anhand von Patientenbefragungen und ausführlicher Durchsicht der Ambulanzakten gingen wir der Frage nach, ob und in welcher Form sich bei Anti-HCV-positiven Patienten eine Posttransfusions-Hepatitis ereignete. Im Hinblick auf einen möglichst kausalen Zusammenhang mit der Substitutionsbehandlung wurden nur die Hepatitiden berücksichtigt, die sich innerhalb eines halben Jahres nach Therapie ereigneten. Wir konnten drei Gruppen unterscheiden: Patienten nach schwerer Hepatitis, die sich an eine Hepatitis erinnern konnten und/oder aus deren Ambulanzakten ein massiver Anstieg der Transaminasen (GPT über 200 U/l) und des Bilirubins erkennbar war. Eine zweite Gruppe von Patienten nach milder Hepatitis konnte sich an eine Hepatitis nicht erinnern. Aus deren Ambulanzakten waren leicht bis mäßig erhöhte Transaminasen (GPT bis 200 U/l) ohne Anstieg des Bilirubins erkennbar. Eine dritte Gruppe zeigte weder nach Befragung der Patienten noch aufgrund der Bilirubin- und Transaminasenwerte Hinweise für eine durchgemachte Hepatitis.

Schließlich verglichen wir diese drei Gruppen hinsichtlich der Häufigkeit vorhergehender Behandlungen mit Plasmakonzentraten und derzeitiger Transaminasenwerte.

Ergebnisse

Die Häufigkeit der Behandlungstage mit Plasmakonzentraten korrelierte mit der Prävalenz von Anti-HCV (Abb. 1). Erwartungsgemäß lag die Prävalenz bei Patienten nach über 100 Behandlungstagen (n = 45) mit 91% über der von Patienten mit 10–100 Behandlungstagen (n = 24) mit 84%. Patienten nach 1–10 Behandlungstagen (n = 31) waren zu 54% Anti-HCV-positiv.

Die Transaminasenwerte lagen im Mittel bei Anti-HCV-positiven (GPT = 52, GOT = 29, γGt = 48 U/l) deutlich über denen bei Anti-HCV-negativen Patienten (GPT = 18 U/l, GOT = 14 U/l, γGT = 16 U/l) (Abb. 2).

Die Prävalenz von Anti-HBc und/oder Anti-HBs als Hinweis für eine durchgemachte Hepatitis B sowie Anti-HIV war bei Anti-HCV-positiven Patienten deutlich höher als bei Anti-HCV-negativen Patienten (Abb. 3).

Bezüglich der Surrogat-Tests GPT (2,5-facher Normalwert; 2,5 × 22 U/l = 55 U/l) und Nachweis von Anti-HBc zeigte sich bei Anti-HCV-positiven Patienten die folgende Verteilung (Abb. 4): 33% waren positiv bezüglich GPT und 62% bezüglich Anti-HBc. Bei 21% waren beide Surrogat-Tests positiv. Demgegenüber waren 26% bezüglich beider Surrogat-Tests negativ.

Zur Frage der Posttransfusionshepatitis ergab sich bei Anti-HCV-positiven Patienten die folgende Verteilung (Abb. 5): Bei 25% ereigneten sich eine schwere und bei 65% eine milde Hepatitis (Definition s. o.). Bei 10% fanden sich keine Hinweise für eine durchgemachte Hepatitis.

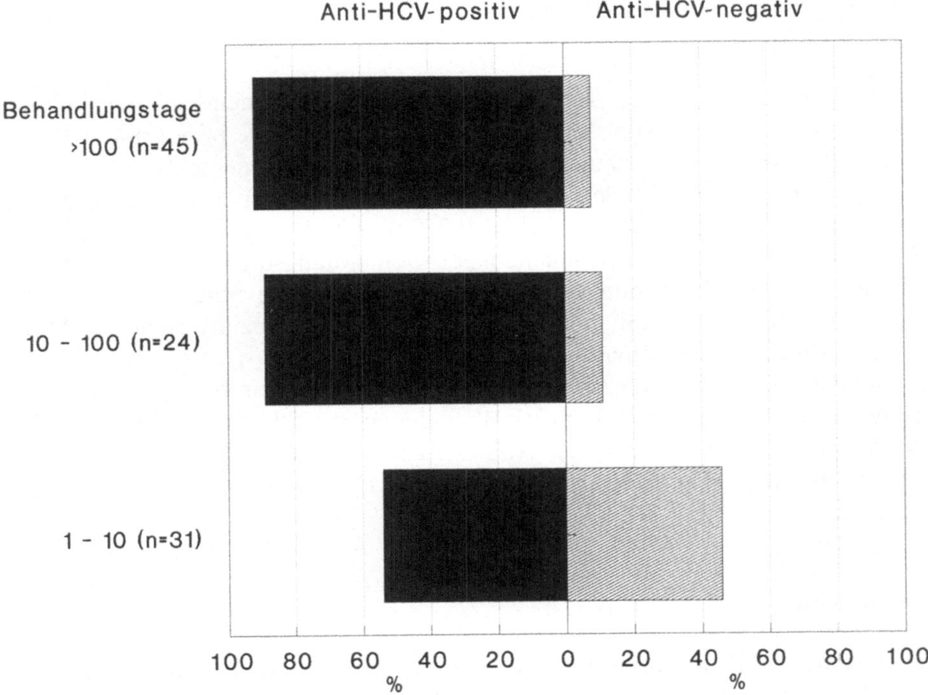

Abb. 1. Anti-HCV und Behandlungstage mit Gerinnungskonzentraten

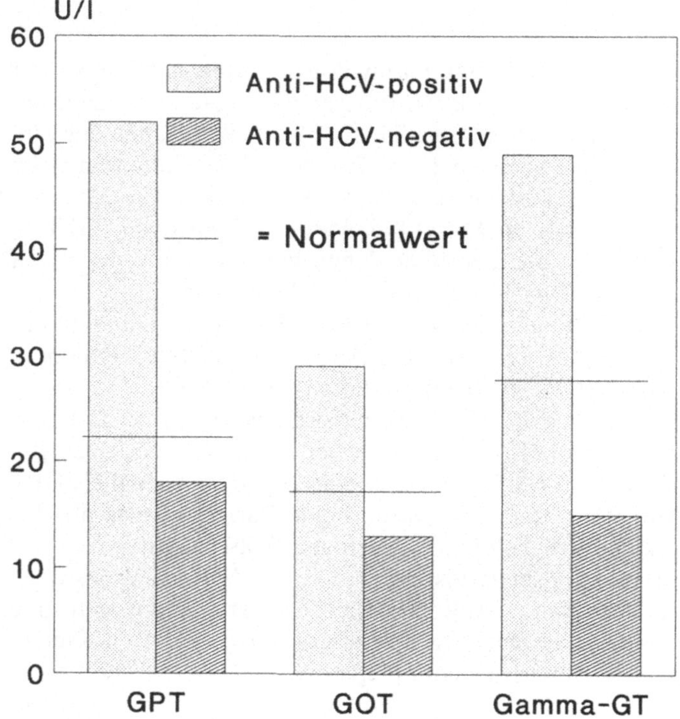

Abb. 2. Anti-HCV und Transaminasen

Die Häufigkeit schwerer Hepatitiden nahm mit zunehmender Häufigkeit der Behandlungstage ab (Abb. 6). Während bei Patienten, die bisher nur 1–10 mal mit Plasmakonzentraten behandelt wurden, zu 50 % eine schwere Hepatitis erinnerlich oder anhand der Laborwerte nachvollziehbar war, so war dies in der Gruppe von Patienten mit über 100 Behandlungstagen nur bei 25 % der Fall. Die meisten Patienten mit häufigen Behandlungstagen und den entsprechend schweren Gerinnungsstörungen können sich an eine Hepatitis nicht erinnern und wiesen anhand der Laborwerte meist rezidivierend leicht bis mäßig erhöhte Transaminasen auf.

Bei Zustand nach milder Hepatitis lagen die zuletzt ermittelten Transaminasenwerte (GPT = 62 U/l) deutlich über denen mit schwerer Hepatitis in der Vorgeschichte (GPT = 38 U/l) (Abb. 7). Erwartungsgemäß normal waren die Transaminasen in der Gruppe ohne Hinweise für eine Hepatitis in der Vorgeschichte.

Diskussion

Es bestätigte sich die hohe Prävalenz von Anti-HCV bei Patienten, die zuvor mit Plasmakonzentraten behandelt wurden. Es zeigte sich eine Korrelation zwischen der Häufigkeit der Behandlungen und der Prävalenz von Anti-HCV.

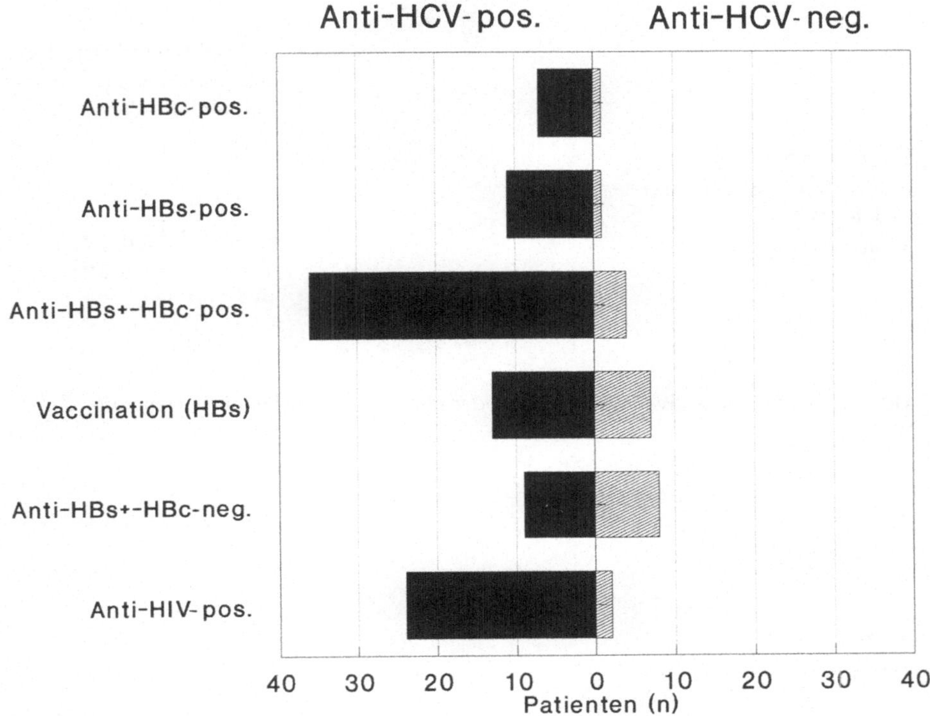

Abb. 3. Antikörper gegen Hepatitis B und HIV bei Anti-HCV-positiven -negativen Patienten

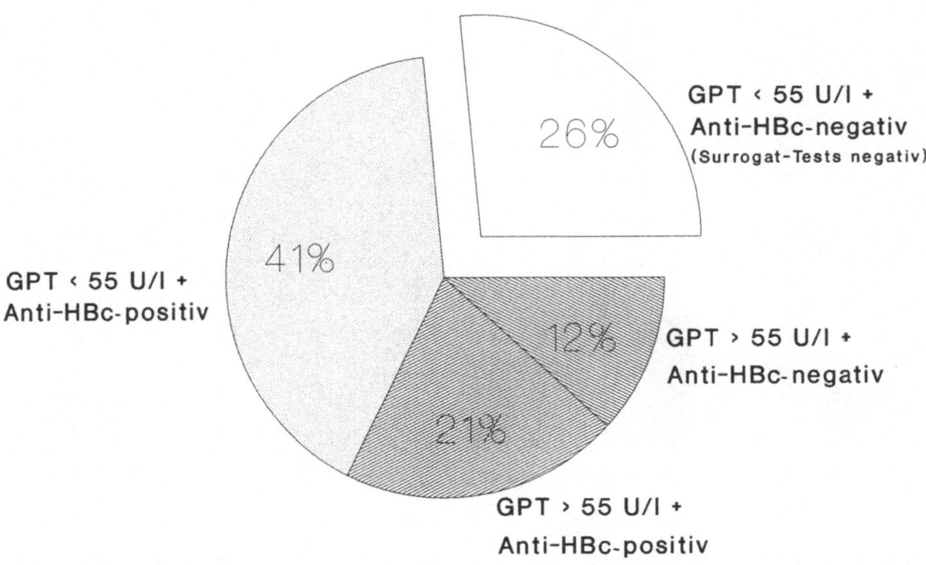

Abb. 4. GPT und Anti-HBc bei Anti-HCV-positiven Patienten (Surrogat-Test)

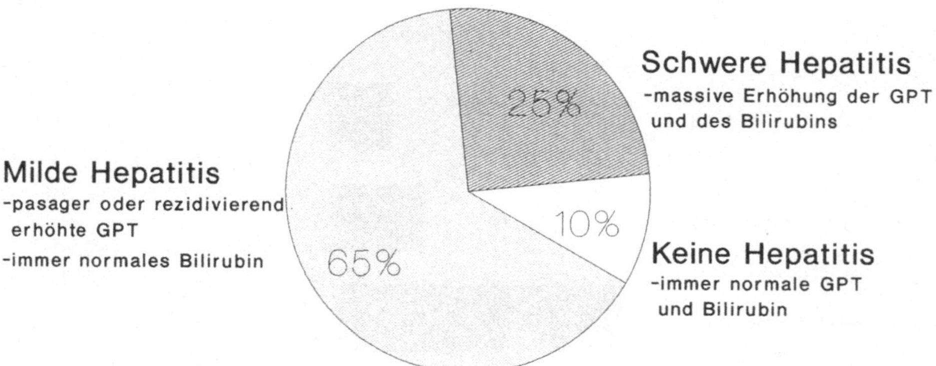

Abb. 5. Anti-HCV-positive Patienten mit oder ohne Vorgeschichte einer Hepatitis

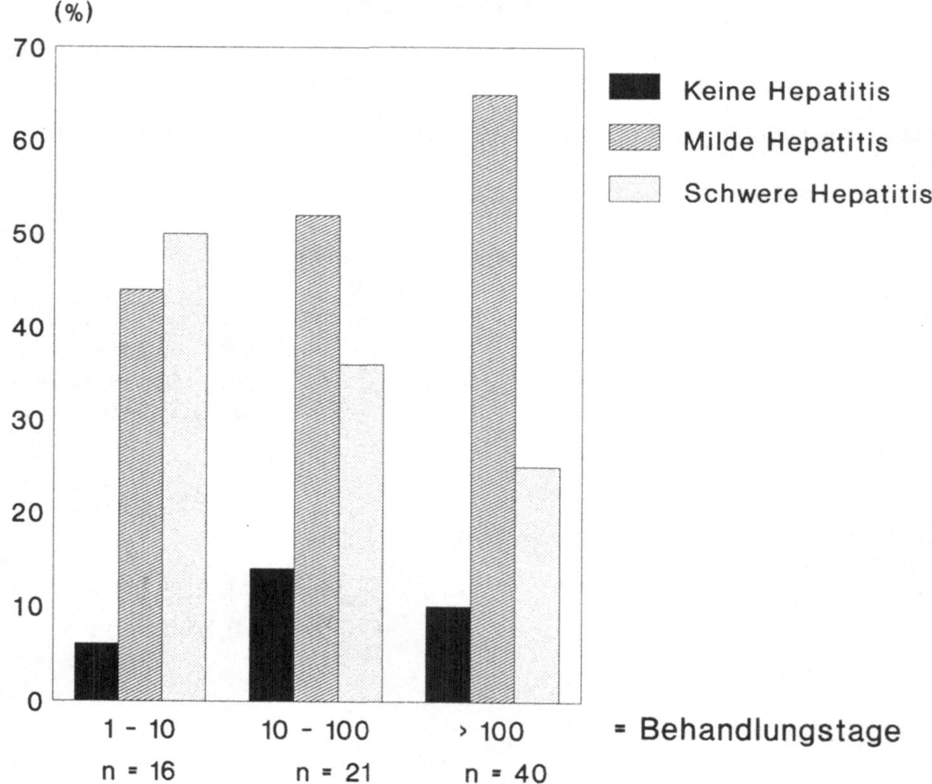

Abb. 6. Schwere der Hepatitis bei Anti-HCV-positiven Patienten in Relation zur Behandlungshäufigkeit

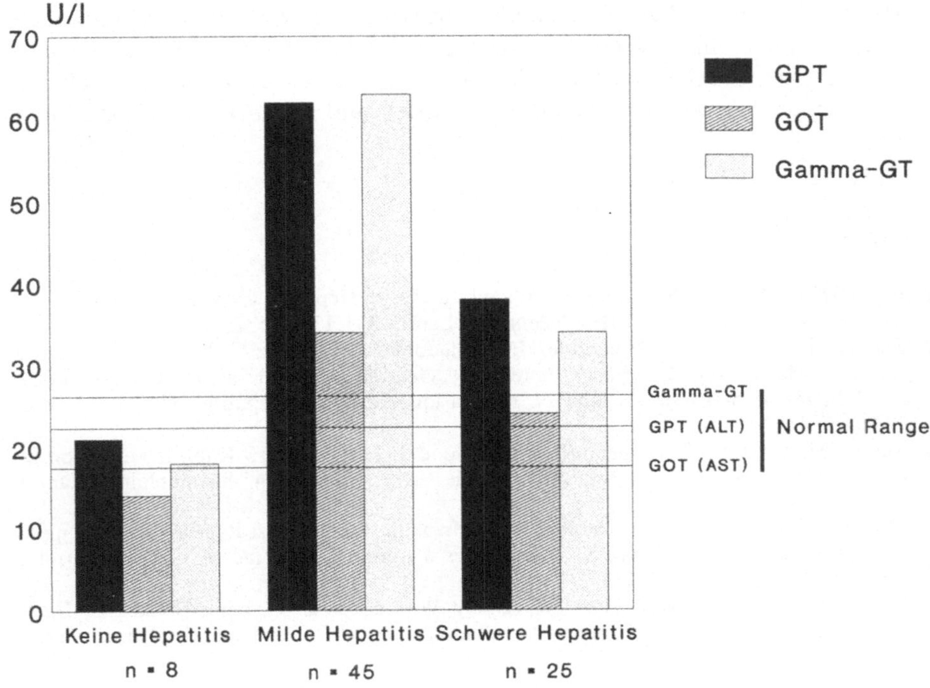

Abb. 7. GPT, GOT und Gamma-GT bei Anti-HCV-positiven Patienten mit oder ohne Hepatitis in der Vorgeschichte

Die Transaminasen lagen im Mittel bei Anti-HCV-positiven deutlich über den bei Anti-HCV-negativen Patienten, nicht jedoch über dem 2,5-fachen Normalwert (Surrogat-Test).

Bei Anti-HCV-positiven fand im Unterschied zu Anti-HCV-negativen Patienten meist auch eine Übertragung von Hepatitis B und häufiger von HIV statt.

Selbst die Kombination der Surrogat-Tests Anti-HBc und GPT zeigte bei 26% der Anti-HCV-positiven Patienten negative Ergebnisse im Hinblick auf die Vorgeschichte einer Hepatitis C. Da es mittlerweile Hinweise für eine hohe Infektiosität Anti-HCV-positiven Blutes gibt [2, 3, 5], reichen somit diese Surrogat-Tests zum Ausschluß infektiösen Blutes nicht aus und erfordern ein Screening auf Anti-HCV. Nach unseren vorläufigen Befunden scheint Hepatitis C in der Mehrzahl der Fälle ohne klinische Hinweise auf eine Hepatitis zu verlaufen. Auch gibt es Hinweise, daß die derzeit durchgeführten Virus-inaktivierungsverfahren eine Übertragung von HCV nicht immer verhindern können [1, 4]. Dies erfordert eine regelmäßige Kontrolle der Transaminasen nach einer Behandlung mit Plasmakonzentraten. Der hohe Prozentsatz schwerer Verlaufsformen nach wenigen Behandlungstagen ist möglicherweise auf eine gleichzeitige Infektion mit Hepatitis B und C zurückzuführen, während sich diese Infektionen bei häufig behandelten Patienten möglicherweise in größeren zeitlichen Abständen ereigneten.

Milder Hepatitisverlauf nach häufiger Substitutionsbehandlung könnte auch Ausdruck einer schlechteren Abwehrlage bei diesen Patienten sein. Für letztere Annahme sprechen auch die derzeit noch höheren Transaminasen als bei den Patienten, die weniger substituiert wurden und schwere Hepatitisverläufe zeigten.

Literatur

1. Berntorp E, Nilsson IM, Ljung R, Widell A (1990) Hepatitis C virus transmission by monoclonal purified factor VIII concentrate. Lancet 335:1531–1532
2. Esteban JI, Gonzales A, Hernandez JM, Viladomiu L, Sanchez C, Lopez-Talavera JC, Lucea D, Martin-Vega C, Vidal X, Esteban R, Guardia J (1990) Evaluation of Antibodies to Hepatitis C virus in a study of transfusion-associated Hepatitis. N Engl J Med 323:1107–1112
3. Makris M, Preston FE, Triger DR, Underwood JCE, Choo QL, Kuo G, Houghton M (1990) Hepatitis C antibody and chronic liver disease in haemophilia. Lancet 335:1117–1119
4. Mannucci PM, Zanetti AR, Colombo M, Chistolinin A, De Biasi R, Musso R, Tamponi G (1990) Antibody to Hepatitis C virus after a vapour-heated factor VIII concentrate. Thromb Haemostas 64 (2):232–234
5. Van de Poel CL, Reesink HW, Schaasberg W, Leentvaar-Kuypers, Bakker E, Exel-Oehlers PJ, Lelie PN (1990) Infectivity of blood seropositive for hepatitis C virus antibodies. Lancet 335:558–560

Verlaufsbeobachtung von HCV (Anti-C-100) bei Hämophilen

F. Rommel, M. Roggendorf, R. Rasshofer, F. Deinhardt, W. Schramm (München)

1989 gelang es Choo et al. das Hepatitis C-Virus (HCV), welches der Auslöser für 90% der NANB-Hepatitiden ist, zu charakterisieren und ein ELISA-Testsystem zu etablieren (Choo, Kuo et al. 1989). Mit dem Test wurde es möglich, weltweit die Prävalenz für HCV (Anti-C-100) bei Blutern mit 50–95% zu ermitteln. Bei den in unserem Hämophilie-Zentrum betreuten Blutern fanden wir eine Prävalenz für HCV mit 80% (Roggendorf, Deinhardt et al. 1989). Hämophile Patienten waren offensichtlich wegen der häufigen Gabe von Blut und Blutprodukten, insbesondere in der Zeit vor einer effektiven Virusinaktivierung von Plasmapräparaten, dem Erreger der Hepatitis C exponiert. Die vorwiegend parenteral übertragene Lebererkrankung nimmt in ca. 50% einen chronischen Verlauf und geht bei 20% in eine Leberzirrhose über (Dienstag 1983).

Während HIV- und Hepatitis B-Virus-Überträger durch „Screening" der Blutspender entdeckt wurden, blieben Hepatitis C-Überträger unentdeckt und führten zu einer Vielzahl von Posttransfusionshepatitiden. Das Risiko einer Hepatitis C war bis zur Etablierung des Anti-C-100 Tests nicht reduzierbar.

Ziel der Arbeit ist die Untersuchung der Persistenz von HCV-Antikörpern im zeitlichen Verlauf.

Unter den 211 untersuchten Patienten waren 95 HIV-positiv. 84 der 95 HIV-positiven Patienten waren zugleich Anti-C-100-positiv. Von den 11 HIV-positiven Patienten, bei denen 1988/89 kein Anti-C-100 nachgewiesen werden konnte befanden sich 7 in einem klinisch fortgeschrittenen Stadium der Immunschwäche (CDC IV A-E). Bei 6 dieser 11 Patienten verfügten wir über Plasmaproben aus der Zeit vor dem 1. 1. 1986. Fünf dieser Patienten waren zu mindestens zwei unterschiedlichen Zeitpunkten vor dem 1. 1. 1986 Anti-C-100-positiv. Die 5 anderen Patienten stellten sich erst zu einem späteren Zeitpunkt in unserer Abteilung vor, zumeist in einem präfinalen Stadium der Immunschwäche. Lediglich ein Patient wies vor 1985 mehrfach keine HCV-Antikörper auf.

Rückblickend wurde festgestellt, daß die Prävalenz in der Gruppe der HIV-positiven von mindestens 94% im Jahre 1985 auf 88% bei der Untersuchung 1988/89 abfällt. Daraufhin wurde ein ausgewähltes Kollektiv an Patienten im Langzeitverlauf untersucht.

Patienten und Methoden

Aus unserem Kollektiv von 211 Patienten wurde bei 48 Patienten retrospektiv der Verlauf des C-100-Antikörper-Titers über einen Beobachtungszeitraum von 6–10 Jahren verfolgt, wobei pro Patient 5–20 Plasmaproben ausgewertet wurden. Diese 48 Patienten litten alle an einer Hämophilie gravis und benötigten durchschnittlich mehr als 20000 Einheiten pro Jahr. 31 (65%) dieser 48 Patienten waren zusätzlich HIV infiziert.

Anti-HIV wurde mit einem ELISA (Behring Werke, Marburg) getestet. Positive Testergebnisse wurden mit einem Westernblot bestätigt. Anti-C-100 wurde mit dem ELISA Test-System von Ortho-Diagnostic-Systems untersucht. Testmethode: Das Genomfragment, welches für die Expression viraler Proteine verwendet wurde, stammt aus dem Genombereich NS3/NS4. Dieses Proteinstück (C-100) hat die Eigenschaft einer Protease, ist also ein Nicht-Strukturprotein. In der frühen Rekonvaleszensphase werden Antikörper gegen dieses Protein gebildet.

Prävalenz für Anti-C-100 bei Patienten mit Gerinnungsstörungen

Die Prävalenz für Anti-C-100 hängt vom Schweregrad der Hämophilie ab (Abb. 1).

80% der 211 Patienten waren Anti-C-100-positiv. Von den 166 Patienten mit einer Hämophilie A bzw. B gravis fanden wir bei 141 (85%), Antikörper gegen das Hepatitis C-Virus, während nur 28 von 45 (62%) Patienten mit einer milderen Form einer Blutungsneigung Anti-C-100-positiv waren (Schramm, Roggendorf et al. 1989).

Im Gegensatz zu HIV und HBV spielt die Substitutionsmenge bei der Prävalenz für HCV eine untergeordnete Rolle (Tabelle 1). Die Prävalenz für HCV ist fast unabhängig von der Substitutionsmenge sehr hoch (70–91%). Die HIV- und HBV-Durchseuchung ist besonders hoch in den Gruppen, die häufig und viel substituierten, während die Patienten, die wenig substituierten, eine geringe Durchseuchungsrate aufweisen.

Langzeitbeobachtungen

Die 48 HCV-positiven Patienten in der Verlaufsbeobachtung wurden in 4 Gruppen in Abhängigkeit von der HIV-Infektion und klinischem Stadium eingeteilt (Tabelle 2): 17 der 48 Patienten waren HIV-negativ, 31 HIV-positiv. 14 Patienten davon waren asymptomatisch HIV-positiv, 10 Patienten im Stadium ARC und 7 Patienten im Stadium AIDS.

Keiner der HIV-negativen Patienten verlor seine Antikörper gegen das HCV. 4 der 17 HIV-negativen Patienten zeigten eine Erniedrigung des HCV-Titers. Unter den 14 asymptomatischen Anti-HIV-positiven Patienten verschwand nur bei einem Patienten der Antikörper. Demgegenüber verloren die

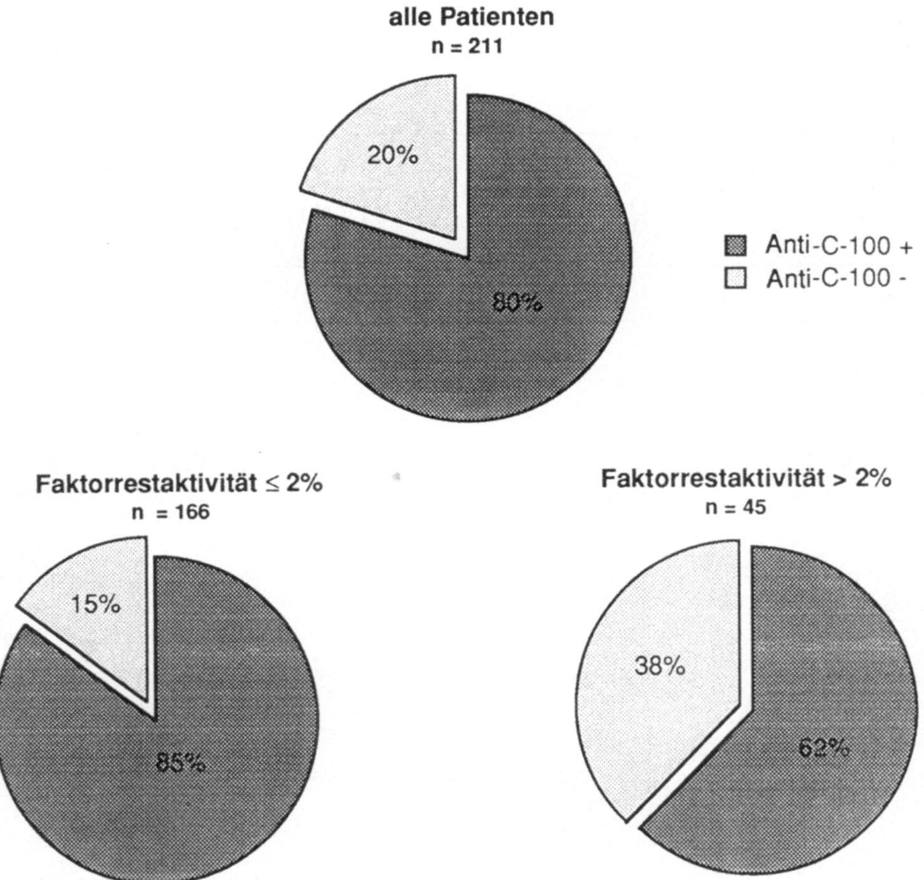

Abb. 1. Anti-C-100-Prävalenz in Abhängigkeit vom Schweregrad der Hämophilie

Tabelle 1. Vergleich der Infektionsrate von HCV, HBV und HIV in Abhängigkeit von der Substitutionsmenge

	< 20 (n = 73)	20–50 (n = 57)	> 50 (n = 76)
Anti-C-100 (HCV)	51 (70%)	45 (79%)	69 (91%)
Anti-HBc	35 (48%)	44 (77%)	64 (84%)
Anti-HIV	8 (11%)	27 (47%)	59 (78%)

meisten der Patienten im Stadium von ARC oder AIDS während des Beobachtungszeitraums diese Antikörper (Tabelle 2).

Dieser Verlust der HCV-Antikörper vollzieht sich bereits Monate bis Jahre vor der klinischen Diagnose AIDS (Abb. 2). Der Verlust der HCV-Antikörper

Tabelle 2. Anti-C-100 Titerverlauf

	n	unverändert	Anti-C-100-Titer nehmen ab	verschwinden
HIV –	17	13 (74%)	4 (26%)	– (0%)
HIV +	14	11 (86%)	2 (7%)	1 (7%)
ARC	10	4 (40%)	3 (30%)	3 (30%)
AIDS	7	2 (29%)	1 (14%)	4 (57%)
total	48	30 (63%)	10 (21%)	8 (16%)

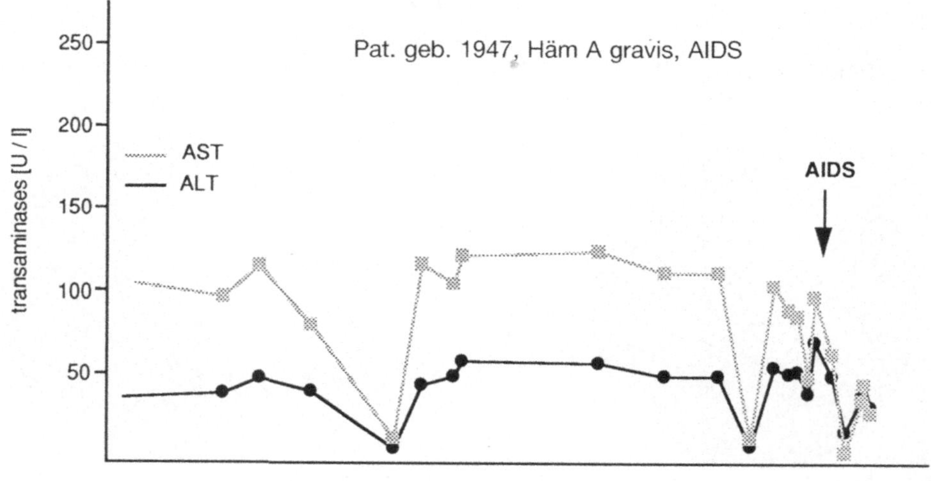

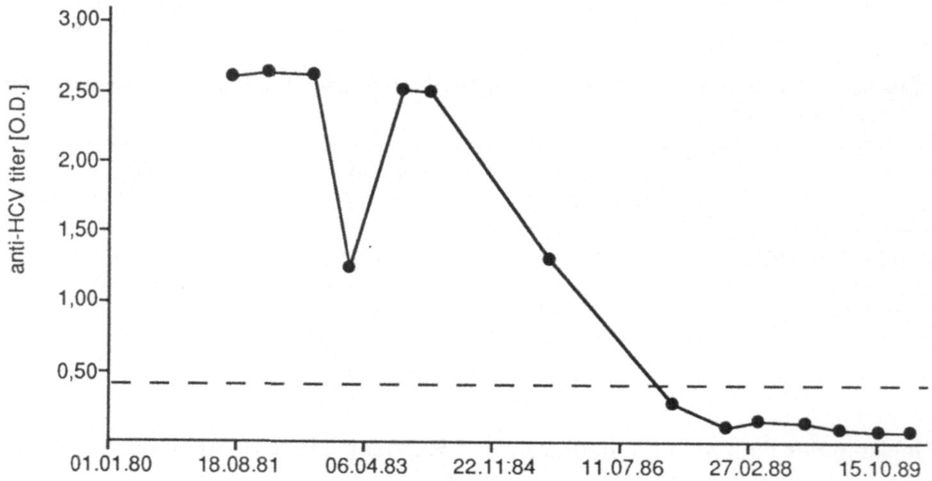

Abb. 2. Verlaufsbeobachtung des Anti-C-100 Titers an einem typischen Verlauf bei einem Patienten mit AIDS

ist nicht mit der Elimination des HCV gleichzusetzen. Dies deutet im Zusammenhang mit der Immunschwäche auf den Verlust der spezifischen humoralen Immunantwort und möglicherweise auch der zellulären Immunantwort zur Zerstörung virusinfizierter Leberzellen hin. Weitere Untersuchungen mittels der PCR werden zeigen, ob nach dem Verlust der HCV-Antikörper im Serum HCV-RNA nachzuweisen ist.

Für HIV-Infizierte scheint der Verlust der HCV-Antikörper prognostisch ungünstig zu bewerten zu sein. Aus Verlaufsbeobachtungen der HIV-Infektion ist der Verlust von spezifischen Antikörpern gegen das HIV mit einem protrahierten Verlauf verbunden. Im Westernblot gehen zunächst die gegen Funktionsproteine gerichteten HIV-Antikörper verloren, während die Antikörper gegen Strukturproteine des HIV eher länger persistieren. Da es sich beim HCV-Antikörper um einen gegen ein Nicht-Strukturprotein gerichteten Antikörper handelt, könnte dies eine Parallele zum Verlauf der HIV-Infektion sein. Hier muß die Entwicklung von neuen Tests gegen andere Proteine des HCV abgewartet werden. Es wäre denkbar, daß Antikörper, die sich gegen Strukturproteine des HCV richten, länger persistieren ähnlich wie bei der HIV-Infektion.

Insgesamt hängt die Prävalenz für Anti-C-100 bei den von uns betreuten Hämophilen vom Schweregrad der Hämophilie, der Faktorenverbrauchsmenge und dem Lebensalter ab. Weiterhin beeinflußt das Vorhandensein der Immunschwächeerkrankung, die zum Verlust spezifischer Antikörper führt, die Prävalenz von HCV. Das HCV ist der parenteral erworbene Virus, mit dem sich fast alle Hämophile auseinandergesetzt haben. Es ist zu berücksichtigen, daß das HCV mit einer hohen Prävalenz in Europa unter den Blutspendern endemisch ist, ohne das es bis 1989 ein Spenderscreening gab.

Literatur

Choo QL, Kuo G, Weiner AJ, Overby LR, Bradley DW, Houghton M (1989) Isolation of a cDNA clone derived from a blood-borne non-A, non-B viral hepatitis genome. Science 244:359–362

Dienstag JL (1983) Non-A, non-B hepatitis. I. Recognition, epidemiology, and clinical features. Gastroenterology 85:439–462

Roggendorf M, Deinhardt F, Rasshofer R, Eberle J, Hopf U, Moller B, Zachoval R, Pape G, Schramm W, Rommel F (1989) Antibodies to hepatitis C virus [letter]. Lancet 2:324–325

Schramm W, Roggendorf M, Rommel F, Kammerer R, Pohlmann H, Raßhofer R, Gürtler L, Deinhardt F (1989) Prevalence of antibodies to hepatitis C virus (HCV) in haemophiliacs. Blut 59:390

Diskussion

Schneweis (Bonn):

Es steht hier im Raum die Diskrepanz zwischen dem Schweregrad der Hämophilie und der Durchseuchung. Es kommt dabei nach meinem Verständnis weniger auf den Schweregrad der Hämophilie an als mehr auf die Dosis, mit der substituiert worden ist. Da die in den verschiedenen Zentren wahrscheinlich nicht völlig gleich ist, müßte man also diese Daten mit dem Schweregrad der Hämophilie analysieren.

Rommel (München):

Das ist natürlich der Schlüssel zur Antwort. Im Münchener Hämophiliezentrum wird im wesentlichen nicht prophylaktisch, sondern bei Bedarf substituiert.

Schramm (München):

Wir haben nach Schweregraden getrennt, um die Patienten, die tatsächlich mehr Faktorenkonzentrate bekommen haben, kollektiv auszuwerten. Ich gebe Ihnen völlig Recht, daß der Bezug zur Höhe der zugeführten Konzentratmenge wesentlicher ist.

Gerritzen (Bonn):

Es fällt doch auf, daß in unserer Population die Dosisabhängigkeit für HIV sehr gut nachvollziehbar war. In der Bonner Population waren nur 8 % Positive bei den als leicht Eingestuften. Das stieg dann rapide an mit dem Grad unserer Einteilung. Bei HCV war das nicht nachvollziehbar. Also denken wir schon, daß die Einteilung nicht absolut nach Einheiten, sondern nach dem Schweregrad eine sinnvolle Abstufung darstellt.

Rommel (München):

Ja. Aber als Kriterium muß die Substitutionsmenge hinzukommen. Das ist wichtig.

Hämophilie A und Hepatitishäufigkeit

K. Hasler, P. Bernstein (Freiburg)

Bei 30 Patienten wurden serologische Untersuchungen bezüglich einer Hepatitis A, B und C durchgeführt. 27 Patienten hatten eine Hämophilie A mit einer überwiegend schweren Form, 1 Patient eine schwere Form der Hämophilie B. Bei 2 Patienten mit von Willebrand-Jürgens-Syndrom wurden die o. g. Bestimmungen ebenfalls durchgeführt, weil beide Patienten wegen Blutungen mit Faktor VIII-Konzentrat bzw. Kryopräzipitat behandelt worden sind.

Tabelle 1 dokumentiert die Hepatitishäufigkeit bei 12 HIV-negativen Hämophilie A-Patienten mit einer schweren Form. Alle Hämophilen haben sowohl eine Hepatitis A als auch Hepatitis C durchgemacht. Von 3 Hepatitis-negativen Hämophilen wurden 2 Hämophile geimpft. 50 % der Hämophilen zeigten deutliche Transaminasenanstiege. Nur 3 der Hämophilen wiesen normale Gamma-Globuline auf.

Tabelle 2 zeigt die Befunde bei weiteren 5 HIV-negativen Patienten – 3 Hämophilie A-Patienten mit einer Faktor VIII:C-Restaktivität. Patient F.H. mit einer schweren Form der Hämophilie B und Patient M mit von Willebrand-Jürgens-Syndrom. Patient A.Wa. hat eine Faktor VIII:C-Aktivität von 17 %. Er zeigt insgesamt unauffällige Befunde. Bei Patient W.S. mit einer Faktor VIII:C-Aktivität von 6 % konnte durch Nachweis von Anti HCV-IgG die Diagnose einer chronischen Hepatitis C gestellt werden. Der Patient hatte 1980

Tabelle 1. 12 HIV-negative Hämophilie A-Patienten mit einer schweren Form

Pat.	Alter (Jahre)	Hepatitis A Anti-HAV-IgG	Hepatitis B Anti-Hbc-IgG	Hepatitis C Anti-HCV-IgG	GOT (U/l)	GPT (U/l)	γGT (U/l)	Bili (mg %)	γGlob. (%)
SE	55	pos	pos	pos	8	12	11	0,5	27
WG	49	pos	pos	pos	10	15	13	1,3	21
WE	48	pos	Impfung	pos	12	14	11	0,4	23
PB	49	pos	pos	pos	8	8	117	0,5	29
HR	54	pos	Impfung	pos	11	15	130	0,7	20
SG	50	pos	neg	pos	13	27	39	0,4	17
MH	36	pos	pos	pos	31	111	147	0,7	21
AW	68	pos	pos	pos	32	76	90	0,5	22
BB	50	pos	pos	pos	44	91	63	0,8	32
RK	49	pos	pos	pos	50	92	69	0,6	22
AW	67	pos	pos	pos	61	90	25	0,6	17
SS	29	pos	pos	pos	108	117	27	0,9	17

Tabelle 2. 5 HIV-negative Patienten – 1–3 Hämophilie A/milde Form, Patient 4/schwere Form Hämophilie B, Patient M mit von Willebrand-Jürgens-Syndrom

Pat.	Alter (Jahre)	Hepatitis A Anti-HAV-IgG	Hepatitis B Anti-HBc-IgG	Hepatitis C Anti-HCV-IgG	GOT (U/l)	GPT (U/l)	γGT (U/l)	Bili (mg%)	γGlob. (%)
A.Wa	36	neg	neg	neg	10	9	8	0,7	16
A.S.	31	pos	Impfung	pos	18	14	8	0,3	18
W.S.	34	neg	neg	pos	40	118	20	1,6	25
F.H.	43	pos	pos	pos	5	6	23	0,3	19
M (vWJS)	42	neg	pos	pos	41	119	31	1,0	15

Tabelle 3. 13 HIV-positive Patienten – 1–9 schwere Form der Hämophilie A, 10–12 milde Form der Hämophilie A, Patient B mit schwerer Form des von Willebrand-Jürgens-Syndrom

Pat.	Alter (Jahre)	Hepatitis A Anti-HAV-IgG	Hepatitis B Anti-HBc-IgG	Hepatitis C Anti-HCV-IgG	GOT (U/l)	GPT (U/l)	γGT (U/l)	Bili (mg%)	γGlob. (%)
MK	27	neg	pos	pos	15	18	7	0,7	20
CJ	41	pos	pos	pos	17	20	10	0,9	20
UK	30	pos	neg	pos	14	20	12	0,6	19
KW	37	pos	Impfung	pos	9	11	9	0,5	24
RS	31	pos	pos	pos	23	28	54	0,6	20
TL	33	pos	pos	pos	35	34	120	1,6	34
HF	37	neg	Impfung	pos	59	Z79	182	1,8	29
JS	28	pos	pos	pos	93	134	34	0,7	27
RS	19	neg	pos	neg	12	19	26	0,6	23
HE	33	neg	Impfung	pos	12	14	12	0,5	23
RE	26	neg	pos	pos	21	63	80	1,4	25
PW	35	pos	Impfung	neg	12	12	23	1,4	28
B (vWJS)	32	pos	neg	pos	10	13	9	0,4	26

eine fulminante Hepatitis mit einem Coma hepaticum. Er ist beschwerdefrei, trinkt keinen Alkohol.

Tabelle 3 dokumentiert die Befunde von 13 HIV-positiven Patienten – 9 Hämophilie A-Patienten mit einer schweren Form, 3 Hämophilie A-Patienten mit einer milden Form. Patient B hat eine schwere Form des von Willebrand-Jürgens-Syndroms.

Bei den Patienten RS und PW wurde kein Anti-HCV-Antikörper nachgewiesen bei unauffälligen Transaminasen. Von 6 Hepatitis B-negativen Hämophilen ließen sich 4 impfen. Deutliche Transaminasenerhöhungen fanden wir bei 4 Hämophilie A-Patienten, während die überwiegende Mehrzahl dieser Patientengruppe eine Erhöhung der Gamma-Globuline hatte.

Zusammenfassung

Von den 30 Patienten wiesen 22 Patienten Anti-HAV-IgG auf. 18 Patienten hatten eine Hepatitis B, 7 weitere Patienten waren gegen Hepatitis B geimpft. Bis auf 3 Hämophilie A-Patienten wurden bei allen Untersuchten Anti-HCV-IgG nachgewiesen. Patient W.S. hat eine chronische Hepatitis C nach fulminanter Hepatitis mit coma hepaticum im Jahre 1980.

Hepatitis C-Antikörper und Transaminasen bei Kindern und Jugendlichen der Universitäts-Kinderklinik Graz mit angeborenen Gerinnungsstörungen sowie bei deren erstgradigen Verwandten

W. Zenz, W. Muntean, H. Hofmann (Graz, Wien)

Chronische Hepatitiden stellen neben AIDS und Blutungen eine weitere Hauptursache von Morbidität und Mortalität bei multitransfundierten Hämophilen dar [2, 4]. Durch die Verfügbarkeit hochspezifischer Teste für das Hepatitis B-Virus wurde es möglich, die Effizienz von Virusinaktivierungsverfahren in bezug auf Elimination des Hepatitis B-Virus bei der Herstellung der Faktorenkonzentrate zu dokumentieren und ein Spenderscreening mit Ausschluß von Spendern, die Kontakt mit dem Hepatitis B-Virus hatten, durchzuführen.

Zusammen mit der Entwicklung eines Impfstoffes zur aktiven Immunisierung gegen Hepatitis B konnte ein dramatischer Rückgang der Hepatitis B Neuerkrankungen bei hämophilen Patienten erreicht werden.

Es zeigte sich jedoch, daß ein Großteil der Posttransfusionshepatitiden durch die Hepatitis Non A/Non B hervorgerufen wurde, einer Erkrankung, deren Erreger bis vor kurzem noch nicht genau bekannt waren [5].

In letzter Zeit gelang es nun das Genom desjenigen Erregers, der für den größten Anteil der Non A/Non B-Hepatitiden verantwortlich ist, zu isolieren und einen ELISA zur Bestimmung von Antikörpern gegen das Virus, das als Hepatitis C-Virus bezeichnet wird, zu entwickeln [1, 3].

Wir bestimmten nun bei 24 Patienten der Universitäts-Kinderklinik Graz mit angeborenen Gerinnungsstörungen Hepatitis C-Antikörper.
19 Patienten hatten eine schwere Hämophilie A,
4 hatten eine leichte oder mittelschwere Hämophilie A,
1 Patientin hatte einen homozygoten Faktor XIII-Mangel.

Alle Patienten erhielten in regelmäßigen Abständen Gerinnungsfaktorenkonzentrate. Insgesamt hatten 13 von 24 Patienten (54%) Hepatitis C-Antikörper (HCV-Antikörper). 11 (58%) der Patienten mit schwerer Hämophilie A und 2 (50%) der Patienten mit leichter Hämophilie A hatten Hepatitis C-Antikörper. Die Patientin mit dem homozygoten Faktor XIII-Mangel hatte keine Hepatitis C-Antikörper.

Es fand sich eine deutliche Korrelation zwischen dem Verbrauch an nicht-virusinaktivierten Faktorenkonzentraten/kg KG/Monat vor 1985 und der Prävalenz der Hepatitis C-Antikörper. So zeigte sich, daß die Patienten, die mehr als 300 E Faktor VIII/kg KG/Monat erhielten in 100%, die Patienten, die zwischen 100 und 300 E Faktor VIII/kg KG/Monat bekamen in 88% und die

Tabelle 1. Prävalenz von HCV-Antikörpern bei Patienten mit Hämophilie in Abhängigkeit vom Verbrauch an nicht virusinaktivierten Faktorenkonzentraten/kg KG/Monat vor 1985

Patienten	Faktorenkonzentrat/kg KG/Monat	HCV-Antikörper
2	>300 E/kg KG/Monat	2 (100%)
8	100–300 E/kg KG/Monat	7 (88%)
5	<100 E/kg KG/Monat	3 (60%)

Patienten, die weniger als 100 E/kg KG/Monat bekamen in 60% HCV-Antikörper hatten (Tabelle 1).

Von 16 Patienten, die vor 1985 mit nicht-virusinaktivierten Präparaten oder Erythrozytenkonzentraten behandelt wurden, hatten 13 (81%) HCV-Antikörper. Hingegen zeigte keiner der acht Patienten, die ausschließlich mit virusinaktivierten Faktorenkonzentraten behandelt wurden, HCV-Antikörper.

Von diesen acht Patienten erhielten sechs „pasteurisierte" Faktor VIII-Konzentrate, ein Patient erhielt „dampfbehandeltes" Faktor VIII-Konzentrat und eine Patientin erhielt ein „pasteurisiertes" Faktor XIII-Konzentrat. Bei allen Patienten wurde immer der gleiche Präparatetyp verwendet.

Beim Vergleich der Hepatitis C-Antikörper und der Transaminasen, die zwischen 1985 und 1990 in halbjährlichen Abständen bestimmt wurden, zeigten acht von 13 HCV-Antikörper-positiven Patienten (62%) häufig erhöhte Transaminasen (Transaminasen waren in über 50% der Untersuchungen zwischen 1985 und 1990 erhöht, wobei sie mindestens einmal über dem zweifachen des oberen Normwertes lagen). Hingegen fanden sich bei nur drei von 11 HCV-Antikörper-negativen Patienten (27%) häufig erhöhte Transaminasen (gleiche Definition wie oben).

Fünf der acht HCV-positiven Patienten, deren Transaminasen häufig erhöht waren, hatten Kontakt mit dem Hepatitis B-Virus und zeigten HBs-Antikörper. Ein Patient hatte ein konstant positives HBs-Antigen bei nicht nachweisbaren HBs-Antikörpern. Die beiden restlichen Patienten wurden aktiv gegen Hepatitis B immunisiert und zeigten HBs-Antikörper.

Von den drei HCV-Antikörper-negativen Patienten, deren Transaminasen ebenfalls häufig erhöht waren, hatten zwei Anti-HIV-1-Antikörper. Alle 11 HCV-negativen Patienten wurden aktiv gegen Hepatitis B immunisiert und hatten HBs-Antikörper.

Bei 48 erstgradigen Verwandten, von denen 28 eine Heimsubstitution durchführten, fanden wir bei einem Vater, der zu Hause selbst seinen beiden Söhnen Faktor VIII verabreichte, Hepatitis C-Antikörper. Von diesen beiden hämophilen Söhnen hatte einer ebenfalls HCV-Antikörper.

Schlußfolgerungen

1. 54% unserer multitransfundierten hämophilen Patienten hatten HCV-Antikörper.
2. Alle Patienten mit HCV-Antikörpern wurden entweder vor 1985 mit nicht-virusinaktivierten Faktorenkonzentraten oder mit anderen nicht-virusinaktivierten Blutprodukten behandelt. Keiner unserer Patienten, die ausschließlich mit virusinaktivierten Faktorenkonzentraten behandelt wurde, hatte HCV-Antikörper.
3. Es fand sich eine deutliche Korrelation zwischen der Prävalenz der HCV-Antikörper und dem Verbrauch von virusinaktivierten Faktorenkonzentraten vor 1985.
4. Hepatitis C-Infektionen sind in unserem Krankengut die häufigste Ursache für häufig erhöhte Transaminasen.
5. Bei 28 erstgradigen Verwandten, die zu Hause eine Heimsubstitution durchführten, fanden wir nur bei einer Person HCV-Antikörper. Dies entspricht einer HCV-Antikörperprävalenz von ca. 4%. Dieser Prozentsatz ist zwar etwas höher als der bei Blutspendern, wegen der geringen Fallzahl ist es aber nicht möglich, auf ein erhöhtes Infektionsrisiko bei Verwandten hämophiler Patienten, die zu Hause eine Heimsubstitution durchführen, zu schließen.

Literatur

1. Choo Q-L, Kuo G, Weiner AJ, Overby LR, Bradley DW, Houghton M (1989) Isolation of a cDNA clone derived from a blood-borne non-A, non-B viral hepatitis genome. Science 244:359–362
2. Fletcher ML, Trowell JM, Craske J, Pavier K, Rizza CK (1983) Non-A Non-B-Hepatitis after transfusion of factor VIII in infrequently treated patients. Brit Med J 287:1754–1757
3. Kuo G, Choo Q-L, Alter HJ, Gitnick GL, Redecker AG, Purcell RM, Miyamura T, Dienstag JL, Alter MJ, Stevens CE, Tegtmeier GE, Bonino F, Colombo M, Lee W-S, Kuo C, Berger K, Schuster JR, Overby LR, Bradley DW, Houghton M (1989) An assay for circulating antibodies to a major etiologic virus of human Non-A Non-B-Hepatitis. Science 244:362–364
4. Landbeck G (1988) Todesursachenstatistik und AIDS-Erkrankungen Hämophiler in der Bundesrepublik Deutschland 1988. In: Landbeck G, Marx R (Hrsg.) 19. Hämophilie-Symposium Hamburg 1988. Springer Verlag, Berlin Heidelberg 1989
5. Schimpf K, Mannucci PM, Kreuz W, Brackmann HH, Auerswald G, Cicavarella N, Mosseler J, De Rosa V, Kraus B, Brueckmann GH, Mancuso G, Mittler U, Maschke F, Morfini M (1987) Absence of hepatitis after treatment with a pasteurized factor VIII concentrate in patients with hemophilia and no previous transfusion. N Engl J Med 316:918–922

Diskussion

GÜRTLER (München):

Wenn Sie Patienten haben, die HCV-negativ sind, die keine Hepatitis B-Marker und trotzdem wiederholt erhöhte Transaminasen haben, was ist das dann?

ZENZ (Graz):

Das war nur ein Patient. Das weiß ich nicht.

GÜRTLER (München):

Könnte es eine Zytomegalievirus-Infektion gewesen sein?

ZENZ (Graz):

Wir haben nichts gefunden. Wir prüfen alle 6 Monate diese Parameter, die bei unserem Patienten in den ersten 3 Jahren immer im Normbereich gelegen haben und sich plötzlich über 3–4 Prüfungen, d. h. bis jetzt, als erhöht zeigen. Eine Erklärung dafür haben wir nicht.

Anti-HCV und Anti-B 19 Prävalenz nach Substitution mit pasteurisierten Gerinnungspräparaten bei bisher unbehandelten Patienten

W. Kreuz, G. Auerswald, M. Roggendorf, T. Schwarz, M. Funk, R. Linde, A. Kröniger, B. Kornhuber (Frankfurt, Bremen, Marburg, München)

In den 60er Jahren gelang mit der Herstellung von Kryopräzipitat für Hämophilie A- und von Willebrand-Patienten ein entscheidender Fortschritt. Durch weitere Reinigungsverfahren und durch Herstellung lyophilisierter Gerinnungspräparate (aus dem Plasma von 2000–30000 Spendern), wurde es Anfang der 70er Jahre möglich, die Therapien auch in Heimselbstbehandlung durchzuführen. In den 70er Jahren erkannte man das Risiko von Virusübertragungen durch Plasmaderivate. Nachdem zunächst die Hepatitis B (HBV) und Non A-/Non B-Hepatitis (NANB) im Vordergrund standen, wurde Anfang bis Mitte der 80er Jahre die HIV-Übertragung zum Hauptproblem. Vor der Ära der hitzebehandelten Konzentrate zeigten etwa 90% der behandelten Patienten Anti-HBs-IgG und ein kleiner Anteil von 5–10% wurde mit einem positiven HBsAg zum chronischen Träger einer Hepatitis B [1]. In Deutschland fanden Klose et al. 1982 bei allen Patienten, die jährlich mit mehr als 10000 IE Faktor VIII behandelt wurden, positive Hepatitis B-Marker [2].

Gleichzeitig konnte eine 100%ige Prävalenz für eine NANB-Hepatitis anhand von erhöhten Aminotransferasewerten gefunden werden. Bei der NANB-Hepatitis mußten bei bestehender Transaminasenerhöhung die bekannten Hepatitis verursachenden Viren ausgeschlossen werden. Mit Hilfe eines ELISA-Tests der Firma Ortho Diagnostics können seit kurzem Antikörper gegen NANB-Viren nachgewiesen werden, die als Hepatitis C-Antikörper (Anti-HCV) klassifiziert werden. Darüber hinaus muß man davon ausgehen, daß es als Ursache einer Posttransfusionshepatitis noch weitere NANB-Viren geben kann.

Eine HIV-Übertragung ist ebenso wie die HBV-Übertragung im Zeitalter der hitzebehandelten Konzentrate nicht mehr das im Vordergrund stehende Problem [3].

Die Virussicherheit von Gerinnungsfaktorenpräparaten läßt sich durch Inaktivierungskinetiken humanpathogener Viren und anschließender Testung im Tierversuch überprüfen. Unverzichtbar zur endgültigen Aussage über Virussicherheit eines Faktorenpräparats ist jedoch immer noch das Ausbleiben einer Serokonversion und das Ausbleiben eines GPT-Anstiegs $>2{,}5$ der Norm in zuvor nicht transfundierten Patienten (pups = previously untransfused

---

Gewidmet Herrn Prof. N. Heimburger zu seinem 65. Geburtstag

Tabelle 1. ICTH-Kriterien zur Hepatitissicherheit von Gerinnungspräparaten

– „virgin“-Patienten	
– Überwachungszeitraum	6 bis 12 Monate
– Untersuchungsintervall:	2-wöchentlich in den ersten 4 Monaten, danach 4-wöchentlich
– Untersuchungsparameter:	Alaninaminotransferase (GOT) Aspartataminotransferase (GPT) Gamma-Glutamyl-Transpeptidase (Gamma-GT)
– Kein Anstieg der Transaminasen:	>2,5fache der Norm an zwei aufeinanderfolgenden Untersuchungszeitpunkten
– Virusserologie:	Hepatitis B, Hepatitis A, CMV, EBV und HIV

patients). Die Kriterien zur Virussicherheit bei klinischen Studien [4] wurden vom International Committee on Thrombosis and Haemostasis (ICTH, Miami, Fla. 1984) festgelegt (Tabelle 1). Nach diesen Kriterien wurde auch die Hepatitis-Sicherheitsstudie mit dem in wässeriger Lösung hitzebehandelten Faktor VIII-Konzentrat (Haemate HS, Behringwerke Marburg) durchgeführt [3] (Tabelle 2, 3).

In einer Studie mit insgesamt 74 Kindern, die alle den „pup“ Kriterien entsprachen, konnten für mehrere Präparate, die überwiegend in wässeriger Lösung hitzebehandelt wurden (Tabelle 4), keine auffälligen Befunde nach ICTH-Kriterien gefunden werden. Zusätzlich gibt uns die serologische Testung auf HCV und Parvo B 19, einem besonders hitzeresistenten Virus, eine weitere Information zur Güte des Virus-Inaktivierungsverfahrens.

Tabelle 2. Hepatitissicherheitsstudie mit pasteurisiertem Faktor VIII (N. Engl J Med. 316:918, 1987)

- prospektive Multicenterstudie (BRD, Österreich, Italien)
- 26 „virgin“-Patienten mit Hämophilie A und von Willebrand-Syndrom
- Virusinaktivierung: 60 °C, 10 h, in wässeriger Lösung
- Faktor VIII-Konzentrat aus gepooltem Plasma, 32 Herstellungschargen
- Überwachungszeitraum: 6–12 Monate
- Keine Non A/Non B-Hepatitis nach ICTH-Kriterien bei allen 26 Patienten
- Keine Serokonversion bei den untersuchten Virusparametern

Tabelle 3. HIV 1- und HIV 2-Sicherheit von pasteurisiertem Faktor VIII (N. Engl J Med. 321:1148, 1989)

- 13 Hämophiliezentren (BRD, Österreich)
- Virusinaktivierung: 60 °C. 10 h, in wässeriger Lösung
- Gesamtverbrauch: 15916260 Einheiten (zwischen Feb. 79 und Dez. 86)
- 80% des Ausgangsplasmas aus der USA (bis März 85 in USA kein HIV-Screening der Spender)
- Keine HIV-1-Serokonversion bei 155 untersuchten Patienten
- Keine HIV-2-Serokonversion bei 67 untersuchten Patienten

Patienten und Präparate (Tabelle 4)

Die untersuchten Kinder werden entsprechend ihrer Grunderkrankung in verschiedenen Gruppen aufgeführt und mit einer Kontrollgruppe verglichen. Gruppe 1 umfaßt 49 Hämophilie A und von Willebrand-Patienten, die seit 1980 mit pasteurisiertem Faktor VIII-Konzentrat (Haemate HS, Behring-Werke Marburg; virusinaktiviert in wässeriger Lösung bei 60 °C über 10 Stunden) behandelt werden. Während eines Beobachtungszeitraums von 11 Jahren überblickten wir für Haemate HS die Anwendung von insgesamt 82 Chargen. In Gruppe 2 werden 5 Hämophilie A-Patienten als Hemmkörper-Patienten (high responder) zusammengefaßt, die zur Hemmkörperelimination hohe Faktor VIII-Dosen (Haemate HS) und gleichzeitig ein aktiviertes Prothrombin-Komplexkonzentrat erhielten (FEIBA® S-TIM 4, Immuno Wien, virusinaktiviert durch Dampfbehandlung). Für FEIBA® S-TIM 4 können wir uns auf eine 5jährige Erfahrung stützen mit insgesamt 18 eingesetzten Chargen. Die 3. Gruppe umfaßt 10 Hämophilie B-Patienten und zwei Kinder mit Faktor X-

Tabelle 4. Patienten mit Grunderkrankung und eingesetzten Gerinnungspräparaten

	n	Patienten	Therapie
Gruppe 1	49	Hämophilie A und von Willebrand	Haemate HS® *Behringwerke*
Gruppe 2	5	Hemmkörperhämophilie A	Haemate HS® und Feiba® S-TIM 4 *Immuno*
Gruppe 3	10 2	Hämophilie B Faktor X-Mangel	Faktor IX HS® *Behringwerke*
Gruppe 4	4	Afibrinogenämie Dysfibrinogenämie	Haemocomplettan® *Behringwerke*
Gruppe 5	5	C1-Inaktivatormangel (HANE)	C1-Inaktivator® *Behringwerke*
Gruppe 6	16	gesunde Kinder als Kontrolle	

Mangel, die mit pasteurisiertem Faktor IX-Konzentrat therapiert wurden (Faktor IX® HS, Behring-Werke Marburg; virusinaktiviert in wässeriger Lösung bei 60 °C über 10 Stunden).

Bei der Hämophilie B überblicken wir einen Anwendungszeitraum von über 6 Jahren für Faktor IX HS bei 10 eingesetzten Chargen. In Gruppe 4 werden vier Kinder mit A- bzw. Dysfibrinogenämie aufgeführt, die mit hitzebehandeltem Humanfibrinogen behandelt wurden (Haemocomplettan® HS, Behring-Werke, Marburg, virusinaktiviert in wässeriger Lösung bei 60 °C über 20 Stunden). Die 5. Gruppe beschreibt vier Patienten mit hereditärem angioneurotischem Ödem (HANE), die mit C1-Inaktivator-Konzentrat substituiert werden (virusinaktiviert in wässeriger Lösung bei 60 °C über 10 Std.). 16 gesunde Kinder dienten als Kontrollgruppe.

Ergebnisse

Eine HCV-Serokonversion ließ sich bei keinem der 74 Patienten, die ausschließlich mit den aufgeführten virusinaktivierten Präparaten substituiert wurden, nachweisen (Tabelle 5).

Die Untersuchung der Patientenseren auf Anti-B 19-IgG und Anti-B 19-IgM wurde aus Gründen der Repräsentativität nur am größten Kollektiv der Hämophilie A- und von Willebrand-Patienten durchgeführt. Dabei konnten wir in dieser Gruppe einen Anteil von 39 % mit positivem Anti-B 19-IgG finden. In keinem Fall wurde ein positives Anti-B 19-IgM als Ausdruck einer akuten Erkrankung gefunden (Tabelle 6).

Die Parvo-B 19-Antikörper-Prävalenz liegt mit 39 % im Bereich eines altersentsprechenden Normalkollektivs [5] und damit signifikant niedriger als in Gruppen die mit nicht virusinaktivierten Präparaten behandelt wurden [6].

Tabelle 5. Anti-HCV-Prävalenz der untersuchten Patienten

Gruppe	Patienten	Therapie	Anti-HCV pos.	Anti-HCV neg.
1	Hämophilie A von Willebrand	Haemate HS® *Behring*	0	49
2	Hemmkörperhämophilie	Feiba® S-TIM4 *Immuno* Haemate HS® *Behring*	0	5
3	Hämophilie B Faktor X-Mangel	Faktor IX HS® *Behring*	0	12
4	Afibrinogenämie Dysfibrinogenämie	Haemocomplettan® *Behringwerke*	0	4
5	C1-Inaktivatormangel	C1-Inaktivator® *Behringwerke*	0	5
6	Kontrolle		0	16

Tabelle 6. Anti-B 19-Prävalenz in zwei Patientengruppen

Gruppe	Hämophilie	Anzahl	Präparate	Anti-B 19-IgG		Anti-B 19-IgM	
				neg.	pos.	neg.	pos.
1	A	49	Haemate HS®	30 (61%)	19 (39%)	49	0
2	A+Inhibitor	5	Haemate HS® + Feiba® S-TIM4	3	2	5	0

Zusammenfassung

Bei Anwendung der oben genannten Präparate über einen Zeitraum bis zu 11 Jahren konnten wir weder eine HBV- und HIV- noch eine HCV-Übertragung nachweisen.

Auch für eine Präparate assoziierte Parvo B 19-Infektion (Ringelröteln) gibt es keinen Anhalt, da die Durchseuchung einem altersentsprechenden Normalkollektiv entspricht.

Die verschiedenen in wässeriger Lösung bei 60 °C 10 bzw. 20 Stunden virusinaktivierten Gerinnungspräparate, die bei 74 unbehandelten Kindern angewandt wurden, garantieren ein Höchstmaß an Virussicherheit.

Literatur

1. Allain JP (1984) Transfusion support for haemophiliacs. Clin Haematol 13:99
2. Klose HJ (1982) Hepatitis als Schicksal des Hämophilie-Patienten. In: Froesner G, Lasch H-G, Lechler E (Hrsg) Plasmaprotein und Virushepatitis. Berlin, Springer, 24–32
3. Schimpf K, Mannucci PM, Kreuz W et al (1987) Absence of hepatitis after treatment with a pasteurized factor VIII concentrate in patients with hemophilia and no previous transfusions. N Engl J Med 316:918
4. Schimpf K, Brackmann HH, Kreuz W et al (1989) Absence of anti-human immunodeficiency virus types 1 and 2 seroconversion after the treatment of Hemophilia A or von Willebrand's disease with pasteurized Factor VIII concentrate. N Engl J Med 321:1148
5. Enders G, Biber M (1990) Ringelröteln – Probleme und Diagnostik. Ärztl Praxis 42, 72:14–15
6. Mortimer PP, Luban NL, Kelleher JF, Cohen BJ (1983) Transmission of serum parvovirus-like virus by clotting-factor concentrates. Lancet II:482

Diskussion

SCHNEWEIS (Bonn):

Wie man mit dieser Hitzeinaktivierung eine DNA zerstören kann, das ist mir allerdings völlig schleierhaft. Es kann ja nicht die DNA inaktiviert werden, so daß die PCR negativ wird. Ich halte es schon für sehr problematisch, ein Parvovirus B 19 mit diesem Verfahren zu inaktivieren; denn Parvovirus gehört zu den stabilsten Viren, die es gibt. Diese Zahlen sind meines Erachtens in erster Linie dadurch bedingt, daß eben Parvovirus B 19 im Plasma außerordentlich selten vorkommt.

KREUZ (Frankfurt):

Sicher, das ist die erste Untersuchung, die ich gefunden habe für eine B 19-PCR. Wir haben die Daten unserer Kinder gezeigt. Ich denke, das ist aussagekräftiger. Da haben Sie völlig recht.

DEINHARDT (München):

Es ist gar keine Frage, daß die Hitzeinaktivierung allein die DNA nicht zerstören würde.

Langzeitbehandlung mit naßerhitztem AHG: Klinische und serologische Beobachtungen

B. ZIEGER, N. NIEDERHOFF, H. BERTOLD, W. WÖLFLE, A. H. SUTOR (FREIBURG)

21 (d.h. 72%) der 29 Hämophilie-Patienten, die an unserer Klinik betreut werden, sind Anti-HIV-negativ. 12 dieser 21 Patienten erhielten ausschließlich naßerhitztes AHG von Beginn ihrer Therapie an, einer von ihnen zusätzlich FEIBA wegen eines Faktor VIII-Inhibitors.

Vor 1982 erhielten die restlichen 9 dieser 21 Patienten nicht-naßerhitzte AHG-Präparate. Später wurden alle mit einem naßerhitzten AHG-Präparat behandelt.

Das Ziel dieser Studie war, die Hepatitis C- und HIV-Serologie unter Behandlung mit naßerhitztem Präparat zu beobachten.

Zusätzlich untersuchten wir hämatologische und biochemische Parameter bei diesen 12 Anti-HIV-negativen Patienten, die ausschließlich mit naßerhitztem AHG-Präparat behandelt wurden.

Auf Tabelle 1 sind in der ersten Spalte die 12 Patienten aufgeführt, die ausschließlich mit naßerhitztem AHG-Präparat therapiert wurden. Sie sind Anti-HIV- und Anti-Hepatitis C-negativ.

In der zweiten Spalte ist die Gruppe der Patienten dargestellt, die vor 1982 mit anderen AHG-Präparaten behandelt wurden. In dieser Gruppe sind 8 Patienten Anti-HIV-positiv und 7 von bisher 9 untersuchten Patienten Anti-Hepatitis C-positiv.

Im folgenden möchte ich nur noch auf die Werte der 12 Patienten eingehen, die ausschließlich mit naßerhitztem AHG-Präparat therapiert wurden und Anti-HIV- und Anti-Hepatitis C-negativ sind.

Tabelle 1. HIV- und Hepatitis C-Serologie der Hämophilie-Patienten, die an unserer Klinik betreut werden

Serologie	Behandlung ausschließlich mit naßerhitztem AHG 12	Behandlung mit anderen AHG-Präparaten 17	total 29
Anti-HIV-negativ	12	9	21
Anti-HIV-positiv	0	8	8
Anti-HCV-negativ	12	2 (von 9)	14
Anti-HCV-positiv	0	7 (von 9)	7

Auf Abb. 1–3 sind die Werte für IgA, IgM und IgG dieser Patienten dargestellt; sie liegen im altersentsprechenden Normbereich.

Die Werte für Transaminasen (Abb. 4 und 5) sind nicht erhöht.

Die Thrombozyten- und Leukozytenwerte, die auf Abb. 6 und Abb. 7 zu sehen sind, zeigen keine Auffälligkeiten. Die Werte für OKT4-/OKT8-Ratio liegen im Normbereich; bei einem Patienten allerdings im unteren Normbereich (Abb. 8).

Die in Abb. 1–8 aufgeführten Werte entsprechen den Mittelwerten aus 3 Untersuchungen während des Behandlungszeitraumes mit naßerhitztem AHG-Präparat.

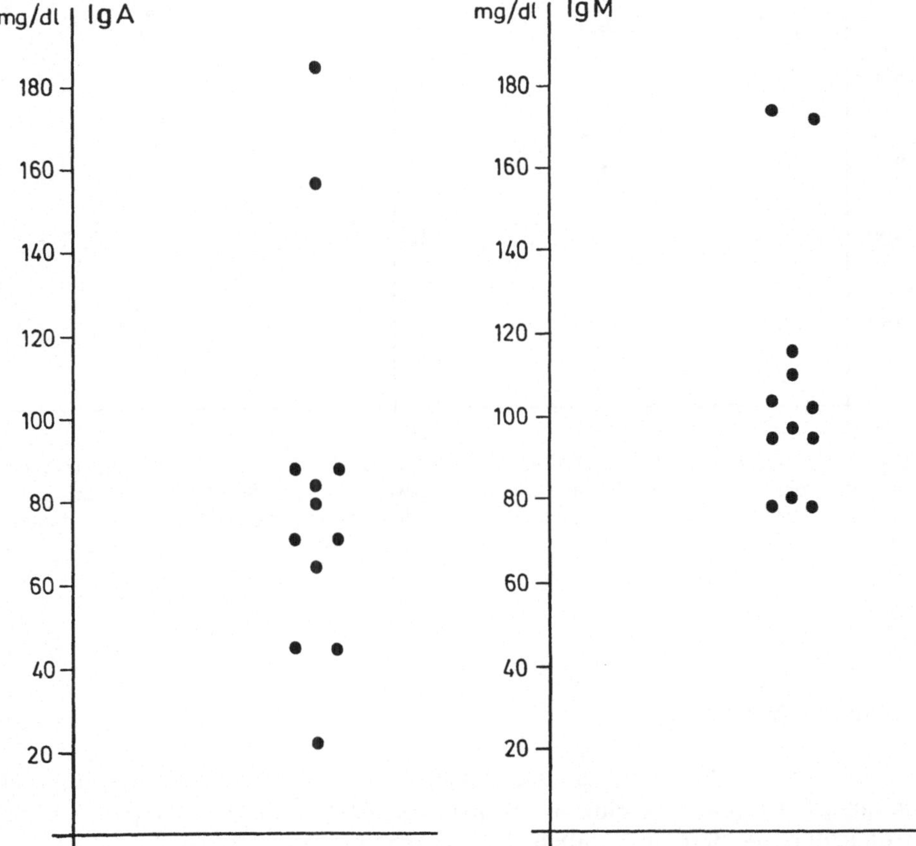

Abb. 1. IgA-Werte der 12 Anti-HIV-negativen Hämophilie-Patienten, die ausschließlich mit naßerhitztem AHG behandelt wurden

Abb. 2. IgM-Werte der 12 Anti-HIV-negativen Hämophilie-Patienten, die ausschließlich mit naßerhitztem AHG behandelt wurden

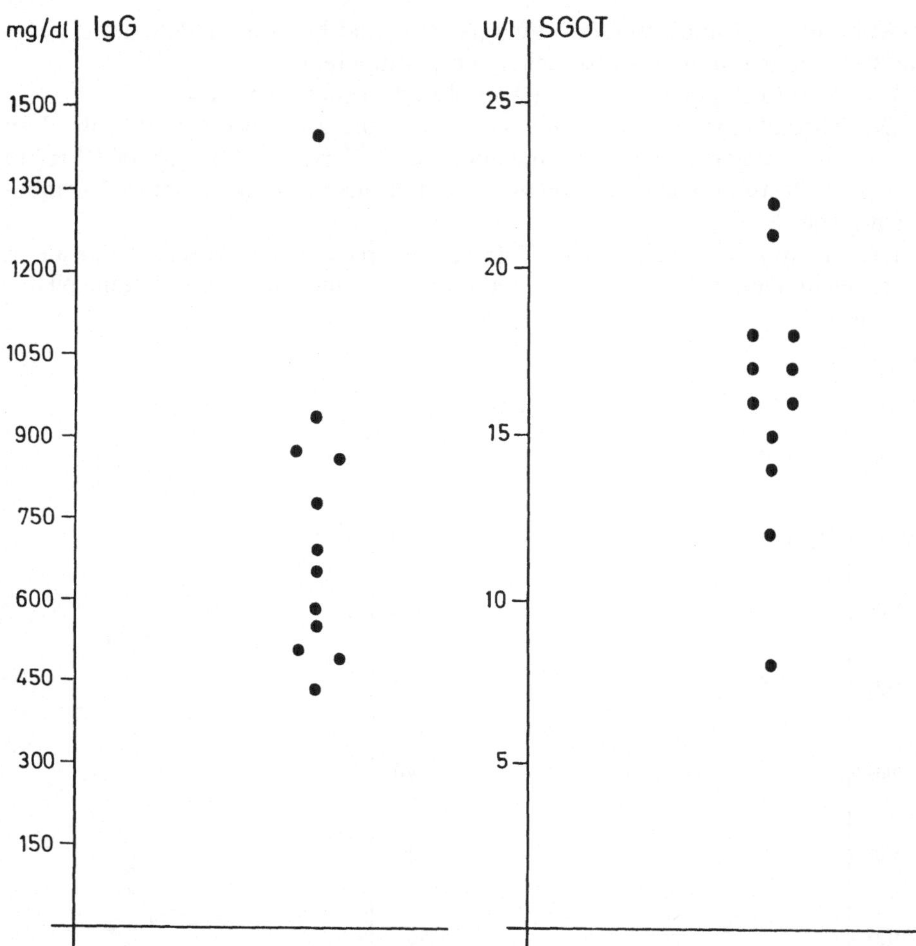

Abb. 3. IgG-Werte der 12 Anti-HIV-negativen Hämophilie-Patienten, die ausschließlich mit naßerhitztem AHG behandelt wurden

Abb. 4. SGOT-Werte der 12 Anti-HIV-negativen Hämophilie-Patienten, die ausschließlich mit naßerhitztem AHG behandelt wurden

Zusammenfassung

Bei keinem der Patienten, die ausschließlich mit einem naßerhitzten Präparat therapiert wurden, war eine Serokonversion bzgl. HIV oder Hepatitis C zu beobachten. Außerdem ergaben die laborchemischen Untersuchungen keine Auffälligkeiten.

Unsere Beobachtungen stimmen mit den von den Arbeitsgruppen Mösseler et al. (1985), Köhler-Vajta et al. (1985) und Kreuz et al. (1985) vorgetragenen Resultaten überein.

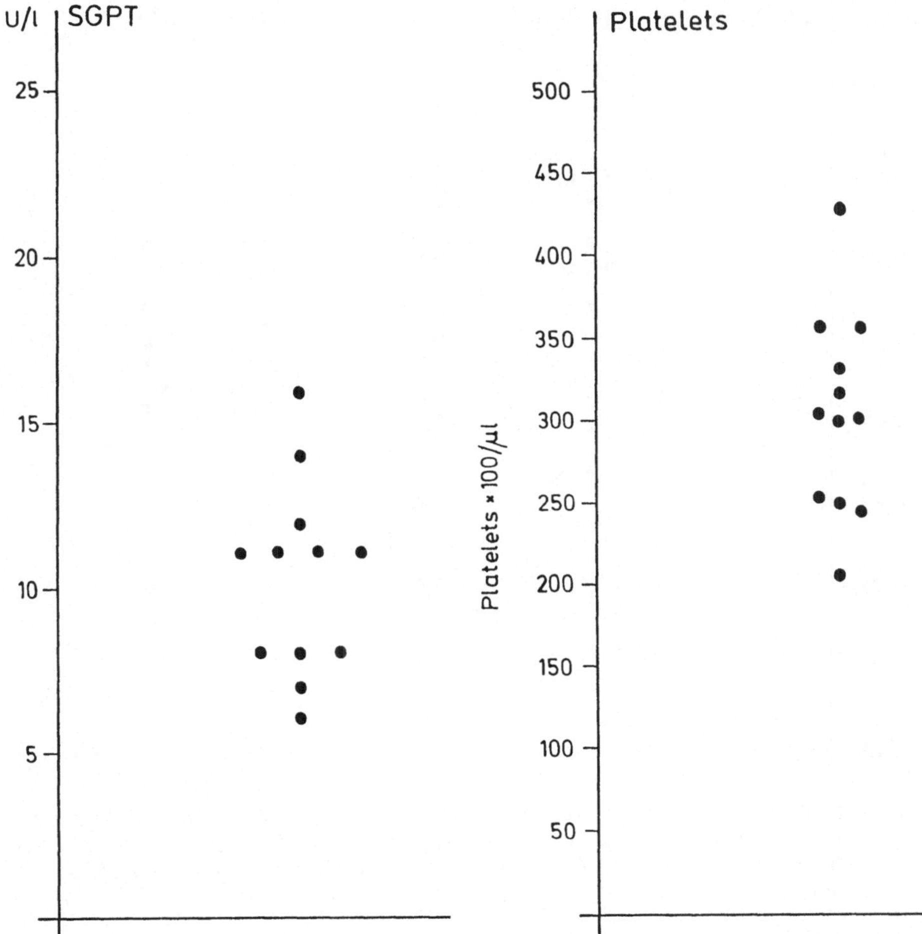

Abb. 5. SGPT-Werte der 12 Anti-HIV-negativen Hämophilie-Patienten, die ausschließlich mit naßerhitztem AHG behandelt wurden

Abb. 6. Thrombozytenwerte der 12 Anti-HIV-negativen Hämophilie-Patienten, die ausschließlich mit naßerhitztem AHG behandelt wurden

Literatur

1. Heimburger N et al (1981) Faktor VIII-Konzentrat, hochgereinigt und in Lösung erhitzt. Drug Res 31:619–622
2. Mösseler J et al (1985) Inability of pasteurized factor VIII preparations to induce antibodies to HTLV-III after long term treatment. The Lancet May 11:1111
3. Köhler-Vajta K et al (1985) Immunologische Untersuchungen und HTLV III-Serologie in pädiatrischem Patientengut. 16. Hämophilie-Symposion, Hamburg 1985, Springer Verlag, S 71
4. Kreuz W et al (1985) Hochdosierte Behandlung mit virusinaktiviertem Faktor VIII-Konzentrat im Kindesalter – Immunologischer Status und negative HTLV III-Serologie – eine 6-Jahres-Studie. 16. Hämophilie-Symposion, Hamburg 1985, Springer Verlag, S 102

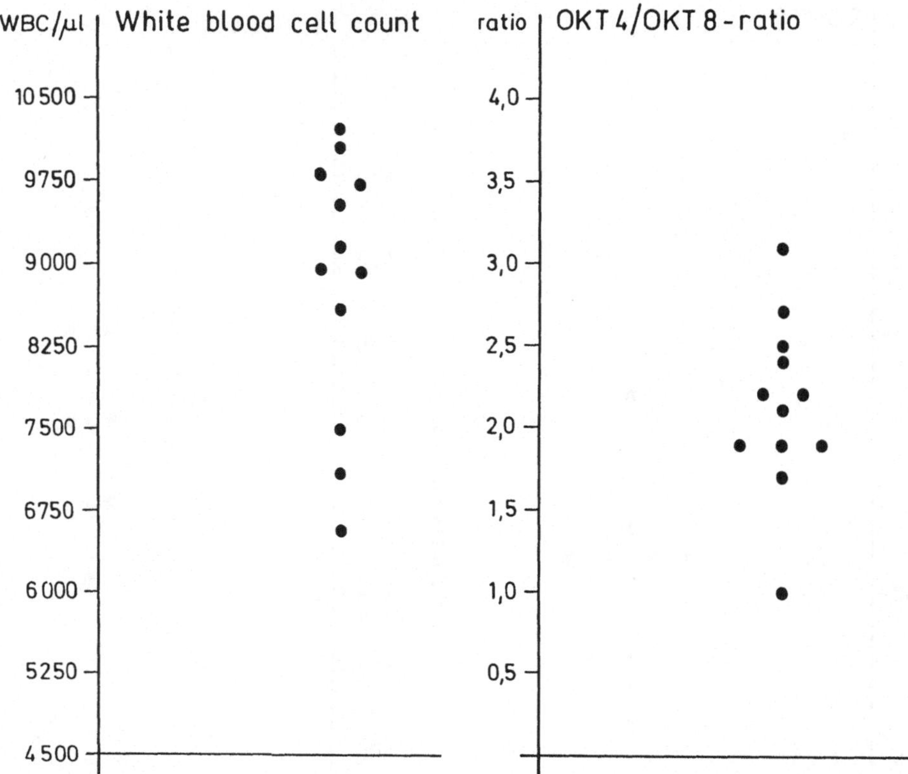

Abb. 7. Leukozytenwerte der 12 Anti-HIV-negativen Hämophilie-Patienten, die ausschließlich mit naßerhitztem AHG behandelt wurden

Abb. 8. OKT4-/OKT8-Ratio der 12 Anti-HIV-negativen Hämophilie-Patienten, die ausschließlich mit naßerhitztem AHG behandelt wurden

Diskussion

DEINHARDT (München):

Als Schlußbemerkung zu diesem ersten Teil des Symposions bleibt mir anzumerken, daß es doch ein großer Gewinn ist, jetzt den ersten Schritt getan zu haben, um Hämophile in der Zukunft vor der Hepatitis Non A/Non B, oder besser jetzt Hepatitis C, gezielter schützen zu können. Die virusinaktivierten Präparate zeigen bereits einen großen Gewinn. Wir sollten das aber weiter überprüfen, denn vom Theoretischen her müßte das Hepatitis C-Virus aufgrund seiner Struktur leichter inaktivierbar sein als das Hepatitis B-Virus.

Bezüglich des Parvovirus sind die Inaktivierungsverfahren, wie Herr Schneweis sagte, sicher nicht ausreichend. Wenn man eine Infektion in bestimmten Fällen überhaupt ausschließen kann, wäre eine Spenderauswahl auf anderer Basis zu treffen. Ich glaube nicht, daß wir hier mit den bisherigen Inaktivierungsverfahren zurechtkommen werden. Das kann aber natürlich weiter geprüft werden, vor allem wenn es in Zukunft möglich sein sollte, das Parvovirus B 19 auch in einem Zellkultursystem zu zeigen, d. h. wenn man die Inaktivierung biologisch direkter nachweisen kann, also nicht nur durch eine PCR oder Hybridisierung.

Ich darf Ihnen und vor allem unseren Veranstaltern jetzt sehr herzlich dafür danken, daß wir die Möglichkeit hatten, den ganzen Fragenkomplex HIV-Infektion und Hepatitis bei Hämophilen zu besprechen. Es sollte jedoch nicht der Eindruck entstehen, daß die Hepatitis B, der nur ein kurzes und sehr gutes Referat von Herrn Jilg gewidmet war, bereits ein abgeschlossenes Kapitel wäre.

II. Nicht-infektiöse Nebenwirkungen von gerinnungsaktiven Plasmapräparaten

Diskussionsleitung:

H. Rasche (Bremen)
Kl. Schimpf (Heidelberg)

Nicht-infektiöse Nebenwirkungen gerinnungsaktiver Plasmapräparate

I. Scharrer (Frankfurt)

Neben den infektiösen Nebenwirkungen dürfen nicht die nicht-infektiösen Risiken vergessen werden.

Generell sollten zur Vermeidung von Nebenwirkungen die „goldenen Regeln" der Transfusionsmedizin beachtet werden: „So wenig, so gezielt, so kompatibel wie möglich" zu behandeln! Eine Übersicht der möglichen Nebenwirkungen zeigt die Tabelle 1. Bei **allergischen Reaktionen** unterscheidet man febrile und anaphylaktoide (Tabelle 2). Febrile Reaktionen entstehen meist durch Alloantikörper gegen Leukozytenantigene. Ursachen anaphylaktoider Reaktionen sind oft Antikörper vom IgE-Typ oder auch Kinine im Präparat.

Bei den febrilen Reaktionen sind Fieber, Tachykardie, bei den anaphylaktoiden Urtikaria und Atembeschwerden die führenden Symptome. Sowohl allergische als auch febrile Reaktionen sind in den letzten Jahren bei der Hämophilietherapie nur noch selten beobachtet worden.

Injektionsbedingte Nebenwirkungen wie Kopfschmerzen und Flush können durch eine Hypervolämie, eine zu hohe Injektionsgeschwindigkeit (normal: 4–5 ml/min) oder durch eine verzögerte Gabe nach Auflösung der Präparate (normal: Infusionsende < 3 Std. nach Auflösung) entstehen.

Hämolysekomplikationen können aufgrund zu hoher Isoagglutinintiter im Präparat auftreten. Es handelt sich meist um ein akutes, bedrohliches Krankheitsbild mit hoher Letalität. Die Patienten klagen in der Regel über retroster-

Tabelle 1. Nichtinfektiöse Nebenwirkungen von Gerinnungspräparaten

* Allergische Reaktionen
* Injektionsbedingte Reaktionen
* Hämolyse
* Immunologische Störungen
* Thrombozytopathie
* Thromboembolische Komplikationen
* Hemmkörper

Gewidmet Herrn Prof. Dr. S. Seidl zum 65. Geburtstag

Tabelle 2. Febrile und anaphylaktoide Reaktionen

	febrile	anaphylaktoide
Ursachen	Allo-AK gegen Leukozytenantigene (Histokompatibilitäts-AG des HLA-Systems)	AK vom IgE-Typ (allerg. Empfänger + AG vom Spender oder nicht allerg. Empfänger + AG + AK vom Spender) IgA-Mangel
Symptome	Fieber, Zyanose, Tachykardie	Pruritus, Urtikaria, Atembeschwerden
Verhütung	Leukozytenarme Präparate	
Therapie	Substitutionsabbruch, Kochsalzinfusionen, Corticosteroide	

nale und Lendenschmerzen, leiden an einem Blutdruckabfall, einer Hämoglobinurie, einer Oligurie und häufig an einer Verbrauchskoagulopathie. Wir beobachteten bei einem 72jährigen Patienten mit erworbenem Hemmkörper gegen F.VIII:C eine massive Hämolysereaktion nach Gabe eines F.VIII-Konzentrates [1].

Der Hämolysenachweis erfolgt mit Hilfe der Bestimmung des direkten Coombs-Testes, des freien Hämoglobins in Plasma und Urin, der LDH- und der Retikulozytenwerte im Blut, sowie der Isoagglutinintiter im Präparat.

Als Therapie empfiehlt sich die sofortige Gabe von Corticosteroiden, Heparin, Hämodialyse und Austauschtransfusionen.

Bei **immunologischen Störungen** unterscheidet man Nebenwirkungen durch zirkulierende Immunkomplexe, durch Immunsuppression, durch Antikörper gegen tierische Proteine oder durch Neoantigene. Der Nachweis zirkulierender Immunkomplexe ist oft sehr schwierig, da einerseits diese leicht dissoziieren, andererseits bisher keine spezifischen Antigen-Teste vorliegen. Daher ist die genaue Häufigkeit nur schwer zu schätzen.

Sie wurden gefunden bei Patienten mit zusätzlichen Nieren- und Lebererkrankungen. Hilgartner [2] berichtete eine Korrelation zwischen dem Auftreten von Immunkomplexen und einer chronischen Synovitis. Der Gehalt an Immunglobulinen in F.VIII-Präparaten oder deren Komplexe wurde als eine Ursache für das Auftreten von Immunkomplexen vermutet. Auch die chronische Antigenstimulation wurde ursächlich angeschuldigt sowie Komplexe aus F.VIII, IgG und Fibrinogen.

Immunsuppressive Wirkungen bedingt durch Fremdproteine gerinnungsaktiver Präparate bei der notwendigen Langzeittherapie wurden in den letzten Jahren häufig diskutiert. Ultrareine Konzentrate enthalten kein Fibrinogen, kein Fibronektin, keine Isoagglutinine und andere Fremdproteine. Die Frage, ob reiner F.VIII besser ist, ist noch nicht geklärt und wird häufig diskutiert. Zahlreiche in-vitro-Studien, wie keine Hemmung der Phagozytose, der Con-A oder PHA stimulierten Transformation der Lymphozyten, der IL-2-Sekretion und der Lectin induzierten Proliferation der Lymphozyten u.a., und in-vivo-

Befunde, wie Abnahme der Haut-Anergie, der Hypergammaglobulinämie und Stabilisierung der Thrombozytopenie und der T_4-Zellen bei HIV-pos. Patienten, weisen daraufhin, daß ultrareine Präparate das Immunsystem möglicherweise weniger beeinflussen [3]. Der Nachweis von immunologischen Störungen bei HIV-negativen Blutern hat dazu geführt, den Effekt in prospektiven klinischen Studien näher zu untersuchen. Dabei soll insbesondere das Verhalten der T_4-Zellen und der Hautteste geprüft werden.

Nach Gabe von Hyate-C® oder nach Gabe von monoklonal gereinigten Präparaten oder rekombinanten Konzentraten sollte regelmäßig nach dem Vorhandensein von Antikörpern gegen tierische Proteine gesucht werden. Bisher sind nach Gabe der beiden letztgenannten Präparate keine Antikörperanstiege oder neue Antikörper im Blut der Patienten entdeckt worden.

Eine weitere immunologische Gefahr wurde in dem möglichen Auftreten von Neoantigenen vermutet. Eine Proteindenaturierung, z. B. durch verschiedene Inaktivierungsmethoden, könnte diese induzieren. Bisher gibt es jedoch noch keine Hinweise für die Entstehung von Neoantigenen nach Gabe von hitzeinaktivierten Gerinnungspräparaten.

Thrombozytenfunktionsstörungen sind insbesondere nach Gabe von fibrinogenreichen Präparaten berichtet worden. Bei Blutungen trotz Normalisierung der plasmatischen Gerinnung sollte ursächlich auch an eine Thrombopenie und/oder Thrombozytopathie gedacht werden.

Thromboembolische Reaktionen wurden nach Gabe von PPSB-Präparaten bei der Behandlung von Hemmkörper- oder Hämophilie B-Patienten, besonders nach orthopädischen Operationen, bei schwerer Leberzirrhose, bei Kombination mit Antifibrinolytika oder bei Gefäß- oder Tumorerkrankungen beschrieben. Das Auftreten von Thrombosen, Lungenembolien, Herzinfarkten oder Verbrauchskoagulopathien führte 1974 zu der Empfehlung der ISTH, den Präparaten 5–10 E Heparin/ml zuzusetzen. Trotz dieser Änderung sind auch in den letzten beiden Jahren noch zahlreiche Komplikationen beobachtet worden [4, 5, 6, 7, 8, 9, 10, 11, 12, 13, 14, 15, 16, 17, 18, 19, 20, 21, 22, 23, 24, 25]. Ursächlich werden aktivierte Faktoren, Thrombozytenfragmente und die Dysbalance zwischen Protein C und Protein S gegenüber dem Überwiegen der anderen Vitamin K-abhängigen Faktoren II, VII, IX und X in einigen Präparaten verantwortlich gemacht. Als Konsequenz daraus ergeben sich eine strenge Indikationsstellung und die zusätzliche Gabe von AT III zu jeder PPSB-Applikation. Weiterhin sollten z. B. Feiba und Tranexamsäure oder Feiba und DDAVP nicht gleichzeitig, sondern wenn nötig in einem Intervall von 6–8 Stunden verabreicht werden.

Das schwierigste Problem nach Gabe von Gerinnungspräparaten ist das Auftreten von **Hemmkörpern.** Am häufigsten sind F.VIII-Hemmkörper, die in etwa 10–15 % der behandelten Bluter auftreten. Sie traten bisher nach jedem angewandten Konzentrat auf. Konzentratabhängige Unterschiede in der Häufigkeit sind bisher noch nicht systematisch untersucht worden. Für eine realistische Rate der Hemmkörperhäufigkeit müssen unter allen Konzentraten systematische Kontrollen im Verlauf durchgeführt werden, da bekannt ist, daß Titerhöhen im Verlauf schwanken und niedrige Titer spontan verschwinden können. Meist leiden die Patienten an einer schweren Hämophilie. Nach dem

Verhalten der Titer unterscheidet man sog. low und high responder, low responder mit einem Bethesda-Titer unter 5 E und keinem weiteren Anstieg nach Gabe von Präparaten und high responder mit einem Titer über 5 E und einem deutlichen Anstieg nach F.VIII Konzentrat-Gabe. Die Expositionszeit, nach der ein Inhibitor auftritt, wird sehr unterschiedlich angegeben. Häufig werden 50–100 Tage als Mindestexpositionszeit berichtet.

66% der Hemmkörper treten vor dem Alter von 20 Jahren auf, damit häufiger im Kindesalter.

Genetische Faktoren (HLA-DR) wurden ursächlich diskutiert, da Inhibitoren erstaunlich häufig bei Brüdern und/oder Familien mit mehreren Hämophilen auftreten.

Biochemisch gesehen gehören F.VIII-Hemmkörper meist zur Klasse der IgG_4 Immunglobuline. Epitopen am F.VIII-Molekül sind nach den Untersuchungen von FULCHER [26] die Angriffspunkte für Thrombin, das 44 kd, das 72 kd und das 54 kd Thrombinfragment. Bei einigen Inhibitoren wechselte der Angriffspunkt des Inhibitors am F.VIII-Molekül im Verlauf der Erkrankung. Hemmkörper gegen F.IX treten wesentlich seltener auf. Nur etwa 1% der Hämophilie B-Patienten sollen einen Inhibitor entwickeln.

Neben den erwähnten Risiken der Hämophilietherapie soll noch auf Nebenwirkungen anderer derzeit (November 1990) am häufigsten angewandten hämostaseologischen Präparate eingegangen werden, Risiken durch Fresh Frozen Plasma (FFP), Antithrombin III (AT III) und Thrombozytenkonzentrate.

FFP wird häufig als Globaltherapie zur Behebung eines Faktoren- und Inhibitorendefizits angewandt. Es ist frisch gefrorenes Plasma, das innerhalb von 6 Stunden kerngefroren ist und eine Aktivität der lagerungslabilen Faktoren V und VIII von etwa 80% aufweist. Die Testung auf das Infektionsrisiko geschieht im Ausgangsblut während der ersten 24 Stunden. Eventuell kontaminierte Präparate werden nachträglich verworfen. Die Nebenwirkungen bestehen bei internistischen multimorbidem Krankengut in Hypervolämie, bei Niereninsuffizienz in Eiweißüberladung sowie in allergischen Reaktionen.

Bei der Verabreichung von **AT III-Konzentraten** ist auf eine sorgfältige Kontrolle der Werte zu achten, da die Halbwertszeit abhängig von der Grunderkrankung erheblich variieren kann. So ist bei Patienten ohne Verbrauchskoagulopathie mit einem Anstieg von etwa 1,5% AT III/kg Körpergewicht und einer Halbwertszeit von 10–19 Stunden zu rechnen. Bei Vorliegen einer Verbrauchskoagulopathie dagegen betragen Aktivitätsanstieg und Halbwertszeit nur etwa die Hälfte. Außerdem kann es bedingt durch die sog. Heparinresistenz bei Patienten mit AT III-Mangel nach Verabreichung hoher Heparindosen und gleichzeitiger Gabe von AT III-Konzentrat zu einer Blutungsneigung aufgrund ausgeprägter Heparinwirkung kommen.

Nach Gabe von **Plättchenkonzentraten** ist das Hauptrisiko die Entwicklung der Iso- oder Alloantikörper. Thrombozytenzahlen sollten 1, 6 und 24 Stunden nach Gabe kontrolliert werden. Die geschätzte Sensibilisierung bei Einzelspendern ist ca. 15%. Indikationen sind thrombozytopenische Blutung, Blutungsprophylaxe bei einer Zahl von weniger als 7500–20000/µl (je nach klinischer Situation) und Blutungen bei Thrombozytopathien. Allerdings sind sie hier nur bei bedrohlichen Blutungen gerechtfertigt, da die Patienten mit kongenitalen

Thrombozytopathien, Isoantikörper gegen Glykoproteine IIb/IIIa bzw. Ib bilden können und dann gegen alle Thrombozyten refraktär sind. Eine Einheit enthält in der Regel 0,6 × 10^{11} Plättchen, aber auch 1 × 10^{8} Lymphozyten, die bei stark geschwächten Empfängern eine Graft-Versus-Host-Reaktion auslösen können. 1 Einheit in einem 70 kg schweren Patienten erhöht die Zahl um etwa 5–10 × 10^{9}/l. In der Regel sind 6 E erforderlich. Im optimalen Fall soll die Halbwertszeit bis zu 4 Tage betragen.

Für onkologische Patienten werden in der Regel nur Thrombozytenkonzentrate verwendet, die mit dem Zellseparator gewonnen wurden und HLA-typisiert sind.

Da die Antikörper vorwiegend Leukozyten-Antikörper sind, werden durch Leukozytenfilter gewonnene, leukozytenarme Randomplättchen-Konzentrate die zukünftige Therapie sein.

Bei einer geringen Recovery muß ursächlich auch an eine Infektion, eine Splenomegalie sowie insbesondere an Einflüsse bei der Herstellung und der Lagerung gedacht werden. Letztere können eine ganz erhebliche Fehlerquelle bedeuten.

Die **Beachtung der Lagerart und -dauer** sowie der Dosierungsrichtlinien sind Grundvoraussetzungen zur Vermeidung von Nebenwirkungen aller hämostaseologischen Präparate.

Der **derzeitige Stand der Hämophilietherapie** ist risikoarm, aber noch nicht risikolos. Er ist optimiert, aber noch nicht optimal.

Er wurde erreicht durch die Entwicklung ultrareiner intensiv virusinaktivierter Plasmapräparate und rekombinanter F.VIII-Konzentrate sowie durch die Möglichkeit der Lebertransplantation bei zusätzlichen schweren Hepatopathien. Perspektiven der Hämophilietherapie (Tabelle 3) sind noch reinere Präparate, modifizierte rekombinante Konzentrate, Teillebertransplantationen, Implantation von Hepatozyten, Gentherapie sowie die Kombination mit Tissue-Faktor. Mit diesen Perspektiven könnte möglicherweise in den nächsten Jahren eine nebenwirkungsärmere Therapie erzielt werden.

Tabelle 3. Zukünftige Perspektiven der Hämophilietherapie der 90er Jahre

* Ultrahochgereinigte, intensiv virusinaktiv. Plasmapräparate
* Rekombinante F.VIII-Konzentrate
  → konventionelle Substitution, Prophylaxe
  → Mutanten des F.VIII-Moleküls
* Lebertransplantationen
  → konventionelle orthotopische Transplantation
  → Teilleber-Transplantation
* Implantation von humanen Hepatozyten
* Gentherapie
  → transformierte Fibroblasten in einer geänderten Matrix
  → andere Arten der Genmanipulation
* Zusätzliche Gabe von „Tissue Factor“

Literatur

1. Hach-Wunderle V, Teixidor D, Zumpe P, Kühnl P, Scharrer I (1989) Anti-A in factor VIII concentrate: a cause of severe hemolysis in a patient with acquired factor VIII:C antibodies. Infusionstherapie 16:100–101
2. Hilgartner M (1984) Antigen-antibody complexes in hemophilia. Scand J Hematol 33:335
3. Levine PH (1986) Communication, Symp. Recent Advances in Hemophiliacs. Royal College of Physicians, Edinburgh, October 9 to 10
4. Blatt PM, Lundblad RL, Kingdon HS, McLean G, Roberts HR (1974) Thrombogenic materials in prothrombin complex concentrates. Ann Int Med 81:766
5. Kasper CK (1975) Thromboembolic complications. Thromb Diath Hemorrh 33:640
6. Cederbaum AI, Blatt PM, Roberts H (1976) Intravascular coagulation with use of human prothrombin complex concentrates. Annals of Int Med 84:683–687
7. Schimpf K, Zimmermann K, Kömpf B (1976) DIC and postoperative wound bleeding under factor IX substitution therapy in a case of hemophilia B. Thromb Res 8:65–70
8. Davey RJ, Shashaty GG, Rath CE (1976) Acute coagulopathy following infusion of prothrombin complex concentrate. Am J Med 60:719
9. Aledort LM (1977) F.IX and thrombosis. Scand J of Hematology, Suppl No 30:40–42
10. Stenbjerg S, Jörgensen J (1977) Disseminated intravascular coagulation and infusion of factor-VIII-inhibitor bypassing activity. Lancet i:360
11. Campbell EW, Neff S, Bowdler AJ (1978) Therapy with factor IX concentrate resulting in DIC and thromboembolic phenomena. Transfusion 18:94
12. Machin SJ, Miller BR (1978) Thrombosis and factor IX concentrate. Lancet i:1367
13 Jones P (1978) Thrombosis and factor IX concentrates. Lancet:156
14. Fukui H, Fujimura Y, Takahashi Y, Mikami S, Yoshioka A (1981) Laboratory evidence of DIC under FEIBA treatment of a hemophilic patient with intracranial bleeding and high titre factor VIII inhibitor. Thromb Res 22:177
15. Agrawal BL, Zelkowitz L, Hletku P (1981) Acute myocardial infarction in a young hemophiliac patient during therapy with factor IX concentrate and epsilon aminocaproic acid. J Pediatr 98:931
16. Kapser CK (1981) Management of inhibitors to factor VIII. Prog Hematol 12:143–163
17. Schimpf K, Zeltsch C, Zeltsch P (1982) Myokardial infarction complicating activated prothrombin complex concentrate substitution in a patient with hemophilia A. Lancet ii:1043
18. Small M, Lowe GDO, Douglas JT, Forbes CD, Prentice CRM (1982) Factor IX thrombogenicity: in vivo effects on coagulation activation and a case report of disseminated intravascular coagulation. Thromb Hemostasis 48:76
19. Rodeghiero F, Menache D, Roberts HR (1982) Disseminated intravascular coagulation after infusion of FEIBA (factor VIII inhibitor bypassing activity) in a patient with acquired hemophilia. Thromb Hemostas 48:339
20. Gruppo RA, Bove KE, Donaldson VH (1983) Fatal myocardial necrosis associated with prothrombin complex concentrate therapy in hemophilia A. N Engl J Med 304: 242
21. Lusher JM, Eyster ME, Hilgartner MW (1984) Panel discussion on the treatment of patients with factor VIII inhibitors. Progr Clin Biol Res 150:323–335
22. Lusher JM (1985) Replacement therapy for congenital and acquired disorders of blood coagulation: Available products. In: Concepts in Transfusion Therapy, edited by G. Garray, 27–29. American Association of Blood Banks, Arlington, VA
23. Beard J, Savidge GF, Seghatchian MJ (1989) Nonviral complications of factor replacement in hemophilia and von Willebrand's disease. In: Seghatchian MJ, Savidge GF (eds) Factor VIII – von Willebrand Factor. CRC Press Inc, Boca Raton, Florida, 269–280
24. Lusher, JM (1983) Management of hemophiliacs with inhibitors. In: Hilgartner M, Pochedly C (ed) Hemophilia in the child and adult. Ravon Press, Ltd, New York, 121–136

25. Chistolini A, Mazzucconi MG, Tirindelli MC, La Verde G, Ferrari A, Mandelli F (1990) Disseminated Intravascular coagulation and myocardial infarction in a hemophilia B patient during therapy with prothrombin complex concentrates. Acta Hematol 83:163–165
26. Fulcher CA, Zimmerman TS (1989) Immunochemistry of factor VIII. In: Zimmerman TS, Ruggeri ZM (ed) Coagulation and bleeding disorders. Marcel Dekker, Inc New York, 47–58

Diskussion

Lechler (Köln):

Frau Scharrer, Sie haben bei der Verabreichung von Prothrombinkomplex-Präparaten angedeutet, daß man eventuell thromboembolische Komplikationen durch die zusätzliche Gabe von Antithrombin vermeiden könnte, eine allgemein übliche und verständliche Empfehlung. Wissen Sie, ob es irgendeine Dokumentation dafür gibt?

Frau Scharrer (Frankfurt):

Studien liegen dafür nicht vor. Klinische Erfahrungen, auch unsere eigenen, weisen darauf hin.

Lechler (Köln):

Ich gebe diese Empfehlung auch, wenn ich gefragt werde und man besonders vorsichtig sein will. Aber man muß sich darüber im klaren sein, daß man eine Therapie empfiehlt, die erheblich teurer ist und daß man dafür nichts Dokumentiertes vorweisen kann.

Eibl (Wien):

Sie haben auf clinical trials mit monoklonal gereinigten und rekombinanten Faktor VIII-Konzentraten hingewiesen. Welches Faktor VIII-Reagenz ist zur Bestimmung des Inhibitors verwendet worden? Bei der Bestimmung von Bethesda-Einheiten wird ein Faktor VIII-Präparat als Reagenz eingesetzt. War dieses ein monoklonal gereinigtes, ein rekombinantes oder ein natürliches?

Frau Scharrer (Frankfurt):

Beide Firmen, die rekombinante Präparate herstellen, haben sich dieser kritischen Frage gestellt und jetzt auch nachträglich die rekombinanten Präparate dafür eingesetzt.

Eibl (Wien):

Wurden die Ergebnisse, die Sie gezeigt haben, mit den rekombinanten Präparaten ermittelt?

FRAU SCHARRER (Frankfurt):

Ja.

SCHIMPF (Heidelberg):

Ich habe eine ähnliche Frage wie Herr Lechler. Sie haben empfohlen, Tranexamsäure oder DDAVP nicht zusammen mit Prothrombinkomplex-Präparaten zu geben, sondern in 6-stündigem Abstand. Ist das eine theoretische Forderung, die man sehr gut verstehen kann, oder gibt es auch klinische Studien, die das belegen?

FRAU SCHARRER (Frankfurt):

Klinische Studien kenne ich nicht, aber es liegen veröffentlichte Kasuistiken vor.

BEESER (Freiburg):

Zur Verbesserung der Lagerzeiten von Thrombozyten ist noch zu sagen, daß es inzwischen Folien gibt, die gasdurchlässig sind. Deren Verwendung ermöglicht Lagerzeiten bis zu 5 Tagen.

RASCHE (Bremen):

Ist das tatsächlich so? Es gibt Kritiker, die behaupten, daß die Wirksamkeit dieser Folien nur in Blutbanken, aber nicht bei klinischer Prüfung gefunden wird.

BEESER (Freiburg):

Auf diese Diskussion sollten wir uns jetzt nicht einlassen. Wir würden heute in einem Klinikum mit einer großen hämato-onkologischen Abteilung und mit Knochenmarkstransplantationen ohne diese Technik überhaupt nicht die Versorgung sicherstellen können. Die Erfahrungen unserer Kliniker mit diesen Präparaten sind gut. Ich muß dazu sagen: Die meisten dieser Präparate sind natürlich schon ausgegeben, bevor sie 5 Tage gelagert worden sind.

FRAU SCHARRER (Frankfurt):

Das gleiche kann ich auch aus Frankfurt berichten. Wir haben diese Präparate jetzt im Blutspendedienst.

KREUZ (Frankfurt):

Kinder mit akuter lymphoblastischer Leukämie und Thrombozytenzahlen unter 10000 sind durch Hirnblutungen bedroht, so daß man ab einem bestimmten Wert prophylaktisch Thrombozyten geben muß. Würden Sie diese Grenze auch bei 10000 sehen?

FRAU SCHARRER (Frankfurt):

Klare Antwort: Ja.

EGLI (Bonn):

Sie haben von einer Hemmkörperhäufigkeit von 15% gesprochen. Waren das low und high responder zusammengenommen? Der Anteil der high responder liegt in Bonn bei 5–6%. Ist dieser niedriger als allgemein angenommen wird?

SCHIMPF (Heidelberg):

Diese Zahlen befriedigen nicht, weil sie auf Prävalenzuntersuchungen beruhen. Die einzige prospektive Studie wurde in Wien durchgeführt und hat eine Häufigkeit von etwa 25% ausgewiesen.

FRAU PABINGER-FASCHING (Wien):

20–25%, wenn man prospektiv untersucht.

FRAU SCHARRER (Frankfurt):

Das würde ich auch annehmen. 5% erscheinen mit sehr gering. 15% sind so der Durchschnitt in der Literatur.

SCHIMPF (Heidelberg):

Das sind Prävalenzen und keine Inzidenzen. Das muß man immer berücksichtigen. Die Zahlen, die in der Literatur allgemein angegeben werden, sind offensichtlich zu niedrig, weil außer in Wien niemand prospektiv untersucht hat.

FAU SCHARRER (Frankfurt):

Ich hatte gesagt, daß systemische Untersuchungen fehlen, und das bezog sich vor allem auch darauf, daß diese nicht bei allen Konzentraten gemacht worden sind.

ZIMMERMANN (Heidelberg):

Ich habe noch eine Frage zur Heparinapplikation bei hochdosierter Faktor IX-Behandlung. Wie verabreichen Sie Heparin? Es gibt ja verschiedene Möglichkeiten, Dauertropfinfusion, subkutan, konventionelles Heparin, niedermolekulares Heparin, hängt das vom operativen Eingriff ab? Können Sie dazu noch etwas sagen?

Frau Scharrer (Frankfurt):

Wir verabreichen Heparin in der Regel unter PPSB-Applikation nur bei erworbenen hämorrhagischen Diathesen. Bei den angeborenen sind wir eher zurückhaltend. Wir neigen jetzt dazu, niedermolekulares Heparin einmal pro Tag zu verabreichen.

Eibl (Wien):

Herr Prof. Schimpf, als Co-Chairman der internationalen Studie über virusinaktivierte konventionelle Faktor VIII-Konzentrate bei virginellen Patienten möchte ich Sie fragen, wie häufig Inhibitoren aufgetreten sind?

Schimpf (Heidelberg):

Bei diesen Studien bisher keine. Das waren Studien sowohl mit pasteurisierten als auch dampfsterilisierten Präparaten. Diese Patienten sind natürlich noch nicht bis zu 100 Injektionen untersucht worden, und man wird sicher noch bis zur endgültigen Beurteilung eine Weile brauchen. Von besonderem Interesse dabei ist, daß nach klinischen Erfahrungen bei ganz jungen Kindern Hemmkörper relativ früh auftreten können.

Scheel (Leipzig):

Ich möchte noch einmal auf PPSB und AT III zurückkommen. Wenn man unterstellt, daß der AT III-Spiegel bei den Patienten normal ist, könnte man dann nicht allein mit Heparin auskommen, z. B. bei einer höheren PPSB-Gabe?

Eine zweite Frage möchte ich noch anschließen, bei Patienten mit einer Hämophilie B, die operiert werden, haben wir nach Substitution trotzdem heparinisiert, weil wir davon ausgingen, daß der Patient in einen normalen Zustand hineinkommt, in dem auch einmal natürlicherweise eine Thromboembolie auftreten kann.

Frau Scharrer (Frankfurt):

Beiden Fragen kann man zustimmen. Unter PPSB-Applikation kann man eine Heparin-Prophylaxe durchführen. Die AT III-Zugabe habe ich nur zur Prophylaxe der Verbrauchskoagulopathie empfohlen. Nebenbei bemerkt, hat eine Heparin-Therapie aber auch den Nachteil, daß Messungen der Gerinnungswerte dabei verfälscht werden.

Zur Thrombogenität von Prothrombinkomplexkonzentraten

G. DORNHEIM, H. P. KLÖCKING, R. WULKOW, H. STORCH, G. TÖPFER
(Suhl, Erfurt, Görlitz)

Zusammenfassung

Prothrombinkomplexkonzentrate wurden aus Humanzitratplasma nach Kryopräzipitation des Faktor VIII durch Adsorption an zwei DEAE-Anionenaustauschern unterschiedlicher Korngröße vom Dextrantyp hergestellt.

Das thrombogene Potential (NaPTT, TG_{t50}, Stasemodell nach WESSLER) des durch Adsorption an DEAE-Sephadex A-50 (Korngröße 40–120 μm, Pharmacia Uppsala) hergestellten PKK ist signifikant höher als das des mit Molselect DEAE-50 (Korngröße 100–320 μm) erhaltenen.

Einleitung

Die Therapie angeborener und erworbener Mangelzustände mit Prothrombinkomplexkonzentraten ist mit der Gefahr thrombogener Komplikationen verbunden. Mit der Herstellung von hochgereinigten Faktor IX-Konzentraten mit wesentlich verminderter Thrombogenität [16] konnte dieses Risiko auch bei hochdosierter Anwendung bei Hämophilie B-Patienten verringert werden.

Der indikationsgerechte Einsatz von kompletten Prothrombinkomplexkonzentraten in der Therapie komplexer Störungen der Hämostase, z. B. bei der Verlust- oder Verbrauchskoagulopathie oder bei Lebererkrankungen mit einem möglicherweise höheren Thrombogenitätsrisiko ist eingeschränkt, solange diese Präparate als potentiell thrombogen gelten.

Material und Methoden

Die Isolierung des Prothrombinkomplexes erfolgte aus ACD-Plasma nach Abtrennung des Faktors VIII durch Kryopräzipitation an Anionenaustauschern vom Dextrantyp zwischen 4° und 15 °C innerhalb von 5–6 Stunden [4, 7–9].
Adsorptionsmittel:

Präparat A: DEAE-Sephadex A-50, Korngröße 40–120 μm, Pharmacia Uppsala, 1,1 g/l Plasma;

Präparat B: Molselect DEAE-50, Korngröße 100–320 μm, Reanal Budapest, 1,1–1,4 g/l;

Präparat C: Molselect DEAE-50, Korngröße 50–100 μm, 1,1 g/l.

Die Bestimmung der nichtaktivierten partiellen Thromboplastinzeit nach KINGDON [12] wurde durch Vorinkubation der PKK-Verdünnung mit dem partiellen Thromboplastin (3 min 37 °C) modifiziert, um die gesamte mit der Methode erfaßbare prokoagulatorische Aktivität zu bestimmen [13]. Ähnlich der NaPTT wurde auch der Einfluß von PKK auf die aktivierte partielle Thromboplastinzeit (aPTT) bestimmt und als Quotient aPTTR angegeben.

Die in-vivo-Thrombogenitätsprüfung erfolgte am Stasemodell nach WESSLER an Ratten. Die Auswertung erfolgte als Durchschnittswert nach der differenzierten Punktebewertung bzw. durch Ermittlung der mittleren effektiven Dosis (ED_{50}) unter Zugrundelegung der Kriterien der Thrombusbildung ja oder nein [13].

Ergebnisse

Ausgangspunkt unserer Untersuchungen waren widersprüchliche Ergebnisse der Thrombogenitätsprüfungen eines Heparin enthaltenden, durch Adsorption an DEAE-Sephadex A-50 hergestellten PKK (Tabelle 1). Das durch in-vitro-

Tabelle 1. Thrombogenes Potential von PKK

Adsorptionsmittel:	DEAE-Sephadex A-50, Korngröße 40–120 µm		
Heparin:	ca. 8–10 IE/ml Lösevolumen		
			Kritischer Wert
NaPTTR	Inkub. I	0,59 ± 0,08	<0,5
n = 50	Inkub. II	0,50 ± 0,07	
TG_{t50} (min) n = 50		4,6 ± 1,0	<10
Stasemodell nach WESSLER			
ED_{50}	175 (100–289) Einh. Faktor IX/kg		<100
differenzierte Punktebewertung			>2,0
			Durchschnitt
	100		0,16
	150		0,50
	300		0,83
	600		1,67
Nicht-Stasemodell			
	125 Einh. Faktor IX/kg		o.B.
	250 Einh. Faktor IX/kg		Hämostasestörung 4,5 h nach Applikation

Untersuchungen (NaPTT, TG_{t50}) bestimmte thrombogene Potential liegt in einem kritischen Bereich, während im Stasemodell nach WESSLER eine relativ geringe Thrombogenität nachgewiesen wurde [13]. Von KLÖCKING wurde nachgewiesen, daß die in-vivo-Thrombogenität von PKK durch Heparin, Hirudin und andere Inhibitoren dosisabhängig gesenkt werden kann. Dabei führte der Zusatz der Inhibitoren zum Präparat oder eine Vorbehandlung der Tiere zu vergleichbaren Ergebnissen [14].

Weitere tierexperimentelle Untersuchungen sollten deshalb mit heparinfreien Präparaten durchgeführt werden.

In den Präparaten A und B sind die Faktoren II, IX und X in etwa der gleichen Konzentration enthalten. Die Ausbeute in der Gruppe B ist jedoch etwas niedriger. Das ist eine Folge der höheren Restaktivität (bis 15%) der Faktoren II, IX und X im Plasma nach der Adsorption. Auffallend sind die höhere spezifische Aktivität (ca. 2 Einh. Faktor IX/mg Protein) sowie der höhere Faktor VII-Gehalt bei allerdings gleichem Verhältnis der Aktivitäten von Faktor VIIa/VII in der Gruppe B (Tabelle 2). Die Parameter der in-vitro-Thrombogenität liegen in der Gruppe B (Tabelle 3) deutlich über den allgemein akzeptierten Grenzwerten [19, 20] der Tabelle 1. Diese Grenzwerte werden in der Gruppe A für die nichtaktivierte partielle Thromboplastinzeit gerade eben erreicht, in der TG_{t50} liegen sie deutlich darunter. Die Präparate der Gruppe C liegen in ihrem thrombogenen Potential zwischen A und B. Signifikante Unterschiede ($p < 0{,}01$) ergab die vergleichende Untersuchung der Präparate A und B im Stasemodell nach WESSLER (Abb. 1 und 2). Die ED_{50} (mittlere effektive Dosis mit Thrombusbildung bei 50% der Versuchstiere) beträgt für das Präparat A 15 (10–23) Einh. Faktor IX/kg. Das Präparat B ist deutlich weniger thrombogen, die ED_{50} liegt bei 210 (150–298) Einh. Faktor IX/kg.

Auch die Beurteilung der Thrombogenität durch die differenzierte Punktebewertung (Beurteilung der Thrombusgröße und Häufigkeit) bestätigt diese Unterschiede (Abb. 2). Der kritische Wert >2 (Tabelle 1) ist bei dem Präparat A bereits bei 25 Einh. Faktor IX/kg, bei dem Präparat B dagegen erst bei einer Dosierung zwischen 200 und 400 Einh. Faktor IX/kg überschritten. Das thrombogene Potential der PKK ist u. a. auch vom Thrombozytengehalt im Ausgangsmaterial abhängig (Tabelle 4). Führt man die Adsorption des Prothrombinkomplexes bei Gegenwart von Heparin durch, kann die Thrombogenität trotz des relativ hohen Thrombozytengehaltes von im Mittel 29 GPT/l im Plasma auch mit DEAE-Sephadex A-50 (Korngröße 40–120 μm) gesenkt werden. Eine weitere Verringerung der Thrombogenität wird durch einen Zusatz von Heparin und Antithrombin III bei der Freisetzung des Prothrombinkomplexes erreicht (Tabelle 4).

Diskussion

Bisher wurde in den PKK keine Substanz nachgewiesen, die allein für die thrombogenen Nebenwirkungen verantwortlich wäre. Als mögliche Ursachen gelten aktivierte Gerinnungsfaktoren XIIa, Xa, IXa, VIIa [1, 12, 16, 17, 18,

Tabelle 2. Abhängigkeit der Zusammensetzung von Prothrombinkomplexkonzentraten vom Typ des eingesetzten Adsorptionsmittels

		„A“ X ± SD/n = 7	„B“ X ± SD/n = 7	„C“ X/n = 2
Faktor II	Einheiten/TE	434 ± 41	373 ± 52	590
	Spez. Aktivität	1,44 ± 0,13	2,04 ± 0,12	3,17
	Ausbeute rel. %	100	75	109
Faktor X	Einheiten/TE	416 ± 28	353 ± 42	515
	Spez. Aktivität	1,38 ± 0,08	1,94 ± 0,15	2,76
	Ausbeute rel. %	100	74	99
Faktor IX	Einheiten/TE	373 ± 35	347 ± 58	440
	Spez. Aktivität	1,24 ± 0,10	1,91 ± 0,29	2,36
	Ausbeute rel. %	100	81	94
Faktor VII	Einheiten/TE	76 ± 22	167 ± 22	150
	Verhältnis VIIa/VII	6,8 ± 1,3	5,5 ± 0,8	11,1
Menge Eluat/Charge		220 ± 10,0	194 ± 11,8	168,0
Anzahl TE/Charge		29,9 ± 1,1	26,1 ± 1,7	24
Protein mg/TE		301 ± 14	182 ± 19	186
Chlorid mmol/l		187,9 ± 6,9	254,7 ± 19,4	293
pH		7,04 ± 0,13	6,92 ± 0,12	7,06
Elektrophorese rel. %				
Präalbumin		–	7,6 ± 3,8	2
Albumin		–	16,2 ± 2,9	–
α_1/α_2-Globulin		41,6 ± 6,6	40,5 ± 6,2	53
β_1-Globulin		37,4 ± 6,3	25,2 ± 7,0	35,2
β_2/γ-Globulin		21,0 ± 4,7	10,5 ± 3,2	–
γ-Globulin		–	–	6,2
C 4 g/l		1,14 ± 0,25	0,58 ± 0,08	0,18

„A“ DEAE-Sephadex A-50 (Pharmacia Uppsala), Korngröße 40–120 µm
„B“ Molselect DEAE-50 (Reanal Budapest), Korngröße 100–320 µm
„C“ Molselect DEAE-50 (Reanal Budapest), Korngröße 50–120 µm

Tabelle 3. Vergleichende Thrombogenitätsprüfung durch in-vitro-Untersuchungen (s. Tabelle 2)

	„A“ X ± SD/n = 7	„B“ X ± SD/n = 7	„C“ X/n = 2
NaPTTR			
Inkub. I	0,63 ± 0,05	0,95 ± 0,08	0,82
Inkub. II	0,48 ± 0,02	0,90 ± 0,06	0,71
aPTTR	0,92 ± 0,03	0,98 ± 0,03	0,94
TG_{t50} (min)	4,6 ± 0,5	30,5 ± 8,0	8,8
FEIB-Aktivität rel. %	38,1 ± 8,2	27,4 ± 6,7	41,0

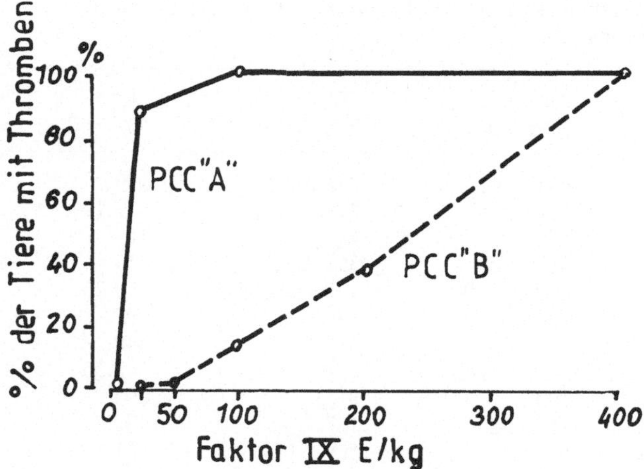

Abb. 1. Abhängigkeit der in-vivo-Thrombogenität (Stasemodell nach WESSLER) vom Typ des Adsorptionsmittels (Tabelle 2). Auf der Ordinate ist der Prozentsatz der Tiere mit Thromben aufgetragen

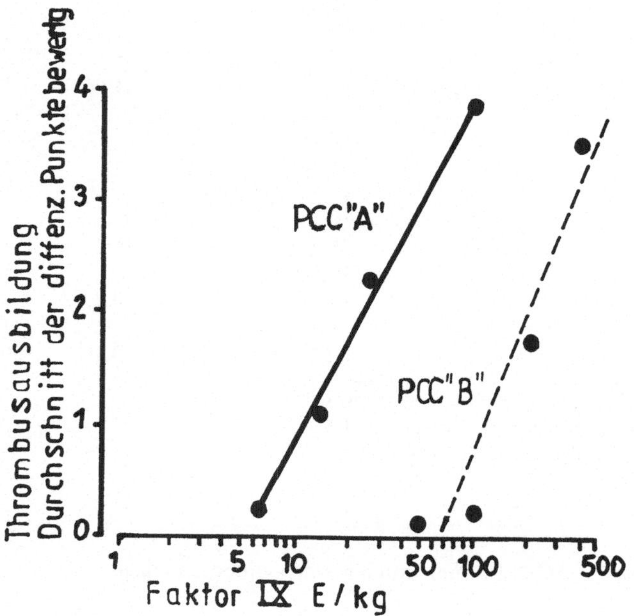

Abb. 2. Stasemodell nach WESSLER. Durchschnitt der differenzierten Punktebewertung auf der Ordinate

19, 22, 23] sowie Komplexe aktivierter Faktoren z. B. von Xa mit Phospholipiden [11, 18] und möglicherweise eine Zymogenüberladung bei der Therapie des isolierten Faktor IX-Mangels.

In früheren Untersuchungen [5, 6] wurde festgestellt, daß entscheidende, zum thrombogenen Potential beitragende Aktivierungsreaktionen bereits wäh-

Tabelle 4. In-vitro-Thrombogenität von Prothrombinkomplexkonzentraten Adsorptionsmittel DEAE-Sephadex A-50, Korngröße 40–120 μm

Modifikation	NaPTTR Inkub. I	Inkub. II	TG_{t50} (min)
1. Adsorption ohne Heparin	0,63 ± 0,05	0,56 ± 0,08	4,6 ± 0,5
Thrombozyten 29 ± 12 Spt/l	0,71	0,63	10,9
Thrombozyten 13 ± 4 Spt/l			
2. 0,8–1,0 IE Heparin/ml Plasma	0,88	0,76	14,5
3. 0,8–1,0 IE Heparin/ml KÜP	0,91	0,87	16,9
4. 0,8–1,0 Heparin/ml KÜP und 2 Einh./AT III/ml + Heparin bei der Elution	0,98	0,99	26,6

2. bis 4.: Humanplasma mit ca. 29 ± 12 Gpt/l Thrombozyten im Ausgangsmaterial

rend der Adsorption des Prothrombinkomplexes stattfinden, die nur teilweise durch Antithrombin III und Heparin inhibiert werden können (Tabelle 4). Die Verringerung der Thrombogenität mit einem Anionenaustauscher höherer Teilchengröße kann auf eine Verringerung der Oberflächenaktivierung des Faktors XII und/oder eine verminderte Adsorption von Faktor Xa-Phospholipidkomplexen zurückgeführt werden.

Möglicherweise besitzen die untersuchten Anionenaustauscher einen von der Teilchengröße abhängigen Substitutionsgrad, der neben der Teilchengröße ebenfalls die Adsorption bestimmter Begleitproteine beeinflussen kann. Dabei betrifft dieser Unterschied weniger die Menge adsorbierter Begleitproteine als die in den Präparaten B gefundene Verringerung der γ-Globuline. Die Verringerung der in-vitro-Thrombogenität in heparinfreien Präparaten mit Molselect DEAE-50 (Korngröße 100–320 μm) liegt in der gleichen Größenordnung wie sie mit DEAE-Sephadex A-50 (Korngröße 40–120 μm) nur durch einen Zusatz von Heparin bei der Adsorption und von Heparin und Antithrombin III bei der Freisetzung des Prothrombinkomplexes erreicht wurde (Tabelle 4). Umstritten ist ein Zusatz von Heparin zu PKK, die herstellungsbedingt kein Antithrombin III enthalten. Die in-vitro-Thrombogenität wird durch einen solchen Zusatz nicht beeinflußt. Im Stasemodell nach WESSLER führt jedoch Heparin wie auch andere Inhibitoren zu einer dosisabhängigen Senkung der Thrombogenität der PKK [14] und damit möglicherweise zu einer nicht richtigen Beurteilung des thrombogenen Potentials solcher Präparate, denen Heparin zugesetzt wird.

Wenn man also nicht generell auf einen Zusatz von Heparin verzichtet und die Heparingabe im konkreten Fall dem Anwender überläßt, sollten alle produktionsbegleitenden Prüfungen einschließlich der tierexperimentellen Untersuchungen an heparinfreien Präparaten durchgeführt werden.

Literatur

1. Cash JD, Dalton RG, Middleton S, Smith JK (1975) Studies on the thrombogenicity of Scottish factor IX concentrates in dogs. Thromb Diath haemorrh 33:632–639
2. Cash JD, Owens R, Dalton RG, Prescott JR (1978) Thrombogenicity of factor IX concentrates: in vitro and in vivo (rabbit) studies. Vox Sang 35:105–110
3. Chandra S, Wickerhauser M (1979) Contact factors are responsible for the thrombogenicity of prothrombin complex. Thrombos Res 14:189–198
4. Dornheim G (1981) Verfahren zur Herstellung von Prothrombinkomplexkonzentraten. Dissertation zur Promotion A. Karl-Marx-Universität Leipzig
5. Dornheim G (1982) Herstellung von Prothrombinkomplexkonzentraten mit verminderter Thrombogenität. Folia Haematol 109:856–862
6. Dornheim G Verfahren zur Herstellung von Prothrombinkomplexkonzentraten mit verringertem therapeutischem Risiko. DD-WP 157 998
7. Dornheim G, Wegner H Verfahren zur Herstellung eines Prothrombinkomplexkonzentrates. DD-WP 141 262
8. Dornheim G, Wegner H (1985) Herstellung und Charakterisierung eines neuen Prothrombinkomplexkonzentrates. Folia Haematol 112:614–628
9. Dornheim G, Tüpfer G Verfahren zur Herstellung von Prothrombinkomplexkonzentraten mit verringertem therapeutischen Risiko. DD-WP-Anm. A 61 K/307 510 7
10. Farrugia A, Spiers D, Young J, Oates A, Herrington R, Damianos F (1989) Effects of plasma collection systems and processing parameters on the quality of factor IX concentrate. Vox Sang 57:4–9
11. Giles AR, Nesheim ME, Hoogendoorn H, Tracy PB, Mann KG (1982) The coagulant active phospholipid content is a major determinant of in vivo thrombogenicity of prothrombin complex (factor IX concentrates) in rabbits. Blood 59:401–407
12. Kingdom HS, Lundblao RL, Veltkamp JJ, Aronson DL (1975) Potentially thrombogenic materials in factor IX concentrates. Throm Diath haemorrh 33:617–629
13. Klöcking HP, Klessen C, Jablonowski C, Merbach W, Dornheim G (1984) Untersuchungen zur Thrombogenität eines neuen Prothrombinkomplexkonzentrates. Folia Haematol 111:645–651
14. Klöcking HP, Dornheim G, Schulze-Riewald H (1987) Influence of inhibitors on the thrombogenicity and toxicity of prothrombin complex concentrates. Arch Toxicol Suppl 11:313–315
15. Menache D, Behre HE, Orthner CL, Niemez H, Anderson HD, Triantaphyllopoulus DC, Kosow DP (1984) Coagulation factor IX concentrate, method of preparation and assesment of potential in vivo thrombogenicity in animal models. Blood 64:1220–1227
16. Michalski C, Bal F, Burnouf T, Goudemand M (1988) Large-scale production and properties of a solvent-detergent-treated factor IX concentrate from human plasma. Vox Sang 55:202–210
17. Pepper DS, Banhegyl D, Howie A, Cash JD (1977) In vitro thrombogenicity tests of factor IX concentrates. Brit J Haemat 36:573–583
18. Prowse CV, Boffa MC, Guthrie C, Pepper DS (1979) In vitro thrombogenicity tests of factor IX concentrates. II. Effects of phospholipids and heparin. Thromb Haemost 42:1368–1377
19. Prowse CV, Williams AE (1980) A comparison of the in vitro and in vivo thrombogenic activity of factor IX concentrates using stasis (Wessler) and non-stasis rabbit models. Thromb Haemost 44:81–86
20. Sas G, Owens RE, Smith JK, Middleton S, Cash JD (1975) In vitro spontaneous thrombin generation in human factor IX concentrates. Brit J Haemat 31:25–35
21. Steinbuch M, Pejaudier L, Kichenin V, Boffa MC (1984) Studies on prothrombin complex concentrates, contact factors complement components and proteinase inhibitors. Thromb Haemost 52:256–262
22. White GC, Roberts HR, Kingdon HS, Lundblad RL (1977) Prothrombin complex concentrates: potentially thrombogenic materials and clues to the mechanism of thrombosis in vivo. Blood 49:159–170

Diskussion

SCHIMPF (Heidelberg):

Auf dem letzten Treffen des internationalen Komitee in Barcelona wurde beschlossen, die Empfehlung, Heparin zuzusetzen, in Zukunft nicht mehr abzugeben, da sich herausgestellt hat, daß die neuen reinen Präparate eine wesentlich geringere Thrombogenität aufweisen. Man meint also, das Problem der Thrombogenität wird durch die reinen Präparate gelöst, so daß man den Heparinzusatz weglassen kann. Darüberhinaus konnte in einem Vortrag nachgewiesen werden, daß Präparate, die aktivierte Faktoren enthalten, nicht thrombogener waren als solche, die keine hatten. Das wesentliche ist wohl, ob in den Präparaten gerinnungswirksame Lipide vorhanden sind. Wenn diese fehlen, ist offenbar keine Thrombogenität zu befürchten.

FRAU SCHARRER (Frankfurt):

Gereinigte Präparate sind in Deutschland noch nicht im Handel oder zugelassen. Sie werden aber demnächst kommen, insbesondere monoklonal gereinigte Faktor IX-Präparate.

SUTOR (Freiburg):

Ich fühlte mich immer sehr unwohl bei der Anwendung von PPSB-Präparaten. Es gibt einerseits isolierte Studien über die Thrombogenität und zum anderen isolierte Studien über die blutstillende Wirkung. Die Resultate sind klinisch wenig befriedigend.

Wir haben einen Patienten mit Faktor VII-Mangel mit einem PPSB-Präparat behandelt. Der Faktor VII stieg zwar an, aber das beigemengte Heparin hat die PTT so verlängert, daß es wie eine Heparinisierung aussah. Ich weiß nicht, ob wir damit eine gute Entscheidung getroffen haben.

WENZEL (Homburg):

Herr Dornheim, Sie haben einen hohen Anteil von Faktor VIIa in Ihren Präparaten gezeigt.

Dornheim (Suhl):

Dabei haben sich aber beide Präparate A und B im Faktor VII-Gehalt und auch im Verhältnis VIIa zu VII sowie im Thrombozytengehalt nicht unterschieden. Auf dem zweiten Dia war das dargestellt. Wir haben bei diesen Untersuchungen Thrombozyten im Ausgangsplasma von etwa 30000 gehabt. Ich bin mir darüber im klaren, daß das eine sehr hohe Zahl ist, aber es ging uns darum, die Präparate A und B unter identischem Chargenprotokoll zu vergleichen. Wir haben also absichtlich die Phospholipidkontamination, aus Thrombozyten stammend, in Kauf genommen.

Eibl (Wien):

Ich wollte nur sagen, was die Zukunft betrifft, so wird es sicherlich Faktor IX-Konzentrate, aber keine PPSB-Präparate geben, die eine stark verringernde in-vitro- und auch im Wessler-Test verringernde thrombogene Wirkung haben. Die wird etwa ein Hundertstel des von Ihnen vorgestellten B-Präparates betragen.

Symptomatik einer Sinusvenenthrombose bei einem Patienten mit Hämophilie B und malignem Non-Hodgkin-Lymphom

A. Huth-Kühne, B. Wildemann, B. Storch-Hagenlocher, P. Möller, B. Ullrich, R. Zimmermann (Heidelberg)

Einleitung

Zu Beginn der 70er Jahre wurde erstmals über thrombembolische Komplikationen unter hochdosierter Substitutionstherapie mit Faktor IX-Konzentraten berichtet. Beschrieben wurden venöse Thrombosen, Lungenembolien, Herzinfarkte und Verbrauchskoagulopathien [2, 3, 5, 7]. Unter unseren eigenen Patienten sahen wir in der Zeit von 1976–1988 in insgesamt vier Fällen mit schwerer Hämophilie B thrombembolische Komplikationen wie Lungenembolie, Verbrauchskoagulopathie und eine Armvenenthrombose [14]. Die Nebenwirkungen, die im Zusammenhang mit einer hochdosierten Substitutionstherapie auftreten, werden unter anderem auf den Gehalt an aktivierten Gerinnungsfaktoren in den Konzentraten zurückgeführt. Durch die Entwicklung von in-vivo- und in-vitro-Testen, die Reduktion des Anteils aktiver Gerinnungsfaktoren in den Konzentraten und die gleichzeitige prophylaktische low-dose-Heparinisierung konnte die thrombogene Wirkung der Faktor IX-Konzentrate vermindert, aber nicht vollständig eliminiert werden.

Im folgenden berichten wir über einen 36jährigen Patienten mit einer schweren Hämophilie B, bei dem im März 1986 serologisch HIV-1-Antikörper nachgewiesen wurden. Die folgende Kasuistik soll zwei Aspekte des Krankheitsverlaufes darlegen, 1. das Auftreten einer Gerinnungskomplikation im Rahmen der Faktor IX-Substitution, 2. die Entwicklung eines hochmalignen Non-Hodgkin-Lymphoms aus einer vorbestehenden Lymphknotenhyperplasie.

Kasuistik

Bereits 1976 war bei diesem Patienten nach Synovektomie des linken Kniegelenkes postoperativ eine Verbrauchskoagulopathie unter Faktor IX-Substitution aufgetreten. Bei bis dahin asymptomatischer HIV-Infektion stellte er sich Mitte Dezember 1989 mit einer bereits seit Ende Oktober bestehenden, hühnereigroßen, submandibulären Lymphknotenschwellung in unserer Ambulanz vor. Die T_4-Zellzahl lag zu diesem Zeitpunkt bei 130/µl. Es wurde eine Lymphknotenbiopsie durchgeführt. Histologisch und immunzytochemisch handelte es sich um einen hochaktivierten, polyklonalen, lymphoproliferativen B-Zellprozeß mit hochgradigem Zell-turn-over, der weit über die Kriterien einer benignen Hyperplasie hinausging, jedoch wegen fehlender Leichtkettenrestriktion nicht als eindeutig maligne klassifiziert werden konnte. Von seiten der Pathologen wurde differentialdiagnostisch ein virusinduziertes, lymphoproliferatives Syndrom angenommen. Serologisch konnte zu diesem Zeitpunkt eine reaktivierte Epstein-Barr-Virusinfektion nachgewiesen werden. In Anbetracht der eingeschränkten Immunkompetenz des Patienten und der fehlenden eindeutigen Malignitätskriterien, entschied man sich im onkologischen Arbeitskreis gegen eine Chemotherapie und für eine virostatische Therapie mit Aciclovir. Darunter bildete sich die submandibuläre Lymphknotenschwellung deutlich zurück. Im weiteren Verlauf waren sonographisch multiple paraaortale und Leberlymphome nachweisbar (Abb. 1). Wegen einer beginnenden Querschnittsymptomatik in Folge eines extraduralen Tumors wurde eine Laminektomie und Tumorteilexstirpation unter Faktor IX-Substitution vorgenommen. Histologisch konnte dieser Tumor eindeutig als monoklonales, zentroblastisches Non-Hodgkin-Lymphom der B-Zellreihe klassifiziert werden. Am 13. postoperativen Tag kam es zu einem Grand mal-Anfall und einer Hemiparese links. Bis zu diesem Zeitpunkt wurde eine tägliche Faktor IX-Substitution mit 5000 i.E., verteilt auf zwei Einzeldosen als Kurzinfusion, durchgeführt. Der klinische Verdacht einer Sinusvenenthrombose konnte durch eine Magnetresonanztomographie bestätigt werden. Nach Absetzen der Faktor IX-Substitution bildete sich die Hemiparese komplett zurück. Die postoperativ anfänglich gebesserte Querschnittssymptomatik entwickelte sich Mitte April zu einer Paraplegie bei Th 5/6. Der Patient verstarb Ende Mai im Rahmen der Tumorkachexie. Die Obduktion ergab ein generalisiertes malignes Lymphom mit

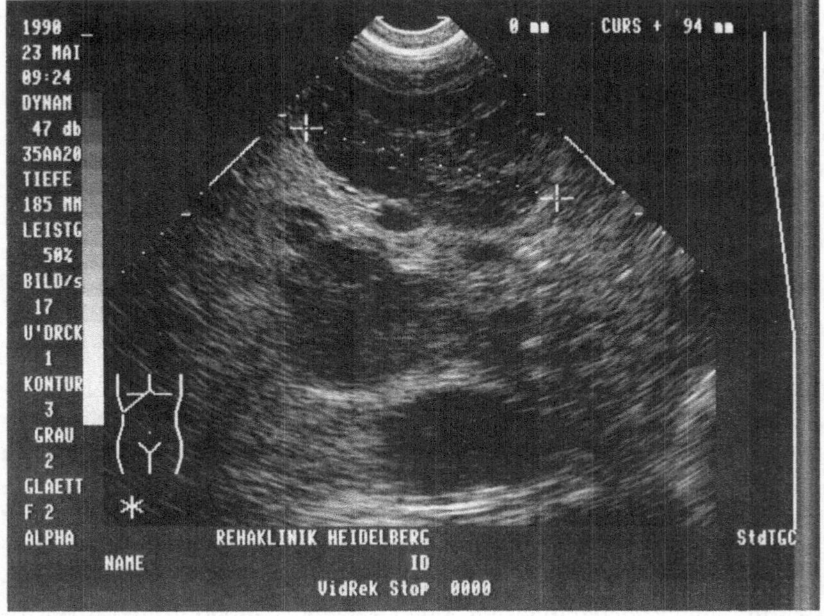

Abb. 1. Subcostaler Schrägschnitt durch die Leber mit großen, nahezu echoarmen Arealen ohne dorsale Schallverstärkung, die den Lymphomen entsprechen

Tabelle 1. Klassifikation der Non-Hodgkin-Lymphome

B-Zell-Typ	T-Zell-Typ
niedrigmaligne Non-Hodgkin-Lymphome	lymphozytisch – chronische lymphatische Leukämie (T-CLL) – Prolymphozytenleukämie (T-PLL)
lymphozytisch – chronische lymphatische Leukämie (B-CLL) – Prolymphozytenleukämie (B-PLL) – Haarzell-Leukämie (HCL)	cerebriform, kleinzellig – Mycosis fungoides – Sézary-Syndrom
lymphoplasmozytisch/zytoid (LP-Immunozytom, LP-IC)	lymphoepitheloid (Lennert's Lymphom)
plasmozytisch	angioimmunoblastisch (angioimmunoblastische Lymphadenopathie, AILD, Lymphogranulomatosis X, LgX)
zentroblastisch-zentrozytisch (CB-CC) – follikulär – follikulär und diffus – diffus	T-Zonen-Lymphom
zentrozytisch (CC)	pleomorph, kleinzellig
hochmaligne Non-Hodgkin-Lymphome	pleomorph, mittelgroß- und großzellig
zentroblastisch (CB)	immunoblastisch (T-IB)
immunoblastisch (B-IB)	anaplastisch großzellig (T-ALC, Ki-1^{+})
anaplastisch großzellig (B-ALC, Ki-1^{+})	lymphoblastisch (T-LB)
Burkitt-Lymphom	
lymphoblastisch (B-LB)	

Befall aller untersuchten Lymphknotenstationen und zahlreichen extranodalen Manifestationen. Im Rahmen der Kiel-Klassifikation (Tabelle 1) ist das Lymphom als zentrozytisch-anaplastisch einzuordnen. Der neuropathologische Befund zeigte einen kompletten, langstreckigen Tumorverschluß des Sinus sagittalis superior sowie ausgedehnte Lymphominfiltrate der Dura mater.

Diskussion

Der divergierende klinische und postmortale neuropathologische Befund könnte folgendermaßen interpretiert werden: Es bestand zum damaligen Zeitpunkt tatsächlich eine Sinusvenenthrombose in Folge einer Gerinnungskomplikation. Aufgrund der komplett rückgebildeten Hemiparese nach Absetzen der Faktor IX-Substitution und des unauffälligen Liquorbefundes muß man annehmen, daß eine spontane Lyse stattgefunden hat. Hätte bereits eine ausgedehnte Tumorinfiltration des Sinus sagittalis bestanden, so wäre die Parese mit hoher Wahrscheinlichkeit nicht regredient gewesen.

Ein weiterer wichtiger Aspekt dieser Kasuistik sind die in verschiedenen Krankheitsphasen erhobenen histologischen Befunde. Nach Arbeiten von

Levine, Ziegler, Volberding und Knowles [8, 19, 15] geht das erworbene Immunschwächesyndrom (AIDS) mit einer hohen Inzidenz von Neoplasien, insbesondere Kaposi-Sarkome und maligne B-Zellymphome, einher. Das Lymphadenopathie-Syndrom (LAS) bei AIDS-related complex (ARC) und AIDS stellt primär eine benigne, follikuläre Lymphknotenhyperplasie dar [12]. Es gibt jedoch Hinweise, daß das LAS in ein malgines Non-Hodgkin-Lymphom übergehen kann [4, 9, 13]. 1984 publizierte Ziegler eine Studie, in der 90 junge Männer im mittleren Alter von 37 Jahren mit malignen Non-Hodgkin-Lymphomen zusammengefaßt wurden. 33 dieser Patienten hatten ein vorausgehendes Lymphadenopathie-Syndrom [15].

Als prädisponierende Faktoren gelten eine Epstein-Barr-Virusinfektion und eine defekte Immunregulation [1]. So wird das Epstein-Barr-Virus üblicherweise in einem hohen Titer bei medikamentös immunsupprimierten, organtransplantierten Patienten mit Lymphom vorgefunden [13]. Das Virus infiziert die B-Lymphozyten und führt zu einer polyklonalen B-Zellproliferation mit ungerichteter und überschießender Antikörperproduktion. Klinisch findet man bei den Patienten unter anderem eine Hypergammaglobulinämie [1]. Bei gesunden Personen kontrolliert eine intakte Abwehr, einschließlich Epstein-Barr-virusspezifischer, zytotoxischer T-Zellen und natürlicher Killerzellen die B-Zellproliferation. Bei Patienten mit ARC und AIDS sind diese Kontrollmechanismen durch den T-Zelldefekt unterdrückt [13]. Pellici und Mitarbeiter konnten durch molekularbiologische Untersuchungen bei 20% der Patienten mit LAS und 60% der Patienten mit malignen Non-Hodgkin-Lymphomen der B-Zellreihe oliklonale Immunglobulingen-Rekombinationen aufzeigen. Solche rekombinierten Immunglobulingenabschnitte können nur im Falle einer entgleisten B-Zellproliferation nachgewiesen werden und gelten bereits als prämaligne [12]. Die Expansion Epstein-Barr-virusinfizierter oligoklonaler B-Zellreihen erhöht außerdem die Wahrscheinlichkeit genetischer Alterationen und damit den Übergang in einen monoklonalen Tumor [1, 13]. Tatsächlich konnte bei unserem Patienten serologisch eine reaktivierte Epstein-Barr-Virusinfektion gesichert werden. Die Therapie mit Aciclovir erbrachte einen deutlichen Rückgang der submandibulären Lymphknotenschwellung. Hanto und Mitarbeiter berichteten über vier Patienten mit polyklonalen Tumoren, die unter Therapie mit Aciclovir eine Befundregredienz aufwiesen, während die monoklonalen Proliferationen keine Regression zeigten [6]. Geht man davon aus, daß es sich bei den beschriebenen histologischen und molekularbiologischen Veränderungen bestimmter Lymphknotenhyperplasien um die Vorstufe eines malignen Lymphoms handelt, so stellt sich die Frage nach einer frühzeitigen, kombinierten virostatischen und Chemotherapie. Eine Lymphknotenbiopsie bei solchen Patienten und anschließende molekularbiologische Untersuchung zum Nachweis von oligoklonalen Immunglobulingenmustern erscheint angezeigt.

Literatur

1. Birx DL, Redfield RR et al (1986) Defective regulation of Epstein-Barr virus infection in patients with acquired immunodeficiency syndrome (AIDS) or AIDS-related disorders. N Engl J Med 314:874–879
2. Damus PS (1974) Prothrombin complex concentrates and thromboses. N Engl J Med 290:404
3. Edson JR (1974) Prothrombin complex and thromboses. N Engl J Med 290:403
4. Egerter DA, Beckstead JH (1988) Malignant lymphomas in the acquired immunodeficiency syndrome. Arch Pathol Lab Med 112:602–606
5. Fyman PN, Gotta A et al (1985) Factor IX induced hypercoagulable state. Anesthesiology 62:515–516
6. Hanto DW, Frizzera G et al (1982) Epstein-Barr virus-induced B-cell lymphoma after renal transplantation. N Engl J Med 306:913–918
7. Kasper CK (1973) Postoperative thromboses in hemophilia B. N Engl J Med 289:160
8. Knowles DM, Chamulak GA et al (1988) Lymphoid neoplasia associated with the acquired immunodeficiency syndrome (AIDS). Ann Intern Med 108:744–753
9. Lane HC, Masur H et al (1983) Abnormalities of B-cell activation and immunoregulation in patients with the acquired immunodeficiency syndrome. N Engl J Med 309:453–458
10. Louie S, Daoust PR et al (1980) Immunodeficiency and the pathogenesis of non-Hodgkin's lymphoma. Sem Oncol 7:267–283
11. Meyer PR, Yanagihara ET et al (1984) A distinctive follicular hyperplasia in the acquired immune deficiency syndrome (AIDS) and the AIDS related complex. Hematol Oncol 2:319–347
12. Pelicci PG, Knowles DM et al (1986) Multiple monoclonal B cell expansions and c-myc oncogene rearrangements in acquired immune deficiency syndrome – related lymphoproliferative disorders. J Exp Med 164:2049–2076
13. Petersen JM, Tubbs RR et al (1985) Small noncleaved B-cell Burkitt-like lymphoma with chromosome t (8; 14) translocation and Epstein-Barr virus nuclear-associated antigen in a homosexual man with acquired immune deficiency syndrom. Am J Med 78:141–148
14. Schimpf K, Zimmermann K et al (1976) Dic and postoperative wound bleeding under factor IX substitution therapy in a case of hemophilia B; successful treatment with heparin. Thromb Res 8:65–70
15. Ziegler JL, Beckstead JA et al (1984) Non-Hodgkin's lymphoma in 90 homosexual men. N Engl J 311:565–570

Diskussion

KREUZ (Frankfurt):

Ich wollte Sie fragen, warum Sie „thrombembolisch“ sagen? Es kann doch sein, daß die Thrombose lokal im Tumorbereich entstanden ist.

FRAU HUTH-KÜHNE (Heidelberg):

Es ist sicher zu diskutieren, ob beispielsweise diese Sinusvenenthrombose als paraneoplastisches Syndrom aufgetreten ist. Das könnte natürlich auch sein. Die Hemiparese hatte sich aber innerhalb weniger Tage komplett zurückgebildet.

KREUZ (Frankfurt):

Haben Sie PPSB verwandt?

FRAU HUTH-KÜHNE (Heidelberg):

Nein, reines Faktor IX-Konzentrat.

Management of Factor VIII and Factor IX Inhibitors

J. M. LUSHER (Detroit/USA)

Inhibitors develop in approximately 15 % of persons with severe hemophilia A and in 1 %–2 % of those with hemophilia B. While a great deal is known about these inhibitors – their antibody nature, reaction kinetics and natural history – management has remained somewhat frustrating and controversial [1, 2]. Management considerations can be divided into attempts to stop or prevent bleeding, and attempts to suppress or eradicate the inhibitor.

Therapeutic Options for Control or Prevention of Bleeding

While the presence of an inhibitor does not increase the frequency of bleeding, it does make treatment of hemorrhagic episodes more difficult. Several therapeutic options do exist, however. These include factor (F) IX complex concentrates – so called prothrombin complex concentrates (PCC) –, both standard and purposely activated; F VIII concentrates of human or porcine origin; and the investigational agent, recombinant (r) F VIIa. It should be noted that none of these work as well as does F VIII in a hemophiliac who does not have an inhibitor. The choice of treatment depends on several factors including the patient's current inhibitor concentration, whether he is a high or low responder in terms of degree of anamnestic response, the nature and extent of bleeding, product availability, and the experience and preference of the medical personnel involved. Patient preference sometimes plays a role as well. For example, if a patient has had unpleasant side effects with a particular product on each of several occasions, it would seem appropriate to use another product. While each patient and situation must be individualized, the author's preference is depicted in Table 1.

Factor IX Complex Concentrates

Since their introduction in the early 1970s, F IX complex concentrates have been the mainstay of treatment for bleeding episodes in many hemophilia centers. Despite the fact that their precise mechanism(s) of action in "bypassing" the need for F VIII or F IX is still not known, the F IX complex concentrates seem to work, at least to some degree, much of the time (Table 2). Interestingly, in each of three controlled studies conducted in the late

Table 1. Therapeutic choices for treatment of bleeding episodes in hemophiliacs with inhibitors[a]

Type of bleeding	Author's first choice
Acute hemarthrosis, intramuscular hemorrhage	F IX complex concentrate, usually an activated PCC (e.g., FEIBA VH Immuno)
Life or limb threatening hemorrhage (intracranial hemorrhage, compartment syndrome)	Activated F IX complex concentrate *or* F VIII concentrate (in those with < 5 B.U., human F VIII; in those with 5–50 B.U., porcine F VIII)
Acute surgical emergencies or necessary "elective" procedures (e.g., badly needed synovectomy)	Activated F IX complex concentrate *or* F VIII concentrate (in those with < 5 B.U., human F VIII; in those with 5–50 B.U., porcine F VIII)

[a] Refers to high responder inhibitor patients. For those who form inhibitor antibody in low concentration only, human F VIII should be used. In the case of hemophilia B patients with F IX inhibitors, use F IX complex concentrate for all bleeding situations.

Table 2. Advantages and disadvantages of F IX complex concentrates in management of bleeding in inhibitor patients

Advantages	disadvantages
Can be used at home	Hemostasis usually not optimal
Easy to store and reconstitute	Cannot monitor clinical response with usual coagulation tests
Usually at least partially effective	Mechanism of action poorly understood
Can be used in persons with F IX (as well as F VIII) inhibitors	Some risk of thrombotic complications and acute myocardial infarction, especially with large, repetitive doses

1970s, a single dose of standard F IX complex concentrates (Cutter's Konyne, Hyland's Proplex, and Immuno's Prothromplex) was judged effective in controlling joint bleeding in 50% of episodes [3–6]. In actual practice, many patients receive two or three doses of standard F IX complex concentrate for an acute hemarthrosis, and since cessation of bleeding has not occurred with the first dose, more blood may accumulate in the joint space; recurrent joint bleeding which is suboptimally controlled ultimately leads to chronic joint disease.

The purposely activated F IX complex concentrates, Hyland's Autoplex t and Immuno's FEIBA-VH, are thought by many to be more effective in controlling bleeding in inhibitor patients, particularly in the case of more serious or open types of bleeding. However, these more serious situations cannot be subjected to controlled, blinded trials, and many physicians do not feel confident enough in the activated F IX complex concentrates to use them for elective surgical procedures. In emergency situations, the activated products have resulted in excellent hemostasis on some occasions and failure on others. This has led the author to question whether the unitage listed on the bottle is an accurate reflection of the in vivo bypassing activity.

In the case of joint or soft tissue bleeding, should one use standard, or one of the purposely activated F IX complex concentrates? In a United States trial, which compared a single dose of Hyland's Proplex with a single dose of Hyland's Autoplex, no difference between the products was noted [4], while in a trial in the Netherlands Immuno's FEIBA was judged somewhat more effective than Immuno's standard (nonactivated) F IX complex concentrate, Prothromplex [5]. However, one cannot extrapolate these results beyond the trial setting. While the activated products are more costly than are the standard F IX complex concentrates, if one must give a larger number of doses of nonactivated products, or if suboptimal effectiveness results in chronic joint disease, any initial cost benefit is certainly lost. Thus many, including the author, prefer an activated F IX complex concentrate as first-line treatment for joint and muscle hemorrhages, as well as for more serious types of bleeding.

In using F IX complex concentrates (either standard or activated) for the treatment of bleeding in inhibitor patients, the recommended dosage is 50–75 units (U) per kilogram. If repeated doses are judged necessary, one must keep in mind the risks of thromboembolism, disseminated intravascular coagulation (DIC), and acute myocardial infarction [1, 2, 7, 8]. While thrombotic complications associated with F IX complex concentrates have been less commonly observed in inhibitor patients than in hemophilia B patients, they have been reported. The reports of acute myocardial infarction in young hemophiliacs following the use of F IX complex concentrates have all been in inhibitor patients. Thus, if one *must* use frequent repeated doses of these products for a particular bleeding episode (such as an iliopsoas hemorrhage), such risks should be kept in mind and one should consider the following: monitor the patient's antithrombin (AT) III level, platelet count, and fibrinogen; provide a source of AT III; and, of course, avoid excessive doses.

Factor VIII Concentrates of Human or Porcine Origin

Human F VIII

For those individuals with hemophilia A who form inhibitor antibodies to F VIII in low titer only (so-called low responders), F VIII concentrates of human origin are the treatment of choice. By giving F VIII in slightly higher than usual amounts, one can usually achieve hemostatic levels of F VIII.

Unfortunately, however, most inhibitor patients are high responders, exhibiting a brisk anamnestic response following any exposure to human F VIII. F VIII concentrates of human origin may still be effective in such patients, however, especially if their inhibitor concentration has fallen to a low or undetectable level. While anamnesis is likely to begin around day 5 following F VIII infusion, in the case of emergency surgery or other life threatening bleeding some opt for treatment with human F VIII concentrates as long as hemostatic levels of F VIII can be achieved. Then, if further treatment is necessary, one could change to a bypassing approach, using a F IX complex concentrate, such as FEIBA.

If one has contemplated using an immune tolerance regimen (see below) for a particular patient, this should begin immediately if the patient is being treated with human F VIII.

Porcine F VIII

The rationale for the use of porcine F VIII is that F VIII inhibitors exhibit some degree of species specificity, i.e., inhibitors developing in humans generally destroy human F VIII to a much greater degree than they destroy other species' F VIII. Unlike older porcine and bovine F VIII preparations used in the 1950s and 1960s, Porton Speywood's relatively new porcine F VIII preparation, Hyate:C, has a much lower incidence of side effects [9–11]. Hyate:C is a high purity product with a specific activity of 120–140 U F VIII per milligram of total protein. The fractionation process utilizes polyelectrolytes (PE) which separate F VIII from von Willebrand factor (vWF) [12]. Since the thrombocytopenia often seen in association with older porcine F VIII preparations was predominantly due to platelet aggregating factor, a functional property associated with porcine vWF [13], this complication appears to have been drastically reduced with the removal of porcine vWF in the preparation of Hyate:C. While rare instances of thrombocytopenia have been reported following the use of PE-fractionated porcine F VIII, these may result from immune-mediated mechanisms [10].

Hyate:C causes none of the severe reactions seen with older porcine preparations. In fact, this preparation has now been in clinical use for over 10 years, and no serious side effects – either immediate or long-term – have been reported. The overall rate of immediate reactions is of the order of 7–10%, but almost all are quite mild in nature (e.g., hives, nausea, low-grade fever and/or chills) and of short duration, and do not increase in severity if treatment with Hyate:C is continued. Perhaps more importantly, Hyate:C does not appear to transmit any viruses to humans. There have been no reported instances of transmission of hepatitis, HIV infection, or any other viral illness with Hyate:C in over 10 years of clinical use.

Patients who are most likely to respond to Hyate:C are those whose inhibitor concentration against human F VIII is <50 Bethesda Units (B.U.), or those whose antiporcine inhibitor level is <15 B.U. (Table 3). The recommended starting dose is 50–100 U/kg, with subsequent dosage being dependent on the patient's F VIII response. While anamnestic responses *may* occur, this varies from patient to patient. Many individuals have little or no anamnestic response following Hyate:C, while some may have a rise in both antihuman and antiporcine F VIII inhibitor concentration. Many patients hae received multiple courses of Hyate:C over periods of years and still respond quite well. Kernoff

Table 3. Advantages and disadvantages of highly purified porcine F VIII (Hyate:C)

Advantages	Disadvantages
No evidence of transmission of viruses to human recipients	A foreign species protein, thus slight risk of allergic reactions (including rare instances of anaphylaxis)
Can monitor recipient's F VIII response	Current formulation requires storage in a freezer
No thrombotic complications	Minor side effects in 7%–10% of subjects (e.g., hives, low-grade fever)
With proper patient selection[a], hemostasis usually excellent	Anamnestic response in some

[a] Patient selection on basis of cross-reactivity of patient's inhibitor with porcine F VIII; those with <15 B.U. against porcine F VIII, or 5–50 B.U. against human F VIII generally respond quite well to Hyate:C

has had patients on home therapy with Hyate:C for years, without deleterious effects or loss of efficacy [10].

Initially, in 1986, Hyate:C was licensed for use in the United States only for "life or limb-threatening emergencies," and the product proved life-saving in many instances [11]. The author has successfully used Hyate:C for treatment of two children with traumatic intracranial hemorrhages, and for three surgical emergencies (including fasciotomy for "compartment syndrome"). As more United States experience accrued with this preparation, the restrictions on its use were removed by the United States Food and Drug Administration in 1989, and Hyate:C is now regarded as a very useful part of one's therapeutic armamentarium in treating bleeding episodes in hemophiliacs with F VIII inhibitors.

Recombinant F VIIa

In 1983, Hedner and Kisile reported their successful use of a highly purified preparation of plasma-derived F VIIa in treatment of bleeding in inhibitor patients [14]. However, due to the difficulties in obtaining sufficient quantities of plasma-derived F VIIa, Hedner and colleagues sought to develop an rF VIIa for treatment of inhibitor patients. Novo's F VIIa has proven to be effective in controlling bleeding in hemophiliac dogs (K. Brinkhous, personal communication) as well as in human subjects. The first human subject to receive rF VIIa was a young man with hemophilia and F VIII inhibitor who underwent synovectomy of the knee. Hemostasis was maintained with rF VIIa alone, throughout the operative and postoperative period [15].

rF VIIa is now in phase II dose-finding (double-blinded) clinical trials in several hemophilia centers in the United States and Europe, and is also available on a compassionate use basis (Table 4). To date, over 40 patients have

Table 4. Investigational agents

Novo's rF VIIa	Currently in clinical trials in human subjects, both dose finding trials and compassionate use protocols
r tissue factor	To date hase been used in animal models only
F Xa/phospholipid	To date has been used in animal models only

received rF VIIa on compassionate use protocols [16]. While it appears that rF VIIa has a short half-life and thus repeat doses (if necessary) should be given at 2- to 4-h intervals, this agent has effected excellent hemostasis in many patients, including some undergoing surgical procedures as well as those who were unresponsive to other episodes. A few patients who were unresponsive to other therapeutic modalities, or had undesirable side effects with other forms of treatment, are now receiving rF VIIa on a routine basis for joint bleeding [16].

Other Investigational Agents

Two additional agents which have been developed (in an attempt to bypass the need for F VIII or F IX in inhibitor patients) are F Xa-phospholipid, and recombinant tissue factor. Lillicrap and Giles have done considerable work with plasma-derived F Xa-phospholipid preparations, utilizing Giles' hemophiliac dog model [17]. Vehar and colleagues at Genentech have developed a recombinant tissue factor (nonlipidated) [18] which has also been used in hemophiliac dogs. Hyland therapeutics division of Baxter has recently obtained the rights to this agent, however, to date recombinant, tissue factor has not been infused into human subjects.

Attempts to Suppress or Eradicate Inhibitors

During the 1960s and 1970s various immunosuppressive agents were tested, generaly with disappointing results. While spontaneously occurring inhibitors in nonhemophiliacs often disappear completely following corticosteroids or following the concomitant use of cyclophosphamide and F VIII, this was rarely the case in hemophiliacs with inhibitors [19–21].

In 1974, Brackmann in Bonn treated a hemophiliac with F VIII inhibitor and serious hemorrhage with massive infusions of F VIII as well as PCC, and found that the patient's inhibitor concentration gradually fell. Following similar observations in other patients, Brackmann developed a treatment regimen for attempting to eradicate inhibitors in hemophiliacs [22–24]. This regimen, referred to as the "Bonn protocol," consisted of two phases. In phase I, the patient received 100 U/kg F VIII and 40–60 U/kg of FEIBA every 12 h.

Inhibitor levels generally peaked within the first several weeks and then fell. When the inhibitor level fell to 1 U, phase II was instituted. This consisted of 150 U/kg F VIII once daily, with no FEIBA. When the inhibitor could no longer be detected, patients usually continued to receive F VIII in low dosage 3–5 times per week as prophylaxis against hemorrhage. Of 21 patients started on the Bonn regimen, four discontinued treatment, two died from traumatic central nervous system hemorrhages while their inhibitor concentrations were still high, but the remaining 15 achieved either complete or nearly complete suppression of the inhibitor, with no anamnesis occurring with further exposure to F VIII. While it took many months to achieve immune tolerance, BRACKMANN noted that immune tolerance was achieved more quickly in those subjects who had no recent exposure to F VIII before starting the regimen. In contrast, in patients who had been recently stimulated with F VIII, it took an average time of over 3 years to achieve immune tolerance [23, 24].

SULTAN and co-workers later reported an interesting follow-up study in which 18 patients who had completed the Bonn regimen up to 48 months earlier were re-assessed. Each of the 18 underwent F VIII recovery and half-life studies with plasma samples assayed in each of five European and United States laboratories. It is noteworthy that all 18 had undetectable or very low levels of inhibitor, and 10 of the 18 had F VIII recovery values of greater than 50% of that expected. The remaining 8 subjects had F VIII recovery values between 9.4% and 50% of that expected. In five subjects, T/2 of infused F VIII was equal to or greater than 8 h, while in the other 13, F VIII T/2 was 3–7 h [25].

While the Bonn regimen has been successful in inducing immune tolerance, it is expensive, time consuming, and demanding (on subjects as well as medical personnel). Thus in recent years other groups have tried modifications of the Bonn regimen, using smaller and less frequent doses of F VIII, and omitting the use of PCC. AZNAR and colleagues induced immune tolerance with 50 U F VIII/kg once daily (given with fluprednisolone). Impressed with AZNAR'S results, EWING and co-workers began inducing immune tolerance with 50 U F VIII/kg once daily, with good results [26, 27]. Seventeen patients were treated with the Los Angeles regimen; tolerance was induced within 4 months in ten patients, one additional patient responded by 10 months [28]. VAN LEEUWEN and colleagues in the Netherlands have used intermediate and low-dose immunotolerance regimens, and several of their patients achieved immune tolerance with 25–50 U F VIII/kg two or three times weekly [29]. WENSLEY and colleagues reported suppression of F VIII inhibitors in nine of ten patients using only 25 U F VIII/kg on alternate days [30]. Others have reported enhancement of immune tolerance by adding intravenous immunoglobulin and/or immunosuppressive agents [31–33]. NILSSON and co-workers have reported successful, rapid induction of immune tolerance by removing inhibitors by extracorporeal absorption, followed by infusing high doses of F VIII twice daily, intravenous immunoglobulin, and cyclophosphamide. In most instances, immune tolerance was achieved within 2 weeks with this regimen [32]. A concise review of immunosuppressive regimens is presented in a 1987 review article by KASPER [2].

While there has been some tempering of enthusiasm concerning such approaches – at least in the United States – in the past few years because of fears of increasing immune suppression in hemophiliacs infected with human immundeficiency virus, the fact that one can often achieve immune tolerance with less costly and less demanding modifications of the original Bonn regimen is quite encouraging. It now appears that such modifications may completely suppress many inhibitors, and may convert other high responders to low responders.

References

1. Lusher JM (1990) Strategies to promote hemostasis in patients with F VIII inhibitors. In: Kasper CK (ed) Recent advances in hemophilia care. Liss, New York, pp 39–46
2. Kasper CK (1987) Treatment of Factor VIII inhibitors. Progr Hemostas Thrombos 9:57–86
3. Lusher JM, Shapiro SS, Palascak JE, Rao AV, Levine PH, Blatt PM and the Hemophilia Study Group (1980) Efficacy of prothrombin complex concentrates in hemophiliacs with antibodies to Factor VIII. A multicenter therapeutic trial. N Engl J Med 303:421–425
4. Lusher JM, Blatt PM, Penner JA, Aledort LM, Levine PH, White GC, Warrier AL, Whitehurst Da (1983) Autoplex vs Proplex: a controlled, double blind study of effectiveness in acute hemarthrosis in hemophiliacs with inhibitors to Factor VIII. Blood 62:1135–1138
5. Sjamsoedin LJ, Heijnen L, Mauser-Bunschoten EP, van Geijlswijk JL, van Houwelinsen H, van Asten P, Sixma JJ (1981) The effect of activated prothrombin complex concentrate (FEIBA) on joint and muscle bleeding in patients with hemophilia A and antibodies to Factor VIII. A double-blind clinical trial. N Engl J Med 305:717–721
6. Lusher JM (1984) Controlled clinical trials with prothrombin complex concentrates. Prog Clin Biol Res 150:277–290
7. Lusher JM (1987) Factor VIII inhibitors – etiology, characterization, natural history and management. In: Lusher JM, Mammen EF, McCoy L, Walz D (eds) Factor VIII/vWF, platelet formation and function in health and disease – a tribute to Marion I. Barnhart. Ann NY Acad Sci 509:89–102
8. Chavin SI, Siegel DM, Rocco TA Jr, Olson JP (1988) Acute myocardial infarction during treatment with an activated prothrombin complex concentrate in a patient with F VIII deficiency and a F VIII inhibitor. Am J Med 85:245–249
9. Kernoff PBA (1984) Porcine Factor VIII: preparation and use in treatment of inhibitor patients. Progr Clin Biol Res 150:207–224
10. Kernoff PBA (1990) The clinical use of porcine F VIII. In: Kasper CK (ed) Recent advances in hemophilia care. Liss, New York, pp 47–56
11. Brettler DB, Forsberg AD, Levine PH, Aledort LM, Hilgartner MW, Kasper CK, Lusher JM, McMillan C, Roberts H (1989) The use of porcine Factor VIII concentrates (Hyate:C) in the treatment of patients with inhibitor antibodies to Factor VIII. Arch Intern Med 149:1381–1385
12. Middleton SM (1985) Polyelectrolyte fractionation technology. In: Sibinga CS, Das PC, Seidl S (eds) Plasma fractionation and blood transfusion, Nijhoff, Boston, pp 83–88
13. Evans RJ, Austen DEG (1977) Assay and characterization of the factor in porcine and bovine plasma which aggregates human platelets. Br J Haematol 36:117–126
14. Hedner U, Kisiel W (1983) Use of human Factor VIIa in the treatment of two hemophilia A patients with high-titer inhibitors. J Clin Invest 71:1836–1841
15. Hedner U, Glazer S, Pingel K, Alberts KA, Blomback M, Schulman S, Johnsson H (1988) Successful use of recombinant Factor VIIa in patient with severe hemophilia A during synovectomy. Lancet ii:1193

16. Hedner U (1991) Recombinant Factor VIIa. In: Lusher JM, Kessler CM (eds) Hemophilia and von Willebrands disease in the 1990s – a decade of hopes and challenges. Elsevier, Amsterdam (in press)
17. Giles A (1990) FXa/phospholipid for achieving hemostasis in a hemophilic dog model. In: Subcommittee Meeting of the Internationl Society of the Thrombosis and Hemostasis Scientific and Standardization Committee F VIII/F IX, June 1990, Barcelona
18. Vehar G, Stump D (1989) r tissue factor (non-lipidated) for bypassing the need for F VIII; update on safety and efficacy. In: Subcommittee Meeting of the International Society of the Thrombosis and Hemostasis Scientific and Standardization Committee F VIII/F IX, August 1989, Tokyo
19. Lusher JM, Soliven F, Evans RK (1980) Immunosuppressive management of Factor VIII inhibitors. In: Mammen EF, Barnhart M, Lusher JM, Walsh RT (eds) Treatment of bleeding disorders with blood components. PJD, Westbury, NY, pp 267–289
20. Dormandy KM, Sultan (1975) The suppression of Factor VIII antibodies in Hemophilia. Pathol Biol [Suppl] 23:17–23
21. Hultin MB, Shapiro SS, Bowman HS, Gill FM, Andrews AT, Martinez J, Eyster ME, Sherwood WC (1976) Immunosuppressive therapy of Factor VIII inhibitors. Blood 48:95–108
22. Brackmann HH, Gormsen J (1977) Massive Factor VIII infusion in haemophiliacs with Factor VIII inhibitor, high responder. Lancet ii:933
23. Brackmann HH (1982) The treatment of inhibitors against Factor VIII by continuous treatment with Factor VIII and activated prothrombin complex concentrates. In: Mariani G, Russo MA, Mandelli F (eds) Activated prothrombin complex concentrates. Praeger, New York, pp 194–205
24. Brackmann HH (1984) Induced immunotolerance in Factor VIII inhibitor patients. Prog Clin Biol Res 150:181–195
25. Sultan Y, White GC, Aronstam A, Bosser C, Brackmann HH, Brochier G, Gormsen J, Mariani G, Roberts HR, Scarabin Y, Scharrer I, Scheibel E (1986) Hemophilic patients with an inhibitor to Factor VIII treated with high dose Factor VIII concentrate: results of a collaborative study for the evaluation of Factor VIII inhibitor titer, recovery and half-life of infused factor VIII. Nouv Rev Fr Hematol 28:85–89
26. Aznar JA, Jorquera JI, Peiro A, Garcia I (1984) The importance of corticoids added to continued treatment with F VIII concentrates in the suppression of inhibitors in hemophilia A. Thromb Haemostas 51:217–221
27. Ewing NP, Sanders NL, Dietrich SL, Kasper CK (1988) Induction of immune tolerance to Factor VIII in hemophiliacs with inhibitors. JAMA 259:65–68
28. Ewing NP (1990) Induction of immune tolerance with Factor VIII concentrate in patients with hemophilia A and inhibitors. In: Kasper CK (ed) Recent advances in hemophilia care. Liss, New York, pp 59–68
29. van Leeuwen EF, Mauser-Bunschoten EP, van Dijken PJ, Kok AJ, Sjamsoedin-Visser EJM, Sixma JJ (1986) Disappearance of Factor VIII:C antibodies in patients with haemophilia A upon frequent administration of Factor VIII in intermediate or low dose. Br J Haematol 64:291–297
30. Wensley RT, Burn AM, Reading OM (1985) Induction of tolerance to Factor VIII in haemophilia A with inhibitors using low doses of human Factor VIII. Thrombos Haemostas 54:227 (abstract)
31. Nilsson IM, Berntorp E, Zetterwall O (1988) Tolerance induction in high responding hemophiliacs with Factor VIII antibodies by means of combined treatment with IgG, cyclophosphamide, and Factor VIII. N Engl J Med 318:947å950
32. Nilsson IM, Berntorp E (1990) Induction of immune tolerance in hemophiliacs with inhibitors by combined treatment with IVIgG, cyclophamide and Factor VIII or IX. In: Kasper CK (ed) Recent Advances in hemophilia care. Liss, New York, pp 69–78
33. Zimmerman R, Kommerell B, Harenberg J, Eich W, Rother K, Schimpf K (1985) Intravenous IgG for patients with spontaneous inhibitor to Factor VIII. Lancet i:273–274

Untersuchungen zur Häufigkeit der Hemmkörperbildung nach Behandlung mit monoklonalen Antikörpern gereinigtem Faktor VIII:C-Konzentrat

W. Mondorf, I. Scharrer (Frankfurt)

Einleitung

In den letzten 15 Jahren der Hämophilie-Ambulanz der Universität Frankfurt am Main wurden unter anderem 198 Patienten mit Hämophilie A verschiedener Schweregrade regelmäßig betreut und behandelt. Bei 17 Patienten also 9% sind während dieser Zeit Hemmkörper gegen Faktor VIII:C aufgefallen (Abb. 1). Das entspricht der in der Literatur angegebenen Häufigkeit von 5–15% [2, 6, 7, 8]. 15 dieser Patienten hatten eine schwere, einer eine milde Hämophilie und einer eine Subhämophilie.

Nur in zwei Fällen konnte ein niedrigtitriger Hemmkörper durch erhöhte Substitution mit Faktor VIII-Konzentraten erfolgreich und dauerhaft überspielt werden. Bei den übrigen Patienten mußte die Faktor VIII-Konzentratgabe zunächst abgesetzt oder später im Sinne einer Immuntoleranztherapie fortgeführt werden. Je nach Höhe des Hemmkörpers oder Ausmaß etwaiger Blutungskomplikationen kamen weitere Therapieformen (FEIBA, porciner Faktor VIII, Plasmapherese, Adsorptionsplasmapherese, Immunsuppression, u.a.) zur Anwendung. Von diesen 17 Patienten mit Hemmkörpern starben bisher 2 an nicht beherrschbaren Blutungen (subarachnoidale Blutung s.u., unklare innere Blutung im Ausland).

Im Zuge der Entwicklung von Faktor VIII-Konzentraten, die mit monoklonalen Antikörpern gereinigt wurden, ist einer der am häufigsten diskutierten Fragen, ob in Folge der Behandlung mit diesen Konzentraten vermehrt Hemmkörper auftreten [1, 3, 4, 5]. Seit 1988 haben wir ein Faktor VIII-Konzentrat,

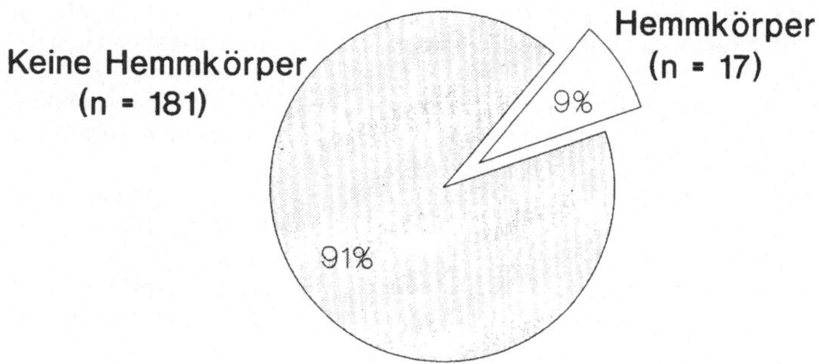

Abb. 1. Hemmkörper gegen Faktor VIII:C in 15 Jahren Hämophilie Ambulanz

das mit monoklonalen Antikörpern gegen Faktor VIII:C gereinigt wurde, bei 22 Patienten in Anwendung.

Ergebnisse

13 Patienten mit schwerer Hämophilie A erhielten ein mit monoklonalen Antikörpern gegen Faktor VIII:C gereinigtes Konzentrat an 100 bis über 700 Behandlungstagen in einer bisherigen Gesamtmenge von 108 000 bis über eine Millionen Einheiten (Tabelle 1). Abgesehen von den meist prophylaktischen Behandlungen wurden 2 Radiosynoviorthesen, 2 Osteosynthesen nach Frakturen und eine Hemihepatectomie wegen primären Leberzellkarzinoms durchgeführt. Blutungskomplikationen traten bei diesen Behandlungen nicht auf. Bei einem Patient konnte eine erfolgreiche Immuntoleranztherapie durchgeführt werden (siehe unten). HIV-Antikörper-positiv waren 9 dieser 13 Patienten. Eine Inhibitoruntersuchung nach der Bethesda-Methode im Juli dieses Jahres zeigte bei allen Patienten keinen Hemmkörper gegen Faktor VIII:C.

Auch bei den folgenden 9 Patienten mit zum Teil milderen Formen der Hämophilie A und bisher entsprechend weniger Behandlungstagen konnte kein Hemmkörper gegen Faktor VIII:C festgestellt werden (Tabelle 2). Eine prophylaktische Behandlung erfolgte bei drei Patienten, sonst nach Bedarf.

Tabelle 1. 13 Patienten nach über 100 Behandlungstagen mit einem Faktor VIII-Konzentrat, das mit monoklonalen Antikörpern gegen Faktor VIII:C gereinigt wurde

Pat.Nr./ Alter	Faktor VIII	Einheiten Hemofil M zwischen 1988 und 1990	Behandlungstage	Substitution	Inhibitortiter Juli 1990 (BE)
1/36	<1	1 044 640	750	Prophylaxe, Radiosynoviorthese	0
2/56	<1	568 400	400	Prophylaxe	0
3/52	<1	451 990	400	Prophylaxe, Hemihepatectomie	0
4/26	<1	522 340	380	Prophylaxe	0
5/58	<1	908 910	320	Inhibitor Behandlung	0
6/35	<1	748 400	250	Prophylaxe, Oberschenkelhalsfrakt.	0
7/50	<1	261 520	220	Prophylaxe	0
8/24	<1	257 300	200	Prophylaxe	0
9/19	<1	354 240	170	Prophylaxe, Sprunggelenks-Op.	0
10/47	<1	177 100	150	Prophylaxe	0
11/25	<1	201 800	130	Prophylaxe	0
12/25	<1	195 800	130	Prophylaxe	0
13/22	<1	108 000	100	Prophylaxe, Radiosynoviorthese	0

Tabelle 2. 9 Patienten nach 10 bis 80 Behandlungstagen mit einem Faktor VIII-Konzentrat, das mit monoklonalen Antikörpern gegen Faktor VIII:C gereinigt wurde

Pat.Nr./ Alter	Faktor VIII	Einheiten Hemofil M zwischen 1988 und 1990	Behandlungstage	Substitution	Inhibitortiter Juli 1990 (BE)
14/24	4	155880	80	Bei Bedarf	0
15/24	5	72400	50	Bei Bedarf	0
16/23	< 1	80000	40	Prophylaxe, Radiosynoviorthese	0
17/32	< 1	40000	40	Prophylaxe	0
18/31	< 1	63050	30	Bei Bedarf	0
19/40	5	54900	15	Bei Bedarf	0
20/48	1	42160	15	Prophylaxe, Colon Polypektomie	0
21/20	8	118000	12	Cerebrales Trauma	0
22/51	15	83000	10	Varizen Operation	0

Eine Radiosynoviorthese, eine Colon-Polypektomie und eine Varizen-Operation erfolgten ohne Blutungskomplikationen. Eine vorsorgliche Substitutionstherapie nach cerebralem Trauma verlief komplikationslos. Antikörper gegen HIV waren bei 6 dieser 9 Patienten vorher nachweisbar.

Bemerkenswert ist Patient Nummer 20, der mit massiver gastrointestinaler Blutung in Folge eines blutenden Colon Polypen auf unsere Intensivstation aufgenommen wurde. Bei einem Faktor VIII-Spiegel von weniger als 1 % trotz hoher Substitution wurden nach der Bethesda-Methode ein Hemmkörper von 24 BE ermittelt. Die Substitutionsbehandlung erfolgte zuvor mit einem hitzeinaktivierten Faktor VIII-Konzentrat. Nach mehrfachen Bluttransfusionen und Plasmapheresen sowie einer Behandlung mit FEIBA und porcinem Faktor VIII konnte die Blutung gestillt werden. Eine weiterführende Hemmkörpertherapie war nicht erforderlich, da nach einigen Wochen kein Hemmkörper mehr nachweisbar war. Die spätere Substitutionsbehandlung erfolgte mit dem oben genannten Konzentrat. Hierunter kam es nicht zur erneuten Hemmkörperbildung.

Bemerkenswert erschien uns auch der bereits oben erwähnte Patient, bei dem wir 1988 eine Immuntoleranztherapie durchführten. Es handelte sich um einen 58jährigen Mann mit schwerer Hämophilie A. Nach Diagnose eines Hemmkörpers gegen Faktor VIII:C von 58 BE konnte sich der Patient zunächst nicht zur Durchführung einer Hemmkörpertherapie entscheiden (Abb. 2). Nach 2 Jahren ohne Faktor VIII-Konzentratgabe und Bedarfsbehandlung mit FEIBA begannen wir eine Immuntoleranztherapie mit dem oben genannten mittels monoklonaler Antikörper gereinigtem Faktor VIII:C-Konzentrat in einer Dosis von 100 E/kg KG (Abb. 3). Nach initialem Anstieg des

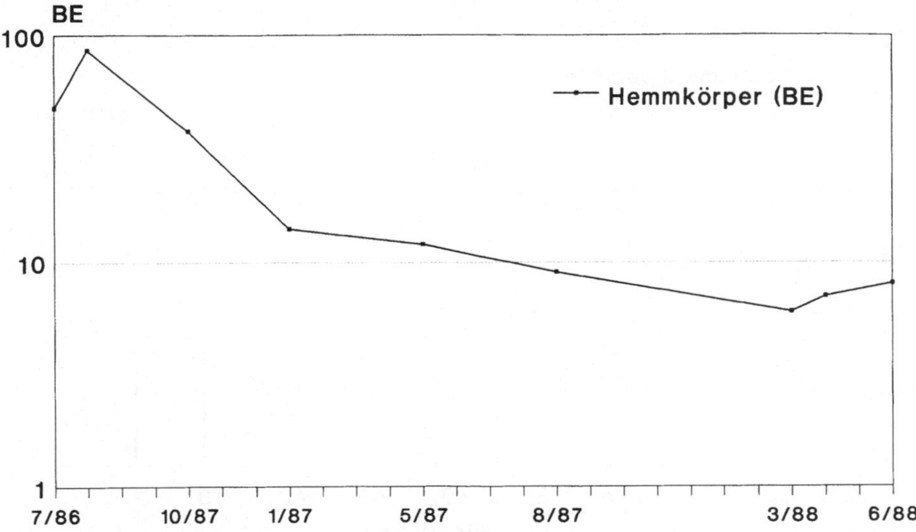

Abb. 2. Hemmkörperverlauf bei einem 58jährigen Patienten (in Tabelle 1 Nr. 5) mit schwerer Hämophilie A ohne Faktor VIII-Konzentratgabe und Bedarfsbehandlung mit FEIBA

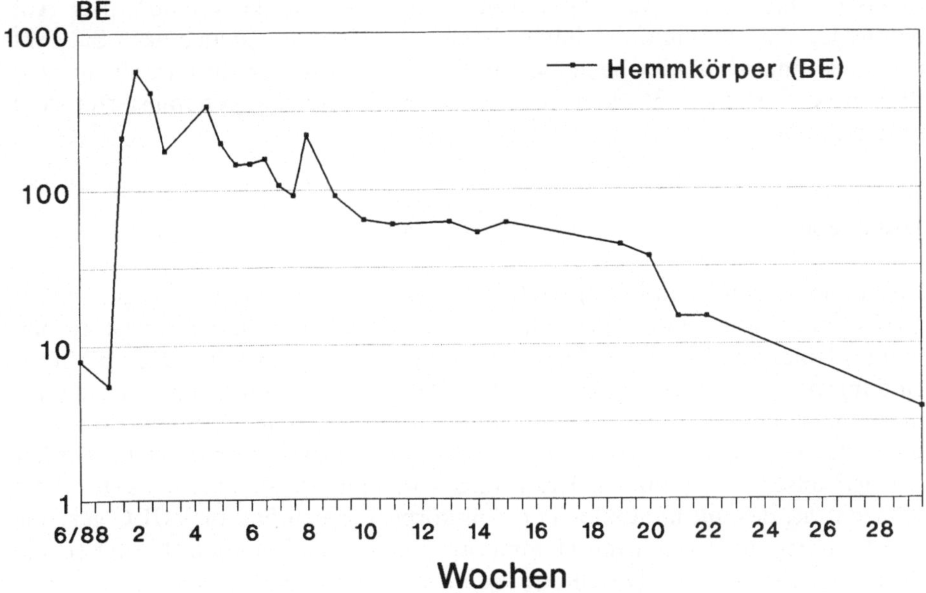

Abb. 3. Hemmkörperverlauf des Pat. Nr. 5 unter Immuntoleranztherapie mit einem Faktor VIII-Konzentrat, das mit monoklonalen Antikörpern gegen Faktor VIII:C gereinigt wurde, in einer Dosis von 100 E/kg KG

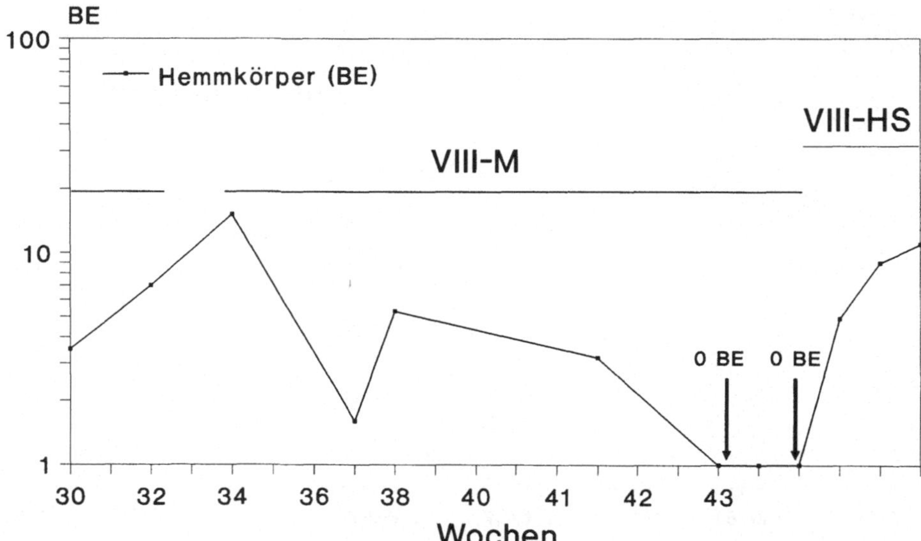

Abb. 4. Hemmkörperverlauf bei Pat. Nr. 5 mit Beendigung der Immuntoleranztherpaie sowie unter weiterer Behandlung mit einem hitzeinaktivierten Konzentrat nach akuter subarachnoidaler Blutung

Hemmkörpertiters auf über 500 BE in der zweiten Woche sank dieser sukzessive ab und war nach der 43. Woche nicht mehr nachweisbar (Abb. 4). Zwei Wochen später wurde der Patient nach einem generalisierten cerebralen Anfall in Folge einer subarachnoidalen Blutung stationär aufgenommen. Bei Aufnahme lag der Hemmkörper immer noch bei 0 BE, stieg jedoch nach Substitution mit einem naßhitzebehandelten Faktor VIII-Konzentrat rasch an. Der Patient verstarb zwei Wochen später nach rezidivierenden generalisierten cerebralen Anfällen.

Diskussion

Zusammenfassend kann festgestellt werden, daß Hemmkörper gegen Faktor VIII:C bei erwachsenen Hämophilen eine seltene, jedoch sehr ernst zu nehmende Komplikation darstellen. Ein Zusammenhang zwischen Hemmkörper-Bildung und dem Reinigungsverfahren und/oder dem Virusinaktivierungsverfahren ist derzeit nicht bekannt. Es fehlt ein systematisches Hemmkörperscreening aller Hämophilen, wobei auch niedrigtitrige Hemmkörper erfaßt würden.

Nach unseren vorläufigen Erfahrungen scheint es mit einem Faktor VIII-Konzentrat, das mit monoklonalen Antikörpern gegen Faktor VIII:C gereinigt wurde, nicht zur vermehrten Hemmkörperbildung zu kommen. Ferner scheint dieses Konzentrat zur Durchführung einer Immuntoleranztherapie geeignet. Um endgültige Aussagen zur Häufigkeit der Hemmkörperbildung treffen zu können, müssen mehr Patienten nach Behandlung mit Gerinnungskonzentraten auf Hemmkörper untersucht werden.

Literatur

1. Bell BA, Kurczynski EM, Bergmann G (1990) Inhibitors to monoclonal antibody purified factor VIII. Lancet 336:638
2. Gill FM (1984) The natural history of factor VIII inhibitors in patients with hemophilia A. Prog Clin Biol Res 150:19
3. Kessler CM, Sachse K (1990) Factor VIII:C inhibitor associated with monoclonal-antibody purified FVIII concentrate. Lancet 335:1403
4. Lusher JM (1990) Lack of inhibitor to monoclonal-antibody purified factor VIII concentrate. Lancet 336:1249
5. Mondorf W, Scharrer I (1990) Lack of inhibitor to monoclonal-antibody purified FVIII concentrate. Lancet (1990) 336:747
6. Nilsson IM (1987) Haemorrhagic and thrombotic disease. London UK, John Wiley & Son:87
7. Scharrer I (1986) Erworbene Antikörper gegen Gerinnungsfaktoren. Haemostas 6:89–92
8. Shapiro SS, Hultin M (1975) Acquired inhibitors to the blood coagulation factors. Sem Thromb Hemost 1:336

Diskussion

SCHMUTZLER (Wuppertal):

Die unterschiedliche Häufigkeit im Auftreten der Hemmkörperhämophilie bei neuen Präparaten könnte durchaus an den noch kleinen Patientenzahlen liegen und zufällig sein.

SCHIMPF (Heidelberg):

Darüber zu diskutieren, ist wenig sinnvoll, da die meisten Zahlen noch nicht 100 Injektionen pro Patient erreicht haben und somit unvollständig sind.

III. Thrombophilie

Diskussionsleitung:
I. Scharrer (Frankfurt)
W. Schramm (München)

Die Bedeutung des Endothels in der Pathogenese von thrombotischen Komplikationen

K. T. Preissner (Bad Nauheim)

Einleitung

Das Gefäßwandendothel stellt nicht nur eine Barriere zwischen dem fließenden Blut und seinen Komponenten und dem umgebenden Gewebe dar, sondern ist aktiv und dynamisch an der Regulation des Hämostase-Systems beteiligt. Die normalerweise nicht-thrombogene Oberfläche der Gefäßwand ändert sich nach Verletzungen des Endothels, so daß Thrombozyten und andere potentiell adhäsive Zellen an Komponenten der subendothelialen, extrazellulären Matrix anheften können und zum initialen Wundverschluß führen. Endothelzell-Proliferation und weitere Wundheilungsprozesse bedingen die im Normalfall ohne großen Blutverlust verlaufende Abdichtung des Gefäßes. Nicht nur ein angeborener Mangel an prokoagulatorischen Gerinnungsfaktoren, wie dem Faktor VIII, oder erworbene Faktor VIII-Inhibitoren können den Gerinnungsverlauf pathologisch verzögern, sondern auch ein unausgewogenes Verhältnis an Endothel-spezifischen, natürlichen Inhibitoren kann zu möglichen thrombotischen Komplikationen führen. Dabei ist nicht einmal die eigentliche Verletzung des Gefäßwandendothels das auslösende Prinzip, sondern bakterielle Lipopolysaccharide (Endotoxin) oder verschiedene Cytokine können die ausgewogene Balance von pro- und antikoagulatorischen Mechanismen der Endothelzelle empfindlich stören. Dies äußert sich nicht nur in einer Verschiebung zu einem netto prokoagulatorischen Repertoire von Endothel-spezifischen Syntheseprodukten, sondern auch in der möglichen Neusynthese und Oberflächen-Expression von bestimmten Leukozyten-spezifischen Adhäsionsmolekülen [2]. Dabei kann ein solch „gereiztes“ Gefäßwandendothel zwar bestimmte Aufgaben bei Entzündungsreaktionen leicht erfüllen, ist aber auch empfindlicher gegenüber gerinnungsaktiven Stimuli.

In Tabelle 1 sind die wichtigsten der pro- und antikoagulatorischen, vom Endothel synthetisierten Faktoren dargestellt [8]. Die verschiedenen molekularen Mechanismen, nach denen diese Faktoren im Zusammenspiel operieren, sind dem strategisch lokalisierten Geschehen angepaßt [14]. Schematisch sind die Wirkprinzipien in Abb. 1 dargestellt.

In diesem Beitrag soll vor allem der Stellenwert dreier physiologisch wichtiger Syntheseprodukte des Endothels, des Extrinsic Pathway Inhibitor/Lipoprotein-Assoziierter Coagulations Inhibitor (EPI/LACI), des Plasminogen Aktivator Inhibitor (PAI-1) und des Thrombomodulin, erörtert werden.

Tabelle 1. Schematische Darstellung der vom Endothel synthetisierten pro- und antikoagulatorischen Substanzen [8]

PRO	ANTI
Platelet-Activating Factor	Prostacyclin
	Vascular Anticoagulant
Tissue Factor	Extrinsic Pathway Inhibitor
Coagulation Factors	Thrombomodulin
Heparin-Neutralizing Components	Glycosaminoglycans
Plasminogen Activator-Inhibitor	tPA, Urokinase

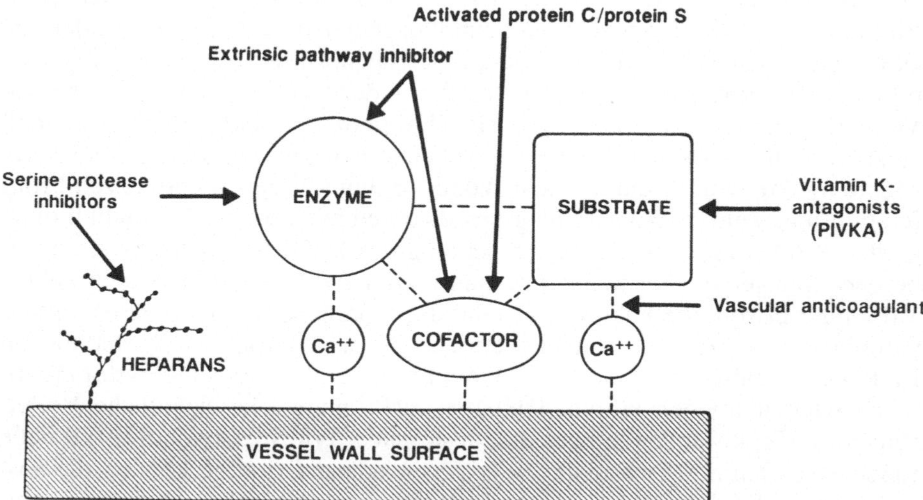

Abb. 1. Schematische Repräsentation der funktionellen Wirkungsweise verschiedener natürlicher Antikoagulantien, von denen einige im Text diskutiert werden [13]. Die Multikomponenten-Enzymkomplexe des Gerinnungssystems, die auf der perturbierten Endothelzelloberfläche aktiv sein können, werden nach verschiedenen Wirkprinzipien kontrolliert und inhibiert, wie sie für EPI/LACI, den Serinprotease-Inhibitor PAI-1 sowie den für die Aktivierung von Protein C essentiellen Thrombinrezeptor Thrombomodulin diskutiert werden

Extrinsic Pathway Inhibitor

Neuere Untersuchungen zur Wirkungsweise des EPI/LACI zeigen, daß dieser Kunitz-Typ Inhibitor mit initialen Mengen aktiviertem Faktor X einen Komplex bildet, der die Auslösung der Tissue Factor-mediierten, extrinsischen Gerinnungskaskade hemmt [9, 19, 23, 26]. Dies gelingt allerdings nur solange, bis ein molarer Überschuß an aktiviertem Faktor X gegenüber EPI/LACI sich einstellt und eine weitere Gerinnungsaktivierung nicht mehr aufzuhalten ist. Allerdings bedingt die Präsenz des EPI/LACI in der Zirkulation, daß nicht jede minimale Verfügbarkeit von Tissue Factor/Faktor VIIa-Komplex zur Thrombinbildung führt, was auch Konsequenzen für die „Queraktivierung" des intrinsischen Systems über Tissue Factor/Faktor VIIa hat. So ist EPI/LACI möglicherweise für die massive Blutungsneigung von Hämophilen mitverantwortlich, denn Antikörper gegen EPI/LACI setzen den inhibitorischen Schwellenwert herunter, so daß auch bei Faktor VIII-Mangel die Beteiligung des extrinsischen Aktivierungsmechanismus deutlich war. Umgekehrt könnte ein angeborener, isolierter Mangel an EPI/LACI zu erheblichen thrombotischen Komplikationen führen, da jede noch so geringe Aktivierung des extrinsischen Gerinnungsweges nicht wenigstens bis zu einem gewissen Schwellenwert aufgehalten wird. Die Bereitstellung von EPI/LACI durch das Endothel wird vor allem belegt durch eine Erhöhung des Inhibitorspiegels in der Zirkulation nach Heparin-Infusion [20]. Dieser Effekt ist auf die teilweise Loslösung von luminal gebundenem EPI/LACI durch Heparin zurückzuführen und deutet auf eine weitere antikoagulatorische Wirkung des Polysaccharids hin, die dabei synergistisch mit der erhöhten Inhibitorwirkung des EPI/LACI zu verstehen ist.

Plasminogen-Aktivator-Inhibitor-1

Der potenteste Inhibitor des Plasminogen-Aktivierungssystems, der Plasminogen-Aktivator-Inhibitor-1 (PAI-1), ist ebenfalls an der Regulation des Gerinnungsgeschehens an der Gefäßwand beteiligt [12]. Die Inhibitorwirkung, die im Prinzip zur Inaktivierung der Target-Enzyme Urokinase oder Gewebs-Plasminogen-Aktivator über kovalente Komplexbildung führt, unterscheidet sich von der anderer Serin-Protease-Inhibitoren (SERPINe). PAI-1 ist nicht nur ein konformativ labiles Molekül, dessen aktive Form im Gegensatz zu Antithrombin III oder anderen SERPINen in der Zirkulation nur eine Halbwertszeit von 2–3 h aufweist, sondern es wird auch in aktiver Form im Subendothel „gespeichert". Dabei ist das Adhäsivprotein Vitronectin [15] sowohl in der fluiden Phase [5, 25] wie auch in der extrazellulären Matrix des Subendothels das Bindungs- und Stabilisierungsprotein des PAI-1 [17, 21] (Abb. 2). Durch die Verfügbarkeit von PAI-1/Vitronectin-Komplexen auch im Releasate von aktivierten Plättchen kann eine anti-fibrinolytische Umgebung während der initialen Phase des Hämostasegeschehens am verletzten Endothel erreicht werden. Durch den relativ hohen Anteil an aktivem PAI-1 können Plasminogen-Aktivatoren diese initiale Phase des Wundverschlusses proteolytisch nicht „unterlaufen". Hält diese Phase, z. B. durch massiv erhöhten PAI-1 allerdings zu lange an, kann dies zu einer Schwächung des fibrinolytischen Potentials und damit zu einem gesteigerten Thromboserisiko führen, was durch eine Reihe von prospektiven Studien belegt ist. Eine quantitative Bestimmung des aktiven PAI-1 in der Zirkulation kann daher diagnostisch von Wert sein für die Prognose eines möglicherweise „prä-thrombotischen" Zustandes, sie ist aber nicht unbedingt hinreichend, da aus den genannten Daten vor allem das Wirkungs-

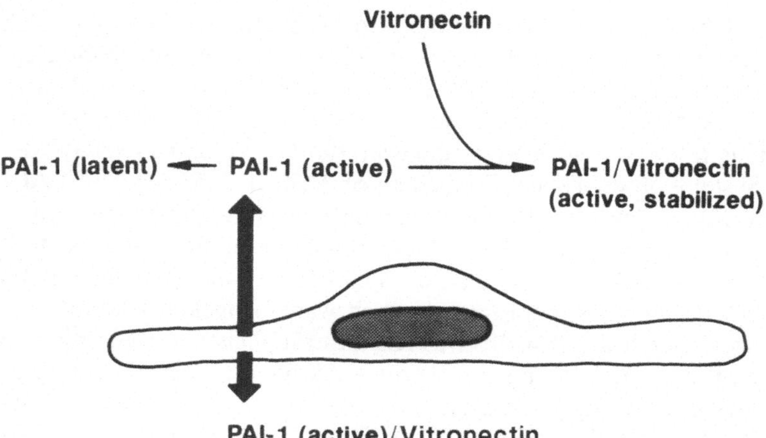

Abb. 2. Synthese des Plasminogen-Aktivator-Inhibitors-1 (PAI-1) in Endothelzellen. Die aktive Form des Inhibitors wird entweder im Subendothel deponiert oder ins Lumen sezerniert, wo sie durch Komplexbildung an Vitronectin stabilisiert werden kann. Die Bindung und Stabilisierung in der extrazellulären Matrix erfolgt auch an Vitronectin, so daß diesem multifunktionellen Adhäsivprotein eine wichtige Rolle bei der Regulation der Fibrinolyse zukommt

potential des Inhibitors im Subendothel die entscheidende Rolle bei der Regulation der Hämostase darstellt.

Thrombomodulin

Der Endothel-spezifische Thrombin-Rezeptor Thrombomodulin stellt eines der wichtigsten natürlichen Anti-Koagulantien des Organismus dar, da er alle gerinnungsfördernden Aktivitäten des Enzyms hemmt, sobald das Thrombin mit diesem Molekül der Gefäßwandoberfläche in Kontakt kommt [6, 7]. Dabei wird allerdings die Enzymaktivität des Thrombins nicht blockiert, sondern im Komplex mit Thrombomodulin kehrt das Enzym seine Spezifität um, so daß Protein C an der Gefäßwand aktiviert werden kann. Aktiviertes Protein C im Komplex mit Protein S bewirkt dann die Hemmung der Gerinnungskaskade über die proteolytische Inaktivierung der Kofaktoren Va und VIIIa und führt damit zur Unterdrückung weiterer Thrombinbildung (Abb. 1 und 3a). Belegt vor allem durch Patienten mit angeborenem Protein C- oder Protein S-Mangel, die einem erhöhten Thromboserisiko ausgesetzt sind, nimmt dieser „Negativ-Feedback“ Mechanismus einen wichtigen Platz bei der physiologischen Regulation der Blutgerinnung am Endothel ein [1, 16].

In-vitro-Studien haben zu einer Modellvorstellung der Thrombin/Thrombomodulin-Interaktion geführt, wobei vor allem zwei funktionelle Domänen des Thrombomodulins involviert sind [22, 24]: Die sechs, dem epidermalen Wachstumsfaktor homologen Proteindomänen sind vor allem für die Rolle des

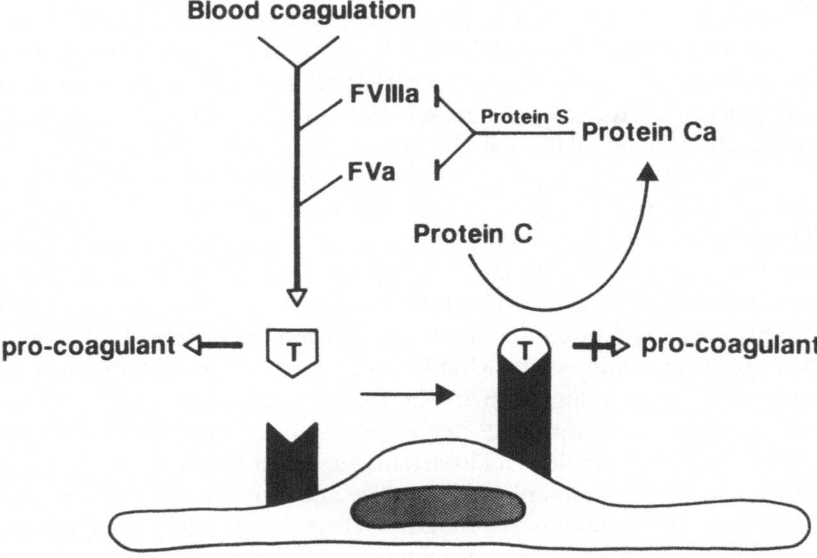

Abb. 3a. Schematische Darstellung der Wirkungsweise von Thrombomodulin

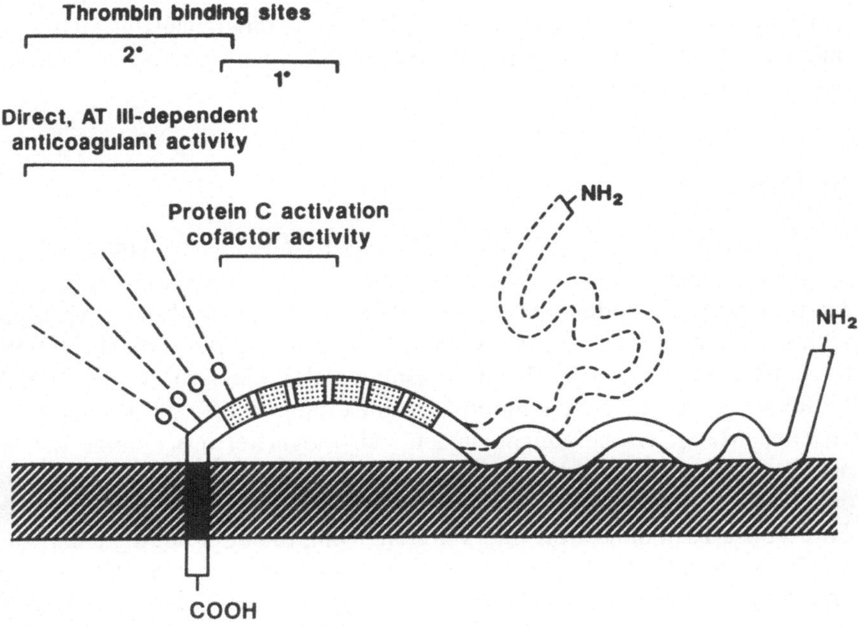

Abb. 3b. Hypothetisches Modell des Thrombinrezeptors Thrombomodulin. Für die Funktion von Thrombomodulin als Kofaktor der Protein C-Aktivierung durch Thrombin sind die epidermalen Wachstumsfaktor-homologen Domänen verantwortlich, während die Kohlenhydratreste die direkte antikoagulatorische Funktion von Thrombomodulin bewirken und damit an einer sekundären Bindungsstelle des Thrombins angreifen [18]

Thrombomodulins als Kofaktor der Protein C-Aktivierung essentiell, während im Molekül benachbarte Kohlenhydratreste mit Chondroitinsulfat-Charakter, die während der Biosynthese post-translational angeheftet werden, die direkten antikoagulatorischen Eigenschaften des Rezeptors bewirken [3, 4, 18] (Abb. 3b). Dabei läßt sich die intakte Form des Thrombomodulins durch Entfernen der Kohlenhydrate in eine (niedermolekulare) Form überführen, die nur als Kofaktor für Protein C, aber nicht als direktes Antikoagulanz auf Thrombin wirkt. Experimentell bewiesen wurde diese differentielle Interaktion des Rezeptors mit Thrombin auf kultivierten Endothelzellen, mit intaktem und modifiziertem Kaninchen-Thrombomodulin sowie auch mit gentechnologisch produzierten Mutanten des humanen Thrombinrezeptors [11]. Damit kommt der post-translationalen Modifikation des Thrombomodulins, die auf bestimmte Erkennungsbereiche in der Aminosäuresequenz angewiesen ist, eine wichtige Bedeutung bei der Expression des funktionell intakten Thrombinrezeptors entlang des Gefäßsystems zu. Es ist durchaus denkbar, daß Modifikationen dieser Kohlenhydratdomäne auch zu einer unterschiedlich ausgeprägten antikoagulanten Wirkung des Thrombomodulins führen können. Weiterhin können mögliche Mutationen in der Sequenz des Thrombomodulins, die eine biosynthetische Anheftung dieser Kohlenhydratkette nicht mehr zulassen, auch zu einer eingeschränkten Funktion des Thrombinrezeptors an der Gefäßwand führen und damit einen weiteren Faktor für ein Thromboserisiko darstellen. Mit der Kenntnis der Genstruktur des Thrombomodulins [10] sollte eine molekulare Analyse von angeborenen Mutationen des Thrombinrezeptors in situ möglich sein, um nach Amplifikation des Genbereiches des Thrombomodulins auch über eine mögliche Beeinflussung der Funktion des Thrombomodulins Aussagen zu machen.

Ausblick

Die dargestellten Schlüsselmoleküle für die Regulation des Hämostasesystems an der Gefäßwand sind zur Zeit nicht nur Objekte der Grundlagenforschung, sondern ein Verständnis ihres molekularen Wirkens wird auch wichtige Aufschlüsse über kausale Zusammenhänge zur Pathogenese von thrombotischen Komplikationen liefern. Mit der Kenntnis der Genstruktur der beteiligten Moleküle sowie der molekularen Identifizierung und Lokalisierung von angeborenen Mangelerscheinungen lassen sich möglicherweise einige der bislang noch verborgenen Pathogenese-Mechanismen aufklären. Die im Bedarsfall angebrachte differentielle Analyse dieser Moleküle zusammen mit den als Thrombose-Risikofaktoren anerkannten Komponenten sollte daher zu einer möglichst umfassenden Diagnose und gezielten Therapie im Patienten führen und damit zu einer Steigerung der Lebensqualität dieser Personengruppe.

Literatur

1. Bertina RM (1988) Protein C and related proteins. Churchill Livingstone, Edinburgh, London, Melbourne, New York
2. Bevilacqua MP, Stengelin PS, Gimbrone MA, Seed B (1989) Endothelial leukocyte adhesion molecule 1: An inducible receptor for neutrophils related to complement regulatory proteins and lectins. Science 243:1160–1165
3. Bourin M-C, Boffa M-C, Björk I, Lindahl U (1986) Functional domains of rabbit thrombomodulin. Proc Natl Acad Sci USA 83:5924–5928
4. Bourin MC, Öhlin AK, Lane DA, Stenflo J, Lindahl U (1988) Relationship between anticoagulant activities and polyanionic properties of rabbit thrombomodulin. J Biol Chem 263:8044–8052
5. Declerck PJ, De Mol M, Alessi M-C, Baudner S, Paques E-P, Preissner KT, Müller-Berghaus G, Collen D (1988) Purification and characterization of a plasminogen activator inhibitor 1 binding protein from human plasma. Identification as a multimeric form of S protein (vitronectin). J Biol Chem 263:15454–15461
6. Esmon CT (1987) The regulation of natural anticoagulant pathways. Science 235:1348–1352
7. Esmon CT (1989) The roles of protein C and thrombomodulin in the regulation of blood coagulation. J Biol Chem 264:4743–4746
8. Gimbrone MA (Ed) (1986) Vascular endothelium in hemostasis and thrombosis. Churchill-Livingstone, Edinburgh
9. Girard TJ, Warren LA, Novotny WF, Likert KM, Brown SG, Miletich JP, Broze Jr GJ (1989) Functional significance of the Kunitz-type inhibitory domains of lipoprotein-associated coagulation inhibitor. Nature 338:518–520
10. Jackman RW, Beeler DL, Fritze L, Soff G, Rosenberg RD (1987) Human thrombomodulin gene is intron depleted: Nucleic acid sequences of the cDNA and gene predict protein structure and suggest sites of regulatory control. Proc Natl Acad Sci USA 84:6425–6429
11. Koyama T, Parkinson JF, Sié P, Bang NU, Müller-Berghaus G, Preissner KT (1991) Different glycoforms of human thrombomodulin: Their glycosaminoglycan-dependent modulatory effects on thrombin inactivation by heparin cofactor II and antithrombin III. Eur J Biochem (in press)
12. Loskutoff DJ, Sawdey M, Mimuro J (1989) Type-1 plasminogen-activator inhibitor. Prog Hemost Thromb 9:87–115
13. Maurer-Fogy I, Reutelingsperger CPM, Pieters J, Bodo G, Stratowa C, Hauptmann R (1988) Cloning and expression of cDNA for human vascular anticoagulant, a Ca^{2+}-dependent phospholipid-binding protein. Eur J Biochem 174:585–592
14. Preissner KT (1988) The anticoagulant potential of endothelial cell membrane components. Haemostasis 18:271–306
15. Preissner KT (1989) The role of vitronectin as multifunctional regulator in the hemostatic and immune systems. Blut 59:419–431
16. Preissner KT (1990) Biological relevance of the protein C system and laboratory diagnosis of protein C and protein S deficiencies. Clin Science 78:351–364
17. Preissner KT, Grulich-Henn J, Ehrlich HJ, Declerck P, Justus C, Collen D, Pannekoek H, Müller-Berghaus G (1990) Structural requirements for the extracellular interaction of plasminogen activator inhibitor 1 with endothelial cell matrix-associated vitronectin. J Biol Chem 265:18490–18498
18. Preissner KT, Koyama T, Tschopp J, Müller-Berghaus C (1990) Domain structure of the endothelial cell receptor thrombomodulin as deduced from modulation of its anticoagulant functions. Evidence for a glycosaminoglycan-dependent secondary binding site for thrombin. J Biol Chem 265:4915–4922
19. Rao LVM, Rapaport SI (1987) Studies of a mechanism for inhibition of the initiation of the extrinsic pathway of coagulation. Blood 69:645–651
20. Sandset PM, Abildgaard U, Larsen ML (1988) Heparin induces release of extrinsic coagulation pathway inhibitor (EPI). Thromb Res 50:803–813
21. Seiffert D, Wagner NN, Loskutoff DJ (1990) Serum-derived vitronectin influences the pericellular distribution of type-1 plasminogen-activator inhibitor. J Cell Biol 111:1283–1291

22. Suzuki K, Kusumoto H, Deyashiki Y, Nishioka J, Maruyama I, Zushi M, Kawahara S, Honda G, Yamamoto S, Horiguchi S (1987) Structure and expression of human thrombomodulin, a thrombin receptor on endothelium acting as a cofactor for protein C activation. EMBO J 6:1891–1897
23. Warn-Cramer BJ, Almus FE, Rapaport SI (1989) Studies of the factor Xa-dependent inhibitor of factor VIIa/tissue factor (extrinsic pathway inhibitor) from cell supernates of cultured human umbilical vein endothelial cells. Thromb Haemost 61:101–105
24. Wen D, Dittmann WA, Ye RD, Deaven LL, Majerus PW, Sadler JE (1987) Human thrombomodulin: complete cDNA sequence and chromosome localization of the gene. Biochemistry 26:4350–4357
25. Wiman B, Almquist A, Sigurdardottir O, Lindahl T (1988) Plasminogen-activator inhibitor-1 (PAI) is bound to vitronectin in plasma. FEBS Lett 242:125–128
26. Wun T-C, Kretzmer KK, Girard TJ, Miletich JP, Broze Jr GJ (1988) Cloning and characterization of a cDNA coding for the lipoprotein-associated coagulation inhibitor shows that it consists of three tandem Kunitz-type inhibitory domains. J Biol Chem 263:6001–6004

Diskussion

GÜRTLER (München):

Sie hatten erwähnt, daß das Endotoxin eine Stimulierung von Faktoren auslöst. Wie sieht es denn auf der Endothelzelle aus bei Entzündungsprozessen, die durch Lipo-Polysaccarid induziert sind? Gibt es neue oder vermehrte Expression von Rezeptoren, die die Gerinnung aktivieren? Es gibt auch einige Viren, z. B. das HIV, die sich in Endothelzellen einnisten. Wissen Sie, wie sich dieses auf die Expression von Rezeptoren und das Gerinnungssystem auswirkt?

PREISSNER (Bad Nauheim):

Das sind genau die zentralen Fragen, die im Augenblick in verschiedenen Laboratorien intensiv bearbeitet werden. Es gibt eine Fülle von Daten in der Literatur gerade zu den verschiedensten Ansätzen der Endotoxin-mediierten Entzündung oder Auslösung des Gerinnungssystems. Es kommt tatsächlich – wie ich Ihnen das kurz schematisch dargestellt habe – zu Neo-Expressionen, zur Neusynthese von verschiedenen Faktoren, vor allem Tissue factor, dem wirklich wichtigsten Auslösermolekül des Gerinnungssystems, wie aber auch zur Expression von neuen Adhäsionsrezeptoren am Endothel, die dann die Querverbindung zum Entzündungssystem herstellen.

Im experimentellen System, in dem wir mit Zellen in Kultur umgehen und nicht alle Bedingungen, die im natürlichen System erfüllt sind, nachahmen können, muß man sich naturgemäß auf bestimmte Bereiche konzentrieren. Ich kann aber sagen, daß dieses multifaktorielle Geschehen, das durch die Endotoxineinwirkung am Endothel initiiert wird, tatsächlich auf eine Umorganisation von Faktoren des Endothels zurückzuführen ist.

Wie war bitte noch Ihre zweite Frage?

GÜRTLER (München):

Gibt es Hinweise dafür, daß Viren, die in Endothelzellen wachsen, irgendwelche Veränderungen auf der Membran auslösen?

PREISSNER (Bad Nauheim):

Ganz deutlich. Es gibt z. B. Sarkomavirus-transformierte Endothelzellen, die experimentell auch genutzt werden, um bestimmte Zellinien zu erhalten. Auch auf diesem Initiierungswege ist eine Veränderung der funktionellen Eigenschaften und Reaktionen der Zelle nachgewiesen.

FRAU HACH-WUNDERLE (Frankfurt):

Ist es vorstellbar, daß man den Thrombomodulin-Mangel irgendwann einmal direkt oder indirekt quantitativ erfassen kann? Das ist ein Endothelzell-ständiger Faktor. Aber gibt es die Möglichkeit, die freie Fraktion, die ja möglicherweise auch im Plasma ist, nachzuweisen?

PREISSNER (Bad Nauheim):

Ihre Frage liegt im Schnittpunkt von Forschung und klinischem Bezug. Eine lösliche Fraktion des Thrombomodulins gibt es tatsächlich. Durch einen gewissen turn-over des Rezeptors wird ein Fragment des Thrombomodulins auch in der Blutzirkulation befördert. Dieser Teil des Thrombomodulins ist aber antikoagulatorisch überhaupt nicht aktiv. Auch über die quantitative Bestimmung dieses Fragmentes bekommt man eigentlich keinen Zugang zur Potenz des Rezeptors am Endothel. Das gelingt nur, wenn man wirklich vor Ort, d. h. im Blutgefäß, durch bestimmte Manipulationen, durch bestimmte Mikrobiopsie-Methoden wirklich quantitativ eine Relation zwischen der Aktivität des Thrombomodulins und strukturellen Defekten herstellen kann. Da sind also wohl nicht nur die Grundlagenforscher gefordert, sondern auch im klinischen Alltag müssen Ideen gefunden werden, um so einen Zugang zu ermöglichen. Das gleiche – ich erwähnte es schon – gilt auch für den Plasminogen-Aktivator-Inhibitor, dessen Potential unter dem Endothel liegt.

HANFLAND (Bonn):

Ich habe eine Frage zum Problemkreis Risikofaktoren, Myokardinfarkt, Thrombophilie: Kann man schon den EPI/LACI einer gewissen Lipoproteinfraktion zuordnen?

PREISSNER (Bad Nauheim):

Ja, der VLDL/LDL Klasse, aber ich muß Sie darauf hinweisen, daß die Studien noch nicht soweit gediehen sind, konkrete Korrelationen zwischen Myokardinfarkt, Arteriosklerose etc. und dem EPI/LACI herzustellen.

FRAU HEINRICHS (Berlin):

Sehen Sie zum gegenwärtigen Zeitpunkt Möglichkeiten, diese Erkenntnisse, die Sie dargestellt haben, für den Kliniker umzusetzen? Kann man die Folgen der Endotoxin-Wirkung, also der Endotoxin-bedingten Aktivierung, mit Heparin modulieren, oder sind diese Reaktionen völlig Heparin-unabhängig?

Preissner (Bad Nauheim):

Das ist ein guter Punkt, den Sie ansprechen. Viele Leute geben wahrscheinlich Heparin – und da schließen wir uns gar nicht aus –, ohne zu wissen, welche mögliche Wirkungen dieses Heparin zusätzlich zu seiner beschleunigenden Wirkung auf das Thrombin AT III-System hat. Eine wichtige, wenn nicht gar die Hauptwirkung, ist die Freilösung des extrinsic pathway inhibitors vom Endothel, die den Schwellenwert für die extrinsische Aktivierung drastisch erhöht und damit natürlich einen protektiven Mechanismus darstellt.

Deutsch (Wien):

Haben Sie irgendwelche Ideen, wieso bei der Sepsis der EPI so stark ansteigt?

Preissner (Bad Nauheim):

Ich kann da im Augenblick nur spekulieren. Die experimentellen Modelle – das haben Sie vielleicht auf der Tabelle gesehen – sprechen nicht unbedingt dafür, daß das Endotoxin unter diesen isolierten Kulturbedingungen zu einer Genexpression des EPI führt. Es werden, wie durch Heparin und mögliche andere Induktoren, die Speicherpools des EPI im Endothel freigesetzt, aber es kommt nicht zu einer neuen Genexpression. Möglicherweise sind diese Experimente nicht lang genug verfolgt worden. Wir wissen noch zu wenig darüber, wieweit die EPI-Neusynthese in diesen Zellen durch Endotoxin und ähnliche Stimulanzien angekurbelt werden kann. EPI/LACI könnte damit auch als Indikator für Endothelzellschädigung dienen.

Angeborene thrombophile Diathesen

V. HACH-WUNDERLE (Frankfurt)

In den letzten drei Jahrzehnten wurden zahlreiche hämostaseologische Störungen entdeckt, die mit einem erhöhten Thromboserisiko einhergehen.

Die Indikation für das spezielle hämostaseologische Untersuchungsprogramm ergibt sich aus unserer Sicht bei Manifestation der thrombotischen Krankheit vor dem 45. Lebensjahr, bei einer positiven Familienanamnese bezüglich Thromboembolien, bei rezidivierenden thrombotischen Ereignissen sowie bei Lokalisation des Thrombus an einem ungewöhnlichen Ort, z. B. in den Mesenterial- oder in den Sinusvenen. Thromboembolien, die sich während einer regelrecht durchgeführten Behandlung mit Antikoagulantien ereignen, bedürfen ebenfalls der weiteren Abklärung. Eine eingehende hämostaseologische Untersuchung sollte auch bei arteriellen Gefäßverschlüssen von jungen Menschen sowie bei Thrombosen in der Neonatalperiode erfolgen.

Die labordiagnostischen Untersuchungen sollten frühestens drei Monate nach dem akuten Krankheitsereignis durchgeführt werden, um eine Beeinflussung der Ergebnisse durch die akute Krankheitsphase auszuschließen. Während der Behandlung mit oralen Antikoagulantien kann ein Mangel an Protein C bzw. an Protein S nicht sicher diagnostiziert werden; eine Kontrollbestimmung ist daher nach Absetzen der Therapie empfehlenswert. Die meisten Laborparameter zeigen eine Abhängigkeit vom Alter und vom Geschlecht; das ist bei der Erstellung der Normalkollektive zu berücksichtigen. Pathologische Meßergebnisse bedürfen stets mehrfacher Kontrollen unter Einbeziehung einer funktionellen und einer immunologischen Methode.

Angeborene Störungen des Blutgerinnungssystems

Unter den angeborenen Defekten des Blutgerinnungssystems hat die Verminderung der Inhibitoren Antithrombin III, Protein C und Protein S sowie des Gerinnungsfaktors XII eine große Bedeutung erlangt. Seltener ist der Mangel an Heparin-Cofaktor II.

Es ist jeweils zwischen zwei Typen zu differenzieren. Beim Typ I beruht der Mangel auf einer reduzierten Synthese des Proteins in der Leber. Beim Typ II liegt eine normale Konzentration des Proteins im Plasma vor, die biologische Aktivität ist jedoch wegen einer abnormen Molekülstruktur vermindert.

Für den *hereditären Antithrombin III-Mangel* ist die Koinzidenz mit einem erhöhten Thromboserisiko am längsten bekannt [1]. Der Vererbungsmodus ist autosomal dominant. Die Inzidenz beträgt im eigenen Krankengut 2% (12 von 612 Patienten), bei anderen Autoren zwischen 1,7% [2] und 7,5% [3, 4].

Die physiologische Funktion von Antithrombin III (AT III) besteht in der Inaktivierung von Thrombin und Faktor Xa.

Durch spezielle Untersuchungsverfahren können verschiedene Subtypen des AT III-Mangels differenziert werden (Tabelle 1). Die klinische Relevanz dieser Klassifizierung besteht in der unterschiedlich hohen Thrombosefrequenz der einzelnen Typen. Nach einer Sammelstudie von FINAZZI et al. [5] liegt die Thrombose-Inzidenz im allgemeinen zwischen 52% und 66%. Eine Ausnahme stellt der Typ IIc dar, der in der heterozygoten Form nur in 6%, in der homozygoten Form hingegen in 100% der Fälle mit Thrombosen einhergeht (Tabelle 2).

Der Zusammenhang zwischen einer erhöhten Thromboseneigung und einer angeborenen *Verminderung von Protein C* wurde erstmals 1981 von GRIFFIN et

Tabelle 1. Klassifikation des Antithrombin III-Mangels

Typ I	Aktivität vermindert; Antigen vermindert
Typ Ia	Bindung von Heparin normal
Typ Ib	Bindung von Heparin vermindert
Typ II	Aktivität vermindert; Antigen normal
Typ IIa	Inaktivierung von Thrombin und Xa vermindert Bindung von Heparin vermindert
Typ IIb	Inaktivierung von Thrombin und Xa vermindert
Typ IIc	Bindung von Heparin vermindert

Tabelle 2. Thrombose-Inzidenz bei den Subtypen des Antithrombin III-Mangels (nach FINAZZI et al. 1987)

Suptyp	Anzahl von Familien n	Anzahl von Patienten mit AT III-Mangel n	Anzahl von Patienten mit Thrombose (%)	
Ia	44	260	142	(54%)
Ib	6	23	12	(52%)
IIa	12	42	28	(66%)
IIb	10	29	17	(58%)
IIc	10	45*	3	(6%)
		3**	3	(100%)
Gesamt	82	404	205	(51%)

* heterozygot
** homozygot

al. [6] beschrieben. Der Vererbungsmodus ist autosomal dominant, seltener autosomal rezessiv. Es wird zwischen einer heterozygoten und einer homozygoten Form unterschieden. Beim heterozygoten Protein C-Mangel lassen sich wiederum ein Typ I und ein Typ II differenzieren.

Die physiologische Funktion von Protein C besteht in der Hemmung der aktivierten Faktoren V und VIII:C; darüberhinaus stimuliert Protein C die Fibrinolyse, indem es die Synthese von Plasminogen-Aktivator-Inhibitor hemmt.

Beim *heterozygoten* Protein C-Mangel vom Typ I sind Protein C-Aktivität und -Antigen auf etwa 10% bis 65% der Norm vermindert. Die Häufigkeit der Störung wird in der Normalbevölkerung auf 1:16000 bis1:36000 geschätzt. Bei Patienten mit Thrombosen beträgt die Inzidenz im eigenen Patientenkollektiv 3,9% (10 von 254 Patienten), nach SALA et al. [7] 2,9% und nach VIGANO D'ANGELO et al. [8] 2,8%.

Die *homozygote* Form des Protein C-Mangels ist selten; sie wurde erstmals 1983 von BRANSON et al. [9] beschrieben. Die Literatur umfaßt inzwischen 18 weitere Kasuistiken. In der überwiegenden Zahl der Fälle treten bereits in der Neugeborenenperiode schwere disseminierte Hautnekrosen im Sinne der Purpura fulminans und/oder ausgedehnte Thrombosen auf. Die Plasmaspiegel von Protein C liegen meist unter 10%.

Eine klinische Besonderheit stellt die *Kumarinnekrose* dar. Sie wurde bei der heterozygoten und auch bei der homozygoten Form des Protein C-Mangels in der Initialphase einer Behandlung mit oralen Antikoagulantien beschrieben. Möglicherweise besteht zu diesem Zeitpunkt die größte Diskrepanz zwischen pro- und antikoagulatorisch wirksamen Faktoren, die durch den raschen Abfall von Protein C bei noch relativ hohen Plasmakonzentrationen der anderen Vitamin K-abhängigen Faktoren bedingt ist. Bei einem bekannten Protein C-Mangel sollte die orale Antikoagulation deshalb von vornherein mit der Erhaltungsdosis eingeleitet werden.

Die Koinzidenz von *Protein S-Mangel* und Thromboseneigung wurde in den Jahren 1984 und 1985 von drei unabhängig voneinander arbeitenden Forschungsgruppen beschrieben [10, 11, 12]. Die Störung wird autosomal dominant vererbt.

Protein S hat die Funktion eines Cofaktors bei der Aktivierung von Protein C und wirkt damit indirekt antikoagulatorisch. Unter physiologischen Bedingungen zirkuliert das Protein zu 40% ungebunden und zu 60% in einem reversiblen Komplex mit einem hochmolekularen Komplementfaktor, dem C4-binding protein. Beide Fraktionen werden immunologisch gemessen.

Nach COMP et al. [13] werden zwei Phänotypen des Protein S-Mangels differenziert. Beim Typ I ist das ungebundene Protein S bei normaler Gesamtkonzentration erniedrigt; beim Typ II sind beide Fraktionen vermindert.

Nach BERTINA et al. [14] kommt nur dem freien Protein S eine Bedeutung als Cofaktor für das Protein C zu. ENGESSER et al. [15] stellten jedoch in ihren Untersuchungen keine Korrelation zwischen der Verminderung von freiem Protein S und der Häufigkeit von Thrombosen fest; eine gute Übereinstimmung ergab sich hingegen bei der Berücksichtigung des Gesamtgehalts an Protein S.

Im eigenen Krankengut weisen 2,6% der Patienten mit venösen Thrombosen (8 von 309 Patienten) einen Protein S-Mangel auf. Andere Autoren teilen die Häufigkeit mit 0,8% [16] bzw. mit 17,3% [17] mit. In den meisten Publikationen wird eine Frequenz zwischen 2,8% und 7,0% angegeben [3, 4, 10, 18].

ENGESSER et al. [15] untersuchten 136 Angehörige aus 12 Familien. In 71 Fällen wurde ein heterozygoter Protein S-Mangel gesichert; im Alter von 35 Jahren waren nur noch 32% der Betroffenen frei von thrombotischen Ereignissen.

In den Untersuchungen größerer Patientenkollektive hat sich gezeigt, daß die klinische Symptomatik bei Verminderung eines Inhibitors des Gerinnungssystems ähnlich ist [15, 19, 20]. Danach treten Phlebothrombosen bei allen Defekten in 74% bis 88%, Lungenembolien in 38% bis 53% und Rezidivthrombosen in 60% bis 77% der Fälle auf. Thrombophlebitiden kommen bei der Verminderung von Protein C bei 72% und bei einem Mangel an Protein S bei 63% der Betroffenen vor; beim Antithrombin III-Mangel sind sie hingegen nur in 8% der Fälle zu beobachten (Tabelle 3).

Seit 1968 ist bekannt, daß der *Faktor XII-Mangel* mit einer erhöhten Thromboseneigung einhergeht [21]. Die Störung wird autosomal rezessiv vererbt. Laborchemisch fällt häufig eine verlängerte aktivierte partielle Thromboplastinzeit auf. Die Blutungsneigung ist gering; Thrombosen wurden in venösen und auch in arteriellen Gefäßen beschrieben. MANNHALTER et al. [22] diagnostizierten bei 6,5% ihrer Patienten mit venösen Thrombosen (n = 7/107) einen Faktor XII-Mangel. Im eigenen Krankengut beträgt die Frequenz 3,5% (n = 10/286). In einem Kollektiv, das Patienten mit venösen und/oder arteriellen Thrombosen umfaßt, wurde die Frequenz des Faktor XII-Mangels von uns mit 4,3% (n = 14/325) ermittelt.

Der *Heparin-Cofaktor II* ist ein Glykoprotein mit einem Molekulargewicht von 65000. Die Entdeckung des Proteins erfolgte 1974 durch BRIGINSHAW und SHANBERGE [23]. Heparin-Cofaktor II wirkt wie Antithrombin III als Thrombin-Inhibitor. Die Erstbeschreibung der Thrombophilie erfolgte 1985 durch TRAN et al. [24] sowie durch SIE et al. [25]. Die kausale Bedeutung des Heparin-Cofaktor II-Mangels für die Thrombogenese wird zunehmend in Frage gestellt. BERTINA et al. [26] wiesen die Störung in der Normalbevölkerung in einem höheren Prozentsatz nach als bei Patienten mit Thrombosen (0.9% vs. 0,7%).

Tabelle 3. Häufigkeit der thromboembolischen Krankheit

	Protein S-Mangel ENGESSER 1987 n = 39	Protein C-Mangel BROEKMANS 1987 n = 40	AT III-Mangel THALER 1981 n = 120
Phlebothrombosen	74%	83%	88%
Thrombophlebitiden	72%	63%	8%
Lungenembolien	38%	53%	40%
Rezidive	77%	70%	60%

Angeborene Störungen des Fibrinolysesystems

Als häufigste Störung des Fibrinolysesystems, die mit einer erhöhten Thromboseneigung einhergeht, gilt die reduzierte Freisetzung von Gewebe-Plasminogenaktivator (t-PA) aus der Venenwand. Seltener wurden Veränderungen der Moleküle Plasminogen und Fibrinogen oder eine Erhöhung von histidinreichem Glykoprotein im Zusammenhang mit Thrombosen beobachtet.

Die Bestimmung der fibrinolytischen Kapazität nach Venenokklusion am Oberarm ist seit mehr als 15 Jahren fester Bestandteil des hämostaseologischen Untersuchungsprogramms zur Abklärung von venösen Thrombosen. Isacsson und Nilsson wiesen 1972 [27] bei mehr als 70% ihrer Patienten mit rezidivierenden Venenthrombosen einen verminderten Gehalt an *Gewebe-Plasminogen-Aktivator (t-PA)* in der Venenwand bzw. eine erniedrigte Freisetzung nach Venenokklusion nach. In späteren Untersuchungen wird die Häufigkeit dieser Störung von mehreren Autoren mit 25% bis 40% angegeben [28, 29, 30, 31, 32].

Nach Brommer et al. [33] sowie nach Juhan-Vague et al. [34] werden zwei Ursachen für den verminderten Anstieg von t-PA nach Venenokklusion unterschieden. Bei einem Teil der Patienten handelt es sich um eine echte Freisetzungsstörung; hierbei sind t-PA-Aktivität und t-PA-Antigen parallel erniedrigt. In dem anderen Fall führt die erhöhte Plasmakonzentration von *Plasminogen-Aktivator-Inhibitor (PAI-1)* zu einer Verminderung der t-PA-Aktivität; die Freisetzung von t-PA ist dabei nicht beeinträchtigt, wie aus der normalen Konzentration von t-PA-Antigen ersichtlich ist.

Eine Erhöhung von Plasminogen-Aktivator-Inhibitor (PAI-1) stellten Brommer et al. [35] bei 9% ihrer Patienten mit venösen Thrombosen (n = 19/203) fest. In der Mehrzahl der Fälle war die Störung jedoch nur vorübergehend nachweisbar.

Angeborene Störungen, die das *Plasminogenmolekül* betreffen, gehören zu den seltenen Ursachen einer Thrombophilie. Die Inzidenz beträgt im eigenen Krankengut 0,3%, entsprechend 2 von 595 Patienten mit venösen Thrombosen [36, 37]. Die klassische Hypoplasminogenämie (Typ I) wurde weltweit nur in 16 Familien [38], die Dysplasminogenämie (Typ II) in 12 Familien beschrieben.

Bezüglich des Alters bei Erstmanifestation der Krankheit, der Lokalisation von Thrombosen und der Häufigkeit von Rezidiven lassen sich keine wesentlichen Unterschiede zum AT III-, zum Protein C- und zum Protein S-Mangel erkennen. Im Gegensatz zu den genannten Störungen ist jedoch beim Plasminogenmangel die familiäre Thrombose-Inzidenz deutlich vermindert.

Bisher sind mehr als 200 Familien mit einer *Dysfibrinogenämie* beschrieben worden; die Mehrzahl der Patienten ist klinisch asymptomatisch. Thrombosen werden in etwa 10% bis 20%, Blutungen in 30% und Wundheilungsstörungen in 4% der Fälle beobachtet. Der Vererbungsgang ist autosomal dominant. Die abnorm strukturierten Fibrinogenmoleküle können folgende Defekte aufweisen: eine gestörte Freisetzung von Fibrinopeptiden durch Thrombin, eine Polymerisationsstörung der Fibrinmonomere oder eine verminderte Vernetzung des Fibringerinnsels durch Faktor XIII.

Das *histidinreiche Glykoprotein* ist ein nicht-enzymatisches Protein, das im Plasma und in den Blutplättchen vorkommt. Es bildet Komplexe mit dem im Plasma zirkulierenden Plasminogen und hemmt darüberhinaus die Inaktivierung von Thrombin durch Antithrombin III in Anwesenheit von Heparin [39, 40]. Über eine familiäre Erhöhung von histidinreichem Glykoprotein bei einem Patienten mit venösen und arteriellen Thrombosen berichteten ENGESSER et al. [41]. Die klinische Relevanz der Störung ist noch nicht eindeutig geklärt.

Die sorgfältige und umfassende hämostaseologische Abklärung sollte insbesondere bei jungen Menschen mit einer auffälligen Thromboseneigung sowie bei einer außergewöhnlichen Lokalisation der Thrombose erfolgen. Bei Nachweis einer der genannten Störungen des Gerinnungs- oder Fibrinolysesystems ergeben sich die folgenden therapeutischen Konsequenzen. Bei rezidivierenden Thrombosen ist eine orale Antikoagulation auf Dauer anzustreben. Die Heparinisierung führt bei Patienten mit Antithrombin III-Plasmaspiegeln unter 50% nur nach Substitution von AT III zu einer ausreichenden antikoagulatorischen Wirkung. Bei gesichertem Protein C-Mangel sollte die Behandlung mit oralen Antikoagulantien von vornherein mit der Erhaltungsdosis eingeleitet werden. In bestimmten Risikosituationen, z. B. in der operativen oder in der posttraumatischen Phase, in der Schwangerschaft oder bei Immobilisierung ist auf eine sorgfältige medikamentöse und physikalische Thromboseprophylaxe zu achten. Die Entdeckung einer hämostaseologischen Störung erfordert auch die Untersuchung der Familienangehörigen; alle Betroffenen erhalten einen Notfallausweis.

Literatur

1. Egeberg O (1965) Inherited antithrombin III deficiency causing thrombophilia. Thromb Diathes Haemorrh 13:516–530
2. Vikydal R, Korninger C, Kyrle PA, Niessner H, Pabinger I, Thaler E, Lechner K (1985) The prevalence of hereditary antithrombin III deficiency in patients with a history of venous thromboembolism. Thromb Haemost 54:744–745
3. Mannucci PM, Tripodi A (1987) Laboratory screening of inherited thrombotic syndromes. Thromb Haemost 57:247–251
4. Ben-Tal O, Zivelin A, Seligsohn U (1989) The relative frequency of hereditary thrombotic disorders among 107 patients with thrombophilia in Israel. Thromb Haemost 61:50–54
5. Finazzi G, Caccia R, Barbui T (1987) Different prevalence of thromboembolism in the subtypes of congenital antithrombin III deficiency: a review of 404 cases. Thromb Haemost 58:1094
6. Griffin JH, Evatt B, Zimmerman TS, Kleiss AJ (1981) Deficiency of protein C in congenital thrombotic disease. J Clin Invest 68:1370:1373
7. Sala N, Borrell M, Bauer KA, Vigano-d'Angelo S, Fontcuberta J, Felez J, Rutllant ML (1987) Dysfunctional activated protein C (PC Cadiz) in a patient with thrombotic disease. Thromb Haemost 57:183–186
8. Vigano d'Angelo S, Comp PC, Esmon CT, d'Angelo A (1985) Relationship between protein C antigen and anticoagulant activity during oral anticoagulation and in selected disease states. J Clin Invest 77:416–425
9. Branson HE, Katz J, Marble R, Griffin JH (1983) Inherited protein C deficiency and coumarin-responsive chronic relapsing purpura fulminans in a newborn infant. Lancet II:1165–1168

10. Comp PC, Esmon CT (1984) Recurrent venous thromboembolism in patients with a partial deficiency of protein S. N Engl J Med 311:1525–1528
11. Schwarz HP, Fischer M, Hopmeier P, Batard MA, Griffin JH (1984) Plasma protein S deficiency in familial thrombotic disease. Blood 64:1297–1300
12. Broekmans AW, Bertina RM, Reinalda-Poot J, Engesser L, Muller HP, Leeuw JA, Michiels JJ, Brommer EJP, Briet E (1985) Hereditary protein S deficiency and venous thromboembolism. Thromb Haemost 53:273–277
13. Comp PC, Doray D, Patton D, Esmon CT (1986) An abnormal plasma distribution of protein S occurs in functional protein S deficiency. Blood 67:504–508
14. Bertina RM, van Wungaarden A, Reinalda-Poot J, Poort SR, Bom VJ (1985) Determination of plasma protein S – the protein cofactor of activated protein C. Thromb Haemost 53:268–272
15. Engesser L, Broekmans AW, Briet E, Brommer EJ, Bertina RM (1987) Hereditary protein S deficiency: clinical manifestations. Ann Intern Med 106:677–682
16. Malm J, Laurell M, Nilsson IM, Dahlbäck B (1987) Protein S and the fibrinolytic system in patients with a history of thrombosis. Thromb Haemost 58:72 (Abstr)
17. Grossmann B, Duncan A (1987) Prevalence of primary coagulation deficiencies in patients with deep vein thrombosis. Thromb Haemost 58:72 (Abstr)
18. Gladson CL, Griffin JH, Hach V, Beck KH, Scharrer I (1985) The incidence of protein C and protein S deficiency in young thrombotic patients. Blood 66, Suppl. 1:350a (Abstr)
19. Broekmans AW (1985) Hereditary protein C deficiency. Haemostasis 15:233–240
20. Thaler E, Lechner K (1981) Antithrombin III deficiency and thromboembolism. Clin Haematol 10:369–390
21. Ratnoff OD, Busse RJ, Sheon RP (1968) The demise of John Hageman. N Engl J Med 279:760–761
22. Mannhalter C, Fischer M, Hopmeier P, Deutsch E (1987) Factor XII activity and antigen concentrations in patients suffering from recurrent thrombosis. Fibrinolysis 1:259–263
23. Briginshaw GF, Shanberge JN (1974) Identification of two distinct heparin cofactors in human plasma. Separation and partial purification. Arch Biochem Biophys 161:683–690
24. Tran TH, Marbet GA, Duckert F (1985) Association of hereditary heparin cofactor II deficiency with thrombosis. Lancet:413–414
25. Sie P, Dupony D, Pichon J, Boneu B (1985) Constitutional heparin co-factor II deficiency associated with recurrent thrombosis. Lancet:414–416
26. Bertina RM, van der Linden IK, Engesser L, Muller HP, Brommer EJP (1987) Hereditary heparin cofactor II deficiency and the risk of development of thrombosis. Thromb Haemost 57:196–200
27. Isacsson S, Nilsson IM (1972) Defective fibrinolysis in blood and vein walls in recurrent "idiopathic" venous thrombosis. Acta Chir Scand 138:313–319
28. Hach V, Heyland H, Walter-Fincke R, Scharrer I (1985) Impaired fibrinolytic response to venous occlusion in patients with venous thrombosis. Haemostasis 15:7.6.1 (Abstr)
29. Nilsson IM, Ljungner H, Tengborn L (1985) Two different mechanisms in patients with venous thrombosis and defective fibrinolysis: low concentration of plasminogen activator or increased concentration of plasminogen activator inhibitor. Br med J 290:1453–1456
30. Wiman B, Ljungberg B, Chmielewska J, Urden G, Blombäck M, Johnsson H (1985) The role of the fibrinolytic system in deep vein thrombosis. J Lab Clin Med 105:265–270
31. Korninger C (1985) Hypofibrinolyse und venöse Thromboembolien. Haemostaseologie 5:144–149
32. Juhan-Vague I, Alessi MC, Fossat C, Valadier J, Aillaud MF, Serradimigni A (1988) Clinical relevance of reduced t-PA release upon venous occlusion in patients with idiopathic recurrent deep venous thrombosis. Fibrinolysis 2, Suppl 2:112–113
33. Brommer EJP, Verheijen JH, Chang GTG, Rijken DC (1984) Masking of fibrinolytic response to stimulation by an inhibitor of tissue-type plasminogen activator in plasma. Thromb Haemost 52:154–156
34. Juhan-Vague I, Moerman B, DeCock F, Aillaud MF, Collen D (1984) Plasma levels of a specific inhibitor of tissue-type plasminogen activator (and urokinase) in normal and pathological conditions. Thromb Res 33:523–530

35. Brommer EJP, Engesser L, Briet E (1988) Thrombophilia and hereditary increase in plasminogen activator inhibitor (PAI-1). Fibrinolysis 2, Suppl. 2:83–84
36. Scharrer IM, Wohl RC, Hach V, Sinio L, Boreisha I, Robbins KC (1986) Investigation of a congenital abnormal plasminogen, Frankfurt I, and its relationsship to thrombosis. Thromb Haemost 55:396–401
37. Hach-Wunderle V, Scharrer I, Lottenberg R (1988) Congenital deficiency of plasminogen and its relationsship to venous thrombosis. Thromb Haemost 59:277–280
38. Dolan G, Preston FE (1988) Familial plasminogen deficiency and thromboembolism. Fibrinolysis 2, Suppl 2:26–34
39. Lijnen HR, Hoylaerts M, Collen D (1980) Isolation and characterization of a human plasma protein with affinity for the lysine binding sites in plasminogen. J Biol Chem 255:10214–10222
40. Lijnen HR, van Hoef B, Collen D (1983) Interaction of heparin with histidin-rich glycoprotein and with antithrombin III. Thromb Haemost 50:560–562
41. Engesser L, Kluft C, Briet E, Brommer EJP (1987) Familial elevation of plasma histidine-rich glycoprotein in a family with thrombophilia. Br J Haematol 67:355–358

Diskussion

WENZEL (Homburg):

Haben Sie eigene Beobachtungen über eine Blutungsneigung bei Faktor XII-Mangel? Wir haben eine große Zahl von Faktor XII-Mangel-Patienten und haben diese sehr eingehend klinisch studiert. Wir glauben, daß ausschließlich bei Faktor XII-Mangel-Patienten, die gleichzeitig ein von Willebrand-Syndrom haben, eine Blutungsneigung vorliegt. Beim reinen Faktor XII-Mangel konnten wir bei unseren Patienten auch bei kritischer Prüfung keine Blutungsneigung feststellen.

FRAU HACH-WUNDERLE (Frankfurt):

Wir haben bei keinem Patienten mit einem Faktor XII-Mangel eine Blutungsneigung beobachtet. Es gibt aber in der Literatur entsprechende Angaben; es wurden auch zerebrale Blutungen beschrieben.

EIBL (Wien):

Bei AIDS-Patienten kommt es zur Verringerung des freien Protein S in der Zirkulation und auch zu einer erhöhten Thromboseneigung. Haben Sie irgendwelche eigenen Erfahrungen darüber?

FRAU HACH-WUNDERLE (Frankfurt):

Nein. Wir haben Protein S bei AIDS-Patienten nicht regelmäßig untersucht. Nach den bisherigen Untersuchungen bei Thrombosekranken ist aber die Verminderung des Gesamtproteins eher mit einer Thromboseneigung korreliert als die Verminderung des freien Anteils.

PREISSNER (Bad Nauheim):

Vielleicht noch eine Bemerkung zu dem freien und gebundenen Protein S, nicht um die Sache zu komplizieren, sondern um sie möglicherweise zu vereinfachen. Sie haben berichtet, daß es keine Korrelation zwischen dem Absinken des Antigens und der Aktivität bei verschiedenen Patienten gibt, ähnlich wie es bei dem Protein C-Mangel der Fall ist. Das läßt sich dadurch erklären, daß es zwei verschiedene Syntheseorte des Protein S geben soll. Einmal wissen wir, wird das aktive in der Leber gebildet, zum anderen wissen wir aber auch aus experimentellen Befunden, daß das Endothel auch eine Form des Protein S produziert. Ob es sich dabei um aktives oder nicht-aktives Protein S handelt, ist noch nicht sicher entschieden. Es sieht aber so aus, daß diese Form des Protein S, die das Endothel bereitstellt, inaktiv ist. Man muß also berücksichtigen, daß der freie wie auch gebundene Pool aus aktivem und funktionell nicht-aktivem Protein S bestehen kann. Das könnte die klinischen Befunde erklären.

GÜRTLER (München):

Welche Erklärung gibt es dafür, daß bei hereditären thrombophilen Diathesen eine Thromboseneigung erst ab dem 20./25. Lebensjahr auftritt?

FRAU HACH-WUNDERLE (Frankfurt):

Die Frage kann ich nicht beantworten. Bei einem angeborenen Mangel an Protein C oder S werden im Kindesalter sogar nach Operationen nur ausnahmsweise Thrombosen beobachtet. Die Thromboseneigung steigt mit dem Lebensalter; sie ist zwischen dem 20. und 30. Lebensjahr am höchsten. Es ist zu bedenken, daß in der Pathogenese der Thrombose weitere Faktoren von Bedeutung sind. Die größte Rolle spielt in diesem Zusammenhang der Endothelschaden. Er stellt die Voraussetzung für die Ausbildung einer Thrombose dar. Ob die Häufigkeit und das Ausmaß von Endothelschäden bei Kindern geringer ist als bei Erwachsenen und damit die geringere Thromboseneigung im Kindesalter erklärt werden kann, muß vorläufig noch offen bleiben.

SCHRAMM (München):

Vielleicht darf ich da eine Hypothese sagen, die nicht so ganz unwahrscheinlich ist. Kinder haben eine doppelt so hohe Konzentration von Alpha-2-Makroglobulin, und dieses hat durchaus auch thrombosehemmende Wirkungen. Wir hatten dies bei unseren AT III-Familien 1974/75 beschrieben. Im letzten Jahr in Tokio wurde diese Hypothese als Erklärung für das Auftreten im dritten Lebensjahrzehnt angeboten.

SEIFRIED (Ulm):

Meine Frage bezieht sich auf die Antikoagulation bei Patienten mit Inhibitormangel. Sie haben die Indikation erst bei rezidivierenden Thrombosen gestellt. Muß man bei Patienten, die bis zum Alter von 30 Jahren eine erhöhte Wahrscheinlichkeit haben, eine Thrombose zu entwickeln, nicht auch daran denken, eine Primärprophylaxe durchzuführen?

FRAU HACH-WUNDERLE (Frankfurt):

Eine primäre Thromboseprophylaxe mit Antikoagulanzien ist meines Erachtens nach bei Personen mit einer hereditären Störung des Gerinnungs- oder Fibrinolysesystems nicht zu befürworten. Wenngleich ein Teil der Betroffenen bis zum Alter von 30 Jahren die erste Thrombose bekommt, besteht auch die Chance, bis zum Lebensende symptomfrei zu bleiben. Die Behandlung mit Antikoagulanzien geht mit einem erhöhten Blutungsrisiko einher. Die Perspektive einer lebenslangen medikamentösen Therapie wird sich für den einen oder anderen Patienten sehr belastend auswirken.

SCHRAMM (München):

Ich glaube, Sie haben mit dieser Bemerkung gezeigt, daß es im Einzelfall im individuellen Ermessen bleibt. Ich denke schon, daß es einzelne Situationen gibt, in denen man das primär machen sollte.

Die Bedeutung des hereditären Protein C-Mangels

I. Pabinger-Fasching (Wien)

Die Bedeutung des hereditären Protein C-Mangels scheint nicht für alle betroffenen Individuen, d. h. alle Mangelpatienten, gleich zu sein. Es ist anzunehmen, daß ein Großteil der sogenannten Protein C-Mangelpatienten zeitlebens asymptomatisch bleibt. Jedoch besteht zweifelsohne bei einem kleineren Teil der Patienten ein stark erhöhtes Risiko für das Auftreten venöser Thrombosen und Embolien. Die Annahme der unterschiedlichen Bedeutung des hereditären Protein C-Mangels leitet sich von folgenden Fakten ab: Einerseits ist bekannt, daß heterozygote Familienmitglieder homozygoter Patienten keine oder nur eine geringe Thromboseneigung aufweisen, weiters zeigte eine Untersuchung an Blutspendern [1], daß der hereditäre Protein C-Mangel in der Normalbevölkerung häufig anzutreffen ist, ohne jedoch zu einer Symptomatik zu führen. Andererseits gibt es Protein C-Mangelfamilien, in denen der Protein C-Mangel eindeutig mit dem Auftreten von rezidivierenden venösen Thrombosen kausal in Verbindung zu bringen ist [2, 3, 4, 5]. Herkömmliche Labortests, die auch die Bestimmung der Protein C-Aktivität inkludieren, erlauben keine Differenzierung zwischen „gefährdeten“ und „nicht gefährdeten“ Patienten. Ob durch genetische Untersuchungen eine bessere Risikoabschätzung möglich ist, muß noch offen bleiben.

Um die Bedeutung des hereditären Protein C-Mangels mit der Bedeutung einer Verminderung zweier weiterer wichtiger Gerinnungsinhibitoren, Antithrombin III und Protein S, zu vergleichen, wurde im Rahmen der Gesellschaft für Thrombose- und Hämostaseforschung eine multizentrische retrospektive Untersuchung durchgeführt. In dieser Studie wurden die Patienten mit einem Fragebogen hinsichtlich der klinischen Manifestationen befragt.

Die noch nicht vollständige Auswertung der in die Studie eingebrachten Patienten ergab, daß der Anteil symptomatischer Patienten zwischen den drei Inhibitormängeln praktisch ident war, auch das Alter bei der Erstmanifestation war nicht signifikant unterschiedlich (Tabelle 1). Die Häufigkeit an tiefen Beinvenenthrombosen, Pulmonalembolien und oberflächlichen Beinvenenthrombosen war beim Protein C-Mangel, Antithrombin III- und Protein S-Mangel praktisch ident.

Diese Studie zeigt, daß, wenn von einem Patientengut mit venösen Thrombosen ausgegangen wird, der Protein C-Mangel hinsichtlich seines Schweregrades durchaus mit dem Antithrombin III- und dem Protein S-Mangel vergleichbar ist.

Da nachgewiesen werden konnte [1], daß der Protein C-Mangel in der Normalbevölkerung relativ häufig ist (1:60 bis 1:300), ist es auch erklärbar, daß

Tabelle 1. Anteil symptomatischer Patienten mit Antithrombin III- (AT III), Protein C- und Protein S-Mangel. Patienten und Alter bei der Erstmanifestation eines thromboembolischen Ereignisses

	n Patienten	Symptomatische Patienten	Alter bei Erstmanifestation
AT III-Mangel	31	22 (63%)	22,9 ± 11,5
Protein C-Mangel	36	19 (53%)	24,9 ± 7,8
Protein S-Mangel	32	20 (63%)	24,4 ± 10,4

mit einer gewissen Häufigkeit homozygote Protein C-Mangelpatienten geboren werden. Die klinischen Manifestationen dieses homozygoten Protein C-Mangels sind ebenfalls unterschiedlich. Bei einem Teil der Patienten kommt es Stunden bis Tage nach der Geburt zu einem Purpura fulminans ähnlichen Syndrom mit hämorrhagischen Hautnekrosen und schwerer disseminierter intravasaler Gerinnung [6, 7]. Lebensfähigkeit ist bei dieser schweren Form nicht gegeben, ein Überleben kann nur durch Substitution mit fresh-frozen-Plasma oder Konzentraten oder durch Behandlung mit oralen Antikoagulantien erreicht werden. Ein anderer Teil homozygoter Protein C-Mangelpatienten ist jedoch in seiner Symptomatik mit der heterozygoten Form vergleichbar [8]. Im Kindes- bis frühen Erwachsenenalter treten bei diesen Patienten venöse Thrombosen auf. Eine gesicherte Erklärung bezüglich dieser unterschiedlichen Manifestationsformen kann zum jetzigen Zeitpunkt noch nicht abgegeben werden. Von wesentlicher Bedeutung ist wahrscheinlich die Höhe der Restkonzentration von Protein C. Es scheint so zu sein, daß schon geringe Mengen von Protein C ausreichen, um das schwere Krankheitsbild einer Purpura fulminans zu vermeiden. Auch hier sind von genetischen Untersuchungen weitere Aufschlüsse zu erwarten.

Literatur

1. Miletich J, Sherman L, Broze G Jr (1987) Absence of thrombosis in subjects with hereozygous protein C deficiency. N Engl J Med 317:991
2. Griffin JH, Evatt B, Zimmerman TS, Kleiss AJ, Wideman C (1981) Deficiency of protein C in congenital thrombotic disease. J Clin Invest 68:1370
3. Broekmans AW, Veltkamp JJ, Bertina RM (1983) Congenital protein C deficiency and venous thrombo-embolism. A study of three Dutch families. N Engl J Med 309:340
4. Pabinger-Fasching I, Bertina RM, Lechner K, Niessner H, Korninger C (1983) Protein C deficiency in two Austrian families. Thromb Haemostas 50:810
5. Bovill EG, Bauer KA, Dickerman JD, Callas P, West B (1989) The clinical spectrum of heterozygous protein C deficiency in a large new England kindred. Blood 73:712
6. Branson HE, Katz J, Marble R, Griffin JH (1983) Inherited protein C deficiency and coumarin-responsive chronic relapsing purpura fulminans in a newborn infant. Lancet ii:1165
7. Marciniak E, Wilson HD, Marlar RA (1985) Neonatal purpura fulminans: a genetic disorder related to the absence of protein C in blood. Blood 65:15
8. Melissari E, Kakkar VV (1989) Congenital severe protein C deficiency in adults. Brit J Haematol 72:222

Erworbene Antithrombin-III-Mangelzustände

G. Müller (Halle)

Die Beziehung zwischen Mangel an Antithrombin III (AT III) und Thrombophilie wurde erstmals 1965 bei einer Familie mit hereditärem AT III-Mangel beschrieben. Autosomal-dominant vererbter AT III-Mangel findet sich ähnlich wie die Hämophilie mit einer Prävalenz von etwa 1 Patient auf 5000 Einwohner. – Bei hereditärem AT III-Mangel kommt es gehäuft zu venösen Thrombosen meist im Bein-, Becken- und Lungenbereich, aber auch zu Thrombosen der Pfortader-, Leber-, Mesenterial- und Hirngefäße. 10 Prozent der Thrombosen treten vor dem 15. Lebensjahr, 80 Prozent vor dem 40. Lebensjahr auf. Schwangerschaften bei AT III-Mangel sind mit einem hohen Risiko für thromboembolische Erkrankungen verbunden. Bei Patienten unter 45 Jahren mit rezidivierenden Thromboembolien ist zu 3 bis 5 Prozent ein heterozygoter AT III-Mangel nachweisbar. Wir selbst konnten bei 192 Patienten mit cerebrovaskulären Erkrankungen mit Insult zwölfmal und bei 65 Patienten mit postthrombotischem Syndrom der Becken- und Beinvenen sechsmal eine AT III-Aktivität unter 60 Prozent diagnostizieren.

Im Gegensatz zu dem seltenen hereditären AT III-Mangel sind erworbene AT III-Mangelzustände häufiger, deren pathogenetische Bedeutung aber weniger klar definiert ist.

Aktivitätshemmung

AT III bildet mit Thrombin in Gegenwart von Heparin neben dem Thrombin-AT III-Komplex auch ein durch Thrombin proteolytisch modifiziertes AT III-Molekül. Letzteres wird bei niedriger Ionenstärke bzw. Azidosen in zunehmendem Umfang gebildet, wodurch mehr AT III zur Thrombinhemmung benötigt wird. Bei einer Ionenstärke von 0,01 steigt so das Verhältnis AT III:Thrombin von 1:1 auf 9,8:1 [7]. Die Wirksamkeit von AT III und Heparin werden so bei metabolischen Azidosen, z. B. nach ausgeprägten Polytraumen, eingeschränkt. Lipidperoxide steigern die Thrombinwirkung sowie -bildung und hemmen die Heparinbindung des AT III. Bei Inkubation von AT III mit Lipidperoxiden fällt das an Heparin-Sepharose gebundene AT III auf weniger als 5 Prozent ab. Die Thrombinhemmung der ungebundenen AT III-Fraktion ist vermindert [5].

Malondialdehyd hemmt nach eigenen Untersuchungen die AT III-Aktivität nicht. AT III-Aktivitätsverluste werden bei Hyperlipoproteinämien beobachtet

[4]. Triglyzeridreiche Lipoproteine steigern die durch Lipidperoxide induzierte Thrombinbildung [1].

Synthesestörungen

Bei chronischen Lebererkrankungen wie Leberzirrhose und Morbus Wilson fallen in Korrelation zum Thromboplastinzeitwert AT III, Protein C, Faktoren II, VII, VIII:C, IX und X ab, Fibrinogen und Faktor V erst bei schweren Störungen.

50 Prozent unserer Patienten mit Leberzirrhose weisen AT III-Aktivitäten unter 60 Prozent auf [9]. Bei Hepatitis oder Fettleber sind die AT III-Werte meist unauffällig. Prognostische Aussagen aus dem AT III-Abfall sind auch bei dekompensierter Leberzirrhose nicht möglich. Ursache für die Faktorenverminderung sind in erster Linie Synthesestörungen, aber auch Verbrauchskoagulopathien, Verlust in den Ascites und/oder Aktivitätsminderungen durch Lipidperoxide. Verbrauchskoagulopathien werden durch portocavale Umgehungskreisläufe, geschädigte endotheliale Gefäßoberflächen, Untergang von Hepatozyten mit Freisetzung thromboplastinähnlicher Substanzen, verminderte Clearance des Leber-RHS, Endotoxine, Infektionen, Schock und/oder Dehydration begünstigt. Insgesamt sind aber Verbrauchskoagulopathien bei Leberzirrhosen gegenüber den Synthesedefekten für die Ausbildung eines AT III-Mangels von untergeordneter Bedeutung.

Das Thromboserisiko ist zumeist nicht erhöht, da der AT III-Mangel meist durch die gleichzeitige Verminderung anderer Gerinnungsfaktoren sowie durch Thrombozytopenie und -pathie kompensiert wird. Bei zusätzlichen thrombogenen Stimuli wie Blutungsschock, Operation, Ascitesretransfusion, Prothrombinkomplexpräparate, Infektion oder Sepsis kann es zu Verbrauchskoagulopathie bzw. Thrombosen kommen. Lebervenenerkrankungen (Verschluß der V. hepatica und kleinen postsinusoidalen Venen) können andererseits zu Stauungsleber und Leberzellnekrosen führen [6].

Verluste

AT III-Verluste aus dem intravasalen Kompartiment können über die Nieren, den Darmtrakt oder aus Geweben entstehen. Das nephrotische Syndrom ist mit Thromboseraten von ca. 30 Prozent, auch Nierenvenenthrombosen, vergesellschaftet. Vor allem neigen membranöse und membranoproliferative Glomerulonephritiden zu Thrombosen. Der AT III-Abfall erfolgt durch AT III-Verlust im Urin, beschleunigte Thrombinbildung und Clearance von AT III (Komplexen) in Korrelation zur Stärke der Proteinurie [2]. Bei Proteinurien <5 g/d finden sich nur selten AT III-Verminderungen, da die AT III-Synthese kompensatorisch und durch Corticosteroidtherapie ansteigt. Bei Proteinurien über 10 g/d sind die AT III-Spiegel fast immer erniedrigt. Erhöhte AT III-Verluste führen besonders im Nierenvenenblut zu vermindertem AT III und zu Nierenvenenthrombosen [3]. Bei Amyloidose kann der AT III-Abfall durch

Tabelle 1. Ursachen von Antithrombin III-Mangelzuständen

Aktivitätsminderungen
- AT III-Varianten (z. B. Budapest)
- metabolische Azidosen
- Hyperlipoproteinämien
- Lipidperoxide

Synthesestörungen
- hereditärer Mangel
- Lebererkrankungen
  Leberzirrhose
  Speicherkrankheiten, z. B. Morbus Wilson
  Vergiftungen
- Nebennierenrindeninsuffizienz
- Medikamente
  Asparaginase
  (Antikonzeptiva)

Erhöhte AT III-Verluste
- Proteinurien >5 g/d
- enterale Eiweißverluste
  exsudative Enteropathien
- Verluste in den Aszites
  Dünndarmresektionen
- Plasmapheresen
- Verbrennungen
- schwere Blutungen

Gesteigerter Umsatz (Verbrauch)
- Septikämien, Infektionen mit gramnegativen oder grampositiven Erregern, Viren
- Schockzustände
- geburtshilfliche Komplikationen
- Hämolysen
- schwere thromboembolische Erkrankungen
- Transplantatabstoßung
- Gewebszerstörungen
  Tumoren, Leukämien
  Leberzellnekrosen
  akute Pankreatitis
  Polytraumen

eine gleichzeitige Erniedrigung von Faktor Xa, VIIa und IXa kompensiert werden [8]. Die eine Nephrose meist begleitenden Hyperlipoproteinämien mindern die Aktivität des AT III.

AT III-Mangel bei akutem Nierenversagen beruht meist auf disseminierter intravasaler Gerinnung im Rahmen von Grunderkrankungen. Bei Dialysepatienten werden Heparinunwirksamkeit, AT III-Abfall mit der Heparinisierung und Thromboseneigung beschrieben.

Wir konnten durch Verlaufsbeobachtung während der Dialyse und durch die Heparinisierung keinen AT III-Abfall nachweisen. Tritt durch die Heparinisierung kein PTT-Anstieg auf, liegt der Verdacht auf einen AT III-Mangel nahe.

Bei unseren Patienten konnte vor der Dialyse zu 5 bis 6 Prozent ein AT III-Mangel festgestellt werden. Durch AT III-Substitution und nachfolgende Heparinisierung ist die Dialyse in solchen Fällen ohne Komplikationen durchführbar [10].

Gesteigerter Umsatz (Verbrauch)

Die disseminierte intravasale Gerinnung (Verbrauchskoagulopathie) ist das „klassische“ Beispiel einer erworbenen Verminderung des AT III--Spiegels. Bei Zerfall oder Schädigung, Einwirkung von Toxinen oder Immunkomplexen werden Proteasen (z. B. Plasmin, Elastase u. a.) aus Blutzellen freigesetzt, die durch unspezifische Proteolyse den Umsatz von Inhibitoren wie AT III erhöhen und andere Substrate denaturieren können. Durch Aufbrauch von AT III (und C 1-Inaktivator, Protein C, Protein S, α_2-Antiplasmin) tritt intravasal freies Thrombin auf. Es kommt zu dekompensierter Hyperkoagulobilität und sekundärer Fibrinolyse bis akuten Verbrauchskoagulopathie. Bei Septikämien wurden Komplexbildungen von AT III mit Thrombin, Faktor Xa und Leukozytenproteasen beobachtet. Die Halbwertzeit des AT III ist bei Verbrauchskoagulopathie bis auf wenige Stunden reduziert. Bei gram-positiver Sepsis werden Proteasen vor allem aus segmentkernigen neutrophilen Leukozyten, bei gramnegativer Sepsis auch aus Monozyten freigesetzt. Der Grad des AT III-Abfalls ist ein prognostischer Faktor bei Sepsis bzw. septischem Schock.

Der durch Heparin gesteigerte AT III-Umsatz führt lediglich zu einer geringgradigen, nicht signifikanten Verminderung des AT III-Spiegels. Eine Antikoagulantientherapie mit Cumarinderivaten hat keinen direkten Einfluß auf das AT III. Veränderungen beruhen zumeist auf den Grundkrankheiten. Nach Heparingabe bei Myokardinfarkt kommt es zu einem geringen Abfall des AT III, der noch weiter intensiviert wird, wenn zusätzlich Streptokinase appliziert wird. Die AT III-Verminderung beträgt dann etwa 12 bis 18 Prozent. Bei Low-Dose-Heparin bzw. niedermolekularem Heparin sinkt das AT III nicht ab.

Kardiaka, Antihypo- und Antihypertonika, Antidiabetika, Antibiotika, Sulfonamide, Psychopharmaka oder L-Thyroxin, eine normale Schwangerschaft, Erkältungskrankheiten, arterielle Hypertonie, Herzinsuffizienz, Hyperurikämien, Diabetes mellitus oder Schilddrüsenerkrankungen sind auf den AT III-Spiegel ohne Einfluß.

AT III ist der bedeutendste Inhibitor aller aktivierten Gerinnungsfaktoren. Zu Thromboembolien führen meist eine Vielzahl von Faktoren. Eine Fokussierung auf das AT III bei der Thrombophiliediagnostik ist sicherlich genau so falsch wie das Übersehen eines AT III-Mangels.

Literatur

1. Barrowcliffe TW, Gray E, Kerry PJ, Gutteridge JMC (1984) Triglyceride-rich lipoproteins are responsible for thrombin generation induced by lipid peroxides. Thromb Haemostas 52:7–10
2. Bashkov GV, Kalishevskaya TM, Strukova SM (1988) Mechanism of the development of acquired antithrombin III deficiency in the experimental nephrotic syndromes. Folia Haematol 115:324–328
3. Ellbrück D, Seifried E (1987) Arterielle Thromboembolien als klinische Erstmanifestation eines erworbenen Antithrombin-III-Mangels bei nephrotischem Syndrom. In: Landbeck G, Marx R (Hrsg) 18. Hämophilie-Symposium Hamburg 1987, S. 290–297
4. Gomperts D, Zucker M, Feesey M, Russel D, Salant D, Joffe BI, Mendelsohn D, Seffel H (1977) Antithrombin functional activity after a fatty meal in normal subjects, familial hyperlipidemia and nephrotic syndrome. J Lab Clin Med 90:529–535
5. Gray E, Barrowcliffe TW (1983) Inhibition of antithrombin III (AT III) by lipid peroxides. Thrombos Haemostas 50:162
6. McClure S, Dincsoy HP, Glueck H (1982) Budd-Chiari syndrome and antithrombin III deficiency. Amer J Clin Pathol 78:236–241
7. Olson ST (1985) Heparin and ionic-strength-dependent conversion of antithrombin III from an inhibitor to a substrate of α-thrombin. J Biol Chem 260:10153–10160
8. Quuitt M, Aghai E, David M, Kohan R, Ben Ari Y, From P (1985) Acquired factor X and antithrombin III deficiency in a patient with primary amyloidosis and nephrotic syndrome. Scand J Haematol 35:155–157
9. Rak K (1988) Thrombosis promoting changes in chronic liver diseases. Folia Haematol 115:333–339
10. Schrader L, Köstering H, Kramer P, Scheler F (1982) Antithrombin-III-Substitution bei dialysepflichtiger Niereninsuffizienz. Dtsch med Wschr 107:1847–1850

Diskussion

SUTOR (Freiburg):

Wenn Sie die erworbenen AT III-Mängel isoliert betrachten, dann stimme ich mit Ihnen überein, daß diese substitutionsbedürftig sind. Aber bei unseren Patienten mit akuter lymphoblastischer Leukämie, die mit Asparaginase behandelt werden, finden wir Abfälle von Plasminogen und von anti- und prokoagulatorischen Faktoren, die bis auf 20% AT III abfallen. Wir haben bei diesen Patienten weder pro- noch antikoagulatorische Faktoren substituiert und weder Blutungen noch Thrombosen gesehen. Deshalb meine Frage: Wenn Sie AT III-Mangel in Kombination mit anderen Mangelzuständen sehen, ist da eine Substitution überhaupt gerechtfertigt?

MÜLLER (Halle):

Ich möchte Ihnen völlig zustimmen, daß in den meisten Fällen aufgrund des gleichzeitigen Abfalls der anderen Gerinnungsfaktoren eine Substitution nicht erforderlich ist.

Klinische Beobachtungen an 25 Patienten mit familiärer hereditärer thrombophiler Diathese

A. Gabelmann, D. Ellbrück, E. Seifried (Ulm)

Einleitung

Der Antithrombin III- (AT III) und Protein C- (PC) Mangel gehen mit einem erhöhten Risiko für thromboembolische Komplikationen einher [1, 6, 9, 20]. Zur Inzidenz thromboembolischer Komplikationen bei Protein S- (PS) Mangel liegen noch keine großen epidemiologischen Studien vor. Nach Untersuchungen von Broeckmans et al. und anderen Autoren ist jedoch von einem erhöhten Thromboserisiko auszugehen [2, 4, 8]. Auch angeborene Störungen im Fibrinolysesystem, z. B. für den Plasminogenmangel [11, 13] oder für die Dysfribrinogenämie [5] gehen mit einem gehäuften Auftreten thromboembolischer Ereignisse einher. Morbidität und Mortalität dieser Patienten werden durch das Auftreten eines oder mehrerer thromboembolischer Ereignisse wesentlich bestimmt. Eine besondere Bedeutung kommt hierbei den angeborenen Proteindefekten mit einer sogenannten hereditären familiären thrombophilen Diathese zu. Trotz zahlreicher retrospektiv erhobener Daten sind die Fragen zum klinischen Verlauf und zur Primär- und Sekundärprophylaxe bei symptomatischen und asymptomatischen Patienten nicht ausreichend beantwortet.

Im folgenden wird über den klinischen Verlauf von 25 Patienten mit hereditärem Inhibitormangel oder einem Defekt im Fibrinolysesystem berichtet.

Patienten, Material und Methoden

Von 1982 bis 1990 konnte bei 35 Patienten aus 17 Familien die klinische Diagnose einer hereditären familiären thrombophilen Diathese gestellt werden. Bei 25 Patienten wurde der Nachweis zusätzlich laborchemisch bestätigt. Die Indikation zu einer eingehenden Untersuchung auf eine Störung im Inhibitoren- oder Fibrinolysesystem wurde bei Patienten mit einem thromboembolischen Ereignis ohne erkennbare Ursache ≤ 40 Jahren, positiver Familienanamnese, rezidivierenden Ereignissen und/oder atypischer Lokalisation einer thromboembolischen Komplikation gestellt. Die ausgewerteten Daten setzen sich wie folgt zusammen:

1. Alter bei Erstdiagnose einer Defektproteinämie.
2. Alter bei Erstmanifestation einer thromboembolischen Komplikation.
3. Lokalisation und Art der thromboembolischen Komplikation.

4. Spontane Komplikation oder „triggering event".
5. Häufigkeit des Rezidivs.
6. Rezidiv unter Antikoagulantienbehandlung.

Bei allen Patienten wurden die Globalteste der plasmatischen Gerinnung wie der Quickwert, partielle Thromboplastinzeit, Thrombinzeit und Fibrinogen nach SCHULZ und CLAUSS bestimmt. Plasminogen-Aktivator-Inhibitor-(PAI), AT III-, PC- und Plasminogen-Aktivität wurden mit chromogenen Substraten (S-2238, S-2366, S-2251, Kabi Vitrum) gemessen. Die Bestimmung von AT III-, freiem und gesamten PS-Antigen (Behring, Boehringer Mannheim) erfolgte mittels Immunelektrophorese nach LAURELL. PC-Antigen wurde mit einem ELISA (Behring) bestimmt. Die Aktivitäten der Faktoren II, VII, IX, X und XII wurden koagulometrisch mittels Einstufentest (Merz & Dade) ermittelt. Zum Ausschluß einer Lebererkrankung und eines renalen Eiweißverlustes wurden GOT, GPT, AP, Cholesterinase, Gesamteiweiß, Nierenretentionswerte und renale Eiweißausscheidung bestimmt.

Ergebnisse

Von 25 laborchemisch untersuchten Patienten wiesen 15 Patienten einen AT III-Mangel auf. Die AT III-Aktivität war zum Zeitpunkt der Erstdiagnose auf einen mittleren Wert von 52,1% (37–61), AT III-Antigen auf 56,4% (28–70) der Norm erniedrigt. Bei 3 Patienten lag ein PS-Mangel mit einem mittleren PS-Antigen von 52% (48–55) vor. Bei 2 Patienten wurde ein PC-Mangel mit einer mittleren PC-Aktivität von 37,5% (35–40) und PC-Antigen von 45% (38–50) diagnostiziert. Es bestand jeweils ein Typ I-Mangel. Einen Defekt im Fibrinolysesystem zeigten 5 Patienten, wobei 3 Patienten eine Dysfibrinogenämie aufwiesen. Die Fibrinogenbestimmungen ergaben mit der Methode nach CLAUSS Werte von 0,53 g/l (0,3–1,1) und mit der Methode nach SCHULZ 3,9 g/l (3,7–4,5). Bei 2 Patienten bestand eine Hypoplasminogenämie. Die Plasminogen-Aktivität war auf 61 bzw. 64% erniedrigt.

Bei 22 Patienten war es zu einer thromboembolischen Komplikation bei einem mittleren Alter von 32,2 Jahren (12–48) gekommen. Die Lokalisationen der thromboembolischen Komplikationen sind Tabelle 1 zu entnehmen. Die Tabellen 1 und 2 zeigen die Altersverteilung bei Erstmanifestation und die altersabhängige Prävalenz thromboembolischer Ereignisse. Ein eindeutiger Zusammenhang mit einem „triggering event" bestand bei 13 Patienten (Tabelle 2).

Bei 17 Patienten wurde nach Diagnosestellung eine Marcumartherapie eingeleitet oder fortgeführt. Hiervon wurden 3 Patienten „low dose" marcumarisiert, d. h. es wurde ein Quickwert von 30–40% angestrebt. Unter der Marcumartherapie wurde in 4 Fällen eine Komplikation beobachtet. Bei einer Patientin kam es zu einer intraabdominellen Blutung als Folge einer rupturierten Ovarialzyste. 3 Patienten wiesen ein Rezidiv auf. Alle 3 Patienten waren zum Zeitpunkt des Ereignisses nicht im therapeutischen Bereich antikoaguliert. Hiervon war 1 Patient „low dose" markumarisiert, bei 2 Patienten lag der

Tabelle 1. Komplikationen bei Erstmanifestationen

	Komplikationen n	Patienten n	%
venös:		14	63,7%
– Tiefe Bein-Beckenvenenthrombose	12		
– Lungenarterienembolie	7		
– Mesenterialvenenthrombose	1		
arteriell:		7	31,8%
– Apoplex	2		
– Myokardinfarkt	2		
– Marklagerdegeneration	1		
– A. poplitea	1		
– A. carotis interna	1		
kombiniert venös und arteriell:		1	4,5%

Tabelle 2. Triggering events bei Erstmanifestation

	Patienten n	Häufigkeit %
Operativer Eingriff	4	16%
Bagatelltraumata	3	12%
Schwangerschaft	3	12%
Kontrazeption	2	8%
Infektion	1	4%
Keine auslösende Ursache	12	48%

Quickwert akzidentell nicht im therapeutischen Bereich. Bei 7 der 17 antikoagulierten Patienten wurde nach Eintritt einer thromboembolischen Komplikation eine Marcumartherapie eingeleitet, jedoch aufgrund der in auswärtigen Kliniken nicht gestellten Diagnose einer hereditären thrombophilen Diathese nicht fortgeführt. Nach Absetzen der Marcumarbehandlung wurden im weiteren Verlauf insgesamt 11 weitere Komplikationen beobachtet. 1 Patient mit AT III-Mangel verstarb im Verlauf an den Folgen einer perioperativ aufgetretenen disseminierten intravasalen Gerinnung nach rezidivierenden Mesenterialvenenthrombosen. Bei 6 Patienten wurde aus unterschiedlichen Gründen nach Diagnosestellung keine Antikoagulantienbehandlung eingeleitet. 2 Patienten mit Dysfibrinogenämie und arterieller Gefäßkomplikation wurden mit ASS behandelt.

Diskussion

Die vorliegenden Daten und der klinische Verlauf bestätigen das erhöhte Thromboembolierisiko bei Patienten mit nachgewiesenem angeborenen Mangel an Gerinnungsinhibitoren [1, 2, 3, 6, 7, 18, 20] oder einem Defekt im Fibrinolysesystem [7, 8, 10, 12]. Bei der Mehrzahl der Patienten finden sich Komplikationen im venösen Gefäßsystem [1, 2, 3, 9, 18, 20]. Arterielle Komplikationen kommen bei unserem Patientenklientel vor, sind jedoch seltener; sie bestätigen Beobachtungen anderer Autoren, die bei Vorliegen einer Defektproteinämie Komplikationen im arteriellen Gefäßsystem beschrieben haben [13, 15].

Die beobachteten Komplikationen bei nicht antikoagulierten Patienten zeigen die zwingende Notwendigkeit einer Rezidivprophylaxe nach stattgehabter thromboembolischer Komplikation. Ein allgemeingültiges therapeutisches Konzept über Art und Dauer der Antikoagulanzientherapie kann aufgrund der nur kleinen Fallzahl nicht abgeleitet werden. Bei 3 Patienten wurde unter der Therapie mit Marcumar ein Rezidiv beobachtet. Bei allen 3 Patienten lag der Quickwert in einem bisher für die Therapie des Inhibitormangels nicht etablierten Bereich. Diese Beobachtungen weichen von den Daten neuerer Untersuchungen zur „low dose“ Therapie mit oralen Antikoagulanzien ab [1]. Die Diskussion über den therapeutischen Effekt der „low dose“ Marcumarisierung durch Steigerung der AT III-Aktivität bei gleichzeitiger Senkung der prokoagulatorischen Aktivität ist offen. Untersuchungen hierzu müssen an einem größeren Patientenkollektiv evaluiert werden.

Die Rezidivrate thromboembolischer Komplikationen bei Patienten mit Antikoagulanzientherapie liegt deutlich unter der Inzidenz bei nicht behandelten oder nicht im therapeutischen Bereich antikoagulierten Patienten. Hieraus kann gefolgert werden, daß die Indikation zur Therapie bei Patienten mit familiärer hereditärer thrombophiler Diathese gestellt werden muß, wenn eine Komplikation eingetreten ist. Diese Daten stehen in Übereinstimmung mit Untersuchungen an größeren Patientenkollektiven [1, 2, 6, 8, 9, 18].

Bei asymptomatischen Patienten mit entsprechendem Defekt ist die Frage der primären Antikoagulanzientherapie offen. Nach unseren Daten und Literaturangaben [1, 20] erleiden bis zum 30. Lebensjahr 2/3 der Patienten mit angeborenem AT III-Mangel eine thromboembolische Komplikation. Diese Daten deuten darauf hin, daß eine primäre Thromboseprophylaxe ernsthaft überlegt und diskutiert werden muß. Prospektive Untersuchungen hierzu fehlen.

Bei Patienten mit idiopathischer Thrombose findet sich in 5–8% der Fälle ein heterozygoter kongenitaler Protein C-Mangel vom Typ I oder II [8, 12]. Epidemiologische Untersuchungen zeigen, daß der Protein C-Mangel mit einer erhöhten Inzidenz an thromboembolischen Ereignissen einhergeht [2, 6].

Es ist unklar, bei wievielen Patienten der Protein C-Mangel per se zu einer Komplikation führt oder ob weitere Momente ursächlich beteiligt sind [17].

Für den Protein S-Mangel kann aufgrund fehlender Daten zur Prävalenz asymptomatischer Patienten das Risiko für eine thromboembolische Komplikation nicht beurteilt werden. Die vorliegenden klinischen Daten verhalten sich ähnlich zum Protein C-Mangel [2, 8, 18, 19].

Die an unserem Patientenkollektiv beobachteten Ereignisse bei Patienten mit Hypoplasminogenämie und Dysfibrinogenämie decken sich mit den Angaben der Literatur [7, 15, 16]. Auch hier kann zum Risiko thromboembolischer Komplikationen bei bestehendem Proteindefekt noch keine Aussage gemacht werden. Hilfreich für die Therapieentscheidung ist in jedem Fall die Familienanamnese, die einen Hinweis auf die klinische Gefährdung geben kann.

Literatur

1. Barrowcliffe TW, Thomas DP (1987) Antithrombin III and Heparin. In: Bloom AL, Thomas DP (eds) Churchill Livingston, 2nd edition
2. Bovill EG, Bauer KA, Dickman JD, Callas P, West B (1989) The clinical Spectrum of Heterozygous Protein C Deficiency in a Large New England Kindred. Blood 73 (3):712–717
3. Broekmans AW, Veltkamp JJ, Bertina RM (1983) Congenital protein C deficiency and venous thromboembolism. A study in three dutch families. N Engl J Med 309:340–347
4. Broeckmans AW, Bertina RW, Reinalda-Poot J et al (1985) Hereditary protein S deficiency and venous thromboembolism – a study of three Dutch families. Thromb Haemost 53:273–278
5. Carrell N, Gabriel DM, Carr ME, McDonagh J (1983) Hereditary dysfibrinogenemia in a patient with thrombotic disease. Blood 62:439–447
6. Comp PC (1986) Hereditary Disorders predisposing to Thrombosis. Prog Hemost Thromb 2:71–102
7. Cosgriff TM, Bishop DT, Hershgold EJ, Skolnick MH, Martin BA, Baty BJ, Carlson KS (1983) Familial Antithrombin III Deficiency: Its Natural History, Genetics Diagnosis and Treatment. Medicine 62 (4):209–220
8. Dolan G, Ball J, Preston FE (1989) Protein C and protein S. In: Bailliere's Clinical Haematology 2 (4):999–1042
9. Engesser L, Broeckmans AW, Briet E, Brommer EJP, Bertina RM (1987) Hereditary Protein S Deficiency: Clinical Manifestations. Ann Int Med 106:677–682
10. Francis RB (1889) Clinical disorders of fibrinolysis: A cirtical review. Blut 59:1–14
11. Girolami A, Marafioti F, Rubertelli, Capepellato MG (1986) Congenital heterozygous plasminogen deficiency associated with severe thrombotic tendency. Acta Haematol 75:54–57
12. Gladson CL, Griffin JH, Hach V, Beck KH, Scharrer I (1989) The incidence of protein C and protein S deficiency in young thrombotic patients. Blood 66 Suppl 1:350a
13. Hach-Wunderle V, Scharrer I, Lottenberg R (1988) Congenital deficiency of plasminogen and its relationship to venous thrombosis. Thromb Haemostas 59:277–280
14. Johnson EJ, Prentice CRM, Parapia LA (1990) Premature Arterial Disease Associated with Familial Antithrombin III Deficiency. Thromb Haemost 63 (1):13–15
15. Lijnen HR, Collen D (1989) Congenital and Acquired Deficiency of Components of the Fibrinolytic System and their Relation to Bleeding or Thrombosis. Fibrinolysis 3:67–77
16. McDonagh J, Carrell N (1987) Disorders of Fibrinogen Structure and Function. In: Colman RW, Hirsh R, Marder VJ and Salzmann EW (eds) Hemostasis and Thrombosis
17. Miletich J, Shermau L, Broze G Jr (1987) Absence of thrombosis in subjects with heterozygous protein C deficiency. N Engl J Med 317:991–995
18. Pabinger I (1986) Clinical Relevanc of Protein C. Blut 53:63–75
19. Pabinger-Fasching I, Bertina RM, Lechner K et al (1983) Protein C deficiency in two Austrian families. Thromb Haemost 50:810–813
20. Thaler E, Lechner K (1981) Antithrombin III deficiency and thromboembolism. Clin Haematol 10:369-390

Autosomal rezessiver Protein C-Mangel Typ I

H.-J. Hertfelder, S. Popov-Cenic, P. Reitsma, M. Ludwig, R. Bertina
(Bonn, Leiden/NL)

Im Gegensatz zum selten auftretenden heterozygoten Protein C-Mangel autosomal dominanter Prägung mit thromboembolischen Ereignissen, der eine Prävalenz von ca. 1:16000 hat, kommt die rezessive Form dieses Mangels relativ häufig vor. Untersuchungen an Blutspenderkollektiven in den USA haben gezeigt, daß die Prävalenz der rezessiven Form bei 1:200 bis 300 liegt [1, 2]. Die Wahrscheinlichkeit des Auftretens eines homozygoten Protein C-Mangels mit klinischen Symptomen liegt nach dem Hardy-Weinberg-Prinzip theoretisch bei 1:250000 Konzeptionen. Die tatsächlich beobachtete Rate ist jedoch etwa 10 × niedriger. Dies ist darauf zurückzuführen, daß einerseits bei weitem nicht alle Fälle erkannt werden, besonders da die Symptomatik eine größere Variabilität als bisher angenommen haben könnte, andererseits ein Teil der Feten einen frühzeitigen intrauterinen Fruchttod erleidet [2].

Ein besonderes Risiko für das Auftreten der homozygoten Form ist bekanntlich bei Verwandtenehen gegeben. Ich möchte Ihnen hierzu ein Beispiel vorstellen.

Methoden

Die Bestimmungen des Quick-Wertes sowie der Faktoren II und X erfolgten koagulometrisch (Thromboplastin FS, Baxter, München, Koagulometer KC 10, Amelung, Lemgo). Die Protein C-Aktivität wurde im chromogenen Substrattest (Behring, Marburg), die Protein C-Konzentration mit ELISA (Boehringer Mannheim) bestimmt. Alle Messungen erfolgten aus Citratblut (1 + 9).

Kasuistik

Es handelt sich hier um einen jungen Mann portugiesischer Abstammung. Seine Eltern waren Cousin und Cousine ersten Grades. Erste thrombotische Symptome entwickelte er im Alter von 17 Jahren nach einer Sprunggelenksdistorsion links mit einer ausgedehnten Thrombophlebitis an derselben Extremität. Sie wurde über einen Zeitraum von 2 Jahren konservativ behandelt. Nach Teilresektion der Vena Saphena magna links erlitt er eine Lungenembolie. In der Folge traten bei zwei Marcumarisierungen trotz Heparinisierung tiefe Beinvenenthrombosen auf. Bei der ersten Thrombose war aufgrund der Entwicklung einer Phlegmasia caerulea dolens im rechten Bein eine chirurgische Intervention notwendig. Die zweite Thrombose bildete sich unter alleiniger intravenöser Heparingabe zurück.

Die Diagnose des Protein C-Mangels gelang uns nach Auftreten der zweiten Thrombose. Aufgrund der vorausgegangenen Marcumarisierung war der Protein C-Spiegel des Patienten auf 2% abgesunken. Nach der Normalisierung seiner Gerinnungsparameter lagen Protein C-Antigen und Aktivität bei 15–16% der Norm. Durch Verwandtenuntersuchungen konnte ein erblicher Protein C-Mangel gesichert werden. Da aufgrund seines extrem niedrigen natürlichen Protein C-Spiegels ein permanentes Thromboserisiko für den Patienten bestand, marcumarisierten wir ihn erneut unter Protein C-Substitution mit einem Protein C-reichen Faktor IX-Konzentrat. Im Verlaufe der Antikoagulation hatte sich die Einstellung auf einen Quick-Wert von 30%, der mit einer Protein C-Restaktivität von 5% verbunden war, als optimal erwiesen. Zuvor waren zweimal bei Quick-Werten unter 20% und Protein C unter 2% charakteristische dumpfe Schmerzen im linken Nierenlager mit Ausstrahlung in die linke Schulter aufgetreten, die mit DIC-ähnlichem Fibrinogen- und Thrombozytenabfall verbunden waren. Es ließ sich jedoch keine Thrombose oder Blutung in diesem Zusammenhang nachweisen.

Untersuchung von Familienmitgliedern

Die Familienanamnese ergab in der weitverzweigten Verwandtschaft des Patienten keine Hinweise auf eine vermehrte Thrombosehäufigkeit. Lediglich der Vater hatte im Alter von 46 Jahren nach einer Patellafraktur rechts eine Thrombose der V. Poplitea im selben Bein erlitten, die ohne temporäre orale Antikoagulation konservativ therapiert worden war. Die Mutter verstarb an einem Mammatumor, ohne jemals eine Thrombose erlitten zu haben. Drei ihrer Geschwister waren im frühen Kindesalter verstorben. Die Todesursachen sind nicht bekannt. Die Großmutter väterlicherseits ist 81 Jahre alt und völlig gesund. Abb. 1 zeigt den Stammbaum der Familie. Die Ergebnisse der gerin-

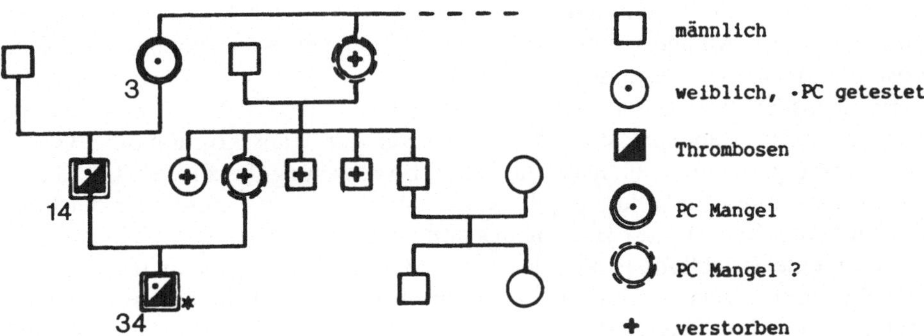

Abb. 1. Stammbaum der Familie des Patienten. Die Familie des Bruders der Mutter des Patienten konnte bisher nicht untersucht werden

Tabelle 1. Labordaten der Familienmitglieder mit Protein C-(PC)Mangel

	Stammbaum Nr.	PC Akt. (%)	PC Ag (%)	FII (%)	FX (%)	PC Gen-mutation-beginn	Alter bei Symptom
d.A.R.,T (w)	3	57	55	131	131	heterozygot	ohne Sy.
R.J., J. (m)	14	63	59	114	138	heterozygot	46
R.J., A. (m)	34	15	16	105	80	homozygot	17

nungsphysiologischen Untersuchungen der Familienmitglieder sind in Tabelle 1 zusammengestellt.

Molekularbiologische Diagnose

Der Vergleich des Protein C-Spiegels des Patienten mit dem des Vaters und der Großmutter sowie die Verwandtenehe der Eltern legten die Vermutung nahe, der Patient habe einen homozygoten, die untersuchten Angehörigen einen heterozygoten Protein C-Mangel. Zum Nachweis eines genetischen Protein C-Defektes veranlaßten wir eine molekularbiologische Untersuchung von Proben des Patienten, des Vaters und der Großmutter väterlicherseits, die von Dr. Reitsma aus der Arbeitsgruppe von Dr. Bertina an der Universität Leiden durchgeführt wurde. Mit Hilfe der Polymerase-Kettenreaktion (PCR) [3] konnte, wie in Abbildung 2 gezeigt, eine Punktmutation im Exon 7 des Protein C-Gens ermittelt werden, die zum Austausch eines Cytosin(C)-Guanin(G)-Paares gegen ein Thymin(T)-Adenin(A)-Basenpaar führte. Diese Mutation lag bei unserem Patienten in homozygoter, beim Vater und der Großmutter in heterozygoter Form vor. Die Mutation führte zu einem Austausch der Aminosäureposition 178 mit Ersatz des Arginins durch Glutamin (Abb. 3). Der Mutationsort im Protein C-Molekül ist nahe beim Abspaltungsort des Protein C-Aktivierungspeptides lokalisiert.

Die Mutation führt bei unserem homozygoten Patienten zu einer starken Verminderung von Protein C-Konzentration und Aktivität im Plasma im Sinne eines Protein C-Mangels Typ I, der aufgrund der geringen familiären Thromboserate als rezessiv zu klassifizieren ist.

Es ist bisher nicht geklärt, ob die Verminderung des Protein C-Spiegels auf eine reduzierte Genexpression durch Störungen der Transskription oder Translation, eine gestörte intrahepatische Verstoffwechselung des Protein C-Präkursorproteins durch Beeinflussung der Gammakarboxylierungsrate oder der limitierten Proteolyse, die zur Bildung des aktivierbaren Protein C-Moleküls führt, oder auf eine Sekretionsstörung der Protein C-Mutante aus den Hepatozyten in das Blutplasma zurückzuführen ist. Auch eine erhöhte Eliminationsrate muß diskutiert werden. Das Vorliegen eines dysfunktionellen Protein C ist aufgrund identischer Protein C-Konzentration und Aktivität beim Patienten unwahrscheinlich.

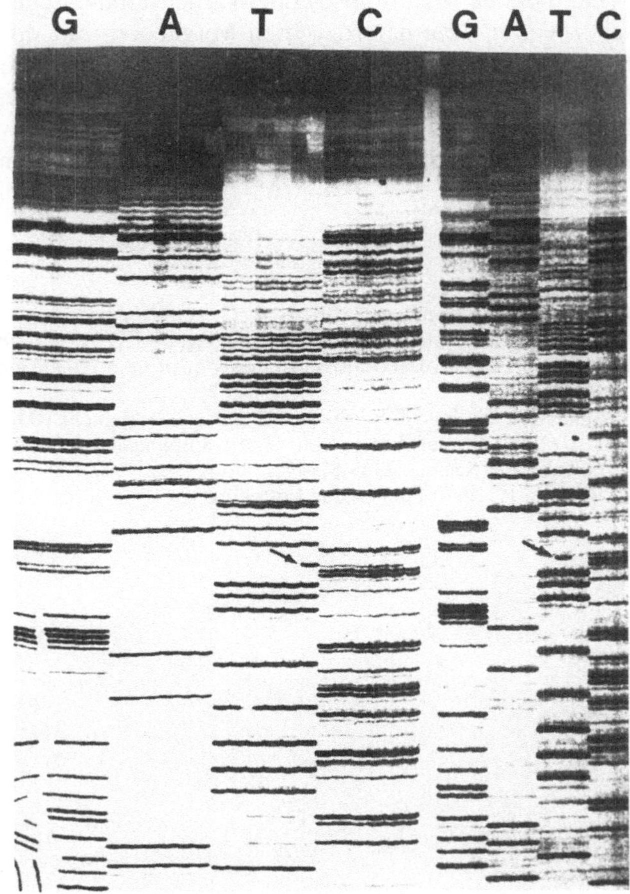

Abb. 2. Sequenzriegel des Exon 7 im Protein C-Gen nach PCR-Amplifikation. Im linken Bildteil ist die DNA-Analyse von sechs verschiedenen Patienten gezeigt: Die jeweils ersten fünf Trennfelder der einzelnen Nucleotidbasen zeigen normale Sequenziermuster. Der Pfeil in der rechten sechsten Spur verweist auf eine atypische Thymin-Bande in der DNA unseres Patienten. Die korrespondierende Cytosin-Bande fehlt aufgrund des homozygoten C-T-Austausches vollständig. Im rechten Bildteil mit DNA-Analysen von 3 Patienten verweist der Pfeil auf einen heterozygoten C-T-Austausch beim zweiten Patienten, erkennbar an der Persistenz der korrespondierenden C-Bande

5'.....CGG.....3'		5'.....CAG.....3'	Codon
	------>		
3'.....GCC.....5'		3'.....GTC.....5'	Anticodon
Arg		Gln	

Abb. 3. Punktmutation im Protein C-Gen mit Austausch der Aminosäurereposition 178 des Protein C-Moleküls

Da dieselbe Mutation sowohl in einer holländischen, als auch in einer spanischen Familie bei heterozygoten Mitgliedern mit thrombotischen Symptomen nachgewiesen werden konnte [4], kann daraus gefolgert werden, daß nicht Lokation und Art der Mutation allein für die Ausprägung von klinischen Symptomen infolge des Protein C-Mangels verantwortlich gemacht werden können. Vielmehr ist nach multifaktoriellen Ursachen zu forschen.

Literatur

1. Miletich J, Sherman L, Broze Jr G (1987) Absence of thrombosis in subjects with heterozygous protein C deficiency. N Engl J Med 317:991–996
2. Miletich J (1990) Laboratory diagnosis of protein C deficiency. Semin Thromb Haemost 16:169–177
3. Saiki RK, Gelfand DH, Stoffel S, Scharf SJ, Higuchi RG, Horn TT, Mullis KB, Erlich HA (1988) Primer-directed enzymatic amplification of DNA with a thermostable DNA polymerase. Science 239:487–491
4. Reitsma P (1990) Persönliche Mitteilung

Prüfung eines neuen Protein C-Präparates an einem Kind mit homozygotem Mangel

K. AUBERGER, CH. BRÜCKMANN, S. GANDENBERGER (München)

Einleitung

Angeborener Protein C-Mangel wird in der Pädiatrie und in der Erwachsenenmedizin zunehmend als Ursache für schwere Thromboembolien erkannt. Für die Therapie stehen bislang nur Plasmaderivate zur Verfügung, die neben Protein C auch andere, jedoch ausreichend vorhandene Gerinnungsfaktoren und Fremdeiweiß enthalten, wie z. B. das fresh frozen plasma und die Prothrombinkomplex-Präparate.

Seit mehr als einem Jahr ist ein hochgereinigtes Protein C-Konzentrat einsetzbar, dessen Verträglichkeit und Sicherheit im Falle eines homozygoten Mangels von uns geprüft wurde.

Außerdem haben wir ausführlich für verschiedene Bestimmungsmethoden die Halbwertzeit und die in-vivo-recovery ermittelt, da sie für die Anwendung des Konzentrates wichtig sind.

Präparat, Verträglichkeit und Sicherheit

Das Protein C-Konzentrat wurde aus dem virusinaktivierten Faktor IX-Konzentrat der Firma Immuno mittels monoklonaler Antikörper-Affinitätschromatographie hergestellt und nochmals virusinaktiviert.

Wir verabreichten es einem siebenjährigen Knaben, der seit drei Jahren prophylaktisch marcumarisiert wird. Seine Protein C-Aktivitätsspiegel lagen vor und während der Marcumarisierung nach funktioneller Bestimmung um 10%, nach immunologischer zwischen 20% und 30%. Während der Prüfung wurde die Marcumarisierung beibehalten.

Nach erstmaliger Gabe von 5 E/kg und von 20 E/kg zwei Stunden später konnten über jeweils zwei Stunden, wie auch im weiteren Studienverlauf, keinerlei Anzeichen von Unverträglichkeitsreaktionen (z. B. Exanthem, Blutdruckabfall) beobachtet werden. In der Beobachtungszeit von nunmehr 5 Monaten sind auch keine Infektionen wie Hepatitis B oder C aufgetreten. Das Kind blieb weiterhin HIV-negativ. Insoweit sind Verträglichkeit und Sicherheit positiv zu beurteilen.

Meßmethoden

Wegen der allgemein beobachteten Unsicherheit bei der Bestimmung des Protein C im Plasma nutzten wir drei verschiedene Verfahren:

1. für den Aktivitätsspiegel:
   - zwei funktionelle Methoden, die von Boehringer (Biomatic) und die von Instrumentation Laboratory (ACL),
   - zwei enzymatische von Behring und Immuno und
2. für die Konzentration
   - die immunologische Methode nach LAURELL.

Werte für Empfindlichkeit und Reproduzierbarkeit dieser Methoden werden nur für den Normbereich von 70% bis zu 140% Aktivität angegeben. Als Maßstab für den Protein C-Spiegel werden allgemein zuerst die Ergebnisse des funktionellen Testes betrachtet, da eine absolute Bestimmung in der Klinik (noch) nicht möglich ist. Für den Bereich extremen Mangels und für Werte unterhalb der Norm (70%) fehlen alle Angaben über die Verläßlichkeit der Teste. Wie sehr sich diese Unsicherheiten auf die Meßergebnisse auswirken, haben wir an den Ergebnissen unserer Untersuchung erkannt.

Meßergebnisse

Nach Bestimmung der Protein C-Aktivität im Plasma wurden dem Patienten in zwei getrennten Untersuchungsreihen 40 E/kg bzw. 80 E/kg intravenös verabreicht. In der Folge wurde zwischen 1/4 Stunde und 48 Stunden Blut entnommen, das mit den angegebenen Methoden zum Teil in verschiedenen Laboratorien untersucht worden ist.

Als Beispiel wird in Abb. 1 der exponentielle Abfall der Aktivität des zugeführten Protein C (40 E/kg) gezeigt, wie er mit den funktionellen Tests von Boehringer und von Instrumentation Laboratory (I.L.) gemessen worden ist.

Auffallend sind der anfangs große Unterschied von 30 Akt% zwischen den Werten und die ähnlich großen Schwankungen der Einzelwerte, die alle unterhalb der Norm liegen. Die Halbwertzeiten sind jedoch mit 13 und 11 Stunden sehr ähnlich.

Die Ergebnisse des enzymatischen Tests mit 80 E/kg in Abb. 2 liefern in guter Übereinstimmung die Anfangswerte im oberen Normbereich. Die Halbwertzeiten jedoch sind drastisch unterschiedlich: 18 und 7 Stunden, was auf die großen Unterschiede im niedrigen Aktivitäts-Bereich zurückzuführen ist. Mit dem einzigen immunologischen Test bei Gabe von 80 E/kg wurden Werte mit geringen Schwankungen ermittelt, deren Verlauf einer Halbwertzeit von 12 ± 2 Stunden entspricht.

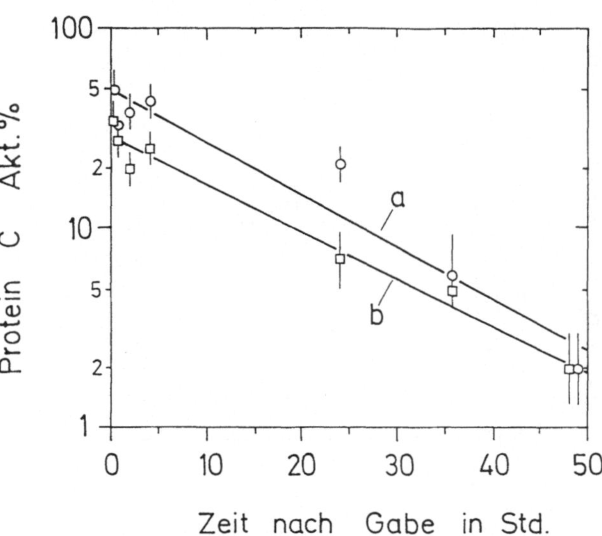

Abb. 1. Protein C-Aktivität im Plasma nach Gabe von 40 E/ml bestimmt mit den funktionellen Tests von Instrumentation Laboratory und Boehringer (angenommener relativer Meßfehler 20%). Die eingezeichneten Kurven sind Ergebnisse der exponentiellen Regression, r = Korrelationskoeffizient. a: Instr. Lab. (r = 0.9641) und b: Boehringer (r = 0.9875)

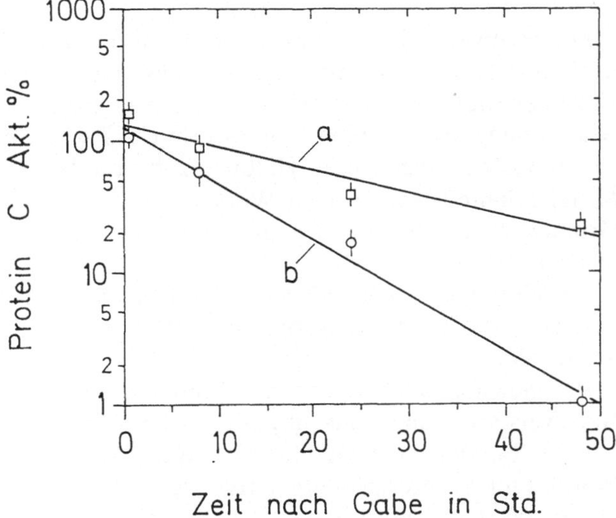

Abb. 2. Protein C-Aktivität im Plasma nach Gabe von 80 E/ml. Bestimmung mit den enzymatischen Tests von Behring und Immuno (angenommener relativer Meßfehler 20%). Die eingezeichneten Kurven sind Ergebnisse der exponentiellen Regression, r = Korrelationskoeffizient. a: Behring (r = 0.9645) und b: Immuno (r = 0.9951)

Normierung der Verfahren

Die gezeigten Abfallkurven für das gegebene Protein C wurden durch lineare Regression der logarithmierten Meßwerte (exponentielle Regression) gewonnen (Abb. 3).

Die Rechnung führte zu Werten für die Halbwertzeit HWZ des Abfalls und für den Achsenabschnitt A(0) zur Zeit der Gabe einschließlich der experimentellen Fehlergrößen.

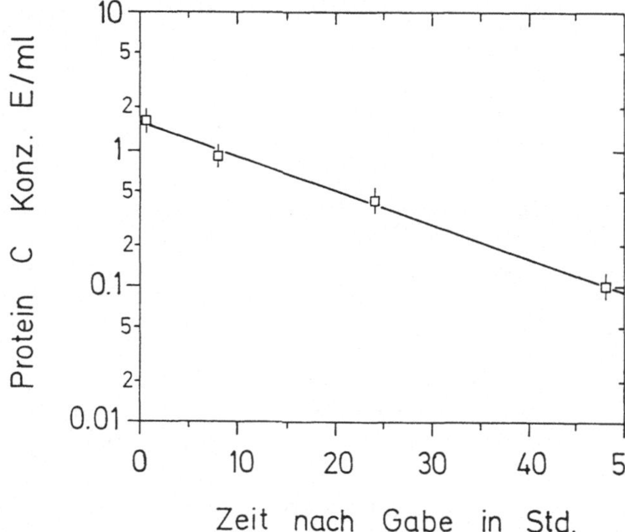

Abb. 3. Protein C-Konzentration (E/ml) im Plasma nach Gabe von 80 E/kg bestimmt mit dem immunologischen Verfahren nach LAURELL. Die eingezeichnete Kurve ist das Ergebnis exponentieller Regression. Reressionskoeffizient r = 0.9979

Die Halbwertzeit des substituierten Protein C ist bis zu einer hohen Grenzdosis eine konstante Größe. Die gezeigten, teils sehr verschiedenen Ergebnisse einzelner Methoden müssen auf die schon erwähnten Unsicherheiten bei der Bestimmung der geringen Grundwerte (Av) zurückgeführt werden. Wir haben aus allen Messungen eine Halbwertzeit von 11 ± 2 Stunden als gewichtetes Mittel erhalten. Mit diesem Wert läßt sich nun für jede Meßreihe ein neuer Grundwert errechnen, der die endogene Aktivität (Av) zuverlässiger beschreibt.

Mit Hilfe von A (0) und der festen Halbwertzeit können dann ausgeglichene Werte für die 30-Minuten Recovery REC nach der Formel in Tabelle 1 berechnet werden.

Bei gleicher Kalibrierung der Einheiten des Protein C-Präparates und des Nachweistestes und ohne physiologische Störungen wird für die Halbwertzeit von 11 Stunden eine OPTIMALE RECOVERY von 96% erreicht. Für die Beurteilung unserer Meßergebnisse der verschiedenen Methoden benutzen wir diesen Wert zur Normierung der Aktivitätsangaben für das substituierte Protein C.

Ergebnisse verschiedener Bestimmungen

Die größten Änderungen des Grundwertes waren, wie in Tabelle 2 zu sehen, bei den enzymatischen Tests erforderlich. Sie lieferten Halbwertzeiten von 18,7 und 14 Stunden. Durch die Normierung auf 11 Stunden ergaben sich neue Grundwerte von Av = 18% statt 2% und von 13% statt 17% bzw. 10%. Diese Veränderungen liegen immer noch im Unsicherheitsbereich von 30 Akt. % für sehr geringe Aktivitätswerte.

Tabelle 1. Verfahren der exponentiellen Regression der Meßwerte und Definitionen der ausgeglichenen und der optimalen recovery von 96% als Normierungswert für die verschiedenen Tests

Aktivität im Plasma vor Gabe (Grundwert): Av (E/ml)
erhöht z. Z. T nach Gabe: A(T) · Av = A(0)*EXP(– 0,653 · T/HWZ)

lineare Regression LOG [A(T) · Av] = LOG [A(0)] · [– 0,693 · T/HWZ]
Ergebnisse und Fehler für

Halbwertzeit HWZ, Achsenabschnitt A(0)
Ausgleichswert REC für 30 Min.-Recovery:
Verhältnis: „Ausgegl. Aktivität (E/ml) nach 30 min."
zu „erwartete Konzentration im Plasma (E/ml)"

$$\mathrm{REC} = \frac{\mathrm{A(0)} \cdot \mathrm{EXP}[-\ 0{,}693 \cdot 0{,}5\ (\mathrm{Std.}) / \mathrm{HWZ}]\ (\mathrm{E/ml})}{\mathrm{gegebene\ Dosis\ (E/kg)}} \cdot \frac{\mathrm{Plasmavol.\ (ml)}}{\mathrm{K\ddot{o}rpergew.\ (kg)}}$$

HWZ = 11 Std.: optimale Rec. = 0,96 (Normierungswert)

Tabelle 2. Ergebnisse der enzymatischen Protein C-Tests nach exponentieller Regression der Meßwerte (r = Korrelations-Koeffizient) und nach Anpassung an die Halbwertzeit 11 ± 2 Std.

Gabe (E/kg)	Akt. % v. Gabe Gem.	Ber.	Rec. %	HWZ (Std.) MW = 11 ± 2	r
Behring:					
80	2	––	85 ± 14	18 ± 2	0.9645
	–	18	81 ± 14	MW	0.9917
Immuno:					
80	17	–	79 ± 16	7 ± 1	0.9951
	–	13	67 ± 14	MW	0.9981
40	10	–	50 ± 5	14 ± 2	0.9647
	–	13	47 ± 5	MW	0.9761

Mit den funktionellen Tests wurden statistisch übereinstimmende Halbwertzeiten gefunden. Die Daten in Tabelle 3 zeigen auch, daß Änderungen des Grundwertes von nur 1–2 Akt% bereits zu Verschiebungen von 2 Stunden bei der Halbwertzeit führen. Die ausgeglichenen Recoverywerte sind bei beiden Tests unabhängig von der Höhe der applizierten Dosis. Zwischen den Tests besteht jedoch ein drastischer Unterschied, der auf verschiedene Kalibrierungen schließen läßt.

Über die für jeden einzelnen Test bestimmten charakteristischen Parameter informieren die Angaben in Tabelle 4. Die großen Unterschiede in den Werten der Recovery verweisen auf entsprechende Differenzen in der Kalibrierung des Tests. Um eine Standardisierung der Behandlung zu erreichen, ist es notwendig, die angegebenen Normierungsfaktoren für die 96%ige Recovery einzufüh-

Tabelle 3. Ergebnisse der funktionellen Protein C-Tests nach exponentieller Regression der Meßwerte (r = Korrelationskoeffizient) und nach Anpassung an die Halbwertzeit 11 ± 2 Std.

Gabe (E/kg)	Akt. % v. Gabe Gem.	Ber.	Rec. %	HWZ (Std.) MW = 11 ± 2	r
Boehringer:					
80	7	–	29 ± 7	9 ± 1	0.9574
	–	6	28 ± 7	MW	0.9315
40	5	–	38 ± 4	13 ± 1	0.9875
	–	6	37 ± 4	MW	0.9852
Inst. Lab.:					
80	4	–	63 ± 9	9 ± 1	0.9965
	–	2	59 ± 9	MW	0.9990
40	2	–	63 ± 7	11 ± 1	0.9641
	–	2	63 ± 7	MW	0.9610

Tabelle 4. Vergleich der verschiedenen Protein C-Tests einschließlich eines immunologischen Tests. Die mit Fehlern angegebenen Daten sind gewichtete Mittelwerte der Ergebnisse nach Gaben von 40 und 80 E/kg

Methode	Gemess. HWZ (Std.)	Rec. %	Norm. Fakt.	Akt. % vor Gabe Gem.	Ber.[1]	Diff.[2]
Funktionell	11 ± 2	(48)[3]				
– Boeh.		35 ± 3	2,7 ± 0,3	6	6	0
– IL		62 ± 4	1,5 ± 0,1	3	2	+ 1
Enzymatisch	12 ± 6	(68)				
– Behring		84 ± 10	1,1 ± 0,2	2	18	−16
– Immuno		51 ± 4	1,9 ± 0,2	14	13	+ 1
Immunolog.[4]	12 ± 2	103 ± 15	0,9 ± 0,2	40	42	− 2

ren, mit denen aus dem Meßwert der effektive Aktivitätsspiegel berechnet werden kann.

Zusammenfassung

Zusammenfassend können wir berichten, wie dargestellt in Tabelle 5, daß wir in unseren Untersuchungen an einem Kind mit homozygotem Mangel eine gute Verträglichkeit und Sicherheit des Protein C-Konzentrates beobachtet haben. Die Halbwertzeit des substituierten Proteins konnte übereinstimmend in allen Tests zu 11 ± 2 Std. bestimmt werden.

Die mit den verschiedenen Tests gemessenen Werte für die Recovery liegen in dem weiten Bereich zwischen 35% und 100%. Wegen der großen Bedeutung der Recovery für die Dosierung haben wir als Bezugsgröße eine optimale

Tabelle 5. Prüfungsergebnisse für das neue Protein C-Konzentrat von Immuno im Falle eines Kindes mit wahrscheinlich homozygotem Protein C-Mangel

I.	Gute Verträglichkeit und Sicherheit über 5 Monate
II.	Halbwertzeit des substituierten Protein C: 11 ± 2 Std.
III.	Gemessene Recovery 35 % bis 100 % abhängig vom Test
IV.	Standardisierung der Therapie durch Normierung der Protein C-Tests auf optimale Recovery von 96 %

Recovery von 96 % berechnet, auf die alle gemessenen Werte normiert werden können. Die experimentellen Normierungswerte verhelfen uns zu einer Standardisierung der Protein C-Bestimmung während der Therapie.

Wir danken der Firma Immuno für die Überlassung der Studie. Unser besonderer Dank gilt Herrn Dr. Schwarz bei der Immuno-Wien für einen Teil der Messungen.

Diskussion

Gürtler (München):

Auf welche Dosierung kommen Sie jetzt nach Ihren Berechnungen?

Frau Auberger (München):

Das ist ein Problem, mit dem ich noch nicht so ganz fertig geworden bin. Ich werde sicherlich am Anfang weiterhin eine hohe Dosis brauchen.

Schramm (München):

Die Beurteilung einer zureichenden Dosierung sollte vor allem nach klinischen Kriterien möglich sein. Wir verwendeten dieses Konzentrat bei zwei Patienten mit Protein C-Mangel, darunter auch ein homozygoter Patient, den wir letztes Jahr hier in Hamburg vorgestellt haben. Wir haben 20–40 Einheiten pro Kilogramm verwendet. Damit kann man praktisch alle akuten Situationen, z. B. eine Cumarinnekrose, durchaus beherrschen. Erstaunlich ist, daß sogar geringere Dosen wirksam sind. Dieser eine Patient mit homozygotem Mangel hat bei uns intermittierend beginnende Nekrosen, Erytheme und livide Verfärbungen gezeigt, die zum Teil nur auf 15 Einheiten pro Kilogramm bereits verschwunden sind. Der Schmerz ist innerhalb kürzester Zeit vorüber. Also die Richtdosis ist fast wie bei Faktor VIII, eher bei 20, 30, vielleicht 40 Einheiten pro Kilogramm.

Frau Auberger (München):

Diese Erfahrung haben wir bei dem Kind auch gemacht. Das Problem ist jedoch ein anderes, wenn so ein Kind operiert wird. Dabei ist natürlich zu bedenken, daß der Blutspiegel nach 11 Stunden Halbwertzeit nicht wieder um 10% liegt, sondern über 70% gehalten wird. Entsprechend brauche ich eine wesentlich höhere Anfangsdosis.

Lechler (Köln):

Mich würde interessieren, ob Sie jetzt die Absicht haben, dieses Kind auf dieser Therapie zu belassen, oder ob Sie wieder auf Marcumar-Therapie zurückgehen?

FRAU AUBERGER (München):

Das Kind ist längst wieder unter Marcumar. Die Therapie mit dem Protein C-Präparat bezog sich nur auf den operativen Eingriff.

LECHLER (Köln):

Also nur für eine spezielle operative Indikation. Man könnte es ja für die Operation z. B. auch teilmarcumarisiert lassen.

FRAU AUBERGER (München):

Damit waren die Operateure nicht einverstanden.

SCHRAMM (München):

Und das reicht auch sicher nicht aus.

Messung des Thrombin-Antithrombin-III-Komplexes ist kein brauchbarer Screening-Test zur Diagnose des Protein C- und Protein S-Mangels

PH. MACHEREL, I. SULZER, M. FURLAN, B. LÄMMLE (Bern/Schweiz)

Anläßlich der Abklärungen von unerklärten venösen oder arteriellen Thrombosen und Embolien wurde in den Jahren 1988 bis 1990 bei sämtlichen zugewiesenen Patienten neben den üblichen gerinnungsphysiologischen Parametern der Thrombin-Antithrombin-III-Komplex (TAT-Komplex) bestimmt. Das Ziel war, festzustellen, ob bei mittelgradigen bis schweren Mangelzuständen an Protein C oder Protein S Hinweise auf eine dauernde in-vivo-Thrombin-Generation als Ausdruck einer latenten Thromboseneigung bestehen. Die Patienten wurden stets mehrere Wochen bis Monate nach einer akuten Thromboembolie untersucht bzw. nach Absetzen einer Antikoagulation.

21 Patienten zeigten ein freies Protein S-Antigen (PS_f) unter 50 % verglichen mit dem freien Protein S-Antigen des Normalplasma-Pools (normal 70–140 %). Bei 4 dieser 21 Probanden wurden erhöhte Werte ($\geq$ 4,1 µg/l) für den TAT-Komplex gemessen.

8 Probanden wiesen eine Protein C-Aktivität unter 50 % auf (aPTT-Methode, normal 65–135 %). Bei 2 war der TAT-Komplex erhöht.

Da in etwa 10 % der scheinbar regelrecht entnommenen Blutproben von Gesunden eine Erhöhung des TAT-Komplexes nachgewiesen werden konnte, was auf die artifizielle Gerinnungsaktivierung bei der Venenpunktion zurückgeführt wurde, schließen wir daraus, daß eine Erhöhung des TAT-Komplexes auch bei erheblichen Mängeln an Protein C und Protein S im thrombosefreien Intervall nicht vorliegt und somit die TAT-Bestimmung als Screening-Test für diese Zustände nicht geeignet ist.

IV. Diagnostik hämorrhagischer und thrombophiler Diathesen

Diskussionsleitung:
H. BEESER (Freiburg)
H. VINAZZER (Linz)

Zum Einfluß anionischer Tenside auf das Wanderungsverhalten der vWF-Multimere im elektrischen Feld

TH. WÜST, H. BEESER, A. H. SUTOR, H. R. LANG (Freiburg)

Zusammenfassung

Das Wanderungsverhalten der Multimere des von Willebrand-Faktors (vWF) im elektrischen Feld wurde in Abhängigkeit von dem im Probenverdünnungspuffer, Laufpuffer und den Gelpuffern eingesetzten anionischen Tensid untersucht. Die Elektroelution der Multimere aus dem Gel auf einen Nylonträger erfolgte mit Hilfe eines semi dry-blot. Zur Detektion wurde ein peroxidasemarkierter Antikörper gegen vWF verwendet.

Es konnte gezeigt werden, daß zwischen der hydrophilic/lipophilic balance (HLB) eines Tensids und der erzielbaren Trennleistung ein Zusammenhang besteht. Optimale Auftrennung im Hinblick auf Wanderungsgeschwindigkeit und Auflösungsvermögen, insbesondere im Bereich hochmolekularer Multimere wird mit Tensiden von niedrigem HLB-Wert erzielt. Als besonders geeignet hat sich Natriumdodezylbenzolsulfonat erwiesen.

Einleitung

Die elektrophoretische Darstellung der Multimere des vWF ist ein unverzichtbares Verfahren zur Typisierung des M. von Willebrand-Jürgens [3, 4, 10, 11] und zur Qualitätskontrolle von F. VIII-Konzentraten [12, 17].

Um bei Anwendung des semi dry-blot Verfahrens die Darstellung des kompletten Spektrums der vWF-Multimere zu verbessern, haben wir die Struktur-Wirkungs-Beziehung ausgewählter anionischer Tenside im Vergleich zu Natriumdodezylsulfat untersucht.

Material

Agarose Typ VII, TRIS, Rinderserumalbumin (BSA), Nickelchlorid, 3,3-Diaminobenzidin: Sigma, St. Louis.
Dinatrium EDTA, Harnstoff, Glycin, 6-Aminohexansäure, Dinatriumhydrogenphosphat, Natriumchlorid, Wasserstoffperoxid 30%, 2-Propanol, Dodekan: Merck, Darmstadt.
Bromphenolblau (BPB), Tween 20: Serva, Heidelberg.
Trimethoxyisopropylsilan: Dynamit Nobel, Troisdorf.

Peroxidasemarkierter Kaninchenantikörper gegen menschlichen vWF: Dakopatts, Glostrup.
Natriumdodezylsulfat: Bio Rad, Richmond.
Alle übrigen anionischen Tenside: Henkel, Düsseldorf.

Die elektrophoretischen Trennungen wurden mit einer Kammer 2117 Multiphor II, einem Netzteil Macrodrive 1, einem Kühlaggregat 2219 Multitemp II sowie einer semi dry-blot Einrichtung 2117–250 Novablot (alle Geräte LKB, Bromma) durchgeführt.

Methoden

Mit Natriumzitrat im Verhältnis 1:10 antikoagulierte Blutproben wurden unmittelbar nach Gewinnung zentrifugiert (4000 g, 20 min, +18 °C) und im Anschluß in Probenverdünnungspuffer (TRIS 10 mM, EDTA 1 mM, Harnstoff 8 M, BPB 0,05 %, Tensid 69,36 mM, pH 8,0) im Verhältnis 1:5 bei +60 °C 15 min inkubiert.

Bei einem aus zwei planparallelen Glasplatten aufgebauten Gelgießstand wurden die inneren Oberflächen zur Hydrophobisierung mit einer Lösung von 0,05 % Trimethoxyisopropylsilan in 2-Propanol behandelt. Auf einer der Glasplatten wurde ein Kunststoffilm mit der hydrophilen Seite zur Glasoberfläche und der hydrophoben Seite zum Gel aufgebracht. Diese Versuchsanordnung gewährleistete ein leichtes Mobilisieren des Gels aus der Kassette und problemloses Entfernen des Plastikträgers vom Gel beim Zusammenbau des Blot-Sandwiches.

Das Trenngel bestand aus 1 % Agarose in Puffer (TRIS 0,125 M, Tensid 3,46 mM, pH 6,8), das Sammelgel aus 0,75 % Agarose in Puffer (TRIS 0,375 M, Tensid 3,46 mM, pH 8,8).

Die Elektrophorese (Laufpuffer: TRIS 0,05 M, Glyzin 0,385 M, Tensid 3,46 mM, pH 8,35) wurde einheitlich 17 h bei konstantem Strom (I = 15 mA) und einer Betriebstemperatur von +12 °C durchgeführt. Am Ende des Laufs wurde das Gel 10 min in Kathodenpuffer (6-Aminohexansäure 40 mM, pH 7,6) inkubiert.

Zur Elektroelution wurde das Gel mit einer Nylonmembran (Nytran, Porenweite 0,2 µm; Schleicher & Schüll, Dassel) bedeckt. Der Versuchsaufbau zur Durchführung des semi dry-blots bestand aus zwei planparallel angeordneten Graphitelektroden, die kathodenseitige bedeckt von 9 in Kathodenpuffer getränkten Filterpapieren in Gelgröße, die anodenseitige gleichfalls mit 9 Filterpapieren versehen, elektrodenseitig getränkt in Anodenpuffer I (TRIS 0,3 M, pH 10,4) und zur Gelseite getränkt in Anodenpuffer II (TRIS 25 mM, pH 10,4). Zwischen die anoden- und kathodenseitigen Filterpapierstapel wurde das Gel mit der Nylonfolie positioniert. Die Elektroelution wurde dann bei konstanter Stromstärke (I = 1 mA/cm^2 Gel) 2 h lang durchgeführt. Hierbei liegt eine Spannung U von etwa 10 V an. Nach Abschluß der Elektroelution wurde die Nylonfolie 1 h in Blockierpuffer (Dinatriumhydrogenphosphat 0,1 M, Natriumchlorid 0,15 M, Tween 20 0,05 %, BSA 10 %, pH 7,4) und anschließend 5 min in Waschpuffer

(Dinatriumhydrogenphosphat 0,1 M, Natriumchlorid 0,15 M, Tween 20 0,05%, BSA 1%, pH 7,4) eingelegt.

Anschließend erfolgte eine 2 h dauernde Inkubation in Antikörperpuffer (Anti-F. VIII vWF 1:200 verdünnt in Waschpuffer).

Die Entfernung von überschüssigem nicht gebundenem Antikörper erfolgte durch viermaliges Waschen (5 min) in Waschpuffer. Darauf wurde die Membran in die Färbelösung eingelegt (3,3-Diaminobenzidin 62,5 mg, Nickelchlorid 25 mg auf 100 ml Puffer: Dinatriumhydrogenphosphat 0,1 M, Natriumchlorid 0,15 M, pH 7,4; kurz vor Gebrauch Zugabe von 375 µl 30% Wasserstoffperoxid) und bis zu einem optimalen Ergebnis unter visueller Kontrolle entwikkelt. Die Färbung wurde durch kurzfristiges Einlegen der Membran in aqua dest. beendet.

Ergebnisse

In Vorversuchen wurde zunächst die Löslichkeit (L) der in Tabelle 1 aufgeführten Tenside in den erforderlichen Konzentrationen überprüft. Hierbei erwiesen sich Tetradezylsulfat, Hexadezylsulfat, Hexa/Oktadezylsulfat, Hexadezyl/Oktadezyl APES und SBS Hexa/Oktadezylester als unlöslich. Tabelle 1 faßt, soweit bekannt, die physikalisch-chemischen Daten der untersuchten Tenside (L = Löslichkeit, T = KRAFFT-Punkt, C_M = Kritische Mizellbildungskonzentration, EO = Ethoxylierungsgrad – $(CH_2\text{-}CH_2\text{-}O)_n$ –) zusammen und stellt sie den nach Rieger ermittelten HLB-Werten [1] sowie der erzielten Trennleistung (S = Separation +/–, R = Relative elektrophoretische Mobilität bezogen auf SDS als Standard, M = Zahl der erkennbaren Multimere) gegenüber.

Innerhalb der Gruppe der Alkylsulfate hat sich nur SDS zur Trennung der vWF-Multimere als geeignet erwiesen. Kürzerkettige Verbindungen haben keine Auftrennung erbracht, längerkettige waren in der geforderten Konzentration unlöslich.

Innerhalb der Gruppe der Alkylpolyglykolethersulfate mit annähernd konstantem Ethoxylierungsgrad konnte mit C-Kettenlängen zwischen C_8 und C_{14} eine Auftrennung erzielt werden, wobei die längerkettigen Verbindungen die bessere Trennleistung erbrachten.

Bei der Gruppe der Nonylarylpolyglykolethersulfate wurde bei konstanter C-Kettenlänge der Ethoxylierungsgrad modifiziert. Nur das geringst ethoxyierte Produkt erwies sich als geeignet zur Darstellung der vWF-Multimere.

Aus der Gruppe der Alkylarylsulfonate wurde bisher nur Dodezylbenzolsulfonat untersucht. Dieses Tensid erwies sich hinsichtlich der Zahl der erkennbaren Multimere und der elektrophoretischen Wanderungsgeschwindigkeit als dem SDS überlegen.

Innerhalb der Gruppe der Sulfobernsteinsäurealkylester waren die C_{12}- und C_{14}-Verbindungen geeignet zum Nachweis der Multimere des vWF. Vergleichbar den Alkylsulfaten war mit kürzerkettigen Derivaten keine Darstellung der vWF-Multimere erzielbar, längerkettige waren in den geforderten Konzentrationen unlöslich.

Mit den beiden getesteten Sulfofettsäureestern waren vWF-Multimere nachweisbar.

Auf Basis dieser Befunde haben wir die weitere Brauchbarkeit von Dodezylbenzolsulfonat hinsichtlich der Diagnostik des M. von Willebrand-Jürgens und der Untersuchung von F. VIII-Konzentraten bezüglich ihrer Multimerverteilung studiert.

Abb. 1 zeigt zusammenfassend die Ergebnisse aus Normalplasma, Plasmen von an M. von Willebrand-Jürgens leidenden Patienten sowie einem Faktor VIII-Konzentrat. Abb. 2 zeigt die Multimerverteilung weiterer ausgewählter Faktor VIII-Konzentrate.

Diskussion

In früheren Arbeiten wurde nachgewiesen, daß es sich beim vWF um ein Glykoprotein handelt, das auf der Basis einer uniformen Subunit eine multimere Struktur aufweist [2, 9]. Beim M. von Willebrand-Jürgens handelt es sich um eine hereditäre hämorrhagische Diathese, bei der in Abhängigkeit von der vorliegenden Subklasse eine quantitative oder qualitative Veränderung des Multimermusters vorliegt.

Eine bewährte Methode zur Multimeranalyse ist die SDS-Agarosegel-Elektrophorese mit anschließendem autoradiographischem Nachweis der Multimere [2, 3, 4, 10, 11].

In neueren Arbeiten wird der Nachweis der Multimere durch enzymmarkierte Antikörper nach Elektroelution auf eine Trägermembran, zumeist Nitrocellulose, beschrieben [5, 8].

Als Elektroelutionsverfahren findet in der Regel das Tank Blotting Anwendung, das jedoch zeitaufwendig ist und einen hohen Pufferverbrauch sowie die Notwendigkeit zusätzlicher Kühlung bedingt.

Um diese Nachteile zu vermeiden haben wir versucht ein semi dry-blot Verfahren unter Verwendung kommerziell erhältlicher Elektroden zu adaptieren [15]. Unter Verwendung von SDS als Tensid gelang es dabei jedoch nur ungenügend, die Multimere der höchsten Molekulargewichtsklassen zu eluieren, ein Effekt der bereits von anderen Autoren beschrieben wurde [6].

Wir haben daher versucht durch Modifikation des anionischen Tensids eine Verbesserung der Trennung herbeizuführen.

Hierzu haben wir 6 aus homologen Verbindungen aufgebaute Hauptgruppen von Tensiden untersucht, deren Charakteristika in Tabelle 1 dargestellt sind.

In der Gruppe der Alkylsulfate, Alkylpolyglykolethersulfate, Sulfobernsteinsäurealkylester und Sulfofettsäureester wurde jeweils die C-Kettenlänge der hydrophoben Alkylgruppe verändert, bei den Nonylarylpolyglykolethersulfaten wurde unter Beibehaltung der Alkylgruppe der Ethoxylierungsgrad modifiziert.

Veränderungen der hydrophoben oder hydrophilen Gruppen innerhalb eines Tensids nehmen Einfluß auf den HLB-Wert. Hierbei handelt es sich um ein numerisches Maß, welches das Verhältnis zwischen hydrophilen und lipophilen

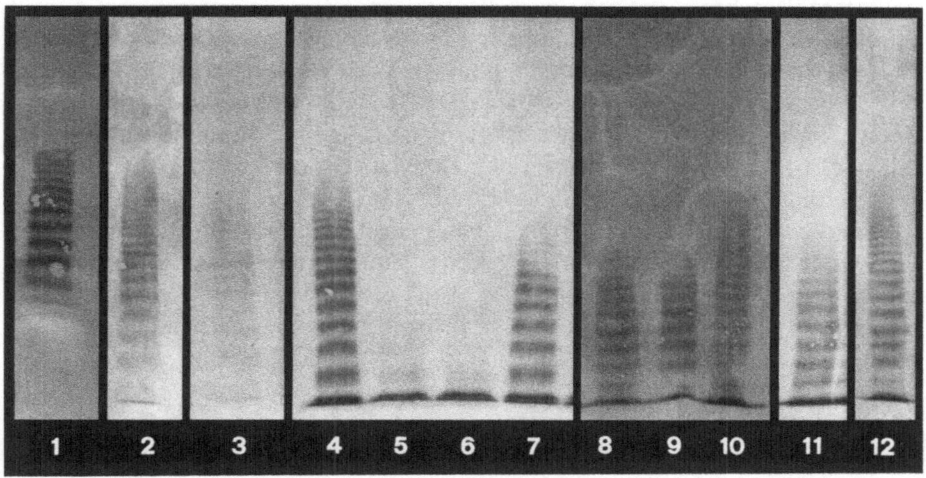

Abb. 1. Vergleichende Darstellung der Auftrennung der vWF-Multimere mit SDS und SDBS als Tensid. Laufrichtung von oben nach unten. Spur 1: Normalplasma (SDS); Spur 2: Normalplasma (SDBS); Spur 3: Typ I vWD (SDBS); Spur 4: Normalplasma (SDBS); Spuren 5 und 6: Typ IIa vWD (SDBS); Spur 7: Typ IIa vWD nach Substitution mit F. VIII-Konzentrat. Spuren 8, 9: Typ IIb vWD (SDBS); Spur 10: Normalplasma (SDBS); Spur 11: F VIII-Konzentrat (SDBS); Spur 12: Normalplasma (SDBS)

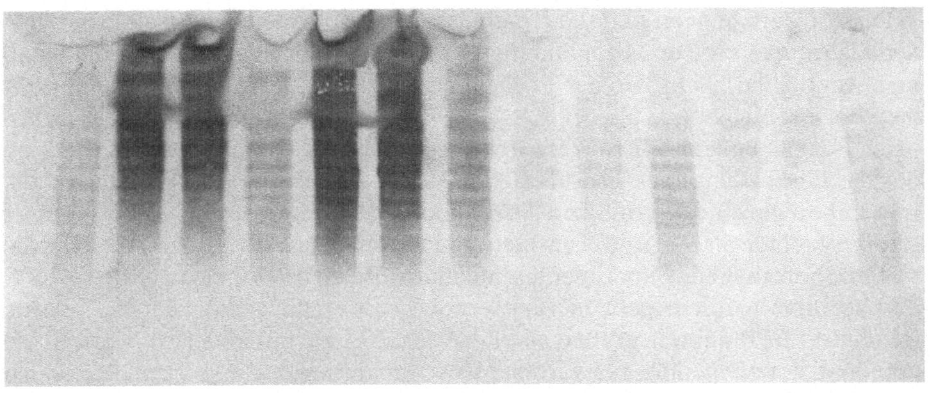

Abb. 2. vWF-Multimeranalyse aus Faktor VIII-Konzentraten (Tensid SDBS, Laufrichtung von oben nach unten). Spuren 1, 4, 7, 10, 13: Normalplasma; Spuren 2, 3 und 5, 6: Zwei durch Einsatz monoklonaler Antikörper gereinigte F. VIII-Konzentrate, Chargen-Nr.: 2935 R-021 AA und 2935 R-028 AA; Spuren 8, 9 und 11, 12: Zwei klassische F VIII-Konzentrate Chargen-Nr.: 64 G 005 und 64 H 005

Gruppen innerhalb eines Tensids beschreibt. Höhere HLB-Werte entsprechen vermehrter Hydrophilie, niedrigere HLB-Werte ausgeprägter Lipophilie.

In der Praxis werden definierten funktionellen Gruppen innerhalb des tensidischen Moleküls Gruppenzahlen zugeordnet, die in folgende Formel Eingang finden:

$$\text{HLB} = 7 + \sum \text{hydrophile Gruppenzahlen} - \sum \text{lipophile Gruppenzahlen}\ [1]$$

Unsere Ergebnisse zeigen, daß die Effektivität eines anionischen Tensids hinsichtlich seiner Trennleistung für vWF-Multimere vom HLB-Wert abhängig ist. Innerhalb einer Gruppe von homologen Verbindungen erbringt das Tensid mit dem niedrigsten HLB-Wert die beste Trennleistung. Dies ist unabhängig davon, ob die Veränderung des HLB-Wertes durch Modifikation der hydrophoben Alkylgruppe oder wie bei den Nonylarylpolyglykolethersulfaten durch verschiedene Ethoxylierungsgrade herbeigeführt werden.

Aus den in Tabelle 1 gezeigten Daten geht hervor, daß die Zahl von nachweisbaren Multimeren (M) in Beziehung zum HLB-Wert steht. Tenside mit niedrigeren HLB-Werten erbringen bessere Trennleistungen. Tenside mit sehr hohen HLB-Werten, die in wäßriger Phase sehr gut löslich sind, eignen sich nicht zur Darstellung der vWF-Multimere. Eine Korrelation zwischen dem HLB-Wert und der elektrophoretischen Wanderungsgeschwindigkeit (R) konnte nicht nachgewiesen werden.

Der Grund für die Abhängigkeit der Trennleistung vom HLB-Wert könnte im Mechanismus der Komplexbildung zwischen Proteinen und Tensiden zu suchen sein. In früheren Arbeiten wurde nachgewiesen, daß ein Tensid hierbei als bifunktionelles Agens anzusehen ist [7]. Zunächst wird durch polare Interaktionen eine Annäherung zwischen der anionischen Kopfgruppe des Tensids und polaren Anteilen innerhalb des Proteinmoleküls herbeigeführt. Erst in zweiter Linie interagieren lipophile Tensid- und Proteinbestandteile, die polare Tensidgruppe wird frei und zeigt in der sich bildenden Mizelle nach außen.

Diese Überlegungen und die Ergebnisse unserer Untersuchungen lassen den Schluß zu, daß ein zur Mizellbildung besonders geeignetes Tensid durch maximale Lipophilie bei erhaltener Löslichkeit charakterisiert sein muß. Dies wirft insofern Probleme auf, als der KRAFFT-Punkt (T_K) in umgekehrt proportionaler Beziehung zum HLB-Wert steht. T_K ist als die Temperatur definiert, ab der die Löslichkeit eines Tensids steil ansteigt. Bei dieser Temperatur wird die Löslichkeit gleich der kritischen Mizellbildungskonzentration C_M. Bei Temperaturen kleiner als T_K sind Tenside nur in geringem Maß löslich [16]. Da die elektrophoretischen Experimente bei einer Betriebstemperatur von +12 °C durchgeführt wurden, geht hieraus hervor, daß es nicht möglich ist, Tenside mit KRAFFT-Punkten größer als T_K = +12 °C zu untersuchen, obwohl sie potentiell gute Ergebnisse erwarten lassen. Im vorliegenden Fall handelt es sich um die in Tabelle 1 als unlöslich (L = –) bezeichneten Verbindungen.

Von den untersuchten Tensiden zeichnet sich das Natriumsalz des Dodezylbenzolsulfonats (SDBS) (Abb. 3) durch einen sehr niedrigen KRAFFT-Punkt bei gleichzeitig kleinem HLB-Wert aus. Bei höherer Wanderungsgeschwindigkeit als SDS gestattet es in der beschriebenen experimentellen Anordnung den Nachweis von 17–18 Multimeren in Normalplasma.

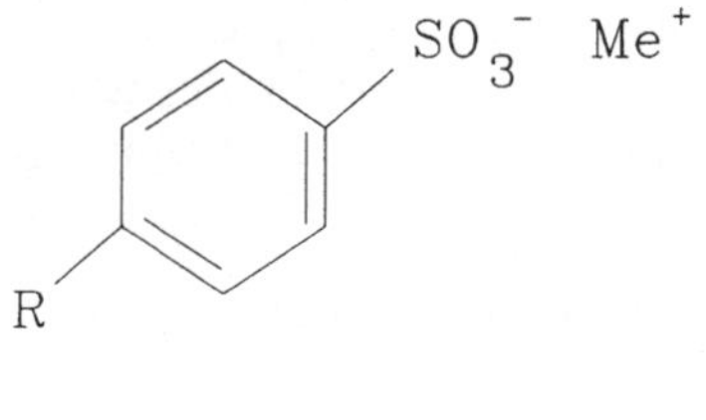

Abb. 3. Strukturformel von Alkylarylsulfonat (Me^+ = Gegenion, im vorliegenden Fall Natrium, R = Alkylrest, bei Dodecylbenzolsulfonat $C_{12}H_{25}$)

Tabelle 1. Vergleichende Darstellung der physikalisch-chemischen Eigenschaften der untersuchten Tenside und ihres Verhaltens bei der elektrophoretischen Auftrennung der vWF-Multimere (EO = Ethoxylierungsgrad, T_K = KRAFFT-Punkt, C_M = kritische Mizellbildungskonzentration, L = Löslichkeit unter den beschriebenen experimentellen Bedingungen, S = Trennung der vWF-Multimere, R = Relative elektrophoretische Mobilität bezogen auf SDS, M = Zahl der visuell erkennbaren Multimere, HLB = hydrophilic/lipophilic balance)

	EO	T_K	C_M	L	S	R	M	HLB
Alkylsulfate	[n]	[°C]	[mmol/l]					
Oktylsulfat	0	–	–	+	–	–	–	43,20
i-Oktylsulfat	0	–	–	+	–	–	–	43,20
Dezylsulfat	0	–	>30	+	–	–	–	42,25
Dodezylsulfat	0	8	9,5	+	+	1	14	41,30
Tetradezylsulfat	0	20,5	1,85	–	?	?	?	40,35
Hexadezylsulfat	0	31,0	0,38	–	?	?	?	39,40
Hexa/Oktadezylsulfat	0	40,5	0,15	–	?	?	?	38,92
Alkylpolyglykolethersulfate (APES)								
Oktyl/Dezyl APES	2,9	–	–	+	+	0,85	2	43,68
Dezyl APES	2,9	–	–	+	+	0,92	13	43,20
Dodezyl/Tetradezyl APES	2,0	–	–	+	+	0,92	13	41,48
Dodezyl/Tetradezyl APES	3,5	–	–	+	+	0,63	13	41,97
Hexadezyl/Oktadezyl APES	2,0	–	–	–	?	?	?	39,58
Nonylarylpolyglykolethersulfate								
Disponil AES 13	4	–	0,26	+	+	0,75	14	41,19
Disponil AES 60	10	–	0,90	+	–	–	–	43,17
Disponil AES 72	25–30	–	–	+	–	–	–	49,77
Alkylarylsulfonate								
Dodezylbenzolsulfonat	0	<0	1,83	+	+	1,13	17	37,15
Sulfobernsteinsäurealkylester (SBS Alkyl Ester)								
SBS Oktylester	0	–	–	+	–	–	–	64,15
SBS Dezylester	0	–	–	+	–	–	–	63,25
SBS Dodezylester	0	–	–	+	+	0,77	13	62,25
SBS Tetradezylester	0	–	–	+	+	0,97	14	61,30
SBS Hexa/Oktadezylester	0	–	–	–	?	?	?	59,87
Sulfofettsäureester								
Sulfo $C_{12/18}$Fettsäureester	0	–	–	+	+	0,8	10	40,87
Sulfo $C_{16/18}$Fettsäureester	0	–	–	+	+	0,97	12	40,02

Unter Einsatz von SDBS als Tensid konnten wir von Willebrand-Jürgens-Erkrankungen typisieren (Abb. 1) und Untersuchungen an F. VIII-Konzentraten hinsichtlich ihrer Eignung zur Therapie eines M. von Willebrand-Jürgens (Abb. 2) durchführen. Weitere Untersuchungen innerhalb der Gruppe der Alkylbenzolsulfonate werden zeigen, inwieweit durch Modifikationen des Moleküls (C-Kettenlänge, Isomere in Reinstdarstellung) oder Veränderungen des Gegenions eine weitere Optimierung erzielbar ist [13, 14].

Literatur

1. Rieger MM (1986) Surfactant update. Cosmetics & Toiletries 101:23–36
2. Hoyer LW, Shainoff JR (1980) Factor VIII-related protein circulates in normal human plasma as high molecular weight multimers. Blood 55:1056–1059
3. Meyer D, Obert B, Pietu G, Lavergne JM, Zimmermann TS (1980) Multimeric structure of factor VIII/v. Willebrand factor in von Willebrand's disease. J Lab Clin Med 95:590–602
4. Ruggeri ZM, Zimmermann TS (1980) Variant von Willebrand's disease. Characterization of two subtypes by analysis of multimeric composition of Factor VIII/von Willebrand factor in plasma and platelets. J Clin Invest 65:1318–1325
5. Bukh A, Ingerslev J, Stenbjerg S, Hundahl Moller NP (1986) The multimeric structure of plasma F VIII: RAg studied by electroelution and immunoperoxidase detection. Thromb Res 43:579–584
6. Dalton RG, Lasham A, Savidge GF (1988) A new rapid semi dry blotting technique for multimeric sizing of von Willebrand factor. Thromb Res 50:345–349
7. Schwuger MJ (1977) Komplexbildung zwischen Aniontensiden und Eialbumin in Wasser. Kolloid - Z.u.Z. Polymere 246:626–635
8. Zaleski A, Henriksen RA (1986) Visualization of the multimeric structure of von Willebrand factor using a peroxidaseconjugated second antibody. J Lab Clin Med 107:172–175
9. Ruggeri ZM, Zimmermann TS (1981) The complex multimeric composition of factor VIII/von Willebrand Factor. Blood 57:1140–1143
10. Kinoshita S, Harrison J, Lazerson J, Abildgaard CF (1984) A new variant of dominant type II von Willebrand's disease with aberrant multimeric pattern of factor VIII-related antigen (Type II D). Blood 63:1369–1371
11. Ciavarella G, Ciavarella N, Antoncecchi S, De Mattia D, Ranieri P, Dent J, Zimmermann TS, Ruggeri ZM (1985) High resolution analysis of von Willebrand factor multimeric composition defines a new variant of type I von Willebrand's disease with aberrant structure but presence of all size multimers (type I C). Blood 66:1423–1429
12. Berntorp E, Nilsson JM (1988) Biochemical and in vivo properties of commercial virus-inactivated factor VIII concentrates. Eur J Haematol 40:205–214
13. Schwuger MJ (1969) Einfluß von Gegenionen auf die Krafft-Punkte und die Adsorption von n-Tetradecylsulfaten. Kolloid - Z.u.Z. Polymere 233:979–985
14. Wüst W (1989) Persönliche Mitteilung
15. Wüst T, Beeser HA (1990) A modified semi dry blotting technique for detecting the multimeric structure of von Willebrand-factor. Abstracts of the 6th Congress of the GTH. Blut 60:140
16. Lange H, Schwuger MJ (1967) Mizellbildung und Krafft-Punkte in der homologen Reihe der Natrium-n-alkyl-sulfate einschließlich der ungeradzahligen Glieder. Kolloid-Z.u.Z. Polymere 223:145–149
17. Beeser H, Wüst T (1990) Charakteristik der neuen Generation ultrahoch-gereinigter F VIII-Konzentrate. 20. Hämophilie-Symposium Hamburg 1989, Springer-Verlag, Berlin, Heidelberg, 284–289

Diskussion

GÜRTLER (München):

Wenn Sie von einer Mizellenbildung ausgehen, dann ist das nicht richtig. Mit SDS erhalten Sie keine Mizellen, sondern einen Proteinstrang. Das Schema, das Sie gezeigt haben, geht also dreidimensional. Daher haben Sie, wie im letzten Dia gezeigt, auch einzelne Proteinbanden erhalten.

WÜST (Freiburg):

Die Darstellung, die ich gewählt habe, ist in dieser Hinsicht zugegebenermaßen nicht ganz korrekt. Wir gehen aber davon aus, daß das Alkylbenzolsulfonat hier einen ähnlichen Effekt hat wie das SDS, wobei die Darstellung eines linearen Strangs unter komplettem Verlust der Tertiärstruktur letztlich ja auch eine Form der Mizellierung darstellt.

Diagnose der Vererbung des Typ IIb von Willebrand-Defekts mit Hilfe der Polymerase-Kettenreaktion

Ch. Mannhalter, P. A. Kyrle, B. Brenner, K. Lechner (Wien)

Das von Willebrand-Syndrom (vWS) ist eine sehr heterogene Hämostasestörung, die durch einen qualitativen und/oder quantitativen Defekt des von Willebrand-Moleküls verursacht wird [1, 2]. In der überwiegenden Mehrheit der Fälle wird die Krankheit autosomal dominant vererbt. Die Diagnose des vWS auf der Basis von phänotypischen Daten ist oftmals schwierig, da die Konzentrationen des vWF und des Gerinnungsfaktor VIII beträchtlich schwanken und durch verschiedene Stimuli, wie z. B. Streß oder Schwangerschaft, ansteigen können. Ein weiteres diagnostisches Handicap ist die signifikante phänotypische Heterogenität obligater heterozygoter Träger eines schweren vWS wie Mannucci et al. kürzlich nachwiesen [3]. Daher hat man in vielen vW-Familien eine genotypische Diagnose mit Hilfe von „Gen-Tracking" mit Restriktionsenzymlängenpolymorphismus Analyse (RFLP) versucht. In verschiedenen Studien wurde eindeutig die Brauchbarkeit der Methode demonstriert [4, 5]. Vor kurzem publizierten Peake et al. [6, 7] eine hoch informative sogenannte VNTR (variable number tandem repeat)-Region im Intron 40 des vW-Gens, welche mit Hilfe der Polymerase Kettenreaktion (PCR) amplifiziert werden kann. Kurz gesagt werden bei diesem Verfahren 150–200 µl Zitratblut zehn Minuten aufgekocht und anschließend 10 Minuten bei 12000 rpm zentrifugiert. Der Überstand wird gesammelt; 1:10 mit aqua bidest verdünnt und 2–3 µl davon werden einer PCR-Amplifikation unterworfen, wobei die Bedingungen und die vWF-VNTR-Primer verwendet werden, die von Peake et al. beschrieben worden sind. Das amplifizierte Produkt wird auf einem 8% Polyacrylamid-Gel elektrophoretisch getrennt und die Banden werden durch Ethidiumbromid-Anfärbung sichtbar gemacht.

In der folgenden Darstellung soll die Anwendbarkeit dieser Technik für die genotypische Analyse in einer Familie mit Typ IIB vWS vorgestellt werden. Die Familie wurde im Detail in einer früheren Publikation vorgestellt [8].

Vier Familienmitglieder (Stammbaum Abb. 1) sind von der Erkrankung betroffen, charakterisiert durch abnormale Multimerenstruktur, erhöhte Plättchenaggregation in Gegenwart von Ristocetin und ein normales vWF-Antigen.

Wir konnten zeigen, daß das defekte vW-Gen in dieser vWS-Typ IIB-Familie mit dem vWF-VNTR8-Allel segregierte, wie in Abb. 2 dargestellt. Proband 5, ein zweijähriger Bub, hatte bereits extensive Schleimhautblutungen nach oralem Trauma. Er ist homozygot für den vWF-VNTR8-Marker. Seine Plasma-Ristocetin-Cofaktor-Aktivität lag unter 0,1 U/ml. Diese Ergebnisse zeigten eindeutig, daß der Bub das mutante väterliche vWF-Allel (vWF-

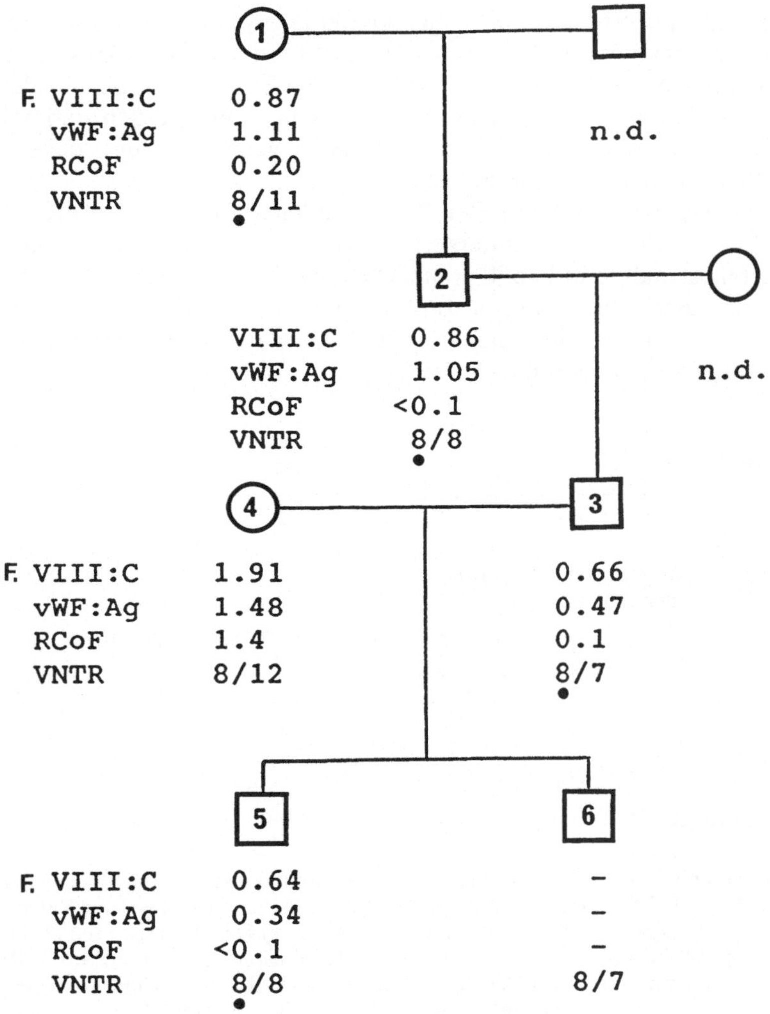

1 — □

	1	□
F. VIII:C	0.87	n.d.
vWF:Ag	1.11	
RCoF	0.20	
VNTR	8/11 •	

2 — ○

	2	○
VIII:C	0.86	n.d.
vWF:Ag	1.05	
RCoF	<0.1	
VNTR	8/8 •	

4 — 3

	4	3
F. VIII:C	1.91	0.66
vWF:Ag	1.48	0.47
RCoF	1.4	0.1
VNTR	8/12	8/7 •

5 6

	5	6
F. VIII:C	0.64	-
vWF:Ag	0.34	-
RCoF	<0.1	-
VNTR	8/8 •	8/7

Abb. 1

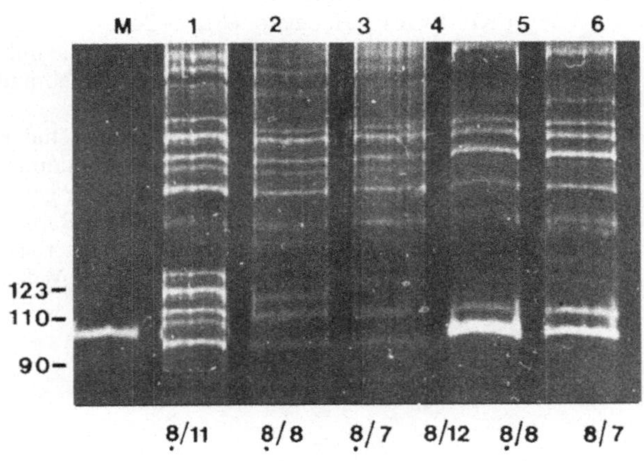

Abb. 2

VNTR8) geerbt hat. Der neugeborene Bub sollte nun von uns auf Wunsch der Eltern diagnostiziert werden, da die Eltern im Falle eines Notfalls Bescheid wissen und vorbereitet sein wollten. Die PCR-Amplifikation der Leukozyten DNA konnte aus nur 100 μl Blut durchgeführt werden und zeigte, daß das Baby das väterliche vWF-VNTR7-Allel geerbt hat und daher mit höchster Wahrscheinlichkeit gesund ist.

Diese neue Methode der PCR-Amplifikation einer VNTR-Region im vW-Gen ist, wie unsere Untersuchungen zeigten, äußerst vorteilhaft für die Vererbungsanalyse in Familien mit vWS, da sie wie in Tabelle 1 zusammengefaßt, sehr rasch aus kleinsten Blutmengen durchführbar ist. Voraussetzung der Anwendbarkeit zur Diagnose ist jedoch, daß die entsprechenden Familienanalysen durchgeführt wurden.

Tabelle 1

Mit der vWF-VNTR kann
a) rasch
b) aus sehr geringer Menge Blut
c) mit hoher Informativität

die Vererbung des vWS Typ I, IIA, IIB und III nachgewiesen werden.

Voraussetzung: Familienuntersuchung

Literatur

1. Holmberg L, Nilsson IM (1985) Von Willebrand disease. Clin Haematol 14:461–488
2. Ruggeri ZM (1987) Classification of von Willebrand's disease. In: Verstraete M, Vermylen J, Lijnen R, Arnout J (eds) Thrombosis and Haemostasis. Proc of the XIth Congress of Thrombosis and Haemostasis. Brussels, Belgium, Leuven University Press, p 416–445
3. Mannucci PM, Lattuada A, Castaman G et al (1987) Heterogeneous phenotypes of platelet and plasma von Willebrand factor in obligatory heterozygotes for severe von Willebrand disease. Blood 74:2433–2436
4. Bernardi F, Guerra S, Patracchini P et al (1988) Von Willebrands disease investigated by two novel RFLPs. Br J Haematol 68:243–248
5. Verweij CL, Quadt R, Briet E et al (1988) Genetic linkage of the two intragenic restriction fragment length polimorphisms with von Willebrands disease type IIA. J Clin Invest 81:1116–1121
6. Peake IR, Bowen D, Bignell P et al (1990) Family studies and prenatal diagnosis in severe von Willebrand disease by polymerase chain reaction amplification of a variable number tandem repeat region of the von Willebrand factor gene. Blood 76:555–561
7. Bignell P, Standen GR, Bowen DJ et al (1990) Rapid neonatal diagnosis of von Willebrand's disease by use of the polymerase chain reaction. Lancet 336:638–639
8. Kyrle PA, Niessner H, Dent J et al (1988) IIB von Willebrand's disease: pathogenetic and therapeutic studies. Br J Haematol 69:55–59

Diskussion

WENZEL (Homburg):

Wir wissen ja, daß das von Willebrand-Syndrom im Gegensatz zur Hämophilie mit unterschiedlichem Schweregrad innerhalb einer Familie vererbt wird. Kann man das auch aus den genetischen Untersuchungen ableiten?

FRAU MANNHALTER (Wien):

Ich bin auf den Stammbaum nur kurz eingegangen. Wir haben bei dieser Familie gesehen, daß die Ristocetin-Cofaktor-Aktivität nicht bei allen Personen gleich war. Aber ich glaube, daß diese sowieso ihre Schwankungen hat. Die genotypische Vererbung ist jedoch konstant.

Thrombozytenfunktion im Vollblut und im PRP bei der Thrombasthenie Glanzmann

M. Orth, A. H. Sutor (Freiburg)

Einleitung

Patienten mit der Thrombasthenie Glanzmann sind gefährdet durch nicht vorhersehbare Blutungen. Diese Blutungen korrelieren nicht mit dem Ausmaß der bekannten Plättchenanomalität (Verminderung der Glycoproteine IIb und IIIa) (George et al. 1990). Ein Defekt anderer Blutzellen ist möglich, aber nicht bekannt. Die Therapie akuter Blutungen besteht in der Thrombozytentransfusion. Erschwert wird diese Therapie durch das Auftreten von Antikörpern nach wiederholten Transfusionen. Untersuchungen der Thrombozytenaggregation im Vollblut sind vor allem in der Pädiatrie von Vorteil, da sie, im Gegensatz zu Untersuchungen im PRP (Born 1962), mit geringen Blutmengen (1,5 ml) auskommen.

Methoden

Die Untersuchungen im Vollblut wurden durchgeführt mit der Impedanzaggregometrie mit dem Chronolog (Chronolog Corp., Haverton, PA, USA). Für die Messung wurden die Proben mit 0,9% NaCl verdünnt. Als Aggreganzien dienten Kollagen (Hormon-Chemie, München), Ristocetin (Lundbeck, Kopenhagen, DK) und ADP (Merck, Darmstadt). Eine normale Aggregation zeigt sich in einer Widerstandszunahme von mehr als 15 Ohm, gemessen 6 min nach Zugabe des Aggreganz (Bandi et al. 1988). Die Thrombozytenaggregation im PRP wurde durchgeführt nach Born (1962). Die Normalwerte liegen über 70% Trübungsabnahme. Die Blutungszeit wurde bestimmt mit der Presicette (Knoll, Umkirch bei Freiburg). Der Normalwert liegt unter 6 min.

Patienten

Der 7jährige Junge hat seit der Geburt mehrfach schwerste Blutungen geboten. Die im Alter von 7 Jahren mehrfach aufgetretenen Tonsillenblutungen konnten mit der alleinigen Gabe von Erythrozytenkonzentrat (ohne Gabe von Thrombozytenkonzentrat) zum Stillstand gebracht werden. Seine Eltern klagen nicht über Blutungssymptome.

Das 12jährige Mädchen zeigte seit der Säuglingszeit schwere Blutungsepisoden. Im Alter von 11 Jahren machte eine Tonsillenblutung auswärts eine Therapie mit Cryopräzipitat und Thrombozytentransfusionen notwendig. Ihre Angehörigen zeigen keine Symptome eines Blutungsübels.

Bei beiden Patienten ist die Gerinnselretraktion vermindert.

Befunde

Die Blutungszeit beim Jungen liegt über 15 min. Im Vollblut fehlt die Aggregation mit ADP und Kollagen. Mit Ristocetin kommt es zu einem ständigen Wechsel von Aggregation und Desaggregation, erkennbar an der Zick-Zack-Kurve (Abb. 1a). Im PRP kommt es nach Zugabe von ADP und Kollagen zu einer Trübungszunahme. Mit Ristocetin kommt es zu einer zunächst normalen Aggregation, gefolgt von einer vollständigen Desaggregation (Abb. 2a). Durch DDAVP (0,4 μg/kg KG) kommt es im Vollblut zu keiner wesentlichen Veränderung der Thrombozytenaggregation (Abb. 1b). Hingegen normalisiert sich die Ristocetinaggregation im PRP durch DDAVP (Abb. 2b). Nach 4 h ist die Desaggregation mit Ristocetin im PRP wieder nachweisbar.

Beim Mädchen zeigt sich ein nahezu identischer Befund. Im Gegensatz zum Jungen führte DDAVP bei der Ristocetinaggregation im PRP nur zu einer Aggregation von 64 %, die Desaggregation verschwindet aber auch bei ihr.

Elternuntersuchungen

Bei der Mutter des Jungen besteht eine unauffällige ADP-, Kollagen- und Ristocetin-Aggregation in Vollblut und PRP. Sein Vater zeigt bei normaler Blutungszeit eine unauffällige Ristocetin-Aggregation im Vollblut. Die ADP-Aggregation fehlt und die Kollagen-Aggregation ist stark vermindert.

Die Mutter des Mädchens zeigt bei normaler Kollagen- und Ristocetin-Aggregation eine leicht verminderte ADP-Aggregation im PRP. Der Vater besitzt im PRP eine leicht verminderte Kollagen-Aggregation bei normaler ADP- und Ristocetin-Aggregation.

Diskussion

Wir fanden bei 2 nicht miteinander verwandten Patienten mit der Thrombasthenie Glanzmann zusätzlich zu dem bekannten Fehlen der ADP und Kollagen Aggregation auch Störungen der Ristocetin-Aggregation. Im Vollblut zeigt sich diese Störung in einer unruhigen Aggregationskurve (Zick-Zack) als Zeichen einer ständigen Aggregation und Desaggregation. Im PRP hingegen kommt es zunächst zu einer normalen Aggregation, gefolgt von einer vollständigen Desaggregation. Diese Befunde stehen im Widerspruch zur Literatur, die von einer unauffälligen Ristocetinaggregation ausgeht (Riess et al. 1985; Burgess-Wilson et al. 1987; George et al. 1990).

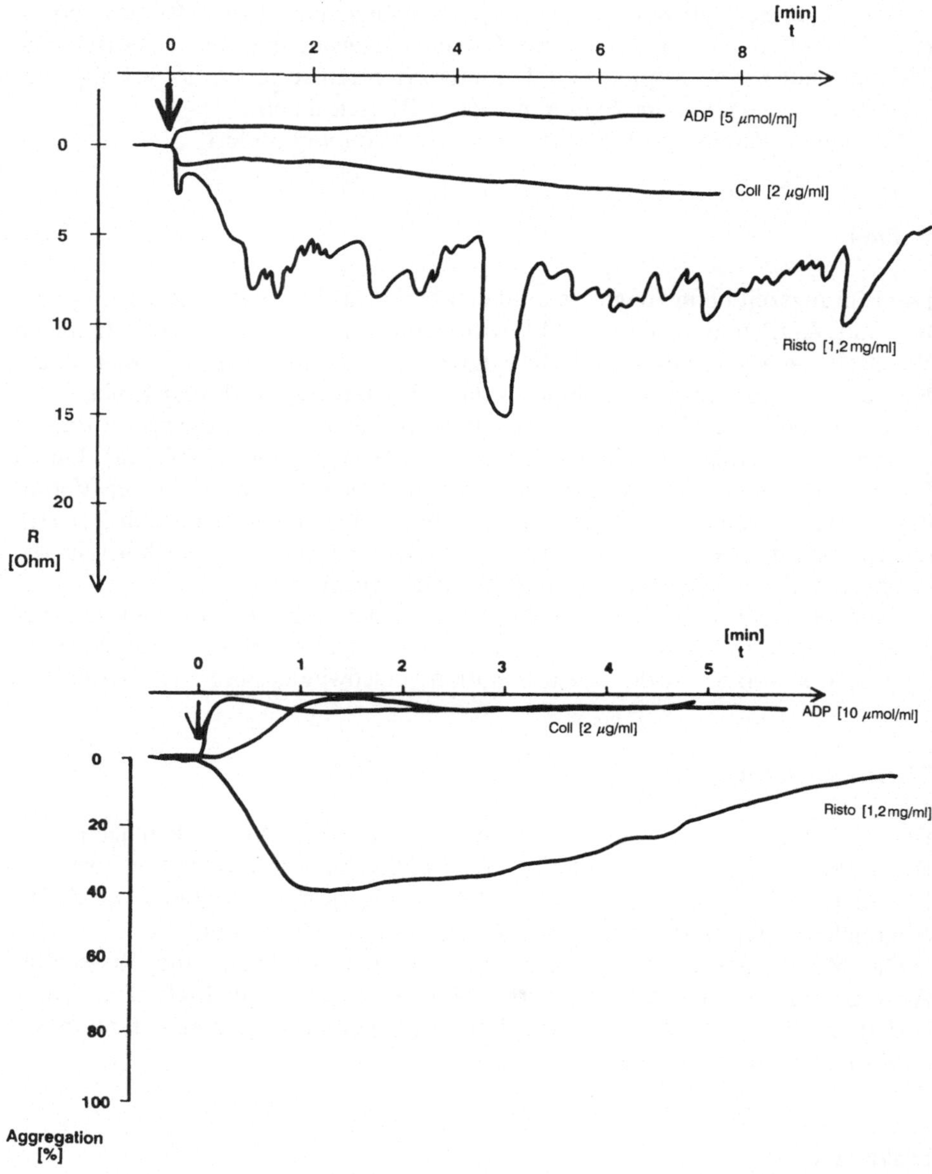

Abb. 1. 7jähriger Junge, vor DDAVP, *a)* Thrombozytenaggregation im Vollblut; *b)* Thrombozytenaggregation im PRP

DDAVP führt zu einer Korrektur der Ristocetinaggregation im PRP, nicht aber im Vollblut. Die Blutungszeit wird durch DDAVP nicht normalisiert, als Therapeutikum akuter Blutungen scheint DDAVP nicht geeignet.

Bei Heterozygoten fanden wir Störungen der Thrombozytenaggregation in unterschiedlicher Ausprägung. Diese Ergebnisse stehen im Einklang mit der

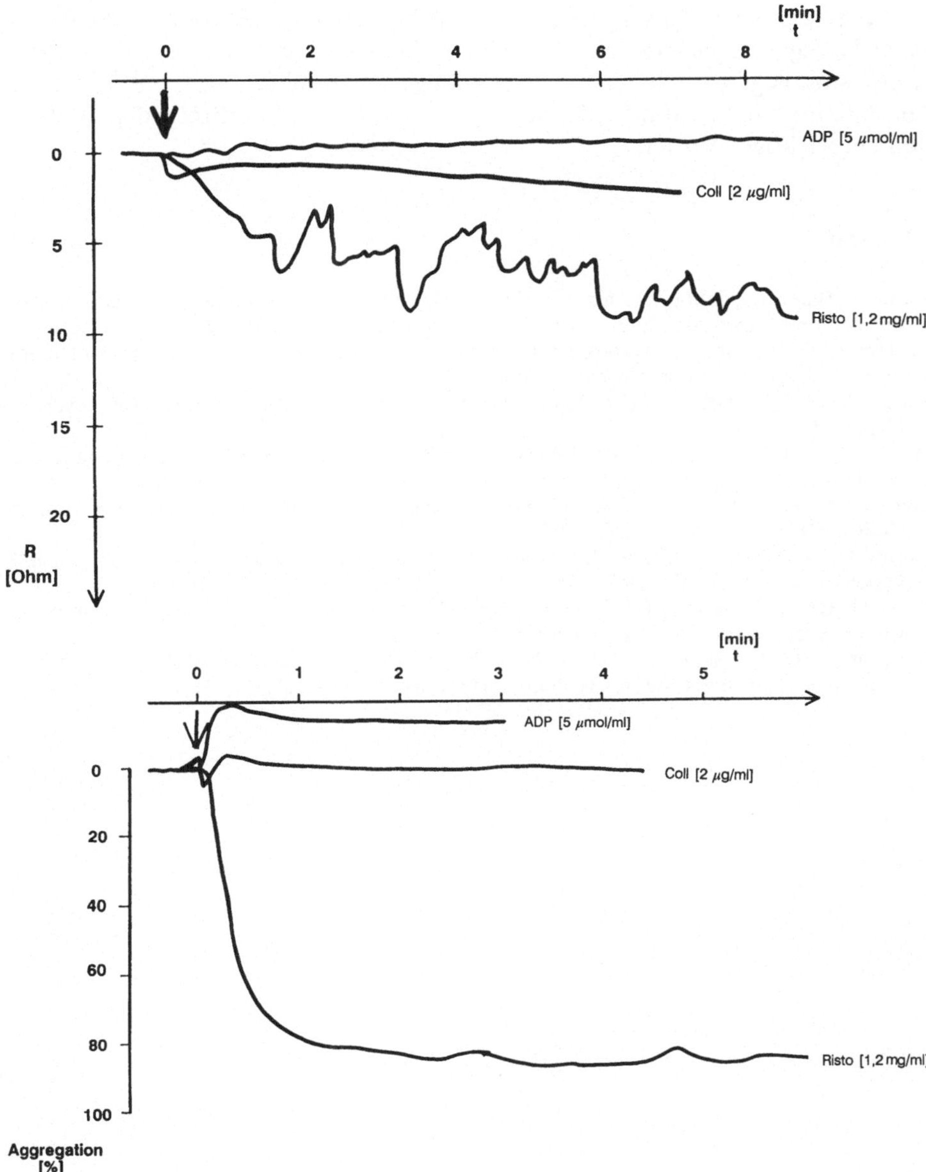

Abb. 2. 7jähriger Junge, 30 min nach DDAVP, *a)* Thrombozytenaggregation im Vollblut; *b)* Thrombozytenaggregation im PRP

Untersuchung von STORMORKEN et al. (1982), die bei Heterozygoten eine vermehrte Blutungstendez beobachteten.

Die teilweise unterschiedlichen Befunde in PRP und Vollblut können durch eine Beteiligung der Erythrozyten an der Hämostase (LÜTHJE 1989) erklärt werden.

Die erfolgreiche Blutungsstillung mit Erythrozytentransfusionen zeigt eine neue Therapiemöglichkeit auf. Der Unterschied gegenüber der Thrombozytentransfusion liegt vor allem in der viel geringeren Sensibilisierungsrate. Dies ist bei Patienten mit Thrombasthenie wegen der häufig oft auftretenden Blutungen ein wichtiger Vorteil.

Literatur

Bandi E, Baden W, Jakob E, Zieger B, Sutor AH, Künzer W (1988) Plättchenfunktionsteste mit der Impedanzaggregometrie aus Zitratvollblut bei Kindern. In: Landbeck G, Marx R (Hrsg) 18. Hämophilie-Symposium Hamburg 1987. Springer Verlag, Berlin Heidelberg New York London Paris Tokyo, 281–289

Born GVR (1962) Aggregation of blood platelets by adenosine diphosphate and its reversal. Nature 194:927–929

Burgess-Wilson ME, Cockbill SR, Johnston GI, Heptinstall S (1987) Platelet aggregation in whole blood from patients with Glanzmann's thrombasthenia. Blood 69:38–42

George JN, Caen JP, Nurden AT (1990) Glanzmann's Thrombasthenia: The spectrum of clinical disease. Blood 85:1383–1395

Lüthje J (1989) Extracellular adenine compounds, red blood cells and hemostasis: facts and hypothesis. Blut 59:367–374

Riess H, Braun G, Brehm G, Hiller E (1986) Critical evaluation of platelet aggregation in whole human blood. Am J Clin Pathol 85:50–56

Stormorken H, Gogstad GO, Solum NO, Pande H (1982) Diagnosis of heterozygotes in Glanzmann's thrombasthenia. Thromb Haemostas 48:217–221

Diskussion

HERRMANN (Greifswald):

Ich habe eine Frage zur Klassifizierung der Thrombasthenie. Welche Typen der Thrombasthenie liegen hier vor?

ORTH (Freiburg):

Bei beiden Patienten fehlte die Gerinnselretraktion, also ist es ein Typ 1 nach CAEN.

HERRMANN (Greifswald):

Haben Sie auch biochemische Proteinuntersuchungen der Glykoproteine gemacht?

ORTH (Freiburg):

Glykoproteinbestimmungen wurden noch nicht durchgeführt.

HERRMANN (Greifswald):

Das wäre wichtig, weil wir doch ganz verschiedene Untertypen haben, besonders dann, wenn wir auch die Heterozygoten untersuchen.

DEUTSCH (Wien):

Waren das Erythrozytenpräparate oder Vollblut?

ORTH (Freiburg):

Das waren Erythrozytenkonzentrate.

SUTOR (Freiburg):

Wir haben Erythrozytenkonzentrate verwendet, weil der Patient anämisch war, und wollten die Therapie der Wahl, nämlich Thrombozytenkonzentrate, vorenthalten, um Sensibilisierungen zu vermeiden und bei schwerwiegenderen Blutungsereignissen etwas Wirksames zur Verfügung zu haben. Zu unserer Überraschung haben die Erythrozytenkonzentrate reproduzierbar die Blutstillung bewirkt.

BEESER (Freiburg):

Man muß natürlich sagen, ein Erythrozytenkonzentrat ist keine reine Erythrozytenpräparation, sondern enthält noch eine Reihe von weißen Blutzellen. Sie haben gesagt, daß andere Blutzellen enthalten sind. Welche Zellen meinen Sie?

ORTH (Freiburg):

Von den Erythrozyten ist es bekannt, daß sie an der Blutstillung beteiligt sind. Wir vermuten immer noch, daß die Leukozyten auch beteiligt sein können.

Untersuchungen zur Genese der Hämostasestörungen bei orthotoper Lebertransplantation

G. Himmelreich, B. Kierzek, K.-J. Slama, M. Riewald, P. Neuhaus, H. Riess (Berlin)

Einleitung

Die orthotope Lebertransplantation (OLT) ist in den letzten Jahren zur etablierten Methode in der Behandlung infauster Lebererkrankungen geworden [1, 10]. Während der OLTs kommt es in ausgedehntem Maße zu Blutungskomplikationen. Aussagen über die zugrundeliegenden Hämostasestörungen sind für die Prognose der Patienten von großer Bedeutung [1]. Es ist verständlich, daß der Ersatz einer ungenügend arbeitenden Leber das Gerinnungs- und Fibrinolysesystem des Patienten deutlich beeinflußt. Vorbestehende Störungen der Hämostase durch ungenügende Synthese von Gerinnungsfaktoren und Inhibitoren wie auch reduzierte Clearance von Proteasen und ihren Komplexen mit Inhibitoren durch die insuffiziente Patientenleber werden intraoperativ weiter verschlechtert. Trotz vorhergehender Untersuchungen [2, 3, 7, 8] ist noch vieles im Bereich der Hämostasestörungen während OLTs unzureichend geklärt.

Wir untersuchten Parameter der plasmatischen Gerinnung (Fibrinogen, Antithrombin III (AT III), C1-Inhibitor, Thrombin-AT-III (TAT) Komplexe, Fibrinmonomere) und des Fibrinolysesystems (tissue plasminogen activator (t-PA), urokinase plasminogen activator (u-PA), Plasminogen activator inhibitor (PAI), Plasmin-Antiplasmin Komplexe (PAP), D-Dimere) zu 8 Zeitpunkten vor, während und nach 10 konsekutiven OLTs.

Methoden und Ergebnisse

In einer konsekutiven Serie wurden bei 10 Patienten mit Endstadium einer Lebererkrankung (Tabelle 1) im Universitätsklinikum Rudolf Virchow, Berlin, zwischen dem 19. 8. und 23. 11. 1989 Lebertransplantationen unter Standardbedingungen [4, 5] und unter Verwendung eines venovenösen Bypasses durchgeführt. Die OLT läßt sich zeitlich in drei Phasen einteilen. In der präanhepatischen Phase wird die Patientenleber mobilisiert. Die anhepatische Phase beginnt mit dem Verschluß des Blutflusses zur Patientenleber und endet mit Reperfusion der Spenderleber. Blutproben wurden vor Operationsbeginn und nach Narkoseeinleitung (1), 5 Minuten vor (2) und 10 Minuten nach (3) dem Beginn der anhepatischen Phase, 5 Minuten vor (4), 5 Minuten (5), 15 Minuten (6), 60 Minuten (7) und 12 Stunden (8) nach Reperfusion entnommen. Die

Tabelle 1. Diagnosen und Charakteristika der 10 Patienten mit orthotoper Lebertransplantation

Diagnosis	no.	female	male	mean age (years)	age range (years)
Postnecrotic cirrhosis	4	1	3	51	45–64
Alcoholtoxic cirrhosis	4	3	1	48	39–55
Budd-Chiari syndrome	1	1	–	46	–
Secondary biliary cirrhosis (erythrohepatic protoporphyrie)	1	–	1	51	–
total	10	5	5	49	39–64

Blutproben wurden mit Natriumcitrat antikoaguliert. Für die t-PA-Bestimmung wurde das Blut zusätzlich mit Azetatpuffer versetzt. Für die PAI-Bestimmung wurde das Blut mit einer Mischung aus Natriumcitrat, Theophyllin, Adenosin und Dipyridamol antikoaguliert. Plättchenarmes Plasma wurde durch Zentrifugation bei 3000 U/Min für 20 Minuten gewonnen und bei –70 °C eingefroren. Die Signifikanz von Unterschieden wurde mit dem Wilcoxontest geprüft und Werte von $p < 0.5$ als signifikant gewertet.

Die Aktivitäten von AT III (p (4/5) = 0.008) und C1-Inhibitor (p (4/5) = 0.008) (beide: Behring Werke AG, D-Marburg) sowie die Fibrinogenkonzentration (p (4/5) = 0.005) (nach Clauss, Hoffmann-La Roche, CH-Basel) fielen nach Reperfusion signifikant ab (Abb. 1), während die Konzentrationen der Fibrinmonomere (p (4/5) = 0.026) (Boehringer Mannheim, D-Mannheim) und der TAT-Komplexe (p (4/5) = 0.003) (Behring Werke AG, D-Marburg) signifikant anstiegen (Abb. 2). Vor Reperfusion traten bei allen Parametern der plasmatischen Gerinnung keine signifikanten Veränderungen auf.

Die t-PA (p (1/2) = 0.030, p (1/3) = 0.011, p (1/4) = 0.008) (Kabi, S-Stockholm) und u-PA-Aktivitäten (p (1/3) = 0.033, p (1/4) = 0.009) (Biopool, S-Umea) ergaben einen deutlichen Anstieg während der präanhepatischen und anhepatischen Phase mit Maxima am Ende der anhepatischen Phase. Die Abfälle der t-PA (p (4/7) = 0.006) und u-PA-Aktivitäten (p (4/7) = 0.017) erreichten 60 Minuten nach Reperfusion ein Signifikanzniveau (Abb. 3). Die PAI-Aktivität, die keine signifikanten Veränderungen in der präanhepatischen und anhepatischen Phase zeigte, stieg nach Reperfusion an, und die Werte 60 Minuten und 12 Stunden nach Reperfusion lagen deutlich (p (1/7) = 0.008, p (1/8) = 0.014) über den präanhepatischen Werten (Abb. 4). Die PAP-Werte

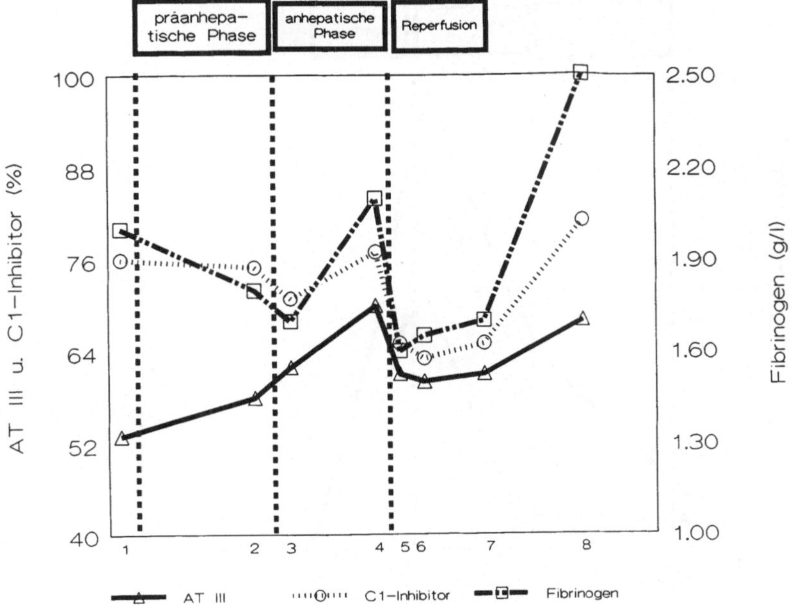

Abb. 1. Medianwerte der Antithrombin III- und C1-Inhibitor-Aktivitäten und des Fibrinogens zu 8 Zeitpunkten vor, während und nach 10 orthotopen Lebertransplantationen

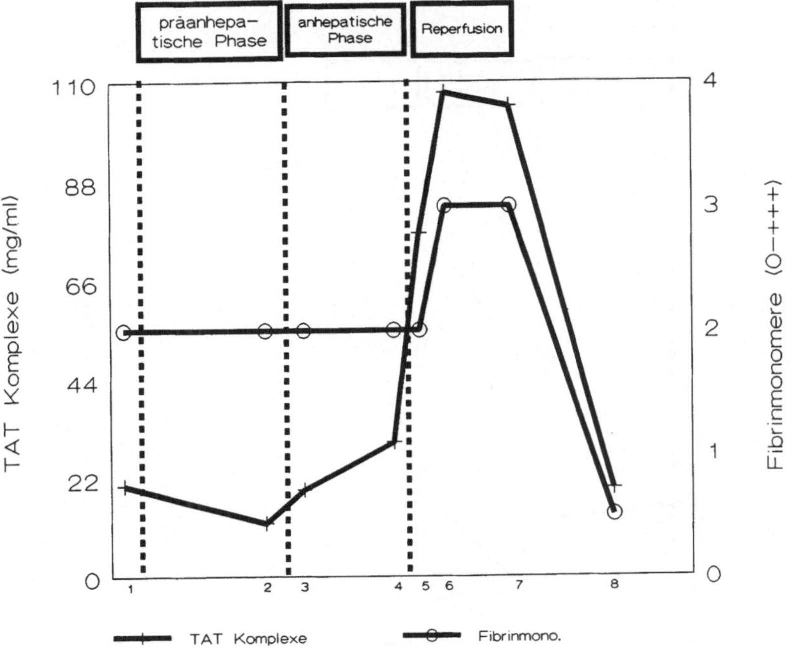

Abb. 2. Medianwerte der Thrombin-Antithrombin III-Komplexe und der Fibrinmonomere zu 8 Zeitpunkten vor, während und nach 10 orthotopen Lebertransplantationen

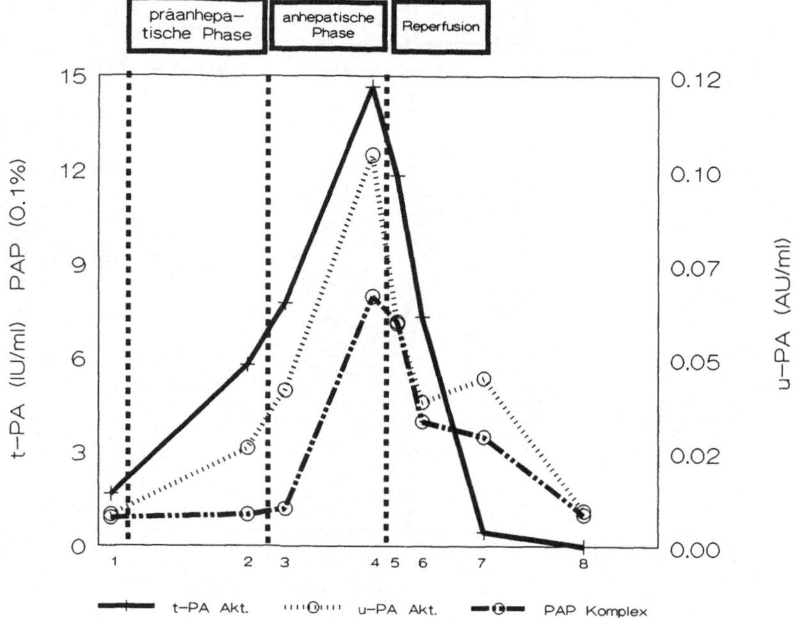

Abb. 3. Medianwerte der tissue plasminogen activator (t-PA)-Aktivität, der urokinase plasminogen activator (u-PA)-Aktivität und der Plasmin-a2-Antiplasmin (PAP)-Komplexe zu 8 Zeitpunkten vor, während und nach 10 orthotopen Lebertransplantationen

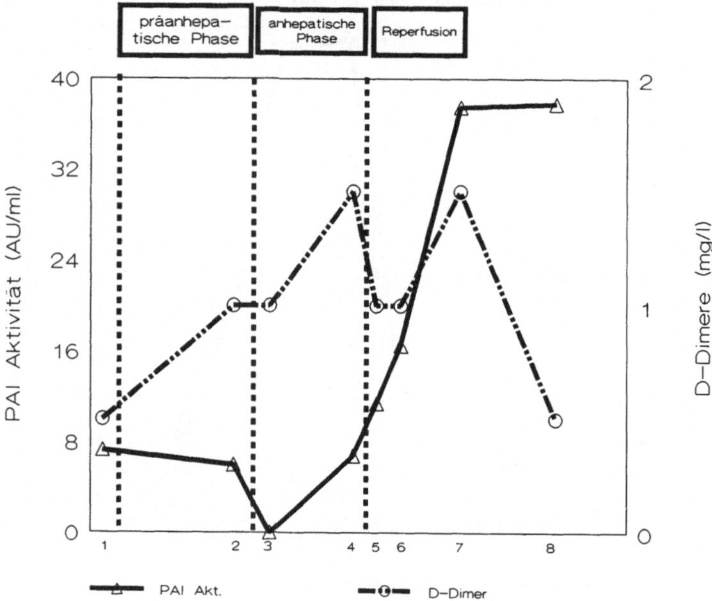

Abb. 4. Medianwerte der Plasminogen activator inhibitor (PAI)-Aktivität und der D-Dimere zu 8 Zeitpunkten vor, während und nach 10 orthotopen Lebertransplantationen

stiegen parallel zu den t-PA- und u-PA-Aktivitäten in der anhepatischen Phase an mit maximalen Werten unmittelbar vor Reperfusion (p (1/4) = 0.013). Der Abfall nach Reperfusion war nach 60 Minuten und 12 Stunden signifikant (p (4/7) = 0.028, p (4/8) =m 0.012). Die D-Dimere zeigten einen nicht signifikanten Verlauf mit einem Peak sowohl am Ende der anhepatischen Phase, als auch 60 Minuten nach Reperfusion (Abb. 4).

Diskussion

Die Relevanz hämostatischer Parameter, die während OLTs bestimmt werden, hängt in hohem Maße von der Menge und dem Zeitpunkt der intraoperativen Substitutionstherapie ab. In den 10 OLTs wurden keine Konzentrate von Gerinnungsfaktoren oder Inhibitoren gegeben, und die Menge der transfundierten Erythrozyten- und FFP- (fresh frozen plasma) Konzentrate lag deutlich niedriger als in anderen Transplantationszentren [2, 6, 8, 9]. Unsere Ergebnisse (Tabelle 2) zeigten eine konsekutive Entwicklung einer Hyperfibrinolyse während der anhepatischen Phase an der mit dem t-PA-Anstieg sowohl das extrinsische als auch mit dem u-PA-Anstieg das intrinsische Fibrinolysesystem beteiligt zu sein scheint. Der zu den Plasminogenaktivatoren parallele PAP- und D-Dimerverlauf bestätigt die in-vivo-Entstehung und Wirkung von Plasmin.

Tabelle 2. Substitution von Erythrozyten und FFP (fresh frozen plasma)-Konzentraten während 10 orthotoper Lebertransplantationen

	during transplantation		
	mean	range	median
RBC	8.6	4–26	6.5
FFP	10.3	1–39	7
	1 day after transplantation		
	mean	range	median
RBC	1.8	0– 8	1.5
FFP	5.6	0–15	4
	1–3 days after transplantation		
	mean	range	median
RBC	1.9	0– 8	1.5
FFP	8.8	0–16	8

Der Anstieg der TAT-Komplexe und Fibrinmonomere und der gleichzeitige Abfall des Fibrinogens und der AT III- und C1-Inhibitoraktivitäten sprechen für eine gesteigerte Prothrombinaktivierung mit erhöhtem Verbrauch von Gerinnungsfaktoren nach Reperfusion.

Unsere Ergebnisse machen deutlich, daß es während der anhepatischen Phase der OLT zu einer zunehmenden Hyperfibrinolyse kommt, die nach Reperfusion des Transplantats gefolgt wird von einer intravasalen disseminierten Gerinnung. TAT- und PAP-Komplexe erweisen sich dabei als sensitive Marker der stattgefundenen Prothrombin- und Plasminogenaktivierung.

Literatur

1. Bontempo FA, Lewis JH, van Thiel DH et al (1985) The relation of preoperative coagulation findings to diagnosis, blood usage, and survival in adult liver transplantation. Transplantation 39:532–536
2. Dzik WH, Arkin CF, Jenkins RL et al (1988) Fibrinolysis during liver transplantation in humans. Role of tissuetype plasminogen activator. Blood 71:1090–1095
3. Harper PL, Luddington RJ, Jennings I et al (1989) Coagulation changes following hepatic revascularisation during liver transplantation. Transplantation 48:603–607
4. Neuhaus P, Bechstein WO, Hopf U et al (1989) Indikationen und aktuelle Entwicklung der Lebertransplantation. Leber Magen Darm 19:289–308
5. Neuhaus P, Blumhardt G, Bechstein WO et al (1990) Side-to-side anastomosis of the common bile duct is the method of choice for biliary tract reconstruction after liver transplantation. Transplant Proc (in press)
6. Owen CA, Rettke SR, Bowie EJW et al (1987) Hemostatic evaluations of patients undergoing liver transplantation. Mayo Clin Proc 62:761–772
7. Palareti G, De Rosa V, Fortunato G et al (1988) Control of hemostasis during orthotopic liver transplantation. Fibrinolysis 2:61–66
8. Porte RJ, Bontempo FA, Knot EAR et al (1989) Systemic effects of tissue plasminogen activator associated fibrinolysis and its relation to thrombin generation in orthotopic liver transplantation. Transplantation 47:978–984
9. Ritter DM, Owen CA, Bowie EJW et al (1989) Evaluation of preoperative hematology-coagulation screening in liver transplantation. Mayo Clin Proc 64:216–233
10. Starzl TE, Demetris AJ, van Thiel D (1984) Liver transplantation. N Engl J Med 311:1658–1664

Diskussion

Wenzel (Homburg):

Sie haben auf die sehr sparsame Verwendung von Frischplasma hingewiesen. Wie steuern Sie diese spezielle Strategie mit wenig Frischplasma nach Ihren Laborwerten, besonders postoperativ?

Riewald (Berlin):

Es handelt sich um chirurgische Patienten, mit deren postoperativer Betreuung wir eigentlich nicht mehr befaßt sind. Die Laborparameter erreichen nach dem 1. Tag der Transplantation Werte, wie sie auch in der Literatur allgemein angegeben werden. Bemerkenswert für unsere Studien ist, daß wir die Substitution mit Frischplasma wie auch Erythrozytenkonzentraten verhältnismäßig niedrig halten konnten, weil das natürlich als Störfaktor auch eine Rolle spielen kann.

Wenzel (Homburg):

Sie steuern nach Ihren Laborwerten, oder ist das eine Standardtherapie?

Riewald (Berlin):

Es wird grundsätzlich von den Laborwerten ausgegangen.

Beeser (Freiburg):

Sie haben erstaunlich wenig Transfusionsbedarf. Ist das auf die Auswahl der Patienten zurückzuführen, oder woran liegt das?

Riewald (Berlin):

Es ist wohl am ehesten auf die großen Erfahrungen des Ärzteteams zurückzuführen. Es ist weltweit mit der niedrigste Transfusionsbedarf, und auch die Operationszeit ist mit durchschnittlich 6 Stunden sehr niedrig.

N.N.:

Sie haben beschrieben, daß postoperativ eine disseminierte intravaskuläre Gerinnung auftritt. Wie therapieren Sie diese Gerinnungssteigerung?

RIEWALD (Berlin):

Bisher nicht, aber aufgrund dieser Ergebnisse wäre zu überlegen, ob man eventuell Antithrombin III substituieren sollte, und zwar mit Beginn der Reperfusion. Zur Zeit wird in erster Linie diskutiert, ob man Fibrinolyseinhibitoren über die ganze Zeit der Transplantation hinweg geben sollte. Das war aber bei diesen Untersuchungen noch nicht der Fall.

Dosisfindung zur Lysetherapie mit rt-PA bei venösen und arteriellen Thrombosen im Kindesalter

W. Kreuz, U. Nowak-Göttl, D. Schwabe, R. Linde, B. Kornhuber
(Frankfurt)

Einleitung

In den letzten 10 Jahren wurden im Zentrum der Kinderheilkunde der J. W. Goethe-Universität Frankfurt/Main bei 101 Kindern und Jugendlichen venöse und arterielle Thrombosen mittels Duplexsonographie, Computertomographie, Angio- und Phlebographie diagnostiziert.

Obwohl manche Autoren [10] bei Kindern eine gute spontane Rückbildungstendenz selbst bei großen Gefäßverschlüssen beobachten, haben wir uns seit 1984 zur thrombolytischen Therapie entschlossen, nachdem in unserem Krankengut bei kleinen Kindern im weiteren kurzen Beobachtungsverlauf postthrombotische Syndrome mit rezidivierenden Thrombosen aufgetreten waren. Unser Thromboseprogramm [9] zeigte bei diesen Kindern keinerlei Auffälligkeiten, insbesondere fanden wir keinen Anhalt für hereditäre oder erworbene Antithrombin III- bzw. Protein C/S-Mängel. Seit 1988 setzen wir neben Urokinase rt-PA mit Erfolg ein.

Wir berichten über unsere Erfahrungen mit rekombinantem Gewebeplasminogenaktivator rt-PA (Actilyse, Thomae-Behring) bei 14 Patienten, bei denen unter anderem eine Lysetherapie mit systemisch wirkenden Fibrinolytika kontraindiziert war. In diesem Zusammenhang gewinnt rt-PA wegen seiner „spezifischeren" Wirkung am Ort des thrombotischen Geschehens insbesondere bei relativen Kontraindikationen für andere systemisch wirkende Fibrinolytika auch in der Pädiatrie an Bedeutung.

Patientengut und Methodik

Alle Patienten wurden zwischen sechs Stunden und sieben Tagen nach primärem thrombotischen Verschluß bei uns stationär aufgenommen, ein Patient kam erst nach 3 Wochen. Unmittelbar nach klinischer Verdachtsdiagnose wurde diese mit mindestens einer der oben aufgeführten diagnostischen Methoden gesichert, wobei bei den kleineren Kindern der Duplexsonographie der Vorzug gegeben wurde. Nach Bestätigung der klinischen Diagnose wurden die Eltern über die möglichen Therapieformen aufgeklärt, ebenfalls über eine neue Alternative, den Einsatz von rt-PA. In diesem Zusammenhang wurden die Erziehungsberechtigten insbesondere über die nicht vorhandene Zulassung in der Pädiatrie, die Kontraindikationen und die möglichen Nebenwirkungen aufgeklärt. In jedem Fall wurde eine schriftliche Einverständniserklärung vor dem Einsatz von Actilyse eingeholt.

Da Actilyse zur Zeit nicht in kleinen Mengen verfügbar ist, haben wir folgendes Procedere durchgeführt:

1. steriles Auflösen von rt-PA,
2. Restmenge: Einfrieren bei –20 Grad in Portionen von 5 mg (bei diesem Vorgehen wurde keine Aktivitätsminderung beobachtet).

Unmittelbar vor Therapiebeginn, unter rt-PA-Therapie und nach Absetzen wurden neben unserem Thromboseprogramm [9] zur Therapieüberwachung im 12 h Abstand die PTT und Fibrinogen nach Clauss sowie das Blutbild bestimmt.

Die lokale Thrombolysetherapie wurde über liegende arterielle bzw. venöse Katheter zusammen mit einer kontinuierlichen low dose-Heparinisierung durchgeführt.

Die systemische Therapie mit rt-PA wurde über periphere bzw. zentralvenöse Zugänge durchgeführt, Heparin wurde in unterschiedlicher Dosierung verabreicht.

Unmittelbar nach Beendigung der Lysetherapie wurde zur Reocclusionsprophylaxe in üblicher Weise heparinisiert, wobei als Ziel eine PTT-Verlängerung um das 1,5–2fache angestrebt wurde. Nach 10 bis 14 Tagen wurde dann bei venösen Thrombosen die Marcumarisierung und bei arteriellen Gefäßverschlüssen die Gabe von ASS angeschlossen. Diese Therapie wurde ohne Unterbrechung 6–9 Monate durchgeführt, danach wurde nach Ätiologie und Pathogenese der Gerinnungsstörung über eine weitere supportive Therapie entschieden.

Radiologische Kontrollen wurden täglich einmal mittels Duplexsonographie, nach Abschluß der Lyse, wenn nötig, eine Kontrollphlebographie durchgeführt.

Ergebnisse

Die folgenden Tabellen zeigen in einer Übersicht alle relevanten Daten unserer Patienten. Tabelle 1 zeigt die Ergebnisse der Patienten, bei denen eine lokale Lysetherapie über einen liegenden Katheter durchgeführt wurde, Tabelle 2 die Kinder und Jugendlichen, bei denen eine systemische rt-PA-Therapie durchgeführt wurde.

Bei keinem der Kinder und Jugendlichen unter rt-PA-Therapie kam es zu einem Abfall von Fibrinogen oder Plasminogen, noch haben wir Änderungen im Verhalten von Alpha-2-Antiplasmin und Alpha-2-Makroglobulin gefunden. Eine komplette Reperfusion wurde bei 10 Kindern gefunden, eine partielle Reperfusion konnten wir bei 1 Patienten zeigen, bei 2 Kindern war die thrombolytische Therapie erfolglos, wegen einer Blutung aus einer Einstichstelle eines zentralen Katheters mußte die Therapie mit rt-PA bei einem Säugling abgebrochen werden. Bei unserem Patienten mit Faktor XII-Mangel konnten wir keine Reperfusion beobachten. Dieser Junge kam erst drei Wochen nach

Tabelle 1. Lokale Thrombolysetherapie mit rt-PA

Patient Sex/Alter	Thrombose-lokalisation	Grund-erkrankung	Therapie-intervall	rt-PA Dosis mg/kg KG/T	Heparindosis IE/kg KG/T	Resultat
1 w/3 t	V cava u. Nierenvenen bds	Frühgeburt 30. SSW	2 Tage	0,8 über 1 Tag	50	offen
2 m/4 t	A. abdominalis	Frühgeburt 26. SSW	1 Tag	0,75 in 30 Min	50	offen
3 w/10 J	A. brachialis A. radialis	Rhabdomyosarkomrezidiv	1 h	0,2 über 3 Tage		offen
4 w/10 J	A. brachialis A. radialis	Rhabdomyosarkomrezidiv	2 h	0,3 über 1 Tag		offen
5 m/12 J	V. subclavia	Cystische Fibrose	6 h	0,5 mg Einzeldosis	50	offen
6 m/18 J	V. subclavia	ALL-Rezidiv	1 Tag	0,5 mg Einzeldosis	50	offen

Tabelle 2. Systemische Thrombolysetherapie mit rt-PA

Patient Sex/Alter	Thrombose-lokalisation	Grund-erkrankung	Therapie-intervall	rt-PA Dosis mg/kg KG/T	Heparindosis IE/kg KG/T	Resultat
7 m/16 J	tiefe Beinvene	ALL-Rez. Erhaltungstherapie	3 Tage	1,0 über 4 Tage		offen
8 w/1 J	V. subclavia V. cava superior	Kurzdarm: parenterale Ernährung	6 h	1,2 über 4 Tage	500	offen
9 w/1 J	V. cava inferior	Parenterale Ernährung	1 h	2,0 über 18 Tage	900	partiell offen
10 w/12 J	Beckenvene V. Femoralis	postthrombotisches Syndrom	5 Tage	1,0 über 8 Tage	200	offen
11 w/12 J	Beckenvene	postthrombotisches Syndrom	2 Tage	0,8 über 3 Tage	230	offen
12 w/8 m	V. cava superior	Sepsis	3 Tage	1,2 über 4 Tage	100	nicht offen (Hautblutung)
13 m/12 J	V. femoralis	Faktor XII-Mangel	21 Tage	2,0 über 21 Tage	100	nicht offen (zu spät)
14 m/10 J	Milzvene	Sichelzellanämie, Sepsis	4 Tage	1,3 über 8 Tage	70	offen

Beginn der klinischen Symptomatik zur stationären Aufnahme, so daß hier der Therapiebeginn mit rt-PA zu spät kam. Weitere Komplikationen wurden nicht beobachtet, insbesondere keine Gehirn- und Lungenblutungen.

Diskussion

Die Thrombolysetherapie mit rt-PA wird seit einiger Zeit mit gutem Erfolg bei Erwachsenen zur Behandlung des Myokardinfarktes eingesetzt [7, 15], die Substanz ist hierfür zugelassen. Weitere Erfahrungen zur peripheren lokalen venösen [6, 14] und arteriellen [3, 5] Thrombolysetherapie werden zur Zeit als Pilotstudien bzw. als Multicenterstudien durchgeführt, wobei auch für erwachsene Patienten außerhalb der Thrombolyse des Myokardinfarktes noch keine einheitlichen Dosisempfehlungen vorliegen. Für die Thrombolysetherapie bei Kindern und Jugendlichen wurden bisher nur Streptokinase und Urokinase eingesetzt [2, 4], einige wenige pädiatrische Arbeitsgruppen setzen rt-PA seit kurzem mit Erfolg ein [8, 11, 12].

Aufgrund unserer Erfahrungen mit rt-PA können wir folgende Therapieempfehlungen geben:

Eine lokale Thrombolysetherapie mit rt-PA würden wir folgendermaßen durchführen:

1. Versuch mit einer Einzeldosis von 5 mg in 30 Minuten.
2. Gelingt die Eröffnung des Gefäßes hiermit nicht, würden wir kontinuierlich rt-PA in einer Dosierung zwischen 0,2–0,8 mg/kg KG/Tag verabreichen, zusammen mit einer low dose-Heparinisierung.

Zur Durchführung der systemischen rt-PA-Therapie halten wir folgendes Vorgehen für sinnvoll:

1. Gabe eines rt-PA-Bolus: 0,2 mg–0,8 mg/kg KG
2. Kontinuierliche rt-PA-Infusion in einer Dosierung von 0,8 mg–1,5 mg/kg KG/Tag, zusammen mit einer low dose-Heparinisierung.

Auf Grund unserer bisherigen Erfahrungen mit rt-PA glauben wir, daß rt-PA bei venösen und arteriellen Thrombosen im Kindesalter unter Beachtung der Kontraindikationen mit relativ wenig Nebenwirkungen erfolgreich zur Lyse eingesetzt werden kann.

Literatur

1. Barclay GR, Allen K, Pennington CR (1990) Tissue plasminogen activator in the treatment of superior vena cava thrombosis associated with parenteral nutrition. Postgrad Med J 66:398–400
2. Beaufils F, Schlegel N, Loirat C, Marotte R, Pillion G, Mathieu H (1985) Urokinase treatment of pulmonary artery thrombosis complicating the pediatric nephrotic syndrome. Critical care Medicine 13:132–134
3. Berridge DC, Makin GS, Hopkinson BR (1989) Local low dose intra-arterial thrombolytic therapy: the risk of stroke or major haemorrhage. Br J Surg 76:1230–1233

4. Curnow A, Idowu J, Behrends E, Toomey F, Georgeson K (1985) Urokinase therapy for silastic catheter-induced intravascular thrombi in infants and children. Arch Surg 120:1237–1240
5. Earnshaw JJ, Westby JC, Gregson RHS, Main GS, Hopkinson BR (1988) Local thrombolytic therapy of acute peripheral arterial ischaemia with tissue plasminogen activator: a dose ranging study. Br J Surg 75:1196–1200
6. Goldhaber SZ, Meyerovitz MF, Green D, Vogelzang RL, Citrin P, Heit J, Sobel M, Wheeler HB, Plante D, Kim H, Hopkins A, Tufte M, Stump D, Braunwald E (1990) Randomized controlled trial of tissue plasminogen activator in proximal deep venous thrombosis. Am J Med 88:235–240
7. Guerci AD, Gerstenblith G, Brinker JA, Chandra NC, Gottlieb SO, Bahr RD et al (1987) A randomized trial of intravenous tissue plasminogen activator for acute myocardial infarction with subsequent randomization to elective coronary angioplasty. N Engl J Med 317:1613–1618
8. Kennedy LA, Drummond WH, Knight ME, Millsaps MM, Williams JL (1990) Sucessful treatment of neonatal aortic thrombosis with tissue plasminogen activator. J Pediatr 116:798–801
9. Kreuz WD, Nowak-Göttl U, Krackhardt B, Hach-Wunderle V, Freund H, Kornhuber B, Breddin HK (1988) Hemostatic disorders in children with idiopathic vein thrombosis. Haemostasis 18:55
10. Von Mühlendahl KE (1988) Becken- und Femoralvenenthrombosen im Kindesalter. Monatsschr Kinderheilk 136:397–399
11. Nowak-Göttl U, Kreuz WD, Schwabe D, Kornhuber B (1989) Thrombolysis with tissue type plasminogen activator – a new therapeutic regime in children suffering from arterial and venous thrombosis. Thromb Haemostas THHADQ 62:483
12. Pyles LA, Pierpont MEM, Steiner ME, Hesslein PS, Smith CM (1990) Fibrinolysis by tissue plasminogen activator in a child with pulmonary embolism. J Pediatr 116:801–804
13. Simoons ML, Betriu A, Col J, von Essen R, Lubsen J, Michel PL et al (1988) Thrombolysis with tissue plasminogen activator in acute myocardial infarction: No additional benefit from immediate percutaneous coronary angioplasty. Lancet:197–203
14. Verhaege, Besse RP, Bounamaux H, Marbet GA (1988) Multicenter pilot safety of systemic administration in the treatement of deep vein thrombosis of the lower extremities and/or pelvis. Thromb Res 55:5–11

Diskussion

SUTOR (Freiburg):

Warum nehmen Sie rt-PA und nicht Urokinase oder Streptokinase? Ist rt-PA für venöse Thrombosen zugelassen, und sollte man dieses nicht nach m^2 Körperoberfläche berechnen statt nach kg Körpergewicht? Im Säuglingsalter spielt das eine große Rolle. Das erklärt möglicherweise, daß Sie da mehr brauchen als bei anderen Kindern.

KREUZ (Frankfurt):

Ihre letzte Frage ist völlig berechtigt. Wir orientieren uns dann auch mehr an m^2 Körperoberfläche, und deswegen die höheren Dosen z. B. wegen der größeren Oberfläche der Säuglinge.

Dann zu Ihrer zweiten Frage, warum wir rt-PA und nicht Streptokinase oder Urokinase nehmen. Zum einen wegen der Antigenität von Streptokinase, zum zweiten wegen der systemischen Lyse von Urokinase und Streptokinase. Wir haben gesehen, daß das rt-PA wirklich fibrinspezifisch ist. Wir haben also, wie gesagt, kaum einen Fibrinogenabfall, wir haben auch keinen Plasminogenabfall.

Für Kinder ist rt-PA noch nicht zugelassen, auch nicht für venöse Thrombosen. Das können wir nur mit Einwilligung der Eltern machen. Aber ich glaube, es herrscht auch unter den Spezialisten die Meinung vor, daß gerade auf der venösen Seite rt-PA die Zukunft bestimmen wird.

Verminderte fibrinolytische Kapazität und erhöhter Plasminogen-Aktivator-Inhibitor bei Patienten mit rezidivierenden venösen Thrombosen

O. Anders, E.-W. Görss, B. Ernst, Chr. Burstein, T. Bock (Rostock)

Dem erhöhten Thromboembolierisiko liegen verschiedene angeborene und erworbene Störungen der Hämostase und/oder der Fibrinolyse zugrunde. Trotz einer beträchtlichen Ausweitung der Kenntnisse in der Entstehung von venösen Thrombosen läßt sich bei etwa 50% der Patienten auch bei eingehender hämostaseologischer Diagnostik kein biochemisch eindeutig definierbarer Defekt ermitteln [16, 23].

In der Pathogenese weisen Thrombosen im venösen System deutliche Unterschiede zu thrombotischen Komplikationen in der arteriellen Strombahn und in der Mikrozirkulation auf. Für die Entstehung venöser Thrombosen wurden bisher verschiedene Ursachen nachgewiesen: Verminderung der Gerinnungsinhibitoren Antithrombin III, Protein C, Protein S [1, 21, 24, 25], Defekte in der Struktur des Fibrinogens [13] und andere selten zu beobachtende Störungen der Hämostase wie Faktor XII-, Präkallikrein- und Heparin-Cofaktor II-Mangel, das Auftreten von Antiphospholipid-Antikörper und eine Erhöhung des histidinreichen Glykoproteins [4, 9, 11, 15, 23].

Unter den humoralen Ursachen einer vermehrten Thrombosebereitschaft im venösen System kommt nach den Ergebnissen verschiedener Untersucher aus den letzten Jahren der verminderten Fibrinolyse eine vordergründige Bedeutung zu. Dabei gehört ein Mangel an Plasminogen oder eine Dysplasminogenämie zu den seltenen Defekten [6, 8, 22]. Häufig wird eine verminderte Freisetzung des Gewebsplasminogenaktivators (t-PA) und/oder eine Erhöhung des Plasminogen-Aktivator-Inhibitors-1 (PAI) nachgewiesen [7, 8, 11, 14, 17, 19, 20].

Als Beitrag zur Abklärung einer Thrombophilie werden die Ergebnisse einer klinischen Studie von 187 Patienten mitgeteilt, die wegen spontaner oder rezidivierender Thrombosen in den vergangenen 5 Jahren stationär behandelt wurden. Wir haben diese Patienten erneut untersucht und neben der Bestimmung von Parametern der Hämostase uns besonders der Überprüfung der Fibrinolyse zugewandt. Patienten mit einer System- oder Geschwulsterkrankung wurden in die Untersuchung nicht mit einbezogen.

Krankengut und Methoden

187 Patienten (110 Frauen und 77 Männer, Altersmedian Frauen 38 Jahre, Männer 46 Jahre, range 15–63 Jahre) mit phlebographisch oder klinisch (bei

bekannter allergischer Reaktion) gesicherter Thrombose wurden im Median 2 Jahre nach dem Thromboseereignis nachuntersucht. Nach der Thrombosehäufigkeit wurden die Patienten in die Gruppen spontane Thrombose (einmalige Thrombose), rezidivierende Thrombosen und arterielle und venöse Thrombose unterteilt. Anamnestisch wurden die Risikofaktoren Nikotinabusus, Einnahme von Ovulationshemmern, Adipositas und Hypertonus erfaßt. Der Altersmedian bei dem ersten Thromboseereignis liegt bei Patienten mit Rezidivthrombosen unter dem von Patienten mit einer spontanen Thrombose. In der Tabelle 1 sind die klinischen Befunde und anamnestischen Daten der Patienten zusammengefaßt. Die Lokalisation der Thrombosen geht aus der Tabelle 2 hervor. 160 Patienten waren an einer tiefen Beinvenenthrombose mit einem Überwiegen des Verschlusses von V. iliaca und V. femoralis erkrankt.

Die Laboratoriumsuntersuchungen erfassen folgende Parameter: Thromboplastinzeitwert (TZW), aktivierte partielle Thromboplastinzeit (aPTT), Fibrinogen, alpha$_1$-Antitrypsin (α_1-AT), alpha$_2$-Makroglobulin (α_2-MG) (radiale Immundiffusion nach Mancini), alpha$_2$-Antiplasmin (α_2-AP) (Farbtest, Boeh-

Tabelle 1. Allgemeine Daten der 187 untersuchten Patienten

187 Pat.	eine Thrombose 105 (56%)	zwei oder mehr Thr. 71 (38%)	art. und ven. Thr. 11 (6%)
Alter b. 1. Thromb. (Median, Jahre)	36	31	20
Lungenarterienembolie	5	14	
Risikofaktoren (n)			
3	10 Pat.	15 Pat.	1 Pat.
2	32	10	2
1	41	19	3

Tabelle 2. Lokalisation der Thrombosen

Lokalisation	Pat.
TVT Becken/OS	117
OS/US	43
Thrombose V. axillaris V. subclavia	12
art. Thrombose (Hirnembolie)	8
Pulmonale Embolie	6
Thrombose V. retinalis	1

Tabelle 3. Screeningtests zur Erfassung der fibrinolytischen Kapazität nach Venenokklusion

	Fibrin-Differenz-Verfahren (FD) [%]	Euglobulinlysezeit ($ELT_{vor\ voc}-ELT_{nach\ voc}$) [min]	Fibrinplattenmethode ($FP_{nach\ voc} - FP_{vor\ voc}$) [$mm^2$]
Responder	31–100	>60	>200 (≥100%)
Poor-Responder	11– 30	≤60	101–200 (≥30%)
Non-Responder	0– 10	0	≤100

ringer), Faktor VIII R:Ag (Elektroimmundiffusion nach Laurell) und Antithrombin III (immunologisch einfache radiale Immundiffusion nach Mancini und funktionell Farbtest, Boehringer, Mannheim) und Plasminogen (funktionell Farbtest, Boehringer, Mannheim). Zur Bestimmung der fibrinolytischen Kapazität wurden die Globalteste Euglobulinlysezeit, Fibrinplattentest (nach Jespersen und Astrup, 1983) vor und nach Venenokklusion sowie das Fibrin-Differenz-Verfahren nach Venenokklusion angewendet. Alle Bestimmungen, für die keine besonderen Hinweise gegeben sind, wurden nach dem Arzneibuch Diagnostische Labormethoden/DDR durchgeführt.

Der Venenokklusionstest (VOC) erfolgte durch eine Stauung am linken Oberarm bei einem Druck von 100 Torr und einer Dauer von 10 min. Nach den Ergebnissen dieser drei Verfahren zur Bestimmung der fibrinolytischen Kapazität wurden die Patienten in Anlehnung an Brommer und Mitarbeiter (1982) in Non-Responder, Poor-Responder und Responder (Tabelle 3) unterteilt. Die Aktivitätsbestimmungen von t-PA und PAI-1 wurden mit dem COA-SET t-PA und COA-SET PAI von Kabi Vitrum, Schweden, ermittelt.

Ergebnisse

Die untersuchten Patienten befinden sich vorwiegend zwischen dem zweiten und vierten Lebensjahrzehnt. Ein Gipfel der Thrombosehäufigkeit besteht im Alter von 15 bis 30 Jahren, wobei besonders Frauen betroffen sind. Nach dem 30. Lebensjahr ist bezüglich der Thrombosehäufigkeit kein geschlechtsspezifischer Unterschied erkennbar (Abb. 1). Risikofaktoren wurden bei spontaner Thrombose (79%) häufiger als bei Patienten mit Rezidivthrombosen (61%) nachgewiesen. Die Ergebnisse der hämostaseologischen Diagnostik sind in der Tabelle 4 zusammengefaßt. Auffällig ist eine Verkürzung der aPTT bei 39 Patienten unter 28 sec., eine Erhöhung des Fibrinogens bei 6 Patienten auf 5,4 g/l und ein Anstieg des Faktor-VIII-assoziierten Antigens auf 262% bei 32 Patienten. Der Anstieg von Faktor VIII R:Ag wird nicht als Akute-Phase-Reaktion angesehen, da die zur gleichen Zeit erfolgte Bestim-

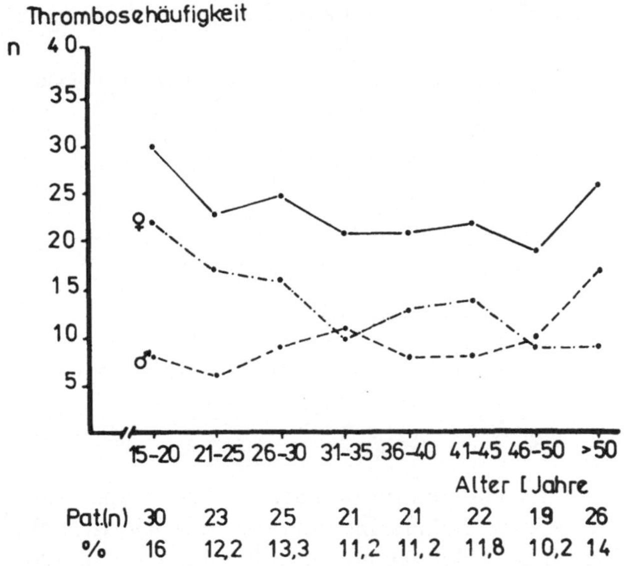

Abb. 1. Thrombosehäufigkeit und Lebensalter von 187 Patienten mit venöser Thrombose (·——· weibl. und männl. Pat.)

Tabelle 4. Ergebnisse der Gerinnungsuntersuchungen von 187 Patienten mit venöser Thrombose

Parameter	x̄	± SD
α_2 M g/l	2,3	0,8
α_1 AT g/l	2,7	0,3
Plasminogen %	104	18
α_2 AP IU/ml	0,63	0,11 x̄ ± SD
a PTT sec.	34,6	6,3 (39 Pat. <28,0)
Fibrinogen g/l	2,8	0,8 (6 Pat. 5,4 ± 0,7)
VIII R:Ag %	150	69 (32 Pat. 262 ± 72)

mung eines anderen Akute-Phase-Proteins (α_1-AT) keine erhöhten Werte zeigt.

Ein hereditärer AT III-Mangel wurde bei 7 Patienten festgestellt (Tabelle 5). Zwei dieser Patienten zeigen eine Verminderung des AT III sowohl in der immunologischen als auch in der funktionellen Bestimmung (AT III-Mangel Typ I). Die anderen 5 Patienten weisen einen AT III-Mangel vom Typ II auf.

Eine verminderte fibrinolytische Kapazität wurde mit dem Fibrin-Differenz-Verfahren bei 51 Patienten (27%) nachgewiesen. Davon sind 27 Patienten Non- und 24 Patienten Poor-Responder. Die mit der Euglobulinlysezeit und mit der Fibrinplattenmethode ermittelte Häufigkeit an Fibrinolysestörungen beträgt 51% und liegt damit fast um das Doppelte höher wie mit dem Fibrin-

Tabelle 5. Häufigkeit des hereditären AT III-Mangels (7%) von 71 Patienten mit rezidivierenden Thrombosen

Pat.	Alter bei erster Thrombose	AT III-Aktivität [%] 70–120	AT III-Antigen [mg/dl] 17–30
T.S.	20 J.	34	16,9
B.D.	16 J.	52	12,9
B.H.	18 J.	60	13,9
K.M.	17 J.	61	16,9
K.Ma*		52	17,6
K.T.*		58	19,2
W.W.	42 J.	63	19,3

* Blutsverwandte, keine Thrombosen

Differenz-Verfahren. Eine vergleichende Darstellung aller drei Globaltests der Fibrinolyse zeigt in den Gruppen Non-, Poor- und Responder nur eine mäßige Übereinstimmung. Die Abb. 2 enthält eine Gegenüberstellung der Ergebnisse des Fibrin-Differenz-Verfahrens mit den der Fibrinplattenmethode der 187 untersuchten Patienten. Der Methodenvergleich dieser drei Fibrinolysetests mittels Konkordanzanalyse zeigt eine Übereinstimmung von ca. 50%.

Bei Patienten mit einer Rezidivthrombose wurde im Vergleich zu Patienten mit einer spontanen Thrombose häufiger ein Fibrinolysedefekt ermittelt. Das

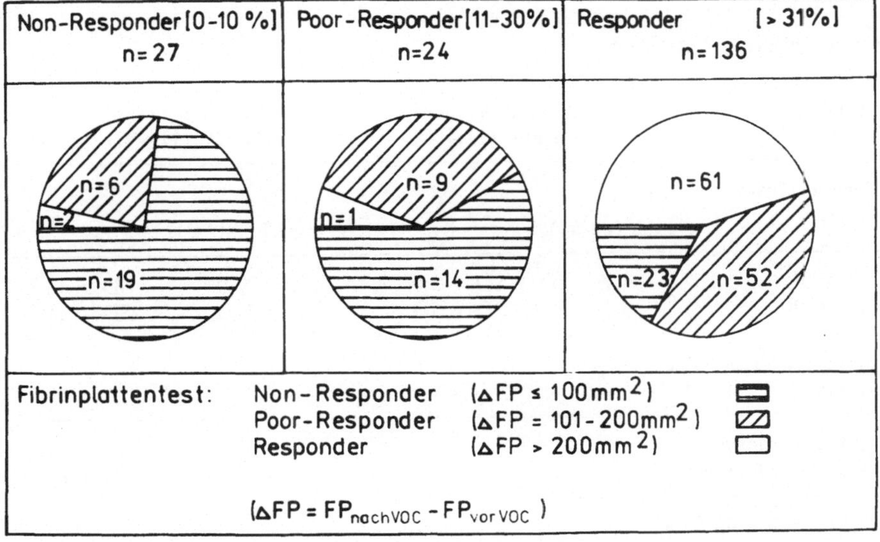

Abb. 2. Fibrin-Differenz-Verfahren (FD) und Fibrinplattentest (FP). Von 27 Non-Respondern nach dem Ergebnis des FD wurden mit dem FP 19 Patienten als Non-, 6 Patienten als Poor- und 2 Patienten als Responder zugeordnet (in der Abb. links)

Fibrin-Differenz-Verfahren und der Fibrinplattentest ergeben eine signifikante Verminderung der fibrinolytischen Kapazität bei Patienten mit zwei und mehr Thrombosen. Die Ergebnisse der Bestimmungen von t-PA und PAI-1 von Patienten mit spontaner Thrombose sind in der Tabelle 6a und der Patienten mit Rezidivthrombosen in der Tabelle 6b zusammengefaßt.

Von 105 Patienten mit spontaner Thrombose sind 24 Patienten (22,8%) Poor- und Non-Responder. Der mittlere basale t-PA-Spiegel beträgt 4,1 ng/ml und die gleichzeitig bestimmte PAI-1-Aktivität im Mittel 27,0 AU/ml. Nach Venenokklusion ist die Fibrinolyse bei ca. der Hälfte der Patienten stimulierbar und zeigt eine Verdoppelung des t-PA-Anstieges. Patienten mit einer Rezidivthrombose weisen einen höheren Anteil von Poor- und Non-Respondern (44%) auf. Der mittlere basale t-PA-Wert beträgt 3,3 ng/ml und liegt unter dem Spiegel von Patienten mit spontaner Thrombose. Auch nach Venenokklusion bleibt der Aktivitätsanstieg unter dem Mittelwert der Patientengruppe mit spontaner Thrombose. Bei Patienten mit einer Rezidivthrombose ist die PAI-Aktivität vor Venenokklusion im Mittel auf 34,2 AU/ml erhöht und befindet sich nach Venenokklusion noch über dem Mittelwert des basalen PAI-1-Spiegels von Patienten mit einer spontanen Thrombose. Die Fibrinolyse ist bei ca. der Hälfte der Patienten mit zwei und mehr Thrombosen nach venöser Okklusion stimulierbar. Das unterschiedliche Verhalten der Aktivität des PAI-1 von Patienten mit spontaner Thrombose, Rezidivthrombosen und von gesunden Probanden zeigt die Abb. 3.

Tabelle 6a. Resultate der Aktivitätsbestimmungen von t-PA und PAI-1 von 105 Patienten mit spontaner Thrombose

Fibrin-Differenz-Verfahren

Responder 81 Pat. (77,2%)		Poor-Responder 12 Pat. (11,4%)	Non-Responder 12 Pat. (11,4%)	
Venenocclusion (VOC)				
	t-PA (ng/ml)		PAI (AU/ml)	
Vor VOC	$\bar{x}$ = 4,1	SD = 3,0	$\bar{x}$ = 27,0	SD = 15,6
nach VOC	$\bar{x}$ = 8,5	SD = 5,7	$\bar{x}$ = 21,3	SD = 14,2
Stimulierbarkeit t-PA 10 min VOC (n = 103)				
t-PA ≥ verdoppelt			n = 55	(53,4%)
t-PA < verdoppelt			n = 48	(46,6%)
PAI nach 10 min VOC				
PAI-Abfall			n = 70	(68,0%)
PAI-Anstieg			n = 33	(32,0%)

Tabelle 6b. Resultate der Aktivitätsbestimmungen von t-PA und PAI-1 von 71 Patienten mit Rezidivthrombosen

Fibrin-Differenz-Verfahren

Responder 40 Pat. (56,3%)	Poor-Responder 14 Pat. (19,7%)	Non-Responder 17 Pat. (24,0%)

Venenocclusion (VOC)	t-PA (ng/ml)		PAI (AU/ml)	
Vor VOC	$\bar{x}$ = 3,3	SD = 2,0	$\bar{x}$ = 34,2	SD = 18,5
nach VOC	$\bar{x}$ = 7,4	SD = 5,6	$\bar{x}$ = 28,7	SD = 19,6
Stimulierbarkeit t-PA 10 min VOC (n = 70)				
t-PA ≥ verdoppelt			n = 33	(47,1%)
t-PA < verdoppelt			n = 37	(52,9%)
PAI nach 10 min VOC				
PAI-Abfall			n = 47	(67,1%)
PAI-Anstieg			n = 23	32,9%)

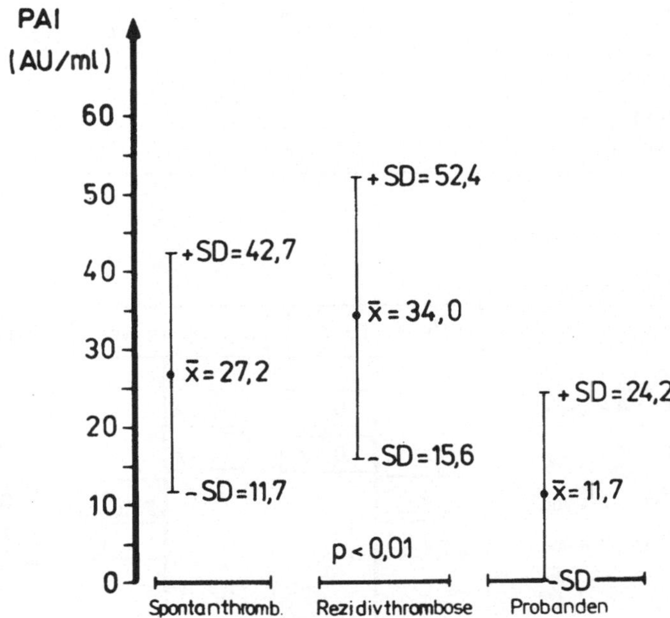

Abb. 3. PAI-1-Aktivität von 105 Patienten mit Spontanthrombose, 71 Patienten mit Rezidivthrombosen und 56 gesunden Probanden

Eine Zusammenfassung der Fibrinolyseparameter vor und nach Venenokklusion gibt die Tabelle 7 wieder. Die Ergebnisse des Fibrin-Differenz-Verfahrens, des Fibrinplattentests und der Bestimmungen von t-PA und PAI-1 weisen von Patienten mit spontaner Thrombose und von Patienten mit Rezidivthrombosen signifikante Unterschiede auf. Schließlich wurde auch geprüft, welcher der drei Globaltests der Fibrinolyse die bessere Beziehung zu den Parametern der Fibrinolyse aufweist. Die Abb. 4 zeigt die ermittelten Korrelationskoeffizienten der Fibrinolysetests mit t-PA und PAI. Demnach erweist sich das Fibrin-Differenz-Verfahren als ein geeigneter Screeningtest zur Erfassung einer Fibrinolysestörung.

Tabelle 7. Screeningtests, t-PA und PAI-1 (Mittelwert) von Patienten mit spontaner Thrombose und Patienten mit rezidivierenden Thrombosen (t-Test)

	Spontanthromb. (n = 105)	Rezidivthromb. (n = 71)	
	$\bar{x}$	$\bar{x}$	
Fibrin-Diff.-V. (%)	72,2	57,1	$p < 0,01$
Δ ELT (min)	−71,8	−60,0	ns
Δ Fibrinplattentest (mm^2)	130,2	80,4	$p < 0,01$
t-PA (v. VOC) (ng/ml)	4,11	3,27	$p < 0,02$
t-PA (n. VOC) (ng/ml)	8,57	7,37	ns
PAI (v. VOC) AU/ml	27,2	34,0	$p < 0,01$
PAI (n. VOC) AU/ml	21,2	29,4	$p < 0,001$

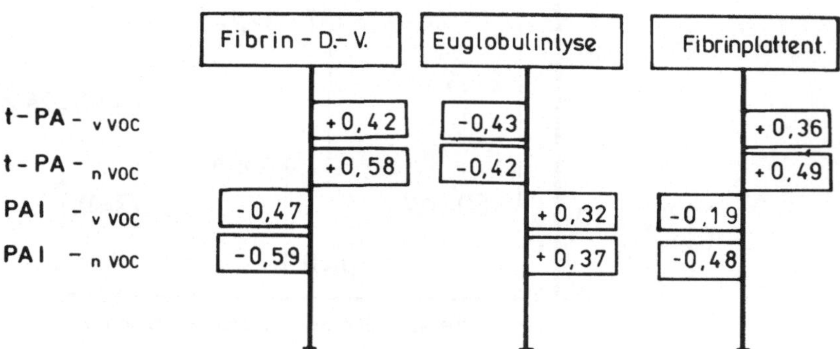

Abb. 4. Korrelationen zwischen Screeningtests und t-PA/PAI-1

Diskussion

Die Thrombophilie nimmt seit einigen Jahren als „neue" Störung der Hämostase in der klinischen Hämostaseologie eine zentrale Stellung ein [26, 27, 28].

Dieser Begriff beschreibt eine zeitweilig oder andauernde Dysregulation der Hämostase mit einer weniger oder stark ausgeprägten Neigung zu Thrombosen. Während bei der Entstehung arterieller Thrombosen eine erworbene Dysregulation des thrombozytären Systems im Vordergrund steht, ist bei der Entstehung venöser Thrombosen neben einem Mangel an Inhibitorproteinen eine Verminderung des Plasminangebotes bedeutsam. Nach der Pathogenese können Thrombosen bei sehr verschiedenen Grundkrankheiten auftreten oder hereditär bedingt sein. An die letzte Ursache ist besonders dann zu denken, wenn es sich um sogenannte „idiopathische" Thrombosen handelt, der betroffene Patient in einem Alter von 40 Jahren oder jünger ist und eine entsprechende Familienanamnese vorliegt. Die labordiagnostische Aufdeckung einer Thromboseneigung ermöglicht dann die rechtzeitige Einleitung einer adäquaten Prophylaxe, ohne die Wertigkeit allgemeiner Risikofaktoren zu vernachlässigen. In der Untersuchung ist der Einfluß oraler Antikonzeptiva auf die Bevorzugung des weiblichen Geschlechts in der Thrombosemanifestation bis zum 35. Lebensjahr erkennbar.

Allgemeine Risikofaktoren werden bei einmaliger Thrombose häufiger als bei Patienten mit Rezidivthrombosen beobachtet und unterstreichen die Wertigkeit dieser Faktoren in der Thromboseneigung [26]. Eine verkürzte aPTT ist ein wertvoller Hinweis auf eine Hyperkoagulabilität und weist auf eine Thrombosegefährdung hin [13].

In unserer Studie waren 39 Patienten mit einer Verkürzung der aPTT auffällig, davon waren 16 Patienten an rezidivierenden Thrombosen erkrankt. Eine Verlängerung der aPTT sollte bei Ausschluß anderer Ursachen an einen Lupusinhibitor denken lassen [9, 12], der bei keinem unserer Patienten nachgewiesen wurde.

Aus verschiedenen Mitteilungen geht hervor, daß erhöhte Werte von Fibrinogen und des von Willebrand-Faktors mit einem erhöhten Auftreten von Gefäßkomplikationen im arteriellen System korrelieren. Der von uns beobachtete Trend, daß hohe Spiegel von Fibrinogen und von Willebrand-Faktor ebenso für ein erhöhtes Risiko von venösen Thrombosen von Bedeutung sein könnten, bedarf einer weiteren Prüfung. Ein hereditärer AT III-Mangel wurde bei 5 Patienten, die zwei und mehr Thrombosen entwickelten, nachgewiesen und entspricht damit auch der in der Literatur angegebenen Häufigkeit [3, 23, 26].

Für die frühzeitige Manifestation einer Thrombose bei angeborenem AT III-Mangel dürften zusätzliche Störungen im „Thrombophilie-Ursachen-Spektrum" von Bedeutung sein [2]. In der Familie mit AT III-Mangel erkrankte bisher nur der 17jährige Sohn (Pat. K.M., Tabelle 5), während der Vater und der Bruder des Patienten mit nachgewiesenem AT III-Defekt bislang symptomlos blieben.

In der Diagnostik der Thrombophilie nehmen Fibrinolysedefekte auf Grund ihrer Häufigkeit einen vorderen Platz ein. Sie können durch Bestimmung der fibrinolytischen Kapazität erfaßt werden. Dazu verwendeten wir die Screeningtests Euglobulinlysezeit, Fibrinplattentest und das Fibrin-Differenz-Verfahren. Für die Methode des Fibrin-Differenz-Verfahrens sprechen die Verwendung des physiologischen Gesamtsystems Plasma, geringere Streuungen, die bessere Korrelation zu Parametern der Fibrinolyse und auch die Praktikabilität. Als häufigste Ursache der Thromboseneigung wurde eine Störung der Fibrinolyse ermittelt. Bei Verwendung des Fibrin-Differenz-Verfahrens zeigten 27% der Patienten eine Hypofibrinolyse. Ähnliche Ergebnisse werden von anderen Untersuchern mitgeteilt: Nilsson et al. 1985 (33%), Wiman et al. 1985 (35%), Korninger 1985 (25%), Scharrer und Hach-Wunderle 1988 (25%), Engesser et al. 1989 (19%), Petäjä 1989 (31%) und Vinazzer 1989 (28%). Die Resultate der Euglobulinlysezeit und des Fibrinplattentests ergeben einen wesentlich höheren Prozentsatz an Fibrinolysestörungen. Bei diesen Bestimmungen werden durch Euglobulinfällung Fibrinogen, Plasminogen, t-PA und t-PA-PAI-1-Komplexe ausgefällt, wodurch die Plasmaprobe verändert wird.

Einen Aufschluß über die Art des Fibrinolysedefektes ermöglicht die Bestimmung von t-PA und PAI-1 (Antigen und Aktivität) vor und nach Venostase. Als Ursachen für eine verminderte Kapazität der Fibrinolyse werden häufig ein erhöhter PAI-1-Spiegel und weniger eine verminderte Freisetzung von t-PA diskutiert [11, 19, 20]. In unserer Untersuchung fanden wir sowohl bei Patienten mit einer spontanen Thrombose als auch bei den Patienten mit Rezidivthrombosen einen Anstieg des PAI-1 im Vergleich zu gesunden Probanden. Hohe PAI-Aktivitätswerte scheinen für den Schweregrad des Fibrinolysedefektes und damit auch für die Beeinträchtigung der Thromboseabwehr bedeutsam zu sein. Patienten mit einer Rezidivthrombose unterscheiden sich von Patienten mit einer spontanen Thrombose durch eine signifikante Verminderung der fibrinolytischen Kapazität und einen Anstieg des Ruhe-PAI. Gewebsplasminogenaktivator und PAI-1 verhalten sich nach Venenokklusion bei den Patienten nicht homogen und weisen verschiedene Reaktionsmuster auf. Einen Abfall der PAI-Aktivität im Postokklusionsplasma weisen zwei Drittel der Patienten auf, das andere Drittel zeigt einen Anstieg. Niedrig freisetzbare t-PA-Aktivitäten und hohe PAI-Spiegel vor und nach Stimulation der Gefäßwand begünstigen die Hypofibrinolyse [18].

Zusammenfassend kann festgestellt werden, daß bereits durch die Bestimmung der Ruhe-PAI-Aktivität eine Aussage über den Fibrinolysedefekt möglich erscheint und der Venenokklusionstest auf die Fragestellung begrenzt werden kann, bei der eine Abgrenzung eines initial hohen PAI-1-Spiegels von einer t-PA-Freisetzungsstörung erreicht werden soll.

Zusammenfassung

Um die Ursachen einer Thrombosebereitschaft aufzudecken, wurden 187 Patienten mit venöser Thrombose im Mittel 2 Jahre nach dem Thromboseereignis nachuntersucht. 105 Patienten waren an einer Thrombose und 82 Patienten an zwei und mehr Thrombosen erkrankt. Neben Parametern der Hämostase wurden zur Ermittlung der fibrinolytischen Kapazität Screeningtests der Fibrinolyse und Aktivitätsbestimmungen von t-PA und PAI durchgeführt. Ein Fibrinolysedefekt wurde mit dem Fibrin-Differenz-Verfahren in 27 % der Fälle ermittelt. Patienten mit einer Rezidivthrombose weisen im Vergleich zu Patienten mit einer Spontanthrombose eine hohe PAI-Aktivität auf, die für eine Beeinträchtigung der Thromboseabwehr von Bedeutung zu sein scheint.

Literatur

1. Amiral J, Boyer C, Rothschild CH, Wolf M (1986) Protein C-Bestimmung mit einem Enzymimmunoassay. In: Witt I, Zimmer E (Hrsg) Protein C, Klinische Bedeutung und Bestimmungsmethoden.De Gruyter, Berlin, New York, 17–30
2. Andrew M, Mitchell L, Piovello F, Ofosu FA (1989) Alpha$_2$-Makroglobulin may provide protection from thromboembolic events in antithrombin III deficient children. Thromb Haemost Abstract 62:382
3. Ben-Tal O, Zivelin A, Seligsohn U (1989) The relative frequency of hereditary thrombotic disorders among 107 patients with thrombophilia in Israel. Thromb Haemost 61:50–54
4. Bertina RM, van der Linden IK, Engesser L, Müller HP, Brommer EJP (1987) Hereditary heparin cofactor II deficiency and the risk of development of thrombosis. Thromb Haemost 57:196–200
5. Brommer EJP, Barrett-Bergshoeff MM, Allen RA, Schicht I, Bertina RM, Schalekamp MADH (1982) The use of desmopressin acetate (DDAVP) as a test of the fibrinolytic capacity of patients – Analysis of responders and non-responders. Thromb Haemost 48:156–161
6. Dolan G, Greaves M, Cooper P, Preston FE (1988) Thrombovascular disease and familial plasminogen deficiency: a report of three kindreds. Br J Haematol 70:417–421
7. Engesser L, Brommer EJP, Kluft C, Briët E (1989) Elevated plasminogen activator inhibitor (PAI), a cause of thrombophilia? – A study in 203 patients with familial or sporadic venous thrombophilia. Thromb Haemost 62:673–680
8. Hach-Wunderle V, Scharrer I, Lottenberg R (1988) Congenital deficiency of plasminogen and its relationship to venous thrombosis. Thromb Haemost 59:277–280
9. Hasselaar P, Derksen RHWM, Blokzijl L, Hessing M, Nieuwenhuis HK, Bouma BN, de Groot PG (1989) Risk factors for thrombosis in lupus patients. Ann Rheum Dis 48:933–940
10. Jesperen J, Astrup T (1983) A study of the fibrin plate assay of fibrinolytic agents optimal conditions, reproducibility and precision. Haemostasis 13:301–315
11. Juan-Vague I, Valadier J, Alessi MC, Aillaud MF, Ansaldi J, Philip-Joet C, Holvoet P, Serradimigni A, Collen D (1987) Deficient t-PA release and elevated PA-inhibitor levels in patients with spontaneous or recurrent deep venous thrombosis. Thromb Haemost 57:67–72
12. Kienast J, Ostermann H, Stenzinger W, Kötter EM, van de Loo J (1989) Anti-Phospholipid Antikörper mit rezidivierenden venösen Thromboembolien und schwerer Autoimmunthrombozytopenie. Klin Wochenschr 67:691–695
13. Kitchens CS (1985) Concept of hypercoagulability: A review of its development clinical application and recent progress. Semin Thromb Haemost 11:293–315
14. Korninger C (1985) Hypofibrinolyse und venöse Thromboembolie. Hämostaseologie 5:144–149
15. Mannhalter C, Fischer M, Hopmeier P, Deutsch E (1987) Factor XII activity and antigen concentration in patients suffering from recurrent thrombosis. Fibrinolysis 1:259–263
16. Mannucci PM, Tripodi A (1987) Laboratory screening of inherited thrombotic syndromes. Thromb Haemost 57:247–251
17. Nagy I, Losonczy H (1986) Fibrinolysedefekte bei Patienten mit rezidivierenden Thrombosen. Folia haematol 113:208–211

18. Nguyen G, Horellou MH, Kruithof EKO, Conard J, Samama MM (1988) Residual plasminogen activator inhibitor activity after venous stasis as a criterion for hypofibrinolysis: a study in 83 patients with confirmed deep venous thrombosis. Blood 72:601–605
19. Nilsson IM, Ljungnér H, Tengborn L (1985) Two different mechanisms in patients with venous thrombosis and defective fibrinolysis: low concentration of plasminogen activator or increased concentration of plasminogen activator inhibitor. Br Med J 290:1453–1456
20. Petäjä J (1989) Fibrinolytic response of venous occlusion for 10 and 20 minutes in healthy subjects and in patients with deep vein thrombosis. Thromb Res 56:251–263
21. Petersen EJ, Allaart RCF, Meuwissen OJAT (1989) A dutch family with hereditary protein S deficiency. Netherl J Med 34:243–250
22. Robbins KC (1988) Dysplasminogenemias. Enzyme 40:70–78
23. Scharrer I, Hach-Wunderle (1988) Prävalenz und klinische Bedeutung der hereditären Thrombophilie. Inn Med 15:156–160
24. Schwieder G, Vieregge P, Wiedermann G, Wagner T (1987) Kongenitaler Protein-C-Mangel und thromboembolische Erkrankungen. Dtsch med Wochenschr 112:425–428
25. Vinazzer H (1988) New diagnostic possibilites for the detection of thrombophilic state. Folia haematol 115:235–259
26. Vinazzer H (1989) Risikofaktoren für venöse Thromboembolien. Wien klin Wochenschr 139:538–542
27. Vogel G (1988) Neue Möglichkeiten zur Diagnostik der Thrombophilie. In: Spanuth E et al (Hrsg) Das thromboembolische Risiko und die Dysbalance der Hämostase. Schattauer, Stuttgart, 1.11–1.14
28. Wiman B, Ljungberg B, Chmielewska J, Urden G, Blombäck M, Johnsson H (1985) The role of the fibrinolytic system in deep vein thrombosis. J Lab Clin Med 105:265–270

Diskussion

FRAU SCHARRER (Frankfurt):

Haben Sie die Untersuchungen standardisiert immer vormittags wegen dieser tagesrhythmischen Abhängigkeit durchgeführt?

ANDERS (ROSTOCK):

Diese Untersuchung erfolgt unter standardisierten Bedingungen immer morgens um 8 Uhr. Wir haben die Patienten für diese Untersuchung entsprechend einbestellt. Die Fallzahl ist sehr groß, wie ich dargestellt habe. Wir wollen diese Untersuchungen noch einmal wiederholen und prüfen, inwieweit sie reproduzierbar sind. Das Ergebnis kann ich vielleicht bei Gelegenheit einmal vorstellen.

Molekulargenetik und genomische Diagnostik der Hämophilie A

F. H. Herrmann, M. Wehnert, W. Schröder (Greifswald)

Zur Genetik der Hämophilie A

Die X-chromosal rezessiv vererbte Hämophilie A ist mit einer Häufigkeit von 1:4000–7000 männlichen Lebendgeborenen die häufigste Gerinnungsstörung des Menschen und wird durch den Mangel an Faktor VIII:C (F VIII:C) hervorgerufen. Das entsprechende Gen ist im distalen Bereich des langen Arms des X-Chromosoms lokalisiert.

An Hämophilie A erkranken aufgrund des Erbganges in der Regel nur männliche Anlageträger. Die klinisch meist unauffälligen heterozygoten Anlageträgerinnen (Konduktorinnen, Carrier) übertragen das mutante Allel auf 50% ihrer männlichen und 50% ihrer weiblichen Nachkommen.

Die erkrankten Hemizygoten können durch den Nachweis der biologischen Aktivität oder den immunologischen Nachweis des F VIII:C, d. h. des Genprodukts, problemlos diagnostiziert werden. Diese Nachweisverfahren setzen voraus, daß das Gen aktiv ist, also exprimiert wird. Bedingt durch die X-Chromosomeninaktivierung [21] bei weiblichen Individuen, können damit bereits vom theoretischen Ansatz her Konduktorinnen für die Hämophilie A nicht sicher identifiziert werden. In der Praxis werden Konduktorinnen auf diese Weise auch nur mit einer Sicherheit von 70% bis maximal 95% diagnostiziert [6, 7, 27]. Für eine effektive genetische Beratung einschließlich pränataler Diagnostik in entsprechenden Risikofamilien sind diese Methoden daher nur bedingt aussagefähig.

Struktur des Faktor VIII:C-Gens

Das F VIII:C-Gen wurde in der Region Xq 28 lokalisiert [5, 24, 25, 29]. Es ist mit einer Gesamtlänge von 186 kb eines der größten bisher analysierten Gene des Menschen (Abb. 1). Das Strukturgen enthält 26 Exons mit Größen zwischen 69–3106 bp, die etwa 4,8% des Gesamtgens ausmachen [4, 32, 47].

Molekulargenetik bei Hämophilie A

Seit der Isolierung und Charakterisierung des Faktor VIII:C-Gens und der Verfügbarkeit entsprechender cDNA-Sonden ist es möglich geworden, über

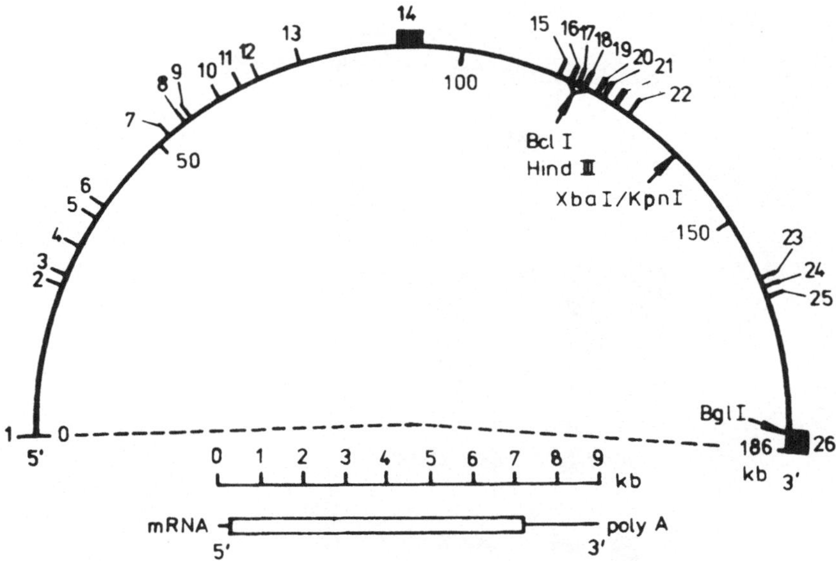

Abb. 1. Struktur des Faktor VIII:C-Gens. Die Struktur des Gens ist im oberen Teil als Halbkreis in 5'-3'-Richtung dargestellt. Durch die Zahlen 1–26 auf dem äußeren Rand des Halbkreises sind die Exons mit den dazwischen liegenden Introns symbolisiert. Intragene polymorphe Restriktionsorte, die diagnostisch genutzt werden, sind durch Pfeile und die Kurzbezeichnung der entsprechenden Restriktionsendonukleasen gekennzeichnet. Der am 5'-Ende gelegene 7 kb-Bereich der mRNA des translatierten F VIII:C-Präkursors ist im unteren Teil wiedergegeben

Restriktionsanalysen und Southernblotting methodisch einfach die im Bereich der eingesetzten Gensonden liegenden Genmutationen zu erfassen, die zufällig in den für die Restriktionsenzyme spezifischen Palindromsequenzen liegen oder zu solchen Sequenzen führen sowie solche, die große Genveränderungen (Deletionen, Duplikationen u. a.) bewirkt hatten. Aus kommerziellen Gründen standen uns das ganze F VIII:C-Gen überstreichende Sonden nicht zur Verfügung, sondern nur Sonden für die Teilbereiche, mit denen polymorphe Spaltorte nachweisbar sind. Im F VIII:C-Gen konnten mit Hilfe der Sonden pF8e16–19 [1] bzw. p482.6 [45] daher nur die Exons 16–19 sowie partiell das Intron 22 untersucht werden, die zusammen nur etwa 6% des Strukturgens repräsentieren. Veränderte Taq 1-Spaltorte konnten in diesem kleinen überprüften Strukturgenbereich nicht nachgewiesen werden.

Mit der Isolierung und Charakterisierung des F VIII:C-Gens [4, 32, 47] eröffneten sich neue Möglichkeiten sowohl für die Aufklärung der molekularen Pathologie der Hämophilie A auf DNA-Ebene als auch für die Entwicklung neuer Diagnosestrategien.

56 nicht miteinander verwandte Patienten aus den neuen Bundesländern (Mecklenburg-Vorpommern, Brandenburg, Berlin-Ostteil, Sachsen, Sachsen-Anhalt und Thüringen) mit einer schweren oder mittelschweren Hämophilie A wurden auf Veränderungen im Southernmuster von mit Bcl I, Hind III und

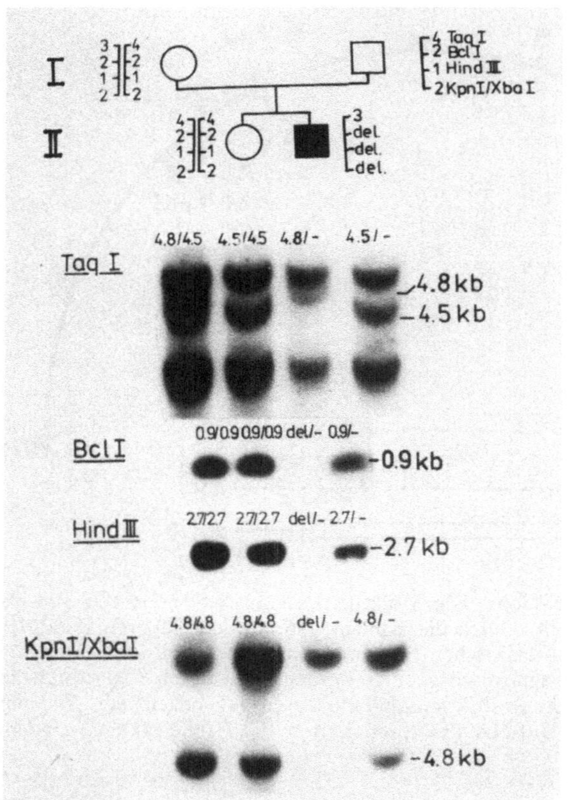

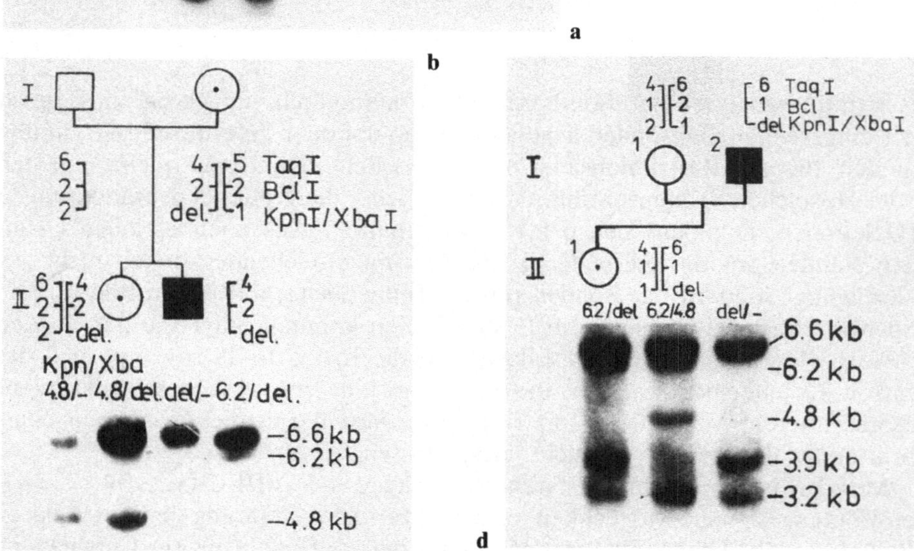

Abb. 2a–d. Partielle Deletionen im F VIII:C-Gen der Patienten G-750 (**a**), G-873 (**b**), G-516 (**c**) und G-560 (**d**) als direkte Marker bei der Segregationsanalyse in den Familien der Patienten. Die Haplotypen für den Taq I/St.14.1-, Bcl I/F8e16–19-, den KpnI/Xba I-int22-RFLP und die wesentlichen Southernmuster sind den einzelnen Individuen entsprechend zugeordnet. In c und d sind zur besseren Orientierung in den Kpn I/Xba I-int22-Blots die konstanten 3,2 kb-Fragmente mit abgebildet (weitere Erklärung siehe Text)

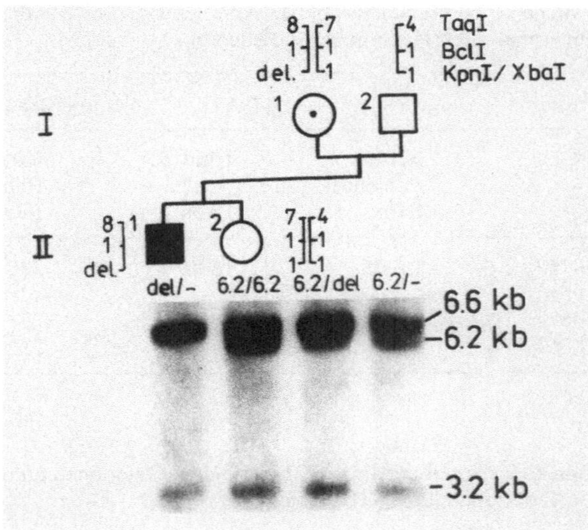

Abb. 2c

Kpn I/Xba I restringierter DNA ausgewertet (Abb. 2a–d). Die Blots wurden mit den Sonden pF8e16–19 bzw. p482.6 hybridisiert.

Bei 4 (7,1 %) der Patienten wurden abnorme Bandenmuster gefunden, die als Deletionen interpretiert werden konnten (Tabelle 1). Alle 4 Patienten sind in dem von der Sonde p482.6 überstrichenen Bereich des Introns 22 partiell (G-560) oder völlig (G-516, G-873) deletiert. Die Deletion erstreckt sich bei G-750 über das Intron 22 zum 5'-Ende hin mindestens bis zum Exon 16 [14, 36].

Bemerkenswert ist, daß in allen Fällen das Intron 22 beteiligt ist. Eine diesbezügliche Auswertung des internationalen Schrifttums ergibt (Tabelle 2) einen Anteil von Deletionen mit Intron 22-Beteiligung um 31 %. Dies scheint auf einen Deletions-hot spot hinzuweisen.

Ursache könnte eine Intron 22-homologe Sequenz sein. Sie ist in zwei weiteren Kopien nicht mehr als 1,2 Megabasen (Mb) vom F VIII:C-Gen entfernt am Locus DXS115 lokalisiert [20, 26, 41] und enthält ein aktives Gen unbekannter Funktion [19]. Die Sequenzhomologie könnte, ähnlich wie für die Retrotransposons L1 und LTR nachgewiesen, Rekombinationsereignisse begünstigen. Sie führen zu Insertionen [17, 48] bzw. Deletionen [22] und rufen so bevorzugt im F VIII:C-Gen Strukturveränderungen mit entsprechenden pathologischen Konsequenzen hervor.

Direkte Genanalyse und genomische Diagnostik

Bei der Größe und Komplexität des F VIII:C-Gens und unter Berücksichtigung der Tatsache, daß 1/3 aller Hämophiliepatienten auf Neumutationen zurückgehen, ist zu erwarten, daß jede Familie bzw. Sippe ihre eigene spezifische „private“ Mutation hat [8, 46]. Aufgrund dieser großen Heterogenität ist

Tabelle 1. Zusammenfasung der Abweichungen im Southernmuster von vier nicht miteinander verwandten Hämophilie A-Patienten

Patient	Verändertes Southernmuster			
	Bcl I (fehlende Exons)	Hind III (fehlende Exons)	Kpn I/Xba I (fehlendes Intron)	(zusätzliches Fragment)
G-750	16–19	16–19	22	–
G-516	–	–	22	–
G-873	–	–	22	–
G-560	–	–	22	3,9 kb

Tabelle 2. Anteil der Intron 22-beteiligten Deletionen an der Gesamtzahl der charakterisierten Deletionen im F VIII:C-Gen

Anzahl der Deletionen	Intron 22-beteiligte	Referenz
19	5	Antonarakis 1987
2	–	Mikami et al. 1988
1	(?)	Bardoni et al. 1988
6	1	Youssoufian et al. 1988
4	4	Wehnert et al. 1990
Gesamt:	32	10

der direkte Nachweis der Segregation des mutierten Allels in einer Risikofamilie über den Nachweis der Segregation der primären Veränderung, die zur Hämophilie führt, nur in wenigen molekular aufgeklärten Fällen möglich. Molekulargenetisch charakterisierte Deletionen im F VIII:C-Gen von Hämophilie A-Patienten lassen sich als direkte Marker für die Diagnostik einsetzen.

Abb. 3 zeigt, wie eine partielle Deletion als direkter Marker für die Carrierdiagnostik und pränatale Diagnostik genutzt werden kann. Beim Hämophilie A-Patienten (II-1) ist weder die 6,2 noch die 4,8 kb Bande für den Kpn I/Xba I Polymorphismus im Intron 22 nachweisbar, dagegen tritt ein 3,9 kb Fragment auf, das offensichtlich auf eine partielle Deletion für den mit der Sonde im Intron 22 nachweisbaren DNA-Bereich zurückzuführen ist. Die Tochter (III-1) des Patienten, eine genetisch sichere Konduktorin, erbte diese partielle Deletion von ihrem Vater und von der Mutter II-2 das polymorphe 6,2 kb Fragment. Über den Nachweis der partiellen Deletion, die offenbar die Hämophilie A beim erkrankten Vater bedingt, läßt sich pränatal die Weitergabe der spezifischen Mutationen verfolgen und eine entsprechende pränatale Diagnostik durchführen. Der Nachweis der partiellen Deletion, d.h. des spezifischen DNA Fragmentes, in männlichem fetalen Material läßt auf eine Hämophilie A

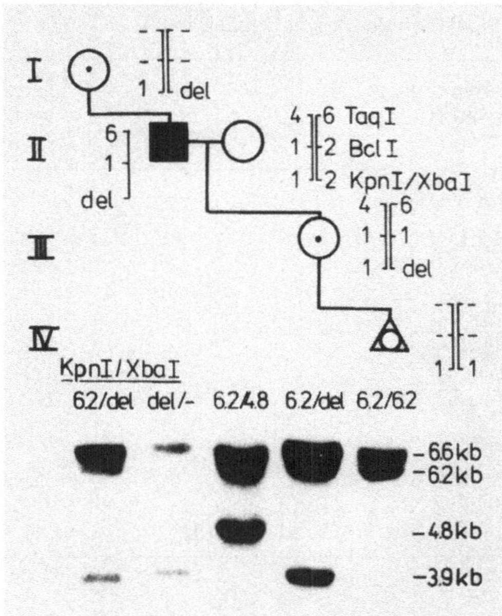

Abb. 3. Pränatale Diagnose der Hämophilie A mit Hilfe einer partiellen Deletion im Intron 22 des Faktor VIII:C-Gens als direkten Krankheitsmarker (Erklärung siehe Text)

und im weiblichen Feten auf eine Konduktorin schließen. Der weibliche Fet IV-1 zeigt diese partiele Deletion nicht und ist demzufolge homozygot gesund.

Indirekte Marker und genomische Diagnostik

Nur in 7% der Hämophilie A-Patienten konnte die Mutation molekulargenetisch charakterisiert werden, um sie als direkten Marker für die Segregationsanalyse zu nutzen. Daher wurde die Segregation der Hämophilie A im überwiegenden Teil der Familien über eng mit der jeweiligen Mutation gekoppelte intra- und intergene RFLP als Marker verfolgt. Um deren Wert für die Segregationsanalyse einschätzen zu können, wurden die Allelfrequenzen der einzelnen RFLP in den neuen Bundesländern ermittelt [13, 14] und daraus die Heterozygotenfrequenzen bestimmt (Tabelle 3). Die Heterzygotenfrequenzen sind ein Maß für die zu erwartende Informativität, d. h., wie häufig anhand der Segregation des jeweiligen RFLP als Marker auch eine Information über die Cosegregation der genetisch bedingten Erkrankung erhalten werden kann.

Allein bei Verwendung der intragenen Bcl I- und XbaI-int 22-RFLP für die genomische Segregationsanalyse in Risikosippen für Hämophilie A kann bei 57% der Fälle mit Informativität gerechnet werden. Da ein strenges Kopplungsungleichgewicht zwischen Bcl I und Hind III-RFLP in der Population nachgewiesen worden ist, wurde für die Segregationsanalyse zu diagnostischen Zwecken nur einer der beiden Marker ausgewertet, da beide Marker dieselbe Information liefern [13].

Werden die intergenen Taq I- und Bgl II-RFLP hinzugezogen, wird in 95% der Fälle Informativität erreicht. Damit stellen die untersuchten RFLP effek-

Tabelle 3. Heterozygotenfrequenzen intra- und intergener RFLP des F VIII:C-Gens in der Population der neuen Bundesländer

Polymorpher Spaltort	getestete weibliche Individuen	Heterozygotenfrequenz
intragen		
Bcl I	159	0,45
Xba I-int22	98	0,42
intergen		
Bgl II	47	0,47
Taq I	191	0,79
Xba I-DXS115	132	0,13
kombiniert		
Bcl I + Xba I-int22	58	0,57
Bcl I + Xba I + Taq I	77	0,92
Bcl I + Xba I + Taq I + Bgl II	41	0,95

tive Segregationsmarker für die Familienanalyse bei Hämophilie A in der untersuchten Population dar.

Charakterisierung und Allelfrequenzen eines neuen intergenen RFLP

Neben dem üblichen intergenen Taq I-Polymorphismus am Locus DXS52 und dem diallelen Bgl II-Polymorphismus am Locus DXS15, wurde ein neuer intergener RFLP in der genomischen Diagnostik der Hämophilie A eingesetzt. In Southernmustern einiger Individuen, die mit dem Kpn I/Xba I-int 22-RFLP untersucht wurden, tauchte neben der konstanten Bande von 6,6 kb, die dem außerhalb des F VIII:C-Gens liegenden Locus DXS115 zugeordnet werden kann [26, 45] und den polymorphen Intron 22-spezifischen Banden von 6,2 kb und/oder 4,8 kb [45] eine zusätzliche Bande von 5,2 kb auf [41]. Auffällig war, daß bei männlichen Individuen, die diese Bande aufwiesen, die Intensität der konstanten 6,6 kb Bande auf etwa die Hälfte reduziert erschien, wie beispielsweise bei II-1 in Familie A (Abb. 4). Die männlichen Individuen II-4 und II-1 der Familien B bzw. C (Abb. 4), bei denen zusätzliche Fragmente bei 5,1 kb und 5,2 kb auftraten, sind durch den vollständigen Verlust der konstanten 6,6 kb-Bande gekennzeichnet.

Bei weiblichen Individuen, die keines der zusätzlichen Fragmente aufwiesen, ist die Intensität der konstanten Bande immer stärker als bei männlichen (Abb. 4). Aus diesen Befunden ließ sich schlußfolgern, daß es sich bei den zusätzlichen Banden um polymorphe Fragmente der konstanten 6,6 kb-Bande handelt, hinter der sich zwei geringfügig unterschiedliche, mit der angewendeten Methode nicht auflösbare Banden verbergen könnten.

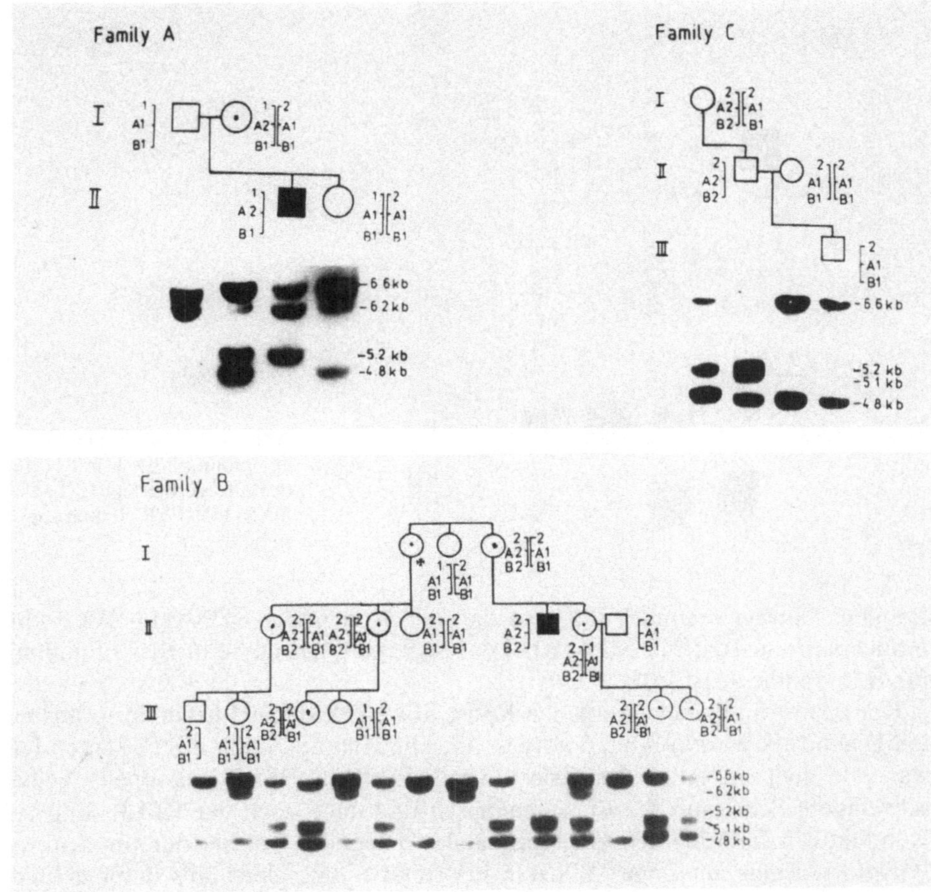

Abb. 4. Segregation der KpnI/XbaI-DXS115 RFLPs in drei Familien (Erklärung siehe Text)

Einen Beweis für die X-chromosomale Vererbung der polymorphen Banden lieferte Familie C (Abb. 4). Der Proband II-1 erbte die Banden von seiner Mutter I-1, übertrug sie jedoch nicht auf seinen Sohn. Die Mutter zeigte neben den polymorphen Banden des einen X-Chromosoms auch die (abgeschwächten) 6,6 kb-Banden des zweiten X-Chromosoms, die den polymorphen Xba I-Spaltort nicht enthalten.

Da es sich bei den nachgewiesenen zusätzlichen Fragmenten um zwei diallele Polymorphismen am Locus DXS115 mit Banden von 6,6 kb und 5,2 kb bzw. 6,6 kb und 5,1 kb handelt [41], wurden sie mit Polymorphismus A und B bezeichnet. Mit Hilfe des umfangreichen Materials konnten Angaben und Verteilung der polymorphen Allele in unserer Population gemacht werden.

In den bisher 8 informativen Meiosen wurde kein crossing over zwischen den A- und B-Loci und dem F VIII:C-Gen festgestellt. Die Allelfrequenzen für den A- und B-Polymorphismus zusammen wurde unter 184 unabhängigen X-Chromosomen in der untersuchten Population mit 0,071 bestimmt. Frequenzen aus anderen Populationen liegen bisher nicht vor. Die errechnete Heterozygoten-

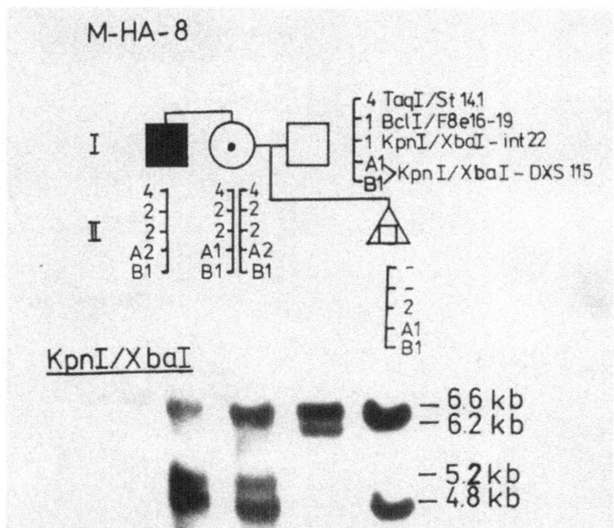

Abb. 5. Pränatale Diagnose der Hämophilie A mit Hilfe des intergenen KpnI/XbaI-DXS115-RFLP (Erklärung siehe Text)

frequenz beträgt demnach 0,13, so daß der Kpn I/Xba I-DXS115-RFLP ein brauchbarer zusätzlicher Marker bei der Segregationsanalyse in Risikofamilien für Hämophilie A ist [41].

Der erste Einsatz des intergenen Kpn I/Xba I-DXS115-RFLP in der pränatalen Diagnostik wird in Abb. 5 vorgestellt. Die Hämophilie A des Patienten I-1 war mit dem A2-Allel des Kpn I/Xba I-DXS115 RFLP gekoppelt. Seine schwangere Schwester I-2 ist genealogisch und auch nach der RFLP-Analyse Konduktorin. Hinsichtlich einer pränatalen Diagnose war sie nur für den A-Polymorphismus am Locus DXS115 informativ. Alle gleichfalls untersuchten intra- und intergenen RFLP lieferten keine Informationen. Die Hämophilie A des Bruders I-1 war mit dem A2-Allel des Kpn I/Xba I-DXS115-RFLP gekoppelt. Da bei dem zytogenetisch als männlich diagnostizierten Feten II-1 die polymorphe 5,2 kb-Bande nicht auftrat, konnte mit einer diagnostischen Sicherheit von 98–99 % ein gesunder Knabe vorausgesagt werden. Der Fet ging in der 15. Schwangerschaftswoche durch Spontanabort verloren.

Ergebnisse der Segregationsanalyse in Risikofamilien für Hämophilie A mit indirekten Markern

Von den 188 zu den Kernsippen gehörenden weiblichen Individuen wurden mit der RFLP-Analyse 141 als Konduktorinnen für Hämophilie A erkannt und 51 ausgeschlossen (Tabelle 4). Insgesamt konnte also für 95 % der potentiellen Konduktorinnen eine Aussage getroffen werden. Für 10 (5 %) der Getesteten war die Segregationsanalyse erwartungsgemäß auch unter Nutzung aller zur Verfügung stehenden Marker nicht informativ.

Wie aus Tabelle 4 weiterhin hervorgeht, war in 47 % der Untersuchten ein intragener RFLP informativ. Bei 48 % der Untersuchten lieferte nur ein inter-

Tabelle 4. Ergebnisse der genomischen Segregationsanalyse zur Konduktorinnendiagnostik in Risikofamilien für Hämophilie A mit intra- und intergenen RFLP

RFLP	Identifizierte Konduktorinnen	Ausgeschlossene Konduktorinnen	Nicht klassifiziert	Gesamt
Intragen	71	24		95
Intergen	70	27	10	97
Gesamt	141	51	10	202

gener RFLP Informativität. Davon entfielen 44,5% auf den Taq I/St14.1-RFLP. 4,0% der getesteten Probandinnen waren für den Bgl II/DX13-RFLP und 1,5% ausschließlich für den neuentdeckten Kpn I/Xba I-DXS115-RFLP informativ.

Bei den vorliegenden Untersuchungen wurden unter 39 informativen Meiosen 1 crossing over zwischen DXS52 (Taq I/St14.1) und dem F VIII:C-Gen (Bcl I/F8e16–19) beobachtet [35]. Das entspricht einer Rekombinationsrate von 2,6% zwischen diesen Loci.

Pränatale genomische Diagnostik bei Hämophilie A mit direkten und indirekten Segregationsmarkern

Von den mit Hilfe direkter und indirekter Marker identifizierten 141 Konduktorinnen für Hämophilie A konnte 126, die sich im bzw. vor dem reproduktiven Alter befanden, eine pränatale Diagnose auf der Grundlage der genomischen Segregationsanalyse angeboten werden (Tabelle 5). Für die pränatale Diagnose wird Choriongewebe in der 10.–12. Schwangerschaftswoche entnommen [30, 31]. Die isolierte DNA wird dann gezielt auf die in der jeweiligen Familie als informativ herausgefundenen Polymorphismen untersucht [34, 37, 42, 43].

Einige Möglichkeiten der pränatalen Diagnose sind in den Abb. 3 und 4 dargestellt. Erstmalig wurde auch der intragene Hind III-RFLP unter Nutzung der Polymerase chain reaction (PCR-Technik) für die pränatale Diagnostik genutzt [43].

Insgesamt nahmen bisher 10 Konduktorinnen aus 9 (11,6%) der mit Hilfe der genomischen Segregationsanalyse untersuchten 77 Risikofamilien für Hämophilie A die Möglichkeit zur pränatalen Diagnostik war (Tabelle 5). Es wurden 4 erkrankte männliche Feten diagnostiziert. In allen Fällen veranlaßte die Diagnose die Ratsuchenden zum Abbruch der Schwangerschaft. Die genomischen pränatalen Diagnosen wurden in diesen Fällen am Abortmaterial bestätigt.

Einführung und Etablierung der flächendeckenden genomischen Diagnostik für Hämophilie A und B in den neuen Bundesländern

Seit der Isolierung der Gene für die Gerinnungsfaktoren VIII:C und IX sind die Voraussetzungen für die Diagnostik und Prophylaxe der Hämophilie A und

Tabelle 5. Ergebnisse der genomischen Diagnostik bei Hämophilie A und B in den neuen Bundesländern (Stand 1. 7. 1990)

Genomische Diagnostik bei Hämophilie A	
Abgeschlossene Carrier-Diagnostik	*202*
davon Carrier	141
davon Carrier-Ausschluß	51
nicht identifizierbar	10
Deletionsscreening	**56**
(unter nicht verwandten Patienten)	
Deletionsnachweis	4
keine Deletion	52
Pränatale genomische Diagnostik (p.D.)	
Angebote zur p.D.	*126*
durchgeführte p.D.	*10*
männlich gesund	4
männlich krank	4
weiblich homozygot gesund	2
Genomische Diagnostik bei Hämophilie B	
Abgeschlossene Carrier Diagnostik	**41**
davon Anlageträgerinnen	18
davon Carrier-Ausschluß	11
nicht identifizierbar	12

B auf der DNA-Ebene gegeben. Im Institut für Medizinische Genetik standen 1985 die ersten molekularen Sonden zur Verfügung. Die methodischen Grundlagen, einschließlich der pränatalen Diagnostik, wurden bis 1986 erarbeitet [18, 28, 30, 31, 34].

Basierend auf diesen Ergebnissen entstand das Konzept des „Nationalen Programms zur genomischen Diagnostik der Hämophilien A und B". In enger Zusammenarbeit mit der Sektion Hämophilie der Gesellschaft für Hämatologie und Bluttransfusion der damaligen DDR, dem Hämophilieverband, den Hämophiliezentren und den genetischen Beratungsstellen konnte das Angebot für entsprechende Untersuchungen allen interessierten Hämophilen und deren Familien zugänglich gemacht werden. Die ersten genomischen Diagnosen in Hämophiliefamilien lagen 1987 vor [9, 10]. Der erste Hämophilie A-Fet wurde Anfang 1988 pränatal diagnostiziert [37]. Seit Ende 1989 ist das Programm realisiert und kann als flächendeckender diagnostischer Service für das Territorium der neuen Bundesländer Mecklenburg-Vorpommern, Brandenburg, Berlin-Ostteil, Sachsen, Sachsen-Anhalt, Thüringen angeboten werden [13, 14, 15, 40].

Alle gentechnischen Untersuchungen sind zentral für dieses Territorium im Institut für Medizinische Genetik Greifswald etabliert. Die pränatale Diagnostik wird ebenfalls zentral in Kooperation mit der Klinik für Gynäkologie und Geburtshilfe der Universität Greifswald garantiert. Es wurde ein einheitliches Befund- und Dokumentationssystem im Institut für Medizinische Genetik aufgebaut, das einen schnellen Zugriff auf die Daten der genomischen Analysen erlaubt.

Um den Ratsuchenden unnötige Wege zum Diagnoseort und den Wechsel der Bezugsperson zu ersparen, wurde die genetische Beratung, geneaologische Erfassung und Entnahme der Blutproben für die DNA-Präparation regional bei den behandelnden und beratenden Ärzten in den Hämophiliezentren und genetischen Beratungsstellen organisiert. Die Befunde der genomischen Diagnostik werden den Ratsuchenden vom Institut für Medizinische Genetik Greifswald über die regional zuständigen Kontaktärzte mitgeteilt, in deren Händen auch die weitere Behandlung der Familien verbleibt.

Die Information und Schulung der klinischen Partner und Betroffenen waren einerseits über 18 Vorträge auf Veranstaltungen der Fachgesellschaften, der Sektion Hämophilie und des Hämophilieverbandes gewährleistet. Andererseits wurden 13 Publikationen in Fach- und Weiterbildungszeitschriften zur Thematik der genomischen Diagnostik von Gerinnungsleiden veröffentlicht [9, 10, 11, 12, 15, 16, 33, 35, 37, 39, 40, 42, 44]. Weiterhin wurden zwei Weiterbildungsveranstaltungen für Ärzte und Naturwissenschaftler und eine entsprechende Veranstaltung für Betroffene vom Institut für Medizinische Genetik Greifswald organisiert und Möglichkeiten für persönliche Konsultationen angeboten.

Als Ergebnis dieser Bemühungen konnte bis zum 1.7. 1990 die genomische Analyse in 77 Hämophilie A- und 13 Hämophilie B-Familien, in denen eine schwere oder mittelschwere Hämophilie A auftrat, abgeschlossen werden. Weitere 40 Familien befinden sich in Untersuchung. Die Übersicht über die erzielten Ergebnisse sind in Tabelle 5 gegeben.

Danksagung

Die Autoren sind den Kollegen Dr. J. L. Mandel, Laboratoire Genetique Moleculaire des Eucaryotes, Strassbourg, Dr. N. Din, Nordisk Gentofte A/S Kopenhagen, Dr. L. Mulligan, Kingston General Hospital, Kingston und Dr. R. M. Lawn, Genentech Inc., San Francisco, für die großzügige Überlassung der Sonden St 14.1, P1, pF8e16–19, pX58dIIIc und p482.6 zu Dank verpflichtet. Die vorgestellten Untersuchungen wären nicht möglich gewesen ohne die bereitwillige und freundliche Unterstützung aller am Projekt beteiligten Kollegen in den genetischen Beratungsstellen, Hämophiliezentren und anderen klinischen Einrichtungen der neuen Bundesländer, denen auf diese Weise herzlich gedankt sei. Finanzielle Unterstützung für das Projekt wurde vom Ministerium für Hoch- und Fachschulwesen der ehemaligen DDR gewährt.

Für die technische Assistenz danken die Autoren Frau FMTA A. Steinmann.

Literatur

1. Ahrens P, Kruse TA, Schwartz M, Rasmussen PB, Din N (1987) A new Hind III restriction fragment length polymorphism in the hemophilia A locus. Hum Genet 76:127–128
2. Antonarakis SE, Youssoufian H, Kazazian HH Jr (1987) Molecular genetics of hemophilia A in man. Mol Biol Med 4:81–94

3. Bardoni B, Sampietro M, Romano M, Crapanzano M, Manucci PM, Camerino G (1988) Characterization of a partial deletion of the factor III gene in a haemophiliac with inhibitor. Hum Genet 79:86–88
4. Gitschier J, Wood WI, Goralka TM, Wion KL, Chen EY, Eaton DH, Vehar GA, Capon DJ, Lawn RM (1984) Characterization of the human factor VIII gene. Nature 312:326–330
5. Gitschier J, Drayna D, Tuddenham EGD, White RI, Lawn RM (1985) Genetic mapping and diagnosis of haemophilia A achieved through a Bcl I polymorphism in the factor VIII gene. Nature 314:338–340
6. Graham JB, Rizza CR, Chediak J, Manucci PM, Briet E, Ljung R, Kasper CK, Essien EM, Green PP (1986) Carrier detection in hemophilia A: A cooperative international study. I. The Carrier phenotype. Blood 67:1554–1559
7. Green PP, Manucci PM, Briet E, Ljung R, Kasper CK, Essien EM, Chediak J, Rizza CR, Graham JB (1986) Carrier detection in hemophilia A: A cooperative international study. II. The efficacy of a universal discriminant. Blood 67:1560–1567
8. Haldane JBS (1935) The rate of spontaneous mutation of a human gene. J Genet 31:317–326
9. Herrmann FH, Wehnert M, Wulff K (1988) Zur Molekulargenetik und genomischen Diagnostik (Carrierdiagnostik und pränatale Diagnostik) bei Hämophilie A. Z Klin Med 43:517–520
10. Herrmann FH, Kruse T, Wehnert M, Vogel G, Wulff K (1988) First experiences in application of RFLP analysis for carrier detection in preparation of prenatal diagnosis of Hemophilia A in the GDR. Folia Haematol 115:489–493
11. Herrmann FH, Wehnert M, Wulff K (1988) Struktur und Funktion der Factor VIII- und Factor IX-Gene und molekulare Diagnostik bei Hämophilie A und B. Z Ärztl Fortbild 82:1116–1126
12. Herrmann FH, Wehnert M, Wulff K (1988) Hämophilie A – Molekulargenetik und genomische DNA-Diagnostik. Wiss Z Ernst-Moritz-Arndt-Univ Nat-Wiss Reihe 37:57–61
13. Herrmann FH, Wehnert M, Wulff K (1990) RFLP analysis for diagnosis of haemophilia A in the German Democratic Republik. Clin Genet 37:12–17
14. Herrmann FH, Wehnert M, Schröder W, Wulff K (1990) Genomic diagnosis of haemophilia A and B. Thrombotic Haemorrh Dis 2:11–15
15. Herrmann FH, Wehnert M, Schröder W (1990) Genomic diagnosis of hemophilia A and B in the German Democratic Republic. Folia Haematol 117:601–608
16. Herrmann FH, Wulff K, Wehnert M (1990) Genomic diagnosis (carrier detection and prenatal diagnosis) in hemophilia A and B, Duchenne muscular dystrophy (DMD) and classical phenylketonuria (PKU). Wiss Z Ernst-Moritz-Arndt-Univ Nat-Wiss Reihe 39:57–61
17. Kazazian HH, Wong C, Youssoufian H, Scott AF, Phillips DG, Antonarakis SE (1988) Haemophilia A resulting from de novo insertion of L1 sequences represents a novel mechanism for mutation in man. Nature 332:164–166
18. Knoll W, Schütz M, Seidlitz G, Zschiesche M, Machill G, Wulff K, Wehnert M, Kraemer M, Grabow D, Schröder W, Grimm U, Herrmann FH (1988) Zytogenetische, biochemische und genomische Choriondiagnostik. Erste Erfahrungen und Ergebnisse in 55 Fällen. Z Klin Med 43:1679–1683
19. Levinson B, Kenwrick S, Lakich D, Hammonds G, Gitschier J (1990) A Transcribed Gene in an Intron of the Human Factor VIII Gene. Genomics 7:1–11
20. Lillicrap DP, Taylor SAM, Schuringa PCR, Blanchette VS, Lovsted JK, Weiler LJ, Bridge PJ (1990) Variation of the non-factor VIII sequences detected by a probe from Intron 22 of the factor VIII gene. Blood 75:139–143
21. Lyon MF (1961) Gene action in the X-chromosome of the mouse. Nature 190:372–373
22. Mager DL, Goodchild NL (1989) Homologous recombination between the LTRs of a human retrovirus like element causes a 5 kb deletion in two siblings. Am J Hum Genet 45:848–854
23. Mikami S, Nishimura T, Naka H, Kuze K, Fukui J (1988) A deletion involving intron 13 and Exon 14 of factor VIII gene in a haemophiliac with anti-factor VIII antibody. Jpn J Hum Genet 33:401–407

24. Patterson M, Bell M, Kress W, Davies KE, Froster-Iskenius U (1988) Linkage studies in a large fragile X family. Am J Hum Genet 43:684–688
25. Patterson MN, Bell MV, Bloomfield J, Flint T, Dorkins H, Thibodeau SN, Schaid D, Bren G, Schwartz CE, Wierunga B, Ropers H-H, Callen DF, Sutherland G, Froster-Iskenius U, Vissing H, Davies KE (1989) Genetic and physical mapping of a novel region close to the fragile site on the human X chromosome. Genomics 4:570–578
26. Patterson M, Gitschier J, Bloomfield J, Bell M, Dorkins H, Froster-Iskenius U, Sommer S, Sobell J, Schaid D, Thibodeau S, Davies KE (1989) An intronic region within the human factor VIII gene is duplicated within Xq28 and is homologous to the polymorphic locus DXS115 (767). Am J Hum Genet 44:679–685
27. Peake IR, Newcombe RG, Davies BL, Furlong RA, Ludlam CA, Bloom AL (1981) Carrier detection in haemophilia A by immunological measurement of factor VIII related antigen (VIIIRAg) and factor VIII clotting antigen (VIII:CAg). British J Haematol 48:651–660
28. Petruschka L, Wehnert M, Zschiesche M, Knoll W, Grimm U, Machill G, Schütz M (1985) Biochemische und zytogenetische Untersuchungen in kultiviertem Choriongewebe der Frühschwangerschaft. Z Klin Med 40:2005–2008
29. Purello M, Aldaheff B, Esposito D, Szabo P, Rocchi M, Truett M, Masiarz F, Siniscalco M (1985) The human genes for hemophilia A and hemophilia B flank the X chromosome fragile site at Xq27.3. EMBO J 4:725–729
30. Schütz M, Bredow V, Grabow D, Wehnert M (1985) Methoden der Chorionbiopsie für die pränatale Diagnose im 1. Schwangerschaftsdrittel. Erste Erfahrungen. Zbl Gynäkol 107:1114–1117
31. Schütz M, Knoll W, Grabow D, Kraemer M, Seidlitz G, Wehnert M, Petruschka L, Grimm U (1988) Diagnostische Chorionbiopsien im ersten Trimester – Erfahrungsbericht aus einem Zweijahreszeitraum. Zbl Gynäkol 110:872–876
32. Toole JJ, Knopf JL, Wozney JM, Sultzman LA, Buecker JL, Pittman DD, Kaufman RJ, Brown E, Shoemaker C, Orr EC, Amphlett GW, Foster WB, Coe ML, Knutson G, Fass DN, Hewick RM (1984) Molecular cloning of a cDNA encoding human antihaemophilic factor. Nature 321:342–347
33. Wehnert M, Herrmann FH, Wulff K (1988) Zur Molekulargenetik und genomischen Diagnostik (Carrierdiagnostik und pränatale Diagnostik) bei Hämophilie B. Z Klin Med 43:2195–2198
34. Wehnert M, Kiessling U, Schütz M, Machill G, Wulff K, Herrmann FH (1988) Modifiziertes Verfahren zur DNS-Präparation aus kultivierten und unkultivierten Fruchtwasserzellen und Choriongewebe. Z med Lab-diagn 29:126–127
35. Wehnert M, Herrmann FH, Metzke H, Thiele H, Vogel G, Kuhnert W, Ebener U, Wulff K (1988) Erste Ergebnisse bei der genomischen Carrierdiagnostik in Risikosippen mit Hämophilie A und B in der DDR. Z gesamte inn Med 43:441–444
36. Wehnert M, Herrmann FH, Wulff K (1989) Partial deletions of factor VIII gene as molecular diagnostic markers in hemophilia A. Dis Markers 7:113–117
37. Wehnert M, Schütz M, Knoll W, Wulff K, Herrmann FH (1990) Pränatale genomische Diagnostik bei Hämophilie A in der DDR. Z Klin Med 45:235–238
38. Wehnert M, Wulff K, Herrmann FH (1990) Molecular heterogeneity of mutations in X-linked diseases (Duchenne muscular dystrophy, hemophilia A, Lesch-Nyhan syndrome and X-linked ichthyosis)-Results of deletion screening. Biol Zentbl 109:119–129
39. Wehnert M, Herrmann FH (1990) Molekulargenetik und Prophylaxe der Hämophilie A. Med aktuell 16:220–221
40. Wehnert M, Aumann V, Ebener U, Güldenring H, Lenk H, Lopens A, Metzke H, Pelz L, Pfeiffer L, Prösch G, Schröder W, Schütz M, Thiele H, Vogel G, Weippert M, Wendisch J, Wittwer B, Weißbach G, Wulff K, Herrmann FH (1990) Stand der genomischen Diagnostik bei Hämophilie A in der DDR. Z Klin Med 45:1505–1508
41. Wehnert M, Schröder W, Herrmann FH (1990) A new marker at DXS 115 useful for carrier detection in hemophilia A. Hum Genet, 86:59–60
42. Wehnert M, Shukova EL, Surin VL, Schröder W, Solovjev GYA, Grinjeva NI, Herrmann FH (1990) Genomic carrier detection and prenatal diagnosis of haemophilia A in families at risk using the polymerase chain reaction (PCR). Folia Haematol 117:617–622

43. Wehnert M, Shukova EL, Surin VL, Schröder W, Solovjev GYA, Herrmann FH (1990) Prenatal diagnosis of haemophilia A by polymerase chain reaction (PCR) using the intragenic Hind III polymorphism. Prenatal Diagn 10:529–532
44. Wehnert M, Wulff K, Herrmann FH (1990) Gene deletions in X-linked diseases (Duchenne muscular dystrophy, hemophilia A, Lesch-Nyhan syndrome and X-linked ichthyosis). Wiss Z Ernst-Moritz-Arndt-Univ Greifswald Nat-Wiss Reihe 39:53–57
45. Wion KL, Tuddenham EGD, Lawn R (1986) A new polymorphism in the factor VIII gene for prenatal diagnosis of hemophilia A. Nucl Acid Res 14:4535–4542
46. Witkowski R, Herrmann FG (1989) Einführung in die klinische Genetik. 4. Auflage, Berlin 131–135
47. Wood WI, Capon DJ, Simonsen CC, Eaton DL, Gitschier J, Keyt B, Seeburg FH, Smith DH, Holingshead P, Wion KL, Delwart F, Tuddenham EGD, Vehar GA, Lawn RM (1984) Expression of active human factor VIII from recombinant DNA clones. Nature 312:330–337
48. Woods-Samuels P, Wong C, Mathias SL, Scott AF, Kazazian HH Jr, Antonarakis SE (1989) Characterization of a nondeleteroius L1 insertion in an intron of the human factor VIII gene and further evidence of open reading frames in functional L1 elements. Genomics 4:290–296
49. Youssoufian H, Kasper CK, Phillips DG, Kazazian HH Jr, Antonarakis SE (1988) Restriction endonuclease mapping of six novel deletions of the factor VIII gene in hemophilia A. A Hum Genet 80:143–148

Diskussion

MANNHALTER (Wien):

Sowohl wir in Wien als auch die Kollegen in Cardiff haben im Bereich des Intron 22 keine Deletion bei unseren Familien feststellen können. Mich würde jetzt interessieren, ob die vier Patienten, bei denen Sie eine Deletion als Ursache gesehen haben, aus einer bestimmten Region kommen, ob das also praktisch in einer Region als hot spot auftritt. Oder ist das bei Ihnen über ein größeres Gebiet verteilt?

HERRMANN (Greifswald):

Die Patienten stammen aus verschiedenen, nicht miteinander verwandten Familien der fünf neuen Bundesländer. Es scheint tatsächlich so zu sein, daß es hier relativ häufig ist, wenn ich es z. B. mit Studien aus Dänemark vergleiche, bei denen nur ein Patient gefunden wurde, bei dem so etwas besteht, oder mit Studien aus der Tschechoslowakei, von denen mir auch nur ein Patient bekannt ist. Es scheinen hier offenbar regionale Unterschiede zu bestehen.

Konduktorinnendiagnostik in der Hämophilie A – eine Strategie zur Einbeziehung gerinnungsphysiologischer Laborwerte als sinnvolle Ergänzung zu den molekulargenetischen Methoden

J. Oldenburg, R. Schwaab, U. Hammerstein, M. Ludwig, K. Olek, H.-H. Brackmann (Bonn)

Die neuen molekularbiologischen Methoden haben die Überträgerdiagnostik bei der Hämophilie A ganz entscheidend verbessert. Dabei wird in der Regel die Diagnose nicht direkt durch Erkennen des molekularen Defektes ermittelt, sondern indirekt über die Feststellung der Segregation der einzelnen X-Chromosomen innerhalb einer Familie mit DNA-Markern auch bezeichnet als RFLP's (Restriktions-Längen-Fragment-Polymorphismen [1–4]. Diese indirekte Methode hat aber einige Schwächen und ist deshalb für eine Reihe von Familien nur begrenzt aussagekräftig [4, 5].

Bezogen auf die von uns untersuchten 285 Frauen aus 91 Hämophilie A-Familien (darunter 47 Familien mit nur einem Hämophilen) ergibt sich folgende Informativität:

Bei 95 Frauen (33,33 %) war eine sichere Diagnose möglich, da entweder ein intragener DNA-Marker informativ war oder in einigen Fällen der Gendefekt direkt dargestellt werden konnte. Bei 103 Frauen (36,14 %) war die Diagnose wahrscheinlich (max. 95 % Sicherheit), da nur ein extragener Marker informativ war und somit eine Rekombinationsrisiko mit berücksichtigt werden mußte. Bei 87 Frauen (30,53 %) war keine Diagnose möglich, da bei 71 Frauen (24,91 %) eine Neumutation nicht ausgeschlossen werden konnte und bei 16 Frauen (5,62 %) die beiden X-Chromosomen der Mutter gleichmarkiert waren und somit nicht zu entscheiden war, welches X-Chromosom die Ratsuchende geerbt hat.

Das bedeutet, daß bei etwa 2/3 der Frauen zusätzliche Informationen zur Erhöhung der Diagnosesicherheit wünschenswert sind. Wir haben daher versucht die Information aus den gerinnungsphysiologischen Untersuchungen, Faktor VIII:C-Aktivität und von Willebrand-Antigen (F VIII:R Ag), mit in die Überträgerdiagnostik einzubeziehen.

Um festzustellen ob dies sinnvoll ist, haben wir an zwei Gruppen, eine bestehend aus 114 Überträgerinnen, die andere bestehend aus 125 Nicht-Überträgerinnen, mögliche Kriterien für die richtige Zuordnung ermittelt. In Tabelle 1 ist die Verteilung der Laborparameter Faktor VIII:C-Aktivität, von Willebrand-Antigen und dem Quotienten aus diesen beiden Parametern, in den beiden Gruppen dargestellt. Die Mittelwerte für die Faktor VIII:C-Aktivität, bei den Nicht-Konduktorinnen 101 %, bei den Konduktorinnen 56 % und

Tabelle 1. Verteilung der Laborparameter

		F VIII:C (%)	F VIII:R Ag (%)	F VIII:C/ F VIII:R Ag
Nicht-Konduktorinnen (n = 125)	MW	101 ± 39,4	101 ± 52,5	1,11 ± 0,40
	M	90	89	1,05
	SW	22–250	26–380	0,24–2,56
Konduktorinnen (N = 114)	MW	56 ± 26,6*	111 ± 51,6	0,55 p067 0,24*
	M	52*	102	0,53*
	SW	13–230	36–298	0,09–1,43

MW = Mittelwert ± Standardabweichung; M = Median; SW = Spannweite;
* = Statistische Signifikanz $P < 1,5*10^{-7}$

die Mittelwerte für den Quotienten, bei den Nicht-Konduktorinnen 1,11, bei den Konduktorinnen 0,55, unterscheiden sich dabei hochsignifikant $p < 1.5*10^{-7}$ voneinander und bieten sich damit als Zuordnungskriterium an, auch wenn, wie an den Streuungsparametern Standardabweichung und Spannweite erkennbar, der Überlappungsbereich erheblich ist [6, 7].

In Abb. 1 ist die Alters- und Blutgruppenabhängigkeit des Logarithmus der Faktor VIII:C-Aktivität in den beiden Gruppen dargestellt.

Man erkennt, daß zwischen der Gruppe der Konduktorinnen und der Gruppe der Nicht-Konduktorinnen ein deutlicher Unterschied für den Logarithmus der Faktor VIII:C-Aktivität besteht und das wiederum in diesen Gruppen ein Unterschied besteht zwischen der Blutgruppe 0 und der Blutgruppe Nicht-0. Alle 4 Kurven zeigen einen Anstieg des Logarithmus der Faktor VIII:C-Aktivität mit zunehmendem Alter [7, 8].

Eine Logarithmierung der Laborwerte war notwendig aufgrund der lognormalen Verteilung der Meßwerte. Durch die Logarithmierung wurden die Verteilungen der Laborparameter in den beiden Gruppen einander ähnlicher und damit die Zuordnung zu diesen Gruppen besser. Weiterhin wurden störende Wechselwirkungen zwischen den einzelnen Meßgrößen Alter, Blutgruppe und Diagnose vermieden. Wenn man die o.g. Abhängigkeiten mit in die Überträgerdiagnose einbezieht und die Information der Faktor VIII:C-Aktivität und dem Quotienten F VIII:C/von Willebrand-Antigen zu genau gleichen Teilen berücksichtigt, erreicht man die beste Zuordnung.

In Abb. 2 sind die Zuordnungswahrscheinlichkeiten aufgrund der gerinnungsphysiologischen Untersuchungen zu der Gruppe der Nicht-Konduktorinnen und der Gruppe der Konduktorinnen dargestellt. Oberhalb von 50% ist die Diagnose richtig unterhalb von 50% falsch. Es ist zu erkennen, daß die große Anzahl der Frauen nicht nur richtig, sondern auch mit einer hohen Wahrscheinlichkeit richtig zugeordnet wird. Zwischen 35 und 65% liegt die Wahrscheinlichkeit zu der einen oder zu der anderen Gruppe zu gehören bei <2:1. In diesem Bereich liefern die gerinnungsphysiologischen Untersuchungen keine zusätzlichen Informationen, da innerhalb dieser Grenzen die

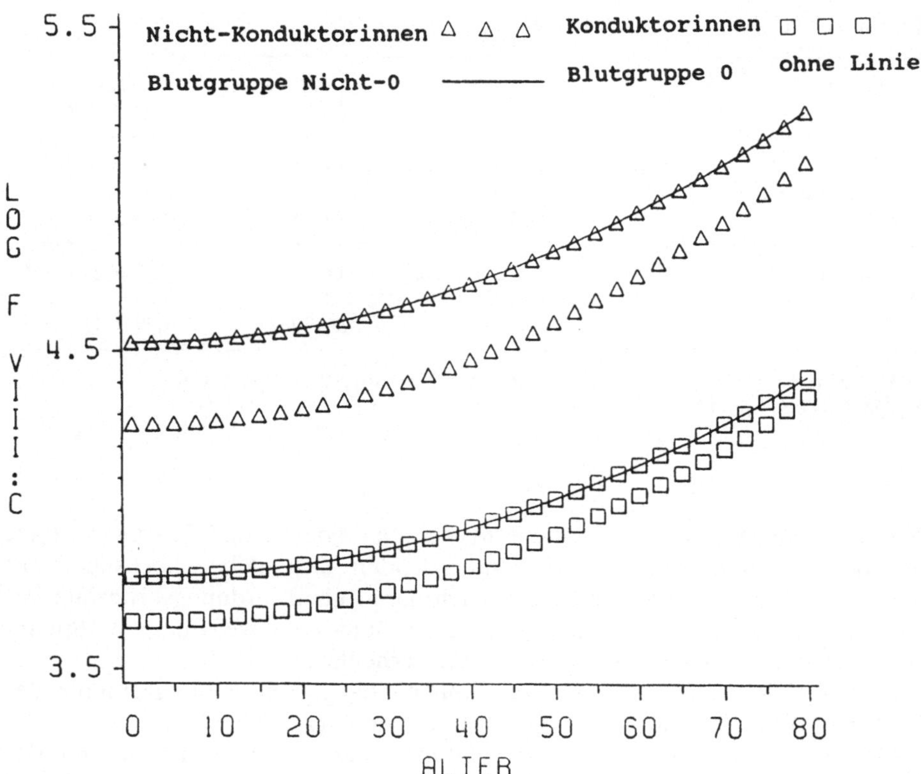

Abb. 1. Alters- und Blutgruppenabhängigkeit des Logarithmus der Faktor VIII:C-Aktivität. Innerhalb der Gruppe der Nicht-Konduktorinnen (dreieckige Symbole) und der Konduktorinnen (rechteckige Symbole) ist noch mal nach Blutgruppe 0 (ohne Linie zwischen den Symbolen) und Blutgruppe Nicht-0 (mit Linie zwischen den Symbolen) unterschieden

Ergebnisse der molekularbiologischen Untersuchung nicht entscheidend verbessert werden.

In Tabelle 2 sind die Ergebnisse der Histogramme noch einmal zusammengefaßt. Durch die gerinnungsphysiologischen Untersuchungen wird die richtige

Tabelle 2. Diagnosezuordnung mit Faktor VIII:C und Ratio

	Nicht-Konduktorin n (%)	Konduktorin n (%)	Insgesamt n (%)
richtige Diagnose wird unterstützt > 65%	96 (79,3)	74 (68,5)	170 (74,2)
keine zusätzliche Information > 35% und < 65%	22 (18,2)	26 (24,1)	48 (21,0)
falsche Diagnose wird unterstützt < 35%	3 (2,5)	8 (7,4)	11 (4,8)

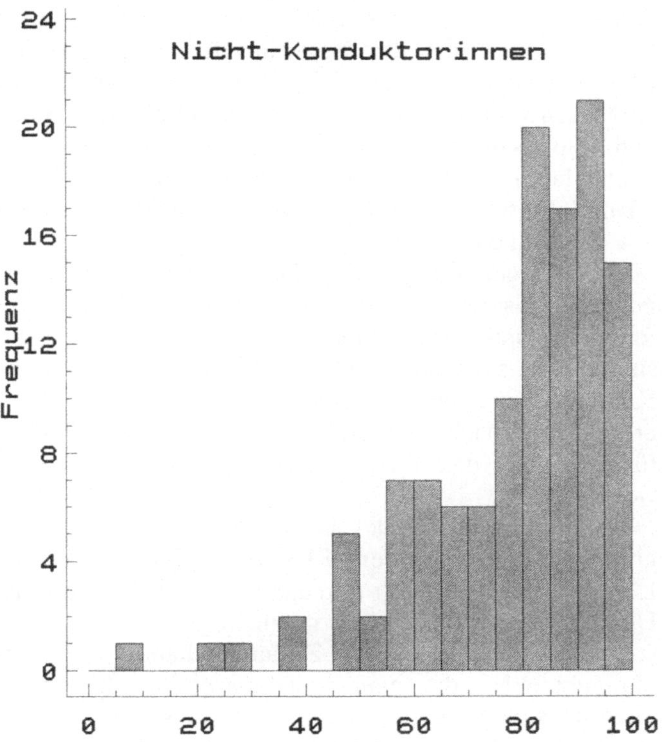

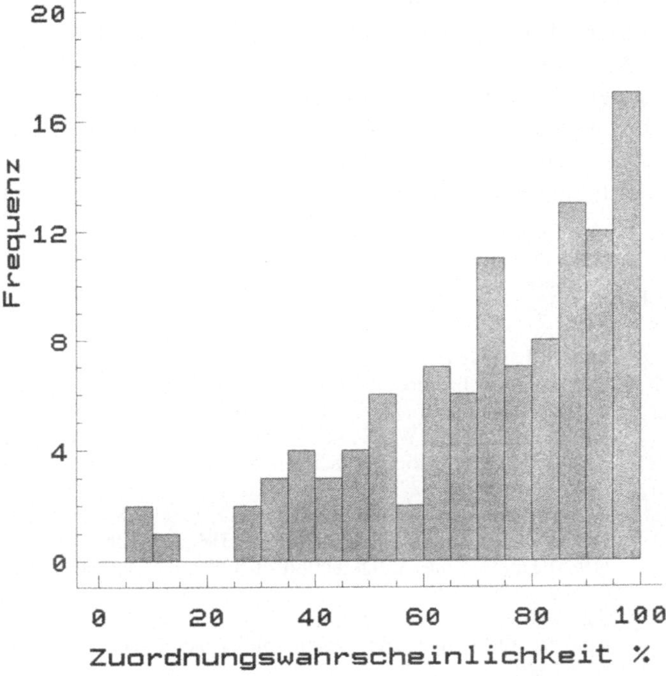

Abb. 2. Zuordnungswahrscheinlichkeiten aufgrund der gerinnungsphysiologischen Untersuchungen zu der Gruppe der Nicht-Konduktorinnen (Histogramm oben) und der Gruppe der Konduktorinnen (Histogramm unten)

Diagnose bei 96 Nicht-Konduktorinnen (79,3 %) und bei 74 Konduktorinnen (68,5 %) unterstützt, also insgesamt bei knapp 75 % der Frauen. Keine zusätzliche Information geben die gerinnungsphysiologischen Untersuchungen bei 22 Nicht-Konduktorinnen (18,2 %) und bei 26 Konduktorinnen (24,1 %), und damit insgesamt bei etwa über 20 % der Frauen.

Die falsche Diagnose wird bei 3 Nicht-Konduktorinnen (2,5 %) und bei 8 Konduktorinnen (7,4 %) unterstützt, und damit insgesamt nur bei weniger als 5 % der Frauen.

Diese Ergebnisse zeigen, daß die gerinnungsphysiologischen Daten eine gute und ausreichend zuverlässige Information über den Überträgerstatus liefern und somit eine Einbeziehung dieser Daten in die Überträgerdiagnostik sinnvoll ist. So konnte für die Ratsuchenden aus den von uns untersuchten Familien, bei denen die molekularbiologische Untersuchung keine Diagnose ermöglichte, nach Einbeziehung der gerinnungsphysiologischen Untersuchung für die Hälfte dieser Frauen eine Diagnosesicherheit von über 95 % erreicht werden.

Die Berechnungen des Überträgerrisikos wurden mit dem Computerprogramm MLINK aus dem LINKAGE PROGRAM PACKAGE von Herrn Lathrop und Herrn Ott durchgeführt, daß die Einbeziehung aller verfügbaren Daten über den Phänotyp ermöglicht [9, 10].

Ganz wichtig in diesem Zusammenhang ist, daß man alle Frauen eines Stammbaumes, die man molekularbiologisch untersucht hat auch gerinnungsphysiologisch untersucht. Auf der Grundlage der Information über die Segregation der X-Chromosomen innerhalb einer Familie stellen die gerinnungsphysiologischen Daten eine wertvolle Ergänzung dar, da durch jede zusätzlich untersuchte Frau in einer Familie nicht nur die Diagnosesicherheit für die Ratsuchende weiter erhöht wird, sondern in Familien mit nur einem Hämophilen mit jeder zusätzlich untersuchten Frau die Wahrscheinlichkeit steigt, Aussagen über eine Neumutation machen zu können. So konnten wir bei 38 Drei-Generationen-Familien mit nur einem Hämophilen in 29 Fällen Aussagen darüber machen, ob eine Neumutation in diesen 3 Generationen stattgefunden hat und wenn ja bei welchem Familienmitglied.

Literatur

1. Oberle I, Drayna D, Camerino G, White R, Mandel JL (1985) The telomeric region of the human x chromosome long arm: Presence of a highly polymorphic DNA marker and analysis of recombinant frequency. Proc Natl Acad Sci USA 82:2824
2. Gitschier J, Wood WI, Tuddenham EGD, Shuman MA, Goralka TM, Chen EY, Lawn RM (1985) Detection and sequence of mutations in the factor VIII gene of haemophiliacs. Nature 315:427
3. Antonarakis SE, Waber PG, Kitter SD, Patel AS, Kazazian HH Jr, Mellis MA, Counts RB, Stamatoyannopoulos G, Bowie EJW, Fass DN, Pittman DD, Wozney JM, Toole JJ (1985) Hemophilia A: Detection of molecular defects and carriers by DNA analysis. N Engl J Med 313:842
4. Schwaab R, Oldenburg J, Higuchi M, Ludwig M, Kochhan L, Horst J, Brackmann HH, Egli H, Olek K (1988) Haemophilia A: Carrier detection by DNA analysis. Blut 57:85–90

5. Graham JB, Green PP, McGraw RA, Davis LM (1985) Application of Molecular Genetics to Prenatal Diagnosis and Carrier Detection in the Hemophilias: Some Limitations. Blood 66:759–764
6. Akhmeteli MA, Aledort LM, Alexaniants S, Bulanov AL, Elston RC, Gunter EK, Goussey A, Graham JB, Hermans J, Larrieu MJ, Lothe F, McLaren AD, Mannucci PM, Prentice CRM, Veltkamp JJ (1977) Methods for the detection of haemophilia carriers: a memorandum. Bulletin of the WHO 55:675–702
7. Percy ME, Rusk ACM, Garvey MB, Freedman JM, Blake TP, Carter C, Andrew M, Johnson M, Inwood M, Andrews DF, Brasher PMA (1988) Carrier Detection in Hemophilia A: ABO Blood Group, Multiple Measurements, and Application of Logistic Discrimination. Am J Med Gen 31:871–879
8. Wahlberg TB, Savidge GF, Blombäck M, Wichel B (1980) Influence of Age, Sex and Blood Groups on 15 Blood Coagulation Laboratory Variables in a Reference Material Composed of 80 Blood Donors. Vox Sang 39:301–308
9. Ott J (1974) Estimation of the Recombination Fraction in Human Pedigrees: Efficient Computation of the Likelihood for Human Linkage Studies. Am J Hum Genet 26:588–597
10. Lathrop GM, Lalouel JM (1984) Easy calculation of lod score and genetic risks on small computers. AM J Hum Genet 36:460–465

Diskussion

N.N.:

Haben Sie auch Faktor VIII:C-Antigen gemessen? Das könnte wahrscheinlich die Aussage verbessern.

Aber ich möchte Sie etwas desillusionieren. Die Frauen wollen wissen: Kriege ich ein Kind mit Hämophilie, ja oder nein? Dann können Sie nur mit Wahrscheinlichkeiten antworten, die oft unbefriedigend sind.

OLDENBURG (Bonn):

Gut. Aber die Wahrscheinlichkeiten sind mit der Kombination der molekularbiologischen Methoden und der Gerinnungsuntersuchungen sehr gut und liegen zwischen 95 und 99%. Das ist besser als das, was vorher möglich war.

Zu der ersten Bemerkung: Wir haben das Faktor VIII:C-Antigen nicht gemessen, obwohl es Literaturhinweise gibt, die für eine Eignung zur Diagnosezuweisung sprechen. Mit einem Ausfall von nur 5% der Fälle, in denen Laborwerte eine falsche Diagnose unterstützen, haben wir ein Ergebnis, das man, glaube ich, vertreten kann. Es geht ja darum, zusätzliche Informationen über den Überträgerstatus zu bekommen, wenn die molekularbiologischen Untersuchungen kein eindeutiges Ergebnis liefern. Ich glaube, das ist uns gelungen.

V. Freie Vorträge

Über spezielle Probleme angeborener und erworbener Hämostasestörungen

Diskussionsleitung:
CH. HEINRICHS (Berlin)
E. SEIFRIED (Ulm)
E. WENZEL (Homburg)

Orthopädische Therapie der hämophilen Kniegelenkarthropathie unter besonderer Berücksichtigung der operativen Arthroskopie

H. H. Eickhoff, H.-H. Brackmann, W. Koch (Bonn)

Das Kniegelenk zeigt im Rahmen der hämophilen Arthropathie die größte Dichte pathologischer klinischer und radiologischer Veränderungen. Nach Hofmann ereignen sich 35 % aller Gelenkblutungen im Kniegelenk, gefolgt vom Sprunggelenk und Ellenbogengelenk mit 27,5 % bzw. 25 %. Jenseits des 30. Lebensjahres weisen ca. 90 % dieser Kniegelenke radiologisch erhebliche Destruktionen auf [1].

Zur Behandlung der Arthropathie stehen dem Orthopäden sowohl konservative als auch operative Verfahren zur Verfügung. Eine Kombination mehrerer Verfahren im Rahmen des Gesamtkonzeptes ist die Regel. Ausreichende Faktoren-Substitution ist obligat.

Bei der konservativen Therapie (Tabelle 1) liegt ein Schwerpunkt auf der individuellen krankengymnastischen Übungsbehandlung. Begleitend wird regelmäßig eine gezielte Elektrostimulation einzelner Muskelgruppen bei gleichzeitig aktiver Anspannung durch den Patienten vorgenommen. Lagerungsschalen werden bei stärkeren Kontrakturen in den Behandlungspausen angelegt. Eine Quengelung lehnen wir ab. Orthesen- und Schuhversorgungen fallen in den Bereich der technischen Orthopädie. Bei aktivierter Synovitis erfolgt eine antiphlogistische Begleitmedikation und im Einzelfall die intraartikuläre Injektion eines Cortison-Lokalanästhetikum-Gemisches.

Die an unserer Klinik gebräuchlichen operativen Verfahren (Tabelle 2) sind nebenstehend aufgeführt und reichen bis hin zur operativen Beinachsenkorrektur und der Gelenkprothese.

Tabelle 1. Konservative Therapie

Krankengymnastik (Bewegungsbäder)
Elektron. Muskelstimulation
Manuelle Mobilisation
Ergotherapie/Hilfsmittelversorgung
Lagerungsschalen
Orthesen
Schuhzurichtung
Antiphlogistika
Intraartikuläre Injektion
Radiosynoviorthese

Tabelle 2. Operative Therapie

Arthroskopische Operation
Arthrotomie mit anschl. Operation
Patella-Realignements
Tenomyotomie
Beinachsenkorrektur
Gelenkprothese

Die arthroskopische Operation hat die konventionelle Arthrotomie weitgehend verdrängt. Bei entsprechender Indikationsstellung ist das Verfahren in allen Stadien der Arthropathie erfolgreich einsetzbar. Ein wesentlicher Vorteil ist das geringe Operationsrisiko. Die Gesamtkomplikationsrate wird in der Literatur mit 5%, die Infektrate mit 0,06% angegeben [2, 3]. Bei der Arthrotomie kann man von einer Gesamtkomplikationsrate von 15% und einer Infektinzidenz von 1–3% ausgehen. Bei nur gering gestörter Propriorezeption ist eine gerade für den Hämophilen vorteilhafte früh-funktionelle Nachbehandlung mit rascher Mobilisation möglich. Die Nachteile des Verfahrens – technisch anspruchsvoller Eingriff und aufwendiges Equipment – nehmen sich demgegenüber geringfügig aus.

Die Arthroskopie des hämophilen Kniegelenkes gehört in die Hand des erfahrenen Arthroskopeurs. Üblicherweise wird eine Videokette benutzt. Der Eingriff wird in Vollnarkose oder Periduralanästhesie durchgeführt. Nach klinischer Untersuchung in Relaxation wird das Arthroskop meist über den antero-lateralen Standardzugang eingebracht. Nach Auffüllung des Kniegelenkes mit elektrolytfreier Lösung wird die Inspektion und Palpation mit dem über einen zweiten Zugang eingebrachten Tasthaken nach einem festen Schema vorgenommen. Im Anschluß wird je nach Befund die eigentliche Operation durchgeführt. Das hierzu benötigte Instrumentarium ist sehr vielfältig. Über den liegenden Trokar kann am Operationsende problemlos ein Drain eingelegt werden.

Das Spektrum der operativen Arthroskopie ist sehr groß (Tabelle 3). Bei akuter Gelenkblutung bietet sich die Lavage an. Da bei der Arthroskopie bis

Tabelle 3. Arthroskopische Operationsverfahren bei hämophiler Kniegelenksarthropathie

Lavage
Bridenresektion
Synovektomie (Früh-/Spät-)
Plikaresektion
Hoffaresektion
Lateral Release
Meniskus (Teil-)Resektion
Knorpelshaving
Entfernung freier Körper
Debridement

zu 15 Liter Flüssigkeit durch das Gelenk gespült und abgesaugt werden, läßt sich ein völliger wash-out erreichen. Zudem können Koagel gezielt mit dem Shaver angegangen werden. Bei rezidivierender oder chronischer Synovitis bietet sich die Früh- oder Spätsynovektomie an. In diesen Bereich fällt auch die Teilsynovektomie oder die Resektionsbehandlung der hypertrophen Plica medio-patellaris. Bei peripatellarer Symptomatik vom Insuffizienztypus wird nach fehlgeschlagenem konservativen Therapieversuch ein laterales Release durchgeführt. Der Eingriff kann über eine Meniskusteil- oder -totalresektion, Knorpelglättung und Entfernung freier Körper bis zu einem Debridement ausgeweitet werden. Wenn möglich, sollte aber ein „Rundumschlag" zugunsten einer gezielten Minimaloperation vermieden werden. Neben den vorgenannten therapeutischen Möglichkeiten bietet sich selbstverständlich der alleinige Einsatz der Arthroskopie zur Diagnostik, z. B. vor einer geplanten Umstellungsosteotomie an.

Patienten

In der Orthopädischen Universitätsklinik Bonn erfolgten von 1988 bis September 1990 16 arthroskopische Operationen bei hämophiler Kniegelenksarthropathie (Tabelle 4). Kein Patient wurde beidseitig operiert. Der Altersmedian betrug 32 Jahre. Bei 13 Patienten handelte es sich um eine Hämophilie A, bei 3 um eine Hämophilie B. In 10 Fällen fand sich im präoperativen Verlauf eine akute und in 6 Fällen eine langsame Verschlechterung des Gelenkbefundes. Im Rahmen der 16 Operationen wurden zum Teil mehrere Einzeleingriffe in Kombination durchgeführt (Tabelle 5). Eine ausschließliche Bridenentfernung erfolgte in 4 Fällen. Bei einem Patienten dieser Gruppe wurde in gleicher Sitzung eine offene Arthrolyse vorgenommen. Eine Lavage bei Hämarthros erfolgte in 4 Fällen.

Tabelle 4. Arthroskopische Operationen bei hämophiler Arthropathie 1988–9/1990; n = 16

Jahr		
1988		4
1989		4
1990		8

Patientenalter 32 (14–53)
Hämophilie A 13
Hämophilie B 3

Tabelle 5. Arthroskopische Operationen bei hämophiler Arthropathie 1988–9/1990; n = 16

Einzeleingriffe (Kniegelenk)	
Bridenentfernung	4
Lavage bei Hämarthros	4
Entfernung Corpus Librum	1
Hoffateilresektion	3
Plikaresektion	2
Synovektomie	5
Lateral Release	2
Meniskusteilresektion	3
Knorpelshaving	5

Ergebnisse

Als alleinige postoperative Komplikation kam es in 4 Fällen zur Nachblutung, 3mal nach einer Teilsynovektomie und einmal nach lateralem Release.

Bei der subjektiven Bewertung der Operation gaben 9 Patienten eine deutliche Besserung, 4 eine geringe und 2 keine Besserung an (Tabelle 6). Die Patienten mit akuter Verschlechterung im präoperativen Verlauf zeigten weitgehend unabhängig vom Schweregrad der Arthropathie das beste klinische Ergebnis und werteten den Eingriff am positivsten. Die Gruppe mit langsamer präoperativer Verschlechterung und zugleich fortgeschrittener Arthropathie konnte mit der Arthroskopie nicht befriedigend therapiert werden. Bei einem der Patienten erfolgte auch die erwähnte offene Arthrolyse als Folgeoperation. Eine weitere Folgeoperation – Arthroskopie und Lavage bei akuter Blutung – erfolgte ein halbes Jahr nach damals ebenfalls durchgeführter Lavage.

Eine Rückläufigkeit der Synovitis konnte im Einzelfall klinisch festgestellt werden. Eine objektive Prüfung unter Einsatz des Kernspintogramms als nicht invasivem diagnostischen Verfahren steht noch aus. Eine Veränderung der Faktoren-Substitution konnte aufgrund der noch kurzen Nachbeobachtungszeit nicht beurteilt werden.

Tabelle 6. Arthroskopische Operationen bei hämophiler Arthropathie 1988–9/1990; n = 16

Subjektive Bewertung der Operation	
Deutliche Besserung	9
Geringe Besserung	4
Keine Besserung	2
Verschlechterung	0

Zusammenfassung

Abschließend ist eine individuelle phasengerechte orthopädische Therapie der hämophilen Kniegelenksarthropathie zu fordern. Die Arthroskopie ist als risikoarme operative Behandlungsform vielfältig in das Behandlungskonzept zu integrieren. Unabdingbar für den Therapieerfolg ist die enge Zusammenarbeit von Orthopäden, Hämostaseologen, Physiotherapeuten und Patienten als Team.

Literatur

1. Hofmann P (1987) Orthopädische Probleme der plasmatischen Gerinnungsstörungen. In: Witt AN, Rettig H, Schlegel KF (ed) Orthopädie in Praxis und Klinik. Band VII, Teil 1. Georg Thieme Verlag, Stuttgart-New York
2. Nitzschke E, Rosenthal A, Moraldo M (1990) Komplikationen bei arthroskopischen Operationen am Kniegelenk. Arthroskopie 3:28–33
3. Raunest J, Löhnert J (1989) Intra- und postoperative Komplikationen bei 7000 arthroskopischen Operationen am Knie. Arthroskopie 2:47–52

Diskussion

FRAU SCHARRER (Frankfurt):

In unser therapeutisches Spektrum gehört neben der Arthroskopie auch die Radiosynoviorthese. Diese würden wir z. B. bei Hemmkörper-Patienten und bei HIV-Positiven einer arthroskopischen Operation vorziehen.

EICKHOFF (Bonn):

Bei den konservativen Verfahren war die Radiosynoviorthese aufgeführt. Das Problem ist jedoch, daß bei fortgeschrittener Arthropathie oft Gelenke angetroffen werden, die zum Teil gekammert sind. Das erschwert auch die Arthroskopie. Wir haben die Radiosynoviorthese eine Zeitlang durchgeführt, doch hat sich gezeigt, daß das ganze Gelenk damit nicht erreicht werden konnte.

In einer Arbeit aus Israel ist jetzt über 100 Fälle berichtet worden, die mit gutem Erfolg mit Radiosynoviorthese behandelt worden sind. Diese Patienten hatten einen günstigen Gelenkinnenbefund mit guter Verteilung des Nukleotids. Das erreicht man nicht, wenn das Gelenk gekammert ist, und deswegen haben wir die Radiosynoviorthese nur selten durchgeführt.

Chirurgische Großeingriffe bei Hämophilie A mit begleitender Thrombopathie

H. Knecht, Ph. Schneider, J. Hauert, F. Bachmann (Lausanne/Schweiz)

Einleitung

Eine Erhöhung des Plasmaspiegels des von Willebrand-Antigens (vWF:Ag) und des Ristocetin-Cofaktors (vWF:RCof) auf 2–4 U/ml führt *in vitro* bei gesunden Probanden zu vermehrter Plättchenadhäsion (Plt-Ad) und Plättchenaggregation (Plt-Ag) [1]. Bei Urämiepatienten wird eine verminderte Plt-Ad durch einen entsprechenden Mechanismus mit Erhöhung des vWF:Ag und vWF:RCof kompensiert [2]. Werden Patienten mit Hämophilie A mit dem Präparat *Haemate P®* auf physiologische Faktor VIII-Koagulant (F III:C)-Werte substituiert (1 U/ml), so ist ein Ansteigen des vWF:Ag und vWF:RCof Plasmaspiegels auf 3 bis 4 U/ml zu erwarten, da *Haemate P* das vWF:Ag und den vWF:RCof in sehr hoher Konzentration enthält [3, 4]. Eine günstige Wirkung dieser Substitutionstherapie auf Plt-Ad und Plt-Ag *in vivo* ist daher anzunehmen.

Methoden

Die Bestimmung der F VIII:C-Aktivität wurde nach Hardisty und McPherson [5] durchgeführt. Der Plasmaspiegel des vWF:Ag wurde mit dem *Asserachrom®* vWF kit (Diagnostica Stago, France) bestimmt. Die vWF:RCof Aktivitätsmessung erfolgte mit einem makroskopischen Plättchenagglutinationstest (Behringwerke AG, Marburg). Die Plättchenaggregationen wurden in plättchenreichem Plasma (200 G/l) mit einem *PAYTON* zwei-Kanal Aggregometer durchgeführt.

Resultate

Wir haben kürzlich 3 Patienten mit Hämophilie A und gleichzeitig bestehender Thrombopathie (Tabelle 1) während eines chirurgischen Eingriffs erfolgreich mit *Haemate P* therapiert. Durch regelmäßige Substitution während des Eingriffs und der ersten 24 Stunden wurde der F VIII:C-Spiegel auf 80–150% gehalten, was zu einer gleichzeitigen Erhöhung des vWF:Ag und vWF:RCof auf ein Mehrfaches der Norm führte (Tabelle 2). Eine erhöhte Blutungsnei-

Tabelle 1. Hämostaseparameter von 3 Hämophilie A-Patienten vor einem chirurgischen Großeingriff

Nr	F VIII:C (%)	BZ (Min)	Plt (G/l)	Plättchenaggregation ADP	Koll	Asr	Adr	Risto
1*	<1	9,5	191	n	v	–	–	n
2″	<1	12	150	n	v	–	–	–
3+	35	5	250	n	v	–	–	n

BZ = Blutungszeit mit Simplate II
ADP = Adenosindiphosphat (5 μM)
Koll = Kollagen (1,7 μg/ml)
Asr = Arachidonsäure (500 μg/ml)
Adr = Adrenalin (250 μM)
Risto = Ristocetin (1 mg/ml)

n = normal
v = vermindert
– = fehlend
* Kniegelenksprothese
″ Nephrektomie
\+ Hüftgelenksprothese

Tabelle 2. vWF:Ag und vWF:RCof Plasmaspiegel von Hämophilie A-Patienten mit optimaler Substitution an F VIII:C

Patient	F VIII:C	vWF:Ag	vW:RCof
1	110%	620%	510%
2	95	1010	880
3	130	370	340

Patient 2 präsentierte bei Klinikeintritt das Bild eines hämorrhagischen Schockes und wies vor Einleitung der Substitutionstherapie (F VIII:C <1%) bereits erhöhte Werte des vWF:Ag (570%) und vWF:RCof (510%) auf.

gung während der Eingriffe und der postoperativen Phase wurde nicht beobachtet, und in keinem Falle waren Transfusionen von Blutplättchen notwendig.

Diskussion

Aufgrund des klinischen Verlaufs (Operation und postoperative Phase) ist anzunehmen, daß die mit adäquater F VIII:C-Substitution einhergehende massive Erhöhung des vWF:Ag und vWF:RCof die Plt-Ad und Plt-Ag verbessert, und damit die Thrombopathie günstig beeinflußt hat. Ein möglicher Mechanismus könnte in einer verbesserten Plt-Ad vermittels des Glycoproteins Ib an das Fibrin liegen, da dieser Schritt bei hohen Scherkräften maßgebend vom vWF abhängt [6].

Wir empfehlen, vor Wahleingriffen an Hämophilie A-Patienten die primäre Hämostase (BZ, Plättchenaggregationen) abzuklären, um bei gleichzeitig bestehender Thrombopathie eine entsprechende Substitutionstherapie durchführen zu können.

Literatur

1. Sakariassen KS, Cattaneo M, van den Berg A, Ruggeri ZM, Mannucci PM, Sixma JJ (1984) DDAVP enhances platelet adherence and platelet aggregate growth on human artery subendothelium. Blood 64:229–236
2. Zwaginga JJ, Ijsseldjik MJW, Beeser-Visser N, de Groot PG, Vos J, Sixma JJ (1990) High von Willebrand factor concentration compensates a relative adhesion defect in uremic blood. Blood 75:1498–1508
3. Fukui H, Nishino M, Terada S et al (1988) Hemostatic effect of a heat-treated factor VIII concentrate (Haemate P) in von Willebrand's disease. Blut 56:171–178
4. Lawrie AS, Harrison P, Armstrong AL, Wilbourn BL, Dalton RG, Savidge GF (1989) Comparison of the *in vitro* characteristics of von Willebrand factor in British and commercial factor VIII concentrates. Brit J Haematol 73:100–104
5. Hardisty RM, McPherson JC (1962) A one sagte factor VIII (antihaemophilic globulin) assay and its use on venous and capillary plasma. Thrombosis et Diathesis Haemorrhagica 7:215–229
6. Hantgan RR, Hindriks G, Taylor RG, Sixma JJ, de Groot PG (1990) Glycoprotein Ib, von Willebrand factor, and glycoprotein IIb:IIIa are involved in platelet adhesion to fibrin in flowing whole blood. Blood 76:345–353

Diskussion

SCHIMPF (Heidelberg):

Haben Sie während der Operation auch die Blutungszeit kontrolliert? Es kann ja eine Hämostase auftreten, ohne daß diese normalisiert worden ist, selbst bei großen Operationen.

KNECHT (Lausanne):

Die haben wir nicht kontrolliert.

LECHLER (KÖLN):

Sind denn bei diesen Patienten auch andere Eingriffe durchgeführt worden, z. B. Zahnextraktionen, ohne daß auf von Willebrand-Antigen und von Willebrand-Ristocetin-Cofaktor geachtet wurde? Es könnte ja auch sein, daß diese Thrombozytopathie gar nichts bedeutet. Ist also bewiesen, daß dieser Defekt etwas bedeutet?

KNECHT (Lausanne):

Der zweite Patient hatte drei Jahre vorher eine Muskelblutung gehabt. Diese wurde chirurgisch behandelt. Im Anschluß daran hatte er eine Nachblutung, und er mußte wieder über längere Zeit substituiert werden.

Meteorologische Einflüsse auf die Blutungsneigung bei der Hämophilie

P. Linde, G. Syrbe (Jena)

Einleitung

Bereits seit dem Altertum sind Zusammenhänge zwischen bestimmten Wettererscheinungen und dem gehäuften Auftreten einer Reihe von Erkrankungen bekannt. Diese zunächst empirisch ermittelten Beziehungen wurden durch die moderne medizinmeteorologische Forschung bestätigt. Es gilt heute als erwiesen, daß eine Vielzahl von Krankheiten durch meteorologische Faktoren beeinflußt wird.

Auch die Blutungsneigung bei der Hämophilie scheint in nicht unbedeutendem Maße vom Wetter abzuhängen. Im Hämophiliedispensaire fällt auf, daß an manchen Tagen ohne vordergründig erkennbare Ursache gehäuft Spontanblutungen auftreten. Viele Patienten nehmen an, daß das Wetter die Blutungsneigung beeinflußt, da sie erfahrungsgemäß bei bestimmten Wettersituationen häufiger Blutungen erleiden.

Zielstellung und Methodik

Ziel der vorliegenden Untersuchung war es, den Einfluß meteorologischer Faktoren auf die Hämophilie genauer zu untersuchen. Dazu wurden in einer einjährigen prospektiven Studie an über 300 Hämophilen aus dem mittleren und südlichen Teil der DDR EDV-gerechte Blutungskalender (Tabelle 1) mit einem entsprechenden Begleitschreiben verschickt. Die Kalender enthielten Angaben zur Blutungsfrequenz, Blutungslokalisation und -intensität. Von meteorologischer Seite wurden den Blutungsdaten folgende Parameter gegenübergestellt:

- ein komplexes Wetterphasenschema, dem die Vorstellung von einem „idealen Kreislauf" der Wettervorgänge zugrunde liegt, wie er sich ergeben würde, wenn ein anfänglich vorhandenes Hochdruckgebiet von einem von Westen nach Osten durchziehenden Tiefdrucksystem abgelöst wird. Diese Westwetterlage ist für unsere Breiten typisch (Tabelle 2);
- klassische meteorologische Elemente wie Temperatur, Luftfeuchte, Luftdruck u. a.;
- daraus abgeleitete kombinierte Parameter, die einer besseren Charakterisierung des atmosphären Temperatur-Feuchte-Komplexes dienten.

Tabelle 1. Blutungskalender

Blutungskalender-Nr.: .... Quartal 1986

Name: Geburtsdatum:

Adresse:

1	2	3	4	5	6
Blutungs-beginn	Blutungseintritt 7–14 Uhr = 1 14–21 Uhr = 2 21– 7 Uhr = 3	Blutungs-ort*	Blutungs-dauer (in Tagen)	Stationäre Behandlung nein = 0 ja = 1	Kryopräzip.- bzw. PPSB-Verbrauch Gesamtzahl

* Schultergelenke = 1, Ellenbogeng. = 2, Handg. = 3, Hüftg. = 4, Knieg. = 5, Sprungg. = 6, sonstige G. = 7, Muskel- oder Weichteilblutung = 8, Nasenbluten = 9, Magen-Darmbluten = 10, Nierenbluten = 11

Tabelle 2. Komplexes Wetterphasenschema

Wetterphase 1:	wolkiges Schönwetter
Wetterphase 2:	sonniges Schönwetter
Wetterphase 3:	föhniges Schönwetter
Wetterphase 4^0:	dünner Bewölkungsaufzug
Wetterphase 4^1:	aufkommende Wetteränderung
Wetterphase 4^2:	Wetterumschlag mit Warmfrontdurchzug
Wetterphase 5^0:	Tiefdruckkern
Wetterphase 5^1:	Kaltfrontdurchgang
Wetterphase 6^0:	Rückseitenwetter
Wetterphase 6^1:	leicht gestörtes Wetter

Die meteorologische Charakteristik berücksichtigte die aktuellen Meßwerte und ihre Änderung zur mittelfristigen atmosphärischen Vorgeschichte. Auch die Abweichung von jahreszeitlichen Trends wurde in die Analyse einbezogen.

Die Auswertung erfolgte sowohl global für den gesamten Beobachtungszeitraum als auch jahreszeitlich differenziert, um saisonale Biotropiebesonderheiten zu berücksichtigen. Die statistische Prüfung wurde unabhängig voneinander mit dem Chiquadratanpassungstest und der Berechnung des Bernoulli-Index durchgeführt.

Ergebnisse

223 Hämophile beteiligten sich an der Studie und führten regelmäßig die Blutungskalender. 51 von ihnen hatten im Beobachtungszeitraum keine Blutungen zu verzeichnen. Bei den übrigen 171 Patienten traten insgesamt 1802 Blutungsepisoden auf. Mehr als 70 % aller Blutungen betrafen erwartungsgemäß die Gelenke, wobei die Ellenbogen-, Knie- und Sprunggelenke dominierten. An zweiter Stelle folgten Muskel- und Weichteilblutungen.

Die Blutungshäufigkeit wurde durch das atmosphärische Geschehen signifikant beeinflußt. Bei ungestörtem Wetterablauf bestand im allgemeinen eine deutlich geringere Blutungsneigung. Dagegen traten unter Tiefdruckeinfluß, vorwiegend im Bereich von Kaltfronten, gehäuft Blutungen auf. Dieser Zusammenhang war besonders im Winter ausgeprägt (Abb. 1 und 2).

Im Sommer fiel auf, daß sehr sonniges, strahlungsintensives Wetter mit einer Blutungshäufung verbunden war, während andererseits das thermisch behag-

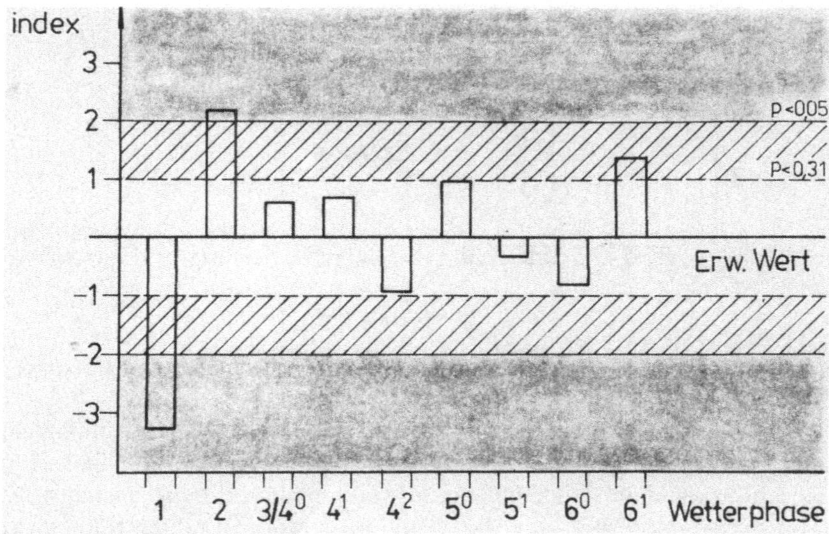

Abb. 1. Abweichung der Blutungshäufigkeit vom Erwartungswert bei den verschiedenen Wetterphasen (Jahressumme)

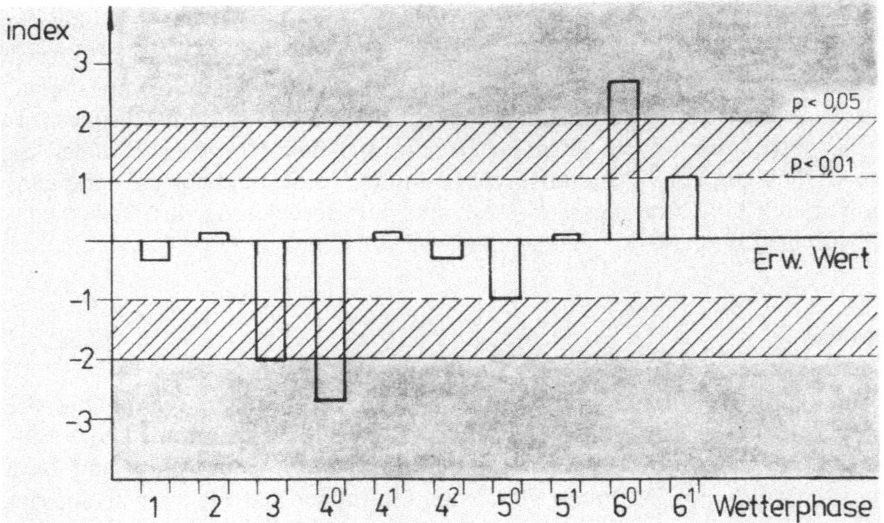

Abb. 2. Abweichung der Blutungshäufigkeit vom Erwartungswert bei den verschiedenen Wetterphasen im Winter

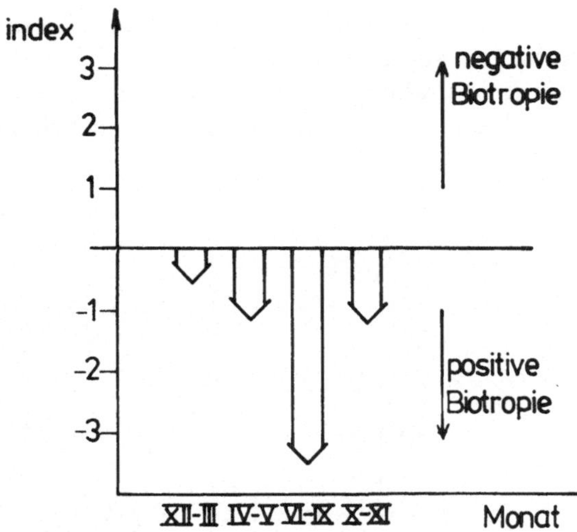

Abb. 3. Saisonale Biotropie des wolkigen Schönwetters

lichere wolkige Schönwetter eine ausgesprochen günstige Biotropie aufwies (Abb. 3 und 4).

Die Blutungsfrequenz zeigte weiterhin eine deutliche Abhängigkeit vom atmosphärischen Temperatur-Feuchte-Gang. Es war ein annähernd paralleler Verlauf erkennbar, d. h., die Blutungszahl nahm mit dem Anstieg von Temperatur und Dampfdruck zu (Abb. 5 und 6). Dieser Trend fand sich im gesamten Beobachtungszeitraum, unabhängig von den jeweils jahreszeitlich vorherrschenden Außentemperaturen. Eine besonders starke Blutungsneigung

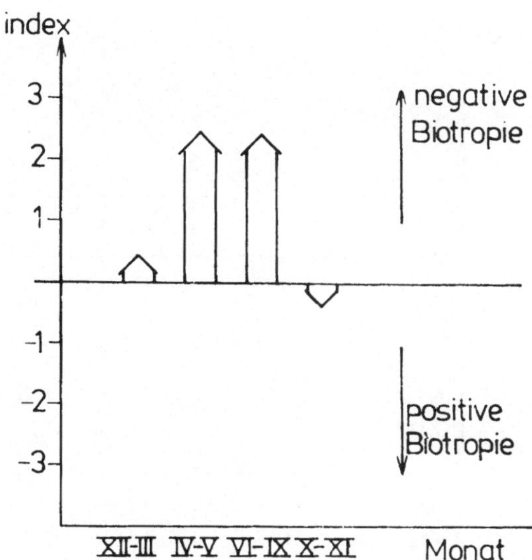

Abb. 4. Saisonale Biotropie des sonnigen Schönwetters

bestand jedoch bei thermisch sehr belastenden Tagesmitteltemperaturen oberhalb 20 °C und Äquivalenttemperaturen über 40 °C, die natürlich vorwiegend in der warmen Jahreszeit auftraten.

Bei der Auswertung fiel auf, daß die Berücksichtigung der atmosphärischen Vorgeschichte oder jahreszeitlicher Erwartungswerte die statistische Beziehung erhöhte, d. h., die biologische Wirkung ging vor allem von einer Wetteränderung aus.

Die Blutungshäufigkeit ließ ebenfalls eine signifikante Abhängigkeit von der Globalstrahlung erkennen, die ihrerseits natürlich in enger Beziehung zu dem thermischen Milieu steht. Strahlungsreiches, ungestörtes Wetter verringerte die Blutungsneigung, während strahlungsarmes trübes Wetter sie zu fördern schien. Dieser Zusammenhang war vor allem im Winter, also während der lichtarmen Jahreszeit, erkennbar (Abb. 7). Eine etwas abweichende Biotropie wurde im Sommer beobachtet, wo strahlungsintensives Wetter, wahrscheinlich aufgrund der hohen thermischen Belastung, die Blutungsneigung begünstigte (Abb. 8 und 9).

Auch der Luftdruck beeinflußte die Blutungshäufigkeit. Es bestand eine annähernd inverse Beziehung. Niedriger bzw. fallender atmosphärischer Druck ging mit einem Anstieg der Blutungsfrequenz einher, während bei Hochdruckeinfluß ein Rückgang erkennbar war (Abb. 10 und 11).

Diskussion und Schlußfolgerungen

Die Blutungsneigung bei der Hämophilie wird offensichtlich vom Wetter beeinflußt. Zusammenhänge zwischen dem atmosphärischen Geschehen und hämophilen Blutungen beschrieben bereits Karobath und Undt (1965) sowie

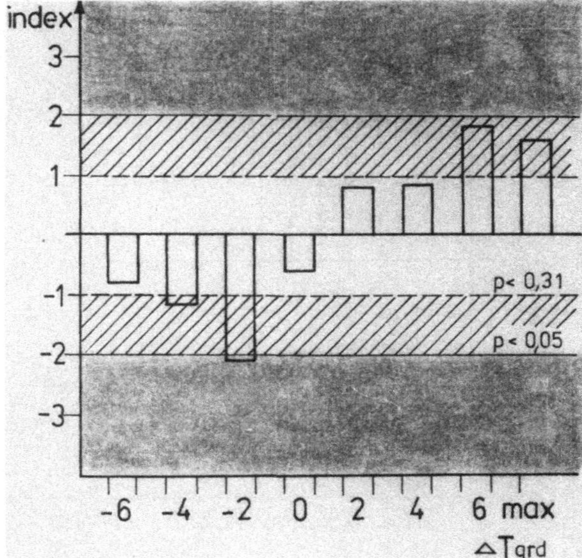

Abb. 5. Abweichung der Blutungshäufigkeit vom Erwartungswert zur Temperaturänderung (Jahressumme)

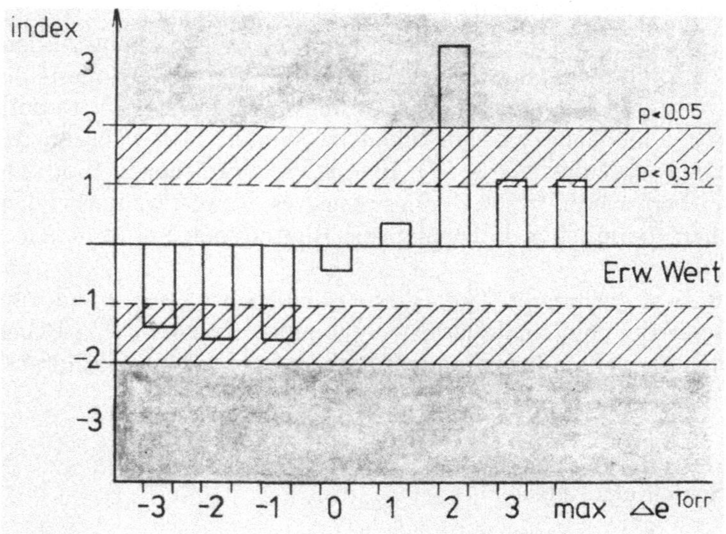

Abb. 6. Abweichung der Blutungshäufigkeit vom Erwartungswert zur Dampfdruckänderung (Jahressumme)

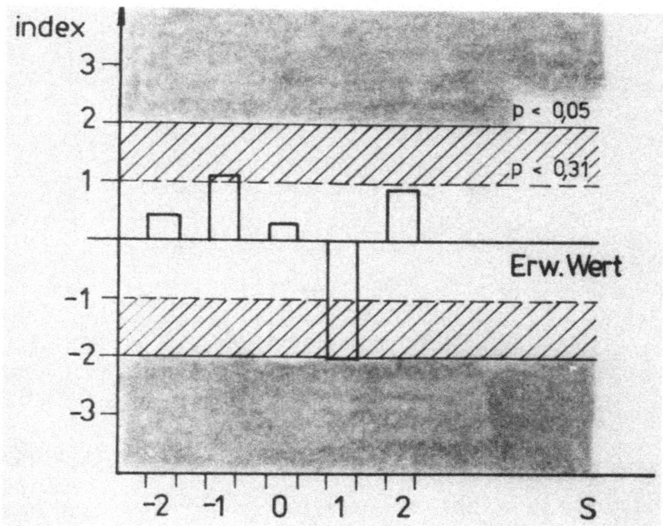

Abb. 7. Abweichung der Blutungshäufigkeit vom Erwartungswert zur Globalstrahlung (Jahressumme) (-2 = stark unternormale; -1 = unternormale, 0 = normale; 1 = übernormale; 2 = stark übernormale Strahlungsverhältnisse)

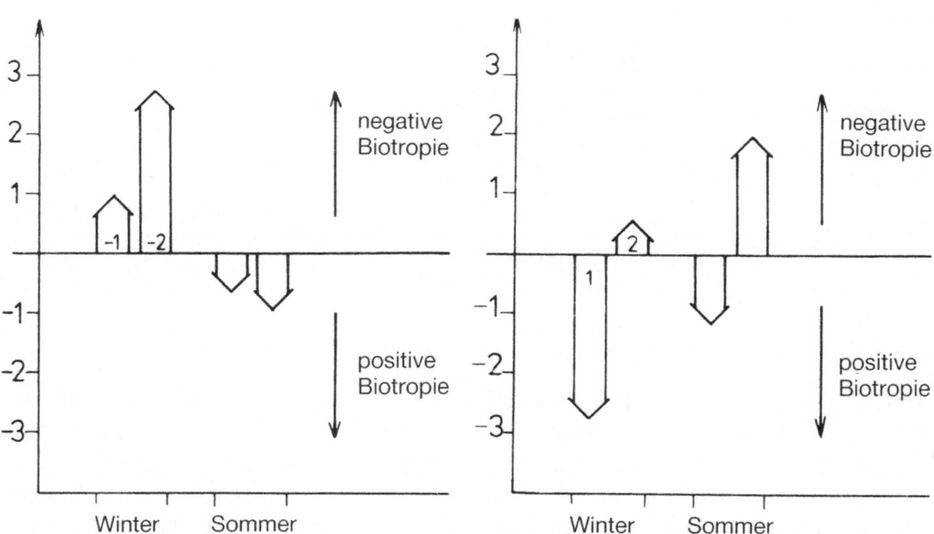

Abb. 8. Jahreszeitlich verschiedene Biotropie strahlungsarmer Witterung

Abb. 9. Jahreszeitlich verschiedene Biotropie strahlungsintensiver Witterung

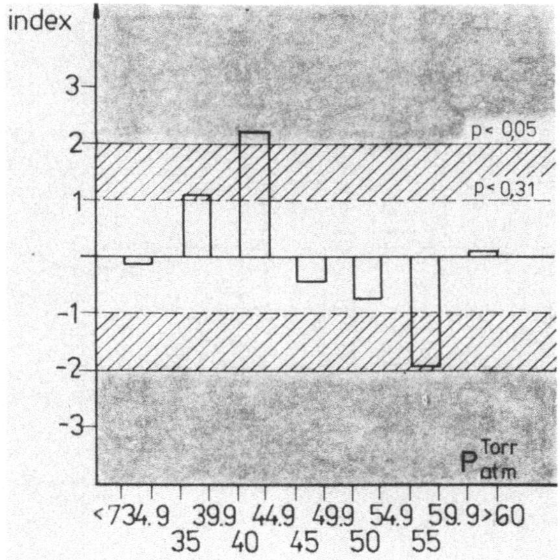

Abb. 10. Abweichung der Blutungshäufigkeit vom Erwartungswert zum Luftdruck (Jahressumme)

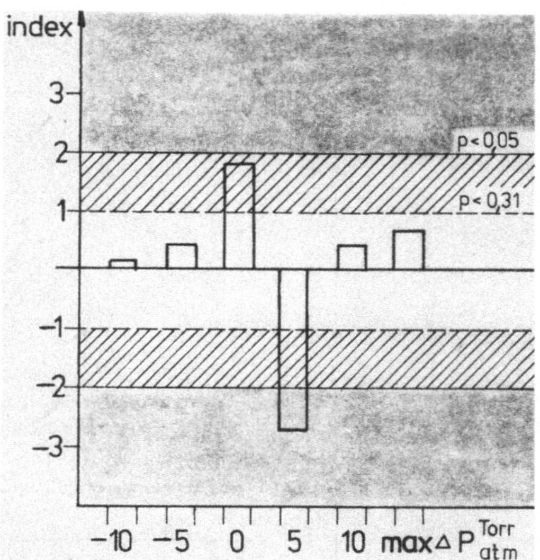

Abb. 11. Abweichung der Blutungshäufigkeit vom Erwartungswert zur Luftdruckänderung (Jahressumme)

Jendritzky und der Freiburger medizin-meteorologische Arbeitskreis (1976). Vergleichbar mit den Ergebnissen der vorliegenden Studie war eine ungestörte atmosphärische Situation mit einer günstigen und gestörter Wetterablauf mit einer ungünstigen Biotropie verbunden. Während im eigenen Untersuchungsgut vorwiegend auf der Rückseite von Tiefdrucksystemen eine verstärkte Blutungsneigung beobachtet wurde, traten bei Jendritzky vor allem im Bereich der warmluftadvektiven zyklonalen Vorderseite gehäuft Gelenkblutungen auf.

Das thermische Milieu spielt für die Meteorotropie der Bluterkrankheit offenbar eine wichtige Rolle. Die bioklimatische Arbeitsgruppe Berlin-Buch wies wiederholt auf die zentrale Bedeutung der Temperatur für die Biotropie des Wettergeschehens hin (Hentschel 1977; Turowsky 1982). Für viele Erkrankungen wird vergleichbar mit den vorliegenden Ergebnissen eine erhöhte Morbidität und Mortalität bei hohen Temperaturen bzw. Zufuhr tropischer Luftmassen beschrieben, stellvertretend seien an dieser Stelle nur Thrombosen, Lungenembolien, Herzinfarkte und cerebrovaskuläre Insulte genannt (Beleke und Klein 1971; Daubert 1953; Jacobi et al 1978; Sandritter 1957). Die Zahl der Mitteilungen über die ungünstige Biotropie einer Warmluftzufuhr ist heute kaum noch übersehbar.

Der Zusammenhang zwischen Luftdruck und Krankheitsgeschehen ist schon seit Jahrhunderten sprichwörtlich bekannt und fand seinen Niederschlag in allerlei volkstümlichen Weisheiten und Wetterregeln. Von den meisten Untersuchern wird eine Erkrankungs- bzw. Mortalitätshäufung bei niedrigem bzw. fallendem atmosphärischen Druck und andererseits die günstige Wirkung von Hochdruckwetter angegeben (Dirnagl 1981; zusammenfassende Übersicht bei Faust 1978, u.a.). Dieser Trend fand sich im wesentlichen auch bei den eigenen Ergebnissen.

Die Frage, warum bestimmte Wettersituationen Blutungen auslösen, kann mit dieser Studie nicht beantwortet werden. Ob ein direkter Zugriff atmosphärischer Faktoren in die Gerinnungsabläufe erfolgt oder ob die Blutungen sich im Gefolge von Mikrotraumen entwickeln, die bei einer Beeinträchtigung des Konzentrations- und Reaktionsvermögens durch Wetterstörungen häufiger auftreten, sind rein spekulative Überlegungen.

Als Schlußfolgerung kann aus der vorliegenden Untersuchung eine medizinmeteorologische Vorhersage für Hämophile empfohlen werden. Sie könnte im Rahmen des Bioprog des Deutschen Wetterdienstes erfolgen. Ein rechtzeitiger Hinweis auf blutungsgefährdende Wetterlagen wäre sicher auch ein Beitrag zur Blutungsprophylaxe bei der Hämophilie.

Danksagung

Wir danken der Meteorologischen Station Jena und dem Institut für Bioklimatologie Berlin-Buch für die großzügige Bereitstellung der meteorologischen Daten.

Literatur

Beleke H, Klein E (1983) Betriebsunfälle und Witterung. Z Phys Med 12:281–288

Brezowsky H (1960) Physiologische und pathophysiologische Abläufe beim Menschen in verschiedenen Klimagebieten Bayerns. Münch med Wschr 102:2533–2538

Daubert K (1953) Biometeorologische Ergebnisse des Tübinger Arbeitskreises. Med-Met Hefte 8:83–95

Dirnagl K (1981) Wetter und Schmerz. Z Phys Med 10:103–112

Faust V (1978) Biometeorologie. 2. Aufl, Stuttgart, Hippokrates

Hentschel G (1977) Aktuelle Gesichtspunkte in der Human-Biometeorologie. Z Meteor 27:275–279

Jacobi E, Richter O, Krüskemper G (1978) Thromboembolien unter Wettereinfluß. Internist Welt 1:275–277

Jendritzky G, Bartsch E, Weseloh G, Seiler G (1976) Einflüsse des Wettergeschehens auf die hämophile Gelenkblutung. Münch med Wschr 18:1541–1544

Karobath H, Undt W (1965) Zur Frage der Wetterabhängigkeit des Auftretens hämophiler Blutungen. Wien Klin Wschr 77:373–375

Sandritter W, Becker F, Langenberg I (1957) Über die Wetterabhängigkeit der Lungenembolie. Klin Wschr 35:1176–1181

Turowski E (1982) Wetterbedingte Meteorotropie. In: Umwelt und Streß. Halle, Wittenberg, Martin-Luther-Univ, Wiss Beiträge

Zenker H (1971) Zur Einteilung des Wetterablaufs nach biometeorologischen Gesichtspunkten. Z Meteor 22:377–380

Diskussion

WENZEL (Homburg):

Zu Ihrem Vorschlag einer Wettervorhersage möchte ich fragen, wie häufig ein Patient aufgrund Ihrer Daten unzutreffend verängstigt worden und wie oft diese Vorhersage gut gewesen wäre? Wie hoch also ist Ihre Rate falsch-positiver Aussagen, bzw. wie häufig sind trotz der Voraussage einer schlechten Wetterlage keine Blutungen aufgetreten?

LINDE (Jena):

Das haben wir nicht ermittelt. Wir haben nur einen statistischen Zusammenhang beschrieben.

Transplazentar übertragene Hemmkörper gegen Faktor VIII bei einem fünf Tage alten Neugeborenen mit intrakranieller Massenblutung

B. Maier, D. Wölfel, M. Ries, G. Buheitel, B. Neidhardt (Erlangen)

Wir berichten über ein reifes Neugeborenes, das erste Kind gesunder Eltern, das nach unauffälliger Schwangerschaft spontan geboren wurde. Der Apgar betrug 10/10, GG 4080 g, KU 35,5 cm, Nabelschnur-pH 7,26.

Die Mutter ist 32 Jahre alt. Die Anamnese im Hinblick auf Blutungsübel war leer, insbesondere waren die Menses immer normal verlaufen, bei einer Appendektomie im Alter von 14 Jahren traten keine Komplikationen auf. Am 6. Lebenstag entwickelte der bis dahin unauffällige Junge ein fahles Hautkolorit, stöhnende Atmung, eine gespannte Fontanelle und diskrete Hämatome im Bereich beider Oberlider. Mit der Verdachtsdiagnose einer neonatalen Meningitis wurde das Kind zu uns verlegt.

Bei der Ultraschalluntersuchung des ZNS (Abb. 1) zeigte sich rechts occipital eine große echogene Raumforderung ohne Vascularisation, die Mittellinie war nach links verschoben. Dopplersonographisch zeigte sich ein verminderter Fluß im umgebenden Hirngewebe. Es bestand der Verdacht auf eine intracerebrale Massenblutung mit epi- und subduralem Hämatom.

Folgende Laborwerte waren auffällig: Hb: 7,0 g/dl, Ery 2,02 Mio, Hkt 20,9%, Leukozyten 5500, PTT 73,2 s (damit grenzwertig erhöht), Faktor VIII-Aktivität 1,2%.

Wir stellen die Verdachtsdiagnose einer Hämophilie A. Nach Substitution mit Faktor VIII (50 E/kg/KG) sowie Gabe von Erythrozytenkonzentrat erfolgte notfallmäßig die Ausräumung des Epi- und Subduralhämatoms. Obwohl präoperativ die Faktor VIII-Aktivität auf 85% angehoben war, bestand intraoperativ eine starke Blutungsneigung. Trotz erneuter Substitution lag die Faktor VIII-Aktivität postoperativ nur bei 12%. Unter extrem hohen Dosen von Faktor VIII (Haemate HS) und zusätzlicher Gabe von fresh-frozen-Plasma ließ sich die Nachblutung stoppen (Abb. 2).

Am Tag nach der Übernahme des Kindes wurde bei beiden Eltern eine Gerinnungsanalyse durchgeführt. Bei der Mutter zeigte sich eine deutlich verlängerte PTT von über 120 s und eine Faktor VIII-Aktivität unter 1%. Zu diesem Zeitpunkt war die Mutter klinisch unauffällig, entwickelte jedoch ca. 2 Stunden später eine starke vaginale Blutung, die sich trotz Substitutionstherapie und zweimaliger Currettage nicht stoppen ließ. Aufgrund dieses Verlaufes bestand der Verdacht auf eine Hemmkörperhämophilie. Mit Testreagenzien der Firma Immuno konnten Hemmkörper gegen Faktor VIII in einer Höhe von 26 BU nachgewiesen werden. Die Diagnose wurde durch das Labor von Frau Prof. Scharrer aus Frankfurt bestätigt. Im Plasma des Kindes konnte bei

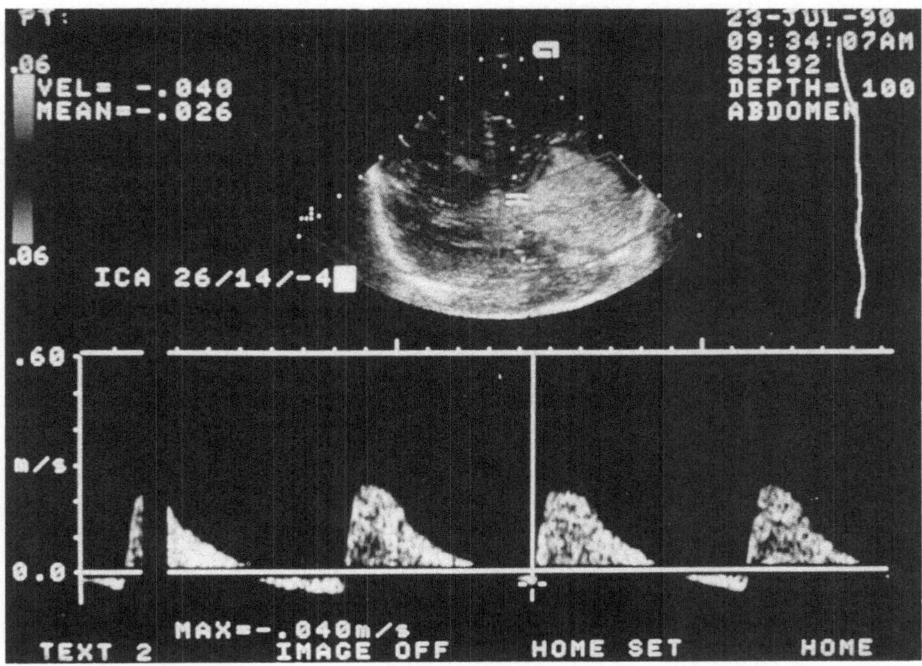

Abb. 1. US des ZNS (Coronarschnitt) am Aufnahmetag. Flußprofil einer Arterie in Nachbarschaft zur Blutung

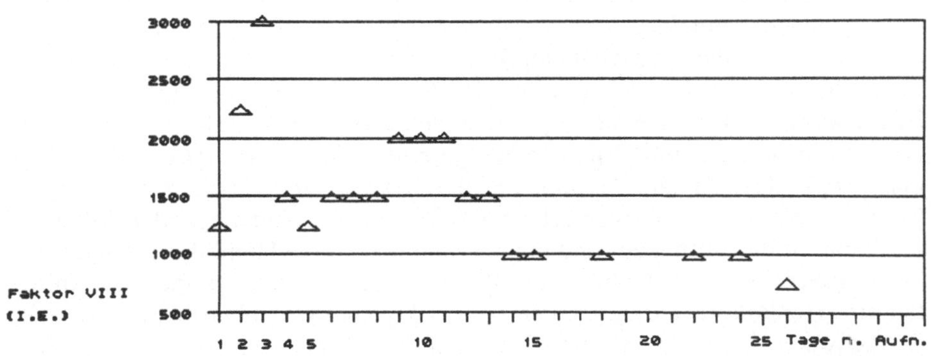

Abb. 2. Erforderliche Substitution von Faktor VIII während der ersten 25 Tage des stationären Aufenthaltes

der Erstuntersuchung (2 Tage nach der Aufnahme) kein Hemmkörper nachgewiesen werden, jedoch am 7. Tag in einer Höhe von 5,2 BU, so daß die Diagnose einer transplazentar übertragenen Hemmkörperhämophilie gestellt wurde.

Zusätzlich zur Substitutionstherapie behandelten wir mit intravenös verabfolgtem hochdosiertem Immunglobulin (0,4 g/kg/KG Sandoglobin) (Abb. 3).

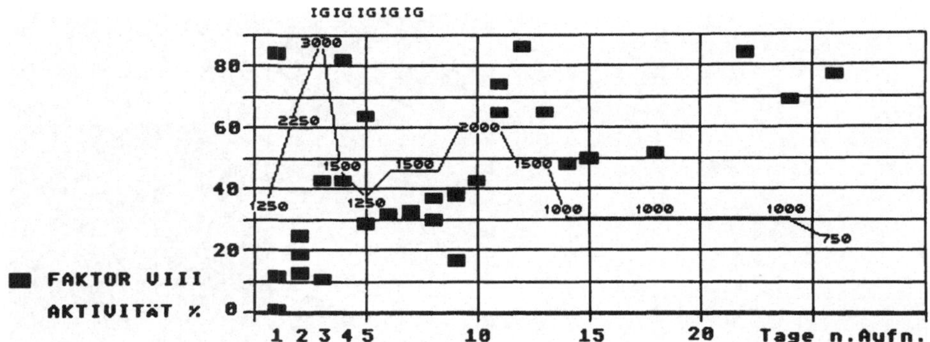

Abb. 3. Gemessene Faktor VIII-Aktivität im Plasma unter Substitutionstherapie. „IG" markiert die Tage, an denen eine Behandlung mit Immunglobulinen (0,4 g/kg/KG) stattfand

Im weiteren Verlauf trat ein posthämorrhagischer Hydrozephalus auf. Dieser mußte durch eine ventriculoperitoneale Ableitung drainiert werden. Unter Substitutionstherapie verlief der Eingriff komplikationslos (Abb. 2).

Die Substitutionsbehandlung konnte 36 Tage nach der stationären Aufnahme beendet werden. Seit dieser Zeit zeigt das Kind immer eine normale Faktor VIII-Aktivität, der Hemmkörper wurde im Verlauf nochmals in einer Höhe von 1,8 BU nachgewiesen und war zuletzt nicht mehr meßbar.

Auto-Antikörper gegen Faktor VIII wurden bei Patienten mit systemischem Lupus Erythematodes, rheumatoider Arthritis und anderen Autoimmunerkrankungen gefunden, aber auch nach Medikamenteneinnahme, insbesondere von Penizillin und begleitend von lymphoproliferativen Erkrankungen sowie bei älteren Menschen ohne Begleiterkrankung und postpartal. Die Erkrankung wird als Hemmkörperhämophilie bezeichnet [1]. Die Hemmkörper sind in den meisten Fällen Immunglobuline der Klasse IgG und der Subklasse IgG_4 [2]. An der Gesamtzahl der Erkrankten beträgt der Anteil der Frauen nach einer Schwangerschaft 7% [1]. In der überwiegenden Mehrzahl der Fälle treten Blutungen, und man vermutet auch die Hemmkörperbildung, 2 bis 5 Monate nach der Geburt auf [3]. Es wurde jedoch auch über das Auftreten von Hemmkörpern nach einem Abort [4], in zwei Fällen bereits während der Schwangerschaft [5, 6] und in drei Fällen während der ersten 7 Tage nach der Entbindung berichtet [7, 8, 9]. Sowohl Erst- als auch Mehrgebärende sind betroffen, das durchschnittliche Alter beträgt 28 Jahre, das Geschlechtsverhältnis der Kinder ist ausgeglichen [3].

In folgenden Schwangerschaften kam es in der Regel nicht zur erneuten Hemmkörperbildung, insbesondere dann nicht, wenn vor der nächsten Schwangerschaft eine Remission erreicht war. In einigen Fällen kam es jedoch zum Wiederauftreten von Hemmkörpern. Bei diesen Frauen traten postpartal erneut Blutungen auf, es sind aber auch asymptomatische Verläufe bekannt [10]. In 4 Fällen war bei den Kindern ein übertragener Hemmkörper nachweisbar, der zwei bis drei Monate persistierte. Bei keinem dieser Kinder kam es zu Blutungsproblemen [11, 12, 13].

Zur Substitution wird derzeit die Gabe von humanem oder porcinem Faktor VIII als Bolus in einer Dosierung von 40 IE/kg/KG zuzüglich 20 IE/kg/KG/BU empfohlen. Die weitere Substitution richtet sich nach der im Plasma gemessenen Faktor VIII-Aktivität [14].

Die intravenöse Gabe von Immunglobulinen in einer Dosierung von 0,4 g/kg/KG scheint ebenfalls erfolgversprechend und wird auf den Gehalt an antiidiotypischen Antikörpern zurückgeführt [14].

Ebenso war die immunsuppressive Therapie mit Cortison, ACTH und Endoxan erfolgreich. Bei schweren Blutungen sollte jedoch eine Absorptionsplasmapherese durchgeführt werden [14].

Bei unserem Patienten kann von einem passiv übertragenen Hemmkörper ausgegangen werden. Unseres Wissens ist dies der erste Fall, bei dem ein Kind eine schwere Blutung erlitt. Diese konnte durch Substitutionstherapie (Haemate HS) und zusätzliche intravenöser Immunglobulingabe beherrscht werden.

Bei Neugeborenen, bei denen ein Faktor VIII-Mangel bei bisher unauffälliger Familienanamnese vorliegt und bei denen es in der Neugeborenenzeit zu einem Blutungsübel kommt, sollte an die Differentialdiagnose einer Hemmkörperhämophilie gedacht werden, insbesondere deshalb, weil die Substitutionsdosen wesentlich höher als bei der Hämophilie gewählt werden müssen.

Andererseits sollten Frauen, die postpartal an einer Hemmkörperhämophilie erkrankt waren, auf das Risiko des Rezidivs in weiteren Schwangerschaften hingewiesen werden und im Falle einer erneuten Schwangerschaft sollten regelmäßig Untersuchungen auf Hemmkörper erfolgen, damit bei einem Rezidiv frühzeitig Schutzmaßnahmen für Mutter und Kind getroffen werden können.

Literatur

1. Green D, Lechner K (1981) A survey of 215 non hemophilic patients with inhibitors to factor VIII. Thrombos Haemostas 45 (3):200–203
2. De la Fuente B, Hoyer LW (1984) The idiotypic characteristics of human antibodies to factor VIII. Blood 64 (3):672–678
3. Michaelis JJ, Bosch LJ, van der Plas MP, Abels J (1978) Factor VIII inhibitor postpartum. Scand J Haematol 20:97–107
4. Chargaff E, West R (1946) The biological significance of the thromboplastic protein of blood. J Biol Chem (166):189–198
5. Marengo-Rowe AJ, Murff G, Leveson JF, Cook J (1972) Hemophilic like disease associated with pregnancy. Obstet Gynecol 40:56–60
6. Sultan Y, Maissoneuve P, Kazatchkine MD, Nydegger UE (1984) Antiidiotypic suppression of antibodies to factor VIII (antiheophilic factor) by high dose intravenous gammaglobulin. Lancet (2):765–768
7. Torregrosa MV, Ramos-Moralis F, Pous E Jr, de Andino AM, Diaz Rivera RS (1954) Circulating antithromboplastic anticoagulant: ineffectiveness of cortisone and corticotropin. Am J Med Sci 228:269–275
8. Walpot L (1964) Verworven hemofilie door een circulerend anticoagulans. Ned Tijdschr Geneesk 108:127–183
9. Piano L, Maguin G, Sudan JP, Fogliani J, Sicardi F (1972) Une cause rare d'hemorrhagie du postpartum: L'inhibiteur du facteur antihemophilique. A Rev Franc Gynecol 67:621–625

10. Coller BS, Hultin MB, Hoyer LW, Miller F, Dobbs JV, Dosik MH, Berger ER (1981) Normal pregnancy in a patient with a prior postpartum factor VIII inhibitor: with observations on pathogenesis and prognosis. Blood 58 (3):619–624
11. Vicente V, Alberca I, Gonzales R, Allegre A (1987) Normal pregnancy in a patient with a postpartum factor VIII inhibitor. Am J Hemato 24 (1):107–109
12. Frick PG (1953) Hemophilia like disease following pregnancy with transplacental transfer of an acquired factor VIII:C inhibitor. Thromb Haemost 57 (1):126
13. Kasper CK (1989) Treatment of factor VIII inhibitors. Prog Hemost Thromb 9:57–86

Diskussion

N.N.:

Ich hätte es bei diesem Kind eigentlich als ideal angesehen, eine Austauschtransfusion zu machen, zumal es am fünften Tag post partum kam. War das aus irgendwelchen Gründen nicht möglich, oder hatten Sie absichtlich davon abgesehen?

Frau Maier (Erlangen-Nürnberg):

Das Kind war primär klinisch unauffällig, und am Anfang dachten wir, das Kind hätte eine Hämophilie A. Im Vordergrund der Problematik stand die Hirndrucksymptomatik, und aus diesem Grund mußte das Kind möglichst rasch operiert werden. Es war klinisch nicht in einem stabilen Zustand. Bei Hirndruck würde ich keine Austauschtransfusion vornehmen wegen der Volumenbelastung.

Hereditäres angioneurotisches Ödem: Krankheitsverlauf und Therapie in einer betroffenen Familie

G. Leipnitz, G. Pindur, S. Mörsdorf, E. Wenzel (Homburg/Saar)

Einleitung

Das hereditäre angioneurotische Ödem ist eine seltene Erkrankung. In der Literatur finden sich selbst in jüngeren Übersichtsarbeiten [1, 2, 3, 10] keine genauen Zahlenangaben zur Inzidenz und Prävalenz des autosomal dominant vererbten Defektes mit inkompletter Penetranz (Tab. 1). Neben der vererbten Form des Angioödemes sind auch einzelne Fälle von Spontanmutationen oder erworbenen Mangelzuständen des C_1-Esterase-Inhibitors (C_1-INH) im Zusammenhang mit hämatologischen Systemerkrankungen beschrieben worden [7, 9, 10]. Während die Letalität schwerer Ödemattacken im HNO-Bereich bei diesen Patienten bis vor kurzem noch mit 30% angegeben wurde [2, 8, 10], stehen heute sowohl für die Akuttherapie als auch für die Langzeitprophylaxe anerkannte Behandlungsschemata zur Verfügung, die eine effiziente Therapie ermöglichen. Am Beispiel einer Familie, in der 2 Frauen am hereditären angioneurotischen Ödem leiden, soll der Krankheitsverlauf unter einem modernen Behandlungsregime dargestellt werden. Andere Formen des Angioödemes müssen, was Prognose und Therapierbarkeit anbelangt, getrennt von diesem definierten Krankheitsbild betrachtet werden [12].

Patienten und Methoden

Aus dem nachstehenden Stammbaum der Familie H. ist der Erbgang des angioneurotischen Ödemes nachzuvollziehen (Abb. 1). Die beiden Patienten B.H. (39 Jahre alt) und P.H. (4 Jahre alt und Tochter von B.H.) werden in unserer Klinik derzeit ambulant betreut. Aus der Familienanamnese ist zu vermuten, daß der verstorbene Vater der Patientin B.H. unter einem leichten angioneurotischen Ödem litt (gelegentlich Ödeme der Extremitäten).

Methoden

Die Bestimmung der C_1-INH Aktivität erfolgte durch eine kinetische Methode mit einem chromogenen Substrat (Berichrom – C1-Inaktivator) der Behringwerke AG, Marburg. Die C_1-INH-Konzentration wurde mittels radialer

Tabelle 1. Charakteristika des hereditären angioneurotischen Ödemes

- Autosomal dominantes Leiden inkompletter Penetranz
- Manifestation häufig in der zweiten Lebensdekade
- Klinisch Ödeme der Gliedmaßen, des Gesichtes, der Luftwege und der Mucosa/Submucosa des Darmes
- Auslöser: Traumata, psychische Belastungen, Insolation
- Vitale Bedrohung bei Ödemen im Bereich des Larynx Letalität bis zu 30%
- Dauer der Symptome Stunden bis Tage (ohne Therapie)

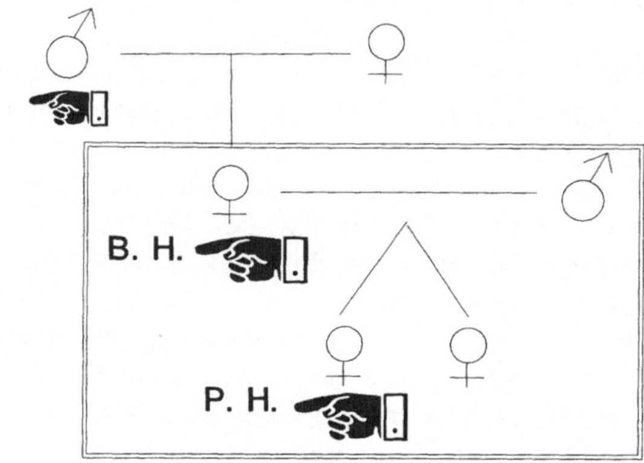

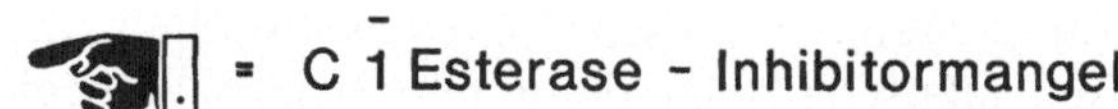

Abb. 1. Stammbaum der Familie H. Die Patientinnen mit dem angioneurotischen Ödem sind besonders gekennzeichnet

Immundiffusion (Partigen-Platte) unter Verwendung eines Antiserums der Behringwerke AG, Marburg, gemessen.

Die Parameter der plasmatischen Gerinnung (Quick, aPTT, Thrombinzeit, Fibrinogen, AT III-Aktivität) beider Patientinnen wurden unter Verwendung von Reagenzien der Boehringer Mannheim-Diagnostica GmbH kugelkoagulometrisch (KC 10 der Fa. Amelung) bzw. photometrisch (AT III) bestimmt. Die Kontrolle des Blutbildes erfolgte nach dem Coulter-Prinzip mit dem Gerät Sysmex K1000.

Kasuistik 1

Die Patientin B.H. ist 39 Jahre alt. Die Diagnose eines hereditären angioneurotischen Ödemes wurde im Alter von 21 Jahren nach wiederholten Ödemepisoden der Extremitäten, des Intestinums und des Gesichtes unter Beteiligung des Larynx/Pharynx gestellt. Die Therapie der Ödeme war zunächst rein symptomatisch mit Antiphlogistika und lokalen abschwellenden Maßnahmen. Nach der Überweisung an ein immunologisches Zentrum wurde 1979 eine prophylaktische Behandlung mit Danazol begonnen. Diese Therapie erbrachte eine deutliche Verminderung der Häufigkeit der Ödemepisoden. 1985 setzte die Patientin das Danazol wegen Kinderwunsches und virilisierender Nebenwirkungen ab. Akute Ödeme wurden mit einem mittlerweile verfügbaren C1-Inaktivatorkonzentrat behandelt. Nach einem Wohnortwechsel im Jahre 1987 wandte sich die Patientin zur Fortführung der Therapie an unsere Klinik. Bei mehreren Laborkontrollen konnten der C_1-INH-Mangel wie folgt charakterisiert werden:

C_1-INH-Aktivität:	15 %–27 %	(Norm 80–125 %)
C_1-INH-Konzentration:	1,6–4,8 mg%	(Norm 15–35 mg%)

Die Parameter der plasmatischen Gerinnung (Quick, aPTT, Thrombinzeit, Fibrinogen und AT III-Aktivität) sowie das Blutbild der Patientin zeigte über den gesamten Beobachtungszeitraum keine Auffälligkeiten.

Zunächst behielten wir das Therapieregime einer Substitution mit C1-Inaktivatorkonzentrat bei Bedarf bei. Die Patientin hielt eine Dosis von 1000 Einheiten des Präparates in ihrem Haushaltskühlschrank vorrätig, um im Sinne der Heimselbstbehandlung bei beginnenden Ödemen im Gesichts- und HNO-Bereich sofort eine Substitution vornehmen zu können. Bei Ödemen der Extremitäten wurde vereinbart, zunächst abzuwarten und erst beim Übergreifen auf den Stamm eine C1-Inaktivatorgabe zu veranlassen. Ende 1989 nahmen die Ödeme an Häufigkeit und Schwere zu. Die folgende Aufstellung dokumentiert diese Entwicklung (Tab. 2).

Im September diesen Jahres fiel deshalb die Entscheidung, erneut eine prophylaktische Behandlung mit Danazol zu beginnen. Unter einer aufsteigenden Dosis von zunächst 80 bis derzeit 200 mg pro die ist ein deutlicher Rückgang der Ödemfrequenz festzustellen. Eine C1-Inaktivatorgabe war zuletzt Anfang Oktober bei einem sich anbahnenden Gesichtsödem zu Beginn der Therapie mit Danazol indiziert. Die angewandte Danazol-Dosis von 200 mg/die hatte bisher keine schweren Nebenwirkungen zur Folge. Die Lebens-

Tabelle 2. Krankheitsverlauf und Therapiebedürftigkeit der Patientin B.H. in den letzten 8 Monaten

Datum	Symptome
25. 12. 1989	Hand-, Unterarmödem links
27. 12. 1989	Arm-, Schulterödem rechts
17. 4. 1990	Schweres Gesichtsödem, 1000 E Inaktivator
26. 4. 1990	Schweres Gesichtsödem, 1000 E Inaktivator
7. 5. 1990	Abdominalsymptomatik, 1000 E Inaktivator
22. 5. 1990	Schweres Gesichtsödem, 1000 E Inaktivator
1. 7. 1990	Gesichts-, Abdominal-, Glutealödeme 1500 E Inaktivator in 36 Stunden
14. 7. 1990	Ödeme Hände/Arme bds. 1000 E Inaktivator
29. 7. 1990	Gesichtsödem, 1000 E Inaktivator

qualität der Patientin hat seit der Umstellung der Therapie eine deutliche Verbesserung erfahren. Für den Akutfall steht weiterhin das zuhause gelagerte C1-Inaktivatordepot für die Selbstbehandlung bereit. Bei größeren Reisen führt die Patientin die Medikation in einer Kühltasche mit.

Kasuistik 2

Die Patientin P.H. ist vier Jahre alt und die Tochter von B.H. Das Kind hat bisher noch keine Angioödeme geboten. Die Diagnose des C_1-INH-Mangels wurde im Rahmen der präoperativen Diagnostik vor einer Harnleiterneuimplantation links wegen vesikorenalen Refluxes gestellt. Bei drei Laborkontrollen (2 prä-, 1 postoperativ) wurden folgende Spiegel gemessen:

C_1-INH-Aktivität:	17%–40%	(Norm 80–125%)
C_1-INH-Konzentration:	10–13 mg%	(Norm 15–35 mg%)

Auch bei P.H. waren die Parameter der plasmatischen Gerinnung und das Blutbild nie auffällig. Trotz eines kaum zu kalkulierenden Risikos eines Ödemes im Bereich des Larynx im Rahmen der Intubationsnarkose, wurde nach Rücksprache mit den Operateuren und den Anästhesisten die Operation unter folgendem Substitutionsregime gewagt (Tabelle 3).

Tabelle 3. Perioperatives Substitutionsregime bei der Patientin P.H.

Eingriff: Harnleiterneuimplantation bei vesicorenalem Reflux mit Hydronephrose.

Risikosituation: Intubationsnarkose (Larynxödem)

C1-Inhibitor-Aktivität unmittelbar präoperativ 17,7%

1 Stunde präoperativ 500 E C1-Inaktivator HS intravenös
30 Min vor Ende der Narkose erneut 500 E C1-Inaktivator i.v.
30 Min. nach der zweiten Substitution Extubation

Es traten keine Larynx- oder Pharynxödeme auf

Unter der erwähnten Behandlung konnte die Operation ohne Zwischenfälle durchgeführt werden. Der postoperative Verlauf war ebenfalls komplikationslos. Da das Kind bis dato noch keine Ödeme bot, wird noch keine Therapie des C_1-INH-Mangels durchgeführt. Eine intravenöse Substitution ist aber im Bedarfsfalle möglich, da die Mutter, wie erwähnt, eine ausreichende Dosis zuhause bereithält.

Therapieempfehlungen

Akutbehandlung

Therapie der ersten Wahl bei einem bedrohlichen angioneurotischen Ödem ist die intravenöse Gabe eines hitzeinaktivierten C1-Inaktivatorkonzentrates (C1-Inaktivator HS). Nach der Substitution von 500–1000 Einheiten des Präparates kommt es in der Regel zu einem Sistieren der Ödembildung. Das Abschwellen der betroffenen Strukturen erfolgt rasch. Bei einer Halbwertszeit von etwa 65 Stunden ist eine ergänzende Substitution meist nicht nötig.

Ist das Inaktivatorkonzentrat nicht verfügbar, so kommt als Therapie der zweiten Wahl die Anwendung von Epsilon-Aminocapronsäure (EACA), Tranexamsäure, fresh frozen-Plasma (FFP) oder Corticosteroiden in Frage [6, 8, 11]. Hierbei muß jedoch bei unterschiedlich beschriebener Effektivität mit gravierenden Nebenwirkungen gerechnet werden. Die hochdosierte Anwendung von EACA und Tranexamsäure kann zu thromboembolischen Komplikationen und zu Myositiden führen [4, 6, 10].

Die Infusion von FFP ist allein durch die Volumenbelastung nur begrenzt möglich. Weiterhin gibt es Hinweise, daß es durch die initiale globale Substitution im Komplementsystem zu einer Zunahme der Ödemausdehnung kommt, bevor der angehobene C_1-INH-Spiegel zu einem Rückgang der Symptome führt [6, 10].

Die Therapie mit Glucokortikoiden, Antihistaminika und Adrenalin ist in der Literatur umstritten. Es werden sowohl Therapieerfolge [1, 2] als auch völlig ineffektive Behandlungsversuche beschrieben [6, 10]. Hierzu muß konstatiert werden, daß die Eigendynamik der Ödementwicklung eine Beurteilung der therapeutischen Wirksamkeit der eingesetzten Substanzen erschwert.

Langzeitprophylaxe

Die prophylaktische Behandlung des hereditären angioneurotischen Ödemes mit den Androgenderivaten Danazol und Stanozolol ist etabliert und nachgewiesenermaßen wirksam [4, 6, 10, 11]. Die individuelle Dosis des wohl am häufigsten eingesetzten Danazol liegt bei einer Tagesdosis zwischen 50 und 600 mg. Durch klinische Beobachtung sollte die niedrigste noch wirksame Dosierung ermittelt werden, da die Bestimmung der C_1-INH-Parameter unter Danazoltherapie nur bedingt eine Aussage über eine zu erwartende Ödemfreiheit erlaubt.

Wegen der Hepatotoxizität des Danazols ist selbst beim Einsatz niedriger Dosen eine Verlaufskontrolle der Leberfunktion anzuraten. Der gleichzeitige Einsatz von Östrogenpräparaten zur Kontrazeption bei Frauen ist zu unterlassen, da durch diese Kombination der protektive Effekt des Danazols gemindert ist und eine erhöhte Ödemanfälligkeit resultiert [8, 10].

In der Pubertät sollte vor allem bei Mädchen die Indikation einer Danazoltherapie nur zurückhaltend gestellt werden, da die virilisierenden Begleiteffekte des Präparates somatische und psychische Veränderungen zur Folge haben können. Obwohl in der Literatur unauffällige Pubertätsverläufe beschrieben sind [11], erscheint eine Umstellung der Therapie auf das C1-Inaktivatorpräparat bei Bedarf für den überschaubaren Zeitraum der Pubertät sinnvoll.

Diskussion

In der Regel werden Ödemattacken bei Patienten mit bekannter Diagnose eines C_1-INH-Mangels mit den beschriebenen Therapierichtlinien gut zu behandeln sein. Für diese Gruppe von Patienten ist die Prognose einer Letalität von 30% bei schweren Ödemen [1, 2, 6, 10] wohl nicht mehr gerechtfertigt. Diese optimistische Einschätzung gilt jedoch nicht für Patienten, die im Stadium eines schweren Ödemes im HNO- oder Abdominalbereich notfallmäßig behandelt werden müssen. Da die üblicherweise eingesetzten abschwellenden Maßnahmen (Cortikosteroide, Antihistaminika etc.) nur selten zu einer Befundverbesserung führen, besteht vor allem bei Pharynx- und Larynxödemen Erstickungsgefahr. Die Intubation und maschinelle Beatmung steht deshalb nicht selten am Ende der Therapiebemühungen.

Abdominelle Ödemattacken werden als akutes Abdomen eingeschätzt und vereinzelt unter dieser Arbeitsdiagnose auch operativ angegangen [4]. Es ist deshalb zu fordern, daß bei allen Patienten, die wiederholte Ödemattacken unklarer Genese bieten, eine Bestimmung der C_1-INH-Aktivität und gegebenenfalls einer weiterführenden Diagnostik des Komplementsystemes in die Routinediagnostik aufgenommen wird. Diese Maßnahme würde mittelfristig bessere Einsichten in die Inzidenz und Prävalenz des hereditären angioneurotischen Ödemes und der erworbenen C_1-INH-Mängel gestatten. Am Anfang einer Entwicklung, die über eine effiziente Diagnostik eine Verminderung der Dunkelziffer bei besseren Therapieaussichten zum Ziele hat, muß jedoch eine ausreichende Information über die Charakteristika des Krankheitsbildes in den am meisten betroffenen Fächern (HNO, Anästhesie, Dermatologie, Chirurgie) stehen.

Literatur

1. Misgeld V, Schultz-Ehrenburg U (1973) Zum Quincke-Ödem (hereditäres Angioödem). Med Klin 68:693–697
2. Frank MM, Gelfand JA, Atkinson JP (1976) Hereditary Angioedema: the Clinical Syndrome and Its Management. Ann Intern Med 84:580–593
3. Ohela K (1977) Hereditary Angioneurotic Oedema in Finland. Acta Med Scand 201:415–425
4. Zimmermann HP, Wüthrich B, Späth P (1983) Hereditäres Angioödem. Schweiz med Wschr 113:876–884
5. Kleindel M, Lang H (1986) C1-Esterase-Inhibitor; Physiologie und Nachweismethoden. Die Ellipse (Hrsg. Immuno AG Wien), 6:53–58
6. Hintner H (1986) Notfallmaßnahmen beim hereditären Angioödem. Der Hautarzt 34:99–100

7. Jackson J, Sim RB, Whelan A, Feighery C (1986) An IgG autoantibody which inactivates C1-inhibitor. Nature 323:722–724
8. Böckers M, Bork K (1987) Kontrazeption und Schwangerschaft beim hereditären Angioödem. DMW 13:507–509
9. Bork K, Alsenz J, Böckers M, Noah E, Loos M (1987) IgG-Antikörper gegen C1-Inhibitor als Ursache lebensbedrohlicher Angioödeme. DMW 13:503–506
10. Bork K (1990) Angioödeme durch C1-Esterase-Inhibitor-Mangel. Die gelben Hefte (Hrsg. Schwick, H. G. & Osterhus, W.), 3:118–125
11. Höpfl R, Schwarz S, Fritsch P, Hintner H (1990) Danazol-Langzeittherapie bei hereditärem Angioödem. DMW 4:133–138
12. Steurer J, Siegenthaler-Zuber G, Siegenthaler W et al (1990) Paroxysmales nicht hereditäres Angioödem. DMW 42:1586–1590

Diskussion

Frau Hach-Wunderle (Frankfurt):

Bei dem schweren Krankheitsverlauf der Patientin mit den lebensbedrohlichen Komplikationen und auch bei den relativ schweren Nebenwirkungen einer Behandlung mit Danazol wäre da nicht zu überlegen, ob man die Patientin unter eine prophylaktische Behandlung mit C1-Inaktivator setzt?

Leipnitz (Homburg):

Wir sind besorgt, daß sich Antikörper gegen dieses Präparat entwickeln könnten. Zwar gibt es dafür noch keine Hinweise, aber es wäre prinzipiell möglich. Auch hatte die Patientin durch die Pressemitteilungen über HIV-Infektionen mit dem Biotest-Präparat Bedenken. Bei einer prophylaktischen Anwendung dieses hitzeinaktivierten Plasmapräparates habe ich noch gewisse Hemmungen.

N.N.:

Die Patienten, die wir bei uns mit diesem Defekt behandeln, haben sehr häufig Darmkoliken. Es ist doch möglich, daß vielleicht noch mehr Patienten – Sie sagten, es sei eine seltene Erkrankung –, als bisher bekannt, an einem C1-Esterase-Mangel leiden, und zwar mit Darmkoliken.

Leipnitz (Homburg):

Wir wissen, daß ein relativ hoher Prozentsatz dieser Patienten mit akuten abdominellen Beschwerden erstmals aufgefallen und sogar auch appendektomiert worden ist. Man muß in Deutschland mit etwa 500–1500 therapiebedürftigen Patienten rechnen.

Therapie einer intrazerebralen Blutung bei einem Patienten mit Faktor VII-Mangel

R. Zimmermann, E. Winnerlein, Kl. Schimpf, K. Schumacher (Heidelberg)

Einleitung

Der Blutgerinnungsfaktor VII wurde erstmals im Jahre 1948 von Owen [11] und ein Jahr später von de Vries [16] und Alexander [1] beschrieben. Weitere Synonyme waren „Proconvertin" und „Serum-Prothrombin-Conversion-Accelerator". Der Faktor VII partizipiert an der Extrinsic-Aktivierung der Blutgerinnung und wandelt Faktor X in der Gegenwart von Gewebefaktor, Phospholipid und Kalzium in seine aktive Form um. Die Faktor VII-Aktivität kann aber auch durch die Faktoren Xa, XIIa und Fragmente des Faktor XII sowie in der Kälte bei 0–4 °C durch Einwirkung von Kallikrein gesteigert werden [12, 13, 17].

Der erste Fall von kongenitalem Faktor VII-Mangel wurde im Jahre 1951 von Alexander [2] beschrieben. Weitere einem Faktor VII-Mangel zugeschriebene Fälle mußten aber später einem Mangel von Faktor X zugeordnet werden, der im Jahre 1956 entdeckt worden war. In der Zwischenzeit sind etwa 120 Fälle von Faktor VII-Mangel bekannt geworden. Die Vererbung erfolgt autosomal rezessiv. Immunologische Untersuchungen haben gezeigt, daß bei den meisten Fällen von Faktor VII-Mangel das Faktor VII-Protein (sogenanntes „cross reacting material", CRM) nicht nachgewiesen werden kann. Neben dieser reinen Hypoform (VII^-) sind Faktor VII-Erniedrigungen mit nur mäßig reduziertem Proteinanteil (Faktor VII^R) sowie als dritte die sogenannte reine Dysform (VII^+) bekannt geworden [7, 9, 17]. Klinisch stehen bei den männlichen Personen Epistaxis, Gelenksblutungen und gastrointestinale Hämorrhagien im Vordergrund, während bei weiblichen Personen die Menorrhagie dominiert. Nicht selten wurden zerebrale hämorrhagische Erscheinungen beschrieben.

Im folgenden wird über einen weiteren Patienten mit homozygotem Faktor VII-Mangel berichtet, bei dem sich die Erkrankung erst im hohen Alter mit einer intrazerebralen Blutung dokumentierte.

Kasuistik

Bei dem Patienten J.L., geb. 26. 9. 1906, waren ernsthafte Vorerkrankungen aus der Anamnese nicht zu eruieren. Eine arterielle Hypertonie war medikamentös gut eingestellt. Ein einziger Sohn war im Alter von 35 Jahren akut verstorben. Der Patient J.L. erlitt am 19.4. 1990 eine intrazerebrale Blutung. Bei der klinischen Aufnahme in einem auswärtigen Krankenhaus bestand ein Verwirrtheitszustand, eine Hemiparese links, eine Facialisschwäche links sowie eine Blickdeviation nach rechts. Das cranielle Computer-Tomogramm ergab den Befund einer frischen Thalamusblutung rechts ohne Raumforderung. Darüber hinaus zeigte sich eine ältere ischämische Ponsläsion links. Die Indikation zu einem neurochirurgischen Eingriff war somit nicht gegeben. Bei der routinemäßigen gerinnungsanalytischen Untersuchung zeigte sich ein erniedrigter Quickwert von 21%. Die weitere gerinnungsanalytische Untersuchung ergab den Befund eines Faktor VII-Mangels von unter 1%. Daraufhin wurde nach Rücksprache mit unserer Klinik eine Substitutionsbehandlung mit einem Faktor VII-Konzentrat begonnen. Acht Tage nach Beginn der klinischen Symptomatik wurde der Patient von uns stationär übernommen. Die Hemiparese hatte sich zu diesem Zeitpunkt bereits geringgradig zurückgebildet. Es bestand allerdings noch ein Steh- und Gehunvermögen sowie Pflegebedürftigkeit bei schwankender Vigilanz.

Die bei uns durchgeführte gerinnungsanalytische Untersuchung bestätigte den Befund eines schweren Faktor VII-Mangels von <1%. Anläßlich einer späteren Untersuchung wurde dieser allerdings mit 2% festgelegt. Der Quickwert wurde mit 12% gemessen. Die Analyse der übrigen Gerinnungsfaktoren ergab einen regelrechten Befund. Ein Hemmkörper gegen den Blutgerinnungsfaktor VII konnte nicht nachgewiesen werden. Daraufhin wurde die Substitution mit einem Faktor VII-Konzentrat (Faktor VII S-TIM 4, Immuno) in einer Dosierung von 4 × 1000 E täglich über 27 Tage weitergeführt. Am 22.5. wurde die Dosis auf 2 × 1000 E und am 7.6. auf 2 × 500 E reduziert. Am 17.6. konnte die Substitutionsbehandlung beendet werden (Abb. 1). Unter dieser Medikation wurden jeweils am Vormittag die in der Abbildung 2 dargestellten Faktor VII-Aktivitäten gemessen. Unter der Gabe von 4 × 1000 E Faktor VII täglich betrugen die Faktor VII-Aktivitäten vor Substitution jeweils 7–20%. Nach Substitution nahm die Faktor VII-Aktivität auf 37–50% zu. Bei einer späteren Substitution von 1500 E Faktor VII S-TIM 4 stieg die Faktor VII-Aktivität auf 48%. Mittels Regressions-Analyse errechnete sich eine Halbwertszeit von 5,9 Stunden (Abb. 3). Die Recovery betrug 94%.

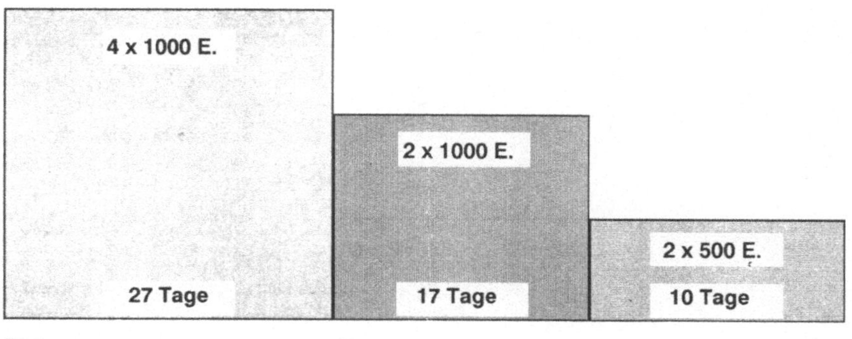

Abb. 1. Schema der Dauersubstitution mit Faktor VII-Konzentrat

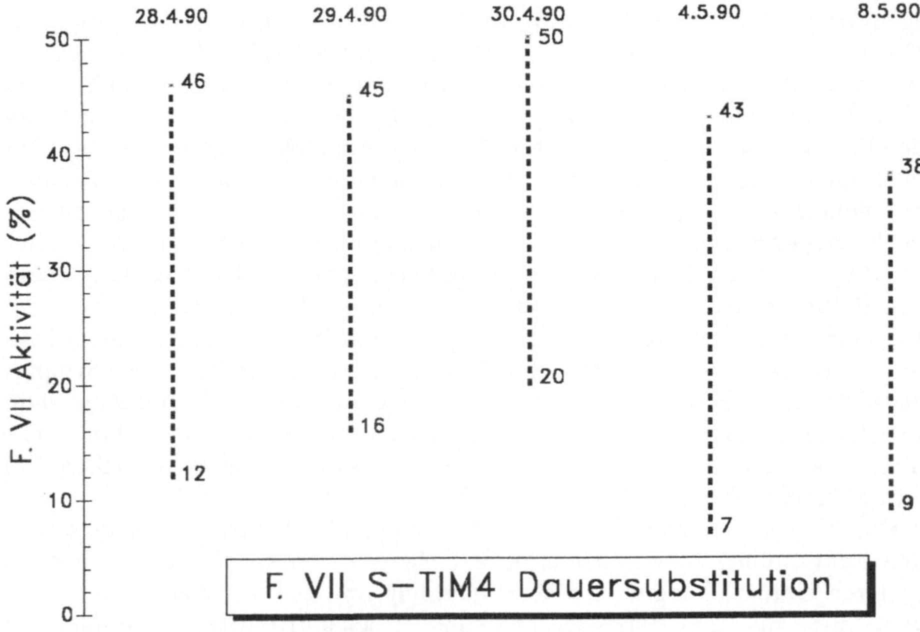

Abb. 2. Faktor VII-Aktivität vor und nach morgendlicher Gabe von 1000 E Faktor VII-Konzentrat (14 E/kg Körpergewicht). Diese Dosis wurde 4 × täglich verabreicht

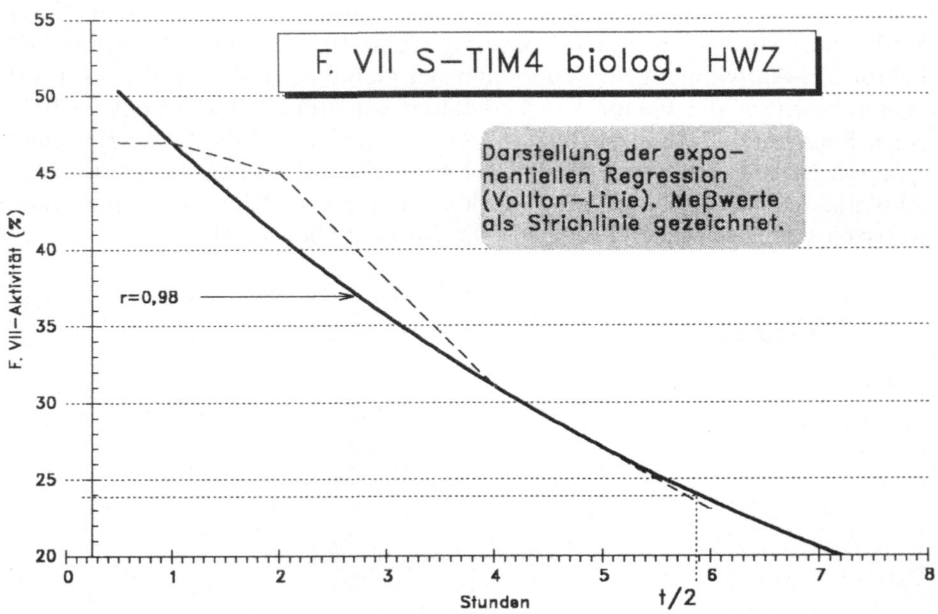

Abb. 3. Verhalten der Faktor VII-Aktivität nach Gabe von 1500 E Faktor VII S-TIM 4 bei einem Körpergewicht von 70 kg

Während der Substitutionsbehandlung wurde eine konsequente medizinische und neurologische Rehabilitation durchgeführt. Diese führte zu einer nahezu vollständigen Rückbildung der neurologischen Symptomatik und einer altersgemäßen Normalisierung der Hirnleistung sowie Selbständigkeit im persönlichen Bereich. Die am 25.4. 1990 durchgeführte Kontroll-Computer-Tomographie zeigte eine teilweise Resorption der intrazerebralen Blutung mit nur mäßiger Raumforderung. Am 22.5. 1990 konnte eine weitere Resorption des Hämatoms dokumentiert werden. Das abschließende cranielle Computer-Tomogramm am 18.6. 1990 ergab dann den Befund einer endgültigen Resorption der Blutung mit nur noch einem Areal verminderter Dichte im Thalamusbereich sowie periventrikulär ohne Nachweis einer Raumforderung. Der Seitenventrikel hatte sich voll entfaltet.

Diskussion

Intrazerebrale Blutungen bei Patienten mit hämorrhagischen Diathesen sind zwar eher seltene, dafür aber um so bedrohlichere Komplikationen dieser Erkrankungen. So wurden bei 18 Patienten mit schwerem oder mittelschwerem Faktor VII-Mangel intrakranielle Blutungen in der Literatur berichtet [3, 4, 8, 14, 17]. Ein großer Teil dieser Patienten verstarb an den Folgen dieser schweren hämorrhagischen Erscheinungen.

Die Substitutionstherapie des Faktor VII-Mangels wurde früher mit Vollblut, Plasma oder Prothrombinkomplexkonzentraten durchgeführt [2, 3, 5, 15, 17]. Seit 1975 steht ein gereinigtes kommerzielles Faktor VII-Konzentrat zur Verfügung. Die für eine ausreichende Hämostase anzustrebende Faktor VII-Aktivität wird in der Literatur kontrovers beurteilt [17]. So wurden Operationen sowohl mit als auch ohne Faktor VII-Substitution erfolgreich durchgeführt. Nach neueren Literatur-Mitteilungen sollte aber bei allen Fällen von Blutungen Faktor VII substituiert werden, sofern die spontane Faktor VII-Aktivität unter 10% gemessen wird. Bei operativen Eingriffen und Blutungskomplikationen sollte eine Mindestaktivität von 10–15% Faktor VII gewährleistet sein. Wegen der kurzen Halbwertszeit des Faktors VII von 2–6 Stunden kann eine solche Konzentration durch Gabe eines Faktor VII-Konzentrates in 6-stündlichen Abständen erreicht werden [10, 15, 17]. In besonders schweren Fällen von Faktor VII-Mangel ist eine Dauer- oder auch eine Heimselbstbehandlung erforderlich [6, 15, 17].

In dem vorliegenden Fall erhielt der Patient 4 × 1000 E Faktor VII S-TIM 4 täglich, entsprechend einer auf das Körpergewicht bezogenen Dosis von 14 E/kg 4 × täglich. Unter dieser Substitution wurde eine Faktor VII-Mindestaktivität von 12–20% vor Substitution gewährleistet und eine Aktivität von 42–50% 30 Minuten nach Substitution gemessen. Mittels Regressions-Analyse ermittelten wir eine Halbwertszeit von 5,9 Stunden für den substituierten Faktor VII. Die Recovery betrug 94%.

Zusammenfassend wird festgestellt, daß bei einem älteren Patienten mit einer intrazerebralen Blutung eine Dauersubstitutionsbehandlung mit Faktor VII über insgesamt zwei Monate erfolgreich durchgeführt wurde. Die Anhebung der Faktor VII-Aktivität und die gleichzeitige rehabilitative Behandlung führten schließlich zu einer nahezu vollständigen Rückbildung der neurologischen Symptomatik und zu einer altersgemäßen Normalisierung der Störungen der Hirnleistung. Gleichzeitig konnte eine Selbständigkeit im persönlichen Bereich erzielt werden.

Literatur

1. Alexander B, de Vries A, Goldstein R, Landwehr G (1949) Prothrombin conversion accelerator in Serum. Science 109:544
2. Alexander B, Goldstein R, Landwehr G, Cook CD (1951) Congenital SPCA deficiency: a hitherto unrecognized coagulation defect with hemorrhage rectified by serum and serum fractions. J Clin Invest 30:596
3. Ellbrück D, Seifried E (1990) Hereditärer Faktor VII-Mangel – 2 Fallbeispiele. In: Landbeck G, Marx R, Scharrer I, Schramm W (eds) 20. Hämophilie-Symposion, Hamburg 1989. Springer-Verlag, p. 333
4. Hassan HJ, Casalbore P, De Laurenzi A, Petti N, Sinibaldi L, Orlando M (1984) Hereditary Faktor VII Deficiency: Report of Case of Intracranial Hemorrhage. Haemost 14:244
5. Hellstern P, Köhler M, von Blohn G, Wenzel E (1984) Blutungsverhütende Substitutionsbehandlung mit PPSB TIM 4 bei einem Patienten mit homozygotem Faktor VII-Mangel im Rahmen eines kieferchirurgischen Eingriffes. In: Landbeck G, Marx R (eds) 15. Hämophilie-Symposion, Hamburg 1984. Springer-Verlag, p. 315
6. Marder VJ, Shulman NR (1964) Clinical aspects of congenital factor VII deficiency. Am J Med 37:182
7. Mariani G, Mazzucconi MG, Hermans J, Ciavarella N, Faiella A, Hassan HJ, Mannucci PM, Nenxi GG, Orlando M, Romoli D, Mandelli F (1981) Factor VII Deficiency: Immunological Characterization of Genetic Variants and Detection of Carriers. Brit J Haematol 48:7
8. Matthay KK, Koerper MA, Ablin AR (1979) Intracranial hemorrhage in congenital factor VII deficiency. J pediat 94:413
9. Mazzucconi MG. Mandelli F, Mariani G, Briët E, Veltkamp JJ (1977) A CRM-positive variant of factor VII deficiency and the detection of heterozygotes with the assay of factor-like antigen. Brit J Haematol 36:127
10. Meili EO, Hunziker P, Leu HJ (1990) Hip replacement in severe factor VII deficiency. XIX International Congress of the World Federation of Hemophilia. Washington, Abstract p 6
11. Owen CA, Bollmann JL (1948) Prothrombin conversion factor of dicoumarol plasma. Proc Sic Exp Biol Med 67:231
12. Radcliffe R, Nemerson Y (1975) Activation and control of factor VII by activated factor X and thrombin. Biol Chem 250:388
13. Radcliffe R, Bagdasarian A, Colman R, Nemerson Y (1977) Activation of bovine factor VII by Hageman factor fragments. Blood 50:611
14. Ragni MV, Lewis JH, Spero JA, Hasiba U (1981) Factor VII Deficiency. Am J Haematol 10:79
15. Schimpf K, Zimmermann K (1976) Rehabilitation mit einem neuen Faktor VII-Konzentrat bei einem Patienten mit schwerem Faktor VII-Mangel. In: Landbeck G, Marx R (eds) 6. Hämophilie-Symposion, Hamburg, p. 175. Heidelberg: Immuni GmbH
16. de Vries A, Alexander B, Goldstein R (1949) A factor in serum which accelerates the conversion of prothrombin to thrombin. I. Its determination and some physiological and biochemical properties. Blood 4:247
17. Zimmermann R, Ehlers G, Ehlers W, von Voss H, Göbel U, Wahn U (1979) Congenital Factor VII Deficiency. A Report of Four New Cases. Blut 38:119

Diskussion

Sutor (Freiburg):

Ich wundere mich, daß die Blutungsneigung erst so spät manifest geworden ist. Üblicherweise ist das beim homozygoten Faktor VII-Mangel wesentlich eher der Fall. Die meisten Manifestationen ereignen sich in der Neugeborenenperiode oder innerhalb der ersten zwei Lebensjahre. Es wird dann eine Dauersubstitution wegen der großen Gefahr einer Hirnblutung empfohlen.

Zimmermann (Heidelberg):

Es ist eine ganze Reihe von Patienten in höherem Lebensalter beschrieben worden, auch Patienten, bei denen sich der Faktor VII-Mangel erst in einer späteren Lebensphase manifestiert hat.

Wir haben zunächst an einen Inhibitor gedacht. Der Inhibitor konnte aber weder in der frühen Phase noch später bei diesem Patienten nachgewiesen werden. Der Tauschversuch war völlig in Ordnung und auch die Recovery. Die Wiederfindung des applizierten Faktor VII war regelrecht, und wir haben auch die Literatur überprüft. Es gibt lediglich einen einzigen Patienten, bei dem ein Inhibitor gegen einen Faktor VII beschrieben worden ist, und das war ein Patient mit einem Bronchialkarzinom und einer zusätzlichen Paraproteinämie. Dieser Patient war bei der immunologischen Untersuchung völlig unauffällig.

Schimpf (Heidelberg):

Wir haben hier vor vielen Jahren einmal einen Fall mit einem Faktor VII-Mangel unter 1% vorgestellt. Der hatte auch nicht als Kind geblutet, hatte aber ein schweres Behinderungsbild wie eine Hämophilie und jahrelang im Rollstuhl gesessen. Dieser Patient hatte also ein schweres Krankheitsbild. Bei dem jetzt berichteten Fall mit später Erstmanifestation glaube ich auch, daß der zuletzt festgestellte Faktor VII-Wert von 2% der richtige ist. Bei einem Wert von weniger als 1% hätte der Patient zweifellos eher Symptome haben müssen.

Es ist mir jedoch unerklärlich, warum bei diesem Patienten vorübergehend ein Faktor VII-Wert unter 1% gefunden wurde. Das könnte natürlich ein Laborfehler sein. Da es aber in verschiedenen Laboratorien gefunden worden ist, fragt man sich, ob es vielleicht Folge der Blutung sein könnte. Aber warum hat er geblutet? Ist eine Angiographie gemacht worden, um festzustellen, ob schon arteriosklerotische Veränderungen im cerebralen Bereich vorliegen?

ZIMMERMANN (Heidelberg):

Der Computertomogramm-Befund ergab einen kleineren Hirninfarkt.

ELLBRÜCK (Ulm):

Ich möchte nur bemerken, daß wir vor einem Jahr eine Patientin hier vorgestellt haben, die auch 40 Jahre alt war und eine akute intrazerebrale Blutung hatte, an der sie nach einer Woche verstorben ist. Sie hatte ebenfalls einen nicht ganz schweren Faktor VII-Mangel, d.h. eine Restaktivität von 2–3%. Damals wurde eine Autopsie durchgeführt, bei der keine anderen Ursachen für diese intrazerebrale Blutung gefunden wurden.

ZIMMERMANN (Heidelberg):

Die Faktor VII-Bestimmung ist in diesem unteren Bereich nicht ganz unproblematisch. Ich habe auch in der Literatur bei verschiedenen Patienten wiederholt unterschiedliche Angaben gefunden, z.B. Angaben von 0–7% oder 4–8%.

Blutgerinnungsfaktor X-Mangel bei Amyloidose

J. Gröticke, B. Dehner, G. Booken, H. Rasche, M. Barthels
(Bremen, Hannover)

Einleitung

Die Amyloidose ist eine immer noch selten diagnostizierte Erkrankung, welche nach großen Statistiken in ca. 0,8% der Autopsien gefunden wird. Davon entfallen auf die beiden großen klinisch relevanten Formen – nämlich die primäre Amyloidose oder AL-Form und die sekundäre Amyloidose oder AA-Form – jeweils ca. 50%. Die Inzidenz wird auf 1:60000, d.h. 0,002% geschätzt.

Die Amyloidose ist als extrazelluläre Ablagerung von polymerisierten Leichtkettenfragmenten in verschiedenen Organsystemen definiert. Die Pathogenese ist bis heute unklar, für die AL-Form wird eine partielle Degradation von Immunglobulinen durch Makrophagen angenommen. Bei der primären oder AL-Form gibt es keinen Hinweis auf eine präexistierende oder koexistente Grunderkrankung. Davon abzugrenzen ist die Amyloidose bei multiplem Myelom, welche histochemisch ebenfalls als AL-Amyloidose imponiert. Die sekundäre oder reaktive AA-Amyloidose ist bei chronisch entzündlichen Erkrankungen und beim familiären Mittelmeerfieber gut bekannt. Die anderen Formen spielen unter Berücksichtigung der Häufigkeit nur eine unterordnete Rolle.

Kasuistik

Wir berichten über einen 45jährigen Patienten, der sich im Januar 1990 nach einer Zahnsteinentfernung mit persistierenden Zahnfleischblutungen in unserer Klinik vorstellte.

Aus der Vorgeschichte waren keine Erkrankungen bekannt.

Die Gerinnungsanalysen zeigten am Aufnahmetag:
TPZ: 23%
PTT: 56 sec
F X-Aktivität von 8%!!

Im Normbereich lagen: TZ, Fibrinogen, F II, V, VII, VIII, IX. Das Plasmatauschversuch zeigte keinen Anhalt für eine Hemmkörperhämophilie. Das Thrombelastogramm ergab keinen Hinweis auf eine plasmatische Gerinnungsstörung. Die Thrombozytenzahl und -funktion waren normal.

Alle weiteren Werte der Klinischen Chemie und Hämatologie ergaben Normalbefunde, bis auf eine leichte Erhöhung der γ-GT (50 U/l), die in Übereinstimmung mit dem ultrasonographischen Befund bei Hypercholesterinämie als Ausdruck einer Leberepithelverfettung interpretiert wurde.

Die Urinanalysen zeigten keine Proteinurie, in der Elektrophorese und Immunelektrophorese ergab sich kein Hinweis auf eine Paraproteinämie. Weitere immunologische und serologische Befunde: Untersuchungen auf Hepatitis A, B sowie auf HIV 1–2 waren negativ; ANA, AMA, SMA, LKM, dsDNA waren nicht nachweisbar.

Die Gerinnungs- und -faktorenanalysen der Kinder sowie der Eltern des Patienten zeigten keine Auffälligkeiten.

Initial erhielt der Patient 1800 E PPSB, es kam zum Sistieren der Blutung, aber der erwartete Anstieg von Faktor X blieb aus.

Zu diesem Zeitpunkt hatten wir folgende Hypothesen zur Diagnose:

1. Amyloidose
2. Systemischer Lupus erythematodes mit Lupus-Antikoagulant
3. Paraneoplastisches Syndrom

Unter der obengenannten Verdachtsdiagnose 1. wurden unter PPSB-Substitution mehrfache Rectumbiopsien entnommen. Dabei traten verzögert transfusionsbedürftige rektale Blutungen auf, welche wiederum unter PPSB zum Stillstand kamen. In den Gewebeproben war in der Kongorotfärbung kein Amyloid nachweisbar.

Der Patient wurde entlassen, kam aber wenig später wegen schmerzhafter Einblutungen in die Extremitätenmuskulatur erneut zur Aufnahme. Diese standen während des gesamten weiteren Verlaufes im Vordergrund.

PPSB-Gabe führte zunächst erneut zur Besserung des Beschwerdebildes. Ein Anstieg von Faktor X war zu keinem Zeitpunkt zu messen, der Quick-Wert erreichte maximal 22 %, dennoch erhielt der Patient insgesamt 40 000 E PPSB, da subjektiv ein Stillstand der Weichteilblutungen zu beobachten war. Zeitweise waren die Schmerzen aber nur durch die Gabe von Morphin zu beherrschen.

Im Verlauf der folgenden Wochen kam es zu einem kontinuierlichen Anstieg der γ-GT und nach 4 Wochen auch der AP.

Ab der 6. Woche nach Aufnahme war eine zunächst geringe, später nephrotische Proteinurie zu verzeichnen, die Auftrennung zeigte eine unselektive glomeruläre und inkomplette tubuläre mikromolekulare Proteinurie (Abb. 1).

Eine weitere invasive Diagnostik zur histologischen Analyse von Leber, Nieren und Magen-Darm-Trakt war nach den vorausgegangenen schweren Blutungskomplikationen nicht durchführbar.

Weitere Analysen im Mai zeigten dann bereits eine leichte Erhöhung der FSP, sowie einen Alpha 2-Antiplasminspiegel von 68 % als Ausdruck einer erhöhten Beanspruchung dieses Fibrinolyseinhibitors.

Der Plasminogenspiegel betrug 46 %.

Ein Inhibitoreffekt war auch zu diesem Zeitpunkt nicht nachweisbar. Die erhöhte fibrinolytische Aktivität bestand wahrscheinlich als Reaktion auf die zahlreichen Weichteilblutungen.

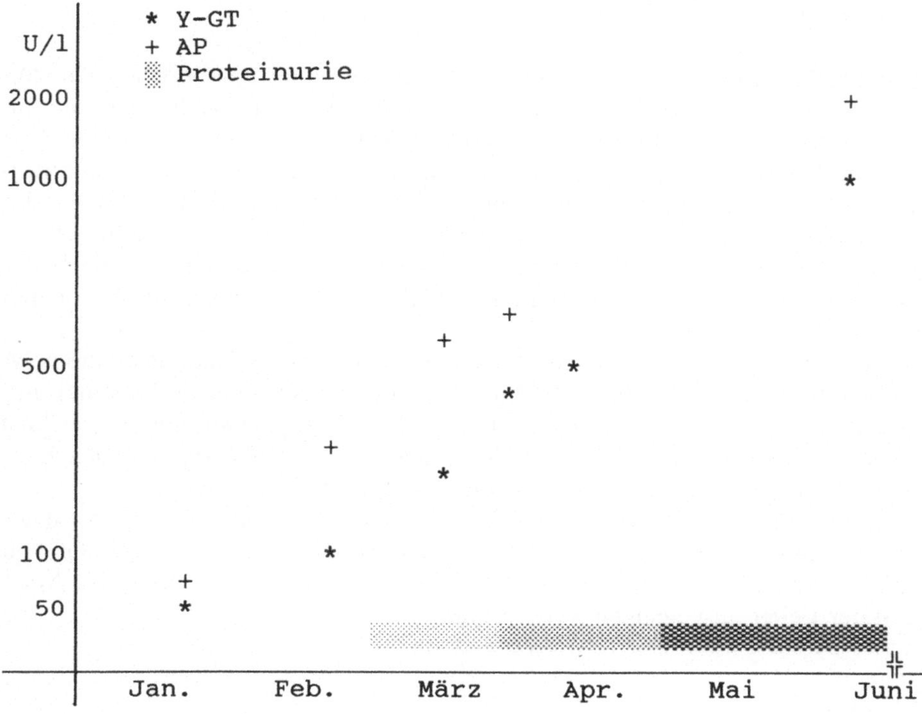

Abb. 1

Hinweise auf ein multiples Myelom oder eine chronisch-entzündliche Erkrankung ergaben sich nicht.

Außer der symptomatischen Therapie mit Analgetika und Erythrozyten-Substitution erfolgte ab der 7. Woche eine hochdosierte Prednisolon-Therapie ohne nachweisbaren Effekt. Später erhielt der Patient eine Cyclophosphamid-Therapie, ohne daß sich das klinische Bild beeinflussen ließ.

Ab dem 4. Monat zeigte sich ein foudroyanter Verlauf: es kam zu einer zunehmenden Hepatomegalie mit cholestatischer Hepatitis und progredienter Einschränkung der Leberfunktion mit portaler Hypertension.

Der Patient verstarb 5 1/2 Monate nach der ersten Blutungskomplikation an Herz-Kreislaufversagen im Rahmen einer nicht beherrschbaren retroperitonealen und gastrointestinalen Blutung. Bei der Autopsie zeigte sich eine Hepatomegalie mit einem Organgewicht von 4300 g. Histologisch war das Leberparenchym hochgradig verändert mit Verdrängung der Epithelien durch Amyloid und intrahepatische Cholestase. Auch in der Milz fanden sich deutliche Amyloidablagerungen, während die Nieren und das Knochenmark nur in geringerem Ausmaß betroffen waren.

Die immunhistochemische Analyse bewies eine idiopathische Amyloidase vom Typ AL-Kappa.

Zusammenfassung

Blutungskomplikationen werden bei der primären oder systemischen Amyloidose relativ häufig beobachtet. Gerinnungsstörungen und Schleimhautblutungen werden nach der Literatur in 10 bis 45 % aller Patienten mit Amyloidose beschrieben, am häufigsten in Kombination mit myelo- oder lymphoproliferativen Erkrankungen. Den Blutungen liegen vorwiegend Veränderungen der Kapillarwandstruktur durch Amyloideinlagerung zugrunde [1, 7, 9, 10, 12].

Die Überlebensraten bei hepatischer Amyloidose sind schlecht: nach der aktuellen Literatur ist von einer mittleren Überlebenszeit von 6 bis 9 Monaten auszugehen [2, 6, 8].

Der Faktor X-Mangel entsteht durch kalziumabhängige Bindung an die polyanionischen Amyloidfibrillen. In einer Übersichtsarbeit über 80 Patienten mit hepatischer Amyloidose aus den Jahren 1960 bis 1986 (alle aus der Mayo Clinic in Rochester), wurde ein Faktor X-Mangel nur bei 5 Patienten beobachtet; eine Blutung trat nur bei einem Patienten auf [3, 4, 5, 6, 7, 8, 11].

Im hier dargestellten Fall ließ sich in der Finalphase auch unter maximaler Substitution kein Einfluß auf die hämorrhagische Diathese erzielen, so daß von einer vollständigen Elimination durch Absorption des Faktors X an das Amyloid der Leber ausgegangen werden muß.

Literatur

1. Butler WM, Baldwin PE (1984) Prolongation of thrombin and reptilase times in patients with amyloidosis and acquired factor X deficiency. South med J 77:648–651
2. Camoriano JK, Greipp PR, Bayer GK, Bowie EJW (1987) Resolution of acquired factor X deficiency and amyloidosis with melphalan and prednisone therapy. N Engl J Med 316:1133–1135
3. Fishleder A, Cavalier D, Lucas F, Tubbs R, Bukowski R, Triplett D (1980) Pathogenesis of acquired factor X deficiency in primary amyloidosis. Clin Res 28:728A
4. Furie B, Greene E, Furie BC (1977) Syndrome of acquired factor X deficiency and systemic amyloidosis: in vivo studies of the metabolic fate of factor X. N Engl J Med 297:81–85
5. Furie B, McAdam KPWJ, Furie BC (1981) Mechanism of factor X deficiency in systemic amyloidosis. N Engl J Med 304:827–830
6. Greipp PR, Kyle RA, Bowie EJ (1981) Factor X deficiency in amyloidosis: a critical review. Am J Hematol 11:443–450
7. Gertz MA, Kyle RA (1988) Hepatic amyloidosis (primary (AL), immunoglobulin light chain): the natural history in 80 patients. Am J Med 85:73–80
8. Kyle RA, Greipp PR, O'Fallon WM (1986) Primary systemic amyloidosis: multivariate analysis for prognostic factors in 168 cases. Blood 68:220–224
9. Kyle RA, Greipp PR (1983) Amyloidosis (AL). Clinical and laboratory features in 229 cases. Mayo Clin Proc 58:665–683
10. Liebman H, Chinowsky M, Valdin J, Kenoyer G, Feinstein D (1983) Increased fibrinolysis and amyloidosis. Arch Intern Med 143:678–682
11. Lucas FV, Fishleder AJ, Becker RC, Cavalier DS, Tubbs RR (1987) Acquired factor X deficiency in systemic amyloidosis. Cleveland Clin J Med 54:399–402
12. Yood RA, Skinner M, Rubinow A, Talarico L, Cohen AS (1983) Bleeding manifestations in 100 patients with amyloidosis. JAMA 249:1322–1324

Diskussion

Frau Mannhalter (Wien):

Sie haben angeführt, daß die anderen Vitamin K-abhängigen Faktoren alle im Normbereich lagen. Waren diese im unteren Normbereich? Mich erstaunt immer wieder, daß Amyloidose-Patienten, wenn man sie auf Gerinnungsfaktor-Erniedrigung untersucht, meistens isoliert nur einen Faktor vermindert haben. Man findet in der Literatur eine Faktor VII-Verminderung und eine Verminderung von Faktor IX. Wir selbst hatten einen Patienten, der eine deutliche Faktor XII-Verminderung und eine minimale Faktor X-Verminderung aufwies. Alle übrigen Gerinnungsfaktoren waren normal.

Wenn man jetzt eine kalziumabhängige Bindung postuliert, dann erstaunt es doch, daß das so selektiv, z. B. bei Ihrem Patienten nur den Faktor X betrifft. Haben Sie in der Literatur irgendetwas gefunden?

Gröticke (Bremen):

Ja. Es gibt sehr gute in-vitro-Modelle, gerade für den Faktor X. Der reagiert wohl viel besser aufgrund seiner Struktur als alle anderen. Diese Bindung kann man in vitro sehr gut nachweisen.

Für die Faktoren VII und IX und ganz einzelne Fälle auch von XII gibt es Nachweise in der Literatur. Mir ist aber nicht bekannt, wie da die Bindung funktioniert.

Das andere ist folgendes: Wir hatten bei unserem Patienten zwei Phasen. In der initialen Phase war nur der Faktor X erniedrigt. Nachher hatte der Mann einen schweren Leberumbau mit Einschränkung der Funktionen, mit Abfall der Cholinesterase und Bilirubin-Anstieg. Dann hatten wir auch andere Verschiebungen. Aber die waren nie so signifikant, daß sie für die hämorrhagische Diathese mitverantwortlich hätten gemacht werden können. Der Mangel an Faktor X aber war konstant und blieb auf niedrigem Niveau.

Hermansky-Pudlak-Syndrom: Diagnosestellung und Therapiemöglichkeit mit DDAVP

M. Orth, A. H. Sutor (Freiburg)

Krankheitsbild

Das Hermansky-Pudlak-Syndrom (HPS) ist eine autosomal rezessiv vererbte Krankheit, die aus einem Tyrosinase-positiven Albinismus, einer milden Blutungstendenz mit verlängerter Blutungszeit bei normaler Thrombozytenzahl und der Akkumulation eines ceroidartigen Pigments in verschiedenen Organen besteht (Hermansky und Pudlak 1959; Witkop et al 1983; Simon et al 1982). Hardisty et al. (1972) konnten zeigen, daß eine Unfähigkeit der Thrombozyten vorliegt, Nukleotide in einer inerten Form zu speichern und freizusetzen.

Witkop et al. (1983) berichteten in einer großen Übersicht über 200 Patienten, die ihnen bekannt sind oder die publiziert wurden. Die Krankheit tritt in allen Erdteilen auf, besonders häufig ist sie im Nordwesten Puerto Ricos (in einer Häufigkeit von 1 zu 2000), in Holland und der Tschechoslowakei.

Eine einzelne Störung, die den Albinismus, die Thrombozytenstörung vom Typ eines storage-pool-Defekts und die Speicherung eines ceroidartigen Pigments erklärt, ist unbekannt. Eine Störung der Glutathion-Peroxidase wurde beschrieben (Witkop et al. 1973), jedoch konnten diese Untersuchungen nicht bestätigt werden (Gerritsen et al. 1979). Eine Dysfunktion der Lysosomen scheint verantwortlich für die Spätkomplikationen dieser Krankheit zu sein. Diese Komplikationen sind restriktive Lungenerkrankung (Takahashi et Yokoyama 1984), eine granulomatöse Kolitis (Schinella et al. 1980) und eine Niereninsuffizienz (Witkop et al. 1987). Die Häufigkeit des Auftretens der Komplikationen ist abhängig vom Alter: Die restriktive Lungenerkrankung tritt ab dem 3./4. Lebensjahrzehnt häufig auf (Witkop et al. 1983; Takahashi et Yokoyama 1984), die granulomatöse Kolitis ist seltener und tritt ab der Pubertät auf (Schinella et al. 1980) und die Niereninsuffizienz scheint sich erst im höheren Alter zu entwickeln.

Eine kausale Therapie ist unbekannt.

Eine Beeinflussung akuter Blutungen durch Thrombozytentransfusionen scheint möglich zu sein, eine Blutstillung mit Cryopräzipitat (Gerritsen et al. 1978) ist beschrieben. Versuche mit DDAVP zeigten bei 3 von 4 Untersuchten einen Erfolg (Budde et al. 1980; Wijermans et van Dorp 1989). Dabei besaß ein Patient eine Kombination eines Hermansky-Pudlak-Syndroms und eines leichten von Willebrand-Syndroms. Das Alter der Patienten lag zwischen 10 und 36 Jahren. Der 36jährige Patient zeigte durch DDAVP eine Verbesserung der Blutungszeit, jedoch keine Normalisierung, wie die anderen Patienten.

Ziel dieser Untersuchung war die Abklärung der Thrombozytenfunktion der Patienten und ihrer Eltern und die Wirksamkeitsprüfung von DDAVP.

Patienten

Beide Geschwister sind im Herbst 1989 von der Sowjetunion nach Deutschland übergesiedelt. Die Eltern verneinen Blutsverwandtschaft.

Die 1982 geborene kaukasische Patientin hat außer einer verlängerten Nachblutung nach einer Zahnextraktion im Alter von 7 Jahren keine weiteren ernsten Blutungskomplikationen geboten. Ihr 1987 geborener Bruder kam zur stationären Aufnahme wegen unstillbaren Nasenblutens.

Methoden

Die Thrombozytenfunktionsteste wurden durchgeführt in plättchenreichem Plasma und im Vollblut. Die Methodik und Normalwerte sind an anderer Stelle beschrieben (Orth et Sutor 1991).

Befunde

Bei beiden Kindern besteht ein okulokutaner Albinismus. Bei Makulaaplasie beträgt der Visus bei beiden Geschwistern 1/50, es besteht ein ausgeprägter, ungerichteter Nystagmus. Die Monozyten sind pathologisch vakuolisiert. Die Thrombozytenzahl ist normal, ebenso die plasmatische Gerinnung. Die Blutungszeit beträgt beim Mädchen 14,5 und beim Jungen 9,5 min. Die Kapillarresistenz beim Mädchen ist normal, beim Jungen vermindert auf 6 cm Hg.

Therapieversuch mit DDAVP

Bei dem Mädchen wurde DDAVP (0,4 μg/kg KG in 0,9 % NaCl) über 40 min infundiert. Die Patientin zeigte außer einem leichten Flush im Gesicht keine weiteren Nebenwirkungen.

Die Blutungszeit verkürzte sich von 14,5 min vor DDAVP auf 6 min 30 nach Ende der Infusion, 4 h nach Infusionsende betrug die Blutungszeit 7 min.

Thrombozytenfunktionsteste

Beim Jungen besteht eine grenzwertig normale Aggregation mit ADP, Kollagen und Ristocetin im Vollblut (Abb. 1a).

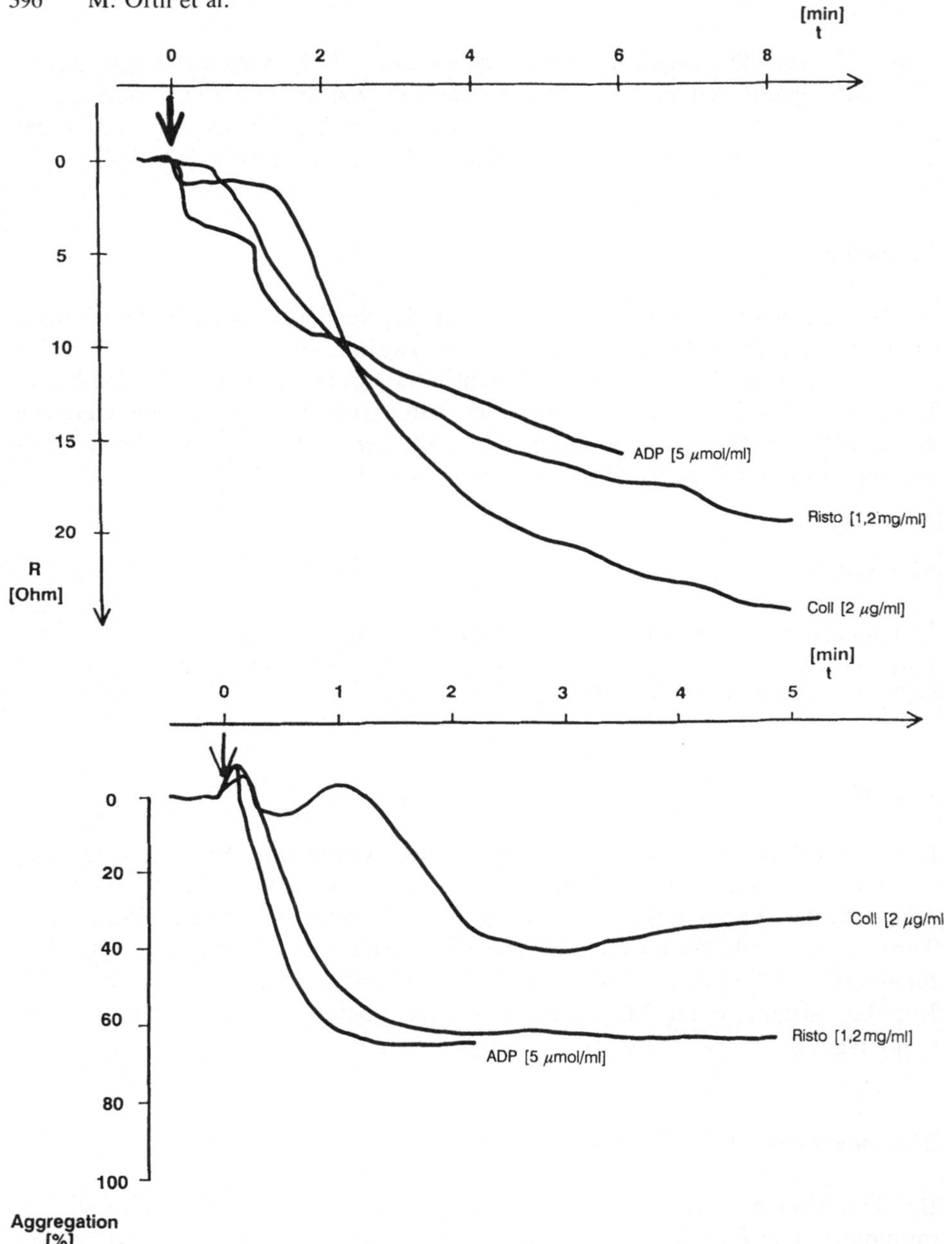

Abb. 1a, b. 3jähriger Junge. a) Thrombozytenaggregation im Vollblut, b) Thrombozytenaggregation im PRP

Das Mädchen zeigt vor DDAVP lediglich mit Kollagen eine normale Aggregation. Die Aggregation mit ADP und Ristocetin ist deutlich vermindert (Abb. 2a). Durch DDAVP kommt es zu einer leichten Verbesserung der ADP-Aggregation (Abb. 3a).

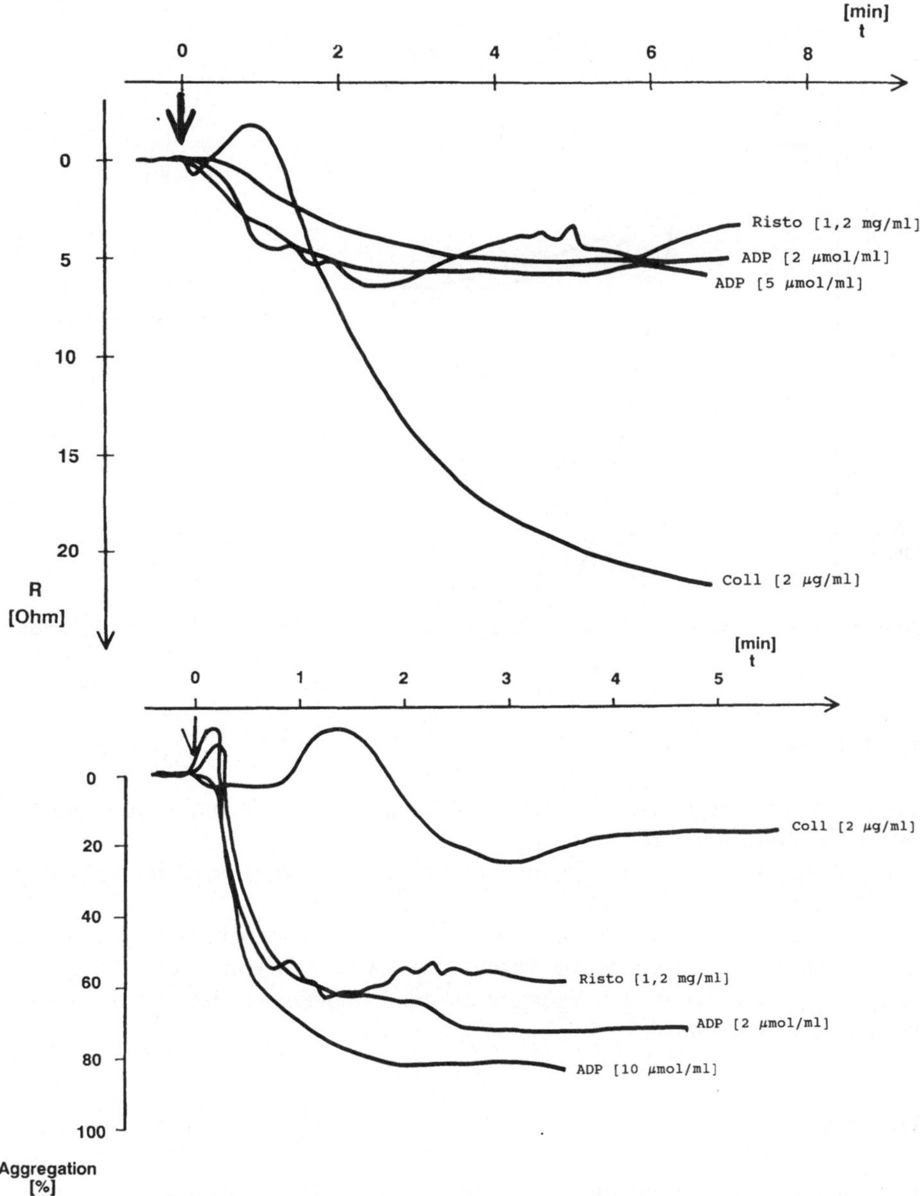

Abb. 2a, b. 8jähriges Mädchen, vor DDAVP. a) Thrombozytenaggregation im Vollblut, b) Thrombozytenaggregation im PRP

Im PRP zeigt sich bei beiden Kindern ein gleiches Muster: Nach Zugabe des Aggreganz kommt es zu einer Trübungszunahme (shape-change). Die Kollagen-Aggregation ist deutlich vermindert, die Aggregation mit ADP und Ristocetin vermindert (Abb. 1b, 2b). Durch DDAVP ändert sich die Aggregation im PRP nicht.

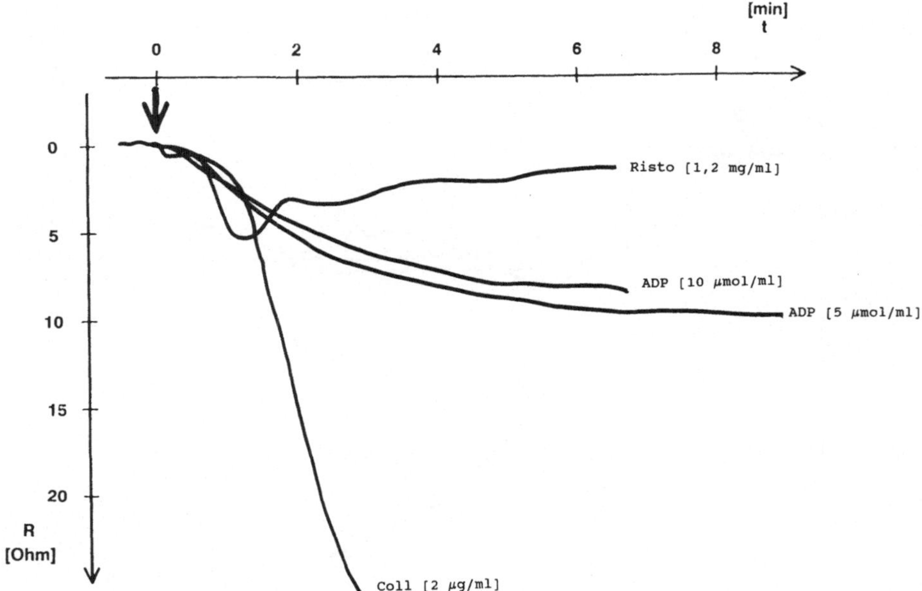

Abb. 3. 8jähriges Mädchen, 30 min nach DDAVP. Thrombozytenaggregation im Vollblut

Elternuntersuchungen

Bei der Mutter besteht eine normale Blutungszeit und Thrombozytenaggregation in Vollblut und PRP.

Der Vater klagte in der Vergangenheit nicht über Symptome eines Blutungsübels und verneinte die Einnahme von Medikamenten.

Die Blutungszeit ist mit 5,5 min noch im Normwertbereich. Die ADP Aggregation im PRP ist grenzwertig vermindert (Abb. 4a). Im Vollblut fehlt die Aggregation mit ADP, die Aggregation mit Kollagen und Ristocetin ist stark vermindert (Abb. 4b)

Diskussion

Beim gemeinsamen Auftreten des okulokutanen Albinismus mit einer Thrombozytenfunktionsstörung vom Typ eines Storage-pool-Defekts sollte die Diagnose eines HPS erwogen werden. Während die Patienten spontan selten schwer Blutungskomplikationen zeigen, sind unter der Einnahme von nichtsteroidalen Antiphlogistika tödliche Blutungen beschrieben worden (Theuring et Fiedler 1973). Frauen zeigen unter einer Geburt massive Blutungen. Häufig findet man Nasenbluten, Gingivablutungen und eine Neigung zu blauen Flekken (Witkop 1983). Differentialdiagnostisch sollte ein Faktor VIII-assoziierter Antigen- und ein Ristocetin Cofaktor-Mangel ausgeschlossen werden, beides Ursachen für eine verlängerte Blutungszeit (Böhles et al. 1981).

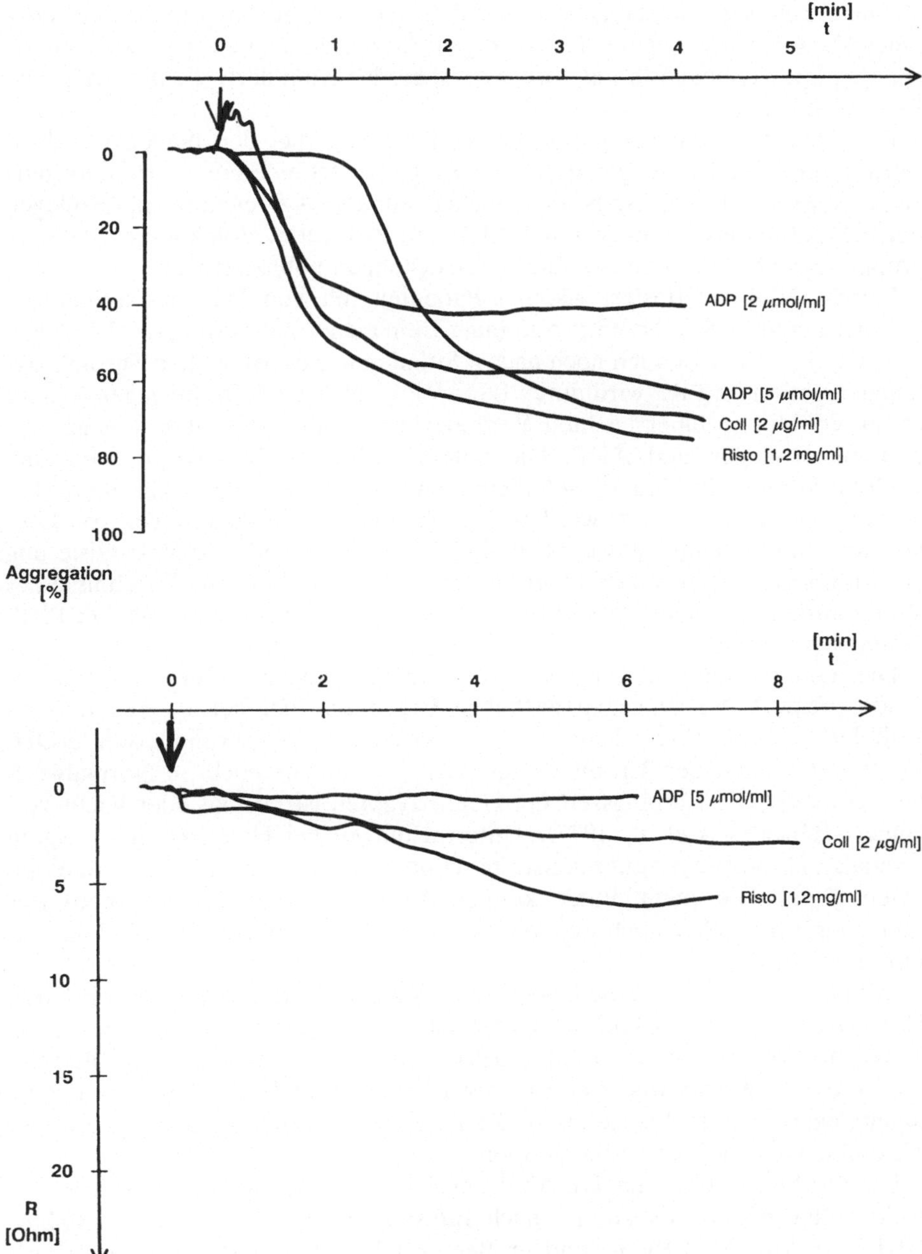

Abb. 4a, b. Vater der beiden Kinder (Alter 34 Jahre). a) Thrombozytenaggregation im Vollblut, b) Thrombozytenaggregation im PRP

Die Thrombozytenaggregation im PRP zeigte bei beiden Kindern ein typisches Muster: Nach Zugabe des Aggreganz kommt es zum ausgeprägten shapechange. Die Aggregation mit Kollagen ist stark vermindert, die mit ADP und Ristocetin leicht.

Die Thrombozytenaggregation im Vollblut zeigt bei den beiden Geschwistern unterschiedliche Ergebnisse. Der Junge besitzt eine grenzwertig normale Aggregation, hingegen ist beim Mädchen nur die Aggregation mit Kollagen normal, pathologisch hingegen mit ADP und Ristocetin. Von anderen Arbeitsgruppen sind bisher keine Vollblutuntersuchungen publiziert worden.

Durch DDAVP, dosiert wie bei Patienten mit von Willebrand-Syndrom (LUDLAM et al. 1980), kommt es zu einer Beinahenormalisierung der Blutungszeit. Dieser Effekt ist auch noch nach 4 Stunden nachweisbar. Die Thrombozytenaggregation im PRP wird durch DDAVP nicht beeinflußt, hingegen kommt es im Vollblut zu einer leichten Veränderung bei der Thrombozytenaggregation mit Kollagen und ADP. Die unterschiedlichen Befunde im PRP und Vollblut können durch eine Beteiligung anderer Blutzellen als Thrombozyten an der Aggregation erklärt werden. Morphologische Veränderungen von Leukozyten sind bekannt (WHITE et al. 1973), eine pathologische Vakuolisierung der Monozyten ist auch bei diesen Patienten nachweisbar. Die Ergebnisse der Vollblutuntersuchungen spiegeln das klinische Bild besser wider als bei PRP-Untersuchungen.

Die Untersuchungen bei den Eltern zeigen bei der Mutter Normalbefunde, beim Vater hingegen auffällige Ergebnisse bei der Aggregation im Vollblut und im PRP. Heterozygote besitzen einen verminderten 5-OH-Tryptamin-Gehalt der Thrombozyten, der aber immer noch im Normalwertbereich liegt. Die Blutungszeit bei Heterozygoten ist normal oder leicht verlängert (GERRITSEN et al. 1977). Untersuchungen bei Heterozygoten zeigten normale Thrombozytenfunktionsteste (LOGAN et al. 1971). Die pathologischen Ergebnisse beim Vater können Ausdruck des Heterozygotenstatus sein, möglich ist aber auch eine andere, klinisch unauffällige, Thrombozytenfunktionsstörung.

Mit DDAVP läßt sich eine labormäßig erfaßbare Verbesserung der primären Hämostase erzielen. Ähnliche Untersuchungen wurden von BUDDE et al. (1980) und von WIJERMANS et al. (1989) ebenfalls mit Erfolg durchgeführt. Im Gegensatz zu WIJERMANS et al. sahen wir keine Veränderung der Thrombozytenaggregation mit Ristocetin im PRP, jedoch leichte Veränderungen der Thrombozytenaggregation im Vollblut.

Die Wirkungsweise von DDAVP bei Thrombozytenfunktionsstörungen ist nicht völlig geklärt: Es kommt nach Infusion zu einem Anstieg von Faktor VIII:C, Faktor VIII:RCof. und großen von Willebrand-Multimeren (WIJERMANS et al. 1989; Dr. WÜST, Freiburg, persönliche Mitteilung). Die Therapie mit DDAVP ist nebenwirkungsarm und führt nicht zu einer Sensibilisierung oder zu einer Infektionsgefährdung wie die Gabe von Kryopräzipitat oder von Thrombozytentransfusionen. Die Wirksamkeit sollte jedoch noch an einer größeren Anzahl von Patienten überprüft werden.

Unsere beiden pädiatrischen Patienten zeigten keine Zeichen des Vorliegens von Spätkomplikationen.

Literatur

Bednak B, Hermansky F, Lodja Z (1964) Vascular pseudohemophilia associated with ceroid pigmentophagia in albinos. Am J Path 45:183–294

Böhles H, Skrodzki K„ Geißendörfer C, Krzywanek HJ (1981) Das Hermansky-Pudlak-Syndrom in der Differentialdiagnose des okulokutanen Albinismus. Klin Pädiatr 193:3–6

Budde U, Brackmann HH, Etzel F (1980) Einsatz von DDAVP bei zahnärztlichen Eingriffen bei Patienten mit von Willebrand-Syndrom und einem Patienten mit kombiniertem Hermansky-Pudlak-Syndrom und leichtem von Willebrand-Syndrom. In: Sutor AH (ed) DDAVP in Bleeding Disorders. Schattauer Stuttgart, New York, 148–153

Gerritsen SM, Akkerman JWN, Nijmeijer B, Sixma JJ, Witkop CJ, White J (1977) The Hermansky-Pudlak Syndrome. Evidence for a lowered 5-hydroxytryptamine content in platelets of heterozygotes. Scand J Haematol 18:249–256

Gerritsen SM, Akkerman JWN, Sixma JJ (1978) Correction of the bleeding time in patients with storage pool deficiency by infusion of cryoprecipitate. Br J Haematol 40:153–160

Gerritsen SM, Akkerman JWN, Staal G, Roelofsen B, Koster JF, Sixma JJ (1979) Biochemical studies in Hermansky-Pudlak Syndrome. Scand J Haematol 23:161–169

Hardisty RM, Mills DCB, Ketsa-Ard K (1972) The platelet defect associated with albinism. Br J Haematol 23:679–692

Hermansky F, Pudlak P (1959) Albinism associated with hemorrhagic diathesis and unusual pigmented reticular cells in the bone marrow: Report of two cases with histochemical studies. Blood 14:162–169

Logan LJ, Rapaport SI, Maher I (1971) Albinism and abnormal platelet function. N Engl J Med 284:1340–1345

Ludlam CA, Peake IR, Allen N, Davies BL, Furlong RA, Bloom A (1980) Factor VIII and fibrinolytic response to deamino-8-D-Argenine vasopressin in normal subjects and dissociate response in some patients with haemophilia and von Willebrand's disease. Br J Haematol 45:499–511

Orth M, Sutor AH (1990) Thrombozytenfunktion im Vollblut und PRP bei der Thrombasthenie Glanzmann. In: Landbeck G, Scharrer I, Schramm W (eds) 21. Hämophilie-Symposium 1990. Springer Berlin, Heidelberg, New York, London, Paris, Tokyo

Schinella RA, Alba Greco M, Cobert BL, Denmark LW, Cox RP (1980) Hermansky-Pudlak Syndrome with granulomatous colitis. Ann Intern Med 92:20–23

Takahashi A, Yokoyama T (1984) Hermansky-Pudlak Syndrome with special reference to lysosomal dysfunction. Virchows Arch (Pathol Anat) 402:247–258

Theuring F, Fiedler J (1973) Fatal bleeding following teeth extraction. Hermansky-Pudlak Syndrome. Dtsch Stomatol 23:52–59

White JG (1968) The dense bodies of human platelets: Inherent electron opacity of the serotonin storage particles. Blood 33:598–606

White JG, Witkop CJ, Gerritsen SM (1973) The Hermansky-Pudlak Syndrome: Inclusions in circulating leucocytes. Br J Haematol 24:761–765

Wijermans PW, van Dorp DB (1989) Hermansky-Pudlak Syndrome: Correction of bleeding time by 1-deamino-8D-arginine vasopressin. Am J Haematol 30:154–157

Witkop CJ, White JG, Gerritsen SM, de Townsend W, King RA (1973) Hermansky-Pudlak Syndrome (HPS): A proposed block in glutathione peroxidase. Oral Surg 35:790–806

Witkop CJ, Quevedo WC, Fitzpatrick TB (1983) Albinism and other disorders of pigment metabolism. In: Stanbury JB, Wyngaarden JB, Fredrickson DS, Goldstein JL, Brown MS (eds) The metabolic basis of inherited disease. 5th ed. McGraw Hill New York, 301–346

Witkop CJ, Wolfe LS, Cal SX, White JG, Townsend D, Keenan K (1987) Elevated urinary dolichol excretion in the Hermansky-Pudlak Syndrome. Am J Med 82:463–470

Diskussion

WENZEL (Homburg):

Wie ist die Langzeitprognose bei diesen Patienten?

ORTH (Freiburg):

Bis zum Alter von 30–35 Jahren ist die Prognose relativ gut. Aber danach tritt bei sehr vielen Patienten eine restriktive Lungenerkrankung auf. Die sterben dann an der pulmonalen Insuffizienz. Die Niereninsuffizienz tritt eigentlich erst im 6. Lebensjahrzehnt auf, und die granulomatöse Colitis ab der Pubertät. Man kann aber nicht genau sagen, wer davon betroffen wird. Es gibt Familien, bei denen einer an dieser Colitis gestorben ist und der Bruder nicht betroffen war.

WENZEL (Homburg):

Das Hermansky-Pudlak-Syndrom spielt hier also keine ausschlaggebende Rolle?

ORTH (Freiburg):

Die Blutungskomplikationen sind im allgemeinen schwach ausgeprägt, außer wenn die Patienten Aspirin oder verwandte Medikamente einnehmen. Dann sind schwerste Blutungen beschrieben worden, vor allem bei Frauen und nach Zahnextraktionen.

Hochdosierte Antithrombin III-Therapie bei akuter myeloischer Leukämie (FAB M4 und M5) mit Verbrauchskoagulopathie

E. Lechler, W. Jung (Köln)

Zusammenfassung

Bei zwei Patienten mit M4 bzw. M5 Leukämie, ausgeprägter Verbrauchskoagulopathie und gesteigerter Fibrinolyse wurde hochdosiert mit Antithrombin III substituiert. Die Normalisierung setzte verzögert ein und wurde erst in der Phase starker Zytoreduktion erreicht.

Einleitung

Bei allen Formen der akuten myeloischen Leukämie (M1–M5 der FAB-Klassifikation [6]) kann eine Verbrauchskoagulopathie auftreten, am häufigsten – praktisch regelmäßig – bei der akuten Promyelozytenleukämie M3, am nächst häufigsten – bei ca. einem Drittel der Fälle, nämlich bei 40 von 127 der zitierten Referenzen – bei den myelomonozytären und monozytären Formen M4 und M5 [1, 5, 10, 14, 26, 27, 34, 50, 52]. Die Verbrauchskoagulopathie wird durch eine prokoagulatorische Aktivität ausgelöst, die von den leukämischen Zellen freigesetzt wird und als Gewebethromboplastin identifiziert wurde [1, 22, 25, 27, 41]. Die (exogene) Aktivierung des Gerinnungssystems mit Bildung von Thrombin und Fibrin konnte durch Bestimmung des Prothrombinaktivierungsfragmentes F_{1+2} [5], des Fibrinopeptides A (FPA) [5, 26, 27], des Thrombin-Antithrombin III-Komplexes (TAT) [3, 5, 9, 39, 46] und des gelösten Fibrins im Äthanolgelationstest [14, 26, 27], Protaminsulfattest [27, 31] und FM-Test [31, 38, 42] nachgewiesen werden. Fibrin-Fibrinogenspaltprodukte (FDP) wurden immer erhöht gefunden, wenn die Diagnose Verbrauchskoagulopathie gestellt wurde [1, 5, 9, 10, 11, 12, 14, 23, 31, 34, 38, 39, 42, 44, 45, 50] wie auch D-Dimere [16, 39, 53].

Der Gerinnungsstörung der Promyelozytenleukämie wurde die größte Aufmerksamkeit zuteil. In der Pathogenese der Gerinnungsstörung wird von einigen Autoren die gesteigerte Fibrinolyse ganz in den Vordergrund gestellt und der Verbrauchskoagulopathie keine [12, 31] oder eine geringere Bedeutung zugemessen [3, 10, 14, 31, 32, 46]. Diese Vorstellung stützt sich auf die besonders niedrigen Alpha-2-Antiplasmin-Werte und ein normales oder nur leicht erniedrigtes Antithrombin III selbst bei stark erniedrigten Fibrinogenwerten [3, 11, 12, 14, 32, 38]. Weiterhin ist auffallend, daß bei der Promyelozytenleukämie der Quotient der Komplexe Plasmin-Alpha-2-Antiplasmin/Thrombin-Antithrombin III besonders ausgeprägt zugunsten des Antiplasminkomplexes verschoben ist [46] bzw. dieser Komplex in besonders hoher Konzentration vorliegt [3, 45] selbst bei nur leicht vermindertem Plasminogen [3, 32]. Durch vergleichende Bestimmung der Spaltprodukte D bzw. D-Dimer ließ sich zeigen, daß bei der Promyelozytenleukämie in Abhängigkeit vom Alpha-2-Antiplasmingehalt ein hohes Maß an Fibrinogenolyse stattfindet [39].

Leukämische Zellen, insbesondere die der Promyelozytenleukämie, besitzen eine fibrinolyseaktivierende Eigenschaft [25, 52], so daß eine primäre Fibrinolyseaktivierung möglich ist [10, 11, 12, 31, 38]. Auf dem Hintergrund nicht oder gering erniedrigter Werte des Antithrombin III und des Plasminogens und starker Erniedrigung des Fibrinogens und des Alpha-2-Antiplasmins wurde auch der proteolytischen Aktivität der leukämischen Zellen (Elastase, Ref. 17, 18) eine ursächliche Rolle in der Genese der Koagulopathie zugeschrieben [3, 14, 32]. Ein proteolytisch vermindertes Alpha-2-Antiplasmin könnte eine reaktiv oder primär aktivierte Fibrinolyse exzessiv wirksam werden lassen.

Bei einer im einzelnen nicht geklärten Pathogenese der Koagulopathie der akuten myeloischen Leukämie verwundert es nicht, daß kein allgemein akzeptiertes Konzept in der Behandlung vorliegt. Plasma-, Fibrinogen-, Kryopräzipitat- und Thrombozytensubstitution, Heparin und Antifibrinolytika wurden wechselnd häufig und in unterschiedlichen Kombinationen eingesetzt. Neben der Substitution von Blutkomponenten hat die (zusätzliche) Heparintherapie die weiteste Verbreitung gefunden. Studien zur Frage der Effektivität der Heparintherapie entstanden durch retrospektive Analysen mit unterschiedlichen Aussagen. In einer Zusammenfassung 9 derartiger Studien ergab sich keine Signifikanz, bestenfalls ein leichter Trend zugunsten einer Heparintherapie bezüglich tödlicher Blutungen und kompletter Remissionen [21]. In einer retrospektiven Analyse von 115 Patienten mit Promyelozytenleukämie, die eine einheitliche Chemotherapie und zum Teil in nicht randomisierter Form Heparin erhielten, zeigte sich eine signifikant höhere Remissionsrate der Heparin behandelten Patienten (86% gegen 49%), was auf eine Verminderung tödlicher Blutungen beruhte [30]. Obwohl es sich um die beste klinische Studie handelt, ist sie mit vielen Schwächen behaftet. So ist z. B. die Heparindosierung freigestellt gewesen, sie hat in der Mehrheit der Fälle 500–1000 E/Stunde betragen. Aus den Studien ist nicht abzulesen inwieweit die Verbrauchskoagulopathie effektiv unterbrochen wurde. Aus Veröffentlichungen mit kleinen Fallzahlen ergeben sich Anhaltspunkte, daß Dosierungen bis 1500 E Heparin/Stunde erforderlich sind [5, 23, 24, 31, 34, 42], was natürlich bei zusätzlich bestehender Thrombozytopenie ein Risiko darstellt [21]. Ein Autor glaubt, daß die erforderliche Dosierung nicht korrekt mit der partiellen Thromboplastinzeit erfaßt werden kann, sondern anhand des Thromboplastingehalts der Zellen errechnet werden müßte [2]. Mit niedermolekularem Heparin in sehr hoher Dosierung konnte bei vier Patienten mit Promyelozytenleukämie ein Anstieg des Fibrinogens und ein Sistieren der Blutungsneigung erreicht werden. Unter Chemotherapie kam es dann trotzdem zum Abfall von Fibrinogen, Alpha-2-Antiplasmin und Plasminogen [38]. Die Autoren vermuten, daß neben der Verbrauchskoagulopathie eine primäre Fibrinolyse im Rahmen des gesteigerten Zellzerfalls eine wesentliche Rolle spielt.

In einigen wenigen Fällen trat unter antifibrinolytischer Therapie ein Abfall der FDP ein [12, 31], wobei durch eine mäßig hochdosierte Heparinbehandlung dieser Effekt nicht zu erzielen war [31]. In einer randomisierten Studie mit kontinuierlicher Infusion von 6 Gramm Tranexansäure/die fielen die FDP ab, die Blutungsneigung und der Transfusionsbedarf sanken signifikant, die erniedrigten Fibrinogen- und Alpha-2-Antiplasminwerte, der erhöhte TAT-Wert wie auch Antithrombin III und Protein C änderten sich nicht. Thromboembolische Ereignisse traten nicht ein [4].

Auf Grund des ungeklärten Vorgehens in der Behandlung der leukämischen Koagulopathie haben wir bei zwei Patienten mit myelomonozytärer bzw. monozytärer Leukämie (M4 + M5) und schwerster Koagulopathie mit Zeichen der Verbrauchskoagulopathie und gesteigerter Fibrinolyse neben Thrombozytensubstitution trotz normaler Antithrombin III-Werte eine hochdosierte Antithrombin III-Substitution durchgeführt. Dieser Versuch stützt sich auf einige Hinweise in der Literatur [8, 18, 28, 51], daß sich eine Antithrombin III-Substitution bei Leukämie, Sepsis oder Schock mit Verbrauchskoagulopathie wie auch im tierexperimentellen Endotoxinschock mit Verbrauchskoagulopathie in hoher Dosierung [63] günstig auswirkt. Nebenwirkungen wurden dabei nicht bekannt.

Kasuistik I

Die 40jährige Patientin erkrankte 4 Wochen vor der Aufnahme mit Zahnfleischbluten, Schluckbeschwerden, submandibularer Lymphknotenschwellung, Purpura und Fieber. Außer einer Blässe der Haut und der Schleimhäute deckte die körperliche Untersuchung keinen weiteren Befund auf. Laboruntersuchungen: Hämoglobin 9,1 g/dl, Thrombozyten 22000/μl, Leukozyten 24500/μl mit 52% monozytären Blasten (M5), im Knochenmark über 90% Blasten. Quickwert 44%, aktivierte partielle Thromboplastinzeit (aPTT) 31 Sek. Die Annahme einer Verbrauchskoagulopathie und einer gesteigerten Fibrinolyse ergab sich aus folgenden Werten bei Aufnahme bzw. im Verlauf: Fibrinogen 53 mg/dl, Nachweis gelösten Fibrins im Äthanolgelations- und FM-Test, Nachweis von deutlich erhöhten FDP im Serum, D-Dimeren im Plasma und Serum wie auch von TAT; Plasminogen und Alpha-2-Antiplasmin waren deutlich erniedrigt. Die Chemotherapie wurde mit dem TAD 9-Protokoll (Thioguanin, Cytosin-Arabinosid, Daunorubicin) eingeleitet. Ab dem 4. Tag der Chemotherapie wurden über 7 Tage täglich 2 × 2500 E Antithrombin III substituiert (Abb. 1, Tabelle 1). Die Patientin ist seit 9 Monaten in Vollremission.

Kasuistik II

Der 60jährige Patient hatte seit 2 Monaten Kopfschmerzen, Dysästhesien der Kopfhaut, Augenschmerzen und Übelkeit. Bei der körperlichen Untersuchung konnte außer der Dysästhesie der Kopfhaut und einem mäßig reduzierten

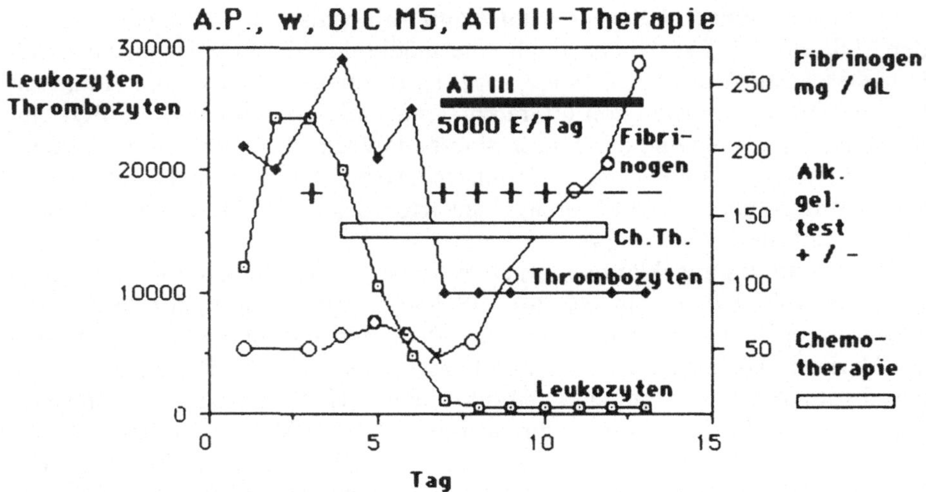

Abb. 1. 40jährige Patientin mit akuter monozytärer Leukämie. Kurzübersicht des Verlaufs unter Chemo- und Antithrombin III-Therapie. Thrombozyten von Tag 7 an < 10000/μl, Leukozyten von Tag an < 500/μl. Bei den Thrombozyten sind die Anstiege unter Thrombozytensubstitution nicht eingezeichnet. Dies gilt für alle Abbildungen und Tabellen

Allgemeinzustand kein wesentlicher Befund erhoben werden. Laboruntersuchungen: Hämoglobin 11,3 g/dl, Thrombozyten 85000/μl, Leukozyten 70000/μl mit 14% myelomonocytären Blasten (M4), im Knochenmark Blastenanteil 61%. Quicktest 38%, aPTT 29,0 Sek. Die Annahme einer Verbrauchskoagulopathie und einer gesteigerten Fibrinolyse ergab sich aus folgenden Gerinnungswerten: Fibrinogen 57 mg/dl, Nachweis gelösten Fibrins im Äthanolgelations- und FM-Test, Nachweis von stark erhöhten FDP im Serum, D-Dimeren im Plasma und im Serum wie auch von TAT; Plasminogen und Alpha-2-Antiplasmin waren deutlich erniedrigt. Eine Chemotherapie nach dem TAD 9-Protokoll wurde am 3. Tag eingeleitet. Die Antithrombin III-Substitution mit 2 × 2500 E/die wurde am 2. Tag begonnen (Abb. 2 und Tabelle 2). Der Patient erreichte nur eine Teilremission. Die anschließende 2. Induktionstherapie nach dem HAM-Protokoll (hochdosiertes Cytosin-Arabinosid, Mitoxandron) führte zu einer nur kurz anhaltenden Vollremission. Der Patient verstarb gut 3 1/2 Monate nach Therapiebeginn im Rezidiv mit myelomonozytären Hautinfiltraten und Candida Sepsis.

Methoden

Quicktest und die aktivierte partielle Thromboplastinzeit (aPTT) mit Standardmethoden mit Humanhirnthromboplastin bzw. einem Chloroformextrakt aus dem Thromboplastin und Kaolin. Fibrinogen nach Clauss [13], Fibrinmonomernachweis mit dem Alkoholgelationstest nach Godal und Abildgaard [20] bzw. FM-Test (Boehringer, Mannheim), FDP mit dem Thrombo-Well-

Tabelle 1. 40jährige Patientien mit monozytärer Leukämie. Weiteres siehe Abb. 1

Test	Tag 3	Tag 4	Tag 5	Tag 6	Tag 7	Tag 8	Tag 9	Tag 10	Tag 11	Tag 12	Tag 13
Antithrombin III (%)					95,0	118,0		207,0	215,0	212,0	292,0
AT III-Subst. (E)					5000	5000	5000	5000	5000	5000	5000
Fibrinogen (mg/dl)	53	65	77	68	<50	64	110		177	197	268
Prothrombin (E/ml)								156,0		153,6	
Faktor V (%)						24,1		51,6	42,6	43,0	
Faktor VII (%)						77,0		88,5	64,3	66,8	
Faktor VIIIC (%)						44,6		54,0	33,1	61,5	
Faktor IX (%)						117,5			84,6	114,5	
Faktor X (%)						23,3		59,5	59,8	61,1	
Plasminogen (%)						53,0		76,0	88,0	77,0	
A2-Anti-Plg. (%)						26,0		83,0	79,0	94,0	
Alk.gel.test (p/n)	pos.				pos.	pos.	pos.	pos.	neg.	neg.	neg.
FM-Test (p(n)						pos.		pos.	pos.		
FDP/fdp (μg/ml)							160	20			
D-Dimer (μg/ml) (S)								2			
D-Dimer (μg/ml) (Pl)						32		16	16	16	
Leukozyten (/μl)	24500	20000	10600	4800	1100	<500	<500	<500	<500	<500	<500
Thrombozyten (/μl)		29000	21000	25000	<10000	<10000	<10000			<10000	<10000
TAT (ng/ml)								18,5		14,5	
Chemotherapie		+	+	+	+	+	+	+	+	+	

cotest (Temple Hill Dartford, England), D-Dimer mit einem Latex-Aggulationstest (Boehringer, Mannheim), TAT mit dem Enzygnost-TAT-Test (Behring, Marburg), chromogene Substrate zur Bestimmung von Antithrombin III (S 2238, Kabi, Stockholm, Schweden), Plasminogen und Alpha-2-Antiplasmin (S 2251) entsprechend den Vorschriften des Herstellers, Prothrombin mit Zwei-Stufen-Methode, die andern Gerinnungsfaktoren mit Ein-Stufen-Methode mit kommerziellen und natürlichen Mangelplasmen.

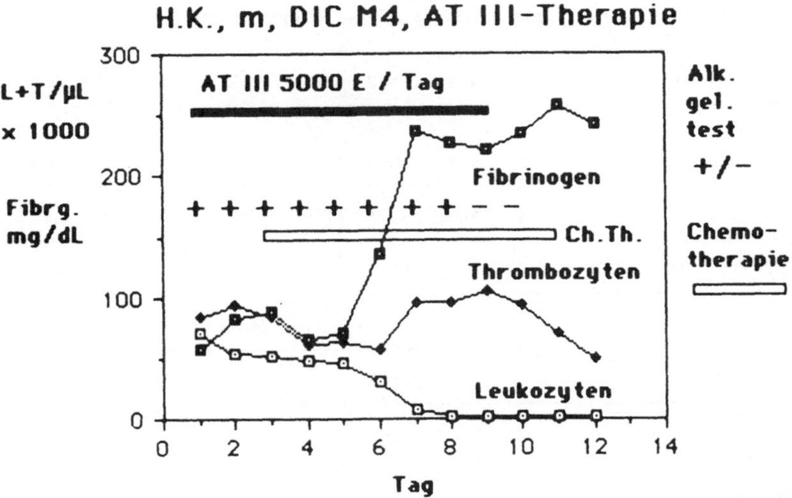

Abb. 2. 60jähriger Patient mit akuter myelomonozytärer Leukämie. Weiteres siehe Abb. 1.

Ergebnisse

Beide Patienten wiesen bei Beginn der Antithrombin III-Substitution einen normalen Antithrombin III-Wert auf. Nach 3 bzw. vier Tagen Substitution stiegen die Antithrombin III-Werte auf ca. 200 % an. Bei der ersten Patientin (Abb. 1, Tabelle 1) fiel die Entscheidung zur Antithrombin III-Substitution beim Abfall des Fibrinogens unter 50 mg/dl. Anschließend trat ein kontinuierlicher Anstieg des Fibrinogens, des Plasminogens und des Alpha-2-Antiplasmin ein. Fibrinmonomere waren aber für vier weitere Tage nachzuweisen, die D-Dimere fielen nur eine Titerstufe ab. Zu Beginn der Substitution hatten die Leukozyten bereits fast den tiefsten Wert erreicht.

Beim zweiten Patienten (Abb. 2, Tabelle 2) wurde die Antithrombin III-Substitution einen Tag vor Beginn der Chemotherapie eingeleitet. Vier Tage nach Beginn der Substitution begann das Fibrinogen anzusteigen, Fibrinmonomere waren aber noch für zwei weitere Tage nachzuweisen und der TAT-Komplex war noch nach einem weiteren Tag deutlich erhöht. Mit dem Fibrinogenanstieg begann auch der Anstieg von Plasminogen und Alpha-2-Antiplasmin. Die Thrombozyten zeigten kurzfristig eine leichte Erholungstendenz (Tag 7–10), fielen dann aber rasch als Folge der Chemotherapie auf 29000/µl am 14. Tag (nicht auf Abb. 1 und Tabelle 2). Nach 7 Tagen Antithrombin III-Substitution, also am 4. Tag des Fibrinogenanstiegs waren alle Faktoren und das Alpha-2-Antiplasmin normalisiert. Zu diesem Zeitpunkt waren die zirkulierenden Leukozyten auf einen geringen Bruchteil des Ausgangswertes abgefallen.

Tabelle 2. 60jähriger Patient mit myelomonozytärer Leukämie. Weiteres siehe Abb. 1

Test	Tag 1	Tag 2	Tag 3	Tag 4	Tag 5	Tag 6	Tag 7	Tag 8	Tag 9	Tag 10	Tag 11
Antithrombin III (%)	96,0	137,0		177,0		193,0			210,0		
AT III Subst. (E)		5 000	5 000	5 000	5 000	5 000	5 000	5 000	5 000		
Fibrinogen (mg/dl)	57	83	88	65	70	135	236	228	222	235	258
Prothrombin (E/ml)	148,8	151,2		110,4		91,2			194,4		
Faktor V (%)	38,6	40,6		43,3		51,0		78,5	103,6		
Faktor VII (%)	47,6	49,0		51,6		53,0		67,3	81,0		
Faktor VIIIC (%)	82,5	57,0		94,3		107,5	116,3	111,3			
Faktor IX (%)	85,5	119,5		106,8		92,0		143,1	230,0		
Faktor X (%)	61,6	64,5		55,0		44,6			81,5		
Plasminogen (%)	34,0	38,0		40,0		48,0			94,0		
A2-Anti-Plg. (%)	42,0	51,0		55,0		67,0			113		
Alk.gel.test (p/n)	pos.	pos.	pos.	pos.	pos.	pos.	pos.	pos.	neg.	neg.	
FM-Test (p/n)	pos.	pos.		pos.		pos.			neg.		
FDP/fdp (μg/ml)		640	640			1 024		320	40		
D-Dimer (μg/ml) (S)	16	8				16			4		
D-Dimer (μg/ml) (Pl)	16	32		32		16			16		
Leukozyten (μl)	70 100	54 200	52 700	48 400	46 400	30 100	7 300	2 200	1 800	1 300	900
Thrombozyten (μl)	85 000	102 000	84 000	62 000	64 000	58 000	96 000	95 000	106 000	93 000	70 000
TAT (ng/ml)	28,0	54,0		64,0		36,5			8,8		
Chemotherapie			+	+	+	+	+	+	+	+	+

Diskussion

Die Befunde der beiden hier beschriebenen Patienten mit M4 bzw. M5-Leukämie entsprechen denen einer Verbrauchskoagulopathie wie auch einer gesteigerten Fibrinolyse. Aus den hohen TAT- und D-Dimer-Werten, die höher sind als die in der Literatur durchschnittlich für die Verbrauchskoagulopathie unterschiedlichster Genese dokumentierten [29, 46, 53], kann auf eine relativ hohe Thrombinbildung geschlossen werden. Die normalen Antithrombin III-Werte stehen nur im scheinbaren Widerspruch, da Antithrombin III-Werte nicht mit dem Ausmaß der Thrombinbildung korrelieren [19]. Wir haben normale Antithrombin III-Werte auch bei anderen Formen der Verbrauchskoagulopathie beobachtet [33]. In Tierexperimenten führte die Injektion von Thromboplastin, Thrombin oder Endotoxin zu den Zeichen einer ausgeprägten Verbrauchskoagulopathie ohne wesentlichen Abfall des Antithrombin III [35, 37]. Bei Verwendung höherer Mengen an Thrombin (mit Heparin) bzw. Endotoxin tritt aber doch ein Abfall des Antithrombin III ein bzw. der Katabolismus erhöht sich [47]. Im Vergleich zur Verbrauchskoagulopathie bei Leukämie ist der Vorgang einer Endotoxin-bedingten schweren Verbrauchskoagulopathie aber sicherlich auch ein wesentlich vielschichtigerer Vorgang mit Bildung von Zytokinen (Tumor Nekrose Faktor - TNF - und andere Zytokine) und Auswirkung auf Monozyten-Makrophagen, Endothel und Granulozyten, Steigerung der Gefäßpermeabilität und Organschädigung.

Die Auswirkungen der Antithrombin III-Substitution in unseren beiden Patienten sind nicht leicht zu beurteilen, da präzise Angaben über den Verlauf der Koagulopathie unter Kontrolle relativ spezifischer Nachweismethoden der Verbrauchskoagulopathie und der Fibrinolyse in der Literatur kaum vorliegen und zusätzlich noch unterschiedliche Formen der Chemotherapie durchgeführt wurden. In zwei Studien zur M3-Leukämie mit Daunorubicin-Chemotherapie über 6 Tage normalisierten sich die FDP 10 Tage [3] und die Faktoren 10–12 Tage [3, 32] nach Beginn der Chemotherapie. Vorbehaltlich der etwas anderen Chemotherapie bei unseren Patienten und eines anderen Leukämietyps [M4 und M5] ist keine oder keine sehr wesentliche Verkürzung der leukämischen Koagulopathie unter hochdosierter Antithrombin III-Substitution eingetreten. Möglicherweise könnten höhere Dosen an Antithrombin III die Verbrauchskoagulopathie effektiv unterbrechen. Die Injektion einer tödlichen Dosis an Endotoxin (E. coli) bei Pavianen wurde von den Tieren überlebt, wenn vor der Endotoxininfusion mit einer Infusion hoher Dosen an Antithrombin III begonnen wurde und eine Stunde nach Beginn der zweistündigen Endotoxininfusion Antithrombin III-Werte von 600% erreicht wurden [49]. Die Endotoxinbedingte Verbrauchskoagulopathie war allerdings nur abgeschwächt, nicht aufgehoben. Die Beendigung der Koagulopathie bei unseren beiden Patienten könnte durchaus einfach Folge der Zellreduktion durch die Chemotherapie sein.

Antithrombin III ist ein relativ träge reagierender Inhibitor, dessen Affinität zu Thrombin und aktiviertem Faktor X durch Heparin 1000fach gesteigert werden kann. Heparin wurde schon früh als therapeutische Möglichkeit empfohlen [23, 24, 25]. Gut dokumentierte Kasuistiken, die Auskunft geben über Dosierung und Eintritt der Wirkung unter Bestimmung spezieller Parameter wie Fibrinmonomernachweis, FDP etc. liegen nicht vor. Neben Ineffektivität in Einzelfällen [31] sind Anstieg von Fibrinogen [23, 24, 34, 38] und Normalisierung der FDP [23, 24] bzw. starker Abfall des FPA [5] beschrieben. Die Grundlage einer therapeutischen Anwendung von Heparin, nämlich eine präzise Dokumentation von Kasuistiken steht u. E. noch aus. Aus einer derartigen

Dokumentation könnte auch die Frage geklärt werden, ob die gesteigerte Fibrinolyse primär oder reaktiv ist.

Die Behandlungsbedürftigkeit bzw. eine spezifische Behandlung der Verbrauchskoagulopathie bei Leukämien ist derzeit ungeklärt. Die Substitution mit hohen Dosen Antithrombin III führte bei unseren beiden Patienten nicht zu einer raschen Beendigung der Verbrauchskoagulopathie. Neue therapeutische Ansätze könnten sich mit dem Inhibitor Protein C [40, 48] oder mit Hirudin [36] ergeben.

Literatur

1. Andoh K, Kubota T, Takada M, Tanaka H, Kobayashi N, Maekawa T (1987) Tissue factor activity in leukemia cells. Special reference to disseminated intravascular coagulation. Cancer 59:748–754
2. Andoh K, Sadakata H, Uchyama T, Naharara N, Tanaka H, Kobayashi N, Maekawa T (1990) One stage method for assay of tissue factor activity in leukemic cell with special reference to disseminated intravascular coagulation. Am J Int Med 93:679–684
3. Avvisati G, ten Cate JW, Sturk A, Lamping R, Petti MC, Mandelli F (1988) Acquired alpha-2-antiplasmin deficiency in acute promyelocytic leukaemia. Brit J Haematol 70:73–48
4. Avvisati G, ten Cate JW, Büller HR, Mandelli F (1989) Tranexamic acid for control of haemorrhage in acute promyelocytic leukaemia. Lancet II:122–124
5. Bauer KA, Rosenberg RD (1984) Thrombin generation in acute promyelocytic leukemia. Blood 64:791–797
6. Bennett JM, Catovsky D, Daniel MT, Flandrin G, Galton DAG, Gralnick HR, Sultan C (1976) Proposals for the classification of the acute leukaemias. Brit J Haematol 33:451–458
7. Bernard J, Weil M, Boiron M, Jacquillat C, Flandrin G, Gemon MF (1973) Acute promyelocytic leukemia: Results of treatment by daunorubicin. Blood 41:489–496
8. Blauhaut B, Kramar H, Vinazzar H, Bergmann H (1985) Substitution of antithrombin III in shock and DIC: A randomized study. Thrombos Res 39:81–89
9. Boisclair MD, Lane DA, Wilde JT, Ireland H, Preston FE, Ofosu FA (1990) A coparative evaluation of assays for markers of activated coagulation and/or firbrinolysis: thrombin-antithrombin complex, D-dimer and fibrinogen/fibrin fragment E antigen. Brit J Haematol 74:471–479
10. Bratt G, Blombäck M, Paul C, Schulman S, Törnebohm E, Lockner D (1985) Factors and inhibitors of blood coagulation and fibrinolysis in acute nonlymphoblastic leukaemia. Scand J Haematol 34:332–339
11. Bratt G, Blombäck M, Lockner D (1985) Factors and inhibitors of blood coagulation and fibrinolysis in promyelocytic leukemia. Scand J clin lab Invest 45, Suppl 178:81–83
12. Chan TK, Chan GTC, Chan V(1984) Hypofibrinogenemia due to increased fibrinolysis in two patients with acute promyelocytic leukemia. Aust NZ J Med 14:245–249
13. Clauss A (1957) Gerinnungsphysiologische Schnellmethode zur Bestimmung des Fibrinogens. Acta Haemat 17:237–246
14. Cofrancesco E, Pogliani E, Salvatore M, Moreo G, Boschetti C, Cortellaro M (1989) Alpha-2-antiplasmin in acute nonlymphoblastic leukemia. Acta Haemat 81:122–125
15. Collins AJ, Bloomfield CD, Peterson BA, McKenna RW, Edson JR (1978) Acute promyelocytic leukemia. Management of the coagulopathy during daunorubicin-prednisone remission induction. Arch Int Med 138:1677–1680
16. Daly PA, Schiffer CA, Wiernik PH (1980) Acute promyelocytic leukemia – Clinical management of 15 patients. Am J Haematol 8:347–359
17. Eckhardt T, Koch M (1986) Fibrinogen – proteolysis in acute myelogenous leukemia (AML). Blut 53:39–48

18. Egbring R, Schmidt W, Fuchs G, Havemann K (1977) Demonstration of granulocytic proteases in plasma of patients with acute leukemia and septicemia with coagulation defects. Blood 49:219–231
19. Galloway MJ, Mackie MJ, McVerry BA (1985) Antithrombin III levels in acute leukemia. Blood 65:505
20. Godal HC, Abilgaard U (1966) Gelation of soluble fibrin in plasma by ethanol. Scand J Haemat 3:342–350
21. Goldberg MA, Ginsburg D, Mayer RJ, Stone RM, Maguire M, Rosenthal DS, Antin JH (1987) Is heparin administration necessary during induction chemotherapie for patients with acute promyelocytic leukemia? Blood 69:187–191
22. Gouault-Heilmann M, Chardon E, Sultan C, Josso F (1975) The procoagulant factor of leukaemic promyelocytes: Demonstration of immunologic cross reactivity with human brain tissue factor. Brit J Haematol 30:151–158
23. Gralnick HR, Marchesi S, Givelber H (1972) Intravascular coagulation in acute leukemia: Clinical and subclinical abnormalities. Blood 40:709–718
24. Gralnick HR, Bagley J, Abrell E (1972) Heparin treatment for the hemorrhagic diathesis of acute promyelocytic leukemia. Am J Med 52:167–174
25. Gralnick HR, Abrell E (1973) Studies of the procoagulant and fibrinolytic activity of promyelocytes in acute promyelocytic leukaemia. Brit J Haematol 24:89–99
26. Guarini A, Mussuni L, Gugliotta L, Chetti L, Niewiarowski T, Catani L, Macchi S, Donati MB, Tura S (1987) Depressed fibrinolysis in patients with acute leukaemia. Brit J Haematol 66:327–330
27. Guarini A, Guglitta L, Timoncini C, Chetti L, Catari L, Russo D, Tura S (1985) Procoagulant cellular activity and disseminated intravascular coagulation in acute non-lymphoid leukaemia. Scand J Haematol 34:152–156
28. Hellgren M, Javelin L, Hägnevik K, Blombäck M, Medén-Britth (1984) Antithrombin III concentrates as adjuvant in DIC treatment. A pilot study in 9 severely ill patients. Thrombos Res 35:459–466
29. Hoek JA, Sturk A, ten Cate JW, Lamping RJ, Berends F, Borm JJJ (1988) Laboratory and clinical evaluation of an assay of thrombin-antithrombin III complexes. Clin Chem 34:2058–2062
30. Hoyle CF, Swirsky DM, Freedman L, Hayhoe FGJ (1988) Beneficial effect of heparin in the management of patients with APL. Brit J Haematol 68:283–289
31. Imaoka S, Ueda T, Shibata H, Masaoka T, Ogawa M, Sasaki Y, Iwanaga T, Terasawa T (1986) Fibrinolysis in patients with acute promyelocytic leukemia and disseminated intravascular coagulation during heparin therapy. Cancer 58:1736–1738
32. Kahle LH, Avvisati G, Lamping RJ, Moretti T, Mandelli F, ten Cate JW (1985) Turnover of alpha-2-antiplasmin in patients with acute promyelocytic leukemia. Scand J clin lab Invest 45, Suppl 178:75–80
33. Lechler E, Hartmann U (1988) Schwere Verbrauchskoagulopathie mit normaler Thrombozytenzahl. Ein Beitrag zur Diagnostik der Verbrauchskoagulopathie. In: Landbeck G, Marx R (Hrsg) 18. Hämophilie-Symposion Hamburg 1987. Springer Verlag, Berlin Heidelberg, pp 274–280
34. Mangal AK, Grossmann L, Vickars L (1984) Disseminated intravascular coagulation in acute monoblastic leukemia: Response to heparin in therapy. Can Med Assoc J 130:731–733
35. Marbet GA, Griffith MJ, Roberts HR (1985) Heparin-enhanced inhibitors during reversible disseminated intravascular coagulation. Scand J clin lab Invest 45, Suppl 178:95–98
36. Markwardt F (1989) Development of hirudin as an antithrombotic agent. Sem Thrombos Hemostas 15:269–282
37. Müller-Berghaus G, Niepoth M, Rabens-Alles B, Rump E, Murano G (1985) Normal antithrombin III activity and concentration in experimental disseminated intravascular coagulation. Scand J clin lab Invest 45, Suppl 178:107–113
38. Nieuwenhuis HK, Sixma JJ (1986) Treatment of disseminated intravascular coagulation in acute promyelocytic leukemia with low molecular weight heparinoid Org 10172. Cancer 58:761–764

39. Ohajima K, Koga S, Okabe H, Inoue M, Takatsuki K (1989) Characterization of the fibrinolytic state by measuring stable cross-linked fibrin degradation products in disseminated intravascular coagulation associated with acute promyelocytic leukemia. Acta Haemat 81:15–18
40. Okajima K, Imamura H, Koga S, Inoue M, Takatsuki K, Aoki N (1990) Treatment of patients with disseminated intravascular coagulation by protein C. Am J Hematol 33:277–278
41. Quickly H (1967) Peripheral leukocyte tromboplastin in promyelocytic leukemia. Fed Proc 26:648
42. Sandler RM, Liebmann HA, Patch MJ, Teitelbaum A, Levine AM, Feinster DI (1983) Antithrombin III and anti-activated factor X activity in patients with acute promyelocytic leukemia and disseminated intravascular coagulation treated with heparin. Cancer 51:681–685
43. Seitz R, Wolf M, Egbring R, Havemann K (1989) The disturbance of hemostasis in septic shock: Role of neutrophil elastase and thrombin, effects of antithrombin III and plasma substitution. Eur J Haematol 43:22–28
44. Sultan C, Heilmann-Gouault M, Tulliez M (1973) Relationship between blast-cell morphology and occurrence of a syndrom of disseminated intravascular coagulation. Brit J Haematol 24:255–259
45. Takahashi H, Hanano M, Takizawa S, Tatewaki W, Shibata A (1988) Plasmin-alpha-2-Plasmin inhibitor complex in plasma of patients with disseminated intravascular coagulation. Am J Hematol 28:162–166
46. Takahashi H, Tatewaki W, Wada K, Hanano M, Shibata A (1990) Thrombin vs. plasmin generation in disseminated intravascular coagulation associated with various underlying disorders. Am J Hematol 33:90–95
47. Tanaka H, Kabayashi N, Maekawa T (1985) Effect of thrombin and endotoxin on the in vivo metabolism of antithrombin III (AT III) in dogs. Thrombos Res 40:291–306
48. Taylor FB, Chang A, Esmon CT, D'Angelo A, Vigano-D'Angelo, Blick KE (1987) Protein C prevents the coagulopathic and lethal effects of Escherichia coli infusion in the baboon. J clin Invest 79:918–925
49. Taylor FB, Emerson TE, Jordan R, Chang AK, Blick KE (1988) Antithrombin-III prevents the lethal effects of Escherichia coli infusion in baboons. Circ Shock 26:227–235
50. Tobelem G, Jacquillat C, Chastang C, Auclerc MF, Lechevallier T, Weil M, Daniel MT, Flandrin G, Harrousseau JL, Schaison G, Boiron M, Bernard J (1980) Acute monoblastic leukemia: A clinical and biologic study of 74 cases. Blood 55:71–76
51. Vinazzer H (1989) Therapeutic use of antithrombin III in shock and disseminated intravascular coagulation. Sem Thrombos Hemostas 15:347–352
52. Wada H, Nagano T, Tomeoku M, Kuto M, Karitani Y, Deguchi K, Shirakawa S (1982) Coagulant and fibrinolytic activities in the leukemic cell lysates. Thrombos Res 30:315–322
53. Wilde JT, Kitchen S, Kinsey S, Greaves M, Preston FE (1989) Plasma D-dimer levels and their relationship to serum fibrinogen/fibrin degradation products in hypercoagulable states. Brit J Haematol 71:65–70

Diskussion

VINAZZER (Linz):

Sie haben einerseits typische Befunde einer Verbrauchskoagulopathie gezeigt: Das ist das niedrige Fibrinogen, es sind die niedrigen Thrombozyten, es sind vor allem Thrombin/Antithrombin-Komplexe und die Fibrinmonomerkomplexe. Andererseits war das Antithrombin III völlig im Normbereich. Das ist an sich ein Widerspruch. Warum das so ist, weiß ich nicht, aber wenn das Antithrombin III völlig normal ist, warum wollen Sie es auf einen so hohen übernormalen Wert steigern.

LECHLER (KÖLN):

Es ist in der Literatur vielfach dokumentiert, daß bei monozytärer bzw. myelomonozytärer Leukämie das Antithrombin III sehr häufig, wenn nicht sogar in der Mehrzahl der Fälle im Normbereich liegt bei manifester Blutungsneigung. Deswegen wird angenommen, daß keine wesentliche intravaskuläre Gerinnung vorliegen kann, und die Hyperfibrinolyse das Krankheitsbild bezüglich der Gerinnungsveränderungen beherrscht.

Bei dem zweiten Patienten, den ich gezeigt habe, ist zumindest in der Verlaufskontrolle das Prothrombin deutlich abgefallen. Man müßte eigentlich annehmen, daß da einiges umgesetzt worden ist. Nun war das natürlich durch die Antithrombin III-Gabe kaschiert, so daß nicht sicher zu beurteilen ist, ob das nicht vielleicht auch Folge einer Leberfunktionsstörung gewesen sein könnte, obwohl es sich nach weiteren Tagen wieder normalisierte.

Ich kann die Frage nicht beantworten, aber es ist mehrfach so dokumentiert, auch mit Nachweis von Zeichen der Verbrauchskoagulopathie. Das Antithrombin III ist normal.

Nun gibt es experimentelle Untersuchungen, die zeigen, daß eine schwere Verbrauchskoagulopathie ohne Änderung des Antithrombin erzeugt werden kann. Das ist von MÜLLER-BERGHAUS und anderen mit unterschiedlichen Methoden beobachtet worden. MÜLLER-BERGHAUS hat daraus den Schluß gezogen, daß man mit dem Antithrombin III als wesentlichen Marker der Verbrauchskoagulopathie sehr vorsichtig sein sollte.

WENZEL (Homburg):

Können Sie noch beantworten, warum Sie bei normalem AT III noch AT III hinzugeben?

LECHLER (Köln):

Weil wir nicht sicher wissen, ob das wirklich der optimale Spiegel ist und dieser womöglich noch verbessert werden könnte. Zum anderen gibt es tierexperimentelle Versuche mit Endotoxin-induzierter Verbrauchskoagulopathie, die durch extrem hohe Dosen an Antithrombin III beeinflußt werden konnte.

Kompensation eines von Willebrand-Syndroms Typ IIa durch ein Non-Hodgkin-Lymphom – Effekt einer Akutphasenreaktion?

Th. Eller, U. Gunzer, J. Albert, F. Keller (Würzburg)

Einleitung

Das von Willebrand-Syndrom (vWS) tritt auf Grund des komplexen Aufbaus des von Willebrand-Faktors (vWF) in unterschiedlichen Typen und Subtypen auf, die sowohl als angeborene Varianten wie auch als erworbene Varianten zu finden sind. Diese erworbenen Varianten des vWS werden in einer Reihe von Veröffentlichungen beschrieben und betreffen hauptsächlich lymphoproliferative, myeloproliferative, immunologische und hämatologische Erkrankungen. Ebenso wie bei den angeborenen Typen des vWS zeigen sich bei den erworbenen Typen des vWS quantitative und qualitative Defekte des vWF [1].

Die Entstehung der verschiedenen Typen des vWS wird in der Literatur noch kontrovers diskutiert. Auf der einen Seite werden Störungen bei der Proteinbiosynthese und Polymerisationsstörung des 225 kD großen Monomeres des vWF vermutet. Auf der anderen Seite gibt es erste Hinweise für eine verstärkte proteolytische Zersetzung des nativen vWF bei Patienten mit vWS Typ II.

Auf der genetischen Ebene wurden für wenige Typen des vWS bereits Deletionen und Punktmutationen gefunden. Ob die Punktmutationen beim Typ II von Bedeutung sind, muß allerdings noch erwiesen werden [2, 3].

Daneben sind bei einigen Erkrankungen erhöhte vWF-Konzentrationen im Plasma gemessen worden, was auf eine mögliche Bedeutung des vWF als Akutphasenprotein hinweist [4]. Bisher wurde allerdings einer erhöhten vWF-Konzentration im Plasma kaum Beachtung geschenkt. Verschiedene Arbeiten weisen jedoch darauf hin, daß während einer Akutphasenreaktion die vWF-Konzentration im Plasma einen ähnlichen Verlauf zeigt, wie die Plasmakonzentration des CRP [4]. Dadurch kann durchaus ein vWS vom Typ I für die Zeit der Akutphasenreaktion überdeckt werden (eigene Beobachtungen).

Diese Arbeit beschreibt den Fall eines Patienten mit einem vWS Typ IIa und nachfolgender Erkrankung mit einem Non-Hodgkin-Lymphom. Außerdem wurden bei 10 Patienten mit einem Non-Hodgkin-Lymphom, die keine Gerinnungsstörung aufweisen, die vWF-Konzentration in Plasma und Thrombozyten, die Multimerenzusammensetzung, einige Akutphasenproteine und die Globalteste der Gerinnung untersucht.

Patientendaten und Methoden

Patientendaten

In dieser Arbeit wird ein 60jähriger männlicher Patient vorgestellt, der mit Nachblutungen im Anschluß an eine Zahnbehandlung in unsere Gerinnungsambulanz überwiesen wurde (Patientendaten siehe Tabelle 1). Nach ca. 6 Wochen wurde er mit Verdacht auf ein Lymphom erneut in unserer Ambulanz vorstellig. Von diesem Zeitpunkt an wurde er von den Kollegen der hämatologischen Abteilung betreut. Es wurde ein T-Zell-Lymphom vom AILD-Typ, Stadium IVb (angioimmunoblastische Lymphadenopathie mit Dysproteinämie Übersicht bei 5) diagnostiziert. Während der 5 Zyklen Chemotherapie nach dem COP-BLAM Schema wurden folgende Parameter in ca. monatlichem Abstand bestimmt: vWF-Konzentration in Plasma und Thrombozyten, Ristocetin-Kofaktoraktivität, F VIII:C, Fibrinogen, die Gerinnungsglobalteste sowie C-reaktives-Protein (CRP). Zusätzlich wurde die Zusammensetzung der Multimere in Plasma und Thrombozyten untersucht.

Außerdem konnte familienanamnestisch bei seiner Tochter ebenfalls eine Blutungsneigung ermittelt werden.

Methoden

Die Bestimmung der vWF-Konzentration im Plasma und in den Thrombozyten erfolgte auf dem Analysenautomaten ES 22 der Fa. Boehringer Mannheim GmbH. Die Ristocetin-Kofaktor-Aktivität wurde nach einer Vorschrift der Fa. Behringwerke Marburg auf einem Aggregometer der Fa. APACT bestimmt. Die Gerinnungsglobalteste, die Fibrinogenkonzentration und die F VIII:C-Aktivität wurden auf den Analysengeräten KC 40 bzw. KC 10 der Fa. Amelung ermittelt. Für die Bestimmung der CRP-Konzentration wurde ein Nephelometer der Fa. Behringwerke Marburg benutzt.

Die Trennung der Multimere des vWF aus Plasma und Thrombozyten erfolgte nach einer modifizierten Methode von Ahaira und Mitarbeitern [6] mit einem diskontinuierlichen SDS-Agarosegel mit anschließendem direktem Immunostaining. Dabei wurden für das Trenngel Agarosekonzentrationen von 1%–2,2% verwendet.

Zur Analyse des thrombozytären vWF wurden die Thrombozyten aus plättchenreichem Plasma durch verschiedene Waschschritte gewonnen und vor der Lyse auf $10^6/\mu l$ eingestellt [7].

Ergebnisse und Diskussion

Der 60jährige Patient wurde wegen Nachblutungen als Folge einer Zahnbehandlung in unsere Gerinnungsambulanz überwiesen. Die Anamnese ergab, daß der Patient seit etlichen Jahren an einer Blutungsneigung leidet und daß bei seiner Tochter ebenfalls eine Blutungsneigung bekannt ist (Tabelle 1). Die

Tabelle 1. Patientendaten

Alter	60 Jahre
Geschlecht	männlich
Anamnese	Blutungsneigung seit?
Familienanamnese	Sohn mit Blutungsneigung
Überweisungsgrund	Blutung nach Zahnbehandlung
Diagnosen	von Willebrand-Syndrom vom Typ IIa später T-Zell-Lymphom vom AILD-Typ Stadium IVb

bei dieser Untersuchung erhobenen Befunde führten zur Diagnose eines von Willebrand-Syndroms vom Typ IIa (Tabelle 2). Die Abb. 1 zeigt auf der Spur 3 das für den Typ IIa vWS typische Multimerenbild mit einem Fehlen der großen und mittleren Multimere des vWF. Nach 6 Wochen sollte bei diesem Patienten wegen des Verdachts auf ein Non-Hodgkin-Lymphom die Probeexzision eines Lymphknotens vorgenommen werden, deshalb wurde erneut ein kompletter Gerinnungsstatus erhoben. Im Gegensatz zur Erstuntersuchung waren diesmal

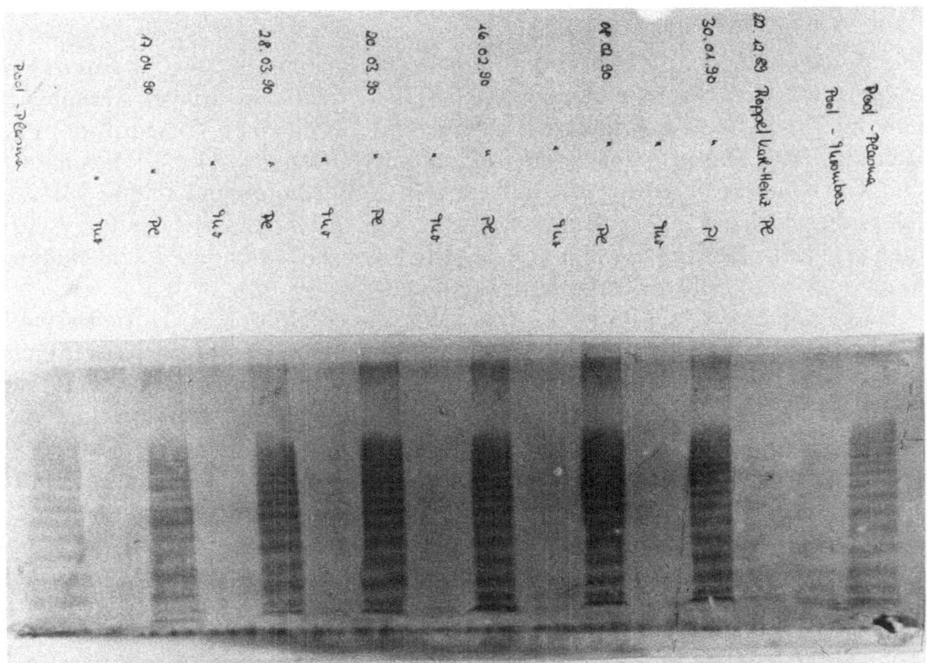

Abb. 1. vWF-Multimerenanalyse mit diskontinuierlichen SDS-Agarosegel mit direktem Immunostating. 1, 16: Plasmapool, 2: Pool aus Thrombozytenlysaten; 3: Plasma Patient vor Krankheitsbeginn, 4, 6, 8, 10, 12, 14: Plasma Patient während Therapie 5, 7, 9, 11, 13: Thrombozytenlysate Patient während Therapie

Tabelle 2. Befunde der Erstuntersuchung

Bestimmung	Patient	Referenzbereich
Quick	99 %	70–120 %
PTT	47,4 sec	27– 40 sec
vWF Plasma	12 %	60–140 %
F VIII:C	19 %	60–140 %
Risto	<2 %	60–140 %
vWF-Multimere	große und mittlere fehlen	normal
Fibrinogen	3,72 g/l	2–4,5 g/l
CRP	22,1 mg/l	<5 mg/l

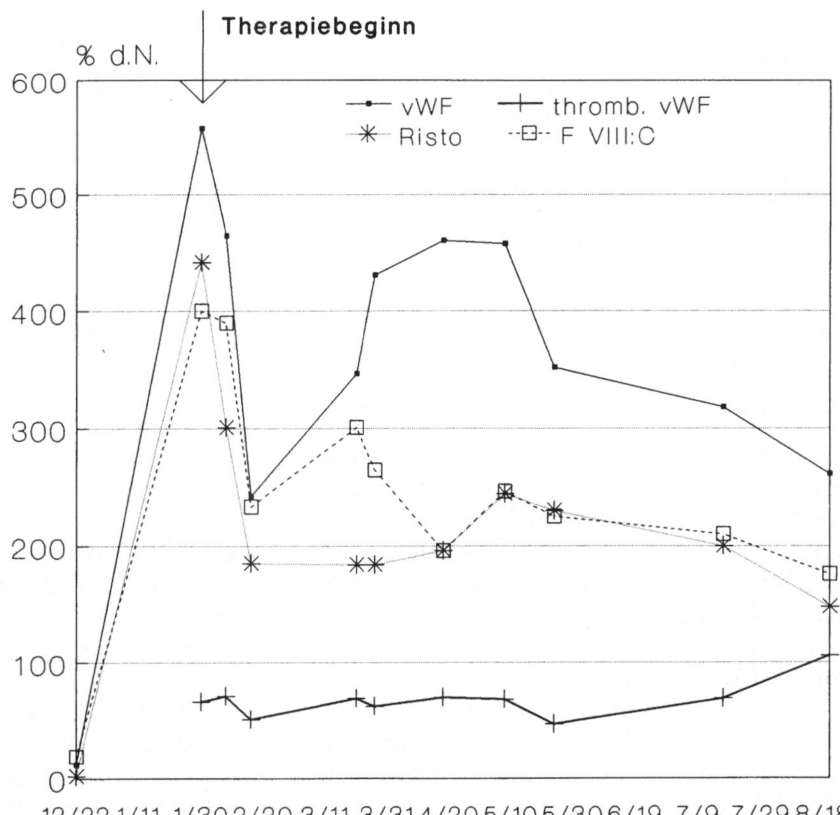

Abb. 2. Verlauf Parameter des F VIII-Komplexes bei Patienten mit Non-Hodgkin-Lymphom während der Chemotherapie

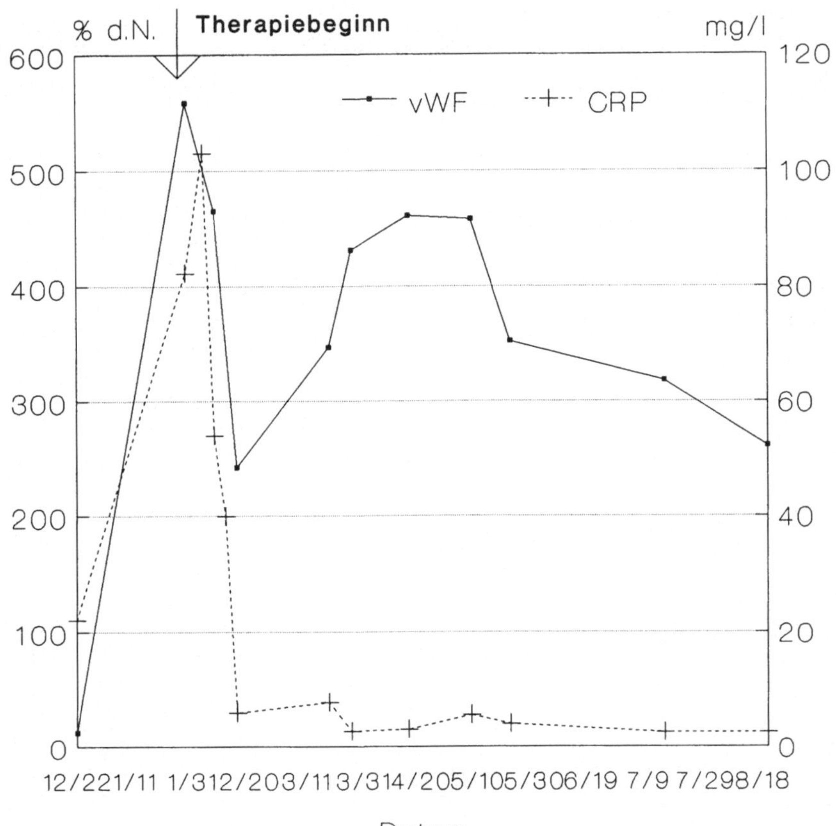

Abb. 3. Verlauf vWF–CRP bei einem Patienten mit Non-Hodgkin-Lymphom während der Chemotherapie

die vWF-Konzentration, die F VIII:C-Aktivität und die Ristocetin-Kofaktoraktivität auf das 3–4fache der Norm erhöht. Die Analyse der Multimere des vWF ergab im Plasma eine normale Größenverteilung, während in den Thrombozyten die großen und mittleren Multimere fehlten (Abb. 1 Spuren 4, 5). Die Gerinnungssituation des Patienten hatte sich soweit gebessert, daß die Entnahme des Lymphknotens ohne Blutungskomplikation verlief. Nach der histologischen Untersuchung wurde dann die Diagnose eines T-Zell-Lymphoms vom AILD-Typ, Stadium IVb gestellt.

Während der 5 Zyklen Chemotherapie nach dem COP-BLAM-Schema [5] wurden folgende Parameter in ca. monatlichem Abstand bestimmt: vWF-Konzentration in Plasma und Thrombozyten, Ristocetin-Kofaktoraktivität, F VIII:C-Aktivität, Fibrinogen Gerinnungsglobalteste und C-reaktives Protein. Zusätzlich wurde die Zusammensetzung der Multimere des vWF in Plasma und Thrombozyten untersucht.

Die Parameter des F VIII-Komplexes zeigten über den gesamten Untersuchungszeitraum deutlich erhöhte Werte und einen parallelen Verlauf. Im

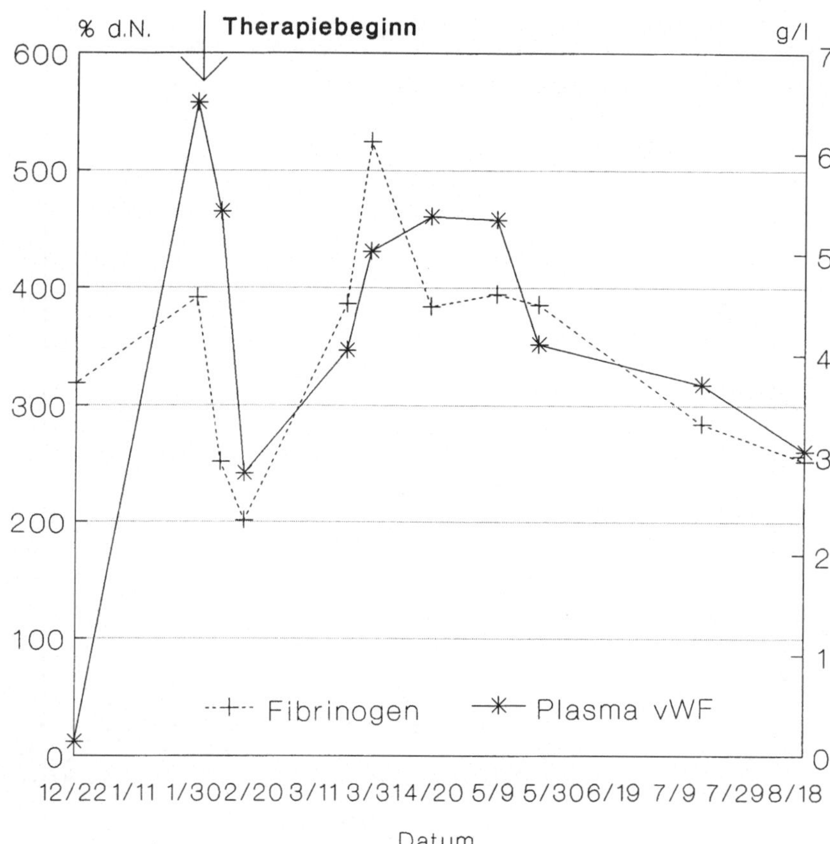

Abb. 4. Verlauf vWF–Fibrinogen bei einem Patienten mit Non-Hodgkin-Lymphom während der Chemotherapie

ersten Drittel ist nach dem steilen Anstieg bei Krankheitsbeginn im ersten Zyklus der Chemotherapie ein gleichförmiger Abfall aller Parameter erkennbar, dem dann ein erneuter Anstieg folgt, ohne daß die Spitzenwerte wieder erreicht werden. Nach dem zweiten Maximum zeigen die Kurven einen langsamen aber konstanten Abfall. Die Konzentration des thrombozytären vWF zeigt nur unwesentliche Schwankungen (Abb. 2). Die CRP-Konzentration verlief im ersten Teil des Untersuchungszeitraumes parallel zur vWF-Plasmakonzentration, danach blieb sie im Referenzbereich, während die vWF-Konzentration erneut anstieg (Abb. 3).

Die Konzentrationen von Fibrinogen und vWF zeigen einen nahezu gleichen Verlauf, wobei allerdings die Fibrinogenkonzentration meist im Referenzbereich lag (Abb. 4). Der Konzentrationsverlauf der Akutphasenproteine CRP und Fibrinogen ist nicht einheitlich (Abb. 5). Die PTT verläuft, von der Normalisierung am Erkrankungsbeginn abgesehen, während des gesamten Untersuchungszeitraumes ohne größere Schwankungen (Abb. 6).

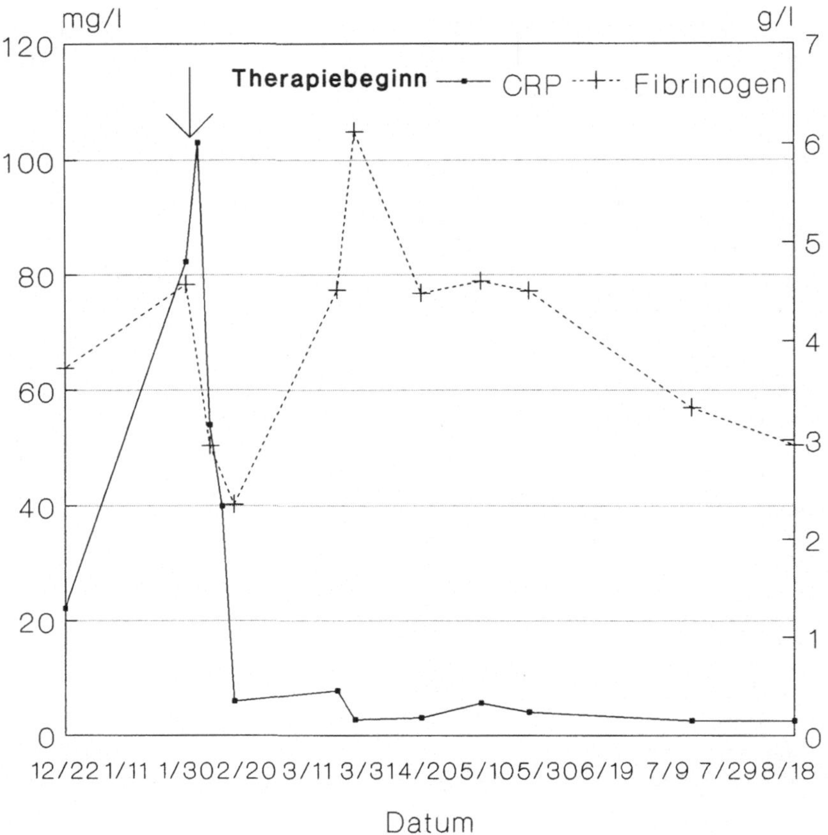

Abb. 5. Verlauf der Akutphasenproteine bei einem Patienten mit Non-Hodgkin-Lymphom während der Chemotherapie

Außer bei der Erstuntersuchung zeigte die Analyse der Multimere des vWF im Plasma immer eine normale Größenverteilung, während in den Thrombozyten die großen und mittleren Multimere fehlen (Abb. 1).

Zum Vergleich mit diesen Ergebnissen wurden 10 weitere Patienten nach obigem Schema untersucht. Dabei fanden wir die Parameter des F VIII-Komplexes in allen Fällen erhöht, während das CRP nur in 2 Fällen einen pathologischen Wert ergab und die Fibrinogenkonzentration immer im Referenzbereich lag (Tabelle 3).

Unsere Ergebnisse zeigen, daß in diesem Fall ein von Willebrand-Syndrom vom Typ IIa durch ein Non-Hodgkin-Lymphom kompensiert werden kann. Die erhöhte vWF-Konzentration im ersten Teil des Verlaufes kann mit hoher Wahrscheinlichkeit als Akutphasenreaktion erklärt werden, während für den weiteren Verlauf zusätzliche Erklärungsmöglichkeiten wie zytostatische Zellzerstörung oder tumorbedingte Sekretion des vWF in Betracht gezogen werden müssen. Das Ergebnis, daß bei 10 weiteren Patienten mit einem Non-Hodgkin-Lymphom eine erhöhte vWF-Konzentration im Plasma gefunden wurde, kann

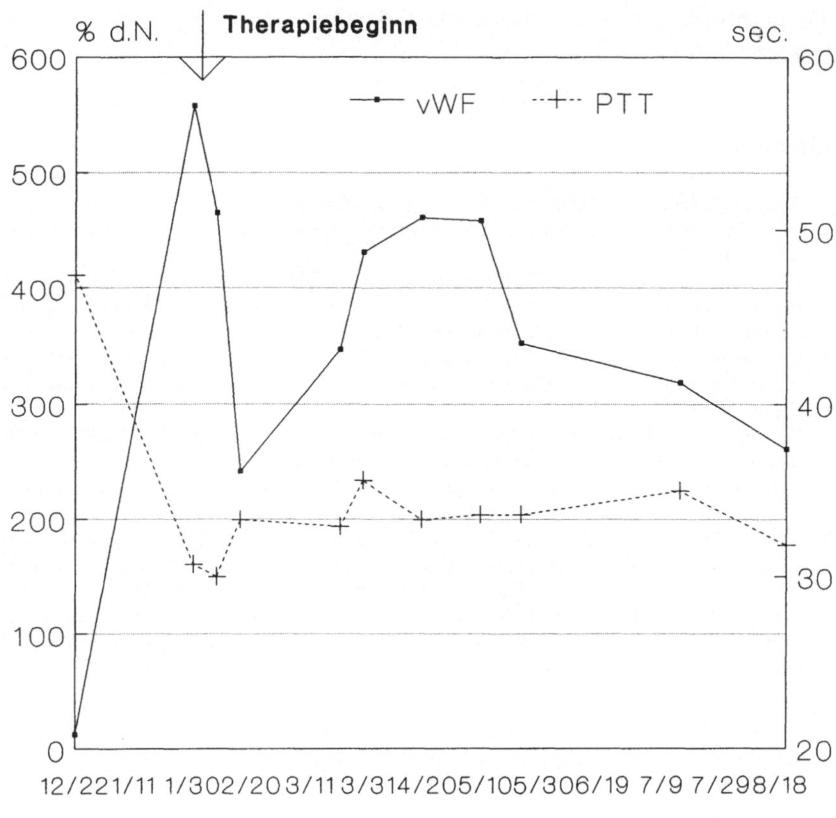

Abb. 6. Verlauf vWF-PTT bei einem Patienten mit Non-Hodgkin-Lymphom während der Chemotherapie

Tabelle 3. Kontrollgruppe aus 10 gerinnungsphysiologisch unauffälligen Patienten mit Non-Hodgkin-Lymphom

Bestimmung	Patienten	Referenzbereich
Quick	80–128 %	70–120 %
PTT	31,5–33,9 sec	27– 40 sec
vWF Plasma	105–644 %	60–140 %
vWF Thrombozyten	30–200 %	60–140 %
F VIII:C	91–248 %	60–140 %
Risto	100–200 %	60–140 %
vWF Multimere	normal	normal
Fibrinogen	1,91–6,01 g/l	2–4,5 g/l
CRP	2,5–38,3 mg/l	<5 mg/l

die patho-physiologische Bedeutung des auch erhöhten von Willebrand-Faktors nur unterstreichen.

Literatur

1. Budde U, Dent JA, Berkowitz SD, Ruggeri ZM, Zimmerman TS (1986) Subunit composition in plasma von Willebrand factor in patients with myeloproliferative syndrome. Blood 68:1213
2. Ginsburg D, Konkle BA, Gill JC, Montgomery RR, Bockenstedt PL, Johnson TA, Yang AY (1989) Molecular basis of human von Willebrand disease: Analysis of platelet von Willebrand factor mit RNA. Proc Natl Acad Sci 86:3723
3. Mancuso DJ, Tuley EA, Westfield LA, Worrall NK, Shelton-Inloes BB, Sorace JM, Alevy YG, Sadler JE (1989) Structure of the gen for human von Willebrand factor. J Biol Chem 264:19514
4. Pottinger BE, Read RC, Paleolog EM, Higgins PG, Pearson JD (1989) von Willebrand factor is an acute phase reactant in man. Thromb Res 53:387
5. Lennert K, Feller AC (Hrsg) (1990) Histologie der Non-Hodgkin-Lymphome. Springer Verlag, Berlin-Heiderlberg-New York, 2. Aufl, 186–199
6. Aihara M, Sawada Y, Ueno K, Moromoto S, Yashida Y, de Serres M, Cooper HA, Wagner RH (1986) Visualization of von Willebrand factor multimers by immunoenzymatic stain using avidin-peroxidase complex. Thromb Haemost 55:263
7. Eller T, Brauer P, Albert J, Keller F (1990) Bestimmung des thrombozytären von Willebrand-Faktors mit einem ELISA – Standardisierung und Referenzwertermittlung. J Clin Chem Clin Biochem, 28:710

Diskussion

FRAU MANNHALTER (Wien):
Wie waren die Plättchenzahlen?

ELLER (WÜRZBURG):
Die Plättchenzahlen waren immer im Normbereich.

Induktion eines von Willebrand-Syndroms Typ I unter Valproat-Therapie

W. Kreuz, R. Linde, M. Funk, R. Meyer-Schrod, E. Föll, U. Nowak-Göttl, G. Jacobi, Zs. Vigh, I. Scharrer (Frankfurt)

Natrium-Valproat (VPA) hat seit seiner Einführung in die Epilepsiebehandlung (Frankreich 1967, Bundesrepublik Deutschland 1973, USA 1978) eine zunehmende Bedeutung zur Therapie von generalisierten Epilepsien gefunden. Es zeigt eine ähnliche Wirksamkeit wie Carbamazepin oder Phenytoin bei der Behandlung von generalisierten tonisch-klonischen Krampfanfällen. Im Drug Bulletin der FDA [1] wurde 1981 über 43, in einer Übersichtsarbeit von Jeavons [2] über 67 Todesfälle, überwiegend bei Kindern unter Mehrfachtherapie, berichtet. Die untersuchten Nebenwirkungen bezogen sich auf tödliche Leberkomplikationen, die sich innerhalb der ersten 6 Behandlungsmonate, vor allem im 2.–4. Monat, ereigneten. Dreifuss und Santilli [3] konnten in ihrer zwischen 1978–1984 durchgeführten Analyse an 37 Patienten mit letal verlaufender Leberintoxikation zeigen, daß überwiegend Kinder unter Kombinationstherapie, speziell Kinder unter 2 Jahren (1. Lebensjahr: Inzidenz 1/500, 2. Lebensjahr: Inzidenz 1/12000) betroffen waren. Altersunabhängig liegt die Gesamtinzidenz für eine schwere hepato-toxische Krise unter VPA-Therapie bei 1/10000 [4, 5].

1989 kam Valproat in der Bundesrepublik Deutschland bei 45000 Patienten und bei 200000 Patienten in den USA zum Einsatz (Institut für Industrielle Medizin, Frankfurt 1989).

Unter einer antikonvulsiven Therapie mit VPA wurden neben den beschriebenen Leberkomplikationen auch hämostaseologische Nebenwirkungen gesehen. Bereits 1974 beschrieb Sutor erstmals Veränderungen des Gerinnungssystems unter einer VPA Therapie [6, 7, 8]. Als weitere Nebenwirkungen wurden in der Folgezeit Thrombozytopenien, Thrombozytenfunktionsstörungen und niedrige Fibrinogenspiegel unter VPA beschrieben [7, 8, 9]. Zusammen mit unseren Kinderneurologen wurden wir auf das häufige Auftreten von Blutungsanamnesen bei Kindern unter Valproat aufmerksam. In einer voruntersuchten Gruppe von 83 Kindern unter VPA-Therapie fanden wir eine auffällige Kombination von hämorrhagischen Diathesen mit Erniedrigung des Faktor VIII/von Willebrand-Komplexes.

Im Vergleich zu einem Normalkollektiv und einem Kollektiv mit angeborenem von Willebrand-Jürgens-Syndrom (vWS) konnten wir die unter VPA Therapie aufgetretene Gerinnungsstörung einem therapieinduzierten von Willebrand-Syndrom zuordnen [12]. Die vollständigen Untersuchungen zu diesem Thema im Vergleich mit einem Normalkollektiv sowie den Verlauf zweier Einzelfälle unter Therapieeinstieg und Therapieausstieg seien im folgenden näher dargestellt.

Patienten und Methoden

Patienten

Zwischen März 1985 und Januar 1987 wurden 30 Kinder und Jugendliche im Alter von 1–18 Jahren (16 männlich, 14 weiblich) unter antikonvulsiver Therapie in einer randomisierten Studie untersucht.

Valproatdosierung

Die Valproattagesdosen betrugen 20 bis 30 mg/kg KG, mit vereinzelt erhöhten Gaben bis zu 120 mg/kg bei persistierenden Krampfanfällen. Die Behandlungsdauer reichte von 6 Monaten bis zu 14 Jahren. Die Kinder aus dieser Gruppe zeigten vor Beginn der antikonvulsiven Therapie keine Blutungsneigung bei gleichzeitig unauffälliger Familienanamnese.

Vergleichskollektive

Der untersuchten Patientengruppe unter VPA-Therapie wurde ein Kollektiv mit angeborenem von Willebrand-Jürgens-Syndrom vom Multimertyp I (n = 43, Alter: 7 Monate–14 Jahre, 30 männlich, 13 weiblich) gegenübergestellt. Beide Kollektive wurden mit einem Kontrollkollektiv, bestehend aus 40 Kindern und Jugendlichen zwischen 6 Monaten und 18 Jahren (18 männlich, 22 weiblich) verglichen. Es handelte sich dabei um Kinder, die vor einem chirurgischen Wahleingriff untersucht wurden, die zum Zeitpunkt der Untersuchung sowohl klinisch als auch laborchemisch unauffällig waren und nicht medikamentös vorbehandelt waren.

Labormethoden

Die Blutungszeit wurde entsprechend der Simplate I Methode bestimmt (Normbereich 2 min 30 sec–9 min 30 sec). Faktor VIII:C-Aktivität (Faktor VIII:C, Normalbereich >70%) wurde mit einem Einstufen-Koagulationstest (Baxter) gemessen. Die Bestimmung des von Willebrand-Faktors (vWF:Ag, Normalbereich >70%) wurde mit einem quantitativen Elektroimmunoassy (EIA) [13] durchgeführt und die Ristocetin-Cofaktor-Aktivität (vWF:RCof, Normwert >70%) wurde unter Verwendung von formalinfixierten Thrombozyten bestimmt [14]. Die Multimerverteilung des vWF:Ag erfolgte, wie von Ruggeri beschrieben [15], mittels Natriumdodecylsulfat (SDS)-Agarose-Elektrophorese.

Statistische Auswertung

Die statistische Auswertung der gemessenen Gerinnungsparameter wurde mit einem Rang-Test für unverbundene Daten (Mann-Whitney U-Test) durchgeführt. Zur Darstellung der erhobenen Daten wurden Perzentilenkurven gewählt, in die jeweils die Gerinnungswerte der letzten Blutentnahme aufgenommen wurden.

Ergebnisse

Bei 19 der untersuchten Kinder unter Valproattherapie (63%) fanden wir eine positive Anamnese für hämorrhagische Diathesen im Vergleich zu 23 Kindern (53%) aus der Gruppe mit angeborenem von Willebrand-Syndrom, Typ I (Tabelle 1).

In der Mehrzahl der Fälle waren es milde Blutungsereignisse wie Haut- und Zahnfleischblutungen sowie Epistaxis.

Die Messung der Blutungszeit in der Gruppe unter Valproattherapie führte zu einer ähnlichen Verteilung wie bei den Kindern mit angeborenem von Willebrand, Typ I. Wie in Abb. 1 gezeigt, variierte die Blutungszeit bei Kindern unter VPA-Therapie zwischen 3 und 17 Minuten (Median 7 min 45 sec).

Tabelle 1. Verteilung der erhobenen Blutungsanamnese in den untersuchten Kollektiven

	positiv	negativ	unbekannt
Kinder mit angeb. vWS Typ I n = 43	23 (53%)	17 (40%)	3 (7%)
Kinder unter VPA n = 30	19 (63%)	11 (37%)	

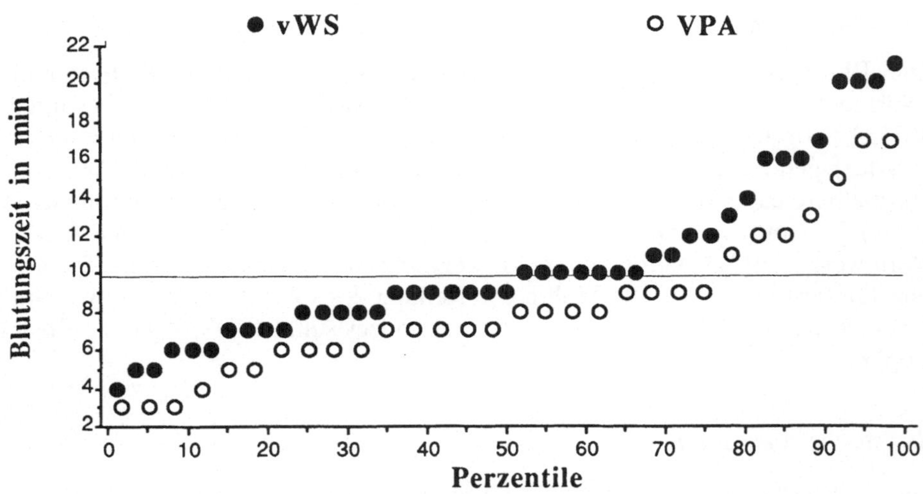

Abb. 1. Perzentilenvergleich der Blutungszeit bei Kindern unter VPA und Kindern mit angeborenem von Willebrand-Syndrom, Typ I

In dieser Gruppe zeigten 23 Kinder (77 %) eine normale und 7 Kinder (23 %) eine verlängerte Blutungszeit. In der Gruppe der Kinder mit angeborenem von Willebrand variierte die Blutungszeit zwischen 4 Min und 30 Sekunden und 21 Minuten (Median 9 min 30 sec). 22 Kinder (51 %) dieser Gruppe hatten eine normale, 21 Kinder (49 %) eine verlängerte Blutungszeit.

Die Faktor VIII:C-Werte aller drei Kinderkollektive wurden ebenfalls als Perzentilenkurven in Abb. 2 dargestellt. Der Faktor VIII:C-Spiegel in der Gruppe der Kinder unter VPA-Therapie reichte von 31 % bis 108 % (Median 80 %), 10 dieser Kinder (33 %) hatten verminderte Faktor VIII:C-Werte (<70 %). In der Patientengruppe mit angeborenem vWS variierten die Faktor VIII:C-Werte zwischen 45 und 108 % (Median 86 %), 9 dieser Kinder (20 %) hatten verminderte Faktor VIII:C-Werte (<70 %). In der Kontrollgruppe reichten die bestimmten Faktor VIII:C-Werte von 76 % bis 264 % (Median 110 %).

Bei der Bestimmung der vWF:Ag-Konzentration (Abb. 3) variierten die gemessenen Werte in der Gruppe unter VPA-Therapie in einem Bereich zwischen 25 und 116 % (Median 54 %). In der Gruppe mit angeborenem vWS lagen die entsprechenden Werte für das vWF:Ag zwischen 25 und 132 % (Median 56 %). Die Werte der Kontrollgruppe reichten von 70 bis 240 % (Median 95 %).

Abb. 4 zeigt die Perzentilenverteilung für die vWF:Rcof-Aktivität bei Kindern unter antikonvulsiver Therapie und Kindern mit angeborenem vWS im Vergleich zu der Kontrollgruppe. In der Gruppe der VPA behandelten Kinder reichte der vWF:RCof-Wert von 23 % bis 140 % (Median 63 %). Bei der Vergleichsgruppe mit angeborenem vWS variierten die Werte zwischen 44 % und 100 % (Median 70 %). Die Werte in der Kontrollgruppe schwankten zwischen 73 und 230 % (Median 110 %).

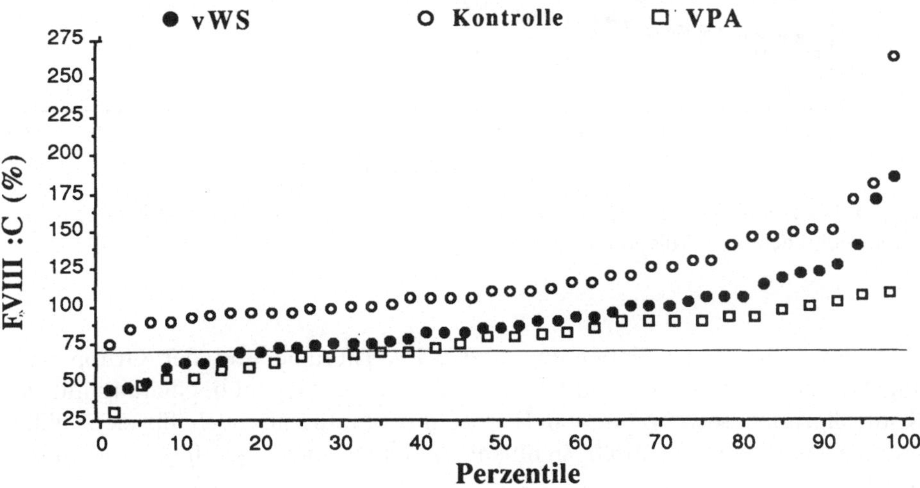

Abb. 2. Perzentilenverteilung der Faktor VIII:C-Werte bei Kindern unter VPA und Kindern mit angeborenem von Willebrand-Syndrom versus Kontrollgruppe ($p < 0.001$)

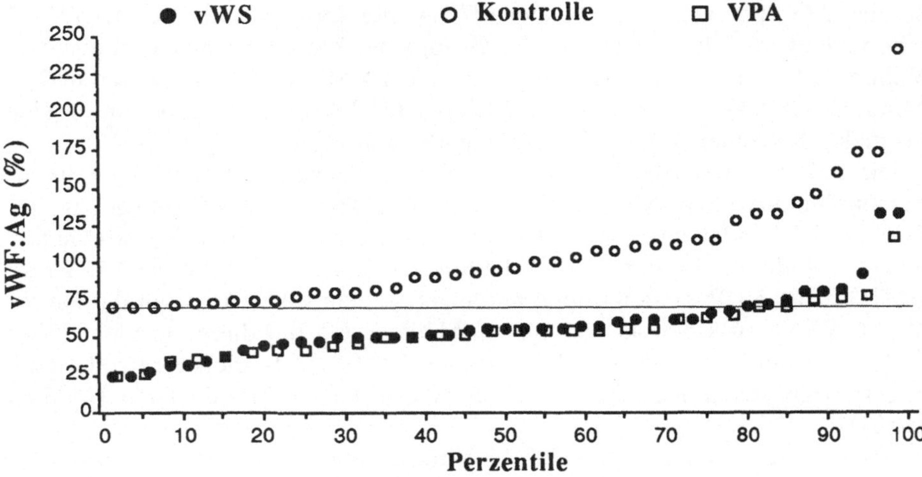

Abb. 3. Perzentilenverteilung der vWF:Ag-Werte bei Kindern unter VPA und Kindern mit angeborenem von Willebrand-Syndrom, Typ I versus Kontrollgruppe ($p < 0.001$)

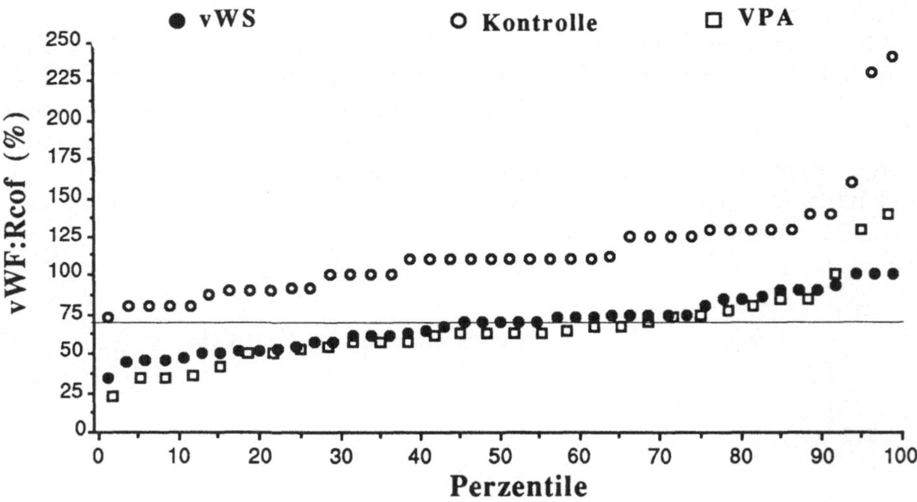

Abb. 4. Perzentilenverteilung des Ristocetin-Cofaktors bei Kindern unter VPA und Kindern mit angeborenem von Willebrand-Syndrom, Typ I versus Kontrollgruppe ($p < 0.001$)

In der Gruppe der Patienten unter VPA-Therapie und der Gruppe mit angeborenem von Willebrand-Syndrom konnte bei Gegenüberstellung mit der Kontrollgruppe sowohl für den Ristocetin-Cofaktor als auch für den Willebrand-Faktor ein statistisch signifikanter Unterschied ($p < 0.001$) gefunden werden.

Die zusätzlich durchgeführten Multimerbestimmungen ergaben in der Kontrollgruppe ausschließlich normale Verteilungsmuster, während Kinder mit

Tabelle 2. Verteilung der Multimertypen bei Kindern unter VPA und Kindern mit angeborenem vWS, Typ I

	normal	Zwischentyp	Typ I
von Willebrand Typ I angeb. n = 43	6 (14%)	6 (14%)	31 (72%)
Kinder unter VPA n = 30	4 (13%)	6 (20%)	20 (67%)

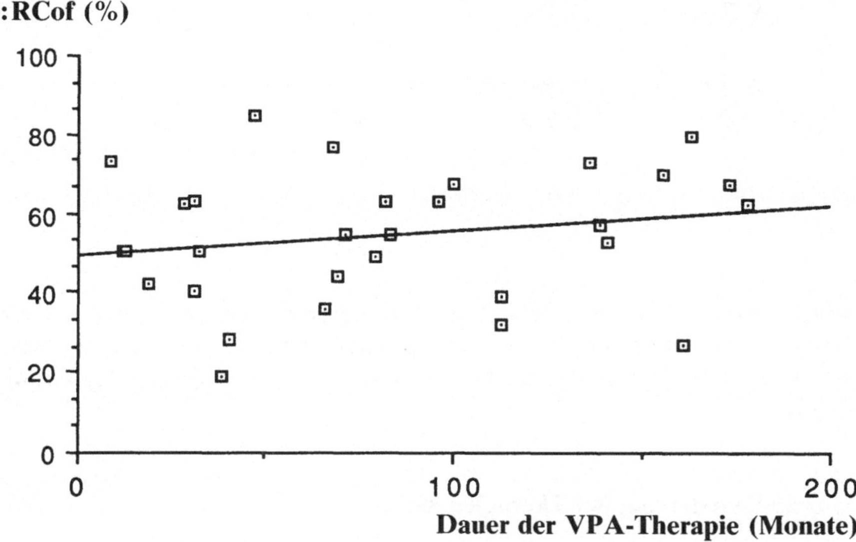

Abb. 5. Vergleich der VPA-Therapiedauer mit den zugehörigen Ristocetin-Cofaktor-Werten an 30 untersuchten Patienten (r <0.038)

angeborenem vWS- und Kinder unter VPA-Therapie die in Tabelle 2 gezeigte Multimerverteilung vom Typ I zeigten.

Mögliche Abhängigkeiten der untersuchten Werte von Therapiedauer und Valproatdosis, sind in Abb. 5 und 6 dargestellt. Die Ristocetin-Cofaktorwerte korrelierten weder mit der Therapiedauer noch mit der Valproatdosis.

Es ließ sich weder für vWF:Rcof noch für F VIII:C eine Abhängigkeit zur Dauer der Valproattherapie und zur verabreichten Dosis finden.

Einzelfalldarstellung bei Therapieeinstieg

Bei einem 7 Jahre alten Mädchen mit myoklonischen Anfällen, wurde im März 1987 mit einer Valproattherapie begonnen (60 mg/kg KG/Tag). Abb. 7a und 7b

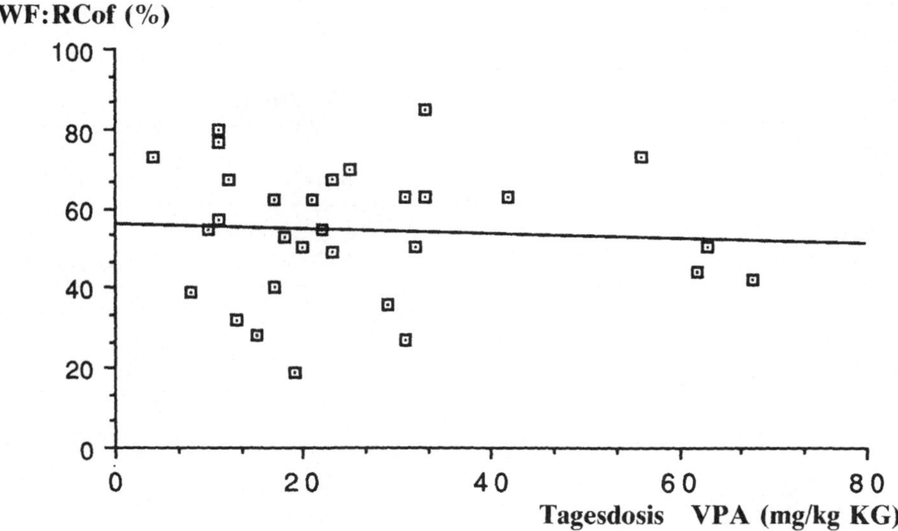

Abb. 6. VPA-Dosis versus Ristocetin-Cofaktor bei 30 Patienten unter VPA (r = 0.004)

zeigen den Verlauf der Gerinnungsparameter in der Initialphase der VPA-Therapie. Die Blutungszeit unter Valproattherapie war auf 11 min verlängert, die Multimerbestimmung zeigte ein von Willebrand-Jürgens-Syndrom vom Typ I.

Einzelfalldarstellung bei Therapieausstieg

Ein 14 Jahre altes Mädchen mit klonisch-tonischen Anfällen erhielt seit 1978 VPA über einen Zeitraum von 9 Jahren in Kombination mit Phenobarbital. Im Oktober 1987 wurde VPA abgesetzt und mit Phenobarbital weiterbehandelt. Unter der antikonvulsiven Therapie mit VPA hatte die Patientin eine Blutungszeit von 9 1/2 Minuten und in der Multimerbestimmung ein Verteilungsmuster vom Typ I. Nach dem Therapieausstieg mit VPA verkürzte sich die Blutungszeit auf 7 Minuten und die Multimerbestimmung zeigte ein normales Verteilungsmuster.

Zusammenfassung

In 63% der VPA behandelten Kinder fanden wir eine auffällige Blutungsneigung. Beim Vergleich von Kindern mit angeborenem vWS und Kindern unter VPA-Therapie zeigten sich ähnlich erniedrigte von Willebrand-Parameter. Die Blutungszeit, als der relevanteste klinische Parameter für die Schwere des von Willebrand-Syndroms, war bei 23% der VPA-Kinder verlängert gegenüber 49% der Kinder mit angeborenem Willebrand-Syndrom. Es konnte daher eine

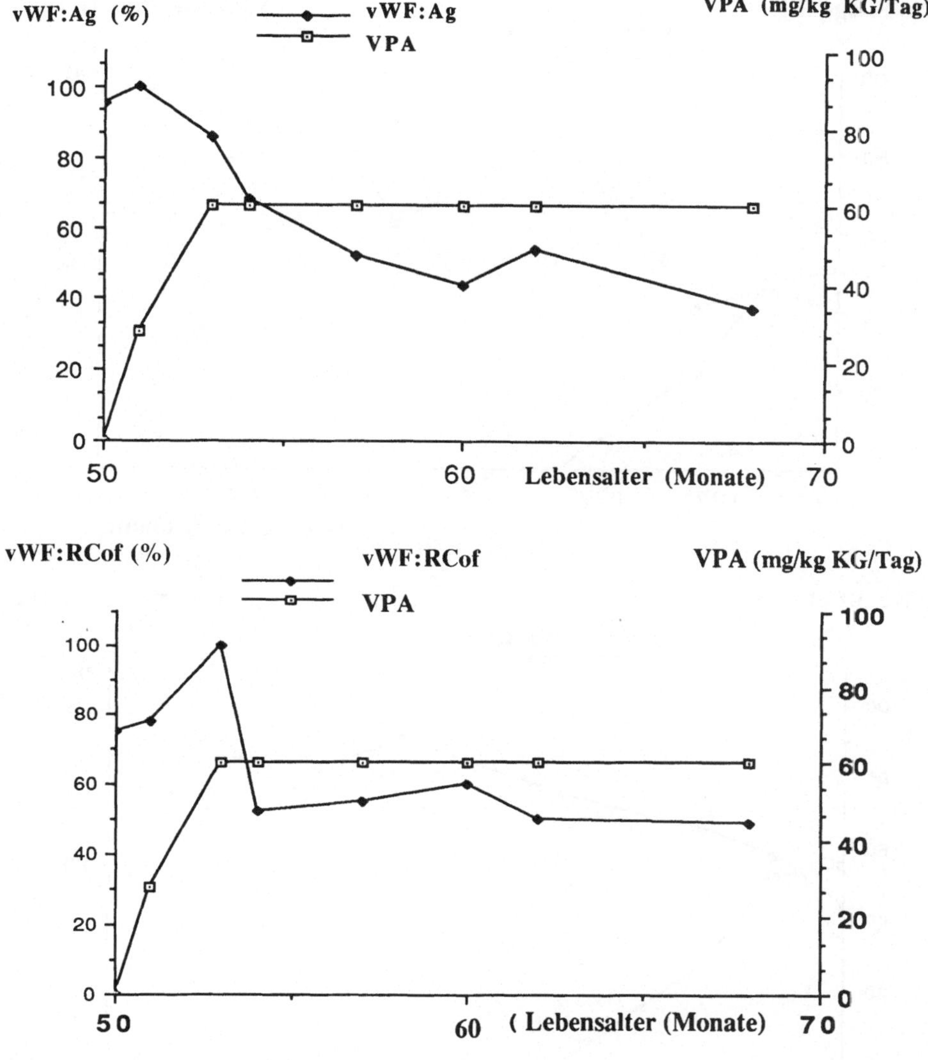

Abb. 7a, b. Verlauf der von Willebrand-Parameter bei einem 7 Jahre alten Mädchen nach VPA-Therapiebeginn

große Übereinstimmung zwischen den beiden Gruppen nachgewiesen werden. Die normalen Werte für Faktor VIII/vWF-Komplex, die bei einigen Patienten mit angeborenem von Willebrand gefunden wurden, können wir mit dem in der Literatur beschriebenen streßbedingten Anstieg bei Blutentnahme erklären [15]. Zwei Fallbeschreibungen veranschaulichen den Beginn und das Ende einer Valproattherapie mit dem Absinken bzw. der Normalisierung der untersuchten Werte. Es konnte keine Korrelation zwischen dem Faktor VIII-Komplex und der Valproatdosis sowie der Therapiedauer gefunden werden. Unsere

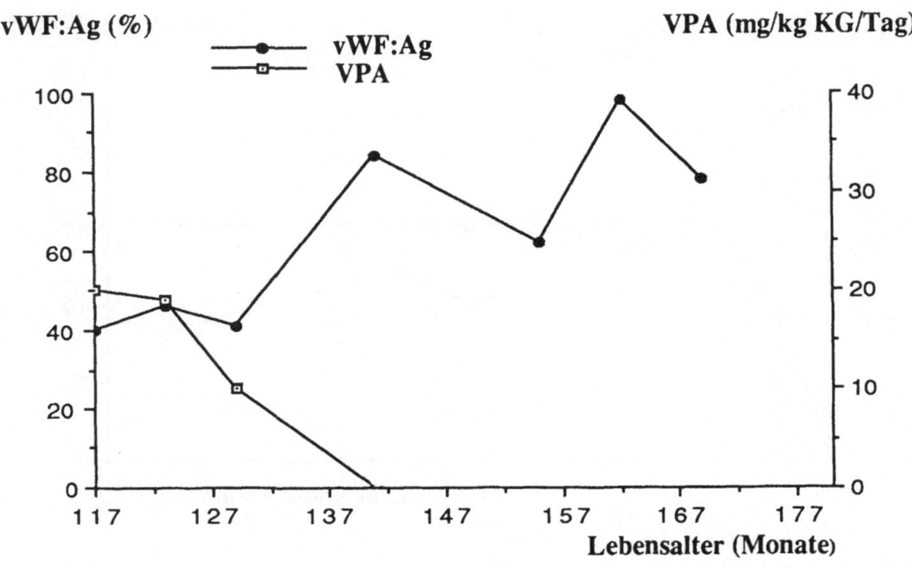

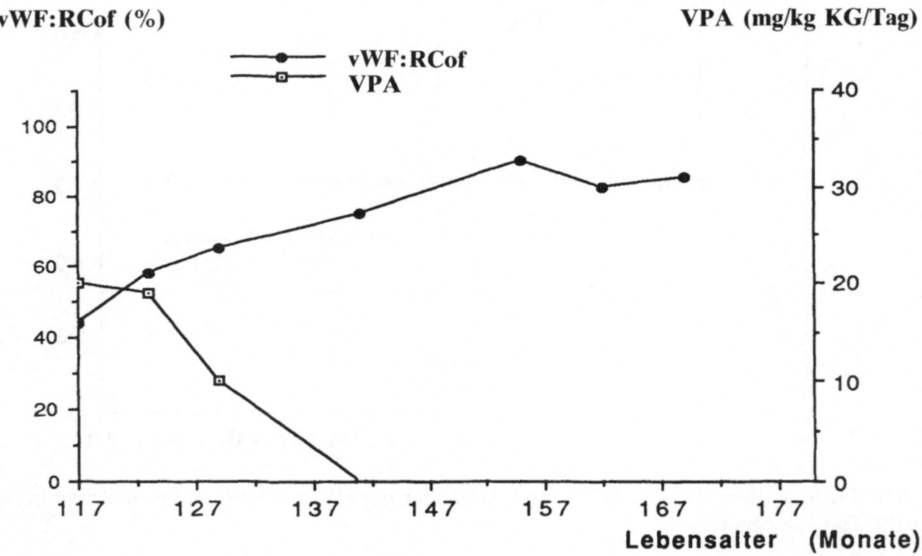

Abb. 8a, b. Verlauf der von Willebrand-Parameter bei einem 14 Jahre alten Mädchen nach Absetzen der Valproat-Therapie

Untersuchungen zeigen außerdem, daß ausschließlich ein vWS mit Multimertyp I durch Valproatgabe hervorgerufen wird.

Unter Valprottherapie sollte daher bei auftretender Blutungsneigung immer an ein induziertes von Willebrand-Syndrom gedacht werden. Bei Operationen oder schweren Blutungsneigungen empfehlen wir daher gleichermaßen wie beim angeborenen von Willebrand-Jürgens-Syndrom die Gabe von Faktor

VIII-Konzentraten (mit hohem Anteil an von Willebrand-Faktor) in Abhängigkeit von der Schwere der Erkrankung. Desmopressin (DDAVP) ein Vasopressinanalog – das zur Freisetzung von Willebrand-Faktor aus dem Gefäßendothel führt – sollte bei diesen Kindern nicht eingesetzt werden, da wir unter DDAVP-Gabe das Auslösen von Krampfanfällen beobachteten.

Unsere Untersuchungen ergänzen das vorhandene Wissen über die bekannten Nebenwirkungen von Valproat auf das Gerinnungssystem, die bisher hauptsächlich als Thrombozytopenien, als Fibrinogenerniedrigungen oder als unspezifische Plättchendysfunktionen beschrieben wurden. Da Valproat offensichtlich auf die Konzentration des von Willebrand-Faktors intravasal Einfluß nimmt, bedarf es weiterer Abklärung, ob dies auf der Stufe der Proteinbiosynthese, der intravasalen Proteinfreisetzung oder durch Beeinflussung des Protein-„turn over" verursacht wird.

Literatur

1. FDA (1981) Drug Bulletin 11:12–13
2. Jeavons PM (1984) Non-Dose-Related Side Effects of Valproate. Epilepsia 25 (Suppl 1):50–55
3. Dreifuss FE, Santilli N (1986) Valproic Acid Hepatic Fatalities: Analysis of U.S. Cases, a) Presented at the annual Meeting of the American Academy of Neurology, April 30, 1986, Poster No 133, b) Neurology 36 (Suppl 1):175
4. Sodium Valproate (1988) The Lancet ii:1229–1231
5. Jacobi G, Thorbeck R, Ritz A, Janssen W, Schmidts HL (1980) Fatal hepatotoxicity in child on phenobarbitone and sodium valproate. Lancet i:712–713
6. Sutor A, Jesdinsky-Buscher C (1974) Gerinnungsveränderung durch Dipropylessigsäure (Ergenyl). Med Welt 25 (N.F.):447
7. Sutor A, Jesdinsky-Buscher C (1976) Veränderungen der Hämostase bei Epilepsie-Behandlung mit Dipropylessigsäure. Fortschr Med 94 Nr 8:411–414
8. Sutor A, Bonanati J, Sauer M, Weber S, Jesdinsky-Buscher C (1977) Erworbene Gerinnungsstörungen im Kindesalter. Bücherei des Pädiaters, Band 78:115–121
9. Auerswald G, Petersen C, Aksu F, Kuzminski U (1981) Auswirkungen der Valproattherapie insbesondere auf die Blutgerinnung unter Berücksichtigung der Langzeittherapie. Aktuelle Neuropädiatrie IV, 7. Jahrestagung der Gesellschaft für Neuropädiatrie, 249–253
10. Jeavons PM (1982) Valproate Toxicity. Antiepileptic Drugs Raven Press, New York, 601–610
11. Loiseau P (1981) Sodium Valproate. Platelet Dysfunction and Bleeding Epilepsia 22:141–146
12. Kreuz W, Linde R, Funk M, Meyer-Schrod R, Föll E et al (1990) Induction of von Willebrand disease type I by valproic acid. The Lancet 335:1350–1351
13. Laurell CB (1966) Quantitative estimation of proteins by electrophoresis in agarose gel containing antibodies. Anal Biochem:15–45
14. Zuzel ZM, Nilsson IM, Aberg M (1978) A methode for measuring plasma ristocetin cofactor activity. Normal distribution and stability during storage. Thromb Res 12:745–754
15. Ruggeri ZM, Zimmerman TS (1981) The complex multimeric composition of factor VIII/von Willebrand factor. Blood 57:1140–1143
16. Ingram GIC (1961) Increase in antihaemophilic globulin activity following infusion of adrenaline. Journal of Physiology 156:217–224

Diskussion

Sutor (Freiburg):

Die Valproat-Therapie kann sehr schnell zu Blutungssymptomen führen. Einer unserer ersten Patienten hatte Hämatome und hat bei Operationen unerwartete Blutungskomplikationen gehabt. Wir haben mit Frischplasma behandelt, und das ging ganz gut. Die Veränderung der Blutungszeit und der Thrombozytenfunktion war in der Einschleichphase und nach Dosiserhöhungen besonders ausgeprägt.

Kreuz (Frankfurt):

Wir haben versucht, das zu korrelieren: Tagesdosis mit Valproat, von Willebrand-Faktor und Ristocetin-Cofaktor. Wir haben absolut keine Korrelation gesehen.

Schimpf (Heidelberg):

Haben Sie eine Vorstellung, auf welchem Wege oder über welchen Mechanismus die Krampfbereitschaft durch DDAVP gesteigert wird?

Kreuz (Frankfurt):

Ja, ich denke durch Elektrolytverschiebungen, natürlich auch durch Membranstörung. Aber das ist eine klinische Beobachtung.

Auerswald (Bremen):

Wahrscheinlich ist das mehr der Flüssigkeitsentzug im zentralen Nervensystem. Es geht akut zuviel Wasser heraus.

Aber ich habe eine Frage: Waren das alles Monotherapien mit Valproat? Denn es ist bekannt, daß bei Epileptikern Kombinationstherapien von z. B. Valproat und Phenytoin noch zu viel ausgeprägteren Veränderungen führen.

KREUZ (Frankfurt):

Das haben wir in einem anderen Kollektiv untersucht und können es nur bestätigen.

WENZEL (Homburg):

Abschließend bleibt anzumerken, daß es sich um ein klinisch wichtiges Symptomenbild handelt, das als unerwünschte Nebenwirkung sehr ernst zu nehmen ist.

Untersuchungen zur Multimerenstruktur in Präparaten zur Therapie des von Willebrand-Syndroms

Zs. Vigh, I. Scharrer (Frankfurt)

Einleitung

Die Ziele einer Therapie bei Patienten mit von Willebrand-Syndrom sind Verhütung und Sistieren der Blutungsneigung. Mit verschiedenen Gerinnungspräparaten wurde in den letzten Jahren versucht, diese Ziele zu erreichen.

Zur Pathogenese der Blutung werden 3 Faktoren diskutiert:

- Erniedrigung der Plasma-Konzentration des von Willebrand-Faktors und des F VIII:C,
- Verminderter Gehalt des von Willebrand-Faktors in den Thrombozyten und
- Verminderte Konzentration oder das Fehlen der großmolekularen Bestandteile des von Willebrand-Faktors.

Daher sind Gerinnungspräparate, die mindestens zwei dieser Faktoren korrigieren, möglicherweise für die Therapie des von Willebrand-Syndroms geeignet.

Methodik

Die folgenden Gerinnungspräparate wurden in vitro und teilweise in vivo im Rahmen dieser Arbeit getestet:

- Behring vWF-Konz.-HS
- Alpha Profilate-SD
- Bio-Transfusion-SD (Lille) und
- Behring Haemate-HS

Untersucht wurde die F VIII:C-Aktivität mit dem 1-Stufen-Test, der vWF:Ag-Gehalt durch Laurell-Immunelektrophorese, die RCof-Aktivität mit Hilfe der Plättchenaggregation sowie die vWF-Multimeren durch SDS-Agarosegel-Elektrophorese [1]. Die Blutungszeitbestimmungen erfolgten nach Mielke.

Ergebnisse und Diskussion

Die Tabelle 1 zeigt die in-vitro-Untersuchungsergebnisse der getesteten Präparate. Erwartungsgemäß ist F VIII:C in den Konzentraten Profilate-SD und

Tabelle 1. Vergleich verschiedener Gerinnungspräparate

		Behring vWF-Konz.	Alpha VIII SD	Bio-Trans. vWF-Konz.	Behring VIII HS
F VIII:	(U/ml)	3,1	116,5	0,73	24,3
RCof Act	(U/ml)	155	338	48,5	77,4
vWF:Ag	(U/ml)	16	104	11,2	18
vWF:Ag/F VIII:C		5,16	0,89	15,34	0,74
RCof/F VIII:C		50,00	2,90	66,44	3,19
RCof/vWF:Ag		9,69	3,25	4,33	4,30

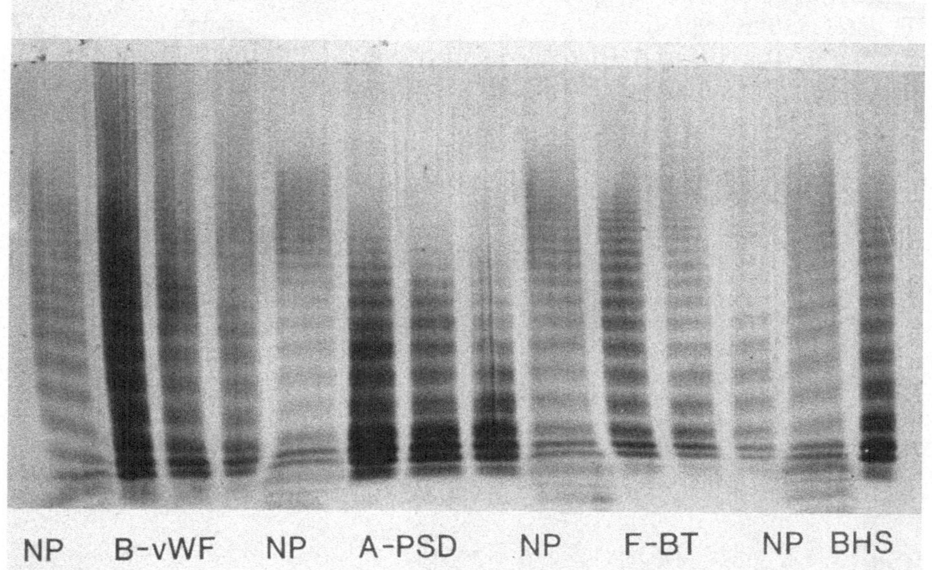

NP=normal Plasma
B-vWF=vWF-Konz., Behring
A-PSD=Profilate-SD, Alpha
F-BT=vWF-Konz. Bio-Transfusion (Lille)
BHS=Haemate-HS, Behring

Abb. 1. vWF-Multimerenanalyse verschiedener Gerinnungspräparate

Haemate-HS hoch. Auffällig hoch ist die RCof-Aktivität in Profilate, sowie im neuen vWF-Konzentrat von Behring-Werke.

Die beiden von Willebrand-Konzentrate zeichnen sich durch einen hohen Quotienten RCof/F VIII:C-50 und 66 aus.

Das Verhältnis der RCof zu vWF:Ag ist in Behring vWF-Konz. mehr als zweimal so hoch wie in den anderen Konzentraten.

Betrachtet man die Multimerenanalyse (Abb. 1) der oben erwähnten Präparate, fällt folgendes auf:

Die maximale Bandenzahl und auch der Anteil der großmolekularen Bestandteile des vWF-s ist in den Präparaten unterschiedlich. Die meisten Banden – 17 – findet man im Bio-Transfusion-Präparat. Dieses Produkt ist, was die großen Multimere betrifft, fast dem Normalplasma ähnlich – 18 Banden im NP. In den anderen Präparaten lassen sich nur 15 Banden nachweisen.

Bei der Multimerenanalyse fällt noch das Muster des Bio-Transfusions-Präparates auf.

Man erkennt fast normale Triplets, während in den anderen Konzentraten statt Triplets immer eine starke Doppelbande zu finden ist.

Die Abb. 2 zeigt, daß Chargenvariabilität bezüglich der Multimerenstruktur nicht besteht. Bei der Analyse lassen sich immer wieder 15 Banden nachweisen. Untersucht wurden 5 verschiedene Chargen.

In-vivo-Studien wurden mit zwei Konzentraten Haemate-HS und Profilate-SD durchgeführt. Mit einer Dosis von 40 E/kg/KG Haemate-HS bei Patienten mit Typ I, IIa, IIb und III vWS konnten die Multimerenstruktur und die Blutungszeit beeinflußt werden [2]. Die Dauer der Blutungszeitnormalisierung betrug 3–5 Stunden [3] (Abb. 3, 4, 5).

Bei der Behandlung einer Typ IIa Patientin mit einer schweren Magenblutung mit den üblichen 40 E/kg/KG Dosis konnten wir trotz eines starken

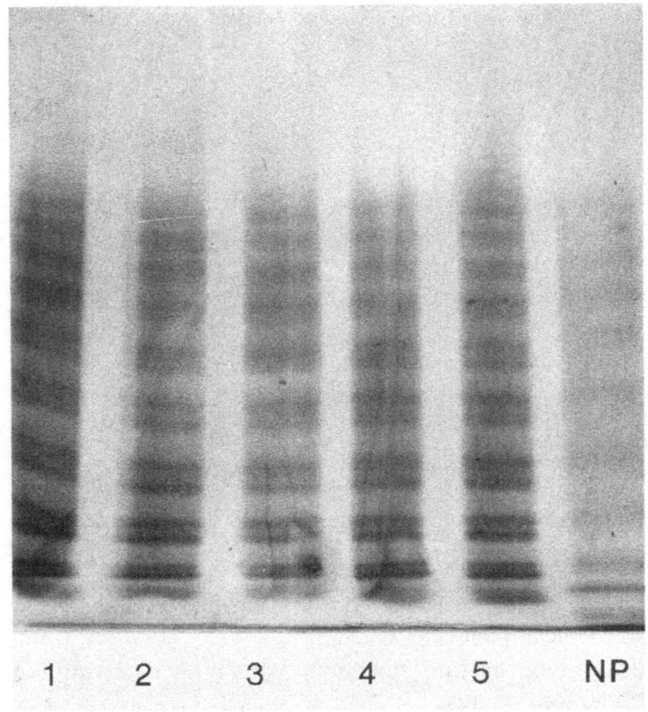

1 - 5 = diff. Chargen von Haemate-HS, Behring
NP=normal Plasma

Abb. 2. Chargenvariabilität bei Haemate-HS

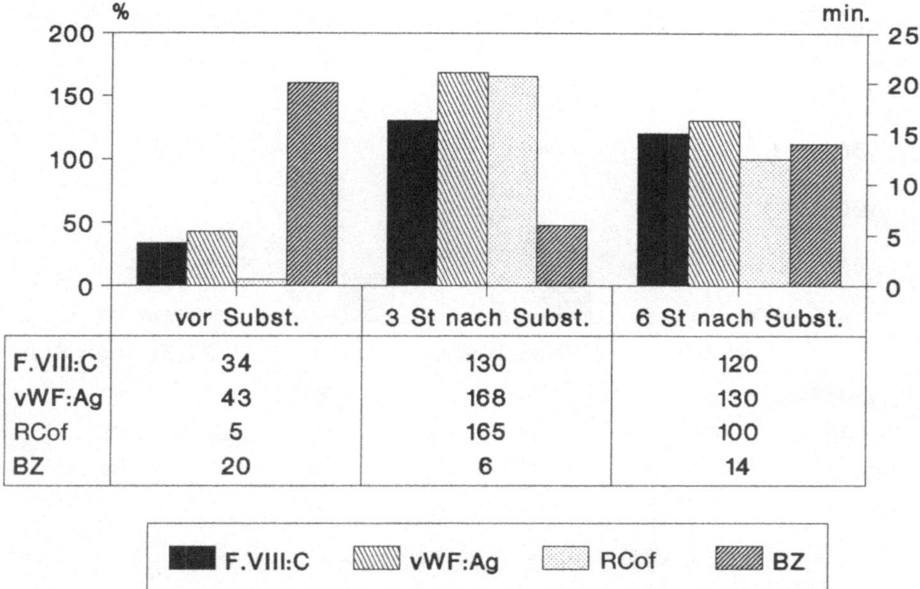

Abb. 3. Behandlung eines Typ I vWS-Patienten mit 40 E/kg/KG Haemate-HS

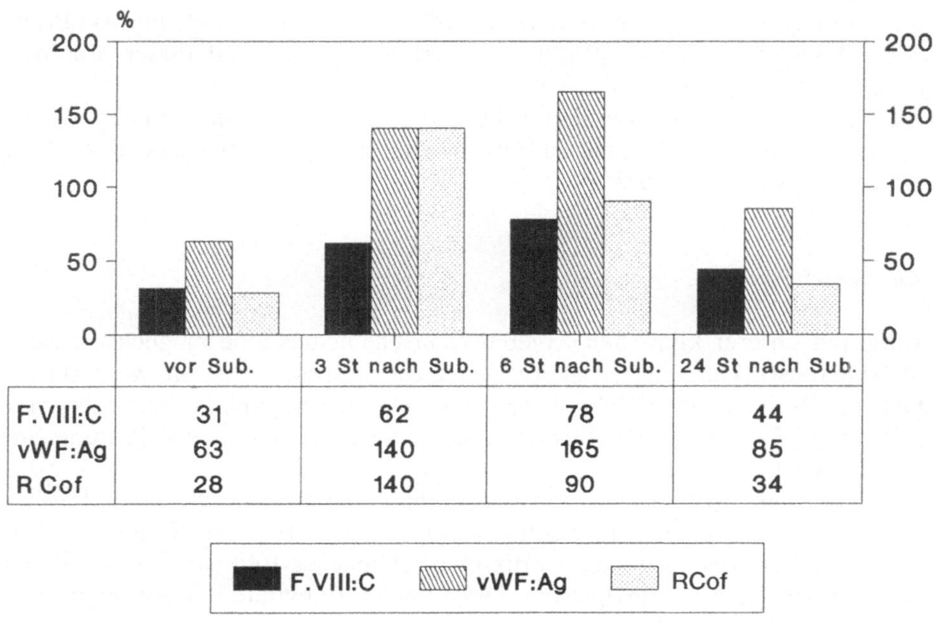

Abb. 4. Behandlung eines Typ IIb vWS-Patienten mit 40 E/kg/KG Haemate-HS

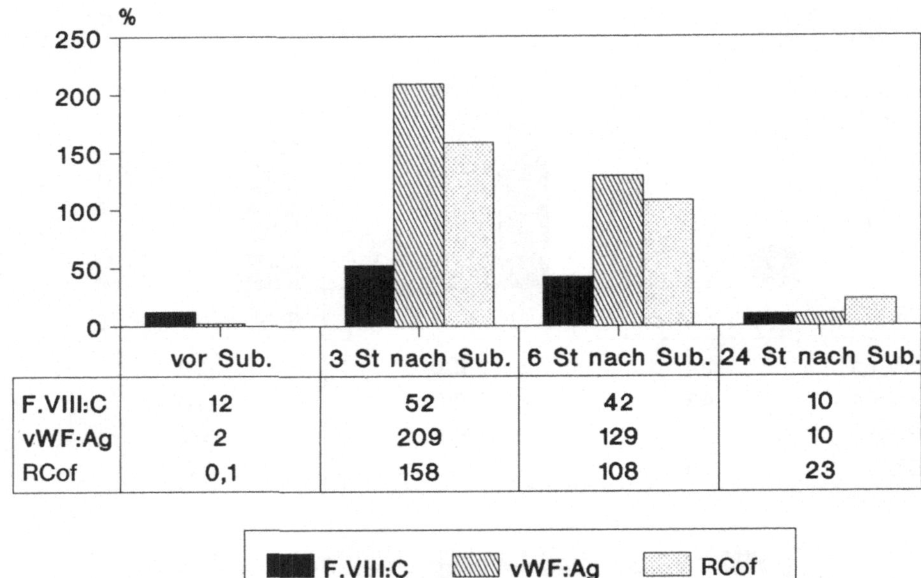

	vor Sub.	3 St nach Sub.	6 St nach Sub.	24 St nach Sub.
F.VIII:C	12	52	42	10
vWF:Ag	2	209	129	10
RCof	0,1	158	108	23

Abb. 5. Behandlung einer Typ III vWS-Patientin mit 40 E/kg/KG Haemate-HS

Anstiegs der vWF:Ag und RCof-Werte keine Blutungszeitverkürzung erreichen, sie blieb länger als 20 min. Erst durch die Gabe von 80 E/kg/KG ließ sich die Blutungszeit verkürzen, bei Haemate-HS auf 8 min. Nach Gabe von Profilate-SD konnten wir eine Blutungszeitverkürzung auch mit dieser erhöhten Dosis nicht erreichen.

Daher erscheint Profilate-SD für die Therapie des von Willebrand-Syndroms wahrscheinlich nicht geeignet zu sein, obwohl der Ristocetincofaktorgehalt in diesem Präparat sehr hoch ist.

Zusammenfassung

Aufgrund unserer klinischen Ergebnisse erscheint uns eine möglichst intakte Multimerenstruktur, insbesondere der großen Multimere, ein wesentlicher Hinweis für die hämostatische Wirksamkeit von Plasmapräparaten bei dem von Willebrand-Syndrom. Der Beweis kann jedoch nur durch die Prüfung am Patienten erfolgen.

Das neue von Willebrand-Faktor-Konzentrat der Behring-Werke und insbesondere das von Willebrand-Faktor-Konzentrat von Bio-Transfusion ergeben in der Analyse der Multimerenstruktur ein ähnliches Bild wie das Verhalten der Multimeren im Normalplasma. Diese beiden Präparate können möglicherweise zukünftig in dem therapeutischen Spektrum des von Willebrand-Syndroms erfolgreich eingesetzt werden.

Literatur

1. Bukh A, Ingerslev J, Stenbjerg S, Hundahl Moller NP (1986) The multimeric structure of plasma F VIIIR:Ag studied by electroelution and immunoperoxydase detection. Thromb Res 43:579–584
2. Scharrer I (1986) Das von Willebrand-Syndrom. Behring Inst Mitt 79:12–23
3. Vigh Zs, Scharrer I, Jelenska M (1989) In vitro and ex vivo investigations used for treatment in v. Willebrand's disease. XIIth Cong of the Int Soc on Thromb and Haem Tokyo, Abst No 694

Diskussion

WENZEL (Homburg):

Damit möchte ich im Namen von Frau Heinrichs und Herrn Seifried die Sitzung schließen und mich in unser aller Namen sehr herzlich bedanken für die hervorragende Organisation und für die Gastfreundschaft in Hamburg.

FRAU HEINRICHS (Berlin):

Sehr verehrter Herr Professor Landbeck! Im Namen meiner Kollegen der fünf neuen Bundesländer möchte ich Dank sagen für die Herzlichkeit und die Aufmerksamkeit, die uns entgegengebracht wurde.

Für viele unserer Kollegen war die Teilnahme an diesem Hamburger Symposion eine Premiere. Ich hoffe natürlich, daß das nicht das letzte Mal war. Ich denke, wir werden künftig erfolgreich zusammenarbeiten können.

Diesen Dank möchte ich aber auch an die Firma IMMUNO weitergeben. Die Firma IMMUNO ist, wie Sie es heute schon einmal gehört haben, eine der wenigen Firmen gewesen, die uns auch schon vorher mit Aufmerksamkeit entgegengekommen ist. Auch hierfür möchte ich Dank sagen.

Ich wünsche uns allen eine erfolgreiche künftige Zusammenarbeit.